普通高等教育农业部“十三五”规划教材

农业原理

Agriculture Principle

第3版

胡跃高　曾昭海　主编

中国农业大学出版社
·北京·

内容简介

本书主要内容包括：农业的功能与地位；农业发展的基本历程；农业类型与分布；农业系统结构；农产品供求平衡原理；城乡协调原理；农业公益性原理；三效制约原理；农牧结合原理；资源均一化原理；技术与资源互作原理；最小规模稳定原理；农业系统动力原理；农业系统复杂性原理；当代世界农业形势；中国农业发展基本战略；世界农业科教体系建设；做21世纪合格的农业建设者。

图书在版编目(CIP)数据

农业原理／胡跃高，曾昭海主编．—3版．—北京：中国农业大学出版社，2018.2
ISBN 978-7-5655-1869-0

Ⅰ．①农…　Ⅱ．①胡…②曾…　Ⅲ．①农业　Ⅳ．①S

中国版本图书馆CIP数据核字(2017)第317445号

书　　名　农业原理　第3版
作　　者　胡跃高　曾昭海　主编

策　　划　孙勇　王笃利　　**责任编辑**　冯雪梅
封面设计　郑　川
出版发行　中国农业大学出版社
社　　址　北京市海淀区圆明园西路2号　　**邮政编码**　100193
电　　话　发行部 010-62818525，8625　　读者服务部 010-62732336
编辑部 010-62732617，2618　　出　版　部 010-62733440
网　　址　http://www.caupress.cn　　**E-mail**　cbsszs @ cau.edu.cn
经　　销　新华书店
印　　刷　北京溢漾印刷有限公司
版　　次　2018年2月第3版　2018年2月第1次印刷
规　　格　787×1 092　16开本　26.25印张　650千字
定　　价　68.00元

编　委　会

主　编　胡跃高　曾昭海

副主编　黄国勤　王小芬　冯永忠　王宏福　陈　颖　赵宝平　郑　伟

编　委（按姓氏拼音排列）

曹林奎（上海交通大学）
陈　颖（贵州大学）
陈源泉（中国农业大学）
代佳丽（中国农业大学）
董　琦（山西农业大学）
冯永忠（西北农林科技大学）
郭世玉（中国农业大学）
胡跃高（中国农业大学）
黄国勤（江西农业大学）
雷兆基（中国农业大学）
李琳琳（上海交通大学）
齐　华（沈阳农业大学）
钱　欣（中国农业大学）
宋丽丽（清华大学）
孙虎威（河南农业大学）
王　琛（中国农业大学）
王宏富（山西农业大学）
王丽宏（河北农业大学）
王小芬（中国农业大学）
王小龙（华南农业大学）
许和水（中国农业大学）
臧华栋（中国农业大学）
曾昭海（中国农业大学）
张　凯（中国农业大学）
赵宝平（内蒙古农业大学）
赵全志（河南农业大学）
郑　伟（新疆农业大学）

审　稿　窦学诚（甘肃农业大学）
胡君蔚（中国农业大学）

前言

农业原理课程教学始于1996年。之前的教学中我们发现农业院校需要一门课程，能够汇集农业科学与技术成果，给初学者提供登高远望，一览众山小的整体视野，也能够明确农业必须坚定不移地行进在生态友好、可持续发展道路上的发展方向，而不是迷失在短视的以短期效益为目的的欲海中。这是一件需要长期积累沉淀的工作。这样的思想贯穿于第1版教材建设，以及第2版教材的修订之中。值此第3版修订教材即将出版之际，编著者们认识到，农业发展几乎是与人类社会发展相伴相生的一个永恒的过程，而认识农业发展的过程，自然地将与农业本身同样天长地久。因此，本课程的建设工作将会长期进行下去。这似乎给了我们一种理由，即本修订版教材仍存在不足，存在需要商榷之处。作者在此敬请读者指正，共同参与其建设。

本次修订集长期以来农业发展之认识及近21年来课程建设积累而成。概括起来有如下进展：

一、将教材名称正式确定为《农业原理》。教材第1版书名为《农业总论》，英文名根据内容译为 *Agriculture Principle*，第2版书名改为《农业发展原理》，与教材内容有所接近。本次更名使名实完全统一了起来，为今后建设确定了新的基础。本书“Principle”指原理、原则之意，“Agriculture Principle”指农业系统的原理与原则，就是涉及农业系统存在与运行的客观规律或实践准则，简称农业原理。

二、全书分为三篇。上篇为“背景与基础”，其意在展示农业系统之发生、发展，空间布局位置，结构与功能，包括四章内容：第一章，农业的功能与地位；第二章，农业发展的基本历程；第三章，农业类型与分布；第四章，农业系统结构。中篇为“农业系统运动原理”，共包含农业系统的十项基本运动原理。内容上无前后轻重之分，只是在不同历史阶段，不同国度区域表现显隐程度不同。本书依据相应部分在农业系统中的作用明显程度而排序：第五章，农产品供求平衡原理；第六章，城乡协调原理；第七章，农业公益性原理；第八章，三效制约原理；第九章，农牧结合原理；第十章，资源均一化原理；第十一章，技术与资源互作原理；第十二章，最小规模稳定原理；第十三章，农业系统动力原理；第十四章，农业系统复杂性原理。下篇为“未来农业建设”，意在明确对今日世界农业的认识，在此基础上确定国家农业战略，为科教体系建设与新一代建设者成长成才提供借鉴。下篇内容包括：第十五章，当代世界农业形势；第十六章，中国农业发展基本战略；第十七章，世界农业科教体系建设；第十八章，做21世纪合格的农业建设者。

三、教材第2版修订时，农业系统运动原理被集结在一章中分节介绍。本次修订配合书名变更，尝试分10章介绍，介绍结构上做了一定规制。

四、本次修订工作构建了地理－文明坐标系平台，把农业界定为由从事农业活动的人、农业生产资料、农事过程及其承载的自然地理系统共同构成的可持续发展的有机统一体。明确可持续发展是生态文明时代农业的本质特征，强调农业是一个系统的有机整体，是人类社会系统、自然地理系统相互作用、相互影响、相互依存的文明形态。

五、针对当代世界农业普遍存在的食品安全问题、粮食安全问题、乡村社会安全问题、生态环境安全问题，在科学论证的基础上，明确提出了以有机农业为主导，多元化农业协同发展的生态文明基本道路。

六、此外，本修订版还在阐述形式和引证参考文献等方面进行了改进与努力。

本书绪论由胡跃高主笔，第一章农业的功能与地位由王宏富、董琦主笔，第二章农业发展的基本历程由冯永忠主笔，第三章农业类型与分布由赵宝平主笔，第四章农业系统结构由曾昭海主笔，第五章农产品供求平衡原理由钱欣主笔，第六章城乡协调原理由王丽宏主笔，第七章农业公益性原理由王小芬、代佳丽主笔，第八章三效制约原理由王小龙主笔，第九章农牧结合原理由郑伟主笔，第十章资源均一化原理由张凯主笔，第十一章技术与资源互作原理由齐华主笔，第十二章最小规模稳定原理由宋丽丽、陈颖主笔，第十三章农业系统动力原理由王琛主笔，第十四章农业系统复杂性原理由许和水主笔，第十五章当代世界农业形势由黄国勤主笔，第十六章中国农业发展基本战略由胡跃高、陈源泉主笔，第十七章世界农业科教体系建设由孙虎威、赵全志主笔，第十八章做21世纪合格的农业建设者由曹林奎、李琳琳、胡跃高主笔。窦学诚、胡君蔚对书稿进行了审定。郭世玉负责书稿的后期编辑和人员联络工作。本书撰稿工作体现了传承性、多元性、学科交叉性与老中青学者相结合的特点。

教材在2005—2017年期间曾几次启动资料整理工作，臧华栋、雷兆基做了较多工作，也向其他参与部分工作的教师和学生表示感谢。

一个人成才的道路有三条。第一条，读万卷书。像毛泽东的藏书达到10万册之多，钱学森读过的书也达到了10万册；第二条，行万里路，经多见广，博采精华，而成天下英才；第三条路，深切地与自己身边的事物进行交流。古代传说中的庖丁、伯乐是其代表。现实生活中，兼三条路融会贯通，也能获得智慧，成长成才。

大约从1945年第二次世界大战结束开始，人类就进入了建设与享用信息技术为基础的第五次产业革命时代。今天正在推进到自动化、智能化、机器人化、智能网络时代。在这一阶段中，人与人瞬时交流的技术已经成熟，这意味着人类兼行三条道路，打开古今中外一切时代知识宝藏的金钥匙已经造就，人类即将进入智慧大飞跃的时代。

20世纪90年代，人民科学家钱学森曾经预断，人类正在进入地理系统建设时代，在这一时代中，摆在眼前第一重大的建设任务就是第六次产业革命——以知识密集型与技术密集型的农业产业为特征的建设。有机农业正在这个时代蓬勃发展起来。有机农业建设将和第六次产业革命建设、乡村振兴战略、城乡和谐战略、区域均衡发展、“一带一路”倡议、人类命运共同体建设、地理系统建设、生态文明建设一道，与人类智慧大飞跃相结合，成为人类历史上最伟大的建设波涛中的重要一环，推动人类社会进入新的历史时代。

前途是光明的，道路是曲折的。

谨以本书为21世纪的建设者们助力。

编者

2018年2月

目录

中篇 农业系统运动原理

一个探险者在钻入茂密的丛林之前，总要简略地环顾四周，一旦钻入密林后，他的视野就再也不会开阔了。

——马克·布洛赫

绪　论

一个婴儿面对一只猫咪、一只狗，或者其他宠物，很快便会彼此熟悉起来，建立起亲密的伙伴关系；一个少年儿童面对自己学校的同学，也会用不长的时间便成为朋友，在交往中共同成长；一位大学生面对自己的专业对象，如建筑学专业、历史专业、信息工程专业，或者金融专业、国际贸易专业等等，经过4年循序渐进的系统学习，便会基本掌握专业领域的知识与技能，为随后进入专业领域工作做好准备。之后无论是立即就业，还是继续深造，不外乎是长期在专业相关领域进行工作。有时由于特殊原因，特别是发展需要，转到专业跨度较大的领域工作，即所谓的“转岗”、“转行”与“转业”，在这种情况下，个别人会通过新领域专业学习，成功驾驭了新工作岗位，成为跨领域的人才。但这样做需要重新经历一种系统的专业学习与历练，才能如愿取得成功。这就是常规现代人生与教育——生活与工作的轨迹。

伴随着今日世界专业学科分化为5 000个左右的专门化分支，尤其是随着成熟知识获得性的大众化普及，专业知识半衰期持续缩短，商业竞争压力加大，工作岗位稳定性减低，“转岗”、“转行”与“转业”正越来越成为世人必须面对的常态。严峻的现实告诫人们，工业化以来形成的现代专业化教育——只知其一，不知其余的教育，不仅不能应对社会频现的不确定性考验，而且其本身就是人类社会巨大资源浪费与发展不确定性的根源。常规现代教育的改革，其中包括改革农业教育的客观要求已经悄然形成。

当一个人面对农业或农业发展问题，期望通过认识农业并进行建设工作时，需要具备两种能力，即对农业整体的把握能力与对农业内部变化的洞察能力。知行合一，即知即行。只有在明确认识农业基础上，才能正确指导农业建设。简单来看，认识农业的过程分为四步。

一、在地理-文明坐标系中认识农业整体，了解农业历史渊源，展望其发展一般趋势，把握农业发展阶段特征

地球问题的普遍性和地球上变化过程的系统性，要求我们至少要从地球尺度的地理学视角重新审视与理解我们关切的包括农业、工业以及城镇与乡村等最基本认识范畴的本质与规律。

首先，设定地理系统作为地理-文明坐标系的纵坐标。地理系统也称地球表层系统。地

球表层系统是以地球表面上对流层顶部为上界(平均为 10 km),以地表下地壳平均约 5 km 深度为下界之间部分构成的统一体,这是一个类似于地球“蛋壳”的系统。很显然,社会系统与自然地理系统是构成地理系统的基础。根据现实情况,可将完整的地理系统划分为三个区块。第一区块,农业系统。为地理系统生物生产及其加工、储存与运销直接相关的部分,称为农业地理系统,简称农业系统(其与乡村地理系统近似,后者强调人的居住与生活);第二区块,工业系统。为农业系统之外包括工业与城市在内的部分,简称工业系统(类同城市地理系统,后者强调人的居住与生活);第三区块,自然保护区系统。为地理系统中未受到社会系统扰动的部分。农业系统与工业系统共同构成的系统为称为城乡地理系统,或工农地理系统。

第二,地理系统提供了农业活动的空间场所,宏观上认识农业的展开过程还需要一个时间维度。我们将人类文明的发展过程设为地理一文明坐标系的横坐标。迄今为止,全部人类文明发展史可分为 5 个阶段。第一阶段,前文明时期。大约从 600 万年前到 230 万年前,为从人类起源到旧石器时代之前的时期,这一时期人类处于动物态的蒙昧阶段;第二阶段,原始文明时期。大约从 230 万年前到 1.2 万年前,为从旧石器时代开始到新石器时代开始的时期,这一时期奠定了人类必将走向地理系统主导力量的基础;第三阶段,农业文明时期。大约从 1.2 万年前到公元 1 600 年前后,为新石器、铜器与铁器为工具特征的时代。在此过程中农业正式诞生,随后传播开来,世界先后进入原始农业时期与传统农业时期。人类在发展过程的前期,迅速解决了生存问题,随即进入以自我观念、占有观念、国家观念为社会主导意识的历史时期。在此过程中人类正式登上地球主人舞台;第四阶段,工业文明时期。大约从公元 1 600 年到 21 世纪初,这是在农业文明基础上,进入以工业化、城市化与殖民化为特征,社会主导力量追逐金钱,追逐局部利益,同时农业衰落,乡村社会崩溃,人类社会在部分人的亢奋之下,迅速进入全面危机时期;第五阶段,生态文明时期。面对工业文明以来人类自身造就、巨大的灾难与危机的大爆发,人类进入到全局性反思状态,在统一认识基础上,针对时代问题,理性地寻求发展方向,确定以经济、生态、社会协同、可持续发展为本质特征的发展方向、道路与基本原则,是新开启的文明形态。

我们以地理系统为纵坐标,以人类文明发展史为横坐标,两者合起来,即构成了地理一文明坐标系。地理一文明坐标系为观察与认识完整的农业过程提供了平台。在这样的平台上,可以对农业概念进行定义,进而为明确观察与认识农业对象,透视农业整体运动过程与运动机制提供途径与方法。

农业的定义:由从事农事活动的人、农业生产资料、农事过程及其承载自然地理系统共同构成的可持续发展的有机统一体。

我们在地理一文明坐标系平台上观察与认识的这一农业有机体,概括起来,具有如下基本特征:

第一,农业之根深深植入于农业文明之前数以百万年计的历史之中。今日世界农业行为既与原始文明时期的人类历史有关,也与前文明时期的历史相关。

第二,从世界农业起源至今,只有 1.2 万年左右的历史;从工业革命开始至今,只有约 400 年的历史。

第三,在全部人类文明史中,我们引以为自豪的文明史绝对长度十分短暂。其与全部人类文明史长度相比,农业文明时期只占约千分之一的时间,工业文明时期则只有不到万分之一的时间。

第四，从世界农业起源至今，世界人口规模持续增大。人口总量由起源时期的大约500万人到1 000万人，发展到今天的74亿人之众，增长了750～1 500倍。

第五，世界农业可能是一个由一至多个孤点起源，然后向外呈放射状传播，不断地在巩固基础上再发展，最终连接成世界农业大网络的过程。今日世界无论是城市部分，还是自然保护区部分都深切地感受到了农业的巨大影响。今日地理系统内农业系统已成为影响范围最广泛，影响程度最深刻，对人类文明影响最强烈，因而是最重要的因素。

第六，几乎从农业起源开始，世界形成了城乡对立统一发展的结构格局，在农业文明时期乡村部分长期处于基础性、决定性地位。工业革命开始，城市部分力量膨胀发展。第二次世界大战后世界工业化、城市化进入全速发展阶段，2010年全世界城市人口首次超过50%。形成了今日世界城市系统在经济、技术、人才、思想意识、文化与政治方面全面控制乡村的局面。城市系统对于乡村系统居于绝对主导地位。

第七，在宇宙空间，地理系统边界为人为设定。这意味着地理系统之内的地壳、地核部分，与地理系统之外平流层以上宇宙空间部分等对地理系统的影响因素，必然存在对农业系统的同步影响，有时甚至是决定性影响。

第八，工业革命的出现，既给农业带来了革命性的发展，同时也带来了日益强烈的颠覆性风险。1 600年以来世界人口由5.45亿人增长为74亿人，净增长12.5倍，在工业化背景下农业系统中生产功能强势、畸形发展，由此爆发食品安全、粮食安全、乡村社会安全、生态环境安全危机，这是自世界农业诞生以来，人类文明史上从未遭遇过、后果难以预料的农业危机。

第九，在世界农业问题背后，资本主义衰落问题、工业社会颠覆问题、地球生命系统崩溃问题与人类文明存亡问题同时呈全局性爆发的事实，在用不言方式向世界宣告工业文明时代在走向结束。一个与工业文明时代迥然不同的新时代——生态文明时代正悄然降临。

第十，严峻的现实是，2050年世界人口将达到95亿，甚至更高。随着发展，发达国家与发展中国家间的矛盾、发展中国家间对剩余农产品配置的相互竞争矛盾、城乡矛盾、人类社会系统与自然地理系统间的矛盾，在现有基础上正在将走向日益强化与尖锐化。各种各样的矛盾压力，汇集起来，最终冲击着人类文明的基础——农业。这是自农业诞生以来，人类社会第一次面临全局形势恶化，扑面而至，苦无对策的严峻困局。今日人类社会必须做出的抉择只有两个：不是奋力进入生态文明时代，就是摔亡于工业文明的断崖之下。

二、认识农业系统结构

概括起来，农业系统由外而内可分为五级结构。

一级结构——人类-自然系统结构，为自然属性结构。人类社会系统与自然地理系统复合而成的系统为人类生命共同体。人类生命共同体属于地理系统。今日人类生命共同体已近似于地理系统。认识人类社会与自然系统结构平衡状况与发展趋势，有助于了解人类文明发展状态。其基本指标为资源人口比状况及其时代发展趋势。

二级结构——国家农业结构，国家或独立的行政区域等构成的农业系统结构状况。今日联合国有193个国家与地区。不同国家其农业生产与社会总体结构不同，构成了国家尺度的农业基本形势。在可预见的将来，国家仍将是调节农业建设的社会主体，这一结构具有相对稳定性。其基本指标为农产品人均占有量及其发展趋势。

三级结构——农林草海沙结构，为自然与社会属性结构。为国家或自治地区结构下，依据地形地貌基本特征划分的结构单元。1984 年钱学森在第六次产业革命理论创建中提出了围绕农业、林业、草业、海业、沙业，建立农产业、林产业、草产业、海产业、沙产业的理论。以自然地理特征分项安排国家大农业结构具有理论认识意义与现实建设意义。其基本指标为分板块社会经济、农业资源与农业生产状况。

四级结构——城乡结构。工业文明时代以来，人类生命共同体系统一分为二，走向了乡村地理系统与城市地理系统分立、此消彼长对立发展的过程。正确配置城乡关系，对于把握人类命运共同体系统命运，实现区域可持续发展关系重大。这种关系因国家不同，在农林草海沙不同单元内部独立成长或交互成长，构成了全球形形色色的城乡关系。其基本指标为城乡社会结构、农业资源结构与农业生产力状况。

五级结构——生产、社会与社区三元结构，为基础结构。指在前四级结构层次划分下，分别国家与地区，分别地形地貌类型，分别乡村地理系统、城市地理系统与自然保护区地理系统的各级结构单元中，存在的生产结构、地理资源环境(社区)结构与社会结构。其基本指标分别生产结构、社区结构、社会结构设定，用于系统认识与建设。

生态文明时代是地理系统和谐、可持续建设时代。地理系统横向展开的五级结构根植于早期人类文明史中，贯穿整个农业诞生以来的全过程。温故知新。在未来建设实践中，可根据具体需要，分别选择 5 级结构中的一部分，或大部分进行农业系统结构分析，以辨明上下左右，指导与把握农业地理系统建设。

三、认识与掌握农业系统运动基本原理

农业系统是开放的超级复杂巨系统。一个人、一个团队、一个社会群体、一个国家或人类社会要在具体工作岗位上认识与组织农业建设工作，在前述农业整体状态与基本结构把握基础上，需要进一步认识与总结人类丰富的农业实践经验与教训，分析体悟农业系统运动基本原理，然后才能创造性地建立遵守原则、指导方针与目标方向，用于组织农业建设实践。相关基本原理包括十个方面。

(一)农产品供求平衡原理

本原理直观地存在于人类生命共同体系统中，即乡村地理系统与城市地理系统两者相合而成的城乡地理系统中，反映社会系统与农业生产系统间的平衡关系状态。随着世界人口规模持续扩大，农业系统边界在地理系统范围内不断外延。在世界人口达到 74 亿之众的今天，该项平衡关系影响力几乎扩大到了整个地理系统，在宏观上表征为人类社会系统与自然地理系统之间的平衡关系。该平衡关系的衡量面贯穿 5 个结构层次，彼此关联，考量一处，可以感知他处，进而推断总体，明确处境，指导农业生产建设。该原理为农业系统的第一项运动原理。

(二)城乡协调原理

本原理为地理系统第四级结构层次的运动变化特征与平衡关系，其向上直接传递到第三级、第二级，直至第一级结构层次，向下统摄第五级结构层次。工业社会后期，资本主义势力泛滥，乡村地理系统极端弱化，城市地理系统居于绝对主导地位，社会经济政治基础结构等结构关系颠倒，呈倒金字塔方向发展态势，城乡关系逆向运动，头重脚轻，上下颠倒，推波助澜，最终

波及整个地理系统，呈现系列反常现象。生态文明时代建设的重要任务在于利用本原理拨乱反正，救地理系统于倒悬危机。本原理为农业系统的第三项运动原理。

(三)农业公益性原理

本原理贯穿地理系统五级结构。人们容易理解农业系统的全部农产品服务于人类社会整体。但往往不易理解的是，即便个别农产品也同样为服务于整个人类历史过程的社会整体。准确地讲，尽管作为少量农产品的服务对象群体，那也必定是属于无数祖先的人类子女，且必定属于无数子女的祖先，从而与全人类的存亡紧紧地联系在了一起。同理，承载农业生产活动的自然地理系统，不论大小，均与整个人类社会可持续发展直接关联。国家或自治社会共同体最基本的职能就是保障农业的公益性。直到原始农业时期，农业一直保持强的公益性；传统农业时期，国家逐步将主要职能转变为少数人服务，农业的公益性降低；工业化农业时期，国家职能明确转向为极少数人服务，为非人的货币服务，农业的公益性受到更大程度的伤害，农业越来越简化为少数人牟利的工具。懂得农业公益性原理，由国家及自治区域总体管理农业，是生态文明时代发展的根本要求。本原理为农业系统的第四项原理。

(四)三效制约原理

本原理普遍存在于各级地理系统。在农业系统诞生阶段，人类追求社会功能效益，这一追求方式一直延续到原始农业与传统农业时期。工业革命开始，在工业社会建设中，转变为追求经济功能效益。从全过程观察，自农业诞生开始，地理系统生态功能效益便开始减退，原始农业与传统农业时期，生态功能效益继续减退。在现代农业时期，即工业化农业时期，生态功能进入加速减退阶段。由于农业系统生态功能效益长期受到忽视，积弱积微，最终使生态功能效益成为今日地理系统最稀缺、最珍贵的福利，成为当代地理系统呼唤生态文明到来的根本前提。本原理为长时段尺度运动原理，为农业系统的第二项运动原理。

(五)农牧结合原理

本原理存在于第五级结构层次的农业生产部分。一直到传统农业之前，本原理普遍、均衡地存在于农业系统的最小结构单元，在土地资源开发与土壤肥力保护，以及农业文明社会文化形成与发展中发挥着重要作用。工业革命的发展，导致农业工业化，动物生产功能专门化、生产过程程式化、生产产品标准化、生产方式集中化、生产经营超大规模化，植物生产与动物生产相分离，彼此畸形发展，导致系列食品安全问题、粮食安全问题与环境污染问题爆发。生态文明建设的重要任务在于回归该原理。本原理为农业系统的第七项运动原理。

(六)农业资源均一化原理

本原理存在于地理系统第五级结构层次，且贯穿其他结构层次。其与第四项原理互为表里，且独立于第四项原理。其基本内涵为政治相对独立的社会系统中，单位社会成员存在均衡占有农业资源的发展趋势与发展倾向。资本主义社会制度的建立及在世界范围的蔓延，开始了突出强调个人，压制大众，造成社会收入差别拉大，阶级分化严重，越来越趋向于背离这一原理，成为导致乡村社会解体，人口涌向城市，农业危机爆发的基本原因。生态文明建设的重要任务在于回归该原理。本原理为农业系统的第五项运动原理。

(七)技术与资源互作原理

本原理存在于第四、第五级结构层次的农业生产部分，其影响贯穿于其他结构层次。该原理存在于史前文明时期的新、旧石器时代。随着时代发展，技术进步面拓展，发展速度加快，数量持续加大，其结果是地球单质资源的有限性不断暴露，然后是更多资源的有限性全面暴露，人类陷入了由自身发明的技术威胁自我生存的宿命之中，随着历史发展，该类威胁的广度与深度持续加大，最终促使人类社会必须从更高层次、更加系统、更加全面关注变革方式，抛弃不可持续发展轨道，走向生态文明的全民科学化道路。本原理为农业系统的第八项运动原理。

（八）最小规模稳定原理

本原理存在于第五级结构层次，且贯穿其他结构层次。用于表征地理系统的基础性结构功能单元。通常指部落、族群或村庄。村庄或自然村为农业系统的最小结构单元。大量考古学结果表明，村庄的根源存在于新石器时代农业起源时期甚至更早时期，这一基本形态一直完整地保留并发展到传统农业时期。工业化农业的建立，放纵资本自由运动，强调个人与资本最大效益，推行单一生产规模化模式，趋向于推倒村庄，进行公司化经营，几乎成为不可阻挡的乡村社会与文化的破坏力量。生态文明建设的重要任务在于回归该原理。本原理为农业系统的第六项运动原理。

（九）农业系统动力原理

本原理普遍存在于地理系统各级结构层次。农业系统存在与发展的第一动力为求得群体生存；第二动力为并立的社会或人群间的彼此竞争发展；第三动力为求得可持续发展；第四动力为美好生活的愿望。目前世界农业的第二动力正在成为成强弩之末，处于向第三动力转化的发展阶段。生态文明时代的重要任务就是在全社会达成共识，走向社会经济与生态可持续发展目标方向。本原理为农业系统的第九项运动原理。

（十）农业系统复杂性原理

农业系统是开放的超级复杂巨系统。本原理普遍存在于农业系统五级结构层次。第一，农业所面对的是植物、动物与微生物的生命大世界。每一种生物都有独特的生命结构，面对生长、发育、成熟与衰亡过程与其所需的特定环境条件。受社会进步进程制约及环境条件变化影响，每一生物的生命过程均处于不断变化与被不断发现之中，这意味着人类走近任一个具体生物生命的过程，都几乎是一个永恒的过程。今日人类世界面对的生物种类数以十万计，而更多的种类仍在大量、迅速地被发现之中。对于如此众多生物的认识与正确对待，必然是一件高度复杂的工作；第二，具体观察中，我们对一个又一个生物的了解已经很难，但现实中每一个农户往往经营管理十种到数十种，甚至成百种作物、家畜，每一户经营的生物种类组合一直都在变化着。每一个村庄有这样的农户数十家到成百家，以致更多。而要搞清楚一个村庄的农业生产，搞清楚中国200万个以上的自然村，搞清楚世界数以千万计的村庄，这是复杂性之二；第三，人生百岁古来稀。而农业之根深深扎入了千年、万年、十万年、百万年，甚至更久远的人类文明史与地球史之中。欲以有限的人生，求得几乎是无限久远积累与存在的农业知识，此为其复杂性之三；农业系统隶属于地理系统，而地理系统只是人为划定的系统。地理系统之外尚有宇宙系统在起作用，起作用必然对农业系统产生影响，从而与前述影响交叉作用，此为其复杂性之四。凡此种种，表现出农业系统复杂性的基本特征。当代世界农业面临的严峻形势与紧迫要求，面临最大的不确定性，正确的行动方案选择余地极其有限，从而在客观上要求必须用系统科学理论与系统工程方法解决今日面对的农业系统问题。本原理为农业系统的第十项运动原理。

四、温故而知新，实现生态文明时代世界农业的新生

冷眼观察，在地理一文明坐标意义上，围绕当代农业建设，分别农业系统内部与外部各存在四方面问题挑战。其中，农业系统内部的4个问题为食品安全问题、粮食安全问题、乡村社会安全问题以及地理生态环境安全问题。有关问题如下：

（一）食品安全问题

食品安全问题本质上为食品质量与食物结构问题。具体表现为耕地污染、水源污染与空气污染引起的食物生产源头污染；食品加工、运输、销售过程中盲目或违规使用添加物、违禁药品造成化学污染；食品储运系统控制不良形成生物污染；违法生产的假冒、伪劣食品；食物多样性减少、总体结构简化、综合营养低值化等问题。由公众健康基本状况不良与发展严峻态势，食物生产、食品加工体系输出食品质量、食物结构演化趋势综合判断，世界已经客观存在食品安全问题。从历史长期演化看，这是农业自一万年前诞生至今，第一次遭遇规模如此巨大、原因错综复杂、演化后果难以预料的食品安全问题。没有产品质量保障，一切农产品的数量终将失去意义。食品安全问题是当代世界农业面临的最紧迫的安全问题，因而是第一安全问题。

（二）粮食安全问题

从20世纪80年代开始，世界粮食增长率与人口增长率趋于接近。其粮食年均增长率为1.98%，人口年均增长率为1.73%；20世纪90年代两项指标分别为1.16%、1.47%，粮食增长率明显弱于人口增长率；2000—2010年两项指标分别演变为0.84%、1.21%，人增粮减“剪刀差”进一步拉大。2010—2016年发生逆转，两项指标分别为2.32%、0.90%。2011年莱斯特·R.布朗研究指出：“世界正从食物丰富过渡到匮乏的时代。在过去的10年中，世界粮食储备已减少了1/3。世界粮食价格已经翻了1倍多，引发了全球范围内的土地抢夺，并迎来了一个以食物导向的新地缘政治。食物成为新的‘原油’。土地是新的‘黄金’…… 食品的地缘政治效应快速盖过了石油的地缘政治效应。”观察这一历史性发展趋势，不能不使人怀疑，马尔萨斯人口论“幽灵”在离开地球200多年后，正蠢蠢欲动，已经再次悄然降临世界。全球粮食安全问题之下的国家与地区粮食安全问题客观存在，为第二大农业安全问题。

（三）乡村社会安全问题

近400年来，以工业化、城市化、殖民化为基本内容的常规现代化代表了世界总的发展方向与主导建设力量。常规现代化的行为本质为“尊工业，卑农业；贵城市，贱乡村；重工业，轻农业”，表现为以牺牲农村、农业为代价，实现工业发展和城市繁荣。20世纪中叶第二次世界大战结束后，常规现代化在全球范围内迅速展开。半个多世纪过去了，在取得工业化、城市化发展成就的同时，世界已总体陷入全局性城乡差距扩大，乡村人口每年在以3 000万～6 000万人规模涌入城市，农村牧区凋敝，农牧业萎缩，乡村社会解体，农村牧区板块生态环境劣性发展的困境之中。

与此同时，世界出现了工业产能绝对过剩，跨国公司强势发展，社会财富分配贫富分化严重，城市失业率长期居高不下，中产阶级总体趋于萎缩，失能国家数量持续增加，世界难民与移民规模与日俱增，不可再生资源枯竭，生态环境恶化，贫穷国家动荡不安等系统恶化问题。整个人类社会在滚雪球般地处于“撤离乡村、涌入城市”潮流的冲击之下。这场表面上的农牧业

危机、农牧民社会危机与农村牧区生态环境危机，本质上为城乡对立，多数人贫困化与少数人财富聚集的历史过程。这是常规现代化的必然结果。全球工业化、城市化浪潮仍在凭借巨大的惯性力量向前滑行，农村牧区社会安全问题仍在加剧。国家与地区全局性农村牧区社会安全问题是隐藏在紧迫的食品安全问题、粮食安全问题背后，更具根本性的第三大农业安全问题。

(四)地理资源环境安全问题

地理资源环境指地球表层自然资源环境构成的系统。大约为地表上 10 km 与地表下 5 km之间的部分。地理资源环境系统大于农业系统，是农业系统的基础与屏障系统。自约 600、700 万年前人类诞生开始，人类与自然的矛盾运动一直是在地理资源环境系统内部展开的。伴随着近代科学与技术的进步，人类改变自然的能力持续增强，人类与自然的冲突日益激烈，其对地理资源环境系统的扰动量不断积累增大。具体如对水资源、土地资源过度开发造成全球土地荒漠化；工业化、城市化为特征的现代化导致全球气温上升，影响全球气候变化；大量社会经济活动使地质结构变化引发泥石流、地震等地质灾害；人类扰动空间持续向地球表层多方向扩展，导致地理生存环境巨变，发生大规模生物物种灭绝，遗传资源加速丧失等。2012 年《自然》杂志 6 月版登载由 15 个国际研究机构组成的专家组文章称：人类已经使用了地球 43%的陆地生物地理系统，养活 70 亿人口，如再增加 7 个百分点，人类就会走向不归路！在此背景下，国家与地区地理资源环境系统安全状况在人们几乎是浑然无知中越来越陷入深度险境，构成了农业系统的基本底色。这是第四大农业安全问题。

农业系统外部的问题也有四个。分别为资本主义衰落危机问题、工业社会崩溃危机问题、地球生命共同体颠覆危机问题、人类文明存亡危机问题。

(五)资本主义衰落危机问题

自 1848 年 2 月 21 日马克思、恩格斯《共产党宣言》发表以来，资本主义世界先后经历了多次经济危机，经历了两次世界大战的惨烈过程，也经历了二战结束，特别是冷战结束后的辉煌发展。但好景不长，随之进入 2007 年以来的危机时期。2013 年 7 月 8 日，阿根廷新闻社发表的“21 世纪的革命刚刚开始：希腊、西班牙、土耳其、巴西与埃及是全球资本主义危机的一部分”文章代表了这一时期人们对资本主义世界发展大势的基本认识：资本主义世界体系的新自由主义全球化制造出来的国际现实是，不平等现象加剧，财富进一步集中，更严重的排斥现象，对劳动者的过度剥削，工薪阶层购买力丧失，食品和基本生活消费品价格上涨，就业率低迷，自然条件恶化。所有这一切都是为了保证社会财富以“利润”的形式集中在人类越来越小的群体——资本家群体手中，个人资本主义在衰落，国家资本主义在加强。

被誉为 20 世纪天才的社会思想家的索罗金(Pitirim Sorokin，2003)在我们《时代的危机》中指出：“我们的危机不是正常的而是超常的。它不纯粹是一种经济的或政治的失败，而是主导了过去四个世纪的西方文化和社会的基本形式的崩溃。”资本主义历史发展仍在行进中。从农业领域四大危机状况透视这一制度，我们必须从现在起就做好它彻底衰落，自动退出历史舞台的准备。

(六)工业社会崩溃危机问题

这对我们是一个新概念。达利(Herman E. Daly)与柯布(John B. Cobb Jr.)在《21 世纪生态经济学》(2015)中指出：“工业化是在资本主义背景下发展起来的，但它与社会主义相容这点已经达到了证明。资本主义和社会主义的对立，不是关于要不要或能不能工业化，两者都视工业化为必然。双方的冲突在于，那种经济体制能够更好地提供更多数量的商品和服务，以及公平分配工业化生产方式带来的利益。不管在意识形态方面有何差别，两种制度都完全依赖实行分级管理的生产单位，这些生产单位规模庞大，都是能源和资本高度密集并且专业化的工厂类型。两种制度都依赖不可再生资源，都在不可持续地利用可再生资源和滥用地球吸收废物的能力。"

历史地观察，这是一种现实的、回头看的认识。由于社会主义国家不是发生在发达资本主义国家，而是最先出现在落后的东欧，及东亚国家。落后的社会主义国家要在与强大的资本主义竞争中生存下去，就必须向工业生产力发达资本主义国家学习。成长虎力，与虎同高。这代表了整个20世纪社会主义与资本主义阵营的角力过程，其中包括了作为社会主义国家代表的苏联在1991年的最终解体的事件。进入21世纪后，工业文明走向颓势，资本主义倒了下来，社会主义的中国正式扛起了生态文明兴起的大旗，进入了"青出于蓝胜于蓝"发展天地。

（七）地球生命共同体颠覆危机问题

今日人类与自然的矛盾是严峻的。小约翰·柯布（2014）在《中国的伟大机会》文中指出："如果我们能够客观地审视我们今天所处的境况，我们就会发现，生态危机的脚步在一步步逼近。以气候变化为例。全球气候变暖已经不可逆地发生了，它将断送上万年来良好的环境。即使我们明天就停止向大气排放碳，冰川也依然会融化、危险数量的甲烷也仍然会被释放到大气中、海平面也同样会升高。"这表达了对地理系统危机的深度忧虑。

来自科学界的研究，在不断增加佐证。斯坦福、普林斯顿、伯克利大学参与的一项研究指出：地球正步入新一轮的"大灭绝时期"，而人类将率先遭遇灭绝。地球上脊椎动物的灭绝率已经达到正常水平的114倍，研究主笔之一的杰拉尔多·切巴洛斯（Gerardo Ceballos）称："我们正进入第六次大灭绝时期"。这与托马斯·柏励（2002）的一项警告如出一辙："我们正在面对地球生命系统的崩溃。其规模和严重性，在地球上只有6700万年前中生代结束和我们现在的新生代开始时恐龙和其他无数物种的灭绝这样的大事件才可以与之相比。"地球生命共同体面临的这一问题对今日生态文明建设者提出了意料之外、更大的建设任务，我们处于要在反思资本主义弊病、工业文明问题之外，还必须反思人类社会更长历史时段中隐藏的缺陷。唯有如此，才能满怀信心地走向未来。

（八）人类文明存亡危机问题

美国数学家萨法（2014）在他领导的一项研究结果的公告中警示："因全球经济不稳定，人类对资源的消耗压力不断增长，受工业化推动的现代文明正在加速走向毁灭。如不采取措施，现代文明恐将在未来几十年内面临毁灭风险。"几年前，戴蒙德也曾发布过类似警告："由于当前的人类社会过着不可持续发展的生活方式，不管用何种方法，世界的环境问题都必须在今天的儿童和青年的有生之年得到解决。唯一的问题在于是以我们自愿选择的愉快的方式来解决问题，还是以不得不接受的不愉快的方式来解决，如战争、种族屠杀、饥饿、传染病和社会崩溃等。这些惨剧在人类历史上都发生过，起因大部分是环境退化、人口压力增加、贫穷和政治动荡等。"

Herman E. Daly 等认为："未来40年里，全球体系将会改变，因为按照自然法则，它必须改变。……如果在不得不改变之前改变，在仍有改变选择之时改变，也可能不会避免苦难和危机，但带着对更加美好世界的现实期盼，全球体系可以在苦难和危机中建立。……有两条路摆在我们这一代人面前，生存之路和死亡之路。愿人类选择的是生存。”我们但愿上述研究成果是多虑了。从地球文明角度思考，今日资本主义衰落危机问题、工业社会崩溃危机问题、地球生命共同体颠覆危机问题汇合起来，一致意味着是对整个人类文明存亡的考验。

农业系统的内部问题与外部问题互为表里，互为因果，构成了当代人类社会由工业文明时代行进到生态文明时代必须面对、必须正确处理、浑然一体的重大危机与挑战。人类社会只有积极主动地迎战，才能赢得未来；只有克服危机，赢得挑战，才能拥有未来。

正是在担当这一历史重任意义上，今日农业工作者欲认清农业与乡村面貌，就必须同时认清工业与城市面貌；欲认清一国的工农城乡问题，就必须了解整个世界的工农城乡问题；欲认清今日世界的工农城乡问题，就必须搞清楚世界的昨天与前天。当代学子要真正在个体意义或群体意义上成长为21世纪的农业工作者，就必须学习掌握古今中外一切时代人类社会创造的全部文明成果。

谨向21世纪生态文明的建设者致意！

思考题

1. 谈一谈对地理-文明坐标系的认识。
2. 什么是农业？
3. 请系统阐述当前人类面临的农业问题。
4. 通过所学知识，谈一谈对生态文明时代必然到来的认识。

推荐读物

1. Herman E. Daly，John B. Cobb Jr. 21世纪生态经济学. 北京：中央编译出版社，2015.
2. 罗伯特·阿尔布里坦. 大对比——人类是饱的还是饿的？天津：南开大学出版社，2013.
3. 小约翰·柯布. 中国的伟大机会. 世界文化论坛，2014.
4. 钱学森. 第六次产业革命. 北京：清华大学出版社，2015.

上篇 1

背景与基础

夫民之大事在农。上帝之粢盛于是乎出，民之繁庶于是乎生，事之供给于是乎在，和协辑睦于是乎兴，财用繁殖于是乎始，敦庞纯固于是乎成。

——虢文公

第一章 农业的功能与地位

本章核心内容

- 农业是生态文明建设的基本内容，农业生产是自然再生产过程和经济再生产过程的有机交织
- 农业是国民经济的基础。农业的功能可分为社会功能、经济功能和生态功能
- 农业的功能决定了农业的地位，农业的地位是基础地位与战略地位

农业是人类社会古老的物质生产部门，也是基本的物质生产部门。农业生产是人类有意识地利用生物的生长机能以获得人类生活所必需的食物和其他物质资料的经济活动。没有了农业就失去了人类社会存在、发展、繁荣的基础。在人类社会的经济发展过程中，农业的主要贡献在于：提供了人类生存所必需的生活资料；提供了其他部门发展必不可少的劳动力；提供了其他部门发展所需要的部分原料；提供了基本的生态环境与文化基础。对许多发展中国家来说，农产品出口也是获取外汇以进口本国工业化所必需的机械设备与技术的主要途径。

第一节 农业的功能

认识农业功能属于农业社会学范畴，它是与农村社会学、农民社会学平行的研究内容。在人类社会发展史上，农业是最早形成的物质生产部门，是人类社会再生产的起点。随着农业生产力的发展和剩余农产品的增加，其他部门才得以产生和发展，并最终形成今天我们所见到的国民经济体系和现代社会。农业的功能首先在于它直接为其他部门提供食物、原料和市场，向其他部门输送资金和其他生产要素，同时为人类社会提供更适宜的生活环境。其次，农业与其他部门存在各种前向和后向联系，农业的发展必然引发相关部门一系列的反应。无论过去、现在还是可以预见的将来，农业都是人类社会的衣食之源和生存之本。只有解决了衣食等基本生存问题之后，人类社会才有进一步发展的可能；只有农业劳动者在满足自身需要后，还能够提供剩

余农产品之时,部分社会成员才能从维持生存的劳动中解放出来从事其他经济、政治和文化活动。确如马克思所言:"超越劳动者个人需要的农业劳动生产率,是一切社会的基础。"[①]因此,没有农业的发展,就没有其他经济部门的发展,也就没有人类社会的发展。农业的功能可分为社会功能、经济功能和生态功能。从农业功能的可度量性来看,经济功能可以直接度量,为农业第一功能;社会功能、生态功能是以公共必需产品形式出现的,无法直接用经济尺度度量,称为农业第二功能。农业第二功能的存在是国家必须对农业补贴的基本依据。在现代化建设条件下,国家尤其应当注意这一点。随着社会经济和科学的发展,人们对农业功能与地位的认识必将进一步拓宽与深化。

一、农业的社会功能

古今中外很多历史人物留下了关于农业功能和地位的众多论述。他们在历史实践或历史事实中所揭示出的东西,相当程度地反映了农业历史运动的客观规律。我国历史上就曾有记载周朝历史的《尚书》中说:"食为政首";西周第11位王周宣王(827—782 B.C.)即位,不籍田,虢文公为此议论"夫民之大事在农。上帝之粢盛于是乎出,民之繁庶于是乎生,事之供给于是乎在,和协辑睦于是乎兴,财用繁殖于是乎始,敦庞纯固于是乎成"(国语·周语),提出警示;《管子·牧民》提出:"仓廪实则知礼节,衣食足则知荣辱";诸葛亮曾说过:"粮谷,军之要最";南北朝宋文帝在《劝农诏》中提出:"国以民为本,民以食为天";清代康熙皇帝在《农桑论》中指出:"王政之本,在于农桑";王桢言:"农,天下之大本也。一夫不耕,或受之饥,一女不织,或受之寒。故古先圣贤,敬民事,首重农";孙中山在总结德国第一次世界大战失败的原因时说:"因为德国的海口,都被联军封锁,国内粮食逐渐缺乏,全国人民和士兵都没有饭吃,甚至于饿死。所以终归失败!可见吃饭问题,是关系国家之生死存亡的";毛泽东讲:"手中有粮,心里不慌。"陈云说:"无粮则乱";习近平讲:"自己的饭碗里要装自己的粮食"。西方历史人物也留下了大量对农业功能与地位的论述,如古希腊历史学家色诺芬(Xenophon 430—354 B.C.)曾说:"农业是其他技艺的母亲和保姆。因为农业繁荣的时候,其他一切技艺也都兴旺。但是在土地不得不荒废下来的时候,无论是从事水上工作或非水上工作的其他技艺也都将处于垂危的境地了"(《经济论》,商务出版社,1961);罗马时期维杰提维斯(公元4世纪)言:"时间和机会可以挽救其他灾祸,但如果粮秣和给养如未能注意供应,其危害是无法补救的";我们的邻国印度前总理甘地夫人1966年4月在印度各邦首席部长及农业部长会议上说:"除非我们在近几年内提高农业产量,实现粮食自给,否则我们就无权说印度是一个自由的国家……"。可见,农业是人类社会最重要的社会经济部门。

(一)农业是人类赖以生存和发展的基础

农业是人类的衣食之源和生存之本。农业最重要的社会贡献,就是提供农产品。直到今天,维持人类生理机能所必需的糖类、蛋白质、脂肪和维生素等都只能从农业中获得。农业生产利用作物的光合作用吸收太阳能和自然界的无机物质来生产粮食、豆类、油料、蔬菜、水果等植物性产品,然后再利用动物的消化合成功能进一步将植物性饲料转化为肉、蛋、奶等动物产品。尽管现代科学的发展十分迅速,但是用无机物人工合成食物以满足人类需要仍是十分遥

① 卡尔·马克思,弗里德里希·恩格斯. 马克思恩格斯全集. 北京:人民出版社,1974.

远的事情。在可以预见的未来，我们仍将长期依赖农业生产以维持生存与发展。

随着工业化、城市化发展，农业部门以外社会对食物等农产品的需求呈增长趋势。原因在于非农部门的人均收入往往高于农业部门，而且其人口比重持续提高，因而使城市人均食物消费总量通常也高于农村。同时，在农业劳动力向其他部门迅速转移过程中，农产品，特别是食物的生产和供应没有相应速度的增长，就可能因食物短缺而限制其他部门甚至整个国民经济的增长。

几百万年以来，人类一直依赖天然纤维和皮革来解决穿衣问题。随着化学工业的发展，合成纤维的生产取得了很大进展。但是，无论在世界上什么地方，合成纤维仍未能完全取代棉、麻、毛等天然纤维，天然皮革的地位也未受到严重挑战。不仅如此，随着生活水平的提高和社会风尚变化，人们在穿着方面表现出了回归自然的倾向，天然纤维再度受到人们的青睐。另一方面，野生动物皮毛的利用因物种保护方面意识的加强，受到了社会公众的抵制与反对。两相作用，使依赖农业生产提供天然纤维和家养动物皮毛的重要性再度上升。

(二)农业是人类社会进步的阶梯

人类从采集和渔猎过渡到农业，就是从简单地利用自然界现成的生活资料转入人工生产产品，使人类初步免除了自然界现成生活资料不足的限制和威胁，为人类稳定发展奠定了坚实基础。农业的出现是人类经济史上的第一次革命。它不仅为原始社会跨越式发展准备了必备条件，也为人类社会随后的发展提供了现实可能性。这是因为：第一，农业的诞生，大大地增加了食物供应，从而加快了人类的增殖速度；第二，农业的出现，通过提高劳动生产率，从而使一部分人得以从食物生产中解放出来，专门从事制陶、采矿、冶炼和劳动工具的制造。从这一角度看，农业促进了社会分工和经济的发展。没有农业的发展，就不可能出现手工业，更不可能出现以后的工商业和其他社会经济文化部门；第三，定居有利于文化的积淀。农业使人类从迁徙，过渡到定居，并逐渐形成了村落，一夫一妻制的家庭由此得以巩固；第四，农业生产与天时地利关系最密切，因而在所有文明古国中，天文历法是首先发展起来的科学。并且由于天文学进一步发展的需要，数学、物理学和其他相关科学也逐渐发展起来；第五，随着农业发展，人口的增加和定居村落的出现，人类生活安定，生活条件逐渐改善，自然而然地产生了精神和文化的需要，原始音乐、文学和宗教随之产生，并得到发展与积累。农业的出现产生了对科学技术与文化的需求，也为科学技术和文化发展提供了条件。原始社会的一切进步都离不开农业的发展。

传统农业创造了比原始农业更高的生产力，提供了更多的剩余产品，从而导致商品经济的进一步发展，城市的建立和国家的出现，并为工业革命准备了必要条件。

第一，传统农业的发展导致城市的兴起与发展。与原始农业相比，传统农业进一步增加了农业剩余产品的数量，从而可维持更多非农人口的生活，因而在更大程度上促进手工业和商业的发展。随着手工业和商业不断发展，非农人口数量增加，逐渐向中心地带集中，从而形成了集镇与城市。

第二，传统农业的发展导致国家兴起。一方面，城市人口的增加和贫富分化，使一部分贵族阶层和宗教组织逐渐加强了自己的政治权力。这种权力逐渐在越来越大的地理范围内发生作用；另一方面，传统农业的发展，要求有一个权威机构来协调、组织、管理农业资源和产品，国家政权便应运而生。国家的出现又为产权制度以及其他法律制度的建立和完善奠定了基础，为自然资源的合理开发利用提供了制度保障。

第三，传统农业的发展为工业革命准备了必要条件。工业革命需要财富的增加和集中，需要分离劳动者和生产资料，需要发展市场和商品交换，也需要科学技术的发展。英国的历史经验表明，在以农业为最主要生产部门的前现代化国家中，经济组织、生产技术和产业结构的变革是首先从农业部门开始的。必须首先提高农业生产率，让更多的剩余农产品进入市场，使农业与市场经济建立一种顺畅的关系；同时要在提高产量的基础上扩大非农就业渠道、增加就业数量，以缓解现代化过程中必然出现的劳动力何处去的社会问题。从18世纪中叶开始，随着西方国家工业革命与资本主义的兴起，传统农业逐渐开始向现代农业过渡。工业化和城市化的结果导致非农人口大量增加，促使农产品市场不断扩大，对农业生产提供了强大的刺激。机械工业、能源工业、化学工业的发展为农业生产提供了新的、更大规模的物质、能量来源；生物科学等现代科学技术的应用和发展，不仅使人们在调节、控制动植物生产环境方面逐渐取得前所未有的主动权，而且使人们获得了"改造"动植物遗传特性的能力。人们对农业自然再生产过程的干预能力达到了空前的广度和深度。同时，农业生产的专业化、社会化程度提高，农业生产与农产品加工、销售以及农业生产资料的制造、供应之间的联系日趋紧密，促进了各种农、工、商一体化经营形式的出现以及超大型农业企业，农业跨国公司的建立。这一切为农业的扩大再生产提供了十分有利的条件，使现代农业的发展速度远远超过传统农业。食物的生产是传统农业的核心，在数千年里其增长速度仅维持了0.062%的人口年增长率。而现代农业不但满足了人口快速增长对食物数量的需求和经济增长所带来的对食物质量及花色品种的需求，同时还提供了日益增多的工业原料。

与现代农业迅速增长形成鲜明对照的是农业占国民经济的比重持续下降。传统社会农业曾经是最主要的就业部门，但现在农业劳动力占就业总人数的比重已显著降低。在大多数发达国家这一比重都低于10%，如英国低于2%，美德两国低于3%，加拿大低于4%，法国低于5%，日本低于6%，意大利低于7%。在一些发展中国家，工业化开始之后，这一比重也已经从70%～80%降低到大约40%，而且仍在进一步下降。从各部门占国内生产总值的比重来看，农业的份额也在下降。由于农业劳动力人均创造的财富相对较少，这成为农业劳动力必然流入其他劳动生产率更高部门的基本根据。从总体上看，这一现象似乎表明了社会进步，因为在满足人类生存基本需要以外，现代社会可以提供日益增多的其他商品和服务，更好地满足日趋多样的消费和休闲需要。另一方面，这一现象同时也是农业生产力大幅度提高的结果，以至社会可以依靠日益减少的农业劳动力满足日益增长的对农副产品的需求。在新的发展基础上，随着生活水平的不断改善，人们不再满足于单纯的物质消费，逐渐厌倦了钢筋水泥建筑构成的喧嚣的都市生活，开始憧憬更接近大自然的生活，休闲农业、旅游农业、观光农业等应运而生。农业本身是动植物的再生产过程，农村充满了令都市人向往的田园风光。这是人们的消费需求和审美观念变化，农业及农村全新价值的体现。未来发展中，由农业来提供产品的功能将依然存在。与此同时，农业在满足人们精神、文化和审美方面需求的重要性将日益增加，这一作用将反过来影响社会文化，影响人们对自然界的认识，影响人与自然关系的重新建立。

(三)农业是人类社会政治、文化之根基所在

农业曾经是人类社会的唯一生产部门。随着生产的发展和生活水平的提高，人们的需求不断发展变化。物质消费的重要性相对下降，而精神文化追求逐渐增长。由于社会的需要，科学、文化、教育和卫生等部门先后出现并发展起来，政府等社会公共部门在维持经济、社会秩序方面的功能以及收入再分配方面的功能也不断增强。然而，非物质生产的社会部门的存在与发展同样离不开农业的发展。

1. 农业的社会政治稳定功能

农业与政治的关系是经济基础与上层建筑的关系。传统农业的主要生产资料是土地，谁占有土地谁就占有土地上的大部分收益。如地主—佃农制是中国2000年来主要的社会经济关系，地主就是依靠占有土地而向佃农索取高额租谷或租金的。一方面，在以农业为基础的社会中，帝王、贵族、官僚等都可能依靠对土地的直接或间接占有（通过地租、税收、劳役、高利贷等多种形式）来维护与增加他们的财富；另一方面，为了预防农业的旱、涝等灾害，建设水利工程，和维持经济社会秩序与收入再分配的稳定，都需要强有力的中央集权政府来组织实施。因此，农业客观上为封建君主制的统治提供了经济基础。事实上，历史上多次农民起义都是因为未能维持农业的持续增长与农民的稳定收益而引发的。

1949年中华人民共和国成立后，首先在全国范围内展开并完成土地改革，实现了耕者有其田。政府采取了“农业为基础，工业为主导”的建设方针，促进了农业的发展，农民生活水平有所改善。1978年后针对之前20多年超越生产力发展阶段的做法，在新的条件下实行了家庭联产承包责任制，给予农民家庭以充分的经营自主权，不仅保证了农业以及整个农村经济较快的发展，而且农民生活得到了根本改善，为农村社会保持稳定发展提供了重要基础。这些事实表明农业持续增长是政治稳定的重要前提。世界许多国家的农业史亦都表明农业状况对政治制度的影响。英国17世纪开始的资产阶级革命的成功有两个直接与农业有关的经济条件：一是圈地运动。圈地不仅向城市工厂供了羊毛，同时也迫使大批农民破产，成为城市工厂雇佣的第一批廉价劳动力；二是殖民地掠夺。英国在西印度经营甘蔗园，在印度经营棉花、生丝、香料、椰子，后来又在印度种植鸦片向中国销售，以内外掠夺方式完成了资本原始积累。因此，是西欧新兴资本家的掠夺性的商业性农业为资本主义制度提供了基础。西欧资产阶级革命摧毁了中世纪的封建土地所有制，在农村建立了农场主经营的资本主义农场以及自耕农经营的家庭农场。19世纪后，随着机械化的水平的提高，家庭农场成为西方国家主要农业经营形式。家庭农场经营形式调动了农民的商业生产积极性，农业生产显著发展。

2. 农业的教育与文化传承功能

思想文化领域是在农业产生后，人们在从事农业生产过程中长期形成的（见图1-1）。世界上许多民俗与信仰扎根于农业，同时又对农业发展产生着深刻的影响。如我国各地农村有广泛的自然神崇拜，比如汉族崇拜的山神、土地、雨水龙王等等，许多少数民族的宗教信仰几乎全部与农业或捕猎有关。大兴安岭的鄂伦春族供奉太阳神（叫“得勒钦”），每年农历正月初一要向太阳神朝拜，正月十五向月亮神朝拜。云南省西双版纳地区的布朗族将农事活动与宗教活动紧密结合，祭祀活动贯穿于选地、砍烧、播种、收获、谷物进仓的全过程。尽管葡萄起源于近东，但由于近东人民信奉伊斯兰教，而禁止饮酒，因此近东的葡萄酒生产极少。可兰经认为猪是不洁的动物，因此伊斯兰国家都不发展养猪。佛教、印度教认为杀害动物，特别是杀害牛是不能允许的，因此尽管

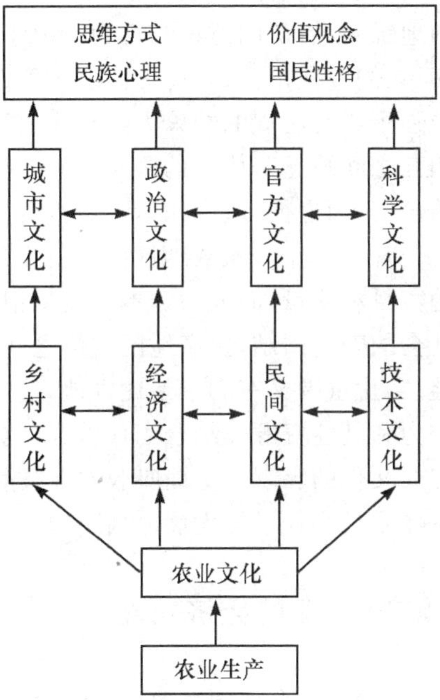

图1-1　农业与传统文化的关系

印度的水牛占世界总数的一半，菜牛占15%，但印度的牛肉生产极少，牛主要作为役畜，等等。

无论在东方还是在西方，乡村田园生活都长期被作为理想的社会而受到热情讴歌。迄今为止，西方一些农业经济学科的教科书仍然称乡村生活比城市生活更符合人性和道德标准。工业革命以来，人类发展加快，经济、社会、政治、科学、技术和文化日新月异，都市居民的职业、就业地点和居住场所呈现出频繁变化的特征。在这一背景下，农村生活相对较多地保持了原有稳定，因而更多地被指责为封闭、保守、愚昧和落后。但是，随着社会的进一步发展，现代工业社会和都市生活的弊病日益凸显，农业和农村社会因受到现代科学技术和文化影响而获得新生，其社会文化方面的价值也因而获得了新的肯定。

无论是植树造林、改造沙漠，建立自然保护区，还是正在兴起的休闲农业、旅游农业和观光农业，都不仅仅是单纯的生产和经济活动；它们同时也是改变人们意识的精神活动和文化活动。在进行这些活动的同时，人们必然要反思自身的行为，从更全面、更理性的角度审视人类在自然界的地位，审视人与自然的关系，以及人与人的关系。在野外自然环境中的休闲、旅游和观光不仅可以陶冶人们的性情，培养人们对大自然的热爱、对生活和生命的热爱，消除现代都市快节奏生活带来的压力、焦虑和浮躁情绪，还可以通过潜移默化的方式帮助一般大众更好地认识自然，更深入地理解人与自然的关系，从而更加珍惜和爱护我们赖以生存的环境。为了更好地发挥旅游观光在这方面的作用，越来越多的国家与地方在有意识地将自然保护区、农业科学园办成科普基地，通过组织专题旅游、专题野营和短期培训等多种方式，向大众特别是青少年普及生态环境与人文历史知识。农业生产活动对人类精神文化领域的发展具有不可低估的作用，从普通的大田作业到特色生产，无不如此。

城市一定区域内居民间在职业和生活方式方面的差异可能很大，工作和生活地点往往不在一个地方，因而地缘关系不密切，认同意识较低，风俗和行为方面的一致程度也较低。与城市相比较，农村社会则具有十分明显的社区特征，即在一定的地域范围内由一定的人口，组成一定的社会组织体系，从事基本相同的职业，具有比较一致的生活方式和民情、民俗以及由此产生的地缘关系、认同意识和行为。由于上述原因，农村社区的成员相对稳定，民风淳朴，邻里关系密切，人们重视伦理、亲情等传统价值观念，道德、风俗和舆论对行为的规范作用十分巨大，有时甚至强于成文法规的约束力。相比之下，城市居民的流动性大，社区功能相对薄弱，同一区域居民相互之间缺乏实质性的联系，仅仅表现为居住在同一空间范围而已。城市居民更重视物质财富的价值，而道德、风俗和舆论对其行为的约束力较小，通常只有法律有较强的约束力。

任何一个国家或地区的经济发展在很大程度上都取决于劳动者的力量，即取决于人力资本的数量和质量，而人力资本发展从根本上看取决于社会和文化发展。社会、文化发展有助于加强社会的安定团结，提高地区成员之间的凝聚力，从而为经济发展提供更好的社会环境。良好的社会、文化氛围又有利于留住本地人才，同时吸引外部的人才和资金，增加地区经济发展所必需的人力和其他资源。结合当代世界社会经济发展实际，蕴藏在农业文化中的积极成分有助于补救工业文化的弊端。全面吸收农业文化精华，会同工业文化成就，创造出具有全球发展意义的新文化体系是当代世界发展的新要求。

二、农业的经济功能

（一）农业是国民经济的基础

“超越劳动者个人需要的农业劳动生产率，是一切社会的基础”。农业的发展和农业剩余产品的增加，不仅是人类社会发展的根本前提，而且直接导致更多社会部门的建立和扩张。随着经济的发展，农业在国民生产总值中的所占比值不断下降。但是，“民以食为天”，农业生产总规模始终在持续增长，农业仍然是现代社会中重要的社会经济部门之一，具有不可替代的作用。

1. 产品贡献

人类从高级哺乳动物进化而成，人体的生物学特性决定了人类必须以植物与动物作材料为食物。从人类起源开始至今，人类向植物与动物获取食物这个事实，从来没有改变。在可以预见的未来，也不会改变。虽然人类有可能在未来的某一天，能够利用生物工程与环境控制等新技术，在工厂中培养绿色组织，进行光合作用，以获取食物。但那也是一种未来形态的农业，并没有脱离生物、脱离农业。一国或地区经济多样化的程度及其发展速度，取决于域内食物生产者所生产的超过自身需要的剩余食物。对于发展中国家来说，对食物日益增长的需求只能靠本国农业的增长来满足。事实上，如果没有本国农业的持续增长，发展中国家则将因为缺乏食物而无法推进工业化和现代化的进程。而对于发达国家来说，如美国、法国、加拿大、澳洲国家等，由于粮食是其重要出口商品，农业一直处于重要地位。农业的永恒主题与永恒贡献是向全社会提供食物。

2. 原料与市场贡献

在工业化时期，农业不仅为工业劳动者提供食物，农业与工业还存在着不可分离的物质交流关系。一方面农业是工业原料的重要来源。农业的产后工业，如食品工业、棉纺工业、毛纺工业、丝绸工业、造纸工业、木材工业、香烟工业、香料工业、制糖工业、生物制品工业、服装工业、造船工业、家具工业、化妆品工业、建筑工业等的原料，只能来自农业或主要来自农业。近年来，随着社会经济的发展，农业呈现出向提供能源物质与生物化工原料物质发展的新趋向。农业供应原料的能力在相当程度上制约着各国工业的发展速度。另一方面，农业又是工业品的重要市场。发展中国家工业化的进程中迫切需要工业品市场的迅速扩展。由于一时难以与发达国家在世界市场相竞争，发展中国家的主要生产部门为农业，农业人口占全国总人口的比重较大，因而农业和乡村区域成为国内市场的重要主体，农业和乡村市场的发育在很大程度上制约着整个国家或区域经济的增长。

3. 要素贡献

要素贡献指的是农业生产要素向其他部门的转移。从工业化长期演化的视角观察，国民经济其他部门的发展过程是农业领域生产要素不断向其他部门转移的过程。农业是主要经济部门时，几乎所有生产要素都集中使用于农业部门。随着农业生产力的提高，剩余农产品、剩余农业劳动力、剩余农业资本以及其他自然资源不断转入第二产业和第三产业，为其他部门的产生和发展提供了必要的生产要素。没有这种要素转移，其他部门的发展就面临“无米之炊”的境地。

4. 资金与外汇贡献

农业部门的剩余资金向非农部门转移，是非农部门发展的重要因素，是其发展初期的主要动力。世界上多数国家工业化初期所需资金绝大部分是从农业获取的。即使在工业和其他部门获得长足发展，自身已积累了超过农业部门的资金以后，整个农业部门依然是其他部门发展积累资金的重要来源。

所谓外汇贡献，是指通过出口农产品，农业为国家经济建设赚取外汇。对于许多国家来说，扩大农产品出口是增加外汇收入、改善国际收支的有效途径。在一个国家经济发展的初期，农业的外汇贡献尤为重要。此时由于工业基础薄弱，科学技术落后，工业品不具有国际竞争力，难以出口创汇，而工业发展又需要用外汇从国外进口先进的技术、机器设备和部分原材料。因此，具有比较优势的农业部门在出口创汇方面便扮演了重要角色。发展中国家经济发展的实践充分说明了这一点。在这些国家，出口农副产品及其加工品赚取了大量外汇，用农业赚取的外汇购买先进的技术和机器设备武装本国工业，从而促进了本国民族工业的快速发展。所以，如果没有农业的外汇贡献，大多数发展中国家工业的快速发展是难以想象的。随着经济的不断发展，农业外汇贡献的份额一般会下降。这是因为，工业壮大以后，工业品的出口创汇能力会逐渐增强，使其逐渐成为国民经济出口创汇的主要力量。然而，农业外汇贡献份额的下降，并不意味着农业对国民经济发展外汇贡献的消失，农业出口创汇的绝对量还可能增加。对于一些发达国家来说，由于自然禀赋和生产技术方面的优越性，农产品在国际市场上具有较高的竞争力，因而农产品的外汇贡献也具有特殊的重要性。例如，美国和法国都是发达的农产品出口大国，农产品的外汇贡献十分巨大。其中，美国的情况更加突出，它不但是世界最大资本输入国，而且也经常性地长期存在巨额赤字，其农业在平衡国际收支、减少外汇赤字方面具有无可替代的作用。加拿大和澳大利亚农产品出口的绝对值虽然稍小，但占出口总值的比例却很高，对出口国外汇贡献大。

目前，我国工业与世界先进水平在逐步拉近，在国际市场的竞争力有所改观，我国特色农产品、加工农产品及相关技术体系在国家对外交流中具有较大潜力，是今后出口交流与创汇的重要来源。

(二)农业是劳动力就业的主要场所

历史上各国社会劳动力曾多以农业为主要就业部门；随着工业化发展，越来越多的劳动力转入工业和其他非农部门，农业劳动力占从业总人数的比重不断下降。目前，多数发达国家农业劳动力仅占从业人员总数的5%～20%，有的甚至更低；而发展中国家这一比重也大多减少到30%～50%。中国改革开放以来的情况也是如此。中小企业异军突起，成千上万的农业劳动力离开农业、农村，在城镇从事长期或短期的非农生产经营活动，极大地增加了社会财富。因此，当代社会出现的民工潮并不是盲流，而是农民为追求经济利益的合理流动。全体农民为推动国民经济进步做出了重要贡献。

对于中、低收入国家来说，农业是这类国家中提供最重要就业岗位的产业。虽然农业的比较效益低，但至少可以维持生存，并且随着农业生产率的提高和农村产业的发展，农民的收入在不断提高。而对于高收入国家来讲，虽然农业劳动力占总从业人员的份额普遍很小，但是其农业劳动力质量和劳动生产率非常高，而且从整个农业产业(包括农用工业、农后工业及有关商业等)看，从业人数大，农业产业仍然是劳动力相对密集的国民经济部门。因此，不仅是发展中国家在经济起飞过程中，出现的失业问题与农业发展相对滞后，国民经济产业结构失调有关，而且发达国家解决失业问题的方法也与农村社区发展密切联系。确如美国芝加哥大学经济系资深教授、美国经济学会会长D·盖尔·约翰逊(1997)曾评论指出的那样："今日工业国家的巨大财富及过去半个多世纪发展中国家生活上可观的改善均依赖于农民，是他们在农业变革中发挥了重要作用”。

(三)农业是国民经济发展进步的动力源泉

农业是国民经济的基础,同时农业也是国民经济发展的动力源泉,我们对此必须有一个正确认识。农业不仅是其他部门发展的支撑部门,而且是国民经济的有机组成部分。相当数量的发展中国家因急于实现工业化,往往会片面理解农业的基础作用。比较典型的现象是:农产品供应不足时十分重视农业,想方设法刺激农业生产;一旦农产品供求基本平衡或供过于求,就以为万事大吉,根本不从国民经济协调发展角度考虑农业和整个国民经济结构的调整。结果导致农业畸形发展,丧失其战略地位。以牺牲农业的方式追求经济增长,不顾本国资源条件片面发展资金密集型和技术密集型产业是不能够获得长期稳定增长的。

一个国家如果存在大量闲置资源未得到充分利用,其经济结构一定有改善的可能,其经济增长速度一定还有提高的余地。事实上,即使资源条件一般,也可以在农业发展上做出成就。关键是要开发与本国资源条件相适应的科学技术体系。

荷兰是欧洲大西洋东岸的岛国,却是除美国之外的第二大农业出口大国,每年的净出口额300多亿美元。事实上,荷兰土地资源并不富裕,人均农田面积不足0.1 hm^2,而且全国光照不足、国土面积狭小、土地资源稀缺,但荷兰建立起世界一流的设施农业系统,种植的鲜花和蔬菜,年产值高达12亿美元,是荷兰的重要经济支柱之一。荷兰的农业就业人口比重在3%以下,即用约3%的劳动力,创造了约2%的价值。荷兰的农业是资源短板下的高效农业。

以色列国土面积2.2万 km^2,其中2/3是沙漠。可是,以色列却在沙漠上创造出了震惊全球的农业奇迹——果蔬占据欧洲市场40%以上,农业生产效率高达日本的50倍,一个以色列农民可养活113人(中国一个农民养活4人)。其原因在于先进的农业及农业机械化技术,如农业灌溉、水肥一体化、农业生态、农用机械、水产养殖、农场运营、有机农业、种子生产和繁育等。以色列农业世界闻名,与军火工业、钻石加工并列而成为以色列国民经济与对外贸易的三大支柱。

荷兰和以色列的农业都是值得借鉴的高效农业,但是这些所谓先进技术都是发达国家在资金相对过剩条件下开发出来的,与发展中国家的资源条件不相适应。因此,发展中国家有必要自行开发劳动力密集型产业所需要的专门技术。

虽然发达国家农业在国内生产总值中的比重可能已降到5%甚至更低,例如荷兰的农业增加值占GDP的比重已降到2%,但与其相关产业对国民经济的贡献却很高,而且在继续增长。如果把农副产品的加工、储藏、运输和销售都算上,同时把现代农业生产所需要的生产资料的生产、流通也算上,农业生产过程加上产前、产后各环节所生产的国内生产总值约在30%以上。如果没有农业,这些部门则将萎缩,甚至将立即消失。

自改革开放以来,我国农业占GDP比重每年约下降0.5个百分点。1978年农业占GDP的比重为28.2%,2015年第一产业增加值在国内生产总值中比重已下降为9.0%。预计随着农业生产基本平稳和农业结构的调整,农业在国内生产总值中的比重将会进一步降低。但是,透过这一表面现象,如果加上农产品加工业、餐饮业、生物制药、旅游业、农机、乡村服务业、农业关联商业、运输业等产值,农业占GDP的比重将大幅上升。

三、农业的生态功能

(一)乡村区域生态健康与环境保障功能

随着人类社会的发展,生态环境方面的问题日益突出。农业是人类与大自然联系最密切的生产部门,因而在保护生态环境和治理污染方面,具有其他部门无法替代的作用。农业在现代社会的经济作用可能波动或相对下降,但其生态环境作用在明显趋向于升高。

在漫长历史中,人类绝大部分时间都在被动地适应自然环境,其活动对周边环境的影响很小。面对地质、气候变化与生态演化引起的生态环境问题,人类只能消极适应,无法加以改变。近700万年过去了,随着社会物质财富和科学技术的积累,人类已经具备了在一定程度上影响和改造世界的力量。虽然如此,直到今天,除对气候的短期变化采取有限的补救措施外,人们仍然只能被动适应地质和气候的变化。出乎预料的是,今日人类对于周围世界作用的结果,却往往成为影响当地以致全球生态环境问题的根源。这是今日人类与自然关系的基本现状。

农业是出现最早的物质生产部门,也是首先造成人为生态环境问题的部门。过度砍伐森林和掠夺式的耕作不仅曾经导致一些古代文明的毁灭,而且仍然是今天一些地区,特别是热带雨林地区面临的现实生态环境问题。化学肥料和杀虫剂、杀菌剂、除草剂、抗生素以及塑料制品的大量使用,造成的环境污染和自然生态系统破坏则是更普遍的问题。人类正在从历史中吸取教训,农业生产面临从总体上不可持续发展向可持续发展转变的发展要求。

与其他部门相比较,在合理经营的条件下,农业具有对生态环境的很少破坏,而且能在相当程度上吸纳其他部门对生态环境所造成的破坏,并且在一定范围内具有改善生态环境的潜力。这是时代对农业提出的要求,也是生态文明时代对农业发展提出的根本要求。依靠破坏生态环境发展农业的时代已经过去。

(二)城乡共同体生态健康与环境保障功能

现代社会主要的人为生态环境问题源于人类生产和生活所产生的废弃物,如工业生产和都市生活所产生的有害废液、废渣与废气。“三废”中含有汞、镉、砷、氰化物、酚、多氯联苯、温室气体、烟尘、粉尘等有害物质和病菌、致病霉菌、病毒、寄生虫卵等有害生物,与工业生产和现代交通运输所产生的辐射、振动、噪声、废热一道,从化学、物理和生物三方面形成污染的环境,破坏了自然原有的生态平衡。具体表现为传统“鱼米之乡”转变为“毒米之乡”;地表水、地下水成了污水及土壤污染,空气污染等。

一方面,随着人类向自然索取物质的增多,抛向自然界的废弃物在等比例增多;另一方面,人类改造自然的能力越强,自然界对人类的“报复”也在加重。日益严重的生态环境问题就是自然界对人类的“报复”,它不仅阻碍人类社会经济的进一步发展,而且也严重威胁人类的生存。

对生态环境问题的治理主要包括两部分内容:保护自然环境,保持生态平衡;控制和治理污染。前者的主要任务是保护生物及其生存环境,包括土地、森林、水资源、野生动植物,以及名胜古迹和风景旅游区。完成这一任务的主要措施包括合理利用土地、科学植树造林、防治荒漠化、建立野生动植物园和自然保护区,以及合理开发利用自然资源等。毫无疑问,上述措施都是农业生产的内容,或者与农业生产密切相关。因此,农业部门是完成这一任务的主力军,在保护自然生态环境方面正在发挥主要作用。

事实上，农业在这方面的作用不仅仅限于减轻人为的生态环境问题，科学植树造林，防治荒漠化等工作在相当大程度上也是与地质、气候变化所造成的生态环境问题做斗争。无论是中国西北地区古代的绿洲农业，还是现代的“三北防护林工程”，实质上都是以农业为手段对自然环境施加影响，使之向有利于人类生存的方向发展，使之符合可持续发展的目标。对人类社会来说，这些努力的目标不仅是增加农产品的产量，更是改善自然生态环境。其他类似的农业工程和生产技术都有相同的作用。

在治理污染方面，农业也发挥有重要作用。粪便和一些生产、生活废弃物在种植业可以用作有机肥料，部分还可以作为畜牧业和渔业生产的饲料与饵料。这样不仅可以促进农业生产的发展，还可以减少对环境的污染。农作物和林木都是绿色植物，它们都以二氧化碳作为光合作用的原料，因而在缓解温室效应方面具有积极作用。城市绿地还可以有效地降低噪音、减少空气中的悬浮物，同时削弱都市的“热岛”效应。此外，微生物在废液和废渣的无害化处理中也发挥着十分显著的作用。

（三）地球生命共同体生态健康与环境保障功能

在当代农业发展条件下，尽管农业的经济功能相对不断弱化，但关于农业社会功能、生态功能却不断显示出重要性。事实上，世界各国由于工业化或迅速工业化导致的一系列几乎令人绝望的社会经济问题（资源环境与生态问题），只有在农业现代化条件下才能最终得以解决。

全球食品安全危机、世界粮食安全危机、世界乡村社会危机、世界自然地理危机，这些危机爆发期已经来临，事实上就是人类文明总危机的爆发。我们知道，如果一个工厂的主要生产机器次品率上升、产量降低、生产线的前处理环节问题百出，厂房摇摇欲坠，原材料数量、质量双双反复报警，那我们给出的判断肯定就是，这样的企业已经陷入了重大、颠覆性危机之中，已经面临被淘汰的命运。如果推而广之到一个行业，那么这个行业离淘汰的日子肯定就不会远了。

再假如一头奶牛生产的牛奶品质在下降，产奶产量在降低，母牛已经骨瘦如柴，而且牛场已经破旧，饲草饲料三天两头断供，这种情况如果扩大到整个奶牛场，或进一步扩大到全球奶业，那么这样的奶牛、奶牛场、奶业是不是在大难临头？

如果我们将全球农业比作护佑人类文明的参天大树，那么今日食品安全危机在表明这棵大树的果实品质总体在劣化、甚至在毒化；粮食安全危机意味着其生产总量也已经不能满足需要；乡村社会危机表征她的根部在萎缩、退化，甚至已经成片坏死；而自然地理危机则说明支撑大树的土壤、水资源、空气资源与环境在恶化。这样的事实如果与前两例相类比来看，今日世界农业四重危机同时存在，并且必将爆发的客观事实不能不令人不寒而栗！事实上这是自约1万年前农业诞生以来，世界农业第一次遭遇到的全局性存亡危机，这是对人类文明能否继续生存下去提出的现实挑战，人类文明已经大难临头。这样的挑战意味着，工业文明因彻底背离人类利益，正在不可避免地被历史所淘汰，崭新的生态文明时代已经受到强烈呼唤而即将到来。

1984年，钱学森曾预言，人类在完成信息技术为基础的第五次产业革命之后，将必然迎来知识密集型的农业产业革命——第六次产业革命。他明确预断，第六次产业革命在2020年左右在中国发起，2050年完成，进而推动世界物质文明、精神文明、政治文明与地理文明建设进入全新发展状态。这是钱学森对人类世界历史发展做出的重大理论贡献。世界农业危机昭示出生态文明时代正在到来，围绕第六次产业革命，围绕生态文明的建设道路正在开辟，人类需要谨慎探索，一点一点地克服千难万险，赢得美好的明天。

第二节 农业的地位

农业因其独特的功能而具备了基础性、战略性与决定性地位。农业本身的客观价值与农业系统的功能,以及农业的地位相互依存,相互联系,农业功能与地位二者间是一体两面,不可分割的关系。农业地位依赖于农业功能,农业功能决定了其地位。

农业是国民经济的基础。农业生产为人类提供了最基本的生活资料,作物生产与动物生产的产品数量和质量关系到所有人的生存大事,与人们物质生活水平的提高息息相关。从原始社会到现代社会,农业始终具有不可低估的作用。在人类社会发展史上,农业是最早形成的物质生产部门,也是人类社会再生产的起点。随着农业生产力的发展和剩余农产品的增加,产生和发展了其他部门,并最终形成了当代国民经济体系和现代社会。如果将人类文明历程看成是一棵参天大树的生长过程,那农业就是根本部分,国民经济其他部门则是枝叶花果。从古及今,农业的地位均十分重要。从国民经济与人类文明广阔角度认识农业具有基础地位,战略地位与决定地位。

一、农业的基础地位

农业的基础地位首先在于它直接为其他部门提供食物、原料和市场,向其他部门输送资金和其他生产要素,同时为人类社会提供更适宜的生活环境。其次,农业与其他部门存在各种前向和后向联系,农业的发展必然引发相关部门一系列的反应。无论是过去、现在还是可以预见的将来,农业都是人类社会的衣食之源和生存之本。

(一)人民生活资料的重要来源

西汉晁错曾指出:"人情一日不再食则饥,终岁不制衣则寒",《淮南子》讲:"人之情不能无衣食,衣食之道必始于耕织"。农业生产是人类生存之本和衣食之源。我国是世界第一人口大国,解决吃饭问题是头等大事,人民生活中所消费的粮食、蔬菜、水果等几乎全部由农业生产提供。穿衣在人民基本消费方面也占有重要的地位。目前,我国服装原料的80%来自农业生产,合成纤维仅占20%左右。随着人类生活水平的提高,资源可持续利用和环保意识的加强,人们也越来越喜欢可再生和可循环动植物产品。农业生产对国计民生具有举足轻重的作用。

(二)提供重要的工业原料来源

农产品为工业生产提供重要的原材料。目前,我国约40%的工业原料、70%的轻工业原料均来源于农业生产。随着我国工业的发展和人民消费结构的变化,以农产品为原料的工业产值在总工业产值中的比重会有所下降,但部分轻工业,如制糖、造纸、食品等生产原料只能来源于农业,且主要来自作物生产。农产品在工业原料中占有较大比例的局面短期内不会改变。随着人们生活水平的提高,对未加工农产品的需求将有所下降,对农产品加工品的需求则将相应增加。未来轻工业发展仍将依赖于农业生产,依赖于经济作物的生产。发展高水平的农业生产,必将推动我国工业和轻工业的发展,后者的发展反过来也将促进农业生产的进步。

(三)基础产业地位

农业由种植业、畜牧业、林业和渔业组成。畜牧业和渔业的发展较大程度上依赖于种植业的发展。在我国农业中，种植业所占比重大，是农业的重要基础，具有举足轻重的地位和作用。近年来由于养殖业（畜牧业和渔业）发展，种植业在农业中的比重有所下降，但是，由于人口压力大、粮食生产任务重，并且养殖业发展在很大程度上依赖于种植业提供的饲料与饵料，这决定了种植业在农业中的比重及其基础地位。

综上所述，我们应当正确看待农业的基础地位，在强调农业基础地位的同时，将农业真正看作国民经济的一个有机组成部分。而其他的部门则是通过直接、间接的形式与农业联系在一起，农业的作用绝不仅仅是表面上看到的，更不可以用其占国内生产总值比重来简单加以评价。以牺牲农业为代价是不可能实现国民经济长期、高速和稳定增长的。

二、农业的战略地位

只有解决了衣食等基本生存问题后，人类社会才有进一步发展的可能；只有农业劳动者在满足自身需求，还能够提供剩余农产品时，一部分社会成员才能从维持生存的劳动中解放出来，从事其他经济、政治和文化活动。即“超越劳动者个人需要的农业劳动生产率，是一切社会的基础。”[①]因此，没有农业的发展，就没有其他经济部门的发展，也就没有人类社会的发展。在当前乃至今后较长一段时间里，农业对其他产业、对经济社会发展仍然是起着决定性作用的。

农业是人类社会存在、发展、繁荣的基础，是人类文明进步的基础。无论何时何地，只要一个国家，一个民族的农业兴旺发达，它的社会就发展，文明就进步。无论何时何地，只要一个国家，一个民族的农业萎靡衰败，它的社会就落后，文明就衰落。无论何时何地，一个国家，一个民族的农业基础被摧垮，那就从根本上摧垮了这个国家，摧垮了这个民族本身及其文明。从全球范围来看，世界平均农业生产状况的败落、恢复、发展、繁荣，即是地球文明的败落、恢复、发展、繁荣。

（一）农业是社会稳定和谐的根基

除对国家经济层面的重要影响外，农业还是社会稳定和谐的根基。人类祖先对于衣食与文明与社会安定和谐关系有着清醒的认识：仓廪实，知礼节；衣食足，知荣辱；饥寒起盗心。无农不稳是我国人民治理国家和社会的一条宝贵历史经验。世人皆知，影响社会稳定的最重大因素莫过于战乱、灾害、饥荒，而尤以饥荒为甚。正因为此，中华人民共和国成立之初，党和国家领导人便有农业是国民经济的基础、农业是国民经济的命脉的论断。今天，我们国家处在和平建设的大好时期，强调以经济建设为中心，温饱问题已经得到较好解决。但社会稳定的压力仍然存在，由农业安全、粮食安全引发的不稳定因素仍然存在。近年来频频发生的各种自然灾害事实上在敲响警钟。任何时候对待农业生产之弦、粮食生产之弦都不能稍有放松。

（二）农业对经济的持续健康发展起着重要作用

以历史视角来看，农业是社会产业的基础，是一切非农产业的源头和母体。正是由于农业生产力的发展和农业劳动生产率的提高，由于农业劳动者所生产的食物除了满足自身需要之外逐渐地有了剩余，才使一部分人从农业中脱离出来，专门从事其他生产活动，从而产生了其

---

① 卡尔·马克思，弗里德里希·恩格斯. 马克思恩格斯全集. 北京：人民出版社，1974.

他产业。随着经济、科技、社会的愈益发展，农业的潜在价值也愈益彰显，农业的功能也愈加多样。今天，农业不仅提供了丰富的农产品和大量的就业岗位，而且还提供生态保护、观光休闲、文化传承等多种功能，并且新拓展出生物质产业原料等用途。农业作为产业基础，其源头和母体不仅没有因流域的宽广和繁衍的丰茂而枯竭老化，反而更加活水奔涌、青春焕发。新中国成立近70年的历史告诉人们，农业对于国家的经济意义，并未因其在国内生产总值中比重下降而下降。人们看到，凡是国民经济发展较好的时期，都是重视农业、农业发展较好的时期；而几次大的经济波动，通货膨胀，都与当时农业的发展状况直接相关。历史的经验充分证明，由农业所提供的农产品不仅直接决定人类的生存延续，而且对经济的健康持续发展至关重要。

(三)农业是建设生态文明的基础

生态文明是人类文明发展新的历史阶段。其社会形态建设的基本宗旨是人与自然、人与人、人与社会间和谐共生、良性循环、全面发展、持续繁荣。目前，生态环境恶化已是一个不争的事实，即便是农村也未能幸免。农村生态环境恶化除了有农业自身的原因外，最根本的还是工业和城镇对农业的侵占破坏。保护生态环境要从保护农业开始。首先要做的便是农业自身，要恢复农业作为自然生态系统中的一个成员、一个部分、一个环节的原生身份，以顺应自然、遵循自然生态系统运动规律的态度，慎重对农业生产施行人工干预，减少化肥农药的使用，恢复农作物与整个自然生态系统物质能量的循环转化，使农作物从中获得有机营养，获得对病虫害的天然防治，从而恢复拓展农业对改善自然生态环境的内功能。其次，要通过保护发展农业阻止工业化、城镇化对生态环境的污染破坏。要充分认识农业所独有的生态意义、生态价值，必须给农业的发展留足空间，给培育涵养净化土地、空气、水源的自然生态系统留足空间，同时为工业和城市的良性生存发展留足空间。保护了农业就保护了生态环境。

从战略全局来看，全球范围内的食品安全危机、粮食安全危机、乡村社会危机与自然地理危机已经爆发，标志着工业文明退场，生态文明登台。建设有机农业就是建设生态文明，有机农业就是未来生态文明建设的核心基础。从长远历史发展的角度俯瞰，有机农业是未来人类社会突破常规现代化农业偏态发展模式、走向全面可持续生态文明建设目标方向的可靠道路。在理论与实践两方面认识与建设有机农业，将成为今后数十年世界农业可持续发展的基本任务。

思考题

1. 农业与其他部门的主要区别在哪里?
2. 如何准确全面理解农业的地位?
3. 农业为什么是人类社会进步的阶梯?
4. 如何正确认识农业是国民经济的基础?
5. 如何理解农业功能与地位二者的关系?

推荐读物

1. 邹德秀. 中国农业文化. 西安:陕西人民教育出版社，1995.
2.(日)祖田修. 农学原论. 张玉林，等译. 北京:中国人民大学出版社，2003.
3. 程序，等. 可持续农业导论. 北京:中国农业出版社，1997.

倘若对过去的重大事件逐一寻根究底，过去的一切会使我们特别注意到将来。

——波里比阿

第二章 农业发展的基本历程

本章核心内容

- 农业的起源与原始农业传播
- 传统农业的形成与传播发展
- 现代农业的形成与传播发展
- 农业历史发展的基本特征和经验

农业诞生于距今1万年左右的全新世初，它的产生是人类文明史的光辉起点。迄今为止，全球农业经历了原始农业、传统农业和现代农业三个基本发展历史阶段，尽管某一块土地可以由开荒直接进入高度机械化的现代农业阶段，但作为一个整体的地域，难以脱离这个基本轨道。农业的发展与人类文明的发展息息相关，未来发展中将对人类未来的生存和发展产生更深远影响。探讨农业起源、发展，对于认识人类社会发展历史，总结农业发展基本规律，借鉴历史经验，以促进农业进一步健康发展具有重要意义。

第一节 农业的起源和原始农业的传播

世界农业是多中心起源的，农业的出现是人类社会发展到一定历史阶段的产物。观察近10 000年来世界农业发展的历史轨迹，可以看出这是一个由点状，到线状、条块状、片状持续发展的历程。这种星星之火起源，终成燎原之势的历史本身说明人类对农业选择的历史必然性。

一、农业的起源

从采集和渔猎过渡到开始种植作物和养殖家畜，是人类发展到一定阶段的必然产物。农业的起源离现在已是十分遥远的事情了，现今的人们主要通过挖掘古代遗址，进行考古，并结合民族学、语言学等多方面的研究认识来探索农业的起源。大量证据表明，大约在旧石器时代后期至新石器时代初，原始人类历经长期采集和渔猎，认识水平已有了一定的提高，开始了对自然力的自觉利用，生产工具有了一定的改进(打制和磨制的石器等已开始使用)，大约在距今10000年前后，原始农业在世界上多个地区产生了。农业的产生和发展在地区间是不平衡的。1880年康多尔提出了世界上最早的三个植物驯化中心，即中国、东南亚及埃及、热带美洲。之后，瓦维洛夫提出作物起源中心的概念，他把作物起源分为8个中心，提出八中心理论。1971年J. R. Harlan又提出中心和非中心理论，中心是起源地，非中心是早期传入的地方。他认为最早的三个作物起源中心是中东、中国北部、中美洲，三个非中心是东南亚，东印度群岛和南美洲。三个中心和非中心刚好成对，中心在北，非中心在南。Harlan的理论得到较为广泛的认同。一般认为，西亚(中东)、东亚和中美洲是世界农业起源的三个中心。

(一)西亚农业起源中心

西亚，或称西南亚、近东或中东，是包括小亚细亚及伊朗高原以南的地区。大约距今一万年，西亚农业最早发生在托罗斯山和扎格罗斯山所构成的"新月形"肥沃的丘陵半干旱区，后来进一步扩展到"伞形地区"，即以叙利亚为伞柄，以安那托利亚和扎格罗斯山地为伞面，包括从伊朗的德卢兰平原的山地侧翼，通过土耳其，到约旦高地的区域。在该区域内发现了大量农业遗址，其中著名的有阿姆格(Amuuq)、姆列比特(Mureybit)、拉曼德(Ramad)、马拉哈(Mallaha)、曼哈达(Munhatta)、耶利哥(Jericho)、白德哈(Beidha)、耶嫫(Jarmo)、姆列发特(M'lefaat)、萨威•克米(Zawi Chemi)、克里木•萨西尔(Karim Shlhir)、帕列加拉•萨拉布(Tepe Sarab)、阿西阿布(Asiab)、阿里•克什(Alikosh)等。其中年代最远的是约旦耶利哥遗址下层，约为公元前8350—7350年，该遗址位于沙漠绿洲的泉眼中心。在扎格罗斯山侧、托罗斯山侧，叙利亚阿勒颇城以东，发现的最早遗址是姆列发遗址，年代为公元前8200—8000年，在该遗址中发现了石茅棚，烧焦的野生单粒小麦、野生大麦、豆、野苦豌豆、阿月浑子等。这些遗址中的发现和世界野生小麦和野生大麦的地区分布相吻合。由上述遗址整体分布与野生小麦和野生大麦分布相比较，可以清楚地显示出"伞形地区"特征(邹德秀. 绿色的哲理)。

R. J. Braid Wood于20世纪50年代末根据考古学研究结果，最早提出西亚农业起源"伞形"地区的观点。该地区是具有多样性气候和生态环境的半干旱、干旱区，有高原、山间盆地、山前干草原和冲积沙漠等多种地形地貌。其中扎格罗斯山脉海拔在600～1 350 m之处有许多水源充足，土地肥沃的谷地，动植物区系丰富，雨量在250～1 000 mm之间，气候与地中海地区相似，夏季温暖但干旱，冬季冷凉但潮湿。这里有作物的先祖小麦、大麦、燕麦的野生种，家畜的祖先牛、羊、猪的野生种也曾生活在山间谷地。

(二)东亚农业起源中心

东亚农业起源中心位于黄河流域、长江流域、恒河流域和东南亚地区。位于中国西部的青藏高原是东亚和西亚之间的天然屏障，直至青铜器时代以前，西亚与东亚一直处于分割状态，导致东亚农业最初的独立起源与发展。

黄河流域和长江流域被现今学术界认为是中国原始农业的两大起源中心。从历史来看，中国农业的基础是距今6 000年前在仰韶文化中心的黄河流域建立起来的。黄河流域在第四纪形成了很厚的一层黄土覆盖，由于河水的冲刷，沿黄河两岸形成了平坦的台地和丘陵。这里土壤肥沃，土层深厚，蓄水性好，土质疏松，易开垦。其气候温和，属半干旱半湿润地区，适应于黍、粟等作物的最初驯化和种植。而且山、川、原交错，生态区系复杂，具有农业产生的基本条件。

在黄河流域发现了大量古遗址，其中最著名的有河北瓷山遗址（距今 8 000 年）、河南新郑裴李岗遗址（距今 7 500 年）、甘肃秦安大地湾遗址（距今 7 800—7 350 年）。在这些遗址中发现了旱地粮食作物黍、粟，粮食作物生产与加工用的石磨盘、石磨棒，石斧、石铲、石刀、石镰等生产工具，陶器、骨器以及猪、牛、羊遗骨等，表明在距今 7 000—8 000 年以前，黄河流域的原始农业已发展到相当的水平。从粟和黍等新石器时代的出土遗址的时间分布来看，粟出现最早，距今 8 000 年，分布最广，达 30 多处。而黍最早出土距今为 5 000 年，分布有 4 处。从语言学来考察，俄国把粟叫"粟子"，朝鲜把粟叫"粟克"，印度叫"棍谷"，仍保留着中国粟的原音，说明粟原产于中国，之后传到世界其他地方。因此，黄河流域作为粟作文化的起源地是肯定的。

长江流域及华南地区是典型的季风气候，温暖而潮湿，有利于作物的生长，可能也是农业的起源中心之一。从已发现的遗址来看，长江流域和华南地区的农业起源并不比黄河流域晚，在江西万年仙人洞遗址（距今 8 575±235 年）、浙江余姚河姆渡遗址（距今 10 000 年左右）中出土的陶器、石器、骨耜、稻谷等，都说明这个时期长江流域已进入了较为发达的稆耕农业阶段。严文明和吴为棠等分别根据新石器时代的稻谷分布、古地理、古气候、民族学和古农学等资料，论述了中国稻作起源于杭州湾西岸余姚河姆渡和罗家集两处，以后逐渐扩展到其他地方。但关于稻作的起源仍有部分争论。另一种很有说服力的观点认为很可能稻作于大约一万年前起源于我国南方的半山区或高地。但也有人认为亚洲栽培稻的起源地就在长江以南地区。它可能在浙江省杭州湾一带，但更有可能是纬度更南的云南、广东、广西地区。随着考古学工作的进展，情况越来越清晰。

根据上述，黄河流域和长江流域及华南地区应该是东亚农业起源中心。但目前在这些地区发现的遗址，大部分属原始农业定居阶段的遗址，从中均发掘出代表原始农业定居阶段的陶器、定居的房址和水稻、粟等作物。而迄今已发现的原始农耕阶段的遗址还不多。相信随着相关研究的深入，一定会找到更有力的证据的。

在中国以南的南亚及东南亚地区也有相当多的考古发现表明该地区的农业历史较为悠久，也可能也是农业起源中心之一。在印度恒河流域的安拉阿巴德市东南的马哈加拉遗址（距今 7 000 年）发现了炭化稻粒，晚于中国余姚河姆渡遗址。此外，在泰国东南部班青遗址（距今 6 000 年左右）、印度尼西亚苏拉威南部尤鲁洞穴遗址（距今 6 000 年）、越南红河流域同豆遗址（距今 3 500 年）均发现炭化稻粒。基本表明东南亚地区与中国的长江流域可能是同一稻作文化区，就目前考古学结果而言，以杭州湾的稻作遗址最为久远。其他的有关考古资料也表明东南亚地区与东亚的中国存在着密切的联系。

（三）中美洲农业起源中心

美洲大陆的农业是在与旧大陆完全隔绝的情况下独立发展起来的，中美洲是一个独立的农业起源中心。该中心农业起源至少有两种类型和途径，其一是以墨西哥高原的"特瓦嵌"模式为代表。在墨西哥中部的特瓦嵌谷地，一共发现了 400 多处遗址，发掘的主要 12 处，其中在 5 个洞穴遗址——考克斯卡特兰（Coxcatlan）、普隆（Purron）、圣•马柯斯（San Marcos）、特柯拉尔（Tecoral）和埃尔. 里戈（Ei Riogo）中发现玉米的残骸，在所有的遗址中均发现了丰富的考古资料，出土了数以万计的遗物，包括动物的骨骼、石器、陶器、编织品等。特瓦嵌地区是平均海拔高度为 900～1 900 m，年降水量不超过 500 mm 的干燥地区，原始农耕虽出现较早，但玉米的种植和人类定居出现较晚，直到公元前 1 500 年才开始驯化种植野生植物。另一种模式是“佐哈庇尔科模式”，自然条件与特瓦嵌不同，海拔高度在 2 200 m 以上，比特瓦嵌更湿润，年降水量 1 100 mm，年平均温度为 22℃，虽然原始农业（公元前 6 000 年）比特瓦嵌出现的晚，但那里的人们很快进入了定居生活。

考古学研究表明，中美洲的阿霍列阿多期（Ajuocreado Phase，9 000 或 10 000—6 700 B. C.）以狩猎作为生活的主要来源，到了埃尔里戈期（6700—5000B. C.）以采集野生植物作为生活的重要手段，并已出现了一少部分栽培植物，包括西葫芦、锷梨等。在末期出现了野生玉米蕊和粟属植物。其后的考克斯卡特兰期（5000—3400B. C.）栽培植物已占食物的 14%，包括玉米和辣椒、尖叶菜豆、南瓜等，使用的石器包括玉米用磨盘、磨棒以及石等类型。此后的阿贝哈斯期（Abejas Phase 3400—2300B. C.），栽培植物占食物的 25%～30%，采集占 50%，并由季节性流动到半定居。但在离特瓦嵌东南大约 150 km 的瓦哈卡（Oaxaco）谷地发现了几个前陶时期的溶洞和露天营地。从中发现了古代玉米的孢子花粉，把中美洲的栽培植物的历史提早到了 8 000 B. C. 。

一般认为，距今 300 万年以前，出现了完全成形的人，有考古结果根据最近在肯尼亚发现的人类头骨化石，提出这一时期应提前到 400 万年前。这之后的人类长期处于采猎生活中。上述关于农业考古方面的研究结果表明，在距今 7000—10000 年以前，西亚、东亚、中美洲局部地区的农业就在相对独立的情况下先后产生了。

二、原始农业的传播

从原始农业在西亚、东亚和中美洲的特定区域的特定条件下先后独立产生，到农业广泛分布之间，有一个扩张或称为传播的过程。原始农业的传播途径一般认为有三条，一是由于在刀耕火种中撂荒，需不断转移到新的区域以持续耕种，从而导致原始农业的传播；二是由于人口的疏散、迁移导致原始农业的传播；三是由于自然条件的剧烈变化迫使人类迁徙，导致原始农业的传播。

原始农业的传播受多种因素的影响，其中最为主要的是传入地域的气候因素。各个农业起源中心由于在传播与辐射发展过程中各自自然条件差异，其原始农业传播的特征和结局也各不相同。

（一）西亚原始农业传播

随着原始人口的增加和采集、狩猎资源的短缺，不可避免地出现了区域性和季节性的食物短缺，原始农业与采集和狩猎相比无疑具有巨大的优越性，因而西亚农业产生以后就以不可阻挡之势向四周传播。西亚的农业传播大致分 5 个路径进行的（图 2-1）。

1. 由西亚农业中心向两河流域传播

两河流域即美索不达米亚，是幼发拉底河和底格里斯河形成的冲积平原，该流域就在西亚农业起源中心的伞形丘陵的旁边，两河流域上游台地和沙漠边缘高地的先民很容易进入两河流域的三角洲地带。公元前 6000 年就有农民向美索不达米亚冲积平原移动，带来了西亚农业起源中心已驯化的作物及农业技术，美索不达米亚在此基础上发展了灌溉农业，从而促进了该地区历代王朝兴衰更替和文明的进步。

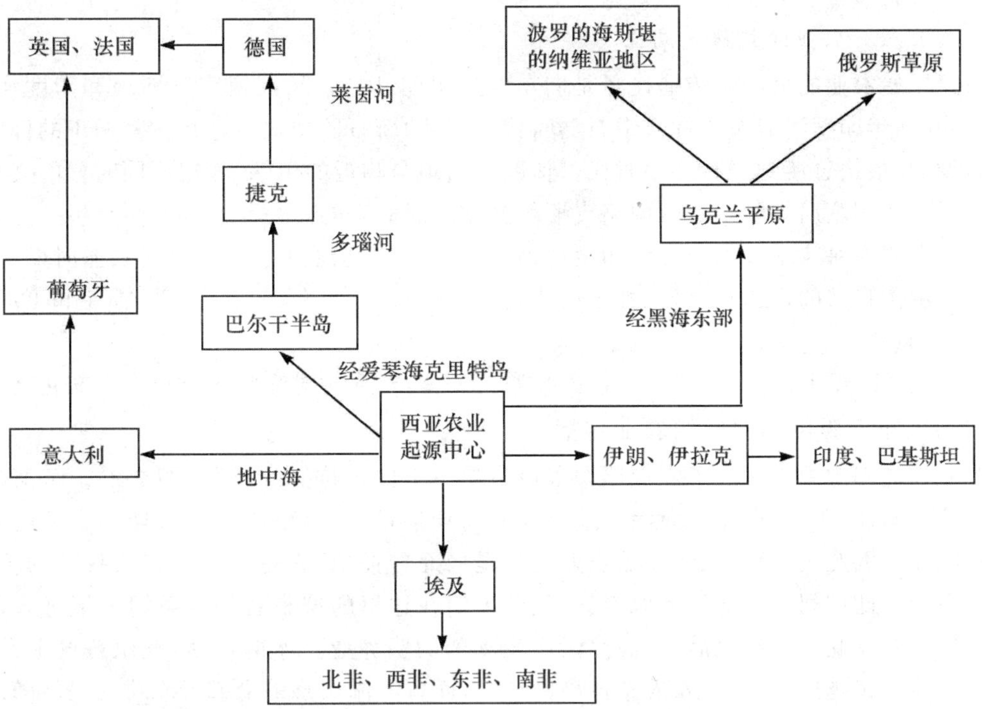

图 2-1　以西亚为中心的原始农业传播路线示意图

2. 西亚农业起源中心向埃及和非洲的原始农业传播

古代埃及是尼罗河第一瀑布以北至地中海的河谷地带。由于尼罗河的定期泛滥，形成了肥沃的大平原。埃及和西亚在古时候就有长期的经济文化交流，西亚农业技术也随之进入埃及并由埃及传向非洲。在公元前 4500 年的巴达里遗址就有与西亚相似的小麦、大麦、饲养绵羊、山羊等作物和家畜。

3. 西亚原始农业向欧洲传播

西亚原始农业沿两条路线向欧洲传播，它们分别是多瑙河中游一带形成线纹陶文化和沿地中海传播的印纹陶文化而传播的。公元前 6000 年西亚的农耕文化传到塞浦路斯和克里特岛，公元前 5500 年到达巴尔干北部和多瑙河下游，公元前 5000 年中叶从多瑙河发展到莱茵河，从捷克、德国到荷兰、苏联西部。另一路沿地中海西行，经亚德里亚海入西地中海，在意大利、德国西部、西班牙和葡萄牙传播。公元前 4000—3000 年欧洲农业文化主要是扩大范围，北方到斯堪的纳维亚，西方到不列颠、爱尔兰，西南到伊伯利安半岛西部沿海和内陆，东边进入俄罗斯草原。英国科学家 A. J. Ammerman 等曾对欧洲农业文化传播进程进行过研究，认为在当时的条件下，农业文明的传播速度为每年 1 公里，到达保加利亚时大约是公元前 5500 年；到达南意大利时，大约是公元前 5000 年；到达德国的班德克拉米克(Bandkeramik)时，为公元前 4200 年；到达英国和斯堪的纳维亚时，在公元前 4000—3000 年。

西亚农业在向欧洲的传播过程中，最早最快的是畜牧驯养技术。此时欧洲气温回升，动物广泛地栖息在欧洲，一些狩猎者先于采集者到达欧洲，这样，欧洲的驯养业先于种植业而产生。之后，在欧洲才开始种植业技术传播，有人认为种植业技术在欧洲的传播是为满足牲畜饲料需要而展开的。

4. 西亚原始农业向东传入南亚

西亚原始农业的另一条传播途径是向东经过伊朗、阿富汗、到俾路支斯坦和印度河平原。公元前4000年印度河流域才进入中石器时代，较早的新石器文化产生在巴基斯坦的俾路支斯坦和信德，并很快过渡到铜石并用时代。俾路支斯坦与临近的伊朗、阿富汗同时代的文化有密切的关系。而印度河文明则是由俾路支斯坦文化发展而来的。公元前3000年，伊拉克和伊朗的小麦和大麦农耕技术进入南亚的印度河河谷，随之，印度河流域进入定居农业时期。同时，南亚也产生了自己的作物和家畜，种植的作物主要有小麦、大麦、胡麻、甜瓜、棉花和枣椰树，耕畜有水牛和黄牛。

至此，西亚、南亚、北非和欧洲农耕文化联为一体，构成相对完整的欧亚农耕文化区。

(二)以东亚为中心的原始农业传播

东亚农业起源中心完成了农业起源以后也有一个向外传播的过程(图2-2)。黄河流域农业中心分别向北、西北、东北及向南传播。在向南传播过程中，由于长江流域的农业已经产生而受到阻碍。因此，黄河流域的原始农业主要是向北传播，首先是驯养和畜牧技术的传播，这主要是由于在此期间北部地区冰原消失，先前生活在这里的狩猎者和从黄河流域进入该地的驯化和狩猎者在此营狩猎生活，从而逐渐产生动物的驯养业。冰期过后，气温普遍上升，黄河流域大石器文化越过长城，进入内蒙古高原地区，而黄河流域营采集或者农耕的民族随之向北迁徙，在环境好的北方草原地区开拓新的生存空间，以粟为特征的黄河农耕文明由此向北传播，但由于北方沙漠草原地区的干旱少雨，农耕向北传播受阻；向东北经辽河流域传入辽东和朝鲜半岛，然后又经吉林、黑龙江传入俄罗斯远东区；据考证，早在新石器时代黄河流域的粟文化即开始向西传播，经阿拉伯、小亚细亚、俄国、奥地利以至传遍整个欧洲。

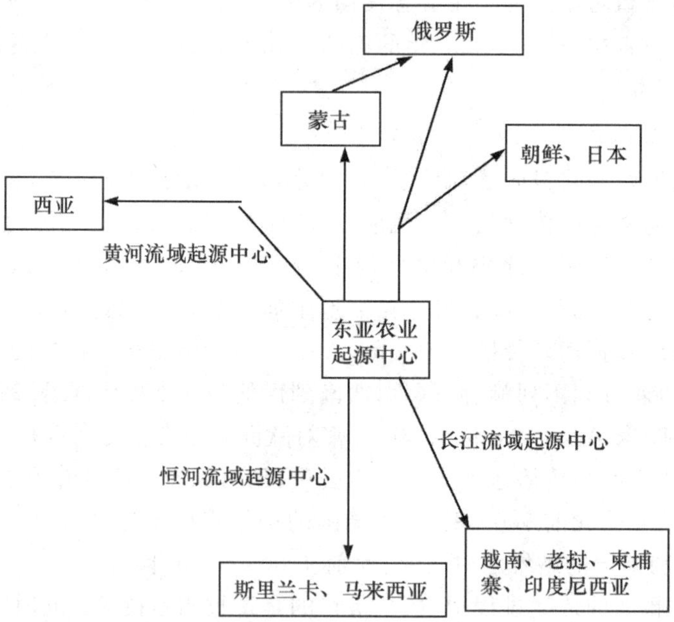

图2-2　以东亚农业起源地为中心的原始农业的传播示意图

长江流域农业在产生之后，即开始向南和向东传播。考古研究表明，长江流域农业中心与南亚是相通的，表现在栽培作物和使用的工具的相似性上。例如，在长江流域和东南亚的考古遗址中普遍发现了炭化水稻和肩石锄等生产工具（见邹德秀．绿色的哲理．），表明长江流域农业文明可能在其发生以后向南传播。长江中下游的稻作农业起源中心经山东半岛与旱地农业河流，再经辽东半岛和朝鲜传入日本。由于气候条件的原因，稻作农业向北传播时不得不放弃籼稻而选择粳稻，而且不得不仍以旱地农业为主而只是维持少量的稻作。同样是由于气候的原因，稻作农业在日本进一步南传时比例越来越大，到达日本的虽然仍有不少旱作，但却是以水稻为主，而稻种则仍然是单一性粳稻即日本型稻。另根据日本江坂辉弥的研究，长江流域的驯化的浙江犬和起源于浙江、福建等地的漆、荏胡麻、木尾、野生芋头、豆类食用植物、稻和黑猪等在日本的绳文时代就进入到朝鲜，并经朝鲜传到日本。据研究，东海大陆完全被水淹没大约发生在三千几百年以前，日本的濑户内海的冈山县和香川县之间原先和陆地相连，距今8000年前才开始与朝鲜半岛西岸、西北九州部分地区形成狭长的海峡，推测这是适合于古代人向朝鲜半岛和日本迁徙的地形。

至此，东亚、东南亚、南亚农耕文化联为一体，形成了相对完整的东亚、南亚农耕文化区。

（三）中美洲原始农业传播

新大陆的农业是在相对独立的情况下完成原始农业的产生和传播的。位于墨西哥中美洲高原的原始农业起源中心的原始先民早在6700—5000B. C. 就开始驯化西葫芦、锷梨、龙舌兰等作物，5000—3400B. C. 期间已驯化了玉米、辣椒、南瓜等作物。原始农业发生后即开始向美洲南部和美洲北部传播，大约距今3500年，玉米传到了南美洲，但直到公元750年，玉米的发展才开始见效。在北美洲的东部，原始农业的传播很慢，直到公元800年，当印第安人开始种植玉米、菜豆和倭瓜时，才转到农业上来。这个过程中美洲农业起源持续了3 500～4 500年。整个美洲的原始农业一直持续到十六世纪欧洲殖民者的大量到来。

三、原始农业的成就

尽管原始农业阶段生产力水平十分低下，是通过对自然资源的掠夺性开发获取人类有限的生活资料。但是，原始农业的产生和发展对于以后传统农业的发展奠定了重要的基础，原始农业的成就主要表现如下：

（一）基本完成了农作物的驯化

我们今天种植的主要作物和饲养的主要家畜均是在原始农业阶段完成驯化的，原始作物和家畜的驯化为传统农业和现代农业阶段的作物遗传改良奠定了重要的基础并产生了深远的影响。在西亚农业起源中心驯化的主要作物有小麦和大麦，例如在耶漠地区遗址发现距今9 000年的小麦和大麦遗迹，在埃及巴达里遗址发掘到距今7 500年的小麦和大麦遗迹；东亚农业起源中心驯化的作物有粟（河北武安瓷山，距今8 000年）、稷、黍（辽宁沈阳新乐遗址，距今7 000年前）、水稻（江西万年仙人洞遗址，距今9 000年，浙江余姚河姆渡遗址，距今10 000年）、小麦、大麦（甘肃东灰山遗址，距今7 000年）、蚕豆（浙江钱山漾遗址，距今4 800年）、大豆（黑龙江牡丹屯遗址，距今4 000年）、高粱（辽宁三道壕遗址，距今2 200年）。中美洲农业起源中心驯化的作物有辣椒、南瓜、菜豆（特瓦嵌遗址，距今5 400～7 000年）、棉花及块根、块茎类作物(南美沿海地区遗址,距今 5 000～6 700 年)(表 2-1、表 2-2)。

表 2-1 三大农业文化区作物起源与传播

地区	距今时间/年								
	9 000	8 000	7 000	6 000	5 000	4 000	3 600	3 500	3 000
西亚 北非 南欧农业文化区	一粒小麦、大麦 中东伞形地区	大麦 两河流域		小麦、大麦 埃及	大麦、小麦、胡麻、甜瓜、棉花、枣椰、树栗、水稻 苏丹、撒南				
东亚 南亚农业文化区		粟 磁山 裴李岗 黍 大地湾 陕西	稻谷 浙江 河姆渡 印度 恒河	稻谷 泰国 东北部 印度尼西亚 苏拉威			黍稷 大豆 麦 中国	稻谷 越南 红河	稻谷 日本
新大陆农耕文化区		南瓜、甘薯、苋菜、 玉米 墨西哥	辣椒、南瓜、菜豆 秘鲁	棉花 秘鲁	马铃薯 秘鲁				

表 2-2 三大农业文化区农业起源与传播

地区	距今时间/年									
	10 000	8 000	7 500	7 000	6 000	5 000	4 100	3 600	3 400	3 000
西亚 北非 南欧农耕文化区	中东伞形地区(土耳其,叙利亚,巴勒斯坦)	向东: 两河流域			巴基斯坦 阿富汗	印度 印度河流域			雅利安人 占领印度	
		向南:			埃及 尼罗河	苏丹 黑人区				
		向西:希腊 塞浦路斯				意大利、法国 西班牙、英国				
		向北:巴尔干半岛南部	巴尔干北部多瑙河下游	莱茵河		法国荷兰 俄罗斯 乌克兰平原 波罗的海 北欧诸地				
东亚 南亚农耕文化区		黄河中游 太行山关中 磁山遗址		长江中下游	印度尼西亚 越南	夏: 黄河中下游	商:		周: 长江中下游	
新大陆农业文化区				中美洲 墨西哥 农业发生				南美洲 秘鲁		

在家畜方面，西亚农业起源中心完成了羊（沙尼达一萨威.克米地区遗址，距今 10 000 年，埃及巴达里遗址，距今 6 500 年）、山羊（耶莫地区遗址，距今 9 000 年，埃及巴达里遗址，距今 6 500 年）、牛、驴（美索不达米亚苏美尔时期，距今 5 000—6 000 年）；东亚农业起源中心驯化的家畜有猪（河北武安瓷山遗址，距今 8 000 年）、狗、羊、鸡（河南新郑裴李岗遗址，距今 7 500 年）、牛（河南大纹口遗址，距今 6 000 年）、水牛（河南王因遗址，距今 6 000 年）、蚕（河南仰韶遗址，距今 6 000 年）、马（龙山文化遗址，距今 5 000 年）、鱼（诗经，距今 3 100 年）、鸭（《吴地记》，距今 3 770 年）。中美洲农业起源中心驯化的家畜家禽较少，仅驯化了火鸡和羊驼，可能与中美洲适合于驯化的动物的缺乏有关，致使印第安人没有役畜，延缓了原始农业向传统农业的转变，一直到十六世纪欧洲殖民者发现新大陆前，美洲还处于原始农业阶段（表 2-3）。

表 2-3　三大农业文化区畜牧起源与传播

地区	距今时间/年									
	10 000	8 000	7 500	7 000	6 000	5 000	4 100	3 600	3 400	3 000
西亚 北非 南欧 农耕 文化区	羊、牛 中东 山羊 伞形（9 000） 地区	山羊、绵羊 牛、驴 （两河流域） 山羊、绵羊 （伯罗奔尼撒）		绵羊 山羊 （埃及）		水牛、山羊 （印度）				单峰驼 （阿拉伯）
东亚 南亚 农耕文化区		猪、狗、牛、鸡 （磁山遗址） 羊 （大地弯遗址）		猪，水牛 （余姚河姆渡）		马 （中亚）				双峰驼 （中亚）
新大陆 农业文化区				火鸡、狗 （中美洲）		羊驼 （秘鲁）				

（二）完成了原始农业的传播，把农业生产传播到了与近代人类足迹范围基本相当的区域

从距今 10 000 年左右农业起源到公元前 3 000 年左右传统农业形成之前，通过人口的宣泄、撂荒及人类的不懈努力，原始农业已经在从中美洲到南美洲，欧洲，亚洲大部及北非存在并扎下了根。农业传播到了与当时人类足迹范围相当，并且适于农业生产的区域（见表 2-1、表 2-2、表 2-3，表 2-4）。

表 2-4　近代欧洲列强殖民化的足迹

年别	内　　容
1415—1880	葡、西、法、英、美由西非和东非贩卖黑人奴隶 1 000 万～1 500 万，灭人 1 亿～1.5 亿
1492	哥伦布在中美洲登陆
1519	西班牙占领墨西哥
1536	西班牙占领智利
1538	西班牙占领哥伦比亚
1549	西班牙占领阿根廷
1557	葡萄牙占领澳门
1571	西班牙占领菲律宾

续表 2-4

年别	内容
1619	荷兰占领印度尼西亚
1624	荷兰占领台湾
1650	荷兰占领南非
1655	英国占领牙买加
1763	英国强迫伊朗签订奴役条约
1783	美国独立
1790	英国占领澳大利亚、新西兰
1819	英国占领新加坡
1840	英国控制埃及
1847	印度沦为英国殖民地
1858	法国占领越南
1860	英法联军攻入北京

(三)积累了重要的农业生产经验

原始人类在长期从事采集和狩猎活动的过程中，逐渐加深了对动植物生存环境和生长发育规律的认识。例如，通过狩猎与各种野生动物打交道，了解到哪些动物是适合驯化并有驯化价值的，通过长期的采集和初步的驯化得知哪些植物具有驯化的可能性和驯化价值，这种认识积累到一定的程度就促成了农业的产生。在原始农业发展阶段过程中，人类对所驯化的动植物的繁殖和种子的保存、烧荒对植物持续生长的作用、土壤水分对作物生产的影响等有关方面的经验不断积累，导致了生产技术的初步改进，如刀耕火种结合撂荒耕作制度的建立，灌溉农业的发展等均是原始人类早期生产经验积累的结果。特别是灌溉农业方面，在原始农业阶段就有了一定的发展，促进了原始农业的传播，距今 7 000 年前，美索不达米亚就已经发展了简单人工灌溉系统，到距今 6 000 年前进一步发展成为水利网建设。古埃及在距今 5 500 年前也发展了灌溉农业。我国较大规模的水利建设是在春秋战国时期，距今约 2 500 年。表明这些农业生产经验的积累，促进了原始农业的发展，也为以后传统农业技术的建立和发展产生了深远的影响。

四、农业起源地的特征及起源学说

从今天农业发展来看，在地球上适合于农业发展的地域是如此广阔，而在 10 000 年以前，农业却只在三个特定的区域产生。为什么农业只在这三个地区首先发生而不是以其他的方式在其他地方发生呢？这里就自然牵涉到农业产生的原因问题，要认识这个问题，首先要认识农业起源地的特征。

(一)农业起源地的特征

比较农业自然起源的三个中心，可以看出它们有如下特征：

(1)农业起源中心均分布在北纬 15°～45°之间，如果去掉新大陆起源点，旧大陆起源点均发生在北纬 35°线附近。

(2)农业起源均发生在半干旱地区，不在高湿或者极度干旱地区。

(3)农业起源均发生在温带地区，不在热带和寒带地区。

(4)农业起源均发生在稀树草原地带，不发生在森林或草原地带。

从农业起源地点的上述特征，不难看出原始农业的起源中心并非农业生产的最适宜地区，而只能说是农业发生与起源的理想区域。

(二)农业产生的原因

数千年来，人们一直在探索农业文明出现的原因和发展的动力，形成了众多不同的学说。兹介绍如下：

1. 气候学说

亚里士多德(384—322B.C.)认为温和的气候条件是刺激文明产生的重要条件。这种学说的缺陷是没有说明为什么在这种条件下能够产生文明。另外，美洲农业起源地靠近热带地区的事实也与其不符。

2. 地形学说

19世纪英国历史学家Henly Thomas Buckle提出，地形可以分为能刺激人类想象力和能增进人类理解力两种类型。大沙漠和山岳地带能刺激人类想象力，却无助于人类的理解力，故不易产生文明。东方中国的地形有助于人们产生理解力，故产生了文明.该学说的特点意表抽象，令人费解。

3. 人种学说

19世纪的法国的高比诺、英国的张伯伦、20世纪瑞士的巴库赫特主张白人优越性学说。但他们恰恰不能解释原始农业诞生的三个地区农业文明为何均非白人所为，而欧洲文明仅仅是次生文明。

4. 地质学说

这种学说认为，古代文明均发生在土质肥沃地带。长期使用土地后，土壤养分随着下降，于是文明也随之消失。东亚是农业文明的起源中心之一，且长期存在的事实与该学说相矛盾。

5. 逆境学说

21世纪初，英国历史学家汤因提出，人类无法从其他方面，只能从自然的社会的逆境中产生出精神力量。由此产生文明。

6. 人口压力学说

20世纪60年代经济学家Ester Boserup提出，人口密度的提高是农业变迁的主要原因。她的理论模式主要来自对亚非地区小农经济行为的调查。研究将现代化的农业模式排除在外。该理论具体包括如下假设：①假设人口增长取决于食物的供给。因此，人口的增加往往引起农业变迁。②假设一定人口密度历史时期内，农民对平均的食物是满足的。如果人口的增加使其减少，他们就会强化生产，以生产出更多的产品。否则他们宁愿更多的闲暇，而不愿去提高效率。③假设在生产的各个阶段，农民对传统农业技术有广泛的了解，但他们仅仅使用那些投入劳动较少的技术。只有当人口密度进一步提高时，他们才采用劳动密集型技术，以提高产量。④通过强化生产可以扩大农业用地总面积，且强化生产往往是通过缩短休耕期进行的。作物面积的扩大与休耕期的缩短，往往是人口增加的结果。

7. 综合学说

20世纪70年代，韩国赵永植认为，创造历史的力量，无论如何都应该说是由于人类聚集在一起，希望通过更正确、更优越、更有利于生活的普遍意志，通过竞争来促成的。

农业发生原因是学术界争论不休的问题。以上学说都从不同的侧面试图阐明农业发生的真正原因。农业起源的根本原因可能主要是解决人的吃饭问题。原始人类采集和狩猎生活在原始人口密度不大的情况下，能够获得足够的食物且又很清闲，但不可否认原始人类在采猎过程中也会出现季节性和区域性的食物短缺问题，特别是随着人口的增加或是在自然条件不佳的季节和区域，这种食物的短缺更为突出。农耕活动应当是在狩猎和采集的条件不好或资源不足的地区为解决人口的食物问题应运而生的。而在自然条件恶劣，例如太寒冷或是太干旱的地区，原始动植物资源少或驯化和饲养或栽培难度大，或是自然条件太好的热带森林地区，由于茂密的森林造成土地开发利用的难度大，原始农业在这类地区不能产生。当然，当自然条件优越，采猎资源十分丰富的地区，农业的发生较慢，有的如生活在美洲的印第安人直到现在还保留着采猎生活，而不愿学习农耕和从事农业生产。这也是历史的辩证法，在采猎时期，资源条件好的地区，当时看是好事，但从长远来看这阻碍或推迟了农业先进生产技术的发展。与此相比，在采猎资源条件相对不好的地区，当时看是坏事，但人们为了生存下去而不断拼搏，最早发展了农耕生产。

第二节　传统农业的形成与传播发展

一、传统农业的形成

三大原始农业起源中心，除美洲农业起源中心以外，均相对独立地发展产生了传统农业(美洲农业起源中心由于没有大家畜的驯化以及冶铁技术的缺乏，未完成向传统农业的过渡)。原始农业是以驯化新作物、新家畜、开拓新农业领域为特征的。传统农业是以出现铁犁、牛耕、手工劳动并发展精耕细作的农业技术体系，巩固农耕生产为基本内容的。

(一)古希腊、罗马传统农业的形成

西亚的原始农业从西部穿过爱琴群岛，到达希腊以后，孕育了古希腊文明。古希腊包括了巴尔干岛南部，爱琴海诸岛以及小亚细亚西岸地区。在公元前12世纪到8世纪，希腊氏族制瓦解，产生了大批奴隶制城邦。希腊文明形成的基础是：第一，由于希腊当时包括巴尔干南部、爱琴海诸岛、小亚细亚西部地区，因此，有长而曲折的海岸线，有十分方便的海上交通以进行海上贸易，使爱琴海地区的经济发展起来；第二，在古希腊文明之前，美索不达米亚地区和埃及已形成了木犁耕作的历史基础；第三，公元前12世纪，位于伊朗高原附近的赫蒂王朝发明了冶铁技术，出现了铁器。赫蒂王朝的灭亡，有关技术传到希腊。大约在同一时期，希腊完成了铁犁头制造，铁犁牛耕农业开始出现，标志着古希腊传统农业的形成。传统农业的形成，是希腊文明的真正基础。

从荷马史诗《奥德赛》和史诗《伊利亚特》中可以发现此时希腊正处于原始公社向奴隶制过渡时期，农民在奴隶主庄园从事农业，并有了手工业者的分化，牛耕已普遍使用，生产上除生产

自给性的作物和家畜外，橄榄和葡萄是主要的商品作物。

公元前3世纪，古罗马统治意大利。随着希腊文明的衰落，于公元前一世纪，古罗马取代了古希腊形成罗马帝国。罗马帝国有发达的奴隶制生产方式，其经济在古希腊的基础上有了进一步发展。此时，在铁犁的基础上对犁进行了改进，并出现可以翻土的铁犁壁。耕作技术是罗马时期的主要技术，当时强调反复耕、交叉耕的方式，每年要耕2～3次，即收割后1次，中间1次，播种前1次。根据土壤的性质，有了轻犁和重犁；在耕作技术上已能根据气候和土壤条件分别采用着重排水和着重保墒的土壤耕作。

古希腊和古罗马时期的耕作制是休闲制，每年只种一部分土地，另一部分土地让其生长杂草作牧场，到杂草结籽以前，进行翻耕，把杂草压入土中，以此来调节土壤肥力和水分。在此基础上进一步发展，产生了二圃制，即有计划地让一部分土地种作物，一半土地休闲。在养地方面创造了在休闲地上播种豆科作物作绿肥，施用畜粪、油渣、草木灰、硝石、就地焚烧秸秆、破碎土块、注意选种等方法。

这个时期农业整体上来说在传统农业上已有较高的发展水平，出现了很多农书，瓦罗的《论农业》是世界农学名著，全书共分三卷，第一卷“农业”共分69章，论述农业的目的、要素、农业科学分科、生产管理，从整地、播种、收割、脱粒一直到加工、销售。其中还有一年的农事安排、主要作物生长习性和栽培技术等；第二卷“家畜”，共十一章，讲述家畜的起源及绵羊、山羊、猪、牛、驴、骡、狗的饲养技术及制奶酪、剪羊毛；第三卷为“小家畜”，主要讲述家禽鸡、鸭、鹅、兔及蜜蜂、鱼的饲养。还专门讲述了孔雀、斑鸠、蜗牛、睡鼠等的生活习性。可见，当时农业的内容已十分广泛并已发展到较高的水平。发达的古罗马传统农业奠定古罗马文明和欧洲传统农业的基础。

（二）东亚传统农业的形成

西方传统农业发生在奴隶制时期，而东亚的中国传统农业发生在封建社会建立的时期。随着周王室的解体，中国进入了春秋战国时期，相应地，井田制瓦解，公田减少，私田增加，逐步形成了以户为单位的小农经济。我国春秋战国（770—475 B. C.）时期开始使用铁器。《国语齐语》记载“美金以铸剑戟，试诸狗马，恶金以铸俎、夷、斤、属，试诸壤土”。在西北、华中、华北和西南等地区均出土发现了战国时期的铁制农具。与犁的出现相平行，在春秋晚期也有牛耕的记载。“宗庙之牲，为犬亩之勤”（《国语晋语九》）。表明牛与犁结合使用的牛耕在当时已盛行，并在铁犁和牛耕的基础上，创造了一整套工具和一整套技术，包括整地、播种、中耕、灌溉、收获、脱粒到加工等一系列环节的工具，如播种的车，舂米舂面的水准，提水的龙骨车等等。到了汉代，已有了有壁犁。牛耕和铁器的使用，使土地得到深耕，提高了土地生产力，并为土地的拓展提供了有力的工具。约在同一时期，发展了选种、施用基肥、种植绿肥、土壤耕作技术。兴修了大型水利工程如郑国渠、都江堰工程等。

西汉时期，开始推广冬麦、冬麦与夏季作物相互配合，使北方地区有了复种，并有了大面积增产的“代田法”（沟垄轮换种植）、小面积增产的“区田法”（深挖小沟集中施肥）。说明此时已开始集约种植，至此，中国的传统农业形成。

比较而言，旧大陆两大农业体系中，东亚中国的传统农业比希腊和罗马起步晚，但发展快、成熟早。西汉时期，罗马文明处于鼎盛时期，中国的农业已赶上了罗马水平。东汉时期，罗马文明衰亡，中国农业则超过罗马水平，而且一直保持领先水平到明、清时期。

二、传统农业的发展

在欧洲，从罗马帝国灭亡到18世纪的农业革命，在中国，从秦汉以后到清末民初，是世界传统农业的发展时期，以后逐渐为现代农业所取代。

(一)欧洲传统农业的发展

1. 中世纪欧洲传统农业的发展

欧洲中世纪的封建制，是在罗马帝国的废墟上建立起来的。初期城市人口减少，商业衰退，遍及欧洲的是土地大分封，形成了许多自给自足的“采邑”。“采邑”中土地分为领主自用和农奴耕种两部分。农奴除耕种分得的土地外，每周还得在领主的土地上劳动几天，且对领主负有种类繁多的义务和徭役。13世纪货币使用增加，城市兴起，农奴制开始衰退，16世纪农奴制消亡，土地买卖自由，又形成了地主占有制。

在漫长的中世纪中，欧洲的传统农业发展较为缓慢。休闲制一直在欧洲农业中扮演主要角色。直到8世纪欧洲农业还主要实行一圃耕作、一圃休闲的二圃制；9世纪法国开始实行三圃制，但流行十分有限；在英格兰也只有局部地区开始替代二圃制。三圃制将土地分为三大耕作区，各耕作区分为若干小区，每小区分为若干长条地段，耕地内没有篱笆间隔，称为敞田。三大耕作区分别为冬作物、夏作物、休闲地，第二年依次轮换，三年轮换一次。农民各自耕种，但只能按统一的循环进行。草地、林地、放牧地为村民公有。作物收获后在规定的时间内，敞开在田间放牧。与三圃制相配套的土地管理是每年土壤耕作5～6次，通过休闲并结合施用粪肥，这种土壤管理制度与三圃制当时较低的生产力是相适应的。13—14世纪时拂南德尔部分地区三圃制中的休闲由豆类作物和根类作物所代替，这些作物17世纪中叶才在英国的休闲地上种植，但休闲降低也不快，直到19世纪英国仍有1/5的耕地休闲，其他欧洲国家更多。休闲的原因之一是修养地力，积聚养分，原因之二是由于作物实行撒播而非条播，只有休闲时方可除掉杂草。到了19世纪末，休闲地才越来越多地种上豆科作物、芜菁、糖用甜菜及土豆等，休闲才最终消失。

欧洲在中世纪长期推行二圃制和三圃制过程中，耕作粗放，很少主动施肥，靠休闲恢复地力。作物撒播，只在收获后才耕作，土壤耕作由牛或马拉重犁进行。牲口散放在农田或休闲地里。这种农作体系，一方面由于养分循环水平低，作物生长期间无法除草或病虫害的危害而不可避免地减产；另一方面生产的农具也相对较为落后，长时间没有改进，只有水车、马挽具、打谷机等少数农具的引入。农具多系木制且厚实笨重，尤其是犁，19世纪铁开始应用于农具生产(1770年第一架犁即罗门生犁问世)。

2. 欧洲农业革命

17—18世纪，欧洲的农业有了较大的发展。英国在17世纪中叶完成了资产阶级革命。随着国内外市场的扩大，资本主义工场手工业特别是纺织业有了较大的发展。工业的发展对农业提出了粮食、原料、市场及劳动力的要求。英国从16世纪到18世纪开展了“圈地运动”，封建庄园制瓦解，建立了资本主义农场制，引起了18世纪的农业革命。

轮作制是农业革命的主要内容。原来的三圃制中的休闲地种上了豆类作物与根类作物，这些作物最著名的有三叶草、小麦、芜菁等，最先于中世纪晚期在低地国家如荷兰等栽培，在

16 世纪得到发展，17 世纪传入英国，17—18 世纪在英国传播，19 世纪传到欧洲其他国家。这些作物或能够固氮，增加土壤养分；或能够提供更多的饲料，使单位面积上牲口的数量增加，粪肥也因此增加。栽培这些作物采用了条播新技术，不仅能够除草，也减少了下一季作物的休闲。自 18 世纪开始饲养牲口起，由秸秆、动物粪尿积制的厩肥可返还田间，提高了土地肥力，保证了连年种植作物的轮作制顺利进行。这类轮作制中最著名的是英国的诺福克州的三叶草、小麦、芜菁、大麦的四圃轮作制。轮作制取消了牧场，扩大了作物面积。以豆科、块根类作物取代休闲，提高了地力和土地利用率。轮作时作物的安排要经过周密的考虑，利用前后季作物的茬口关系，加上施肥和管理，农业产量有了很大的提高。英国的轮作制后来也盛行于德国和法国等欧洲国家。

以农牧协调发展的轮作制的推广应用也为畜牧提供了良好的饲料，加上舍养的推广，欧洲的畜牧业得到了较大的发展，相应地也促进了畜牧育种的发展。

在农具方面也有了一定的发展。16 世纪荷兰在由台湾引进犁的基础上，发展了一种只用两匹马就能拉动的轻犁，16—17 世纪传入英国的诺福克和萨福克。英国的杰罗斯·塔尔研制出了条播机，效率高，播种质量好，节约种子并便于中耕管理，为轮作制的推广奠定了基础。塔尔还设计了三齿中耕机，以便于与条播相配套，实现了条播和中耕的畜力化，提高了劳动生产率。

17—18 世纪欧洲在文艺复兴的基础上，自然科学特别是实验科学得到了促进，在植物营养、植物生理、动物科学等领域开始开展研究并取得初步成果，为传统农业迈向现代农业奠定了科学理论基础。

(二)东亚传统农业的发展

中国自秦汉以后一直到明末清初是属于传统农业阶段，其中明清以前，中国的传统农业一直领先与世界水平。

1. 秦汉至唐朝的北方旱作农业发展时期

秦汉以后到唐王朝建立以前，中国长期处于战乱年代，农业生产遭到很大的破坏，但是该阶段的农业技术特别是黄河流域的旱作技术有了较大的发展。在战国的深耕、易耨及垄耕法等土壤耕作技术的基础上，秦汉魏晋南北朝时期，北方旱地的精耕细作技术体系基本形成。汉代出现了代田法、区田法。魏晋南北朝时期形成了耕、耙、耱(耢)相结合的技术体系。

早在战国时期，铁器和牛耕的使用就开始实现连作。《吕氏春秋·任地篇》记载："五耕五耨，必审以尽。其深殖之度，阴土必得，大草不生，又无螟蜮，今兹美禾，来之酶麦"。表明此时土壤耕作趋于精细多次耕作，并出现了连作和轮作。而欧洲则直到 18 世纪才推广四圃制的连作。秦汉时期已发展了基肥、种肥、追肥相结合的施肥技术。在汉代已实行冬麦和其他作物的复种轮作。此时对绿肥养地作用有了更进一步认识。《齐民要术·耕田第一》记载："凡美田之法，绿豆为上，小豆、胡麻次之"，"若粪不可得者，五、六月中 种绿豆者，至七、八月犁掩杀之，如以粪田，则良美不与粪殊，又省功力"。在南北朝时，已有了绿肥轮作和绿肥间套作。东汉时铁犁牛耕更加推广，并出现了短辕犁和犁壁，犁的构造有了进一步发展，到唐代的江东犁已有了 11 个部件，与近代犁相近，表明此时土壤耕作技术已发展到相当的高度。在播种技术方面，汉代已出现了构造精巧复杂播种均匀的耧车，将开沟下种合为一道工序，《齐民要术》称之为"省力过半，得谷加五"。

2.南方传统农业的形成和发展

隋唐以前,中国的经济中心在黄河流域。长江以南地区文化较为落后,农业生产上基本上是推行"火耕水耨"的粗放经营制度,虽经汉、晋、南北朝的持续开发,有了初步的发展,但相对北方农业还很落后。

隋唐至宋元时期,南方的人口增加,一方面以南方传统式的"火耕水耨"广辟田地,同时又将北方精耕细作的农业技术带到南方,江东犁在南方也得到推广使用并逐步发展了因地、因时制宜的以耕、耙、耖相结合的水田耕作技术。此时,在南方稻田普遍实行了插秧技术。大约唐代出现了麦稻复种轮作、双季稻等多熟种植方式,但规模有限。到了宋代,作物的多熟种植得到迅速发展,双季稻的面积扩大、部分地区出现了三季稻。南方地区农业生产结构也发生了一些变化,麦在南方得到了长足发展,成为稻田的主要冬作。宋元时期,随着人们对作物间相互关系的认识的深化,间套作有了进一步的发展。这一时期有关间套作的记载主要是桑间作其他作物,如南宋的《陈 农书·种桑之法篇》记载:"今畦垄差阔,其中遍栽苎,因粪苎,则桑也获肥益也。桑根植深,苎根植浅,互不相妨,而利倍差"。元代的《农桑辑要》中指出:"桑间可中田禾",但"与桑有宜与不宜,如种谷,必揭得地脉亢干;至秋,桑叶先黄。到明年,桑叶涩薄,十减二三,又招天水牛,生蠹根吮皮虫等。茗种蜀黍,其梢叶与桑等,如此丛杂,桑也不茂"。桑间适宜种"绿豆、黑豆、芝麻、瓜等,明年增叶二三分,种黍也可,农家云桑发黍,黍发桑"。说明此时对作物间的关系及间套作已有较高的认识和应用水平。与宋元时代的多熟制和间套作相适应的是积肥和施肥技术有了新发展,南宋著名的农学家陈 提出了"地力常新壮"的理论。元代《王贞农书》指出:"田有良薄,土有肥烧,耕农之事,粪壤为急。粪壤者,所以变薄田为良田,化烧土为肥土也……,所有之田,岁岁种之,土敝气衰,生物不遂,为农者必储粪朽已粪之,则地力常新而地力不减"。据《王贞农书》记载,此时肥料的种类有踏肥、苗肥、草粪、火粪、禽兽毛羽、石灰、泥粪、人粪、沤肥、畜禽粪等多种,对积肥和施肥的规律有了较高的认识。

3.明清时代农业的纵深发展

明清时代,随着人口的进一步增加,人均耕地的减少,轮作、间套作、多熟种植有了进一步发展。双季稻已在江南较大面积推广。《天工开物》记载:"南方平原,亩田两栽两获者。其再栽秧,俗名晚稻,非粳类也。六月刈初禾,耕治老膏田,插再生秧"。万历《福州府志》记载:"四月刈麦之后,仍种早晚两稻"。即使在北方,明清时期多熟种植也有相当的发展。此时在旱地上盛行间套作,主要类型有豆粮、菜粮间作及麦棉、早晚稻套作等。与多熟制发展相适应的是土壤耕作技术有了新的发展,南方发展了套耕技术以达到深耕。在北方旱地上发展了沙田免耕法栽培。此外,浅耕灭茬、看苗施肥、小麦移栽等技术多形成或完善均于这一时期。

作物间或生物间的种间关系得到了更充分的应用。在人多地少的部分经济发达地区,创造了多物种共生的立体集约利用资源的模式,如太湖地区的农、牧、桑、鱼互养系统、珠江三角洲的桑基鱼塘系统、关中地区的粮草畜相结合系统。这些系统实现了对资源的立体多维利用,提高了资源利用率,标志着中国传统农业已达到了发展的高峰。

此外,在中国传统农业阶段,果树、蔬菜的栽培方面、对病虫害的发生规律和人工、药物、生物防治方面、生物间的相生相克关系在作物间套作和病虫草害防治方面均取得了突出的发展和成就;在原始农业中的牛、马、羊、鸡、犬、猪等主要家畜的基础上,发展了一整套的传统的相畜、选种育种、饲养管理的技术和经验。特别在物候学和历法上,产生了大量的物候学记载,创立了四时和二十四节气,对后来的农业生产产生了深远的影响。

三、传统农业的传播

传统农业发展过程是和农业的传播过程相互交织而同时发生的。通过农业的传播，实现了不同地域之间的生物资源、农业生产技术和生产工具的交流，从而促进了不同区域农业的发展。

传统农业阶段的农业传播一般是通过商品的交换或先进农业技术和优良作物资源的增产的示范辐射而传播的。从世界范围来看，传统农业阶段的农业传播大致可分为两个阶段，即1 500年以前欧洲向全球扩张以前的缓慢农业传播阶段和1 500年以后世界范围内的植物资源和农业技术大规模的全球性扩散和传播阶段。

（一）1500年以前传统农业的缓慢传播阶段

由世界三大农业起源中心驯化的动植物经过原始农业阶段的缓慢传播，使各个农业在起源地附近以一定的速度得以传播，使农业扩展到与当今人类活动区域大致相当的范围。传统农业阶段，由于各地农业发展的不平衡性，使某些地域最新创立某种新的农业技术或培育出优良的动植物品种。通过辐射作用和商品流通作用，农业技术得到一定的交流和扩展。但是由于此时各大洲之间的交流很少，除欧亚大陆及非洲大陆有少量的时断时续的交流外，世界各大洲之间农业的交流较少。美洲和澳洲基本上处于与其他洲隔离的状态。农业的传播不快且主要局限于欧亚大陆。

在中国，隋唐以前黄河流域的旱地耕作技术领先于南方水田的“火耕水耨”，隋唐以后，北方先进的农耕技术传播到南方，进而在南方逐步建立起耕、耙、耖的水田耕作技术体系；中国最早栽培的作物中粟、稻、大豆、大麻、白菜、芥菜、萝卜、柑橘、枇杷、李、梅、杨梅、荔枝、龙眼等作物，这些作物最早局限与特定地域，传统农业阶段对上述作物及其栽培技术作了进一步传播。例如小麦和大麦为山东莱芜所产，而后及于中原、达于西北。两汉时期冬麦向北向南发展达到长江上游的荆州和淮北地区，4世纪初春麦栽培向西推进到甘肃陇西地区、河西地区、5世纪推进到高昌，向东北推进至勿吉和失韦，向西推进至汶山。冬麦也随着北人南进于5世纪传到江淮地区，并进一步向浙赣地区深入发展。隋唐年间，小麦进一步西进到中亚，向西南则推广到南诏以南、滇池以西。在上述麦类传播的同时，相应的栽培技术也得到推广。粟、豆、麦、黍等作物在西汉到南北朝之间，经汉人传播到河西、西域，北上蒙古，东北走辽东氐羌、鲜卑、乌桓诸民族在汉族的影响下从事农耕种植。

欧洲的罗马时期和中国的汉朝以后，西方和东亚之间开展了沿多条路线的陆路贸易和海上贸易。其中中世纪形成的伊斯兰教帝国（到8世纪中叶，将国土从比利牛斯山脉扩展到印度洋，从摩洛哥延伸到中国边境。以后的几个世纪，伊斯兰教进一步扩张到中亚、东南亚乃至非洲内地）和蒙古帝国（其版图包括朝鲜、中国、整个中亚、俄国和中东大部分地区）和西欧的扩张如十字军东征等促进了欧亚大陆之间的文化交流。从公元5世纪到15世纪，从中国传入欧洲的技术和发明很多，其中包括中国的三大发明、船尾舵、航海制图法、风筝、马挽具、独轮小车、罗盘等，从欧洲传入中国的有螺钉、液体压力泵、钟表装置等。中国菊花、杜鹃、茶香玫瑰、柠檬、香料、杏、西瓜、柿子、柑橘等植物或作物经中东由阿拉伯人传入欧洲。

（二）1500年以后传统农业的大规模全球性传播阶段。

从1500—1763年的近代初期是人类历史上一个较关键的时期，正是在这个时期里，哥伦布发现了新大陆，欧洲大肆开展了殖民化运动(表 2-4)，从而预示着全球性阶段的到来，促进了洲际间农业空前迅速的传播。欧洲人将东半球的马、牛、羊的圈养动物、东半球的小麦、黑麦、燕麦和大麦等重要的谷类作物、橄榄树和葡萄等果树以及欧洲的农业技术相继传播到美洲，解决了长期以来美洲仅有美洲鸵和羊驼等价值小的动物，缺乏可驯化的有价值的役用动物的困境，从而使美洲告别了原始农业阶段。另一方面，欧洲也从美洲印第安人那里得到了玉米、马铃薯、木薯、番茄、鳄梨、白薯、花生以及若干品种的蚕豆、南瓜、笋瓜、烟草、棉花等作物并由此将这些作物传遍亚洲和非洲。整个世界也卷入了这种交换。例如发明于中国汉代的耧车就是该阶段传入英国，经塔尔改进后成为通行于欧洲的畜力条播机。在中国，该阶段引入的作物有高粱、花生、棉花、玉米、甘薯、烟草等作物。高粱原产于非洲，后经转入埃及、印度而大约于3世纪到达中国西部的四川，然后蔓延到全国。玉米原产于美洲，哥伦布发现美洲大陆后即在世界各地传播，玉米传入中国的具体途径有三种说法，或由中亚细亚，或由菲律宾、或由印度、缅甸于 16 世纪传入中国。甘薯原产于美洲，据传由越南或菲律宾于 16 世纪传入中国。

四、传统农业的成就

与原始农业相比，传统农业阶段的生产有了质的飞跃。铁器工具、人畜力及其他自然力的使用、精耕细作传统农业技术的建立和应用，大大提高了土地生产率和劳动生产力。传统农业的发展为农业最终迈向现代农业积累宝贵经验并奠定了坚实基础。传统农业的主要成就可归纳为以下几个方面：

(一)农业生物在世界范围内实现了广泛交流

传统农业阶段，由各大农业起源中心驯化并经原始农业传播的各种生物资源得到了进一步的传播和交流。由于农业生物的传播和交流，极大地丰富了各地农业生物资源，为各地充分合理地利用当地资源提供了相应的作物从而促进了世界农业的发展(表 2-5)。

表 2-5 传统农业时期农业生物的交流

传入中国的农业生物		传入西方的农业生物	
农业生物	原产地	农业生物	原产地
小麦、大麦	西亚	水稻	中国
苜蓿	伊朗	茶	中国
石榴	西亚	大豆	中国
芝麻	西亚	荞麦	中国
菠菜	尼泊尔	梨	中国
辣椒	中美洲	杜鹃	中国
菜豆	中美洲	粟、黍	中国
玉米	中美洲	鸡	中国
马铃薯	中美洲	鸭	中国

(二)形成了完备的耕作技术体系

与原始农业“刀耕火种”的粗放式经营相比，传统农业技术得到了长足的发展，建立了精耕细作的农业技术体系(表 2-6)，主要包括：

表 2-6　传统农业时期农业技术的发展

地区	距今时间/年					
	3 200	2 500	2 000	1 500	1 000	500
西亚北非南欧农耕文化区	古希腊时期开始用铁犁头牛耕，休闲		古罗马有壁犁产生，二圃制。50%的利用率		三圃制	犁粗笨，需6～8头牛拉
东亚南亚农耕文化区		中国“恶金试诸土壤”“宗庙之牲，为畎亩之勤”粪田，产生连作	牛普及，连作	日本开始冶铁技术		
新大陆农业文化区		一直处于原始农业状态，一直到16世纪				

1. 选种育种技术

早在周代中国就有选育嘉种的记载，例如《诗经》中记载：“诞降嘉种，维秬维秠，维糜维芑。恒之秬秠，是获是亩。”秬和秠是黍的两个不同的品种。秦汉时期就开始了用穗选法选育良种，汉代有了优良品种的马、猪、鸡，并已能利用马与驴杂交培育骡。到了三国和两晋时期发展了作物混选法，建立了“种子田”并选育出较多的稻、粟优良品种。魏晋和南北朝时期在相畜术的基础上开展了畜禽的选种和繁育。在西方，18世纪贝克尔育出消耗饲料少，育肥期短的肉牛和脂肪含量高、形体紧凑的羊。

2. 施肥技术

早在古罗马时期人类就已开始把畜粪和草木灰施入土壤以培肥地力并开始使用绿肥。在东亚夏代左右就开始了施肥的实践，秦汉时期发展了基肥、种肥、追肥相结合的施肥方式，以后随着生产的发展和经验的积累，建立了轮作和合理施肥相结合的土壤培肥体系，提出了地力常新壮的理论。明朝徐光启的《农政全书》中统计当时的肥料种类已达11类130多种。合理施肥技术使传统农业能自我维持、良性发展。

3. 土壤耕作

铁犁和牛耕的出现，标志着传统农业的诞生。传统农业的发展过程中，土壤耕作技术得到了不断发展和完善。在中国，秦汉时期就建立了带田法、区田法。在汉代，发明了耧车，及播种和开沟为一体，提高了劳动生产率。魏晋南北朝时建立了以耕、耙、耱相结合以抗旱保墒为中心的精耕细作土壤耕作技术体系。隋唐以后，发明了曲辕犁（江东犁），在南方建立了以耕、耙、耖相结合的稻田耕作技术体系。在北方干旱地区发展了旨在抗旱保墒的沙田耕作法。欧洲主要在提高土壤耕作的劳动生产率上作了较多的努力，最早是用马替代牛进行土壤耕作，17世纪，在英国研制出了条播机，较大地提高了劳动生产率。

4. 灌溉

欧洲早在苏美尔时期、东亚在春秋战国时期就开始了灌溉，建立了郑国渠、都江堰等大型水利工程。以后各个朝代的统治者均十分重视农田灌溉和水利工程设施的建设。例如，汉武帝时代仅陕西关中地区就兴建了六辅渠、龙首渠和灵渠。唐朝开始，在南方修建了大量的水利工程设施。水利工程设施确保了农田灌溉的顺利进行。

5. 轮作制

古罗马开始即实行了两圃制，并开始在休闲地上播种绿肥或用豆科和谷类作物进行轮作。中国大约在春秋战国时期开始了轮作制，汉代实行了麦粟连作并建立了麦与其他作物轮作换茬以及绿肥与禾谷类作物轮作制。轮作换茬成为中国传统农业的一大特色。在欧洲，18 世纪农业革命时创立了诺福克四圃轮作制。轮作有利于利用作物的茬口特性，解决作物种植过程中土壤养分和土壤杂草、作物病虫害等方面的问题，有利于种植业的持续发展。

(三)形成了农牧结合的生产体系

无论东亚还是西欧的传统农业，均为农牧结合的生产体系。在欧洲是以牧为主，而中国是农为主。农牧结合，可达到以农养牧，以牧促农，农牧两旺的良好结果。畜牧业可充分利用人们不能利用的农副产品和农业不能利用的土地，使它们通过发展牧草而加以开发利用，为人类提供优质的肉、蛋、奶及其他畜产品，同时还可为农业提供优质的肥料，促进农业系统的协调发展。

(四)形成了农业管理思想与体系

我国在传统农业阶段的长期实践中，归纳总结出一整套农业管理思想，如“三才”理论，《吕氏春秋·审时篇》中说：“夫稼，为之者人也，生之者地也，养之者天也”。不仅阐明了农业生产的三大因素是天、地、人，而且把人的因素放在首位。《齐民要术·种谷》中贾思勰提出：“顺天时、量地力，则用力少而成功多，任情返道则劳而无获”。南宋农学家陈埔则提出了“耕稼，盗天地之时利”，《王贞农书》中提出：“顺天之时，因地之宜，存乎其人”的指导思想。“三才”理论对中国农业精耕细作优良传统的形成和发展，有深刻的影响。

还比如“三宜”原则。中国传统农学思想中，特别重视“时宜”、“地宜”、和“物宜”问题，这三宜逐步演变为农业生产必须遵循的原则。其核心内容是按天时和地利的变化规律以及农业生物生长发育的规律，从事各项农事活动，采取各种相应措施。汉代的《淮南子·泰族训》一书，对此曾有深刻的阐述：“天下一时，地不一利，人不一事，是以诸业不得不争端，趋利不得不殊方”，这就是说，在天时千变万化，地利千差万别的条件下，从事各项农业活动，不得不采取多种多样的方法，以适应各种复杂的条件。

此外，还有集约经营、多种经营、扬长避短、趋利避害、量力而行等营农思想体系。

第三节 现代农业的形成与传播发展

现代农业是指工业化以来高资本、高能量、高技术投入及以商品生产为主要特征的农业生产体系。从现代农业的发展来看，它包括工业化农业和可持续农业两个发展阶段。前者是应用现代工业成果，通过大量地采用现代农业投入，如商品能源、农机、化肥、农药、通过大型规模经营，获得高产的农业模式。后者是在工业化农业进行反思的基础上提出来的管理和保护自然资源基础，调整技术和机制的变化方向，以便获得并持续地满足目前和今后世世代代人们的需要。因此是一种能够保护和维护土地、水和动物资源、不会造成环境退化；同时在技术上适当可行、经济上有活力、能够被社会广泛接受的农业。

一、传统农业向现代农业的转变

现代农业是在传统农业中孕育、发生的。18 世纪的欧洲工业革命中瓦特的蒸汽机的发明、李比西的矿质营养学说的创立、孟德尔三大遗传规律的提出等，为现代农业的产生和发展奠定了基础。而传统农业发展取得的丰硕成果也使现代农业的产生成为可能。现代农业的产生经历了由量变到质变的变化过程，我们可以从以下几个方面来考察传统农业向现代农业转化的基本轨迹（图 2-3）。

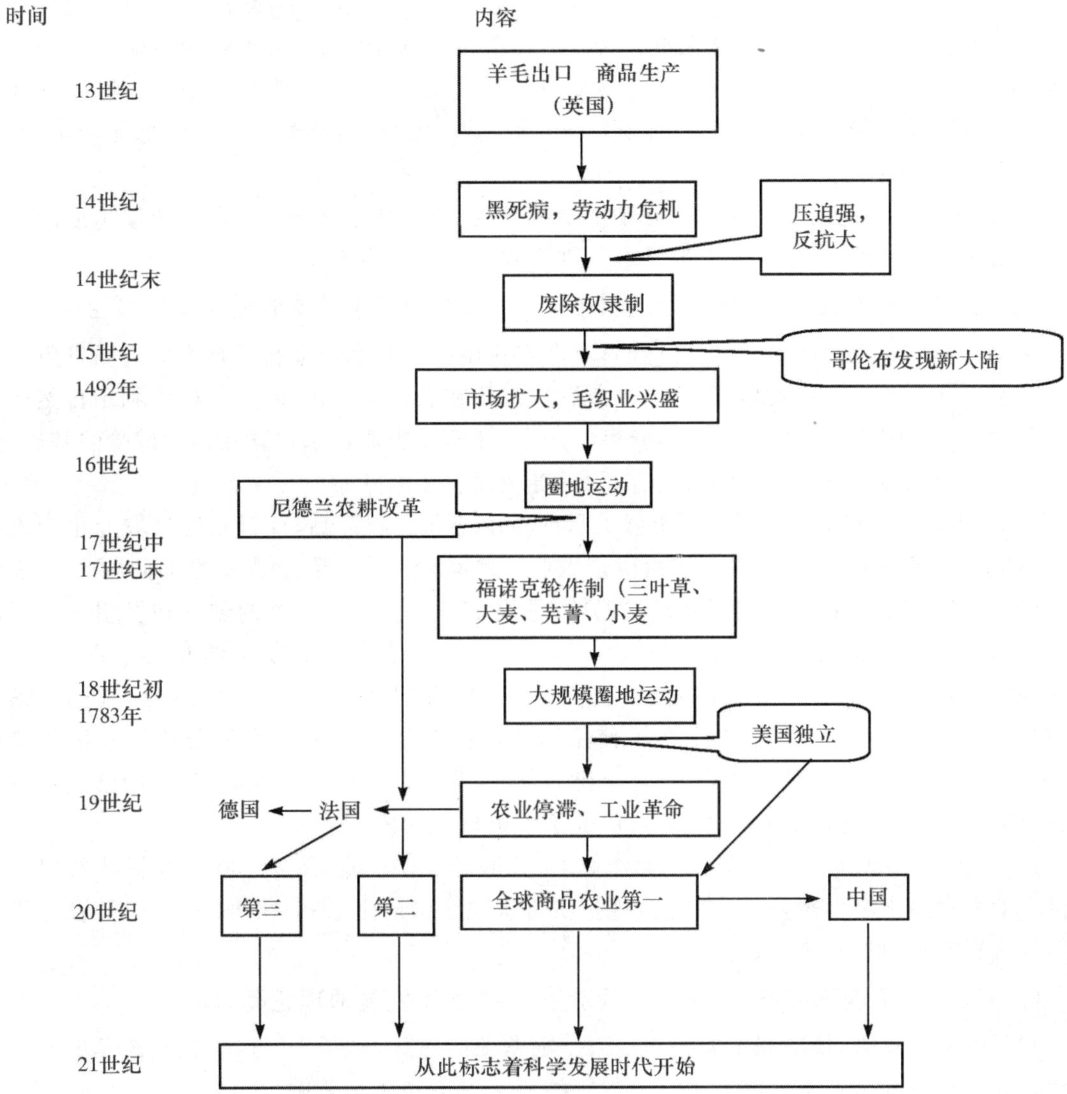

图 2-3　现代农业的演进轨迹

（一）土地的集中促进了资本和土地的结合

圈地运动被认为是促使土地集中，进而实现农业资本主义化的重要历史事件。18 世纪，耕地经营是以三圃制即敞田为主的土地所有制形式。敞田的一部分为公有，主要用于放牧。这种土地所有制形式已构成当时农业商品经济的发展的严重障碍，草地公有而无人管理，不利于草地的保养与改进，没有栅栏不利于畜种的纯育。休闲地放牧不利于在此栽种饲料作物，耕种分散交叉的田块不仅费事费时，而且条田之间的田界、小道占用了不少耕地，这些都是圈地运动得以产生的条件。在英国13世纪就有圈地现象的发生，但真正大规模圈地是在17世纪英国议会颁布《圈地法》以后，整个欧洲则于19世纪末完成。大面积的土地被人用栅栏一片一片地圈起来种植牧草或其他作物，成为私人的牧场和农场。

另一方面，城市化、工业化导致了农业人口的转移也加速了土地的集中。工业革命于18世纪首先在英国出现，先传至西欧，再传遍西欧大陆的其他地方，并将欧洲从农业社会变为工业社会。工业化的发展对传统农业的深刻影响表现在受雇于制造业、矿业和运输业等的人口增加，农业人口下降。英国1600年农业人口占总人口的75%，但到18世纪20年代下降到50%以下，其他国家如荷兰、爱尔兰、比利时于1840年，法国、瑞士于1860年，德国于1890年达到50%以下的比例。

由此，欧洲的土地逐步集中起来并和资本结合在一起，18世纪末19世纪初逐步形成了统一的市场和全球贸易，商品化生产的需求促进了农业商品化生产。

（二）生产工具的改善和农业技术水平的提高，直接促进了传统农业向现代农业的转化

从19世纪40年代到20世纪初期间，欧洲农业生产工具和农业科学技术等方面发生了一系列变革。畜力半机械化农具开始推广，蒸汽机开始在农业上应用，农业种植中利用自然矿物肥料和试制人工肥料。特别是农业实验科学产生，开始将农业技术建立在科学试验的基础上。这些都是与传统农业根本不同的新内容，预示着现代农业的开始。

19世纪工业和城市的发展除了吸收大量的劳动力和农副产品，反过来通过农业生产机械工具的制造来提高劳动生产率，以缓解由于农业人口减少带来的劳动力不足的问题。1713年惠特尼(Eli Whitney)首先发明了轧棉机以后，进入19世纪，农用机械的创制和发明进入了高峰期。1820年发明了马拉干草耙，1831年英国W.史密斯获得了收割机的专利，1833年奥尔德·赫西获得收割机的专利，1834年开始生产，到1840年已销售45架。1836年，美国的第一架联合收割机获得专利，1873年生产了使用绳索的捆扎机。其他较为复杂的作业机如播种机、中耕机、耧草机、马拉谷物条播机、耙草机等都有制造或改进。到1885年，美国已拥有谷物收割机25万台。此时还缺乏机器动力机，处于半机械化阶段。

19世纪40年代蒸汽机首先在农业作业上，如脱粒、轧花、磨粉等。50年代福特使用了蒸汽机为动力的绳索牵引犁，1874年蒸汽拖拉机首次在法国产生，1885年Herry Ford设计了一个蒸汽机直接牵引的蒸汽犁。

（三）近代科学理论的产生，奠定了现代农业产生和发展的理论基础

欧洲的文艺复兴，使欧洲试验科学进入空前繁荣的时代，到了19世纪，在欧洲诞生了对近代和现代科学及社会经济发展起了巨大作用的科学理论和科学著作。

李比希(1803—1873年)将化学研究成果应用于农业并于1840年发表了《有机化学在农业和生理上的应用》，提出植物矿质营养学说，指出植物以无机矿物质为营养，它们在土壤中以溶解状态、容易被植物吸收的形式存在，有机肥是通过分解为无机养料而实现其肥力，养分的作用存在着最小养分限制律。

1959年，达尔文的划时代巨著《物种起源》出版，他以大量的事例为依据，指出自然界物竞天择，适者生存，生物的变异具有普遍性，生物的遗传具有积累作用。达尔文的进化论使生物学确立为科学，对以后的生物学和农业科学产生了深远的影响。1865年，奥地利神父孟德尔根据豌豆杂交实验结果，在《植物杂交实验》一文中，首先提出了生物遗传因子的概念，用遗传因子的独立分离和自由组合定律来解释遗传现象，并依据严密的数学方法、理论总结，使遗传学建立在科学的基础之上。

上述理论为以后的农业化肥工业及其在农业中的成功应用以及农业生物遗传育种的巨大成就奠定了理论基础，孕育了现代农业生产的三次大突破。

二、现代农业的发展

(一)工业化农业

19世纪中期以后，农业生产工具和农业生产技术进一步发展，农业商品化程度不断提高，到20世纪60年代，现代农业基本确立。

这个阶段，最大的变化是内燃机和拖拉机的发明和使用。1876年，德国人尼古拉奥拖获得了四缸内燃机的专利权。1889年，第一台内燃机拖拉机在美国产生，但由于动力小，实用价值不大。1892年，第一台实用汽油拖拉机在美国问世。1931年，柴油拖拉机诞生。1905年，C. W. 哈特和C. H. 帕尔建立第一家拖拉机公司。拖拉机的问世，解决了农业机械的动力问题。到1945年，美国实现了农业机械化，英国于1931—1948年期间、加拿大于1920—1950年期间、法国于1930—1955年、西德于1931—1953年、前苏联于1921—1953年分别实现了农业机械化。农业机械化提高了农业劳动生产率，使耕地得以扩展，农业总量得以大幅度增加。

20世纪40年代以后，化肥工业也取得了长足的进步，人造氨的合成，氨转化为含氮化合物及硝酸的研究取得成功并于1912年投入了生产。1919—1932年美国研制出尿素、氨水，1951年研制出固体尿素。化肥的研制成功和广泛应用促进了作物单产的提高，据FAO估计世界粮食增产额中约有50%是化肥的贡献。同时，合成化学也取得了较大的进展并对近代农业产生了深刻的影响，1874年德国的齐得勒用化学合成的方法制成DDT；1934年法国人杜皮尔又合成了六六六；1938年，德国人希拉台尔合成了八甲磷(OMPA)，1944年又合成了对硫磷。这些化学制剂在防病、防虫上得到了广泛的应用。

在细胞学说、进化论和孟德尔的遗传学规律的基础上，高效农业生物育种技术建立并导致了农业生产的三次大突破。第一次突破是1930年美国的杂交玉米的成功并开始向农民推广，使玉米亩产量从原来的100 kg增加到350 kg(1亩$=666.7\ m^2$)。第二次突破是20世纪40年代的墨西哥选育出矮秆、高产、抗病、耐肥、抗倒伏并具有广泛适应性的小麦品种，推广之后，墨西哥的小麦亩产从原来的亩产约50 kg增加到亩产250 kg，并由此掀起了一场“绿色革命”。第三次突破是六十年代菲律宾国际水稻所育出的矮秆、早熟、高产品系-IR8号，首先在东南亚推广，一季稻亩产高达600～650 kg，被誉“奇迹稻”。

由于上述农业机械化、化学化和良种化，使农业的面貌发生了巨大的变化，首先由于农业机械化替代了人畜力，大大提高了农业生产率；由于农业化学化替代了有机农业，减少休闲或休耕的养地环节，普遍实现了连作；用高产、耐肥良种的应用结合化肥的大量施用，大大提高了作物单位面积的产量。从而使农业总产量、总产值大大增加，世界粮食由短缺变为盈余。至此，标志着现代农业的工业化农业阶段确立并进入鼎盛时期。

现代工业化农业在取得巨大成就的同时，也带来了很严重的问题，并面临着严峻的挑战，主要表现在：

1. 生态环境问题

工业化农业带来的生态环境问题表现为：机械化的土壤频繁耕作加上化肥的长期使用，一方面使土壤结构变得板结，另一方面又加剧了地表土的水蚀和风蚀；大量的有机磷、有机氯、汞制剂、有机砷等农药及除草剂、化肥的使用造成了食品、土壤、水体的污染并影响农产品的卫生品质，直接威胁到人类的健康和生态平衡；大量的开发石油、煤炭等化石能源，燃烧后释放到空气中的 CO_2 浓度不断上升，造成温室效应。SO_2 的积累导致酸雨的产生，引起土壤酸化，造成森林大面积死亡；农药的大量使用导致了害虫抗药性的产生和有益天敌数量的减少甚至消亡，等等。生态环境问题已构成了人类生存和发展的巨大威胁。

2. 资源基础的危害

工业化农业是建立在石油的大量消耗的基础上的。随着石油消耗速度的加快和石油储量的日益减少，工业化农业逐渐丧失可持续发展的基础而面临日益严峻的石油短缺，能源枯竭的问题。此外，由于超量地下水的开采而导致地下水资源锐减；水土流失加剧，危及农业发展的基础；连年大面积的种植和养殖少量的农业生物品种，导致生物遗传多样性下降，最终将危及整个生态系统。

3. 工业化现代农业使政府在财政方面面临的挑战

政府对农业补贴上升很快，政府的负担严重；农业的高投入导致农业的成本上升，除增加对政府支付补贴的压力外，还使在很大程度上依赖出口的国家的农产品在国际市场上的竞争力下降；农产品的出口市场的疲软，导致农民的破产；高投入的农业生产资料其经济效益普遍呈现报酬递减，例如，化肥增产的效率日益下降，据联合国粮农组织的资料，1949—1952 年，每吨化肥可使谷物增产 14.8 t，1959—1961 年为 11.5 t，1969—1971 年为 8.3 t，1979—1981 年为 5.3 t。1978—2006 年，化肥投入对粮食产量增长的贡献率达到 56.81%，在所有的投入要素中贡献最大；1978—1998 年，化肥投入对粮食产量增长的贡献率为 46.24%，依然是所有投入要素中贡献最大的；1998—2003 年，化肥投入水平在这一阶段有所下降，导致化肥投入对粮食产量增长的贡献率也有所减小，由上一阶段的 46.24%减少到 24.36%，减少近一半；2003—2006 年，由于化肥投入的力度加大，化肥投入对粮食产量增长的贡献率又回升到 44%～95%，重新成为所有要素中贡献最大的。

4. 人类文化基础受到削弱

直到传统农业时期，人类主要生活在自然中。现代农业的推进，使绝大多数的劳动者离开了土地，它们不再与活生生的生物打交道，转而同死气沉沉的物质共处，长年累月，人类固有的自然创造力趋于弱化。这是导致现代文化生活失去活力的重要原因。随着工业化农业的崛起，农业规模的逐步扩大，城镇化随之而来，大量农村人口向城市转移，造成原有的乡村逐渐消失，传统的村落文化也随之消失或遭到破坏。最新的统计数字显示，我国的自然村十年间由 360 万个锐减到 270 万个，这意味着“每天消失 300 个村庄”。如果不对农业文化等实施有力的保护措施，工业的迅猛发展将进一步削弱人类文化根基，人类文明的基石将毁于一旦。

（二）可持续农业

1962 年，美国生物学家莱切尔·卡逊出版了《寂静的春天》，对美国工业化农业发展过程中出现的种种生态环境问题进行了深动描绘和科学控诉,引起了全世界的关注。人们对现代农业发展道路进行了反思,随之出现了各种替代农业发展思潮,有生物农业、生物动力农业、生态农业、有机农业、无为农业、自然农业等,在汲取农业发展各历史阶段的精华和现代科学技术发展的最新成果的基础上,形成的持续发展的农业模式已经为各国政府普遍认同,可持续发展的战略已经成为21世纪发展的共同行动纲领。

可持续农业的指导思想是人类和自然的协调、和谐,变"征服自然"、"向自然不断索取"为"天人合一"共存永昌。其主要技术包括土壤管理技术、土地管理、提高农业用水效率技术、水土保持技术、有害生物综合防治技术、农作制度、资源动态监测、农业生态工程、农业信息技术等。

除了传统农业和现代工业化农业中的合理技术以外,以现代生物工程和信息技术为主要内容的第三次科技革命为可持续农业提供了有力的技术支撑。

20世纪50年代由沃森(J. D. Watson)和克里克(F. H. C. Crick)发现了DNA的双螺旋结构,70年代在美国首先实现DNA体外重组,生物工程技术得以问世。生物工程技术在现代农业中有十分广泛的应用,而且在许多方面已取得了显著的成就。目前,在种植业领域,通过基因工程,已开发出一批高产、优质、抗虫的作物新品种,不少生物技术产品已在大田生产中推广应用。比如,把苏云金杆菌的BT基因转入棉花、玉米、番茄、马铃薯等作物,培育出的抗虫棉、玉米、番茄、马铃薯等一系列转基因作物新品种,可减少使用杀虫剂约60%,从而减少农药污染,减轻劳动强度和降低生产成本。基因工程已在作物抗旱、抗盐碱、抗病、抗虫和药品的生物反应器方面有成功的应用。

另一方面,在机械化的功率和效率进一步提高的基础上应用信息技术,使农业的自动化程度进一步提高,并实现了农业操作的精确化。农业机械的功率和效率较以前有了进一步提高,一次性完成多项作业的联合作业机普遍使用,某些特殊用途的机械也有发展,农业生产的各个环节均逐步实现了机械化、自动化和智能化。最近,美国以全球卫星定位系统为代表的科技设备应用于联合收割机、播种机和施肥机上。例如,在联合收割机作业过程中可精确地记录每一单位面积土地上的农产品产量及有关数据。根据这些数据,计算机可以绘出整块土地上不同位置的色彩图形,形象地展示各地块产量;可以通过对土壤养分等因素的分析,找出产量高低的原因。然后,把有关数据其他农业机械的计算机里,就有可能针对性地施肥、灌水、从而全面提高整片土地的产出水平。

以互联网为代表的网络技术已应用于农业领域,使农业生产活动与整个社会密切联系在一起,可以充分利用社会资源解决生产过程中的问题,从而使农业生产的社会化程度进入一个新阶段。

此外,以高科技为基础的工厂化种养业正在兴起。工厂化种养业利用生物技术培育的种子或种苗,利用新材料或新光源,应用计算机技术对温室内光、温、湿度、施肥、用药等进行控制,使农作物生产自动化和工厂化。

新的能源技术使农业中一次性能源和可再生能源相互结合,特别是自然力的利用、生物能的利用,使农业依赖石油的局面发生变化,并降低农业外部能量的投入,减少能源消耗。

三、现代农业的传播

现代农业因素首先在欧洲出现是19世纪中叶的事情,仅仅一百多年的时间里,经历现代化农业的产生、工业化农业阶段并正在过渡到可持续农业阶段。现代农业对世界的影响之大、之广、之深是前所未有的。这些都与现代农业的成功传播有关。由于现代交通、通信手段的发展,各国政府农业推广的组织和实施、国际多种形式的农业合作和多边贸易,现代农业的传播途径和方式是纷繁复杂的。我们大致可从以下几方面来阐述现代农业的传播。

(一)商品生产促进了现代农业的传播和推广应用

现代农业阶段,自给自足的小农生产方式被打破,商品经济确立。由于先进的现代化农业和农业生产技术的高劳动生产率和技术经济效率,能为经营者带来丰厚的效益而使现代农业具有较强的竞争力。因此,先进的农业设备和技术一旦被发明,通过适当的宣传和推广,便会被生产者接受和应用,从而促进了现代农业的传播。19 世纪是美国半机械化农具研制和生产的高峰期,先进的农具促进了美国西部新土地的开发,新土地开发所得的丰厚利润吸引农场主们争相购买新农具,1885 年,美国已拥有谷物收割机 25 万台,1860—1890 年间美国农机设备总值增加了一倍。1910 年美国只有汽油拖拉机 1 000 台,1930 年达到 100 万台,1950 年增加到 400 万台。在美国农业机械及其动力自从发明创造以后,就以不可阻挡之势迅速传播、扩展,使美国在 1940 年已基本上实现了农业机械化。其他农业技术,包括优良的品种,先进的栽培或饲养方式等均通过类似的传播方式迅速的推广使用。

资本的输出也促进了现代农业的传播和推广应用。先进国家的资本大量地转移到第三世界国家,利用那里的廉价劳动力和地租进行农业开发,同时也带去了优良的品种、先进的栽培管理技术、农产品加工技术和农业经营体制。例如,目前在福建省有近百家台资企业在福建省开展农业综合开发。这些企业从台湾带来了优良果树、蔬菜、稻谷、甘薯等作物品种和诸如果树熟期调节、果树管理、果蔬加工技术在内的农业先进技术,这些作物品种和先进技术,对当地农业起到了良好的辐射推广作用,带动了周边地区农业生产发展。

(二)各国政府间的农业交流及各级农业推广部门的活动推动了现代农业的传播

20 世纪各国之间通过政府间的农业合作,也促进了现代农业的传播。例如台湾从 60 年代开始从世界各国大量引进先进农业生物品种和相应的栽培技术。台湾引种人员的足迹遍及世界五大洲,经过三次世界性的大引种,共引进各种品种约 2 万种。通过对这些品种的吸收、消化和利用,目前台湾的农作物品种均为世界一流的高优良种。我国 20 世纪 50—70 年代,共引进作物品种资源 2 万份。如意大利的小麦、日本的水稻、美国的棉花、东南亚的橡胶、摩洛哥的甜橙、前苏联和东欧的马和猪、印度役奶兼用水牛等。从 1978 年到现在从近 100 个国家引进农作物品种和苗木 7 万余份,其中 100 多个先后在农业生产上直接应用。在畜牧方面,从美洲、澳大利亚、新西兰、日本等国家先后引进了大批优质种畜和种禽。引进了一大批作物种质资源和先进适用技术,如小麦密植技术、草田轮作技术、机械化耕作栽培技术、地膜覆盖技术、水稻旱育稀植技术、机械化养鸡技术、设施农业及栽培技术、农产品保鲜和贮藏加工技术等。这些资源和技术,为我国农业生产注入新的活力。日本 1935 年育成的小麦矮秆品种农林 10 号,二次大战后被引入西半球,1949 年进入美国,育成了 Norin 10-Brevor 品系,1953 年墨西哥从美国引进 Norin 10-Brevor 早代种子,育成第一批半矮秆墨西哥小麦 Pitic 62 和 Penjamo 63,导致了“绿色革命”,在后来的 20 年中,一系列带有农林 10 号基因的墨西哥半矮秆小麦迅速遍及许多国家,育成了一批适应不同国家的高产冬、春小麦品种。我国 50、60 年代利用国内外包括农林 10 号在内的矮源育成了一大批高产优质的小麦良种。

(三)国际农业组织促进了现代农业的传播

20世纪40年代以来,为了加强世界农业的合作与交流,各国间成立了多种国际粮食农业组织。如联合国粮食与农业组织、世界粮食理事会、世界粮食计划署、国际农业发展基金会、国际农业磋商小组、亚太经济合作组织、国际农业和生物科学中心以及一些发达国家如荷兰、加拿大、澳大利亚、日本等的国际农业合作机构。这些国际组织的活动促进了现代农业的传播。其中国际农业研究磋商小组是由国际水稻所、国际玉米改良中心、国际热带农业中心、国际马铃薯中心等13个研究中心组成的。它们的活动包括:培育良种,进行传播,推广促进第三世界国家粮食生产的发展。这些中心从世界各地广泛地收集各种种质资源并加以利用,改良和推广耕作制度,为各国培训科技人员等。在世界现代农业的传播和发展上起到了十分重要的作用。例如,国际水稻所利用从中国台湾引进的水稻半矮秆品种低角乌尖和印度尼西亚的高秆品种peta杂交,于1966年育成"奇迹稻"IR8,并迅速在东南亚地区推广,导致农业生产的第三次大突破。近60年来,中国同国际农业磋商小组开展了广泛的合作,在种质资源的交换方面,我国从国际农业磋商小组各研究中心无偿获得了小麦、水稻、玉米、马铃薯、甘薯等种质资源近5份,这些资源发挥了重要作用。如我国从国际水稻研究所引进的IR系列水稻材料成为我国三系杂交稻强恢复系的主要血缘,为我国水稻杂种优势的成功利用做出了重要贡献。国际农业磋商小组各中心还为我国培训了各类业务骨干累计3400余人。

第四节 农业历史发展的特征与经验

分析世界农业发展的基本历史阶段,阐明其发生、发展的基本历程,是为了分析世界农业发展的基本特征并从中总结出可借鉴于未来农业发展的历史经验。从前三节对农业的发生、传播,传统农业与现代农业的产生、发展和传播及其成就分析中,可以发现世界农业历史发展具有以下基本特征:

(1)农业在全球的扩张,具有由点、线状到片状、条块状,然后成大区,最终全球化,并转向时间和立体垂直方向发展的特征。

原始农业发生在三个农业起源中心上,农业发生后,农业以起源地为中心,沿特定路线向周围扩散、传播形成片状和条块状的农业区域,在原始农业阶段,农业已扩展到与原始人类的分布范围大致相当的区域。以后农业形成以东亚、西亚、欧洲和美洲等相对独立几个大区的分布格局,一直延续到16世纪新大陆发现,以后特别是在现代农业阶段农业的全球化趋势日益明显。另一方面,随着农业的扩展和人口的增加和人均耕地的减少,耕地的时间和空间上的集约利用程度日益提高。

(2)从原始农业、传统农业到现代农业,人类农业的范围,在全球绝对面积及其空间纵横两方面,呈持续外延趋势。

(3)不同历史阶段农业类型,由前往后,在形成发展持续的时间上呈发展速度加快,延续时间缩短的趋势。

原始农业持续的时间为6 000—7 000年。其中美洲原始农业的持续时间为6 500年(5000B. C.—1500A. D.)。西亚、欧洲原始农业的持续时间为6 200年(8000B. C.—1300 B. C.)。东亚原始农业的持续时间为5 300年(6000B. C.—770B. B.)。传统农业的历程为

2 500～3 000 年。西亚和欧洲的传统农业为 3 000 年(1200B. C. —1700A. D.)。东亚为 2 600 年(770B. C. — 1900A. D.)。现代农业产生到现在约有 200 年(19 世纪初开始)。

(4)世界农业类型演变具有“3、2、1”的数字特征。

“3”是指三个起源中心，3 支原始农业发展；“2”为两类传统农业发展模式；“1”则指现代农业发展是建立在单一模式基础之上。

(5)全人类为农业历史发展做出了历史性贡献。

美国印第安人贡献了玉米、薯类；小麦和大麦是西亚各民族驯化的产物；而水稻、大豆则是东亚人民的劳动成果；非洲提供了诸如木薯、棉花等作物。此外，在动物驯化和农业技术方面，不同地域、不同民族的劳动人民都做出了不可或缺的历史性贡献。是人类的共同祖先为我们今天的农业奠定了基础。

(6)从农业起源开始，到今天为止，每一次大的农业进步，均伴随着人口幅员的扩大。

全球农业的负担在绝对重量上呈不断加大的趋势。农业生产中这种循环模式迄今未发生变化。

(7)农业活动的范围的发展往往是通过水平方向延伸和垂直方向上提高而实现的。

不论何种农业，只要条件允许，总是先进入水平方向发展阶段，然后走向垂直方向提升阶段。

(8)关于农业发展的主导矛盾关系伴随着农业类型的发展在不断变化。

原始农业起源与发展的主要矛盾关系是人类与自然之间的矛盾。人类战胜自然，发展农业以抗御自然灾害。传统农业阶段的主要矛盾转变为人与人，部落与部落、民族与民族、国家与国家之间的竞争矛盾。没有完备的农业体系，在竞争中，部落、民族、国家就将被淘汰。已经有迹象表明，现代农业的主要矛盾关系正逐步转变为人与自然之间的矛盾竞争关系。与原始农业时期人与自然矛盾关系不同的是，人类的活动正在一定程度上超越自然力，从而改变传统的自然面貌，创造全新的、我们所不熟悉的自然环境。适应这种环境正是全人类未来农业发展的基本要求。

著名学者钱穆曾经说过：灭一国历史者，恒灭其国。农业领域则是灭一国农业者，恒灭其文明。纵观近代中国农业发展，自 1840 年以来，受欧美国家紧迫的军事、经济竞争压力，中国几近完全抛弃历史，接受向现代化。今天的中国，作为第一生产力的科学技术几乎完全欧美化。传统文明处于衰落状态。农业科学技术处于国防科技、工业科技之下，形势更为严峻。在农业科学技术思想领域，中国农业的参天大树与其历史主根正在发生断裂。中国农业正面临“树倒猢狲散”险境和停止断根自杀行为，走向复兴的选择中。欧美农业与中国农业同属世界农业体系，两者有相似性。这意味着发源于欧美农业基础的农业科学技术，在一定程度上可应用于中国或世界。然而，欧美农业高居世界金字塔之巅，其与中国或世界农业建设需求相差甚远。抛弃了农业历史的世人，以欧美农业科学技术为标准，削足适履，建设所谓的农业现代化，是当今世界乱象涌动的根因。

21 世纪的人类，由信息技术革命导致的第五次产业革命，从根本上推动了人类的进步与统一，一个跨越民族、种族、文化类型、经济类型、意识形态、国界的人类社会正在迅速形成。农业现代化将成为觉悟着的人类需要解决的第一重大问题。这就是 1984 年钱学森预见的全球意义上的第六次产业革命。学习与践行第六次产业革命是当代世界的基本任务。

第五节　东西方农业的关系

一、东西方农业的概念

世界农业发展史源远流长，大约在一万年前，人类在逐步学会驯化植物和动物之后，开始摆脱完全依靠采集和猎取现成天然产品而开始了农业生产。此后在漫长的年代里，各个不同的时期，出现了很多具有鲜明时代特色和地域特色的农业发展模式，由于生产工具和土地利用方式的改进，农业生产大体上经历过原始农业、传统农业和现代农业三个阶段。随着农业生产技术的发展，人类的经济生活以及对待自然环境的能力也都有所改变，世界各地区各民族的具体条件不同，其发展水平也不会完全一致。农业发展至今，形成了东方农业与西方农业两个特征鲜明类型，也是现代农业的两个基本分支。

西方农业是指以商品生产为基本特征的农业生产体系。西方农业覆盖着整个第一世界、第二世界及与其在地理、经济上密切衔接的第三世界，涵盖的人口有9亿左右。而东方农业是以自给自足生产为基本特征的农业生产体系。东方农业以中国、印度等发展中国家为代表。涵盖的人口达到近30亿之多。这就是东西方农业的直观印象。

近代考古学研究证实，中西方农业分别是以各自独立的农业起源中心为历史渊源发展演化而来的。西方农业与东方农业是世界农业体系的两大支柱内容。在全球化历史性挑战面前，系统比较研究两大农业体系具有重要性、必要性和紧迫性。近400年来，全球范围内农业发展总趋势是一种以西方农业体系发展建设或技术传播为主导的历程。目前，西方农业已经逐步完成了对日本农业、韩国农业、我国台湾农业的基本西化改造，正在快速渗入东方农业体系的发源地——中国。世界农业在中长期发展上面临着是全面西化、以东盖西还是兼容并蓄，何去何从的方向性问题。

二、东西方农业的同一性

(一)全人类的同源性是农业同一性的基础

全人类的同源性是东西方农业具有同一性的基础。所谓农业类型间的差异至多不会超过人种之间的差异程度。从人类的起源和演化过程就可以明确判断(表2-7)，人类起源的同源性是农业同一性的基础。

表2-7　人类起源过程

时间	演进特征	备注
60亿年前	地球形成	
15亿年前	生命出现	
3亿年前	脊椎动物出现	

续表 2-7

时间	演进特征	备注
6000 万年前	哺乳动物统治世界	
4000 万年前	原始人出现	脑容为现代人的 1/3,骨盆和腿与现代人类似
400 万年前	非洲大陆出现直立行走人	
100 万～150 万年前	人工取火	智人,脑容量为现代人的 2/3

按现代人类分布特点及人类学特征,全世界可分为高加索人,蒙古种人,罗格罗种人,俾格米人,澳大利亚种人。近年来有生物化学分析说明,现在居住在世界各地的所有民族都是一个非洲群体的后代。而人种间特征的差别,是在近 30 万年以来人类在分散过程中发生的“遗传漂变”所致。不同群体于距今 5 万～10 万年时期,才进一步由非洲向别处分散的。

新的考古发现在积累关于人种分布与其关联性的认识。科学家在距离格鲁吉亚首都第比利斯不远的原始村落德马尼西考古学地址上发掘到了大约 180 万年前的人骨化石—头骨、颚骨、四肢碎骨,是在非洲之外发现的无可争议的人类遗骸。据此认为,直立人约在 100 万年前离开非洲,当时他们已能够使用复杂的石制工具。格鲁吉亚国家博物馆负责人戴维·洛尔德基帕尼泽说:“德马尼西人脑比直立人小 40%,身材也矮小。这些早期人代表着直立人最原始的类型。他们代表着直立人在欧亚大陆的发源地。”洛尔德基帕尼泽提出:直立人可能在欧亚大陆上从最原始的德马尼西人进化而来,然后迁移回非洲,并最终进化出了智人和现代人。

澳洲考古判定最早的工具距今 4.3 万～4.2 万年,近期又重新判定为距今 12 万～8 万年。原来认为人类登陆美洲是在一两万年前,新的考古学证据表明人类可能在距今 4 万～5 万年前由中国东南上行过白令海峡经北美到达南美的南端火地岛。历史学界存疑,创造了两河流域文明的苏美尔人,据说与说汉语的中国人有关联;认为古埃及的象形文字、古巴比伦的楔形文字与汉字有诸多相似之处;语言学家调查证实,美洲部分沿海地区语言与亚洲太平洋沿岸地区语言相似,加州大学伯克利分校语言专家约翰娜. 尼科尔斯说:“这些语族有 1.2 万年的历史”;另外在中国河南安阳殷墟出土骨化石中,发现有欧洲人的头骨。多专业领域的有关研究仍在进行之中,在粗略显现人类祖先的同源性。

全世界不同种类的人类可以通婚,其后代可以正常繁育,是另一证据。还有澳洲土著人始终处于石器时代,其后裔一经接受现代教育,即可达到现代人同等智力水准,表明人类社会在石器时代以来,智力遗传基础变化的有限性。人类可能在向全球分散过程中,既有呈放射状的离心迁移,也存在向心回转运动。像汉语中的“东西”这词汇的出现,让人回味无穷。

有关研究表明,到距今 40 万～50 万年前,人类已经分布到了非洲、亚洲、欧洲广阔的地区。在人类的扩散与回流中,不同种类的人种间曾经有过相当深度的交流。由于人类本身在遗传学方面的同源性,这种相互交流成为不同类型区农业的起源与发展趋同的纽带。世界三大农业起源中心彼此相隔上万公里,几乎在新石器时代同时起源的事实应当不是偶然的。总而言之,历史尽管仍有疑点存在,无可置疑的是东西方农业存在共同的人类学基础。

(二)农业种质资源基本一致

东西方农业所使用的种植资源基本一致,这是由于地球生物的自身特性所决定的。这可以从植物和动物两个层面来解释,首先从植物层面来看,什么样的植物能提供什么样的营养组分是相对固定的;其次从动物层面来看,东西方的人类虽然在长期适应当地环境过程中,产生了不同的外貌特征(如肤色、鼻腔等),但人类并没有产生明显的物种或生理层面上的分化,因此对营养物质的需求仍然是基本一致的。据此,东西方农业发展历程中所选用的种质资源也是一致的。除了粮食作物、纤维作物、油料作物、蔬菜、水果等与基本生活需求相关的作物基本一致以外,还有东西方共存的一些香料作物、烟草、药物、糖料作物、橡胶等也是相对一致的,他们的区别仅仅在于种植的面积、产量和需求量的差异。随着历史发展过程中的反复交流,今日东西方农业使用的种质资源几乎在趋向于完全一致的发展方向。

(三)农业投入物质越来越基本一致

农业生产活动的投入是产出的基础。农业投入包括动植物种质资源、肥料、农药、兽药、饲料及饲料添加剂等农用生产资料产品和农膜、农机、农业工程设施设备等农用工程物资产品。在较早时期,由于东西方文化、习惯尤其是技术差异,农业生产的物质投入也有差异。随着全球化发展,东西方文化的深入交流,科学技术的广泛传播,东西方农业生产的差异越来越小,西方农业拥有的农业工程技术,东方也逐渐开始应用和普及。东西方农业的物质投入日趋一致化。

(四)农业技术理论基础趋向于一致

农业现代化的关键在于科学技术和理论体系的现代化。通过完善理论体系,提高科学技术来提高农业生产力,已成为现代农业发展的基本特征。当代东西方农业技术理论的一致性主要表现在:产生基础基本一致、根本目的基本一致、涵盖内容基本一致和发展方向基本一致四个方面。具体来说,农业技术理论的产生都是基于人类对农业生产进步的直接需求,有直接而明显的目的性。这种相对一致目的性,推动了现代东西方农业技术逐渐拥有相似的特点:具备较高的土地产出率和劳动生产率、科学技术替代越来越多的人力劳动、农业逐渐具备可持续发展性、高度商业化、农业生产物质与技术的现代化、应用现代化的管理方式、农民文化水平与素质大幅提高、农业生产的有序化和规模化。未来应当加强培育新型农业经营主体,提高粮食综合生产能力,保障农业可持续发展。

(五)面临着共同的挑战

东西方农业发展至今,除了具有以上的一致性之外,还面临着一致的问题、挑战和未来。目前东西方农业主要面临的问题有:环境问题,食品安全问题,生物技术问题、人口增长与资源问题。环境问题是人类在利用和改造自然过程中,对自然环境破坏和污染所产生的危害人类生存的各种负反馈效应。而其行为主要通过化肥、农药、农膜、牲畜粪便、生活垃圾、农业废弃物等对土地生产力、自然环境与农业生态系统造成不良影响。现代农业得益于育种、耕作技术和管护措施的长足进步而有了巨大的发展,然而先进的科学技术在增加产量,提高效益的同时,也带来了新的挑战,其中包括食品安全问题。外源化学添加剂、重金属和转基因就是这其中常见的部分。因此,食品安全问题也是东西方农业共同面临的挑战。人口增长问题和资源问题直接影响产量和需求,也是东西方农业未来面临的重要问题。

站在历史高度,从地球外观察,世界范围内东西方农业之间具有同一的人类学基础,与同一的地球资源基础,因而没有本质上的差异。随着时间的推移,世界处在人类思想大融合、行为大调整、模式大转换过程之中,世界农业作为人类行为基本对象与生活的根本基础,越来越趋向于相似与同一,区域性在弱化。

三、东西方农业的异质性

(一)农业发展的自然及社会背景不同

东西方农业发展依赖的自然及社会资源背景不同。如中国,农业生产依赖的自然条件远比西方国家的严酷;其次农业生产商品率不同、农业人口比率不同、土地生产率不同、劳动生产率不同、经营规模不同、农业基础装备不同和农业史发展轨迹不同。

(二)农业经营模式及结构不同

东西方农业经营单元内部产业结构不同,如中国以典型的农户经营为主,美国欧洲等国以农场经营为主,农业的从业人员比例东西方差距也比较大;其次农业的结构不同,如东西方农牧结构不同、农业产业重心不同、农业在国民经济中的地位不同、能量消耗利用效率不同、对农业的投入与重视不同、农业劳动者的文化素质不同和农业活动在全部社会活动中的重要性不同。

(三)传统农业的技术成就不同

就传统农业的技术成就来说,无疑是东方的我国高于中世纪的欧洲。西方是粗放经营的,但农牧结合较好。而以我国为代表的东方国家,则以劳力集约为特点,生产率较高。在传统农业阶段,东西方农业生产上的这个差异,是在不同的自然和历史条件下形成的。不过就土地利用、生产结构和技术水平来看,也还是有共同之处的,即都是以手工工具、人、畜力和自然肥力为基础。当时从其他物质生产部门转移到农业生产系统中去的物质和能量较少。有人把这样的物质和能量的运动方式叫作“半封闭式的循环”。但是对传统农业的评价应该全面。在我国既要看到它体现了像我国精耕细作传统的技术成就,也不能忽略那种由于小生产者的局限性所造成的生产手段落后及费时耗工的情况。此外,农业自发形成的生产布局和结构也不尽合理,有待调整改进。西方农业在庄园制的束缚下,生产发展缓慢,有时甚至近于停滞。资产阶级的产业革命推动下的农业,发生了质的变化,其发展与东方国家不同,其农畜产品的生产供应结构也异于东方。

四、东西方农业并立的原因

从原始农业到传统农业,造成东西方农业对立存在的原因中,地理阻隔因素在逐步变小,由于游牧民族的作用,国家的对立存在等人为因素日益加大,甚至成为唯一的阻隔原因。可见阻挡人类交往的自然地力量越来越弱化。全球化发展时代的人类交往程度不断加深,人类大交融、大联合的时代已经到来。钱学森将这一时代特征称为“世界形态”。

整体来看,东西方农业体系之间的一致性,在本质上属于自然背景与农业技术意义上的一致性,这是农业长期历史发展的产物;东西方农业体系之间的区别,本质上是社会性质的不同,这是近 10 000 年以来,国家与社会集团出现之后,社会历史长期发展的结果。

农业体系技术的趋同性是未来东西方农业统一的基础;克服气候、土地、生物等限制因素,生产优质、高效的农产品是东西方农业发展的共同目标,必然导致在育种、栽培和耕作等技术方面,具有共同的需求;其次,农业生产体系的社会类型,是未来东西方农业仍将同时并存的依据。只要国家、民族、文化矛盾还存在,东西方农业并立的状况就将持续下去。

五、东西方农业间的交流与统一

东西方农业的交流可谓源远流长。公元 97 年，张骞在到达西域后，曾派遣甘英出使大秦（罗马帝国）。当甘英到达波斯湾时，那里的帕提亚人说："大海烟波渺茫，顺风时渡海可能 3 个月就够了，但是，碰上逆风的话，也许得费时 2 年。所以，那些出航的人，都在船上备足 3 年的粮食。"受其阻留，汉朝与罗马失去了这次直接交往的机会。

公元 6 世纪，拜占庭人成功地将一些放在桑叶上的蚕卵从东方运回国内，于是丝绸工业在叙利亚开始发展起来，并传播到希腊与地中海西部地区。自此以后，西方逐步地不再依靠中国进口，丝绸之路遂废弃。

公元 7 世纪阿拉伯人征服了整个中东，再扩张到中亚。公元 751 年，在恒罗斯战役中击败中国唐朝军队，俘虏了 2 万人。造纸技术自此传入了西方。

从总体发展来看，原始农业时期（10000B. C.—1000B. C.）是东方农业通过西方（西亚）获得了木犁、小麦、冶铁技术，在此基础上发展形成了先进、并且是领先于世界的传统农业。传统农业时期（1000B. C.—1800A. D.）西方农业是通过东方获得了四大发明、铁犁与种植方法，借以完成了现代农业的改造。现代农业时期是东方获得西方的科学思想与技术成果，现在仍处在消化吸收过程中，所完成的将是全球农业的科学化。

当前中国倡导的"一带一路"经济战略，是对古老农业技术交流的再升级，沿着这一古老的道路，不仅仅将促进东西方物资贸易，更重要的是促进双方在农作物种质资源、耕作栽培技术、人员培训、科技合作示范等全方位的交流合作。

历史地看，每一次大的农业进步，都是东西方农业直接交流的结果；东西方农业的交流不是简单的技术引入，而是由技术引入基础之上的再创造。每一次东西方农业的交流，都使相对落后的一方避免了大的社会灾难，促进了社会进步。随着历史的发展，东西方农业交流的主动性、规模在加大，层次在提高。

东西方农业终将统一，统一的特征与动力将是人类思想理性化与行为科学化。东西方农业并存是历史发展到社会与国家出现以后的产物，只要国家与区域集团还存在，东西方农业并立的局面就将存在。在全球农业尚未统一的今天，东西方农业孰是孰非的问题尚不明朗。从历史发展的观点来看，两者均存在变革的要求。两者间要互相取长补短，完善自我。东西方农业间农业技术的平衡势差正在迅速缩小，农业系统与农业社会管理方面的交流与建设将成为新的重要内容。

思考题

1. 世界农业的起源中心有哪些？简述其地理位置、气候条件和适宜种植的农作物。
2. 简述农业起源地的特征和影响农业文明产生的因素。
3. 农业的历史演化分为哪几个阶段？简述各阶段的基本特征和各阶段间的联系。
4. 简述技术进步、原始农业发展和人类文明三者间的关系。
5. 分别论述传统农业和现代农业的传播方式及作用。
6. 传统农业的主要成就有哪些？

7. 现代农业产生的影响因素有哪些?

8. 简述现代农业的主要成就和其发展过程中所引起的问题。

9. 简述可持续农业的基本思想和支撑可持续农业发展的主要技术。

10. 简述东方农业和西方农业的含义,分析二者间的联系与区别。

综合分析题

一、数千年来,人们对农业文明出现的原因和发展的动力看法不一。亚里士多德认为温和的气候条件是刺激文明产生的重要条件;地质学说认为,古代文明均发生在土质肥沃地带;英国历史学家汤因提出,人类无法从其他方面,只能从自然的社会的逆境中产生出精神力量,由此产生文明;经济学家 Ester Boserup 提出,人口密度的提高是农业变迁的主要原因……。谈谈你对农业发展演变的理解。

二、农业的出现是人类社会发展到一定历史阶段的产物。谈谈你对这句话的理解。

推荐读物

1. 程序,曾晓光,王尔大. 可持续农业导论. 北京:中国农业出版社,1997.

2. Stavrianos L. S. 全球通史(上,下). 吴象婴,梁赤民,译. 上海:上海社会科学院出版社,1988.

3. 皱德秀. 绿色的哲理. 北京:农业出版社,1990.

4. 左天觉,段志煌. 中外著名专家论中国农业. 北京:中国农业大学出版社,1998.

5. Ester Boserup. 农业增长的条件. 北京:法律出版社,2015.

分类是人类认识世界的第一步。

—— L. 林奈

第三章 农业类型与分布

本章核心内容

- 农业类型是人们对农业整体客观存在序列的认识与反映。由于自然条件、经济条件的不同,原始农业、传统农业、现代农业生产方式在世界范围并存。
- 世界划分为十大农业区类型,各区自然生态条件、经济技术条件相异,发展水平不平衡。
- 中国是世界十大主要农区之一。根据农业生产的地区差异和生产条件特点,中国农业区又分为十大农业分区。

第一节 农业类型及相关概念

一、农业类型及相关概念

(一)农业类型、农业区域及农业区划概念

1. 农业类型

所谓农业类型是人们对农业整体客观存在序列的认识与反映。由于农业本身不断发展进步,导致农业类型出现更新演替与发展变化。农业类型是农业历史发展的基本标志,在不同历史时期的农业类型则彼此不同。其次,农业类型是人们对农业客观存在的认识与反映。处于不同历史时期,不同系统位置,不同角度的人,其认识结果不同,划分的农业类型也不同。再次,近 40 年来,中国和世界其他国家一样,重视对农业类型的认识,并总结出很多新的农业类型如:生态农业、有机农业、持续农业等,积极探索现代农业发展的新思路和新方向,活跃农业科学的研究气氛。

2. 农业区域

农业生产必须在一定的地区上进行，农业区域是指农业生产分布在地域空间上的表现，是农业生产地域分异规律在地域空间的反映。农业区域本身是农业的客观存在。在每一个农业区域都有其独立的发展演化历史，它是一定历史阶段形态相似的农业类型或类型组合的承载区域，具有在空间上成块连片，时间上不重复出现的特性。

3. 农业区划

农业区划是农业资源调查、农业区域的划分及农业合理布局的研究，亦即：从自然、经济、社会与技术角度，研究各种不同类型的地区农业生产条件、生产结构和生产布局，研究其形成过程及区域特征，分析地域分异规律，按区内相似性和区际差异来分区划片，充分利用各区的自然资源和经济资源发挥优势，扬长避短，提出农业生产发展方向和建设途径，按客观规律实际做出科学论证，为因地制宜规划农业生产提供依据，并使规划的指标和措施落实到不同类型的地区。总之，农业区划是在调查研究的基础上，人们对客观存在的农业类型进行辨识，并在此基础上对特定的历史阶段农业区域进行认识，划分的过程。在一定阶段划分的农业区域就是当时农业区划工作的结果。根据农业类型、农业区域在生产方式、地域方面波动变化的要求，农业区划工作是需要不断发展、深化和完善的。

(二)农业类型、区域、区划的关系

农业类型、农业区域是农业的客观存在，是自然资源与社会经济共同作用产生的农业变化结果。两者均有其自身的发展变化历史与规律。农业类型是农业区域的具体内容，农业区域是农业类型组合的载体。在特定的历史时期农业区域上的农业类型或类型组合是连续发展变化的，受一定的因素影响，同一类型可以在同一时期不同农业区域或不同时期同一农业区域重复出现。

农业区划则是对农业类型、农业区域的认识过程，是一个主观见之于客观的东西，农业区域通过农业类型进行认识。农业区域是农业区划认识的目标，而农业类型则是农业区划认识的基础材料。

二、农业地域分异规律

由于地形、地势、气候、土地、社会经济、人文等要素的相似与差异，使得不同区域的农业类型出现明显差别。农业区域存在着聚合与分离的现象，同质则分离少，异质则分离多。在一个气候相近的大平原，分离相对较少，而在一个地形地貌复杂的山区分离则较多。

(一)自然与人文地理分异规律

农业与工业不同，受天、地、人、物影响的农业具有强烈的地域性。形成这种地域差异的原因，一是由于自然条件地带性与非地带性差异决定了农业生物的适应范围与适应程度，二是社会经济条件差异决定了农业资源的利用方向、农林牧布局、结构、经营方式和生产发展水平等。以下与地域性有关的规律值得重视。

1. 自然地理分异规律

由于地球与太阳的位置及其运动的特点、地面上海陆分布的关系以及地质地貌的变化，造成了地球上各个地区水热条件的差异，形成了多种的自然环境。这种差异在地表上往往按一定方向有规律的更迭并近于带状分布，包括纬度地带性、经度地带性和垂直地带性。我国北寒南暖、东湿西干、“山下桃花山上雪”等现象就是这种地带性的表现。除了地带性规律以外，还存在着由于地质地貌的差异而形成的非地带性差异。

这些自然地理的差异决定了不同地域农林牧、粮棉油的分布格局与生产基础。《齐民要术》：“地势有良薄，山泽有异宜，顺天时，量地利，则用力少而成功多，任情返道，劳而无获”。

2. 人文地理分异规律

不同地区的社会经济的发展水平与类型还要受历史、政治、人口、资源、市场、科学技术等多种人为因素的影响，从而形成具有不同特色的社会经济综合体。农业的发展也受制于经济地理分异规律。海陆分布、城乡关系、交通条件、人口多少决定了对农产品与劳动力的需求以及加工、流通、贸易等方面。

3. 资源配置与劳动地域分工规律

随着社会生产力的发展、商品生产和交换的日益增长，资源配置力求扬长避短发挥优势，社会劳动分工越来越细，无论什么样的分工都必须立足于特定的地区进行生产，从而形成了劳动的地域分工。一定地区专门生产几种产品或一种产品，并与其他地区进行分工与协作。

(二)农业地域分异规律

1. 生物地理分异规律

物竞天择，适者生存。自然与社会经济环境对有机体的生长发育、形态、生理、分布、移动与行为方式、结构等均产生重大影响。《农桑通诀》有“九州田土，土各有异，田各有等，山川阻隔，风气不同，凡物之种，各有所宜”。

2. 农业地域分异规律

既然自然地理、人文地理、生物地理都具有区域差异性与空间布局规律性，那么作为生物与环境统一体的农业也必然随之存在分布规律。世界农业类型多样的特征，往往决定于当地的自然与人文环境，形成于历史演变过程中。例如，半干旱草原荒漠实行的是原始游牧制，经济文化极端落后的湿热赤道附近盛行游耕制，发展中国家盛行传统自给性的粗放农作制，而欧美发达国家则多实行现代商品性机械化农作制。

三、农业类型、区划研究历史

(一)世界农业区划研究历史

最早的农业布局思想可追溯到杜能于1826年提出的农业区位论。此后的100多年以来，世界各国的相关学者先后进行了农业区划研究。郭焕成(1989)认为各国农业区划的名称、形式及研究重点不同，但研究内容和目的均是根据农业区域分异规律，综合评价农业自然和经济技术条件，探讨不同地区或类型农业发展的方向和途径。国外发达国家农业区域专业化的发展大致经历了5个阶段，即农业自然区位布局阶段、商品性农业产生与发展阶段、以育种技术为代表的农业科技应用推广阶段、以种植业为基础的现代意义上的农牧结合阶段、以农产品加工业为龙头的产业一体化发展阶段(张小川等，2003)。

1892年德国农史学家E. Hahn在《世界经济各种类型》著作中把农业类型分为渔猎、畜牧、锄耕、犁耕、园耕，属于定性研究。标志着农业区划研究的开始。1921年美国地理学家O. E. Baker出版了《美国农业图式概要》，是世界农业区划化史上划时代意义的著作。1930

年美国政府出版了《美国农业类型》,1933 年美国 Hartehorne 根据同一指标对欧洲、北美进行了农业类型分类。

1936 年美国地理学家 S. Whittlessey,W. D. Jones 发表世界主要农业地区研究结果,用 5 个指标将世界农业分为 13 个类型。后经 G. T. Trewartha,A. H. Robinson,E. H. Hammond 等人修正,将世界农业分为 9 个类型,即游牧、放牧、原始自给、混合农业、集约自给农业、商业酪农农业、商业谷物农业、商业专门化农业、和地中海式农业。

1945 年二战结束后,世界农业区划研究进入快速发展新阶段。1964 年国际地理学会成立农业类型学委员会(Commission Agricultural Typology),波兰科斯特罗维斯基(J. kostrowiski)教授任主席,1972 年提出《世界农业类型的初步研究》8 年研究总结报告,该研究采用 3 组 20 个指标将农业分成 5 大类 27 亚类。在此基础上,1975 年国际地理学会在意大利集会,用统一的指标将全球农业划分为 10 个类型。

此外,Anderson 从系统角度将农作制划分为 5 类 16 种,并将农业类型正名为"农作制类型"。2001 年国际粮农组织(FAO)和世界银行组织 40 多位专家编写的《全球农作制研究—2013 年前挑战与优先序》中将发展中国家的农作制类型归纳成 7 类:即灌溉农业、湿润雨养农业、山区高原雨养混合农业、干旱地区小农户农业、大规模商品农业、沿海渔业和混合农业和城郊农业。其中东亚和太平洋地区的主要农作制包括:低地农作制、经济林木混合农作制、旱地集约农牧结合农作制、高低粗放农作制、温带农牧结合农作制和牧场农作制。

(二)中国农业区划研究历史

中国古代农业区划始于春秋,《禹贡》和《周礼》(职方氏)将当时中国划分为九州,并按农田地力差异分为三等九级,见表 3-1。至今有 3 000 年左右的历史。《禹贡》把中国土壤分为九种,实则以壤、赍、涂泥三种为主,即冀州为白壤,兖州为黑赍,青州为白赍和海滨广斥,徐州为赤殖赍,扬、荆二州为涂泥,豫州为青黎,雍州为黄壤。同时,他们根据地势高低、土地肥瘠、地势和肥瘠相参将土地分为三等,即上地、中地、下地,九级,即上上、上中、上下、中上、中中、中下、下上、下中、下下。

《周礼》描述了生产项目的布置与距离城郭所在地远近的关系,认为理想的布置应该是王城外 50 里(现 25 km)以内经营各类作物生产、蔬菜、果树和养蚕事业,王城外 50～100 里(现 25～50 km)饲养牲畜。

表 3-1　我国古代农业区划及农业生产特点

州别	地区范围	土壤	农作物	树木	畜禽
扬州	皖南 苏南 浙赣	涂泥	稻	竹箭	
荆州	两湖	涂泥	稻		
豫州	豫南 鄂北 皖北	青黎	黍稷 菽麦稻	林漆	马牛羊 蚕 鸡犬豕
青州	鲁南 皖北 苏北	白赍	麦 稻		鸡 犬

续表 3-1

州别	地区范围	土壤	农作物	树木	畜禽
兖州	济南 晋西 晋中	黑贲	黍稷 麦稻		马牛 羊鸡 犬豕
雍州	陕 甘 川	黄壤	黍 稷		马牛
幽州	冀 鲁东 沿海		黍 稷		马牛
冀州	豫北 晋南	白壤	黍稷 稻	松柏	马牛 羊豕
并州	晋北 冀北		黍稷 菽麦稻		马牛 羊 犬豕

20世纪30年代,我国地学家、农学家和农业经济学家即对我国农业区域进行了划分研究,如胡焕庸的"江苏省之农产区域"和"中国之农业区域"为当时很有影响的研究成果。新中国成立后,1953年农业部要求各省进行省级农业区划工作,1955年编印了《全国各省农业区划资料汇编》。随后,拟订出《中国农业区划初步意见》和《有关划分中国农业经济区划初步方案》。中国科学院地理研究所在1958—1959年间,组织专人对农业区划进行了系统的实地调查和理论探讨,编写了《中国农业区划方法论研究》,这是探索建立具有中国特色的农业区划方法论的第一次尝试。1962年在国务院组织制订的全国科学技术发展10年规划中,农业自然资源调查和农业区划被列为第一项重点任务。

改革开放以后,1979年2月12日成立了全国农业自然资源和农业区划委员会。1982年完成了《中国综合农业区划》,为我国农业分区和区域农业布局提供了基本框架和重要依据。该区划是农业区划研究成果总的体现,是在各种自然区划、部门区划及其他单项区划或专题研究基础上,从分析到综合概括而成的。它根据发展农业生产自然、经济、技术条件的区内相似性和区际差异性;农业基本特征和发展方向的一致性;农业生产关键问题与建设途径的相对一致性;保持一定行政区划的完整性的原则把全国划分为10个一级区和38个二级区。将东部秦岭一淮河以南地区划分为长江中下游区、西南区、华南区;将秦岭一淮河以北划分为东北区、内蒙古及长城沿线区、黄淮海区、黄土高原区;将西部划分为甘新区、青藏区。以上大陆部分的9个一级区,概括地揭示了中国农业最基本的地域差异。它既可反映中国农业自然资源,特别是热、水、土不同配合提供的发展农业的可能性,也可反映各地区历史形成的农业基本地域特点。这些条件和特点,有很大稳定性,可成为今后农业发展的大的地域单元。此外,还将中国的海域划为一个海洋水产区。由于各一级农区内部农业复杂多样,存在较大的差异,因而在各一级区内又分别划分若干二级区。

1985年12月,《农业自然资源和农业区划研究计划要点》及第一、二次农业区划工作会议布置的具体任务基本完成。1987年,中国农业大学刘巽浩、韩湘玲出版《中国耕作制度区划》,

被国家土地管理局和联合国粮农组织合作的《中国土地人口承载潜力方式》项目作为土地利用分区的基础。2000年以后，我国农业区划工作进入手段创新和工作范围拓展的阶段。特别是遥感技术(RS)、全球定位系统(GPS)、地理信息系统(GIS)技术的发展，较高层次学术领域和部分经济发达地区逐步向"数字农业"方向发展。

2003年，为抵御入世后进口农产品的冲击，提高出口农产品竞争力，我国农业部发布了《优势农产品区域布局规划(2003—2007年)》，确定了11种优先发展的优势农产品及其区域布局。2007年7月19日，我国农业部颁布了《特色农产品区域布局规划(2006—2015)》。该规划确定了10类114种特色农产品的优势产区，涉及2100多个县级行政单元。2008年9月3日又发布了《优势农产品区域布局规划(2008—2015)年》，将优势品种扩大到16个，并在全国划定58个优势区。

2005年中国农业大学刘巽浩、陈阜主编出版了《中国农作制》，首次将农林牧及其环境作为整体系统，制定了中国农作制区划和世界农作制类型与分区，该书参照国际上的分类方法，并结合中国实际，制定了东西结合的世界农作制分区指标体系，按照集约化从低到高的顺序，将世界农作制分为4大类15种，以此标准，将中国农作制划分为10个一级区和41个二级区。

2011年6月8日，国务院正式发布的《全国主体功能区规划》提出要构筑"七区二十三带"的农业战略格局，其以东北平原、黄淮海平原、长江流域、汾渭平原、河套灌区、华南和甘肃新疆等农产品主产区为主体，以基本农田为基础，以其他农业地区为重要组成。

2015年5月20日，国家农业部等八部委联合发布《中国农业可持续发展规划(2016—2030)》。该规划针对各地农业可持续发展面临的问题，综合考虑各地农业资源承载力、环境容量、生态类型和发展基础等因素，将全国划分为优化发展区、适度发展区和保护发展区。按照因地制宜、梯次推进、分类施策的原则，并确定不同区域的农业可持续发展方向和重点。

四、农业类型分类

(一)农业类型四级分类法与分类

世界各地农业类型复杂多样，为了更加清晰地了解各地农业，通常是将其分成若干类型或区域来进行。分类是用一定的指标来表明该地农作制特征，农业分类的指标通常有：地势地貌、农业发展阶段、自给或商品、粗放或集约、规模大小、农业生物种类、灌溉或旱作、休闲、一熟或多熟等。常用农业类型的四级分类法进行分类：第一级，大的历史时段序列；第二级，地形地理气候特征；第三级，社会功能经营方式特征；第四级，农业技术特征。按照以上第一级大的历史时段序列分类，将农业划分为原始农业、传统农业、现代农业、后现代农业和未来农业。具体各级特征详见表3-2。

表3-2 世界农业类型划分与分布特点

历史时期	地理气候	科学技术	社会功能 经营方式	农业类型特点
原始农业	干旱半干旱山地 丘陵平原 半干旱湿润区	粗放，技术 水平低	生存农业	游牧 游耕

续表 3-2

历史时期	地理气候	科学技术	社会功能 经营方式	农业类型特点
传统农业	半干旱区 半干旱区 湿润区 半湿润湿润区 干旱半干旱区 半干旱半湿润区 湿润区	经验性技术	半自给 自给 自给 自给 半商品 半商品 半商品	半干旱休闲雨养 旱农制雨养 湿润山丘雨养 半湿润、湿润平原雨养 灌溉一熟半商品 灌溉多熟半商品 水田多熟半商品
现代农业	各地类区	现代技术	商品	小农户集约商品 大规模商品 集约设施商品
后现代农业 （未来 30～50 年）	各地类区	现代持续 农业技术	商品性 持续性	持续 休闲
未来农业 （未来 50 年后）	各地类区	密集型科学 技术	科学化 智慧化	科学化 艺术

不同农业类型随着历史进程发展也在发生演化，各种农业类型之间存在相互演化关系（图 3-1）。随着农业科学技术的不断进步，农业由粗放式、低技术水平逐步向知识技术密集型农业方向发展，科学技术在农业中起到的作用越来越大；农业生产经营方式也逐步由原始的生存农业、传统自给农业向现代的商品农业以及未来的农业科学化和智慧化方向发展。

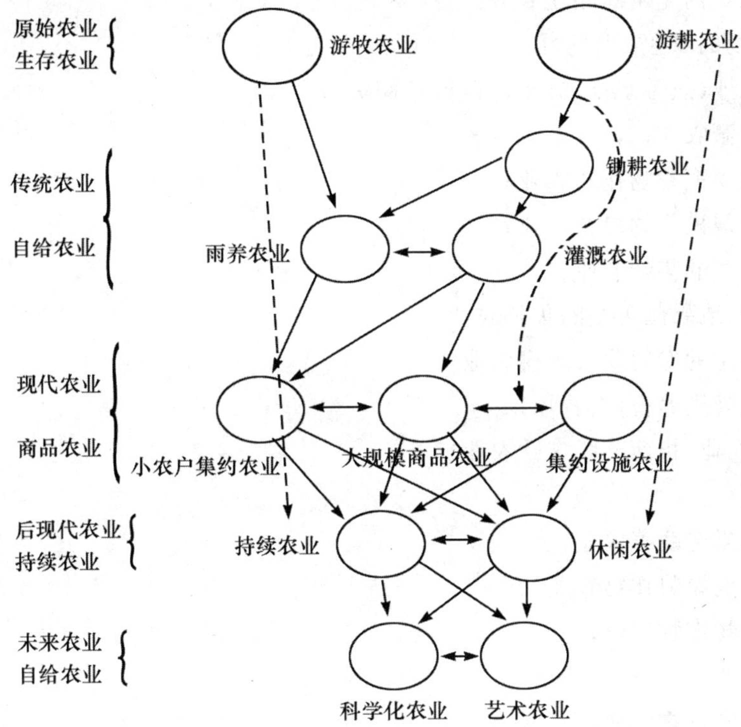

图 3-1 不同农业类型演化关系示意图

(二)农业类型与分类标准

1. 国际地理学会分类

1976 年，国际地理学农业类型委员会采用 3 组 20 个指标将世界农业分成 5 大类 27 亚类。具体如下：

(1)原始农业

①游牧；

②长期(森林)休闲的游耕；

③短期(灌丛)休闲的游耕。

(2)小农农业

④经常休闲的农业；

⑤持续性的粗放混合农业；

⑥伴有移牧的经常休闲的农业；

⑦高集约化非灌溉作物农业；

⑧高集约化灌溉作物农业；

⑨高集约化灌溉半商品化农业；

⑩高集约化非灌溉半商品化农业；

⑪低集约化半商品化农业。

(3)大地产农业

⑫大规模低集约化半商品化农业。

(4)面向市场的农业

⑬种植园农业(热带水果、咖啡、可可、柠檬等)；

⑭专门化灌溉农业；

⑮专门化大规模谷物作物农业；

⑯专门化大规模集约混合农业；

⑰以畜牧为主的集约农业；

⑱以水果和/或果园为主的集约农业；

⑲以畜牧为主的专门化大规模农业；

⑳专门化大规模养畜(大牧场)。

(5)社会化农业(指前苏联东欧农业)

混合农业；

㉑专门化水果与蔬菜农业；

㉒专门化工业原料作物农业；

㉓专门化谷物作物农业；

㉔专门化牧业；

㉕集约非灌溉作物农业；

㉖集约灌溉作物农业。

此外，丹麦哥本哈根大学 Erling Anderson 教授从系统角度将农作制划分为 5 类 16 种，并将农业类型正名为"农作制(Farming system)类型"。5 类分别为：生态与准生态农作制，自给性农作制，商品性农作制，集体性农作制和现金农作制。

2. 中国农业大学农作制分类

2005 年，中国农业大学刘巽浩、陈阜参照国际已有的分类体系，结合中国区世界实际，改变原有重西方轻东方的分类系统，制定了东西结合的"三要素"、"四度"与"五位"世界农作制分类(区)指标体系，"三要素"指自然资源(土地、水)、劳动力资源和资金投入(包括机械、肥料、灌溉等)；"四度"指的是集约度(土地利用程度、劳动生产率、灌溉与否等)、商品度(自给率、商品率、外向率)、规模度与专门化度(专门经营与混合经营)；"五位"指地理位、产品位、技术位、体制位与经济位。据此指标体系按照集约化从高到低的发展顺序，将世界农作制分为四大类 15 种。

(1)原始生态型农作制

①游牧制：分布于干旱草原荒漠地带，如撒哈拉大沙漠、西南亚、蒙古、中国西北。

②游耕制：湿热的东南亚、南美亚马孙河流域、非洲刚果河流域，云贵边境。

③自然森林制：如热带雨林，亚寒带泰加林。

(2)传统自给粗放型农作制(非灌溉为主)

④半干旱休闲制：非洲、西亚、中国西北(少量)。

⑤半干旱农作制：中国西北、东非、拉美、印度南部等。

⑥湿润雨养农作制：东南亚、印度、拉美、中国东北、淮北、南方旱地。

(3)传统半自给半商品集约农作制

⑦改良型集约一熟农作制：印度、巴基斯坦、墨西哥、东南亚、中国东北。

⑧旱地灌溉两熟农作制：中国黄淮海平原、南阳盆地、汾渭谷地、南疆，印度北部等。

⑨水田多熟农作制：中国南部、南亚东南亚各国的三角洲等。

⑩东方型小规模现代集约农作制：日本、以色列、韩国、中国沿海与台湾省等。

(4)现代商品农作制

⑪大规模粗放牧场农作制：北美西部、南美高原、澳、新、南非等。

⑫中规模集约农牧制：西欧、中欧、中国的国营农场。

⑬大规模集约农牧制：美国、加拿大、澳大利亚。

⑭专门化经济植物农作制：如热带经济作物、果树、蔬菜、花卉、棉花等，非地带性。

⑮专门化畜鱼饲养农作：如畜、禽、鱼、水产等，非地带性。

还有两种特殊地貌或区位的农作制，丘陵山地林牧农混合农作制(以林为主)和城郊集约农作制(非地带性，以蔬菜、畜禽为主，多位温室、大棚等设施)。世界各地区人口、土地、气候特定和农作制类型情况详见表 3-3。

此外，随着过去半个多世纪以来常规现代农业带来的环境污染、能源消耗等弊端不断显现，以尊重自然保护环境为特点的环境保护型农业类型不断出现，如"有机农业""生态农业"等，已经越来越受到重视和发展。

表 3-3 世界各地区自然条件与农业类型

区域	总人口/亿人	农业人口/亿人	土地面积/亿 hm^2	耕地面积/亿 hm^2	主要气候类型	主要农作制类型	代表国家
东亚南亚区	34.0	15.2	17.9	3.35	温带亚热带季风气候	平原灌溉集约两熟制、低地集约多熟水田制、雨养或旱农粗放制、高地粗放制、东方小规模现代集约制	中国、印度
东南亚区	6.26	2.28	4.3	0.69	湿热雨林气候	森林游耕制、热带经济林木-作物制，低地水田制	泰国、越南
干旱区	4.73	2.74	13.2	0.82	温带亚热带热带干旱半干旱气候	草原游牧制、旱地休闲谷-羊制、灌溉集约制、雨养农林制	北非、西亚
中南非洲区	2.00	3.85	9.15	0.40	热带多雨气候与干湿季气候	森林-游耕制、经济林木-作物制、玉米-谷物、根茎类粗放制、草地-耐旱作物粗放制	
拉丁美洲	5.84	1.26	20.0	1.7	热带亚热带湿润气候	热带雨林游耕制、粗放农牧制、粗放旱地制、粗放玉米-菜豆制、沿海种植园和混合制、谷物-园艺集约制、集约灌溉制、南部平原谷物-畜牧制、草地制	巴西、阿根廷
欧洲区	7.38	0.67	22.1	2.77	温带海洋性气候、温带大陆性湿润气候、地中海式气候	草田奶牛制、中规模集约轮栽农牧制、大规模粗放农牧制、林牧制	英国、德国、荷兰、意大利
北美区	3.55	0.073	8.38	0.43	温带暖温带湿润气候、温带大陆性气候	集约商品草田-乳牛制、大规模商品玉米-猪牛制、小麦旱作制、棉作制、园艺作物制、山区粗放放牧制	美国、加拿大
大洋洲区	0.39	0.02	8.49	0.48	海洋性气候、暖热干旱半干旱气候	大规模旱作或雨养小麦制、草场粗放牧羊制、集约作物-奶牛制	新西兰、澳大利亚
亚寒带区	微	微	—	—	亚寒带大陆性针叶林气候	自然针叶林制、粗放喜凉作物制	

注：以上数据来源联合国粮农组织 FAOSTAT(2014)。

第二节　当今世界农业基本类型

一、原始农业

原始自然农业属于生态或接近生态系统，当地人利用天然植物和用原始方法繁殖家畜。包括：游牧农业、游耕农业两部分。

（一）游牧农业

游牧是一种逐水草而居的移动性的粗放养畜业。Grigg（1978）认为：沙漠中的绿洲农民和游牧民占据东半球广大的干旱地带，从撒哈拉沙漠的大西洋海岸到蒙古的干旷草原，至少已达3 000年之久。

目前，游牧主要集中在非洲撒哈拉沙漠，东非、南非的内地干旷草原和亚洲西南和内地部分，包括我国的内蒙古、新疆、青海、西藏等地。游牧不同于商品谷物农业或商品奶牛场，它是以畜牧为基础的最简单牲畜饲养方式，以羊、牛、骆驼为主，自给性强。这种方式，牛羊主要在天然草地上放牧，它主要限于东半球的干旱半干旱地区。大片的干旱土地，不适于生长作物，放牧牲畜是开发干旱地区的一种生存的形式。土地利用粗放，几公顷土地才饲养一头牲畜。

在游牧中又分为游牧和半游牧，前者没有永久的住处，也不种植农作物。后者在干旱季节饲养家畜外，在一年中的其他部分时间耕种土地，种植作物。

游牧民经常地或周期性地迁移，他们在一个地方停留的持续时间和移动方向常常根据季节，主要是依据饮水的数量和质量以及草地或牧草的可利用性这两个自然环境因素来决定。

牲畜供给游牧民所需的食物、衣服、遮蔽物和各种人工制品（器皿和工具）。在游牧地区绵羊提供肉、奶、毛、皮。羊群能很好适应稀少的饲草和有限水供应的地方。在水草较好的地区，牛是主要的牲畜，牛提供肉、奶、皮革、角等。当从一个地方转移到另一个地方时，牛也用作驮畜。马是游牧民最受尊敬的动物（阿拉伯马和撒哈拉马），它是游牧民的伙伴主要用于乘骑，一般母马还作挤奶用，幼母马作肉用。在寒冷山地和高原，牦牛代替牛，牦牛提供肉、毛、绒、奶，也作驮畜、挽畜、骑畜。在不少地区，驴用来驮货和提供奶。在干旱地区，骆驼是主要驮畜，在西南亚和北非更为重要。游牧民并不只靠当地畜产品生活，他们用畜产品与半游牧民或定居绿洲者交换谷物。

严重干旱和严寒条件有时使畜群遭受严重损失。但游牧民并不想因此而做出改变，他们宁愿饲养混合的畜群而不饲养单一类型的畜群，而这些家畜品种较能忍受干旱、寒冷和长途跋涉。

（二）游耕农业

游耕农业亦称撩荒。土地开垦后种植作物3～5年，随着杂草丛生与肥力的降低，就弃耕5～20年，另选新的土地开垦种植。土地利用率低，一般为20%～50%。在安哥拉一块荒地开垦后，6年种植→5年作为天然牧场→10年灌木休闲。

游耕是和游牧相仿的最原始的耕作制度，其起源可以追溯到公元前7000～8000年，和农业本身历史一样古老。当时人们企图从食物采集活动改变为食物生产。一般分布在低纬度湿润贫瘠的多雨地带。美洲、中非和东南亚的热带地区（包括印度尼西亚）可认为是游耕的发源地。在世界上不同的地方，游耕称谓不同，在印度尼西亚称为Ladang，在菲律宾称为Caingin，在中美洲和墨西哥称Milap，在越南称Ray，在委内瑞拉称Conuco，在巴西称Roca，在刚果和中非称Masole，在印度东北称Jhum或Jum，就是在印度，不同地方叫法也不同，有Kumari、Penda、Watra、Bewar、Dahia或Deppa等。游耕是这些地区最普遍的农业制度。

"刀耕火种"是比较普遍的传统耕作习惯和方法。主要的工具是刀、斧。游耕民造反林间的小块土地，在雨季以前先把地上稀疏的灌木和乔木砍掉，在其干燥之后点火烧掉，场地就清理出来了。接着就播种，播前既不翻耕土地，种后也几乎没有任何中耕管理措施，只需驱赶鸟兽。连续种植和休闲期各地区和各部落也不同，有种植一年就撩荒，有种植二年三年、五年、十年不等。随着地力衰竭，荒草蔓延，土地就抛弃使之休闲，靠自然植被再生来保持土地肥力。然后又用同样烧荒的方法另行开拓土地，因为有广阔的土地供选择。也有在清理后自然休闲几年，在恢复地力后再耕种。总之，不断易地的耕作制度在原始农业发展史上是带有普遍性的。主要是没有翻土工具，第一年灰烬的肥分消耗差不多；砍种一年后杂草迅速繁殖，没有除草工具，对付草荒不如另砍新地省力和保收成；树根茬在第二年萌生枝叶，与作物争夺阳光、养分，作物生长不好；同时土地在一年后变硬，没有松土工具，也不懂翻土；反正有大量土地供挑选。

农业经营过程中有许多个阶段：①选择森林山丘地；②砍树，开拓地块；③烧荒；④举行祭拜的宗教仪式；⑤用点播技术播种；⑥除杂草和保护作物；⑦收获和打谷；⑧作乐和设宴；⑨休闲。这些阶段中第一项最为重要，因为它需要选择山边林地的地块，在12月或1月份期间，常由氏族长老或地位高的长者担任。选择主要根据地力，面积平均在0.50～1.40 hm^2。清理作业由男人负责，播种由妇女承担。农业生产技术的重点不在于土地的加工而在于林木的砍烧，当时作物的生长主要依靠林木焚烧后的灰烬和枯枝烂叶堆积成的腐殖土。

当今世界上，人少土地多的地方，大致有2亿人，占世界耕地23%的农业耕地上实行着游耕农业。亚洲的泰国、缅甸、新几内亚等地有5 000万人从事游耕农业，中国、印度实行撩荒制的比重小，非洲休耕农业占有主导地位，中非、非洲南部、肯尼亚、尼日利亚等，拉丁美洲的墨西哥、危地马拉、尼加拉瓜等国家多进行游耕农业。今后，随着人口的增加，游耕农业将逐渐为雨养农业、现代农业所代替，这是历史发展的必然结果。

二、传统农业

传统农业主要分为自给粗放型农业和半自给集约农业。

（一）自给粗放型农业

1. 牧场农业

根据Jones和Darkenwald(1966)的资料，在草地利用上有两种活动类型占优势，即牧场游牧。两者在某些方面有共同点，例如两者都粗放利用土地，几公顷土地才饲养一头牲畜，两者都在人口稀少，气候较为干燥地方，牛羊群主要在天然草地上放牧。而不同的是游牧制主要限制在东半球的辽阔地区，牧场制是随着近代欧洲移民的迁入而形成，它分布于北美大陆西部山区，从巴西到阿根廷的南美高原，澳大利亚和新西兰的大部地区，以及南非高原等地。牧场主有自己的土地，其土地是通过分配、购买或租入的，牧场主有永久性的住宅，而游牧民是随季节逐水草自由迁移。牧场主专门饲养一种类型家畜，其产品如肉、毛、皮革等主要是出口，饲养的家畜通常是运输到另一地点育肥和屠宰，而游牧民的产品几乎完全维持本地区的消费。牧场常用有刺铁丝圈住，如在澳大利亚圈牧场是为了防止野兔破坏草地，牲畜一般被限制在铁丝栏内活动。但在山区和荒漠边缘，允许家畜在较远的草地放牧，在极干旱年份，实行游牧，把家畜驱赶到损害较少的草地上放牧。

2. 自给性雨养农业

自给性雨养农业是农业生产的一个重大进步。目前在世界发展中国家较为普遍。

分布范围：①主要分布于东南亚的季风地带，其土地占世界的12%～15%，却供养着一半以上的世界人口，包括中国（西北、西南）、印度、巴基斯坦、缅甸、马来西亚等。②东非洲、拉丁美洲，游耕仍占重要比重，但目前正向定居的自给性农业发展。有人称为定居性农业。在西非、东非、墨西哥、阿根廷占一定比重。③地中海周围，其气候冬湿润温和、夏暖而干。中近东的叙利亚、黎巴嫩、伊朗、伊拉克、土耳其、以色列、巴勒斯坦、北非的突尼斯、阿尔及利亚、摩洛哥等，以自给或半自给为主。希腊、意大利、法国南部、西班牙南部也属地中海型气候，但已不属于自给性农业范畴。

自给性雨养农业的特点包括：

①小农户，土地破碎。

②人畜耕作仍占主要比重，传统工具如犁和锄仍普遍使用。

③以自给性生产为主。大部分农产品作家族消费用，部分产品出售。大多数的投入也靠家庭自筹（如有机肥、河泥、草木灰、种子等）。

④种植业占主体，粮食占农产品的80%～90%，畜牧业是副业，主要是役畜。肉牛、奶牛、猪和羊占比重很小。

⑤农业是定居性的，许多土地已耕种几百甚至千年以上。一年一作，除少数半干旱地区外，基本上不实行休耕制。

⑥大多为靠天吃饭的雨养农业，灌溉只是少量补充性的。

⑦生产水平低，单产低，抗御自然灾害能力低。其中，在半干旱或半湿润易旱区进行没有灌溉条件下的农业生产称为旱作农业，有灌溉条件下从事农业生产称为灌溉农业。而生产力水平低，生产的农产品主要满足自己和家庭需要的农业生产则称为自给农业。总之，雨养农业是指依靠自然降雨从事农业生产，灌溉是少量性的或不进行灌溉。

（二）半自给集约农业

1. 水肥良种改进型一熟农业

小规模集约农业是东亚农业独有的特征。实行集约农业的国家都处在季风气候带。中国东南部、中印半岛、印度支那半岛等处于亚热带季风气候，而中国北部、日本、朝鲜等则处于温带季风气候。季风气候带来了多雨，但有旱有涝，因此，兴修水利与农田基本建设是这些国家农业发展的基础。

农业土地开垦已有几百或几千年的历史，土壤中原有的自然养分与有机质含量已较低，为了提高作物产量、增施肥料(包括有机肥与化肥)是增产的关键因子。该农业类型主要特点如下：

(1)人口多，农业劳动力多。在农业动力中，人畜力仍占较大比重。在现代农业因素中，机械因素尚不突出，但也在逐步发展中。

(2)土地利用率高，单产水平较高，但劳动生产率则较低。每劳动力生产粮食 1 t 左右，比西方现代农业相差很远。即或像日本那样机械水平甚高的国家，劳动生产率也仅有 2t 左右。这一点与西方现代农业有显著区别。

(3)以种植业为主，种植业中以谷物为主。畜牧业比重已比自给性雨养农业有所增加，但仍不大。已有一定商品出售，但商品率仍低。属半自给半商品农业。它比自给性农业有明显进展，但比西方商品农业仍有质上的不同。

(4)技术密集与劳力密集相结合。由于致力于提高单位面积产量，充分利用自然与社会资源，合理进行水肥调配，同时一些地区肥水农业往往与多熟种植相结合，因此在技术上较为精致、需用工时也较多。

同时，该集约农业也面临一些问题要解决：①要求投资多，而发展中国家往往资金缺乏。因而在农业结构上需要适当发展高价值作物与畜禽业、积极发展农村工副业，同时在增加投入基础上，努力降低成本。②能源水资源短缺问题在一些国家已逐渐突出。因而要求发展节水技术，增加灌溉的效益；积极寻找节能途径，合理利用劳力优势。

因自然与社会经济条件的差异，集约农业有不同的模式：

肥料(＋种子)农业：在降水量丰富而均匀的地方，不进行灌溉，重点以增施肥料带动农业发展。中国的吉林省就是一例。1978—1988 年 10 年期间，粮食产量由 91 亿 kg 增加到 169 亿 kg，几乎翻一番，其重要原因之一是大量增施化肥，化肥总消费量由 85 万 t 增加到 270 万 t，每公顷标准化肥施用量由 16 kg 增加到 45 kg。

肥＋水(＋种子)农业：中国的台湾、长江中下游、华南、黄淮海地区，印度的恒河流域，湄公河三角洲，朝鲜等均属于以肥水为主的类型。也是人多地少地区今后发展的主要方向。

肥＋水＋机(＋种子)农业：在人力昂贵或现代工业发达的东方一些地区，除了肥水外，机械化省力化也是一个重要内容。日本就是一个典例。1987 年灌溉农田占农用地 70% hm^2 化肥施量 433.5 kg/hm^2，为世界平均的 4.5 倍。同时，日本又是机械配备最高的国家，每万公顷，有拖拉机 4 545 台。尽管如此，日本农业毕竟与西方现代农业不同，它的农户规模甚小，约 1 hm^2，劳动生产率也低(约 1 kg 粮食/劳力)，所以商品率也不高。在中国东南沿海以及大城市郊区也有向这种类型发展的趋势。

躺在农药水中的中国人，约占到了世界农药使用总量的一半！

目前，全球农业生产每年要使用约 350 万 t 的农药，其中，中国、美国、阿根廷占到了 70%，仅中国就占到了世界农药使用总量的一半，2014 年中国农药使用量为

180.69 万 t。《科学周刊》根据 2005—2009 年的数据测算,就每公顷耕地上的农药使用量而言,美国使用 2.2 kg 的农药,法国使用 2.9 kg,英国使用 3 kg,中国使用 10.3 kg,约为美国的 4.7 倍。

在过去 20 多年里,美国、德国的农药使用量比较稳定,英国减少了 44%,法国减少了 38%,日本减少了 32%,意大利减少了 26%,越南减少了 24%,中国的农药使用量增加了 136.1%。90 年代至今,中国的农药使用量"突飞猛进",从 1991 年的 76.53 万 t,增至 2014 年的 180.69 万 t。中国的农药主要靠"自给自足"。目前国内有 2000 余家农药生产厂,2015 年产量达到 374 万 t,是世界最大的农药制造商和出口商。与此同时,中国每年还会进口少量农药,2014 年和 2015 年分别进口 9.25 t、9 万 t。农业部的公开数据显示,2015 年中国的农药利用率仅为 36.6%,剩下的农药在以各种形式影响着其他动植物、水、土壤、大气和公众健康,全国农药污染耕地土壤面积超过 7 亿亩。

——引自搜狐网 http://www.sohu.com/a/148267694_312246

2. 灌溉农业

灌溉农业是指在半干旱或半湿润易旱区进行的有灌溉条件的农业生产。

灌溉农业主要位于北非地区如:埃及、苏丹、利比亚、阿尔及利亚等国家,另外,西亚地区如阿富汗、伊朗、伊拉克、以色列、叙利亚等国家。中国的新疆、甘肃及陕西、山西引黄灌区也进行灌溉农业。从事灌溉农业的地区的特点是:气候干燥炎热,降雨量不足,多数是 150～400 mm,必须兴修水利设施,大力发展灌溉农业,没有人工灌溉,该区的农业生产就不能存在。埃及依靠尼罗河水进行灌溉,一年内可种两季作物,复种指数高达 188%,以色列人工灌溉的耕地面积达 50%,而我国的新疆地区,水资源不足是本区农业发展的限制因素,绿洲灌溉农业是农业生产的主体。

三、现代农业

(一)大规模商品性现代集约农牧结合农业

大规模商品性的现代化农牧制主要分布在温和湿润的欧洲与北美。欧洲的农牧结合制靠的是麦类、谷物、根茎类、蔬菜饲养奶牛和猪。北美畜牧业靠的是玉米,还有大豆、高粱和小粒谷物,饲养肉牛和猪的育肥。这里农户的规模大、机械化程度高、技术先进,实行带有干草的轮作制,土壤肥力高。欧洲和美国玉米带的农牧结合制的做法是很相似的。比较起来,欧洲的土地生产率高集约度高而劳动生产率低于美国。美国农业转化程度高,农户大多以一业为主,农牧结合主要体现在区域内不同专业农户的互补,形成农户的专业化与区域的农牧结合制。欧洲则区域型与农户型的农牧结合并存。原因是农户规模相对较小(西欧 17～33 hm^2/户,美国为 67～133 hm^2/户),技术也不如美国先进。

农牧结合有许多好处:①轮作中有多种作物和牧草有利于充分利用土地资源并维持土壤肥力。②种植业提供多样的较廉价饲料和饲草给畜牧业。在比较温暖的地方,可种植小麦、玉米、燕麦。小麦供人食用,燕麦供牲畜用,玉米则两用。若在夏季较凉湿而土地又不肥沃的地方,小麦、玉米就被黑麦、大麦所代替,干草则作饲草用,块根作物(马铃薯、芜菁、甜菜)较多。主要的经济来源是出售牛、猪、禽、羊等畜产品。③由于作物多样,加上农牧结合,因而因灾害、病害、市场波动带来的风险较少。④在一个农场内的农牧结合促使全年各个季节都有活干,便于劳动力的周年充分利用。这些好处促使了这种结合制的经济效益高,投资回报更高,农民收入高。当然,欧美农牧结合制之所以兴旺发达,还与周围的社会经济软环境有密切的关系。这里人口多,工业化城市多,交通运输发达,促进了对农畜产品的需求与生产。此外,政府的税收、补贴、技术等也起了积极作用。

除了欧美比较湿润地区外,还有一部分半干旱地区,分布在美国加拿大的中西部、俄罗斯草原。这里年降水量400～500 mm,以小麦生产为主,大规模机械化生产,但由于作物种类比较单调,故农牧结合程度比湿润地区要低得多。称为谷物制。实际上绝对无畜在这里是不存在的,适当的饲养牲畜作役用或肉奶食用,但与谷物生产相比,畜牧业总是处在一个从属的地位。

大规模商品性现代集约农牧业的特征:

1. 规模大、效益高

与发展中国家的小型农户经营不同,欧美现代农作制的特征是规模大,而且还在不断扩大中。美、加、澳等人少地多的国家,每个农场土地一般在200 hm^2(耕地84～200 hm^2)以上,相对人口较多的欧洲中西部,一般为50～100 hm^2. 耕地20～30 hm^2。规模与效益往往是成正比的。

2. 集约经营

高投入、高产出、高效益、高度的劳动生产率与商品率是欧美农行制的另一特征。欧美一个农业劳动者年生产粮食5万～10万kg。谷物商品率高达95%～100%。而发展中国家的传统农户,一般每个农民年生产粮食1 000～2 000 kg,为发达国家现代型农户的1/50～1/100,商品率甚低。

3. 农牧协调发展

2001年,实行农业现代化的发达国家,平均人均占有谷物675 kg(发展中国家只有252 kg),有充足的余粮可以发展畜牧业,而人均消费水平高又为畜产品提供了市场的需求。许多发达国家在发展谷物的同时积极发展畜牧业,宏观上实行农牧结合农作制,一般畜牧业产值要占农业总产值50%以上,但就微观上的农户而言,并不一定都是亦农亦牧,单一谷物经营或畜禽经营的农户甚为普遍。

(二)商品性草田奶牛农业

这是一种先进的高投入高产出高效农作制,主要在工业和城郊附近。它与谷物制和农牧混合制的区别在于:①饲料牧草生产比例高于谷物;②畜群中奶牛比例高;③人口密度高;④高资金投入;⑤畜产品的高市场性与商品性。

商品性草田奶牛农作制主要分布在温带冷凉湿润的永久草地地区，由于这里夏季低温不适于玉米种植，而夏季潮湿也不适于小麦生长，但对多年生牧草的生长却是理想的地区。世界上最主要的3大片草田奶牛农作制，一是西北欧沿海及低洼牧草地，这里雨量丰沛、夏季温和(不热)、冬季冷凉；二是美国东北部北纬40°～50°的五大湖地区；三是澳大利亚东南部与新西兰的北部(南纬30°～40°)。此外，还有许多较小的地区。如美国西部、阿根廷东部、智利中部、南非、俄罗斯西部、日本东部以及中国的东北部。除牧草外，这一带还有豆科饲料、玉米、根茎类、燕麦、大麦等作为补充。当前世界上4/5的牛奶、9/10的黄油、4/5的乳酪出之于欧洲、北美和澳大利亚。

商品性草田奶牛农作制起源于中世纪的北欧永久性草地上，当前分为舍饲与草地放牧两种方式。规模由小型家庭制向大规模机械化商品化经营方向发展。实际上，多数的商品性草地奶牛业是高投入高产出高效益的农作制。

四、生态有机农业

自20世纪30年代起，化肥、农药的相继出现及其在农业生产上的应用，标志着现代农业时代的到来。现代农业通过以比较完善的生产条件、基础设施和现代化的物质装备为基础，集约化、高效率地使用各种现代生产要素，包括水、电力、农膜、肥料、农药、良种、农业机械等物质投入和农业劳动力投入，广泛采用先进适用的农业科学技术、生物技术和生产模式，改善农产品的品质，通过市场机制来配置资源，提高了农产品的商品率，建立了比较完善的市场体系，实现生产的规模化、专业化、区域化，提高了农业的整体效益和竞争力。但在现代农业中，化肥、农药及除草剂等农业化学品的大量投入，灌溉面积的不断扩大，土壤机械作业强度的不断提高，作物耐肥品种的推陈出新及栽培技术的不断创新，推动了全球农产品产量的快速增加。在保证全球人口爆炸时代农产品产量和人口数量的同步增长的同时，现代农业化肥、农药等的高投入，使农民的实际收益因成本过高而降低，同时引发一系列环境、资源和能源等方面的负面效应。

(一)有机农业

有机农业思想最早出现在我国，国外的有机农业类似我国早期的传统农业。是一种完全不用或基本不用化学品的农业生产体系。1924年德国首先提倡农作物有机栽培法，希望以耕作技术来取代化学物的使用。20世纪30年代，英国农学家霍华德(A. Howard)正式提出有机农业的概念。1945年美国学者罗德尔(T. I. Rodle)在其著作《堆肥农业与园艺》中论证了大量使用化肥和农药的害处和有机肥在培养地力上的优越性能，有机农业主张只依靠农业生态系统本身，通过实施间作套种和轮作复种，增施有机肥，来促进农作物的生长，提高农产品产量。它的含义是不破坏环境，维护地力使其不衰退，生产健康美味的食品。目前有机农业在日本、美国、澳大利亚、中国以及非洲等国得到比较好的发展。有机农业在降低生产成本与能耗，保护环境和提高农产品质量上有明显的优点，受到欧美、日本等国家及地方政府的鼓励，并通过颁发有机农业证书，对提高其农产品价格给予支持。

(二)自然农业

自然农业也称自然农法,由日本农学家田茂吉在1935年提出,主张以尊重自然、顺应自然,尽可能减少人为对自然的干预为宗旨创立的。日本的自然农业也强调不翻耕,施用有机肥料,顺从农业生态系统自身的规律。主张“农医同源”“天人合一”“物土不二”的理念,认为自然就是资本,强调人类应更多的与自然合作而不是对抗,以有利于保护自然环境和生态平衡,不污染空气、水、土壤和农产品为原则。具体做法:①不翻耕土地,依靠植物根系、土壤动物和微生物的活动对土壤进行自然疏松,不必要进行人为作业;②禁止使用化肥,用秸秆、人畜粪尿、绿肥等有机肥培肥土壤;③绝对禁止农药、采用天敌、天然物质和物理、机械等方法防治病虫害;④不进行除草,采用轮作、作物秸秆覆盖和以草压草等措施防除杂草或间歇淹水有效控制杂草生长。自然农业的经济效益十分可观,有利于农业的可持续发展,有利于生态环境的改善和农产品品质的改善,自然农业除日本外,在美国、巴西、阿根廷、泰国、秘鲁等也有所发展。

(三)生态农业

生态农业最初由美国密苏里大学土壤学家 William Albrechet 于1970年提出,后又经 Merrill 和 Worthington 等发展并充实,它的内涵是“生态上能自我维持,低输入,经济上有生命力,在环境、伦理和审美方面可接受的小型农业”。生态农业主张不使用或尽量少使用化学合成产品,施用有机肥或长效肥,采用轮作或间作等方式种植,更强调建立生态平衡和物质循环。生态农业实际上就是运用生态学原理和系统科学方法,把现代科学成果与传统农业技术的精华相结合而建立起来的具有生态合理性、功能良性循环的一种农业体系。英国学者瓦庭顿(M. K. Worthington)认为生态农业应具备以下几个条件:①必须是一个自我维持系统,一切副产品都需要再循环。②提倡使用固氮植物、作物轮作以及正确处理和使用农家肥料等技术,保持土壤肥力。③生物群落多样性,种植业与畜牧业比例恰当,使系统能够稳定,自我维持。④单位面积的净产量必须是高的。⑤为获得高产,农场规模应该是较小的。⑥经济上必须是可行的,目标是在没有政府补贴的情况下获得真正的经济效益。⑦农产品就地加工并直接供给消费者。⑧在美学及伦理道德上必须为社会所接受。

目前,生态农业通常是指在保护、改善农业生态环境的前提下,遵循生态学、生态经济学规律,运用系统工程方法和现代科学技术,集约化经营的农业发展模式,是按照生态学原理和经济学原理,运用现代科学技术成果和现代管理手段,以及传统农业的有效经验建立起来的,能获得较高的经济效益、生态效益和社会效益的现代化农业。

(四)生物动力农业

也称生物动力平衡农业,是由澳大利亚科学家 Rudolf Steine 于1924年首先提出。生物农业是根据生物学原理建立的农业生产体系,靠各种生物学过程维持土壤肥力,使作物营养得到满足,并建立起有效的生物防治杂草和病虫害的体系。它认为土壤是人类健康之本,必须保持其平衡,人类、地球、宇宙原本是一体的。所以,必须借助三者的力量来维护和滋养土壤,生产出健康的农产品。生物农业的主张基本上与“有机农业”“生态农业”一致,但它受印度神秘哲学影响较大,主张根据星象、季节和自然规律进行计划性的耕种,并极力避免使用化工肥料和农药,同时以顺势疗法的原理唤醒土壤自身的肥力和免疫力,由此发展了一系列特制的配制剂用于保护土壤、植物、动物和人类。生物农业的核心原理在于促进农田土壤的生物学肥力，使作物从土壤的营养平衡过程中获得它所需要的全部营养。其主要技术包括：①将腐烂的有机物作为土壤改良剂。②通过豆科作物自身固氮及粪肥合理使用调控农田养分平衡。③废弃物的再循环利用。④充分发挥各种生物，包括土壤中的生物如蚯蚓等的改土作用。

生物农业是依靠农业生态系统自身过程维持的农业生产体系，不仅是肥沃土地和维持持续稳定的农业生产方法，也是低投入高产出的科学的农业产业体系。在欧美一些国家和地区已有实践。

（五）可持续农业

可持续农业是以美国为核心的几个欧美国家于 20 世纪 80 年代提出的。1981 年美国农业科学家莱斯特·布朗最早系统阐述了“可持续发展观”，1984 年哥尔丹·道格拉斯又明确提出“农业可持续性”问题，1987 年世界环境与发展委员会提出“2000 年转向持续农业的全球政策”，1988 年 FAO 制定了“持续农业生产：对国际农业研究的要求”的文件，同年在美国的俄亥俄州召开了国际性的“持久农业系统”学术会议，1991 年 FAO 在荷兰召开“农业与环境”国际会议，发表了“可持续农业和农村发展的登博茨宣言”，正式确立了可持续农业的地位。可持续农业强调不能牺牲子孙后代的生存发展权益作为换取当今发展的代价，都要求兼顾经济、社会和生态效益。世界各国根据可持续农业的可操作性提出了不同的发展模式，如美国的“高效率可持续农业”模式，强调依靠科技、教育，在保护生态环境、提高农产品质量的同时，大幅度提高农业生产效率德国的“综合农业”模式，强调综合处理发展与生态环境保护的关系，并加强对自然资源的管理；日本的“环境保全型可持续农业”模式，主张合理适当地施用化肥、农药，实现环境保护与农业生产的协调；法国的以农产为中心的环保型可持续农业模式，强调通过建立环境保护试验区、农田休耕制度和培训提高农产科学经营的能力来促进可持续农业的发展等。

第三节 世界农业区域分布及其特点

根据国际地理联合会农业类型学专门委员会的研究成果，全世界划分为十大农区类型，它们是：非洲撒哈拉以南农业区、北非西亚农业区、东南亚与南亚农业区、拉丁美洲农业区、西欧北欧南欧农业区、北美农业区、澳大利亚与新西兰农业区、东欧与西伯利亚农业区、中亚农业区、东亚农业区。东亚农业区的代表是中国，第五节将全面介绍；各地区的简单情况分述如下：

一、非洲撒哈拉以南农业区

该区包括东非、西非、中非和南非广大地域。面积为 $2127\times10^4\ km^2$，人口为 10 亿。

非洲是个起伏不大的高原，平均海拔高度 750 m，东南部地势较高，属高非洲，西北部地势低缓，属低非洲。乍得湖盆地和刚果盆地都在该区，其沿海地带有小面积的平原低地，盆地和沿海平原是该区重要的农业基地。由于落后的耕作制度和其他因素，撒哈拉沙漠在不断扩大，其南界已向前推进了约 200 km。

该区高温面积广大，区内降水较少，仅刚果盆地和几内亚湾沿岸一带年平均降水量在1 500 mm以上，属热带雨林气候，其他多属热带沙漠气候和热带草原气候。

尽管该区干旱面积较大，但由于热量充足，地表水丰富，适宜谷物和薯类的生长；热带雨林区域很大；而小麦则主要分布在南端沿海平原区。

就农业生产结构分析，该区的种植业在多数国家的农业产值中超过2/3，而在种植业中，经济价值高的咖啡、可可、棉花、花生、油棕、茶叶、剑麻的地位日益突出。

咖啡的原产地是非洲。目前，该区是世界上第二大咖啡产地，产量仅次于拉丁美洲。主要的咖啡生产国有科特迪瓦、埃塞俄比亚、乌干达、喀麦隆、肯尼亚等。

该区也是可可最重要的生产地，产量和出口量居世界第一位。其中，科特迪瓦是世界上最重要的生产国。

花生是该区最重要的油料作物，产量在世界上位居前列。尼日利亚是世界上花生最大的出口国之一。

非洲的粮食作物种类很多。该区的粮食过去能实现自给，近年来多数国家对农业、特别是对粮食生产有所放松，加人上口急剧增长，缺粮便成为该区的一个普遍性的问题。该区有牧场7.78×10^{8} hm^2，畜牧业不发达。牲畜的饲养是粗放型的，游牧和半游牧较为普遍。牲畜主要是骆驼、牛、羊、马等，猪很少。

该区的林业不发达。尽管热带林森经济价值很高，也是一些国家重要的出口商品，但是，乱砍滥伐现象以及农业生产中的原始耕作制度（烧垦制），对森林资源破坏极大。

该区海岸线超过2×10^{4} km。但是，这些水产资源都未很好开发。

联合国粮农组织的报告认为，该区资源丰富。以土地资源分析，人均可耕地面积达1.7 hm^2，而目前已耕的面积只有0.55 hm^2。所以该区有足够的土地为其居民提供充足的食物。要使这种潜在能力成为现实，该区必须重视以下几个关键问题：加深对农业生产重要性的认识；增加农业投资和提高效益；适当改革农业管理体制；提高农产品收购价格；改进农业粗放的经营方式，努力提高生产技术。

二、北非西亚农业区

该区包括北非的埃及、苏丹、利比亚、阿尔及利亚、突尼斯等国和西亚的阿富汗、巴林、伊朗、伊拉克、以色列、叙利亚、土耳其、阿联酋等共计25个国家与地区，面积达$1\,320\times10^{4}$ km^2。北非人口中，阿拉伯人占70%。

北非西北部为阿特拉斯山地，东南部为苏丹草原的一部分，地中海和大西洋沿岸有狭窄的平原，其余地区大多为撒哈拉沙漠。西亚地势以高原为主。

该区的北非部分，地中海沿岸夏热干燥、冬暖多雨，属亚热带地中海式气候；撒哈拉沙漠属热带沙漠气候。该区的西亚部分，属热带亚热带干旱与半干旱气候，它是世界上降水量较少，而光照时间最长、热量最丰富的地区之一。西亚最大的河流是发源于亚美尼亚高原的幼发拉底河与底格里斯河，两河流域分别为67.3×10^{4} km^2和37.5×10^{4} km^2，湖泊和沼泽较多。气候严重干旱使西亚地区形成大量的荒漠，沙漠面积约占阿拉伯半岛的一半。

该区的重要农产品有北非的棉花(世界长纤维棉花的主要产地就是埃及和苏丹)、阿拉伯树胶以及柑橘、葡萄等,而西亚的主要农产品则是:土耳其的谷物、棉花、烟草、无花果、橄榄油;塞浦路斯的柑橘、葡萄和土豆;以色列的谷物、柑橘、鳄梨、苹果;黎巴嫩的蔬菜和水果;叙利亚的棉花;阿富汗的干鲜果、棉花、羊毛、紫羊皮;伊朗的甜菜、小麦;伊拉克的椰枣。西亚的农业资源集中在其西北角,东北角次之,南部最差。粮食可以自给的国家只有土耳其。

综观该区的农业,有以下几个特征:

首先,该区广大地带(特别是西亚)的农业基本上依靠人工灌溉。没有人工灌溉,该区的农业就不能存在。只有西北角对人工灌溉的依赖程度略轻,但人工灌溉依然决定着西北角农业的稳定和农产品的增长。比如,在以色列的 30×10^4 hm^2 耕地中,人工灌溉的面积占到 2/3,达到 20.5×10^4 hm^2。

其次,该区大部分农业的基础薄弱,经营粗放。由于资本主义经济起步较晚,农村封建和半封建的生产关系根深蒂固,加上自然条件恶劣,战争频繁,劳力短缺,城市化过快等原因,该区多数农业的基础很差:在阿拉伯半岛的广大地区和阿富汗一直是落后的游牧制度,如在伊朗,绵羊和山羊目前仍有 40%是由游牧部落的牧民生产的。种植业经营十分粗放,农业机械、高产品系种子、化肥等投入十分稀少,仍在实行古老的耕作方法,如休耕制(阿富汗每年休耕地约占耕地总面积的一半)以及古代的暗渠等。阿拉伯也门共和国的谷物产量每公顷只有 600 kg。

该区只有个别部分的现代化集约农业发展迅速,比如以色列、黎巴嫩、约旦河谷地带以及土耳其的部分农区。这也说明该区整体农业的潜力仍待开发。

最后,该区广大地域作物品种单一,自给率低。除埃及、土耳其少数几个国家外,其他国家的农产品结构都较为单一,从而农产品自给率很低,如巴林的农产品自给率不足 10%。伊拉克、叙利亚、伊朗等国的粮食生产过去可以保证自给,现在却要大量进口。根据以上分析,为了促使该区有限的农业资源能够合理使用以保证农业生产较快发展,当前应做的努力是:与国际社会合作,促进地区政治稳定;消除尚存的农村封建土地关系,深入进行土地改革;加紧兴修水利设施,发展灌溉农业;利用石油出口所得,增加农业拨款、提供优惠贷款;鼓励农机、化肥等的生产与进口;坚持实行对农产品的支持性价格,维护农民的投资与生产积极性。

三、东南亚与南亚农业区

该区的东南亚部分包括缅甸、印度尼西亚、老挝、菲律宾、越南、泰国等,也包括日本及太平洋的一些岛屿。总面积 $87\,000\times10^4$ hm^2,其中陆地面积 $43\,405\times10^4$ hm^2。该区的南亚部分包括巴基斯坦、印度、孟加拉国、斯里兰卡、马尔代夫等。总面积约为 $68\,805\times10^4$ hm^2。该区人口约为 24.3 亿。

东南亚的耕地面积达 $6\,954.8\times10^4$ hm^2,长期牧场 $2\,400\times10^4$ hm^2,农用地占陆地面积的 21.8%。森林和林地面积为 $24\,453\times10^4$ hm^2,森林覆盖率达 55.4%。东南亚各国,除老挝外,都有相当长的海岸线,其中菲律宾和印度尼西亚更是群岛之国。红河、湄公河、湄南河、萨尔温江和伊洛瓦底江流经此地,池塘、湖泊、沼泽星罗棋布。

东南亚基本上处于北回归线以南和南纬 10°以北的热带地区，气候特点是高温多雨，全年气温变化很小，没有春夏秋冬之分，但因季风影响，一年可分为雨季和旱季。东南亚大部分区域雨量充沛，年平均降雨量在 2 000 mm 以上。降雨强度大，使此地河流的水量能在一日之内发生巨大变化，从而严重冲刷耕地，造成土壤严重流失，河流中含有大量泥沙；焚林垦荒又加剧了水土流失，所流失的泥土淤塞了下游灌溉渠，在一些河流入海口，由于泥沙沉积形成冲积三角洲。

在东南亚，由于高温多雨的气候，容易形成贫瘠的酸性红壤土，这种土壤的表层在热带植被长期作用下，又转成微酸性腐殖质的黑色森林土。在缅甸、泰国部分雨量相对较少的地区，由于雨水淋溶作用弱，土壤中含有的盐类能较多保持，成为热带草原土。在火山地区产生火山土，在三角洲平原则为肥沃的冲积土。东南亚的土壤是发展农业的高效资源。

南亚次大陆上河道纵横，其中印度河和恒河是著名的河流。此地除巴基斯坦部分区域气候干燥外，其他区域降水较为充沛，分别有亚热带草原气候（印度河上游）、季风型热带森林气候（恒河流域）、季风型热带草原气候（印度半岛区）、热带雨林气候（半岛西南部）、季风型亚热带森林气候（孟加拉国大部），对农业发展十分有处。南亚的耕地资源丰富，耕地面积占总面积的 34%以上，且土地肥沃，特别是孟加拉国，境内几乎全属低平的冲积平原。南亚次大陆的海岸线有 7 500 km，斯里兰卡和马尔代夫是岛国，此处的海洋渔业资源也很丰富。

该区除了日本、新加坡、文莱之外，都是农业国，农业是国民经济的支柱。农业劳力占社会就业总人数的 55%（1994 年）、农业产值占国内生产总值的 41%（1994 年）、农产品出口总额的 70%。

该区的农业生产结构，以种植业为主，畜牧业和渔业均较落后。该区的森林资源丰富，盛产各种珍贵木材，如柚木、檀木等，森林中还出产多种药材，繁殖着多种珍禽异兽，木材是该区传统的出口产品。但是，现在对于该区来说，严重的问题在于森林资源遭受破坏并引起生态环境恶化。森林遭受破坏的原因有三：一是毁木垦荒；二是战争的破坏，如越南、老挝和柬埔寨，近 30 年越南的森林面积从 $2\,000\times10^4$ hm^2 减少到目前不足 $1\,500\times10^4$ hm^2；三是为了出口而过度采伐，如泰国、菲律宾、印度尼西亚和马来西亚，近 30 年来，泰国的森林面积减少了 1/2，菲律宾的森林面积也减少了 1/3。

该区农业的特征如下：

首先，封建性的剥削和经营方式阻碍着生产的发展。如印度的高额封建性地租，土地租佃过于分散，租期短且租权不稳；该区个别地方甚至保存着原始的刀耕火种制，这些都严重阻碍着对农业资源的合理利用及生产的发展。

其次，农业生产的单一化结构明显。外国资本进入后，利用该区的有利自然条件片面发展少数几种热带经济作物，于是在有的国家里大量种植出口经济作物而粮食需要进山，如菲律宾、马来西亚是天然橡胶、棕榈油、椰干、椰油的重要产地，但粮食生产水平低；而有的国家则单一种植稻谷出口，如缅甸、泰国、越南。

最后，农业中大规模种植园与小规模农户经营并存。外国资本进入该区后便占有大片肥沃土地来发展热带经济作物种植园。与此同时，个体小农以自己食用为目的种植水稻等粮食作物的形式依然存在。这一特征表明该区农业的经营方式处于向近现代农业的过渡之中。当然，资本主义大庄园也不可能取代个体小农。

为了更有利于该区农业的发展，合理利用丰富的农业资源，在国际组织的帮助下，该区大多数国家采取的有效措施是：允许外国资本投入农业，提倡民族资本与外资合营种植园；对封建土地关系坚决进行改革；政论财政加大对农业的投资，主要用于兴建农村公路、桥梁，推广农业技术等；实施价值支持政策，对化肥、农药等给以价格补贴，对农产品价格予以保护；国家银行向农村提供低息贷款；为防止由西方经济危机带来的出口农产品价格的大幅波动，减少对西方市场的依赖程度，应改变农业生产的单一化结构。

四、拉丁美洲农业区

拉丁美洲系指美国以南的美洲地区，包括墨西哥、中美洲诸国、加勒比海岛屿国家以及南美洲。总面积约为 $2\,000 \times 10^4$ km²，人口约为 6.27 亿，是第三世界最发达的农业区。拉美区有耕地 $17\,000 \times 10^4$ hm²，约占该区总面积的 8.5%；牧场草地为 17 112 万 hm²，约占总面积的 8.5%；森林和林地为 $93\,057 \times 10^4$ hm²，约占总面积的 47% 。按人口算，拉美人均占有耕地 0.29 hm²。该区有广阔的宜耕荒地，据估算约有 5×10^8 hm²，其中，在巴西等热带地区有 4.5×10^8 hm²，在秘鲁和智利沿海有 0.5×10^8 hm²。

该区的主体是南美洲，它介于北纬 13°和南纬 57°之间，赤道横贯北部，大部分地区属热带雨林和热带草原气候。在亚马孙平原一带，由于纬度低，受海风影响，[illegible]26℃左右，属热带雨林气候。亚马孙平原南北两侧的巴西高原和圭亚那[illegible]冬季除沿海地区外，气候干燥，属热带草原气候。智利中部沿海地区属[illegible]南美洲是一个以湿润著称的大陆，暖季多雨，沙漠面积较其他各洲为小[illegible]

南美洲西部山地和东部高原之间的平原地带，自北而南有奥里诺[illegible]拉塔平原，其中亚马孙平原，面积约为 560×10^4 km²，是世界上最大的[illegible]

总之，拉美区有发展农业的优越自然条件。

由于二次大战以后拉美各国工业发展较快，导致农业在该区国内[illegible]下降，1950 年占 19.7%，1960 年占 17.1%，1980 年占 10.4%，1990 年仅占 8%。与此同时，在该区经济自立人口中，农业劳动力的比重也大幅度下降，从 1950 年的 54.3%下降到 1980 年的 34%，1990 年进一步下降为 29%。

在该区的农业生产总值中，阿根廷、巴西、墨西哥、哥伦比亚四国合计占 70%左右，是拉美的主要农产区；而智利、秘鲁、委内瑞拉和危地马拉合在一起占 15%左右；其余二十几个国家合在一起也占 15%。拉美各国农业生产的不平衡性与层次性很明显。

从农业生产结构分析，尽管种植业的比重从 50 年代开始不断下降，但目前仍然是拉美农业经济的主体。1995 年，该区种植业产值占农业总产值的 55%。在种植业中，谷类粮食作物占种植业播种面积的首位，其中玉米、小麦和稻谷占谷物总产量的 4/5 以上，而主要的生产国是阿根廷、巴西和墨西哥。粮食类中的豆科作物，特别是大豆的生产，在拉美区的发下分迅速，它在世界大豆总产量的比重，1960 年只占 2.4%，1980 年跃至 23.8%，1990 年更上升到 29.5%。巴西现已成为仅次于美国的世界第二大豆生产国。

种植业中，该区所生产的经济作物，如可可、咖啡、甘蔗、西沙尔麻、水果等在世界上也很有名气。

该区畜牧业的发展也很快，种植业占农业产值的比重不断下降，畜牧业的比重却上升，从1970 年的 33%左右上升到 1995 年的 40%。其中，大中城市附近的现代化家禽饲养业发展迅速。从 1970 年开始至今，鸡、火鸡、鹅、鸭等禽类和鸡蛋产量都增加了 2 倍以上。

相对于种植业和畜牧业，该区的渔业与林业的发展并不明显。

1947 年智利和秘鲁为保护本国渔业资源率先提出了 3.7×10^5 海里领海权的主张，并对外国渔船采取了限制性措施。1970 年该区的渔获量曾占世界渔获总量的 22.3%，秘鲁成了世界最大的渔业国之一。但自 1972 年起于沿海水流转暖，影响鲥鱼洄游，加上捕捞过度，二十几年来渔业产量连续下降。1995 年该区渔业产量不足 $1\,000\times10^4$ t，只占世界产量的 12%。拉美区的渔业生产主要在沿岸近海作业，缺乏远洋深海作业的先进工具；同时也忽视内河捕捞和人工养殖，生产较为粗放，资源利用不尽合理。

该区森林资源丰富，面积为 10.2×10^8 hm^2，占世界森林面积的 1/4，人均森林面积 3.7 hm^2，大大高于世界平均水平(1.2 hm^2)。1995 年，拉美原木产量超过 4×10^8 m^3，占世界总量的 15%。但所采伐的树木，作经济用材的仅占 18%，做薪材的却占到 82%。同时，在亚马孙森林出现了过度采伐的趋向，遭到各方面的批评。

通过以上分析可以看出，该区尽管农业资源丰富，但各国发展的不均衡性十分突出。从总体上 [illegible] 该区重视工业、忽视农业的现象十分明 [illegible] 得不到必要的资金保证，从而造成农业 [illegible] 该区钢产量、机械产量分别增加 20 倍 [illegible] 上属于粗放经营，只是依赖丰富的天然 [illegible] 只有阿根廷、巴西等少数几个国家的农 [illegible] 此外，该区出现了农产品进口增长速 [illegible] 与墨西哥也不例外，外汇支出的增加完全是因为忽视农业而造成的。

其次，粮食供应日益紧张。虽然从总体上看，拉美的粮食供应问题远不如其他发展中地区严重，但该区各国的粮食生产很不平衡，粮食的主要产地高度集中在阿根廷等个别国家。该区出现粮食问题，除了由于人口增长过快，牲畜用量增加外，主要是各国重点发展供出口的经济作物，忽视了粮食。例如巴西，一面拼命发展大豆生产，一面又大量进口玉米、小麦。

最后，农业劳力盲目流入城市现象严重。这是重工业轻农业、重城市轻农村的必然结果，它导致劳力资源的浪费和各种社会问题。

针对这些典型问题，近年来该区各国也先后采取了一些有效措施，以利农业发展。例如，开始增加对农业的投资；大幅度降低农业贷款利率；对购买农机的农户由政论提供人格补贴；优先发展粮食生产，减少粮食进口，增加农产出口。

五、澳大利亚与新西兰农业区

澳大利亚与新西兰是大洋洲的主体，该洲西接亚洲大陆，东与美洲相邻，陆地总面积为 795×10^4 km^2，其中澳大利亚占总面积的 96.7%，人口为 2 362 万；新西兰占 3.3%，人口约为 480 余万。全洲耕地资源、牧场草地资源和森林资源的绝大部分也分布在澳、新两国。

澳大利亚约有 2/5 的面积地处热带。内陆地区是典型的沙漠气候，干燥缺雨，气候变化剧烈。该国是世界上最大的干旱大陆，除沿海地区雨量较丰富之外，全国约有 1/3 以上区域的年平均降雨量不足 300 mm，2/3 的土地不适宜发展种植业。澳大利亚的河流较少，最大的是墨累河，但此河一年的水量也只相当亚马孙河一天半的水量。该国大陆中央低地有地下水，适于饮用，该国的水资源即使充分开发也不能灌溉国土面积的 0.25%。

新西兰则是海洋性气候，温和湿润，有明显的冬夏之分，它的年平均降雨量在 600～1 500 mm 之间。新西兰全境 3/4 是山脉和丘陵，南北两岛都散布着一些小的平原，最大的是南岛的坎特伯雷平原。

澳、新两国的平原沃土不多，但两国牧草丰茂，宜于发展畜牧业。尽管澳洲的干旱曾多次使该国畜牧业减产，它仍是世界上最发达的畜牧业国家之一。

1995 年澳大利亚的农业劳动力为 35 万人，占全国劳动力总数的 5%左右，新西兰农业劳动力约为 11 万人，占全国劳动力总数的 8.9%。农业现代化程度的不断提高，使农业劳动力比重不断下降。与此同时，农业产值在国内生产中的比例也在不断降低，目前两国均在 6%以下。这并不表示农业的萎缩，而是在高新技术的作用下，农业内部分工不断深化的必然结果。以新西兰为例，近 30 年来，在工业产值中，畜产品加工工业的产值从 10%上升到 30%。

从对澳、新两国的农业生产结构分析，它们的永久性草地和牧场占土地总面积的比例分别是 58.4%和 52.5%，相对其他农业资源来说是最多的。与此对应，畜牧业是两国的主要农业部门，而畜牧业的重要内容是绵羊生产，上前在世界上占有重要的地位。两国的绵羊总头数占世界总数的 20%以上，分别占世界的第一位和第三位；它们的未洗羊毛产量占世界产量的 40%以上，羊毛出口量也分别居世界的第一和第二。

澳、新两国耕地面积占土地总面积的比重分别是 6%和 1.6%，资源数量有限。但它们的种植业很发达。以澳大利亚为例，其种植业以小麦生产为主，辅之以大麦、燕麦、高粱、稻谷和玉米；在农业总产值当中，种植业的产值比重与畜牧业不相上下，在某些年份甚至超过了畜牧业。如在 1984 年的农业总产值中种植业占 54.8%，而畜牧业只有 45.2%。但受干旱的，种植业的产量产值波动不定。

该农业区的特征可归结如下：

首先，十分重视农业内部的各种结构优化以便充分合理地利用农业资源。如新西兰过去将兔子看成有害动物，现在则变害为宝，大力发展养兔业，生产出口兔肉和兔毛。在种植业中，该区大大增加了水果蔬菜的生产，新西兰猕猴桃的生产已超过了传统产品苹果与梨。

其次，重视现代科学技术在农业上的应用。在该区畜牧业中，良种选育成果突出。目前澳、新的乳牛总头数中，良种乳牛分别占到 40%和 80%；澳大利亚美利奴细毛羊每只每年可剪毛 10～15 kg。澳大利亚将激光控制系统用于农业生产，使用电子计算机监测棉田虫害等也取得进展。

再次，重视农业机械化程度的不断提高。该区不仅拖拉机已广泛使用，播种、施肥还用飞机作业，放牧也使用了飞机、汽车，为农用飞机起降修建的飞机场仅新西兰就有上千个。

最后，不断完善经营管理方式。为了保护生产者的利益，澳新两国在生产和销售环节都建立了由生产者代表和政府官员组成的半官方机构，如羊毛公司、小麦局、乳品局等，这些机构在协调各方面利益，促进生产和销售上都发挥了积极的作用。

该区农业的主要问题是：近年来国际市场农产品价格低迷进而影响该区农业乃至整个经济发展；农场普遍负债重、收入下降、经营困难。

为此，该区管理层采用的对策是：为了应付国际农产品市场的波动和日益盛行的贸易保护主义，除致力于本区农产品多样化、出口流向多元化之外，澳新已签署密切两国经济关系的协定，以建立两国之间自由贸易的共同市场；继续加大对农业发放贷款的力度；实行保证价格以维护农场的合理收入；强化农业科技研究，增加由政府提供的科研经费，并由政府负责推广科研成果，从根本上消除近代农业所引起的能源浪费等弊端，减轻农场经营负担。

六、北美农业区

北美农业区包括美国和加拿大。在地理位置上，美加两国领土连成一片。美国的面积是 937×10^4 km^2，加拿大的面积是 992×10^4 km^2，分别居世界第四位和第二位。美国的人口约为 3.23 亿，加拿大的人口约为 3 515 万。

美、加两国地形复杂。东部地区的阿巴拉契亚山系从北向南偏西延伸，西部地区的科迪勒拉山系从北向南偏东延伸，贯穿两国。这两个山系把美加分割成各种不同的地形的气候。在阿巴拉契亚山系以东是狭长的大西洋沿岸平原，受海洋性气候影响，比较温和潮湿。该山系以西是北美的中央大平原，大平原以西到西部山区之间是大草原。中央平原冬冷夏热多雨雪，是重要的农业区；而大草原气候多变，雨量明显比大平原区少。西部科迪勒拉山系的诸山脉构成北美高原，冬季干燥寒冷，夏季干燥炎热。北美高原西侧是太平洋沿海平原，夏凉冬暖，雨量充沛。加拿大北部是冻土地带，为寒带苔原气候，綦大部分为大陆性温带针叶林气候。加拿大除了不列颠哥伦比亚省中、南部和安大略省南部的无霜期达到 180～220 d 外，东部大部分地区只有 100～160 d，北部区不到 100 d。由于该区地形、气候各异，地域辽阔，有利于农业的多样化生产。

美国的人均耕为 2.16 hm^2 左右，人均牧场面积为 1.98 hm^2；加拿大虽然农用地数量远少于美国，但因人口少，人均耕地面积多达 1.29 hm^2，人均牧场面积为 44.15 hm^2。两国的森林覆盖率都在 30%左右。

加拿大农业与美国农业的情况类似，我们主要就加拿大的农业做一分析。

从 20 世纪初开始加拿大已经是世界上最主要的粮食生产国之一。1995 年加拿大的谷物总产量为 $4\,500\times10^4$ t，人均产量达到 1.8 t，名列世界前茅。其中燕麦产量仅次于俄罗斯居世界第二。加拿大由于人口少，消费总量有限，所以每年都有大量的剩余谷物，是世界上仅次于美国的第二大粮食出口国。在畜牧业生产方面，该国生产的肉类人均 98 kg，牛奶人均 330 kg，鸡蛋人均 13 kg。若按人均占有量计算，加拿大的农业生产达到很高的水平，有的产品（谷物和牛奶）的人均占有量指标已超过美国。

目前，加拿大的农业劳动力占全国劳动力总数的比重为 3.8%，农业总产值占国内生产总值的比重为 3.5%。尽管如此，农产品依然是该国的主要出口物资。而且，如把农用物资生产部门、与农场有密切的业务联系的服务部门以及农产品原料加工部门等计算在一起的话，这部分产值占国内生产总值的比重高达 45%。再就加拿大的农业生产结构分析，耕地面积占农用地总面积的 11.7%，为 $4\ 628\times10^4$ hm^2；牧场占 6%，为 $2\ 390\times10^4$ hm^2；林地占 82.3%，为 $32\ 613\times10^4$ hm^2。在农业总产值中，种植业和畜牧业占 75.6%，林业占 20.5%，渔业和狩猎业占 3.9%。

该国种植业与畜牧业的产值比例基本上保持平衡。在种植业内部谷物和牧草所占比例 57%，油料作物为 13.3%，其他是蔬菜、水果等。有许多产品如咖啡、柑橘等完全依靠进口，蔬菜和油料的供给也无法满足需求。畜牧业内部牛和牛乳产品的比重为 64%，猪的比重为 19.3%，家禽和禽蛋的比重为 14.6%。加拿大的谷物和畜产品（除羊肉外）基本上都能自给有余。

尽管加拿大农业发达，但也面临着一系列问题，影响着农业的长期、稳定发展。其中主要是：由于成本和价格方面的波动，农业部门的收益率低其他经济部门，而且处于不稳定状态，从而影响了对农业资源的有效使用；农产品长期供过于求，价格低导致收入少，农场主为了扭转局面，便采用新技术以降低成本，这又使生产过剩状况加剧；由于土壤、运输、规模等条件不同，各地区农场的收入差距扩大，影响了部分农民的生产积极性。

为此，加拿政府所采取的措施是：

首先，利用销售委员会调节农产品销售。销售委员会是根据政府授权，经过多数生产者赞同而成立的带有合作社性质的一种强制性的销售机构。根据法律规定，销售委员会一旦成立，该地域所有的生产者都要按照委员会的规定出售产品。各委员会权力范围不同，有的只可以制定最低出售价格；有的还可以制定生产与销售配额，并规定销售时间和地点。在配额内的产品，生产者可以保证盈利的价格销售，超过配额多生产的产品，则要降低销售价格。总之，该委员会的目的在于稳定和提高农产品价格，保护生产者的利益。目前这类委员会在加拿大已有 100 多个。

其次，对某些农产品实行价格支持政策。例如，政府对草原区生产的小麦、大麦和燕麦提供保证价格。

再次，政府建立了农业信贷公司，专门向农场主提供长期信贷以助他们扩大农场规模或购买农机设备。

最后，政府负责修建和维护全国的农村公路网，负责农业科技研究和推广等。

七、西欧、北欧和南欧农业区

该区包括 26 个国家和地区，总面积为 $40\ 809\times10^4$ hm^2，人口约为 4.4 亿。

该区大部分地处北温带，气候温和湿润。西部大西洋沿岸夏季凉爽，冬季温和，多雨雾，是典型的海洋性温带阔叶林气候；南部地中海沿岸地区冬暖多雨，夏热干燥，属亚热带地中海式气候；北部日德兰半岛、斯堪的纳维半岛属温带针叶林气候。该区河流分布均匀，河网稠密、水量充足，大多发源于欧洲中部。下面分别叙述该区三部分的农业情况。

(一)西欧部分

它包括英国、法国、爱尔兰、荷兰、比利时和卢森堡等，面积约为 $10\,852\times10^4$ hm^2，人口为1.90亿。西欧地形以平原和丘陵为主、山地面积很小，加上适宜的气候条件，因此该处有利于牧草生长，各国的畜牧业都较发达。

法国和荷兰是西欧，也是世界上农业较为发达的两个国家。法国的小麦、甜菜和牛肉总产量稳居西欧之首，其农产品出口总额多年来仅次于美国居第二位。它还是世界主要的葡萄酒生产国，其产量占世界总量的20%，平均年产量在 650×10^4 t左右。荷兰的农业成就十分突出，其小麦每平方米产量达到7 000 kg以上。该国是世界最大的干酪和奶酪出口国，马铃薯的产量很高，占世界出口值的1/3，它的园艺业闻名于世，1995年园艺业产值占农业总产值的26%。荷兰是仅次于美、法的世界上的第三个农产品出口大国。法、荷两国的农业总产值中畜牧业比例都很高，分别为56%和66%。

英国农业在国民经济中所占的比重很小，农业劳动力仅占总就业人数的2.5%。农业以集约化的养畜业为主，其产值占到农业总产值的68.5%。长期以来，英国农产品的自给率不高，除家禽、鸡蛋及马铃薯外，其他均需进口。尽管进口农产品的种类数量有所减少，但它目前仍是世界上主要的农产品进口国之一。

(二)北欧部分

它包括挪威、瑞典、芬兰、丹麦、冰岛等，面积约为 $16\,991\times10^4$ hm^2，人口约为1.02亿，其境内多高原、丘陵、湖泊。

相比较而言丹麦的农业在北欧诸国中是最出色的，耕地面积占国土面积的57.5%，森林与林地占4.4%。它的耕地主要种植饲料作物，所以农业总产值中畜牧业的比例高达65%，畜产品是丹麦的主要出口商品。干肉、咸肉、熏肉与火腿的出口值均居世界第一。

挪威、瑞典、芬兰三国的共同点较多：耕地少、土质差，森林资源丰富。它们各自的耕地面积比例都低于10%，尤其是挪威，耕地面积只占国土面积的2.7%。由于条件适合于牧畜业发展，所以，三国都将有限耕地的70%左右种植饲料作物。挪威的农畜产品自给率为40%，每年需大量进口谷物，而瑞典和芬兰的农畜产品可基本自给。

冰岛以渔业为主，其耕地面积不到土地总面积的1%。

(三)中欧部分

它包括德国、瑞士、奥地利等，是指波罗的海以南，阿乐卑斯山脉以北的欧洲中部地区。面积为 101×10^4 hm^2，人口为1.5亿。在其境内，南部被阿尔卑斯山脉盘踞，为森林所覆盖，并有草甸草原作为高山牧场；北部是平原和草地，地形平坦，土质肥沃。

在中欧地区，德国的农业资源相对丰富，农业生产水平较高。该国农业总产值中畜牧业比例为70%，所以它是以畜牧业为主、农牧结合，综合发展的农业模式。种植业中的主要作物是麦类、马铃薯和甜菜。在欧洲国家中，德国的谷物、鲜牛奶和肉类产量仅次于法国，居第二位。近年来，该国农产品自给率有较大提高，只有蔬菜自给率提高不快，仍在多年前的35%左右。

德国的农产品出口总额仅次于美国、法国和荷兰，居世界第四位，但它又是世界上主要的农产品净进口国，进口的大宗农产品是：蔬菜、水果、肉制品、咖啡、茶叶等。

瑞士和奥地利自然条件相似，境内多山，缺乏肥沃的耕地资源。自然状况决定了两国只能以畜牧业为主。瑞士是著名的乳制品生产国，其黄油和巧克力在国际市场上畅销，但谷物需依赖大量进口；而奥地利的农畜产品可以基本自给。

（四）南欧部分

它包括希腊、意大利、西班牙、葡萄牙等，是指阿尔卑斯山以南的欧洲部分。面积为 $12\,965\times10^4\ hm^2$，人口约1.5亿。

这些国家以山地和丘陵为主，平原面积不大。受自然条件影响，此处长期以来农业以种植业为主，除麦类、玉米、水稻外，园艺业也十分发达。葡萄、柑橘、无花果、橄榄等地中海果品及蔬菜、花卉等在国际市场上占有重要地位。

西班牙的面积在该农业区仅次于法国，耕地面积占全国土地面积的24.5%，牧场草地比例为20%，森林与林地比例为30%。农产品有谷物、橄榄和橄榄油、葡萄和葡萄酒等。橄榄和橄榄油的生产较为突出，两者均居世界第二。1995年葡萄油产量为 320×10^4 t，在欧洲居意、法之后，名列第二。该国谷物的单产水平低。

意大利人口居该农区第二位，近6 000万人。全国3/4是山地，农业资源贫乏。该国的橄榄与橄榄油生产居世界首位，也是世界第一大葡萄酒生产国，但其食品尚不能自给。

希腊面积狭小，境内多山，土地贫瘠。耕地面积占土地总面积的20.2%。虽然土质较差，但谷物产量达到 $4\,537.6\ kg/hm^2$（2014年），在南欧诸国中名列前茅。

总之，南欧诸国自然条件不理想，社会经济整体发展水平也弱于西欧、北欧及中欧，妨碍了农业生产的发展，农产品进口额远大于出口额。但某些特色产品（如橄榄、橄榄油、葡萄酒）的生产在世界上有重要地位。

综上所述，该农业区内的情况较为复杂，但仍可以归纳出几点共同的发展趋势。

首先，该区各国农业产值比例和农业劳动力比例都在不断下降。这个过程和农业劳动生产率的提高同步，是农业不断发展的重要标志。

其次，该区各国仍在争取合理的生产经营规模，力求获得较高的规模效益。

经营规模是生产力各要素的组合问题。生产力各要素配置合理，经济效益好，即是理想的经营规模。由于历史的原因，该区各国长期以来存在着大量的小农户，地块分散零碎，农户经营规模比美国、澳大利亚等要小得多。即使是经营规模较大的英国，80年代平均每个农户也只有 $68\ hm^2$ 土地，与该区农民所拥有的先进生产资料及技术的配置不相适应、不尽合理。所以，近年来，该区各国纷纷采取措施、兼并土地，扩大农户经营规模以求获得更高的效益。

再次，该区各国的农业生产日益集约化，但由此产生的农产品过剩问题也日益严重。

近几十年来，该区农场主越来越多地使用先进的生产工具与生产技术，农作物的单产水平日益提高，而耕地面积却日趋减少。目前，该区的拖拉机台数已达到800万台，占世界总量的

1/3 强。其他农机的数量也直线上升，畜牧业的各个环节都实现了机械化、电气化、并向自动化发展。而耕地面积在近 40 年里减少了约 900×10^4 hm^2。该区家业除重视机械技术之外，也很注重生物技术的进步。如丹麦的著名瘦肉型德瑞斯猪是在 1896 年育成的，至今已有 100 年的历史，但品质不仅没有退化，反而在不断提高，原因就在于丹麦创建了育种核心群、繁育猪群和商品猪群三级繁育体系。

在农产品生产提高的同时，市场饱和、产品过剩、竞争加剧、价格下跌的问题又表现突出。因利益得不保障，该区农民的不满和抗议时有表现。

最后，该区农业生产的社会化程度不断提高，农工商一体化组织和农民合作社会组织在相互补充和制约中共同发展。

随着分工的深入，农业的各个环节纷纷独立出来，进而在紧密协作的基础上建立起农工商一体化组织。在现实中，对一体化组织的发展起主导作用的是垄断资本。垄断资本通过一体化对农业实行严格的控制，分散的农民渐渐丧失了经济上的独立性。为了改变这种情况，提高自己在购买市场和销售市场上的地位，由农民自发成立的合作社在迅速增加和扩大。而另一方面，垄断资本也在促使农民联合成各种形式的合作社，因为分散的农民个体经济有碍于一体化组织的管理与发展，所以，合作社又是一体化组织的一种补充。

根据上述共同的农业发展趋势的分析，该农业区各国政府提出了促进农业生产、更有效地利用农业资源的对策：欧洲联盟延续了共同农业政策，在价格、税收、贷款方面保证本区农民利益；经济实力较强的欧洲国家协调力量共同支持南欧国家农业生产发展以实现欧盟内部经济发展水平趋同；欧盟国家将致力于扩大农场规模，实现农场平均规模达到 80～120 hm^2 的目标；通过实行配额制度来限制生产，从 20 世纪 80 年代中期开始，共同体对牛奶和谷物实行了配额，并规定禁止增加葡萄的种植，如产量超过配额，超额部分的收入的 75%要上交共同体。该措施已产生了一定成效。

八、东欧和西伯利亚农业区

该农业区包括保加利亚、匈牙利、波兰、罗马尼亚、捷克、斯洛伐克、南斯拉夫、阿尔巴尼亚以及乌克兰、白俄罗斯、俄罗斯等，是指欧洲大陆的东南部和巴尔干半岛的中北部以及乌拉尔山以东的俄罗斯领土。该区总面积为 $1\,816.3\times10^4$ km^2，人口约为 3.3 亿。

(一)该农业区的俄罗斯部分

国土总面积约为 $1\,709\times10^4$ km^2，平原和低地占全国总面积的 60%以上，山地和高原面积不足 20%。俄罗斯 16%的领土伸入北极圈内，属寒带气候；80%的领土属温带气候。大部分地区冬季温长，严寒干燥，夏季短促，温暖。整个冬季平均气温在 0℃以下的地区，约占全国面积的 98%，无霜期不足 170 天的地区占全部耕地的 90%以上。年平均降水量从西部的 750 mm 向东向北递减至 200 mm 以下，年降水量不到 400 mm 的地区约占全部农业用地的 40%左右。所以，就大部分地区而言，气候条件对农业不利。

该国的农业劳动力占劳动力总数的 20%；农业中实现的国民收入占国民收入总额

的28%。

近几十年来，俄罗斯农业生产在不断起伏中发展缓慢，平均每年增长不到1%，1993年的谷物产量甚至低于1913年，苏联解体之后的10年左右时间，俄罗斯农业进入发展停滞阶段，进入21世纪才逐渐恢复并发展起来，谷物产量由1993年的5 937万t增加到2014年的7 786万t。

就农业生产结构分析，种植业和畜牧业发展基本上并重，两者的产值比例为45∶55。在种植业中，小麦是俄罗斯主要的谷物作物，其次是大麦和燕麦。伏尔加河流域、乌拉尔、西西伯利亚是谷物的主产区。经济作物中的甜菜发展迅速，而向日葵和马铃薯的发展停滞，蔬菜的生产更不乐观。在畜牧业中，虽养牛业和家禽业有所发展，但目前人均肉类产量不足60 kg，约为美国的一半，肉类供应远不能满足居民需要；俄罗斯是奶牛最多的国家之一，奶和奶油产量居世界前列，平均每人每天要消费1 kg奶；鸡蛋产量也在增加，人均蛋产量为300个。

俄罗斯农业中主要的问题在于：

首先，农业现代化水平还不高。在地多人少的情况下，如有适时完成各种农活，每百顷播种面积平均需要367.5 kW的各种机械，而该国至今只能满足需要量的65%左右。

其次，抗灾能力差，农业生产极不稳定。例如，在全部粮田中，水浇地只有3%左右，绝大部分粮田仍是“靠天吃饭”。因此，该国农业的生产效率低多数农产品单产水平不高，丰收年份每公顷仅产粮1 600～1 800 kg，只相当于美国的一半；每头奶牛的挤奶量只有美国的40%。

再次，某些主要农产品的供应比较紧张。例如，肉类的供应量只能满足合理需要的70%，蔬菜为60%，水果为30%。为了解决供应问题，俄罗斯大量进口粮食以弥补本国饲料的不足，又有大量进口肉类，国家财政负担很重。

最后，在前苏联时代，俄罗斯在农业集体化问题上操之过急，措施失当；集体化后农业政策严重失误，片面强调重工业，忽视农业；用行政方法管理农业，统得过多，管得太死。苏联解体后，俄罗斯共和国正在用市场经济的方法对农业进行改革，但由于政治动荡，改革的具体措施陷于混乱，效果尚不明显。

(二)该农业区的东欧部分

农用地面积7 500×10^4 hm^2，占土地总面积的60%左右。在农用地中耕地面积为5 000×10^4 hm^2以上。绝大多数东欧国家耕地土质优良，森林覆盖率也较高，为30%左右。人均农用地0.55 hm^2。土地资源有利于农业发展。

东欧北临波罗的海、西南濒亚得里亚海、东南紧依黑海。从南到北纬跨仅15°，各国的平均温差不大。但由于受海洋季风及山脉高原的影响，使该地带的气候产生多样性和不稳定性，出现地中海候、大陆气候、海洋季风气候和半海洋性气候以及它们之间的交替过渡性气候等，对农业发展有一定负面影响。

各国的年平均水量都在500 mm以上，平原区的雨量少于山区，但集中于春夏两季，对农作物生长有利。

东欧的河流分布均匀，为农业提供了灌溉之便。较大的河流有多瑙河、维斯瓦河、奥得河、瓦尔塔河、萨瓦河、蒂萨河、伏尔塔瓦河等。以平原为主的波兰，1 hm^2以上的湖泊有9 300个之多。

农业在国民经济中的比重，除阿尔巴尼亚以外，其他各国均已下降到20%以下，这也是社会生产力整体发展的结果。农业人口在总人口中的比例，除阿尔巴尼亚之外，也均已下降到不足40%。

自20世纪60年代以来，东欧各国不断调整农业政策，绝大多数国家农业水平增长较快。从1950年至1990年的40年间东欧农业的年递增率为3%，其中，以保加利亚增长速度最快，达到4.4%。1995年东欧人均谷物占有量已达到750 kg，属世界中上水平。种植业的发展有力地促进了畜牧业的发展。以匈牙利为例，人均占有的肉类数量为170 kg，奶为270 kg，蛋为416个；而保加利亚的情况是：肉类为96 kg、奶为295 kg、蛋为300个。

就农业生产结构的变化分析，由于畜牧业的迅速发展，东欧已形成农牧并重、综合发展的趋势。种植业与畜牧业的产值比例约为4.5∶5.5。

在种植业内部，以小麦和玉米的生产为主，畏之以大麦、黑麦和燕麦。小麦生产水平以原捷克斯洛伐克最高，达每公顷产量4.8 t；其次是匈牙利、保加利亚和南斯拉夫都在每公顷5 t以上。

东欧各国的经济作物各有特点，如保加利亚的玫瑰油、烟草，捷克的啤酒花，波兰的草莓、卷心菜、马铃薯，南斯拉夫的李子和阿尔巴尼亚的油橄榄。

在畜牧业内部，猪、牛、羊和家禽的饲养业是发展的主体，以保证居民对肉蛋奶的需求。

东欧农业发展中出现新的不协调。近几十年来，为了改变畜牧业落后的状况，有关国家投入大量人力物力，终于使畜牧业产值比重超过种植业，但同时就出现了忽视种植业的趋向，一些国家相继产生了缺乏畜牧业所需饲料的问题。所以，为解决饲料而进口的谷物数量在不断增加。

其次，农业劳动力外流和老化问题严重。

再次，农业技术力量短缺。

最后，国家对农产品实施补贴造成的财政负担很重。

90年代初，东欧国家政体发生了根本性改变。此后，各国在私有制和市场经济的基础上对农业进行改造。由于各方面的基础条件尚好，又得到了西方财团的巨额资金支持，改造的效果比俄罗斯明显。

第四节　中国主要农业分区及区划

我国各地农业生产存在着由普遍到特殊，由大同到小异的等级差异，在对农业生产进行行政管理上，又存在中央、省、地(市)、县等不同层次地域单元；加之农业区划研究内容、研究性质和研究层次的不同，形成了复杂的农业区划体系。其横向结构包括单要素的农业自然区划和综合自然区划，农业部门区划与作物区划，农业技术措施区划，农业综合区划四个方面；而纵向的层次包括国家级、省级、县级三个等级。中国现有的农业区划种类繁多。本节主要参照中国农业综合区划、刘巽浩、陈阜主编的《中国农作制》(2005)以及中国统计年鉴(2015)最新数据对我国各农业区域范围、特点和发展方向等做一介绍。

一、东北区

1.范围

指东北大平原及其北部东部的山地和山前丘陵漫岗坡地，其北界抵中俄边境，东南与朝鲜相接。包括内蒙古东北角、黑龙江、吉林、辽宁大部，共304县。土地总面积12 614万hm^2，占全国总土地面积的20%，耕地3 359万hm^2，总人口10 947万人(2015年)，其中农业人口4231万人，人均耕地0.2 hm^2，北部多南部少。土地广阔、平坦肥沃，气候适宜，中部拥有30万km^2的松辽平原，是我国主要农业与商品粮豆生产基地。四周为大小兴安岭和长白山区。平原海拔大部在150 m以下，山前丘岗缓坡耕地海拔在150～300 m，而山区多为500～1 000 m，少数达1 500 m。本区土地、水、森林、草地、耕地资源较为丰富，但热量不足。

2.自然与社会经济条件

气候温和湿润，大部属半湿润中温带。年平均气温－5～10.6℃，大于0℃活动积温2 500～4 000℃，大于10℃活动积温1 500～3 600℃，无霜期140～170 d，北部温凉、中南部温和。冬季寒冷漫长，一月平均温在全国各区中是最低的，为－5 ～－25 ℃，作物难以越冬；夏季温热，七月平均气温较高，一般为19～24℃。大多数地区适于喜温的玉米水稻等作物生长，但北部低温对产量有一定影响。年降水量为500～800 mm，集中于夏秋季、春偏旱，年干燥度为1～1.25，属半湿润气候，降水量东部多于西部，适于雨养农业，但季节干旱仍是作物产量的重要威胁。

土壤肥沃，土层深厚。中部北部为黑钙土、草甸土和白浆土，土壤有机质含量为2%～5%，辽宁中部平原为暗棕壤。大平原土地平坦，适于大规模机械化作业。

因降水多，利于树木生长，故天然植被主要是落叶阔叶林与红松混交林，中西部平原降水量减少，植被为草甸或草原。

本区地处我国东北隅，但交通较为发达，是我国重要工业基地。人口密度67人/km^2，城镇化水平高，有以沈阳为中心的工业城市群。同时，又是我国的三大农区之一，为重要的粮豆生产商品基地和工业基地。人少地多，北部农民人均耕地较多，达5亩以上。农业机械化水平居全国之冠，机械化面积占全国的1/4以上，一些大型农场机械作业率达90 %以上。人均占有粮食较多，在2014年达1 103.8 kg/人，约是全国平均水平的2.5倍(445 kg/人)。本区按农业人口计，2014年人均农业(农林牧渔)纯收入达10 808元，超过全国平均水平(10 489元)。

历史上本区开发较晚，人地比相对较高(0.2 hm^2/人)，气候、土壤、水资源等自然条件配合较好，交通发达，农业机械化与粮豆商品率较高，加上良好的国民经济发展环境，今后农业发展潜力甚大，将成为我国粮豆肉奶发展潜力最大的地区。

3.农业主要特点

(1)当前大多数实行半集约半机械半商品农作制，仍属传统农作制范畴。人均耕地、机械化水平、人均粮与粮豆商品率在国内是最高的。少数先进的大型机械化农场已进入现代农业阶段，其劳动生产率已可与发达国家相比拟。

(2)农业开发历史晚,耕地占土地面积的13.7%,多分布于平原和缓坡岗地,土层深厚,土质肥沃,灌溉面积较少(22%),大多实行雨养旱作制。林地约占44%,其中森林覆盖率约占土地的三分之一(5亿亩),分布于山地上,是我国重要林区和木材基地。草地虽只占9.5%,但产草量高,草质好,提供了丰富的牧草资源。

(3)本区是我国重要的粮食基地,以玉米带著称。农业以种植业为主,其产值占农业总产值的一半。作物以喜温的杂粮(玉米、大豆、水稻、高粱、谷子)为主,一年一熟,旱作为主,水田水浇地面积只占22%。近些年低湿地水稻发展很快。大面积实行机械耕作。土壤耕作以垄作为主,垄平结合,深松、平翻、耙茬相结合。

(4)历史上畜牧业是一个短腿,大量肉食靠南方输入。近年来由于玉米等饲料作物的大量发展,大大促进了畜群的发展,其产值比率已达农业总产值的1/3多(37%),在全国各区中已居上游,玉米、大豆、猪、牛结合,形成一种良好的农牧结合农作制。水产业不够发达,主要集中在辽东沿海,其渔业产值占全国的6.7%。

4.农业现代化发展方向

(1)建设农林牧均衡、协调、持续发展的农作制。加强农产品加工业,扩大规模,实行产业化经营,发展农村二三产业,加快现代化步伐,将东北大平原建设成为我国最大的现代化商品农业基地。努力在各亚区中首先实现农业机械化、规模化、产业化、商品化、全球化。农业结构要适应国内外市场的要求。

(2)进一步增加投入,改粗放或半集约农作制为集约农作制。要增施肥料,改进农田水利,加强防洪排涝与灌溉,合理选用生长期适宜的优良品种,提高单产,改善农牧产品品质,提高其在国内外市场中的竞争力。作为全国最重要的粮食安全基地,国家应给以风险保护与经济补偿。

(3)平原以农为主,仍以雨养农作为主,农业结构要适应国内外市场的要求,积极发展绿色产品与加工产品。农牧紧密结合,增加改良草地与人工草地,发展高品位奶牛业。山区以林为主,采育平衡,永续利用,要压缩林区人口,营林要经济效益与生态保护并重。

(4)资源:从远期看,要进一步开发利用黑龙江、松花江、辽河等水系的水资源。近期要扩大灌溉面积,加强防洪抗涝。要控制水田面积,保护水资源。坡岗地要减轻水土流失。松嫩平原西部盐渍化土地应积极治理。

二、黄淮海平原区

1.范围

位于我国东部,东濒渤海、黄海,西倚太行山、桐柏山,北以长城为界,南至淮河。包括黄河、淮河、海河流域中下游的京、津、冀、鲁、豫大部、苏北、皖北、黄河支流的汾渭盆地。南阳盆地从水系上已属长江流域,但气候、农业、作物种植制度均与黄海平原相同,故划归本区。土地总面积6 145万 hm^2,占全国的5.9%,垦殖率达44.5%,是全国各区中最高的。耕地共4 150万 hm^2,有636个县,是我国主要农区之一。该区主要是平原,即我国最大的黄淮海平原以及南阳盆地、汾渭谷地,也有部分山区丘陵,即山东丘陵和豫西丘陵山地。

2. 自然与社会经济条件

除豫西丘陵山地稍高外，大部地区地势低而平坦。广阔的黄淮海平原海拔在 100 m 以下，坡降只有万分之一，汾渭谷地海拔也不过 400～700 m，周边山地都在 1 500 m 以下。

气候温和，属半湿润暖温带。年平均气温 10～15℃，最冷月平均温 −7～4℃，最热月平均温 22～28℃，大于 0℃积温 4 200～5 500℃，大于 10℃积温 3 600～4 900℃，无霜期 170～200 d，热量适于一年二熟。年降水量 500～950 mm，干燥度 1.0～1.5。降水由北向南增多，黄河以北 500～600 mm，60%～70%集中于夏季，春旱夏涝。黄淮平原 700～900 mm，雨水分布较均匀，但常发生伏旱。

黄淮海平原土壤主要是潮土、褐土，土地平坦，土层深厚，土质砂粘中等，适宜耕作。皖北、豫东南有较大面积的砂姜黑土，山东丘陵为棕壤，关中平原多垆土，河流故道多沙土。沿海多盐渍土，通过大规模的河道治理，耕地中的盐渍土面积已大幅度减少。历史上旱涝盐碱瘠薄的危害已大为减轻。

天然植被为温带落叶阔叶林以及温带落叶灌草丛、低地草甸，经过长期开垦，大部已被人工植被所代替。林木零星分布于平原与山地以及平原农田防护林。

本区水资源总体上较紧张。京津冀鲁豫耕地面积占全国的 22%，但水资源只占全国的 3.7%，人均水资源只有380 m^3，只为全国平均水平的 14%。平原地下水资源分布较广，利用地下水的井灌甚为普遍，但黄河以北不如黄河以南。地上水主要来自黄河，河南、山东有大面积黄灌区。1949 年以来，灌溉面积成十倍的增长，但由于过度开采，水资源已呈相当紧张状态，南水北调势在必行。

本区地处我国中原心脏地带，是工业、农业重要基地。经济较发达，有京津城市群以及石家庄、济南、郑州、西安、太原等大城市和天津、青岛、烟台、连云港、秦皇岛等港口，京津冀鲁豫的国民生产总值占全国的 26%。地理位置重要，交通发达，是我国南北、东西要道。总人口 33 200 万人，人口密度甚大，达 540 人/km^2，在全国 10 个大区内名列第一，农业人口 25 600 万人，占总人口 78%，人多地少，人均耕地只有 0.08 hm^2。

本区是我国最大的农区。在全国总量中，土地只占 6.4%，但耕地占 28%、总人口与农业人口占 29%、农业总产值占 33%、粮食占 30%、牲畜饲养量占 23%、水产品量占 26%。可见，该区农业在国民经济中具有举足轻重的地位。2014 年，农民的人均净收入 10 152 元，低于全国平均水平。

3. 农业主要特点

(1)当前实行半集约半商品的传统农作制，是我国重要的粮棉油与猪牛基地。在全国十个农作区中，本区是最重要的农区。人口(3.3 亿)、农业人口(2.56 亿)、粮食总产量(1.43 亿 t)，牲畜总饲养量(折牛单位为 1 亿)均名列第一。粮食总产占全国的 31%，牲畜总饲养量占全国的 23%。以灌溉农业、一年两熟为主，高投入、高产出、高效益。只在南部降雨量在 700～800 mm 的地方(淮北)局部仍实行雨养农业。由于城市多、人口多、消费多，本区农产品有出有入，大致呈平衡稍有余状态。

(2)本区是一个纯农区，是我国著名的冬小麦带、夏玉米带(小麦夏玉米两熟)，又是重要的棉花带，基本上无牧区、无林区。耕地占土地面积的一半，林地占 10%，主要是农田防护林与果园，草地占土地面积的3.7%，零星分布。农业产值中种植业占59%，畜牧业占30%，农牧结合是本区农作制的重要特点。本区东滨渤海与北黄海，是外向型农业潜力地带。山东省渔业产值占全国的13%。

(3)1949年以来，大力改善生产条件与生态环境，治土、治水、治风沙、治盐碱、治瘠薄、治旱涝，农作制已由粗放低效向精细持续发展。同时，水是本地区农业持续发展的基础，由于灌溉面积急剧扩大，水资源紧张，地下水位下降，合理用水、节约用水将是农作制的中心问题。

4. 农业现代化发展方向

(1)农业进一步集约化、商品化、产业化、现代化方向发展，努力从半集约半商品的传统型农业转变为规模化商品化农业。利用本区的优越地理位置与交通条件，农业结构要适应国内外市场的需要，将本区建成为我国优质小麦、玉米、大豆、棉花、花生、芝麻、温带果树、蔬菜、猪牛羊禽产品、奶制品的重要商品基地。同时，要大力发展农产品加工业 、二三产业、转移农村剩余劳动力，逐步向城镇化、现代化迈进。

(2)进一步改善土、肥、水、路、电、信息、市场等基础条件，实行农业的持续发展。尤其要改善以水为中心的运作，包括南水北调、水资源的合理分配、农田水利建设、节水农业、精确灌溉、地上地下水的监测与管理等。

(3)作为粮食主产区，对国家的粮食安全起了重要作用，但也面临农民增加收入困难的挑战。今后农作制结构要协调好粮食与增加收入的关系，同时，国家要大力增加投入，保护农业、农民、农村，促进该地区的农业现代化与农村小康化。

三、长江中下游区

1. 范围

本区包括长江中下游沿江的江汉平原、洞庭湖平原、鄱阳湖平原、皖中平原、太湖平原、长江三角洲、杭嘉湖平原、大别山区、宁镇丘陵等，以及相连的沿南黄海、东海的山前诸多小平原组成的狭长地带。全区土地总面积5 955万hm^2，约占全国的5.7%，其中约2/3以上是海拔200 m以下的平原，其余为200～500 m的丘陵岗地。全区共467个县市。

2. 自然与社会经济条件

本区属北、中亚热带气候，温暖湿润，水热资源丰富。年平均温度14～19℃，≥10℃积温4 800～6 100℃，≥0℃积温5 300～6 500℃。无霜期230～290 d。一月均温1～7℃，冬作物不停生长，七月均温大部为27～29℃。太阳辐射总量110～120 kcal/cm^2。雨量丰沛，年降雨量900～1 500 mm，一年可二熟三熟或种植双季稻。

土壤在平原大部是冲积沉淀的潜育性水稻土，土地平坦深厚肥沃，生产力高。丘陵则由上向下为黄棕壤、黄壤、红壤，质地黏重、酸性。在丘陵地大部是正常酸性土，南部为铁质酸性土，部分为正常或艳色淋溶土、冲积土、酸性土，冲积土下则为腐殖质酸性土，还有少量石质土。在山地则大部为正常酸性土，小部分为艳色淋溶土、腐殖质酸性土以及少量的始成土、石质土。沿海有少量潜育盐土。

天然植被在淮河以南长江以北，虽已出现部分北亚热带常绿阔叶林，但多数仍以落叶阔叶林为主。长江以南则为中亚热带常绿阔叶林和天然次生落叶林以及森林破坏后形成的热性灌草丛和草丛。河湖滩地有大量低地草甸。全区河湖密布是我国内陆水域面积最广的地区，适于发展渔业和水禽业。

本区是我国社会经济发展精华之区。总人口 2.55 亿，人口密度达 428 人/km^2。工农业发达，经济繁荣，除特大城市上海外，还有南京、杭州、苏州、无锡、南昌、武汉、宁波、合肥、福州等省会和沿江沿海城市带，居民点工交用地占总面积 7.5%。农业人口 1.87 亿，占总人口的 73%，垦殖率 23.5%，总耕地面积 1 400 万 hm^2，农业人口平均耕地仅 0.05 hm^2。耕地大多分布于海拔 200 m 以下，少数在 200～400 m。耕地以水田为主，占总耕地 77.9%，旱地只占 22.1%，水浇地只有 3.6%。区内果桑茶园很多，占总土地的 2.1%，林地也多。本区是我国三大主要农区之一，为商品粮、柿、油麻、桑茧、茶、柑橘、猪禽、水产品基地。全区生产水平较高，2014 年农民净收入达 18 508 元/人，在全国各区中是最高的。

历史上，本区是我国最重要的农业生产基地，唐宋以来，一直是南粮北调的源头，现为全国第二大农区，总人口、农业人口、农业总产值、粮食总产量均占全国总量的 1/5。农业地位十分重要。

3. 农业主要特点

(1)本区是我国第二大农业区(在黄淮海平原之后)。当前，本区以半集约半商品农区农作制为主，部分沿海沿江地区已实现集约化、商品化、产业化、外向化与农业现代化。总土地面积中，耕地占 23%，林地占 31%，草地只占 3%。以水田为主，无牧区、无纯林区。农业中，种植业仍是主体(产值近一半)，畜牧业产值占 26%，渔业产值(21%)在全国中占第二位。农作制中种植业与畜禽渔紧密结合是其重要特点。本区农产品加工业比较发达，沿海地区外向型农业正在蓬勃发展，出口水产品、蔬菜、花卉、菌类、畜产品以及传统的丝、茶等。

(2)本区农业的特征：水田、多熟、高产、多样。本区水田是农田的主体，组成了我国最大的水稻带，而且是世界上最大的双季稻带；本区广泛实行多熟制，无论水田旱地广泛实行二熟三熟制，种植指数全国第一；由于本区实行精耕细作与多熟，土地生产率甚高，相当大面积上，每公顷年产粮食可达 15 t 以上，这在世界上也是少见的；本区尽管水稻是主体，但粮、棉、麻、油、茶、桑、果、畜、禽、渔、林等多种多样，综合发展，农产品加工业也较发达。

(3)集约化程度较高。由于实行多熟制，季节相当紧张，需要有较高的水、肥、人畜力和农机投入为基础。所以种植业的集约化程度也比别的区高。全区有效灌溉面积在 70%以上；每公顷农机总动力 6.4 kW、化肥施用量 0.627 t；但区内生产水平颇不平衡。经济发达地区集约化程度高，已基本上淘汰了耕牛，排灌、植保、脱粒等也实现机械化或半机械化，施肥水平亦高；而江西吉泰盆地、赣州盆地等则生产水平较低，施肥水平、机械化程度均较低。

4. 农业现代化发展方向

(1)以沿海沿江为中心，大力发展外向型现代农业是农业发展的主要方向。进一步提高第一产业的集约化、规模化、现代化水平，提高粮、油、棉、麻、丝的生产力，建设好以创汇出口为目的的水产、蔬菜、花卉、畜禽等基地。

(2)进一步搞好农业、农田、农村基本建设。改良有渍潜危害的水田和有水土流失危害的耕地。一部分无灌溉水源保证的望天田改为旱地或水浇地，使有效灌溉面积增至 90%以上。

(3)粮猪商品主产区要调整结构,增加产品的多样性,发展农产品加工业和二三产业,加快城镇化建设,积极向邻近的经济发达地区转移农村富余劳动力,力求成为沿海外向型农业的盟友与后备,努力改变贫困落后面貌。同时,国家要对粮食主产区实行保护优惠政策,大力增加投入,充分发挥水热优势,从根本上改变北粮南调的局面。

四、江南丘陵区

1.范围

该位于我国东南部,以南岭山脉与浙闽丘陵山地为主体,也包括罗霄山脉、雪峰山等。共225县,全区约90%是300～500 m的丘陵与700～1 400 m上下的山区,间以众多的50～100 m河谷或小盆地。土地总面积4 693万hm^2,占全国土地总面积4.5%。山区丘陵以林地为主,耕地以水田为主,主要分布于800 m以下的山间盆地、谷地以及低丘缓坡地上。本区在气候、农作制方面与第3区的南部有许多相似之处,但也有显著的差异:第3区平原多,本区丘陵山地多;第3区林地草地占土地的1/3,本区占2/3;第3区人口密度大,为本区的2.5倍;第3区农作制的集约度、开放度大于本区。

2.自然与社会经济条件

属中亚热带气候,水热资源丰富。年平均温度16～21℃,≥0℃积温5 700～7 100℃,≥10℃积温5 300～6 800℃。无霜期270～320 d。年降雨量1 300～1 900 mm,水资源丰富。春夏雨水多,秋冬相对少。年辐射量110～120 kcal/cm^2(1 cal=4.18 J),日照时数为1 800～2 000 h。光热水资源有利于多熟种植。气候垂直地带性明显,据湖南调查,海拔每上升100 m,年平均温度下降0.43～0.53℃,≥10℃积温减少137～228℃,年降水量增加29～138 mm。海拔上升600～1 000 m,温度相当于纬度北移5°～10°。

土壤在盆地和谷地大多是潜育水稻土、间有潜育性的冲积土、淋溶土以及冲积土、黏磐土;丘陵山地下部大多为红壤,向上依次为黄壤、黄棕壤。

天然植被以常绿阔叶林为主,多数属樟科和壳斗科,森林破坏后为热性灌草丛和草丛;1 400 m以上为山地落叶林与常绿阔叶林的混交林,森林破坏后,形成暖性灌草丛和草丛;1 500 m以上的高山则为成片的山地草甸。本区是我国三大林区之一,森林面积与林木覆盖率居全国之首,高于东北林区和西南林区,但森林蓄积量尚低,中幼林比例大。除用材林外,经济林木中盛产茶、柑橘、油茶、毛竹、油桐、乌桕等。

本区因地处丘陵,大部分交通不便、经济闭塞。总人口0.81亿,人口密度173人/km^2,农业人口0.68亿,占84%,耕地共413万hm^2,垦殖率13.0%,全区每一农业人口平均耕地只有0.05 hm^2。因人口密度较小和经济相对不发达,居民点工交用地仅占3.5%,水面亦极少,占2.9%。农民人均净收入低于长江中下游地区。

3.农业主要特点

(1)本区的特点是山地丘陵多、林地多,山区丘陵农作制以林为主,是我国重要的亚热带常绿阔叶林带。重点是用材林、经济林,兼顾薪炭林与防护林。但与东北兴安岭纯林区不同,这里是山丘与河谷相间,树林常与农田相间,形成上林下农的林农立体相间农作制。林地很多,占土地总面积49.5%,森林覆盖率25%左右,多分布在800 m以上。也有大片的草山草坡,占

23.2%。种植业本身也呈立体分布。耕地多分布于海拔 800 m 以下的河谷、山间盆地和沟冲，500～800 m 处水田和旱地交错分布，以下则为水田。水田占耕地的 68.6%；旱地则占31.4%；水浇地很少。

(2)属传统小农半集约水田农作制，规模小，人畜力仍为主要动力，粮食以自给为主，经济作物以出售商品为主。

4. 农业现代化发展方向

(1)山区要以林为主，林果农牧结合。河谷盆地则以农为主，农林(经济林)牧结合。力求经济与生态双赢。

(2)要全面提高集约化水平，改进农作制的结构与功能。在种植业方面，水田要充分利用冬闲田，旱地推广套间作、改两熟为三熟；提高种植指数，适当发展饲料作物；另一方面要保护并改善资源与环境，改善水利设施，加强农田基本建设，改造中低产田，增加灌溉面积，改良潜育化水田和水土流失的旱坡地，25°以上陡坡耕地全部退耕。

(3)充分利用与沿海经济发达地区相邻的优势，扩大农作制的开放度，积极开拓多种农产品的贸易、加工、劳动力有序输出等领域，繁荣农村经济，增加农民收入。

五、华南区

1. 范围

本区位于我国最南部，包括闽南与南岭山地以南至沿海的粤桂大半部、台湾、海南岛以及西双版钠等地区，共 190 个县，土地总面积 3 744 万 hm^2(暂缺台湾、港、澳)，占全国 3.6%。地形复杂，山地、丘陵、台地、河谷和沿海平原、岛屿都有，以山地丘陵占多数。总的特点是山丘多、平地少、地狭人稠。本区是我国改革开放以来外向型经济和农业最发达地区之一。区内珠江三角洲、潮汕平原、樟州平原人口稠密，经济发达。有深圳、珠海、厦门、海南岛等四个特区。本区北部为山区丘陵，南边为沿海平原、三角洲。

2. 自然与社会经济条件

气候大部属南亚热带，南端的雷州半岛、海南岛、西双版纳和台湾南部已进入热带边缘。终年暖热，长夏无冬，年平均温度为 18～25℃。1 月均温多数地区在 11℃以上，高的达 18～20℃。最热月均温 27～29℃，大于 0℃积温 6 500～9 300℃，大于 10℃积温 6 000～9 000℃，无霜期 330～365 d。年雨量 1 100～2 500 mm。年辐射 110～130 cal/(cm^2·年)，年日照时数 1 822～2 400 h，光照条件在长江以南是最好的。一年内作物可三熟，桑蚕可收 6～7 次，本区南部具有我国少有珍贵的热量资源，适于许多热带作物以及热带果品、特作、香料等。

土壤在三角洲和河谷大多是潜育性的冲积土、水稻土，间有铁质酸性土，土壤肥沃深厚，利于种植水旱各种作物。丘陵台地多为铁质酸性土，以砖红壤性红壤和砖红壤分布最广。山地主要是铁质和正常酸性土，间有石质土，伴随以零星的腐殖质酸性土、钙积淋溶土和始成土。一些土壤质地黏，耕性差、酸性强。

本区北部天然植被为南亚热带季雨林成分的常绿阔叶林和灌丛，南部可有南亚热带雨林和常绿阔叶雨林。森林破坏后形成热性灌草丛和草丛；干旱缺雨的地方形成干热稀树灌草丛。

本区有很长的海岸线，从宫古半岛至北仑河口大陆海岸线长 5 342 km，海南岛等南海诸岛海岸线长 1 535 km,有滩涂 35 万 hm^2(占全国 18%),浅海 156 万 hm^2(占全国 20%)。岛屿众多,航行不便,但对发展外海渔业有重要意义。

总人口 9 483 万(不包括台湾、港、澳),人口密度大,为 253 人/km^2。区内经济与农业发展不平衡。珠江三角洲、潮汕平原、樟州平原人口稠密,经济发达,有广州、厦门等大城市,4 个经济特区都集中在这里。农业上精耕细作,投入高,,生产水平也较高。而北部丘陵山区、海南岛以及西双版纳等地则投入少,生产水平低,人口少,交通不便,经济甚为落后。全区农民人均净收入 2 511 元,在全国各区中名列前茅,化肥达 719 kg/hm^2,属全国第一。因人多地少(人均仅 0.05 hm^2)粮食不能自给,人均只有 309kg。

3.农业主要特征

(1)本区的特点之一是靠海,故农业以外向型为特征。本区改革开放早,面向香港、澳门、台湾,有深圳、珠海、厦门等特区。外向型经济与外向型农业较发达。内陆水域较少(占 4.7%),但沿海海涂与海面广阔,海水、淡水渔业均发达。

(2)本区特点之二是气候湿热,因而农业的是以多熟水田与热作为特征,是我国主要的热作带。园地很多,主要是橡胶园和果园,其次是茶园和其他热带作物园。全国的亚热带热带作物几乎全部集中在此。据 2014 年统计的面积:橡胶 369.8 万 hm^2、咖啡豆 12.3 万 hm^2、椰子 3.7 万 hm^2、香料 0.83 万 hm^2、剑麻 0.33 万 hm^2、香蕉 39.6 万 hm^2。

(3)本区特点之三是人多耕地少,土地垦殖率只 11.1%,耕地面积共为 426 万 hm^2,人均只 0.05 hm^2。其中 62.5%是水田,37.5%是旱地。粮食不能自给,靠大量输入。多数农田属于传统自给集约型农作制,在有限的耕地上实行高产多熟,双季稻是主体,部分实行双季稻加冬作的三熟制。

(4)本区特点之四是多山。山区丘陵占土地面积的 90%以上,林地占土地 25%,故林业是农业的重要内容之一。草地较少(3.8%),畜牧业以舍饲为主。如何处理好农林牧的关系是农作制研究的重要课题之一。

4.农业现代化发展方向

(1)大力发展外向型农业。华南沿海是我国对外贸易最兴旺发达区之一,也是农产品进出口贸易的基地与窗口。它还是供应香港、澳门畜、禽、菜、果等农产品的后方。今后,它将在我国西南、华中、包括华南本身的农产品出口方面发挥重要的作用。

(2)要从全国着眼,充分发挥这块热作宝地的作用。本区是我国仅有的热带、亚热带作物生产的基地。努力搞好橡胶、椰子、剑麻、咖啡、油棕、香茅、南药、栏果、香蕉、菠萝、胡椒、荔枝等的生产与加工。要特别重视海南岛与西双版纳热带作物与旅游业的开发与建设,潜力甚大。

(3)加强农业集约化、产业化、现代化建设。在种植业要加强水利建设,进一步发展灌溉,增加水田和保灌面积,建立排渍涝工程,保持水土,改造低产田。要通过扩大冬种、单季稻和双季稻、发展间套作等大力提高种植指数,并在增产粮食的前提下,适当发展玉米、豆类等饲料作物。海南岛与西双版纳要改变粗放农作制为集约农作制,在搞好农田基本建设基础上推广良种、增加化肥、推广配方施肥、模式栽培等高产栽培技术,同时逐步实现机械化耕作。畜牧业要在增加玉米、豆类等饲料作物种植的基础上,提高科学饲养水平,提高猪肉和肉牛的出栏率,加强良种繁育、疫病防治。在大城市周围发展瘦肉猪、奶牛、肉牛的工厂化养殖，同时大力发展养禽业。

六、内蒙古长城沿线区

1. 范围

该区地处我国北方东北平原半湿润区以西、西北干旱区以东的半干旱过渡地带，呈东北一西南走向。包括内蒙古高原、黄土高原和华北山地，长城横贯其中。土地总面积 11 830 万 hm^2，占全国 11.4%。海拔 300～2 600 m，中低高原相间。共 328 县，总人口 2 489.9 万，人口密度为 103 人/km^2，北边稀、向南渐密。农业人口 1 464.6 万，占总人口 58.89%。

大体上，以长城为界，将本区分为南北两部分。长城以北历史上为草原牧区，当前最北边与蒙古国交界处仍为纯牧区，向南有一个农牧交错带（如阴山后、坝上），林极少，耕地主要分布于内蒙古高原上的平缓坡岗地与黄土丘陵上，绵延于内蒙古南部东西向的阴山山脉两侧、山西高原北部以及陇中、宁中南、青东以及雁北、陕北的长城沿线等地。长城以南大部为农区，耕地分布于河谷山间盆地和黄土高原的梁、峁、塬地上。据统计，全区共有耕地 1 592 万 hm^2，占土地面积 13.5%，按总人口计，人均耕地 0.20 hm^2，按农业人口计则人均耕地为 0.25 hm^2。（实际耕地数还要增加约 50%）。

2. 自然与社会经济条件

本区长城以北地势是中高原，由于海拔较高（300～2 600 m），纬度偏北、故气候冷凉。长城以南为低高原，气候温和。本区≥0℃积温 2 000～4 300℃，≥10℃积温 1 500～4 000℃，无霜期 80～180 d，七月平均温为 18～25℃，一月平均温甚低，为－3～－22℃。北部冬寒冷，不能种越冬作物，北部低，只 18℃左右，在喜温作物开花灌浆所需的界限温度之下，故玉米等不能大面积露地种植。南部热量增加，年平均气温 4～10℃，大于 0℃积温 3 300～4 200℃，大于 10℃积温 2 500～3 600℃，无霜期 140～170 d，温度已比北部显著提高，最冷月温度－3～－17℃，极端最低温平均为－20～－24 ℃，南段已可种植冬小麦。最热月温度已超过 20℃（22～25 ℃），喜温作物（玉米、大豆、谷子、水稻等）已可生长。半干旱是本区自然条件的主要特点，年降水量较少，多数为 300～550 mm，最北部牧区只 100～300 mm，年干燥度为 1.5～4.0，故干旱是农业生产的严重威胁。长城以南年降水量 360～620 mm，以 450～550 mm 者居多，年干燥度 1.5～3.0，已比长城以北好得多。

长城以北土壤主要为栗钙土、栗灰钙土、棕钙土等，亦有相当面积的风沙土。自然植被以草地为主，东部是温性干草原（以针茅等短草为主），西部北部是温性荒漠草原或荒漠，林地稀少。由于黄土土质疏松，植被稀缺，故黄土丘陵水土流失严重。长城以南土壤为黄土母质发育的黄绵土、黑垆土为主，土质疏松，透水性好，易受侵蚀。内蒙古高原东南部多栗钙土，属草原土壤与森林草原土壤。天然植被以温性白羊草、黄背草草原、温性草甸草原、山地草甸、暖性灌草丛为主。在降水量 500 mm 的地方，已适于矮生乔木生长，森林覆被率 4%～18%之间，个别的如延安地区达 35%。

本区经济欠发达，区内无大城市。人少地多，耕地也多，按统计数字，人均耕地 0.2 hm^2，但耕作粗放，施肥少，每公顷施用化肥只 135 kg，只等于全国平均的 30%，机械化水平也是全国最低的，每公顷耕地农机总动力只 2.1 kW，基本上是人畜力耕作。农田基本建设较差，梯田只占坡耕地的10%～15%，加上自然灾害多，交通困难，粮食、燃料、饲料均缺，人均粮食304 kg，不能自给。人均净收入低不足8 000元，多贫困地区，农产品商品率很低。长城以南人口密度稍增，农业生产条件略好于长城以北地区，但多数地区耕作粗放，交通不便，比较贫困，商品经济不发达。

3. 农业主要特点

(1)当前本区以粗放旱作传统小农农业为主。降水少，半干旱是本区面临的最大威胁。耕作比较粗放，投入少，广种薄收，粮食单产极低，只2 222 kg/hm^2。物质周转慢，常呈负平衡状态。旱作为主，水浇地只占11.1%。种植制度为一年一熟，北部是喜凉作物带，南部已是喜温作物带。

(2)无论历史上还是当前，这里多数地区自然植被为草原而不是森林地区，草地面积6 369万 hm^2，占土地的54%，林地比例甚小(12.2%)，尤其是北部(6.1～6.3)降雨量450 mm以下的地区绝大部分为干草原。森林只是在500 mm以上的局部地方生长。当前农业产值中种植业已超过牧业产值，但农牧矛盾、农牧结合仍是本区农作制的主要课题。北部多放牧，南部畜牧业则以农区舍饲畜牧业为主，农牧结合，放牧甚少。当前，草原开垦过度，风沙加剧，应适当退耕还草，积极发展饲草产业。

(3)本区生态脆弱，水蚀、风蚀严重。其中黄土高原沟壑区是我国水土流失最严重地区，侵蚀模数高达4 000～10 000 t/km^2，处于黄土高原的宁夏、陕西、山西、甘肃水土流失面积分别占土地面积的70%、67%、61%、43%，这是对农作制可持续性的最大挑战。

4. 农业现代化发展方向

(1)改变广种薄收传统农业方式。该地农业较粗放，投入水平较低，有效灌溉面积少，发展灌溉难度较大，长期仍将以自给性旱作为主。自然草地面积虽不少，但各种牲畜折标准猪每亩实际耕地也只有0.4头，因而有机肥少。耕地化肥(纯)施用量为135 kg/hm^2，按实有耕地计，不足100 kg/hm^2。农业机械化水平也很低，每公顷耕地农机总动力只2.1 kW，基本上以人畜耕作为主。今后要改变靠天吃饭广种薄收的原始自然农业的做法，增加投入，实行半集约持续农业。关键是长期坚持农田基本建设，该区人均实际耕地较多，有条件的用一部分土地建设成基本农田，主要是水平梯田或坡式梯田、坝地，尽量将自然降水接纳于土壤库中，同时科学地增施化肥，以无机促有机，扩大物质循环，以提高水分利用效率，提高作物生产力。推广发展旱农技术，如等高耕作、带状种植、旱地保墒耕作、塑料薄膜覆盖、以肥调水、适地适作等技术。某些新技术，如少免耕、塑料薄膜覆盖种植等也应积极进行试验推广。要坚决杜绝撂荒农作制。本区水浇地少，应在有水源的地方积极加强中小型水利建设。

(2)在草原过牧地区，要控制载畜量，逐步达到草畜平衡，同时要扩大改良草地和人工草地面积，提高产草量。在此基础上，改定居放牧为放牧兼补饲的半牧半养的饲养方式，充分利用秸秆等农副产品，增加越冬饲草与精粗饲料。在基本农田提高单产争取粮食自给的同时，可将一部分陡坡、沙化和年降水量<400 mm的土地退耕，改为永久性自然草地或部分人工种植豆科牧草，如苜蓿、草木樨、沙打旺等，促进畜牧业的发展。也可在部分较好农田上推行粮草轮作。

(3)将广阔的草原建设成我国最大的生态屏障。为了减少风沙和水土流失，要大力增加土地的覆盖度。要努力增加植被,包括多年生草、灌木、乔木、栽培作物。其中,良好的草原植被是首选,它面积大、适应性强、耐旱、覆盖度高,是其他植被(森林等)难以替代的我国主要生态屏障。种树要因地制宜,不要盲目提倡,乔木难以生长的坡梁地上,可以种植耐旱灌木。在耕地上采用少免耕、残茬覆盖也是保土保水的好办法。畜牧业方面要科学放牧,避免过载。

(4)利用人均土地与耕地相对较多的优势,在提高粮食单产基础上,在农业结构上进一步多样化,发展特色农业。例如,温带果树如苹果、梨等在黄土高原生态适应性好、品质优良;苜蓿在渭北、陇东等地是传统优良牧草,它对培肥地力、保持水土、养畜都有积极意义;畜牧业在这里有广阔前景,应摆在重要的战略位置上。

(5)生产、经济、生态并重。保护生态环境、减少水土流失、使自然资源得以永续利用,是本区农业发展的重要目标与战略。在农业发展过程中,必须讲究生产、经济、生态三个持续性的协调与统一。减少贫困人口,发展农村经济是根本方向。解决发展经济与保护生态的矛盾是一个问题的不可分割的两个方面,单打一是行不通的。

国家要对贫困落后地区采取特殊的政策,大力增加投入,减免税收,扶助贫困人口,转移农村劳力,增加教育科技经费,提高农业生产能力。

七、西北甘新区

1. 范围

在我国西北部,位于大青山、白于山、祁连山、阿尔金山和昆仑山以北的广大范围,包括绵延于西北干旱地区的四大灌溉农区,即内蒙古河套灌区、宁夏引黄灌区、甘肃河西走廊灌区与新疆内陆灌区,以及一望无际的荒漠、戈壁、沙漠以及山地草原与荒漠草原等。我国著名的塔克拉玛干大沙漠、古尔班通古特沙漠、巴丹吉林沙漠、腾格里沙漠等都集中于此,共 152 县,土地总面积 22 643 万 hm^2,占全国的 21.7%,但垦殖率只 2.8%。总人口 2 821 万人,农业人口 1 928 万,耕地 434 万 hm^2,人均 0.15 hm^2。耕地呈块状或带状分布于山前平原、河套平原等开阔的高平原,其海拔一般为 450~1 500 m。农区呈点片状分布于荒漠半荒漠中的绿洲,其外围为荒漠、戈壁或沙漠与山地荒漠草原和草原,除少数沿山的耕地外,均实行灌溉。

2. 自然与社会经济条件

地处内陆,海洋季风影响极微,属干旱荒漠气候。降雨量大多少于 300 mm(100~250 mm),吐鲁番盆地、塔里木盆地则不到 25 mm,唯天山、阿尔泰山山地受地形影响可达 300~600 mm,年干燥度 3.0~16.0。新疆、河西走廊地区依靠周围有雪山及冰雪融溶的大量雪水资源补给,而宁夏、内蒙古灌区则可引黄灌溉。除伊犁河谷和降雨量大于 400 mm 的山区外,没有灌溉就没有农业和林业。

气候属中温带兼暖温带,光热资源好。年辐射量 140~165 kcal/cm^2,年日照时数 2 600~3 400 h,日照百分率 60%~75%。年平均气温 4~13℃,大于 0℃积温 3 300~4 900℃,南疆可达 5 500℃;大于 10℃积温 2 800~4 400℃,南疆可达 4 000~4 500℃。温度年较差大,一月平均温-16~-6℃,七月平均温 20~27℃。温度日较差也大,为 12~16℃。无霜期 130~200 d。在灌溉条件下,本区的光热水资源配合良好。

自然土壤为栗钙土、草原灰钙土、荒漠灰钙土、草甸盐渍土、棕色荒漠土、潮土等,在多年人工灌溉影响下，形成了许多灌淤土。土壤有机质水平不高，1%左右，与华北平原差不多，但只要有水肥的良好配合，土地生产潜力并不小。

天然植被随降雨量而递减，依次为温性草甸草原、温性草原、温性荒漠草原，以至于大量的荒漠，在这种干旱气候下，无森林可言。河湖滩地有少量胡杨林或低地草甸。局部山区则有山地草原或草甸以及少量针叶林。

从宏观资源看，我国锡林浩特—呼和浩特—兰州—黑河一线(以 400 mm 降水量为准)以西，土地占全国 2/3，但多属干旱地区，有大量的荒漠、草原，生产水平极低。而本区中的灌溉农田则是西北农业的精华与农产品主产地，耕作已较为精细，潜力甚大，但交通不便，尤其是河西、新疆，相当程度地影响了经济的发展。

本区是 10 个大区中面积最大的一个，地广人稀，人口密度为 13 人/km^2，居民都集中于相隔遥远的绿洲中，交通不便，经济欠发达，但灌区农业较发达，是全国性的棉花、粮食、瓜果基地。农民人均净收入 7803 元，仍低于全国平均水平。

3. 农业主要特点

(1)当前，大多数农区实行绿洲半集约半商品灌溉农作制，只有小部分年雨量超过 400 mm 的地方实行雨养粗放旱作制。耕地尽管比例极小(1.8%)，但产值占 70%。多数农田(84%)实行灌溉，靠四周的高山雪水，单位耕地施化肥 270 kg/hm^2，保证了较高的单位面积产量。由于土地光热资源丰富，今后生产潜力尚大。广大的荒漠和荒漠草原仍实行近乎原始的游牧或定居农作制。区内林地只占土地 2.5%，草地面积甚大达 7 744 万 hm^2，占土地的 34%，但生产力极低。畜牧业产值虽占农业总产值的 1/4，但其中相当部分是由农区畜牧业所创造。

(2)本区阳光充足，气候温暖干燥，适宜于喜光温作物生产，宜积极发展“阳光作物”农作制，如，棉花、葡萄、瓜果、番茄、啤酒花等。近十多年来，本区已发展成为我国的高产优质棉花带，其中，新疆的棉花生产已居我国各省区之首。

(3)水是绿洲农业的命脉。如何对水资源进行保护、节约利用、合理分配与调节将是本区农作制的主要课题。同时要防止土地的沙化、次生盐碱化。

4. 农业现代化发展方向

(1)本区土地、光热水资源丰富，发展潜力甚大。实行在可持续基础上的集约化农作制主要发展方向。这里与第 6 区不同，农区实行集约农作制的资源条件是具备的。提高农产品单产与品质是其主要标志，利用光热优势积极发展特色作物，如优质棉、瓜果、葡萄、甜菜、啤酒花、番茄、药材等经济作物或加工产品，发展苜蓿等饲草作物，培养地力，促进养畜业发展，部分可实行草田轮作.

(2)新疆与河西走廊潜力甚大，应集中力量，将它们建成为名副其实的大西北特色农产品商品与棉花、粮食畜产品基地。许多地方热量上是一熟有余，两熟不足，而水分光照等条件并不是限制因素，故随着生产条件与市场的进一步改善，适宜发展间套复种。高水肥土地上可实行小麦间套玉米，小麦套复种大豆、向日葵、玉米、饲料等。新疆还有相当面积休闲或撂荒(约 67 万 hm^2)，应随着水利的改善，代之以常年耕种制。

(3)合理用水，实行节水农业前景十分广阔，潜力甚大，不但是用地养地防止土壤次生盐渍化的重要基础，而且可扩大耕地与灌溉面积，进一步提高农林牧生产力。

八、四川区

1. 范围

本区包括四川盆地底部和周边低山丘陵。土地总面积 2 111 万 hm^2，占全国 2.0%。由西部海拔 200～500 m 的成都平原、川中海拔 300～750 m 的丘陵、台地及川东和周边的丘陵和海拔 600～1 000 m 的低山组成。它是西南高原山地区包围的一块封闭盆地，共 144 个县，除 1 个县外，行政上隶属于四川省与重庆市。

2. 自然与社会经济条件

从北方来的冷空气受阻于本区以北的秦岭和大巴山两道屏障，气候暖湿。属中亚热带，热量条件好，无霜期 280～320 d，年平均温度 16～18℃，≥10℃积温 5 000～6 000℃，一月均温 5～7℃，七月均温 26～29℃，十分有利于冬作物生长。在南部还能生长甘蔗。唯秋凉早，晚稻安全齐穗期比东部同纬度地方早半个月，因此晚稻与双季稻产量较低。年降雨量 950～1 300 mm，水分条件也好，水热生长期长达 300～350 d，唯有 1～2 个湿润期的正常型，大部分地方春季水分嫌不足，东部有不严重的伏旱。但盆地西部和西北边缘是一暴雨中心，洪涝灾害时有发生。全年阴雨、雾日多，是我国低日照区之一。

土壤在成都平原主要是潜育性水稻土和比较肥沃的紫色土以及少量的冲积土。在川中丘陵台地则以紫色土、冲积土为主，有少量潜育土。山地则以紫色土、酸性土为主和少数的粗骨土、石质土。紫色土质地松而易被冲刷。

天然植被为亚热带常绿阔叶林，已出现南亚热带常见的榕、桉。草地中有 40%是零星草地，森林采伐后则形成热性和暖性的灌草丛和草丛。

本区是我国中部偏西南地区农业上的一颗明珠，重要的粮、猪等农产品生产基地。它与区外四周的高原山地在地势、地貌、农业上有本质的区别，故不能笼统地放在同一区内，也与我国西部高原生态脆弱区有质上的区别。本区总人口 9 724 万人，人口密度大，达 461 人/km^2，是全国密度最高的区域之一。有成都、重庆等大城市，历史上是我国重要的粮、猪基地。现在人口增多，粮食已不富裕，人多地少矛盾日益突出。2014 年人均粮食占有量 416 kg，低于于全国平均的 445 kg；人均净收入仍不高(9 348 元)，低于全国平均水平(10 489 元)。

3. 农业主要特点

(1)本区是一个纯农区，无牧区，也很少纯林区。成都平原以水田为主，平原外围的川中丘陵低山则水田旱地并重。多数实行半集约水田麦稻二熟或雨养两熟的粮猪型传统农作制。以农为主，农牧结合。林地占土地的 23.5%，但成片的有林地少，四川省森林覆盖率仅为 12%。多数分布于山区。草地只占 5%左右。

(2)农业的特点是集约度高，人多地少精耕细作。农业人口比重较高，占 80.2%。耕地 476 万 hm^2，垦殖率很高，平均 22.3%，平原则高达 60%。但因人口稠密，每一农业人口只有耕地 0.05 hm^2。耕地中 60%左右分布在丘陵台地上，平坝耕地只占 15%，另外 25%的耕地分布在山区。耕地中一半多是水田，占总耕地 58.0%；另外近一半是旱地，坡旱地比重很大，水浇地极少。园地占土地的 1.7%，主要是柑橘园、桑园。农村劳力充裕，实行精耕细作，作物单产较高，每公顷全年粮食单产超过 10t。

(3)农业仍带以传统耕作为主。农村劳力充裕、耕作精细，但以人畜力为主，机械化水平不高，每公顷耕地农机总动力仅 3.8 kW。施肥水平高，因猪多肥多，有机肥施用量较多，化肥施用量平均 508 kg/hm^2。水利化水平中等，除成都平原灌溉条件较好外，丘陵台地水利设施较差。有效灌溉面积约占耕地 55.1%。许多水田依靠冬水田蓄水保证栽秧，望天田仍不少。丘陵山区还有许多排水不良的冷浸田。旱地中梯田只占 25%，大部是坡地，而且是顺坡耕作，所以水土流失较为严重。农村经济仍较为封闭，尤其是丘陵山区经济不发达，农民收入低，出外打工多，是农村经济的重要来源。

4. 农业现代化发展方向

(1)逐步将传统农业向商品化、产业化、现代化方向发展，大力转移农村过多的劳动力，发展农产品加工业与二三产业，促使粮猪型农业升级升值，改变人多地少、贫困落后的局面。

(2)改善水利设施。要因地制宜地采取多种途径兴修大中小型水库，保蓄当地径流，并与提灌、引水工程相结合，增加保灌面积。改造下湿田，坡地改梯田，使高产稳产农田达到耕地面积的多数。在农田建设基础上，改旱地为水田，改一熟水田为两熟，两熟水田为三熟(二熟加填闲作物)；旱地则要改一熟为套种两熟，两熟为间套三熟，以提高种植指数。第三是改良低产田。通过半旱或垄畦栽培和排灌分家等措施改良冬水田和低产下湿田；通过坡地改梯田、带状轮作等工程和耕作措施保持水土，改良坡耕地。同时推广优良品种及配套的耕作制度和栽培技术，提高作物单产。

(3)畜牧业仍以养猪为主，但要大力发展奶牛业和养禽业。要适当调整作物组成，减少小麦、甘薯，增加大麦、玉米，以增加饲料生产。要发展工厂化养猪与饲料工业，推广配合饲料，改进饲养技术，提高饲料转化率，提高出栏率。培育和推广瘦肉型猪，加强疫病防治，提高出栏率。发展人工种草，饲养牛、羊、兔等草食牲畜。

(4)要大力增加对农业、农村的投入，将号称天府之国的成都平原建设成为我国中部偏西南地区农业集约化、产业化、现代化的样板，发展集约持续农作制。要大力有序转移农村劳动力，兴办农产品加工业，发展二三产业，加快小城镇建设。

九、西南区

1. 范围

地处我国西南，是围绕四川盆地的一圈中高原山地。北起秦岭南麓，南至西双版纳北界，西界青藏高原，东至巫山、武陵山。包括秦巴山地、川鄂湘黔丘陵山地、云贵高原与川西高原。共有陕南、甘南、鄂西、湘西、川西南、贵州、云南等 320 县。总土地面积 7 913 万 hm^2，占全国的 7.6%，耕地 724 万 hm^2，垦殖率 9.1%。人均耕地 0.06 hm^2。这是一个中等海拔的高原山地，全区 95%的面积是丘陵、山地和高原，属全国十个区中山地比例最多的地区，河谷平原和山间盆地只占 5%。

一般海拔 500～2 500 m，最高的超过 4 000 m，比江南丘陵山地高得多。西北高，东南低，相对高差一般在 200～500 m，高原上丘陵、山地、盆地相间，耕地主要分布于 500～2 000 m 处的平坝、川地以及丘陵山区坡地上。一般平坝及丘陵低处为水田、丘陵山区上部坡地为旱地，水旱交错，农业立体性强。

2. 自然与社会经济条件

本区与太平洋、印度洋的距离大致相等，兼受两洋气流影响，纬度较低，南部接近北回归线，北部有秦岭大巴山阻挡寒潮侵袭，故热量条件较好，属低热的北亚热带范围。但温度变幅大，年平均温度15℃以上，大于0℃积温3 600～8 000℃，大于10℃积温3 000～8 000℃，多数为4 500～5 000℃。积温并不算高，但高原气候的特点是冬暖夏凉、无霜期长，达210～365 d。冬季温度在0℃以上，一月均温为2～15℃，年极端最低气温平均多数在－3～－6℃之间，例如，昆明为－2℃，大于10℃积温比昆明多1 000℃的长沙却为－5.2 ℃。因此许多北亚热带乔木能安全越冬，如油茶、茶、乌桕，甚至中亚热带的柑橘也可分布到秦巴山间的汉水谷地上。由此，也有人主张将这类区划为中亚热带。年降水量800～2 000 mm，一般为1 100 mm左右，年干燥度0.5～1.0，属湿润气候。贵州高原中部雨量分布较均匀，为全年湿润区，川鄂湘黔边界丘陵冬春湿润有伏旱，川西高原与云南高原干湿季节明显，冬春干夏秋湿。本区光照条件较差，贵州高原只有80～100 kcal/(cm^2·年)，年日照时数1 000～1 400 h，云南与川西高原则较多，太阳辐射和日照时数相应为120～140 kcal/(cm^2·年)与1 800～2 000 h。

气候立体性强垂直差异巨大。同一个地方从上到下可由中温带－暖温带－北亚热带－中亚热带到南亚热带。金沙江干热河谷已具有南亚热带气候，大于10℃积温6 000～7 000℃，西昌大于10℃积温达5 245℃，而滇东北的昭通只3 147℃。

本区大部分属亚热带常绿阔叶林黄壤红壤地带，只有秦巴山地与汉水河谷属北亚热带常绿阔叶林与落叶阔叶混交林黄棕壤地带。非地带性土壤有石灰岩区的石灰性土壤与紫色砂质区的紫色土，平坝区河谷则为水稻土。土壤肥力不高，酸、黏、瘦、薄、冷、烂等低产土壤面积约占1/3。岩溶地区(贵州云南为主)奇峰林立，但不易蓄水，易旱，是农业生产的重要威胁。

总人口1.18亿，人口密度为149人/km^2，农业人口占79%，西南高原是一个多民族聚居、交通闭塞、文化落后、生产水平低的贫困地区。本区2014年人均年净收入只7 064元，比全国平均低3 426元；人均粮食360 h，不能自给，一部分偏远落后群众温饱尚未解决，每年需要国家调入商品粮。生产条件差，灌溉面积只占35 %，每公顷平均农业机械动力5.1 kW，每公顷耕地施化肥(纯)432 kg，均低于全国平均水平。

3. 农业主要特点

(1)多属于山区农林混合自给性传统农作制类型，从原始型到粗放型，部分为半集约型，属于一个庞大的山区边缘农业带。农户规模小，土地分散，交通不便，贫困落后，是一个相对封闭的系统，以自然为主，人工为辅，生产力水平低，与区外商品交换很少，自给性经济仍占较大比重，商品少。有些闭塞的深山老林几乎呈与世隔绝的状态。除部分平坝地区耕作较为集约外，大量山坡旱地实行粗放农作制，土层薄，人工投入少，生产条件差，装备水平低，农业生产能力低。生态环境恶劣，水土流失较重。

(2)农业的特点是农林牧混合，农牧结合。耕地占土地面积9.1%，共724万hm^2(实际还要多出近1倍)。林地多(47.9%)，但森林覆盖率(19.8%)比江南丘陵山地低得多。草地占16.5%，大面积连片草地少。尽管是一个山区，但当前农业活动中，不是林业而是种植业为主体，农业产值中种植业占 60.2%，畜牧业产值占 30.7%.，以农为主农牧结合。. 林业产值占农业总产值的 7.7%，高于全国平均水平。粮食单产据统计为 3 273 kg/hm^2，但因统计面积与实际面积差距甚大，故实际上在 1 800～1 950 kg/hm^2 以下。

(3)本区是我国石灰岩岩溶地貌最发达集中的地区，以云南、贵州为主。土地瘠薄，漏水易旱，地瘦人贫，生态系统十分脆弱。农作制的发展趋势是，退耕还林、保持水土，同时加强农耕地的基本建设，逐步变粗放农作制为半集约农作制，变自给性封闭系统为半开放、开放系统；利用山区资源发展特作生产与旅游农业；控制人口，提高人口的文化素质，加快转移农村剩余劳动力，增加农民收入。

4. 农业现代化发展方向

(1)从粗放向半集约与集约化方向发展。进一步增加投入，改善生产条件；要大力发展灌溉，改变靠天吃饭局面；增施肥料，增加投入，提高单产，提高种植指数，推广行之有效的间作套种，以提高土地利用效率。要大力改造低产田，积极改善水田的水利条件，发展中小型水利，提高抗旱能力；改造冬水田、冷浸田、烂泥田、下湿漕田；逐步改造占全区一半以上的低产旱坡地，停垦陡坡，25°以上坡耕地应逐步退耕，加强旱地农田基本建设，实行坡改梯田；在贯彻退耕还林政策的同时，必须强化基本农田的基础建设，提高土地生产力，以满足人口增长对农产品的需要。

(2)改变封闭状态，实行开放型农林业。在争取粮食基本自给基础上，发展商品生产与特色作物，发展温带与亚热带果树、麻类、饲料、药材、油桐、油茶、玉米、烟、糖等。旅游农业有广阔前景，应大力开发。

(3)国家、政府对这个贫困山区大力加强支援与投入，如减轻农民负担与税收、道路建设、小型农田水利与土地建设、发展多种经济、改善资源管理、中小学教育、农业技术推广、培训农民和科技人员、市场信息等。没有外部的投入而只有本身的努力难以迅速改变落后面貌。控制人口增长、转移农村劳动力是十分迫切的任务。对于不适人类生存的少数高山或封闭形地貌(如峰丛洼地)，应有组织地外移人口。

十、青藏区

1. 范围

本区位于我国西部，共 146 个县。土地面积很大，共 20 951 万 hm^2，但耕地少，只有 64 万 hm^2，垦殖率只 0.3%。农区分布于西藏东南部、青海中北部、四川西部、甘肃的西南角。总人口 828 万人，人口密度仅 4 人/km^2，以藏族为主。农业人口 626 万，人均耕地 0.09 hm^2。这是我国也是世界最高的高原农区，其周围大部为自然牧场。耕地主要分布在雅鲁藏布江河谷、东部横断山脉三河(怒江、澜沧江、金沙江)河谷以及青海湖周围与柴达木盆地。海拔大部为2 600～4 500 m，作物分布高限达 4 700 m(青稞)。本区土地占全国土地面积的 22%，农业人口的 0.7%，耕地的 0.7%，草地的 42%，牲畜饲养量(折牛单位)的 4.5%，林地的 5%，木材蓄积量的 23%，是我国重要的牧区和林区之一。

2. 自然与社会经济条件

青藏高原自然环境复杂，地势高亢，气候寒冷，作物生长期短，农区主要分布在海拔 2 000～4 000 m 的谷地或高原。雨量少，大部偏旱。但日照充足，多数为 3 000～4 000 h/年。年辐射量高达 180～200 kcal/cm²，年气温日较差大，达 14～16℃。年平均温度在－4～8℃，大于 0℃活动积温为 1 500～2 900℃，大于 10℃积温为 500～2 100℃，无霜期 70～150 d。多数地区最热月平均温度甚低，只 10～17℃，难以种植喜温作物。但冬季温度并不很低，最冷月平均气温拉萨为－2.8℃，比北京(－4.7℃)还高，因而拉萨能种冬麦。年降水量一般为 300～500 mm，为半干旱气候，横断山脉地区较湿润，可达 500～800 mm。土壤主要是高山、亚高山草甸土(草毡土、黑毡土)、高山及亚高山草原土(莎嘎土、巴嘎土)以及棕钙土、灰钙土。植被以高寒荒漠、高寒草原与高寒草甸为主，藏东南有亚热带常绿林。

本区历史上以牧为主，农业开发历史晚，交通闭塞，经济文化不发达，耕作较粗放。1949 年以来，农业已取得显著进展，农牧民生活也有较大改善，但农业与农村经济水平仍低，农业动力以人畜为主，投入少，现代化程度甚低，有些地区尚未摆脱刀耕火种、撂荒与两牛抬杠状态。农民人均净收入较低，为 7 321 元，粮食水平也较低，人均 246 kg，不能自给。人均肉类水平较高，河谷的灌溉农作较为精细，进步较快。

3. 农业主要特点

(1)农业生产以牧为主牧农并重。本区土地面积占全国的 1/5，草地面积占全国草地的 2/5，但农牧林渔总产值只占全国的 0.44%，其中，牧业产值只占全国牧业产值的 0.7%。广大荒漠与荒漠草原土地大多数为天然牧场(西藏 92%、青海 45%)，大多数呈原始自然状态，植物覆被少，实行近原始的游牧或定牧制。除东南部外，几乎看不到林木。

(2)农田以粗放自给性传统农作制为主。土地利用率甚低，多轮歇地，投入少，耕地主要分布于河谷地带，农牧交错，旱作与灌溉并重，近些年来正在进步中。河谷的灌溉农田耕作较集约，已有较多的水肥投入，单产较高。

(3)农作制的开放度小。除羊毛外，农产品商品率低，加工流通少。

4. 农业现代化发展方向

(1)改变原始粗放的传统，将原始生态农作改为集约化农作，逐步提高精耕细作水平，改变贫困落后状态，是本地区农作制改革的主要方向。主要措施是增加肥料投入，适当增加灌溉面积，改进技术，努力提高单产，逐步稳定耕地，改变破坏生态环境的撂荒习惯；改进灌水制度，防止土壤次生盐渍化。为此，要增加投入、努力提高农牧民知识与技术水平。在有条件的地方，要发展农产品加工业与旅游业，开拓市场，繁荣农村经济。

(2)要保护好这块全中国最干净的土地。随着开放度的日渐增大与旅游业的发展，要预防可能产生的污染以及对自然环境不适当的干扰。保护森林，制止因滥伐而造成的水土流失。保护四季牧场和冬季牧场，半农半牧区和农区要提倡农牧结合。

(3)种植制度要适应畜牧业发展的要求。作物布局改革要从全局考虑。七十年代冬小麦挤掉青稞过多，但后者是藏民主食，秸秆又是主要饲料。

案例

1. 徐红玳，卫新，黄伟，毛小报，董岩翔. 基于土壤环境质量的农业区划研究——以浙江省为例. 浙江大学学报(农业与生命科学版),2008(04):447—452.

2. 靳雪,胡继连. 虚拟水视角下的农业区划研究——以黄淮海地区为例. 中国农业资源与区划,2011(02):53—57.

3. 史文娇,胡云锋,石晓丽,等. 宁夏农业综合开发战略转型区划研究. 地理学报,2015(12):1884—1896.

4. 陈晓红,王玉娟,万鲁河,解瑞峰. 基于层次聚类分析东北地区生态农业区划研究. 经济地理,2012(01):137—140.

5. 吕怀峰. 基于遥感与GIS的黄河三角洲生态农业区划研究. 山东师范大学,2016.

6. 王文君. 基于土壤化学的耕地质量综合评价及农业区划研究. 四川师范大学,2016.

7. 安华银,姚玉璧,尹东,王润元,陈昌平,张秀云. 甘南高原生物气候资源及其生态农业区划. 干旱气象,2007(01):67—72.

8. 周玉亮. 枣庄市生态农业区划与模式研究. 山东农业大学,2010.

思考题

1. 农业区域、农业分类与农业区划的联系和区别是什么?
2. 农业类型四级分类法的分类标准什么?
3. 各大农业区域资源利用的主要特点是什么?
4. 中国农业地域与农作制分异特征有哪些?
5. 当今世界农业基本类型有哪几类?
6. 黄淮海区农业资源特点是什么? 农业现代化建设基本趋势如何?
7. 根据我国农业分区特点,你认为今后我国农业现代化建设发展趋势和方向?
8. 根据"中国农业综合分区"特点,谈谈我国不同生态区农业可持续发展方向和重点?

推荐读物

1. 刘巽浩. 农作学. 北京:中国农业大学出版社,2005.
2. 刘巽浩,等. 中国农作制. 北京:中国农业出版社,2005.

整体大于它的各部分的总和。

——亚里士多德

第四章 农业系统结构

本章核心内容

- 农业系统结构之间存在着复杂的联系，必须用整体的、系统的观点来组织农业生产。
- 农业系统结构经历了由简单到复杂，由低级到高级，不断发展变化的过程。
- 农业系统在整体上可分为生产子系统、管理子系统、科教子系统三部分。建立完善的结构及形成科学的运作机制是农业现代化建设的任务。

第一节 农业系统概念

农业是国民经济的基础，它涉及人们的温饱和工业生产的原料问题，是最重要的产业部门之一。农业是具有多种类型的综合性物质生产部门，因此农业系统也构成了多层次的大生产系统。高层次如种植业、林业、牧业、渔业以及副业各部门之间的有机组合，较低层次如种植业中的各种作物组合、林业中的林种混交、牧业中的大小牲畜放牧、渔业中池塘养鱼的鱼种混养等。农业系统一般分布在一定的地域范围内，形成不同结合形式和不同等级的生产类型，表现为某种农业经营制度，并形成农业区。

农业生产首先是生物再生产过程，而生物的生长、发育和繁殖与周围环境密切相关，因此农业系统受到气候、地形、水文、土壤和微生物等自然环境因素的限制及其综合影响。另一方面，农业又是一种经济再生产过程，还要受到社会需求和经济、技术水平的制约。因此，农业系统的形成和发展还要受到社会经济技术条件的影响，发生变化。

何谓农业系统？到目前尚无统一的定义。但客观事实是，我们必须从农业系统角度来认识并最终解决农业问题。近年来，涉及农业系统的研究越来越多，不同学者将农业从一般的层面上升到系统的层面来研究，足以说明农业系统已被广大学者所认同。

一、农业系统问题的提出

20世纪中叶以来，世界农业取得了飞速发展，但所付出的资源和环境代价也是巨大的。当前世界正面临一系列重大挑战，突出表现在人口问题、粮食问题、资源问题、环境污染问题及能源问题等方面。1998年7月18日，联合国环境规划署负责人克劳斯·特普费尔指出，地球上有十大环境祸患威胁人类。这十大问题如下：

1. 土壤遭到破坏

全球土地面积的15%已因人类的活动而遭到不同程度的退化，有110个国家的土壤肥沃程度在降低。

2. 气候变化和能源浪费

过去100年内，全球平均气温上升了0.3～0.5℃，21世纪全球升温2～5℃。气候变化的影响将会使一些地区农业减产，干旱的地区更干旱，雨涝的地区更加雨涝。会使海平面上升，到2030年全球海平面上升约20 cm，孟加拉国、中国沿海及太平洋、印度洋上多数岛屿将因海平面升高而淹没。

3. 生物多样性减少

由于生境的丧失、对资源的过分开发、环境污染和外来物种的引进等原因，地球上的物种正在不断消失，甚至达到了生物大屠杀的程度。自2030年以来，已有724个物种灭绝，目前已有3 956个物种濒临灭绝，3 647个物种为濒危物种，7 240个物种为稀有物种。

4. 森林面积减少

1980—1990年，全世界每年砍伐森林高达1 680万 hm^2，减少12%（1.5亿 hm^2）。森林减少导致土壤流失、水灾频繁、全球变暖、物种消失等。

5. 淡水资源减少

世界上的江河、湖泊和水库大都受到不同程度的污染。大量工业废水排入江河，农田流失的肥料和农药污染河流和湖泊，酸雨造成湖泊酸化，地面倾倒有毒废物严重污染了地下水和地表水。世界80%～90%的疾病，与1/3的死亡与水源细菌污染和化学污染有关。

6. 化学污染

化学污染带来的数百万种化合物集中在了整个食物链中，最终威胁着一切生命体。

7. 混乱的城市化

这是文明的新弊端。

8. 海洋的过度开发和沿海地带的污染

世界60%的人口住在沿海地带或离海岸不到100 km的范围内。人类在陆地活动中产生的大多数废水和固体废物都排入海洋。大量垃圾、塑料渔具、石油泄油事件，造成海洋污染。人类活动破坏了沿海地区的生态系统。过量捕捞使海洋生物资源迅速减少。

9. 空气污染

特别是城市空气污染严重。在过去20年中，人类生产、生活活动向空气中排放了许多大量的挥发性有机化合物和金属，加剧了大气污染。世界上大约有9亿人暴露在对健康有害的

SO_2 浓度超标的环境中，有 10 亿以上的人暴露在悬浮颗粒物超标的环境之中。

10.臭氧层空洞

北极臭氧层损失 20%～30%，南极则在 50%以上。

美国系统哲学家 E·拉兹洛与德国系统学家 H·哈肯，1997 年在一次对话中指出：人类正处在第一次面临着自身生存问题有机地联系成一个系统的时代，人类正处在第一次面临着自身生存受到威胁陷于困境的历史转折点上，人类正处在一次最深刻，无疑也是最迅捷的历史变革之中。在这种新的条件下生存和行动，就要求一种相应的不同思想和行动方式。然而，因为即将到来的时代对我们冲击的速度过于迅疾，我们这一代人还没有形成所要求的逻辑、价值和实践。如果要防治危险，抓住机会，我们就必须更好地理解这个世界及其转变——它是由什么力量推动的？它将走向何方？也就是将系统理论、协同学应用于并解释我们人类目前所面临的问题。

中国的农业和农村发展也面临着一系列问题。换句话说，在中国农业的进一步发展过程中出现了许多障碍，包括人口压力、土地资源不足、生态环境的恶化、水资源的短缺、能源匮乏、污染严重和农村经济的相对落后等。

解决这些问题，需要改变农业发展思路。Odum 呼吁应当采取更加全面的思维与行动方式，以减轻区域环境的胁迫作用。复合农业系统正是可持续发展从概念到行动的一个途径。在设计一个复合农业系统时，我们必须牢记综合的思想，通过环境政策的制定、环境机制的完善，通过各部门之间的结合，并根据国家的实际条件，才可能实现农业的可持续发展。

还原论的研究方法主宰了现代科学中的众多领域，尤其是在以物理学为背景的简单系统中取得了巨大的成功，但是它无法或根本不适于自然界中大量存在的“复杂系统”。复杂系统属于不可积系统，即系统要素相互作用、相互影响，要素之间的关系具有非线性，系统行为不是系统要素的简单相加，不能采用通常的解析方法处理。现代科学的许多实验也都证明：决定事物的不仅是它的各个构成部分，而且包括各个部分相互联系、相互作用的关系之网，离开关系之网对“细小部分”的认识只能是孤立的、不充分的。

二、农业系统概念

物理学家普朗克认为：“科学是内在的整体，它被分解为单独的整体不是取决于事物本身，而是取决于人类认识能力的局限性。实际上存在着从物理到化学，通过生物学和人类学到社会学的连续的链条，这是任何一处都不能被打断的链条。”苏联哲学家萨多夫斯基认为：“对系统性进行分析是现代哲学和现代专门科学最重要的任务之一。”1988 年钱学森指出：系统思想是进行分析与综合的辩证思维工具。科学界没有人怀疑，如果不用系统的思维与方法，我们是无法彻底解脱现代危机的。

“系统”一词由来已久，而且应用非常广泛。例如，国民系经济系统、军事系统、文教系统、公交系统、农业系统、公检法系统等，因为它们均符合系统的定义，即系统是由两个或两个以上组分所组成的有机整体，在系统内各组分间相互联系、相互依存、相互制约，共同构成系统，并完成系统的特点功能。但直到 20 世纪中叶，系统论、控制论、信息论和运筹学相继问世，特别是电子计算机技术的飞速发展，为系统学的发展提供了理论支撑和先进手段，逐步形成了一套能定量分析处理系统各组分间关系的方法，进而与定性分析方法相结合，形成了现代的系统概念。

在韦氏大辞典中，对系统一词的解释是"有组织的或被组织化的整体；结合着的整体所形成的各种概念和原理的综合；由有规则的相互作用、相互依存的形式的诸要素集合等等。"日本JIS(工业标准)中的系统定义是："许多组成要素保持有机的秩序，向同一目的行动的东西。"一般系统论的创始人，奥地利理论生物学家贝塔朗菲把系统定义为"相互作用的诸要素的综合体。"美国著名学者阿柯夫认为：系统是由两个或两个以上相互联系的任何种类的要素所构成的集合，因此，系统不是一个不可分解的要素，而是一个可以分成许多部分的整体。苏联学者乌耶莫夫则从系统功能的角度认为：系统是客体具有的"那么一种满足某种预先确定的性质的关系。"英国学者C·R·W·斯佩丁认为：系统是一组交互作用的组成部分，这些部分为了共同目的而行动，对外来的刺激能作为一个整体产生反应。一个系统不会直接受到自己的输出的影响，它具有明确的界限，此界限以包括一切可察知的反馈为基础。我国学者钱学森指出："我们把极其复杂的研制对象称为'系统''，即由相互作用和相互依赖的若干组成部分结合成的具有特定功能的有机整体，而且这个'系统'本身又是它所从属的一个更大系统的组成部分。"根据中国大百科全书《自动控制与系统工程》(1991)中的定义，系统是指由相互关联、相互制约、相互作用的部分所组成的具有某种功能的有机整体。因此，系统是由若干相互依赖、相互制约的部分组成的，具有特定功能的整体。与系统具有联系的外部整体称为系统的环境。系统具有整体性、关联性、层次性、可控性、时序性等属性。

人们早已深刻地认识到，农业是经济再生产过程和自然再生产过程交织，既是国民经济系统的一个重要组成部分，又是自然生态系统的一个重要组成部分。但用系统的观点看农业，用系统学的理论研究农业才是近年来兴起的。无论用系统的观点看农业，还是用系统学的理论研究农业，都是一种观念上的升华，研究方法上的提高。之所以说农业是一个如此复杂的大系统，研究农业系统必然要涉及许多学科。要学会用系统的观点看待农业，用系统的理念审视农业，用系统的方法研究农业，要利用综合多学科知识或开展跨学科合作的研究方法从深层次、多角度全面分析农业，不断完善农业的科学体系，实现农业的可持续发展。尤其在我国这样一个农业人口众多、农业资源不足、农业技术落后、农村经济贫困的农业大国，农业系统科学概念的引入更显得重要。

至于什么是"农业系统"，到目前为止还没有一个一般性定义，根据英国农业系统研究的权威学者Spedding的论述："农业经营单位，包括不同大小与复杂程度的全国性与区域性的农业企业、农场、农田等都可以称为农业系统。"但现在已不完全受这个论述的限制。农业系统是生物地理系统与农村牧区社会系统复合而成的系统。农业系统是由从事农事活动的人、农业生产资料、农业生产过程与其地理资源环境共同构成的可持续发展的统一体，简称为农业。农业是自然地理系统与社会系统复合而成的系统。

农业系统本身又可进一步分为下一层次的子系统。因此，这里可以一般地讲，农业系统是农业以整体形态而存在的具有特定功能的一种客观实体系统，统一于地理系统，地理系统即地球表层系统。地球表层系统是指上界以对流层的高度为限(即极地上空约8 km)，赤道上空约17 km，平均10 km)，下界包括岩石圈的上部(即陆地上深5～6 km，海洋下平均深4 km)之间的部分(钱学森,1994 年)。地理系统的结构组成为地球表层范围内自然系统与社会系统共同构成的统一体,根据系统的社会性质划分为以农村牧区为基础的乡村系统、以工业城市为基础的城市系统及自然资源系统三部分。观察地球整体,除极少数仍处于萌芽状态的太空农业外,世界农业系统隶属于地理系统,建设农业系统就是建设地理系统。中国农业属于世界,中国农业现代化的建设空间及其与相关资源环境发生的作用与反作用,最终统一于中国地理系统建设,隶属于全球地理系统建设范畴。

第二节　农业系统研究基础

现代科学技术的发展,已经取得了巨大成就。今天人类正探索着从渺观、微观、宏观、宇观到胀观 5 个层次时空范围的客观世界。如今这些研究已形成了众多的科学领域和学科。据统计,目前国内外已有 1 000 多种研究领域和 4 000 多个学科,今后肯定还将产生出新的学科。但不管有多少种学科,就整体而言,现代科学技术所研究的对象是整个客观世界。从不同的角度、不同的观点和不同的方法研究客观世界的不同问题时,现代科学技术又产生了各种不同的科学技术部门。例如自然科学,是从物质在时空中的运动、物质运动的不同层次、不同层次的相互关系这个角度来研究整个客观世界的;社会科学是从人类社会发展运动,即从人类社会内部运动以及人类社会发展运动和客观世界的相互影响这个角度研究整个客观世界的;数学科学是从质和量的对立统一,质和量互相转变的角度去研究整个客观世界。正是从这样的角度出发,根据马克思主义哲学思想和系统观点,钱学森提出了现代科学技术体系的矩阵式结构,这个结构从纵向上看有十大科学技术部门,即:自然科学、社会科学、数学科学、系统科学、思维科学、行为科学、人体科学、地理科学、军事科学、文艺理论。

一、系统科学研究进展

人类在长期社会实践中,逐渐形成了系统概念和系统思想。近代科学的兴起,特别是能量转化、细胞和进化论的发现,使系统思想有了进一步发展。恩格斯指出:“由于这三大发现和自然科学的其他巨大进步,我们现在不仅能够指出自然界中各个领域内的过程之间的联系,而且总的说来也能指出各个领域之间的联系了。这样,我们就能够依靠经验自然科学本身所提供的事实,以近乎系统的形式描绘出一幅自然界联系的清晰图画。”钱学森指出:现代科学的发展表明,“系统思想是进行分析与综合的辩证思维工具,它在辩证唯物主义那里取得了哲学的表达形式,在运筹学和其他系统科学那里取得了定量的表述形式,在系统工程那里获得了丰富的实践内容。古代农事、工程、医药、天文方面的实践成就形成了建立在这些成就之上的古代中国和希腊朴素的唯物主义自然观(以抽象的思辨原则来代替自然现象的客观联系)。近代自然科学的兴起,由此产生了形而上学自然观(把自然界看作彼此隔离、彼此孤立、彼此不相依赖的各个事物或各个现象的偶然堆积)。19 世纪自然科学的伟大成就,产生了建立在这一成就基础上的辩证唯物主义自然观(以实验材料来说明自然界是有内部联系的统一整体,其中各个事物、现象是有机地相互联系、相互依赖、相互制约着的)。20 世纪中期现代科学技术的成就为系统思维提供了定量方法和计算工具，这就是系统思想如何从经验到哲学到科学，从思辨到定性到定量的大致发展情况。”这里，不仅说明了系统科学产生的历史背景，同时也概括了系统科学产生的实践基础、科学基础、哲学基础以及它的研究方法。从这里还可以看出，系统科学是用系统思想、观点和系统方法来研究整个客观世界的。

20 世纪 40 年代，相继出现了以系统为研究和应用对象的新学科，如一般系统论、运筹学、控制论、信息论等，以及系统工程技术。20 世纪 50 年代以来，系统工程的大量实践，运筹学、控制论、信息论等学科的迅速发展，以及其他科学技术部门，特别是物理学、化学、数学、理论生物学、系统生态学、数量经济学等，都有了新的发展和突破，这些不同领域的科学成就，都在不同程度上揭示了系统的性质与规律。正是这些理论和实践的进展，到了 20 世纪 70 年代末，在总结、概括这些科学成就的基础上，钱学森提出了一个清晰的系统科学体系结构，这就是：处在工程技术层次上的是系统工程；处在技术科学层次上的是运筹学、控制论、信息论等；处在基础科学层次上的则是系统学，这是一门正在建立的新学科。处在不同层次上的这些学科，今后还会不断向前发展，而且也会产生出新的学科。所以，这个体系本身也是动态发展和开放的。系统科学体系结构，划清了系统研究中不同分支的界限，澄清了这一领域里国内外长期存在的一些混乱，有力地推动了系统科学的发展。协同学的创始人 H. Haken 曾评价道：“系统科学的概念是由中国学者较早提出的，我认为这是很有意义的概括，并在理解和解释现代科学，推动其发展方面是十分重要的。”并认为“中国是充分认识到了系统科学巨大重要性的国家之一。”

系统科学是以系统为研究和应用对象的。所谓系统，是指由相互关联、相互制约、相互作用的部分所组成的具有某种功能的有机整体。辩证唯物主义认为，客观世界是由无数相互联系、相互依赖、相互制约、相互作用的事物和过程所形成的统一整体，这就为系统存在的普遍性提供了哲学基础。一个系统具有什么样的组成部分，它们是如何相互关联、相互制约、相互作用的，以及具有什么功能，只有对实际系统才能具体化。如太阳系是一个系统，人体是一个系统，农业也是一个系统……

相互关联、相互制约、相互作用的组成部分就是系统结构。组成部分本身也可能是个系统，称作原系统的子系统，而原系统又可能是更大系统的组成部分，从而构成更大系统的子系统。系统、子系统，一个子系统可能还有它的子系统……这就是系统结构的层次性质。不同层次的子系统构成了该系统的垂直结构，而同一层次的各子系统相互联系又构成了系统的水平结构，即系统结构的多成分性。系统各组成部分（或子系统）相互关联、相互制约、相互作用，是通过物质、能量和信息交换形式实现的。

一个系统以外的部分叫作系统环境。系统对其环境的作用是系统输出，而环境对系统的作用称作系统输入，通过输入、输出，系统和系统环境进行物质、能量和信息的交换。系统结构和系统环境，决定了系统功能，而系统功能是通过输入一输出关系表现出来的。

客观世界存在着各种各样的具体系统，为了研究上的方便，按照不同的原则可将系统划分为各种不同的类型。例如，按照系统的构成和功能是否有人参与，可划分为自然系统和人造系统。太阳系是自然系统，而工厂企业则是人造系统。如果按照系统与其环境是否有物质、能量和信息的交换，可将系统划分为开放系统和封闭系统。当然，真正的封闭系统在客观世界中是不存在的，只是为了研究上的方便，有时把一个具体系统近似地看成封闭系统。如果按照系统状态是否随着时间的变化而变化，可将系统分为动态系统和静态系统。同样，真正的静态系统在客观世界中也是不存在的，只是一种近似描述。如果按照系统物理和事理属性的不同，又可将系统划分为物理系统、生物系统、生态环境系统、经济系统等。如果按人类所研究系统的信息量的掌握程度，可分为白色系统、灰色系统和黑色系统。按系统中是否包含生命因素，又有生命系统和非生命系统之分，等等。

钱学森根据组成系统的子系统和子系统种类多少以及它们之间关联关系的复杂程度，可把系统分为简单系统和巨系统两大类。简单系统是指组成系统的子系统数量比较少，子系统种类也少，而且它们之间关联关系又比较单纯。某些非生命系统，如一台测量仪器，这样的小系统就是简单系统。如果子系统数量相对较多（几十、上百），如一个工厂，以至于今天的CIMS（Computer Integrated Manufacturing Systems or Contemporary Integrated Manufacturing Systems，计算机/现代集成制造系统），可称作巨系统。

二、系统学研究进展

系统学是系统科学体系中的基础科学，因而占有重要地位。系统学是研究系统结构与功能（包括演化、协同与控制）一般规律的科学。系统学的建立，实际上是一次科学革命，它的重要性不亚于相对论或者量子力学。从现代科学发展来看，如果说量子力学是微观层次研究上的科学革命，相对论是宇观层次研究上的科学革命，那么系统学则是宏观层次研究上的科学革命，宏观层次就是我们人类生活的这个世界。

系统学的产生和发展，归根到底是社会实践的需要和科学理论发展的推动。

60年前，奥地利理论生物学家L. VonBertalanffy在理论生物学研究中，开始意识到用系统观点和方法研究生物学的重要性。他提出要从生物的整体，把生物整体及其环境作为一个大系统来研究，并因此创立了他称作“一般系统论”的学科。在其著作中，他曾提出系统“在不同领域中表现出结构上的相似性或同构性”。他对系统的共性作了以下几点概括：

1. 系统的整体性

即亚里士多德的著名论断，整体大于各孤立部分之和，或者换句话说，系统具有其组成部分所没有的功能。

2. 系统的关联性

指系统组成部分之间以及系统与其环境之间相互联系、相互制约、相互作用，系统的关联性决定了系统的整体性。

3. 系统的动态性

从时间角度来观测系统时，系统每时每刻都在变化和运动，一方面系统结构随时间在变化，这是系统动态性的内在原因，另一方面，系统开放性和其环境有物质、能量和信息交换，这是动态性的外部条件。真正的静态系统在客观世界中是不存在的，而动态系统是绝对的。

4. 系统的有序性

系统的关联性在空间上所表现出来的层次结构，以及动态性在时间上所表现出来的演化方向，使得系统具有在空间、时间和功能上的有序性质。越有序的系统，其组织化的程度越高。一个实际系统，从产生、发展到消亡，就是从无序到有序再到无序的演化过程。

5. 系统的预决性

系统的有序性使得系统自动导向它的终极状态，即“目的类”或“目的环”。

L. VonBertalanffy 的一般系统论对系统科学的产生和发展做出了重要贡献，但限于当时的科学技术水平，他想建立各种系统共同规律的探索，还是定性描述和概念的阐发居多，而深入的定量理论和方法较少。

20 世纪 60 年代以来，在物理、化学、数学、理论生物学等方面都有了新的发展。例如，I. Prigogine 的耗散结构理论，H. Haken 的协同学，R. Thom 的突变论，S. Smale 廖山涛的动力体系理论，M. Eigen 的超循环理论等，都从不同角度揭示了系统更深刻的性质和规律，特别是系统的演化和自组织理论。

长期以来，不同领域的科学家们注意到，在生命系统和非生命系统之间表现出似乎截然不同的规律。非生命系统通常服从于热力学第二定律，系统总是自发地趋于平衡态，系统的熵达到极大。系统由有序变到无序，但无序却决不会自发地转变到有序，这就是系统的不可逆性和平衡态的稳定性。但生命系统却相反，生物的进化、社会的发展总是由简单到复杂、由低级到高级，越来越有序。这类系统能自发形成稳定的有序结构。两类系统之间的这种矛盾现象，长时间得不到理论解释，致使有些科学家认为，两类系统有各自的规律，互不相干。直到 20 世纪 70 年代，耗散结构理论和协同学的出现，为解决这个问题提供了一个科学的理论框架。I. Prigogine 认为，热力学第二定律以及统计力学所揭示的是孤立系统（和环境没有物质和能量的交换）在平衡态和近平衡态（也就是线性非平衡态）条件下的规律。但生命系统通常都是开放系统，并且远离平衡态（也就是非线性非平衡态）。在这种情况下，系统通过和环境进行物质和能量交换引进负熵流，尽管系统内部产生熵，但总的熵在减少，系统趋向有序，在达到一定条件时，系统就有可能从原来的无序状态自发转变到在时间、空间和功能上的有序状态，产生一种新的稳定的有序结构，I. Prigogine 称其为耗散结构。这样，在不违背热力学第二定律条件下，耗散结构理论沟通了两类系统的内在联系，说明在两类系统之间并没有真正严格的界限，表观上的鸿沟是由相同的系统规律所支配的。

耗散结构理论是对系统宏观性质的研究，还没有和系统的微观性质联系起来，如何沟通从微观到宏观的通路，使系统在宏观上表现出来的规律能和微观上的运动联系起来，H. Haken 的协同学正是应用统计方法来处理这类问题的。20 世纪 60 年代，H. Haken 在研究激光时发现，激光是一种典型的远离平衡态时由无序转化为有序的现象。后来他又发现即使在平衡态时也有类似现象，如超导和铁磁现象。这就表明，一个系统从无序转变为有序的关键并不在于系统是平衡或非平衡，也不在于离平衡态有多远，而是由组成系统的各个子系统，通过它们之间的非线性作用，子系统之间互相协同与合作，在一定条件下，能自发产生在时间、空间和功能上稳定的有序结构，系统本身自动趋向稳定的有序结构，这就是自组织结构，这类现象叫做自组织现象，这类系统叫做自组织系统。H. Haken 还指出，系统在临界点附近的行为仅由少数变量决定，这些变量决定了系统行为，代表了系统慢运动，而系统的快运动是由慢运动支配的，这就是所谓支配原理。

如果说协同学是研究物理系统的自组织现象，几乎与此同时，生物学家 M. Eigen 研究了生命系统的自组织问题，提出了超循环理论。M. Eigen 应用大系统理论，建立生命现象超循环结构模型，通过循环、超循环说明生命起源发生在化学阶段和生物进化阶段，有一个分子自组织阶段，认为进化原理可以理解为分子水平上的自组织。

用多维空间几何理论研究系统自组织现象时，系统行为在相空间（或状态空间）里表现为一随时间变化的轨道。所谓有序结构，就是相空间中一个点、环或一个区域，系统自动趋于这些点、环或区域，它们是系统目标，系统在给定的环境中，只有在这些点、环或区域上才是稳定的，离开了它们，系统就自动地把自己拖回到这些点、环和区域上，这就是自组织的多维空间几何解释，这些点、环和区域就是系统的吸引子。

20 世纪 60 年代初，美国气象学家 E. N. Lorenz 在研究天气预报中，发现了大气中的混沌现象，后来在物理、化学、数学、天文学、生物学、生态学以及经济等研究领域中，也相继发现了混沌现象。混沌现象表明，某些确定性的非线性系统，由于对初始边界条件异常敏感，哪怕极其微小的变化，也将导致系统长期行为呈现出貌似随机的不确定性现象。长期以来人们一直认为，确定性系统的运动行为也是确定和有序的，随机系统的运动行为是随机和无序的。但混沌现象却既不是前者，也不是后者，是一类新现象。出现混沌现象的系统并不一定是复杂系统，一个简单系统如 Logistic 方程所决定的系统，计算机仿真表明它也存在着混沌现象。在理论研究上，KAM 定理[①]已证明，在封闭系统中，三维以上非线性系统出现混沌是普遍的现象；对开放系统，动力系统理论也证明了类似事实。混沌也是一种吸引子，不过不是平衡点、极限环这类具有整数维的正常吸引子，而是分数维的奇异吸引子（也称混沌吸引子），是状态空间中的有限区域，具有复杂的几何结构。

具有混沌的系统，系统运动趋向混沌吸引子，整体上是稳定的，但进入混沌区域后，运动是不确定的，局部上是不稳定的。这类系统对初始边界条件的微小变化能进行非线性放大，因而短期、中期的系统定量预测是可能的，而长期定量预测则是不可能的。近年来，国际上又出现了混沌控制的研究。根据实际需要，从各类非线性系统所产生的混沌运动中，选择出所需要的各种周期运动、非周期运动并实现对其稳定控制，目前已有了一些控制方法并得到了实现。如利用时间—空间混沌的控制，已开发出新的功能元件，作为大容量动态信息存储器及高速数据处理系统。另外，混沌编码技术和解码技术已用到军事系统中。还有人提出用混沌同步原理开发混沌计算机等。尽管这些研究仅仅是开始，但人们已看到它的巨大潜力。

钱学森认为，一个系统在某个层次上的混沌运动，是高一层次有序运动的基础。宏观有序的形成是靠微观的频繁变动为基础的，也就是宏观有序是建立在微观混沌的基础之上。并进一步指出“混沌看起来是非决定性混乱无章，可是实际上它是决定性的，混乱无章正是决定性规律引起的，但可以当作非决定性的统计力学问题来处理”。“客观世界是决定性的，但由于人认识客观世界的局限性，会有暂时引入非决定性的必要”。

著名物理学家普朗克认为科学是内在的整体，它被分解为单独的整体不是取决于事物本身，而是取决于人类认识能力的局限性。实际上存在着从物理到化学，通过生物学和人类学到社会学的连续的链条，这是任何一处都不能被打断的链条。从这个观点来看，以往的自然科学、社会科学等的研究，只是覆盖了这根链条，并没有连接起来研究，直到系统科学的出现，才形成了把这根链条连接起来进行研究的科学，系统学的建立在这个方向上将起着重要作用。

---

① KAM 定理以三位对此做出突出贡献的数学家的名字命名，他们是苏联数学家柯尔莫哥洛夫（Колмогоров，A. H.）、阿诺尔德（Арнольд，B. И.）和美国数学家莫泽（Moser，J. K.），从而简称 KAM 定理。

三、农业系统研究进展

农业系统为地球生物、重要资源与人类社会相互作用下形成的系统。由于单一的生物或个体人就已经是复杂系统。因此，农业系统必然为复杂巨系统。

19世纪以来，与农业系统相关的生物学、生态学领域的系统关系研究取得了飞速发展。1866年，奥地利学者孟德尔植物杂交试验结果发表，证明了生物种内亚种间的联系。1859年达尔文发表物种起源，证实不同的生物间及它们与驯化动植物间的联系。1915年摩尔根等发表了《孟德尔遗传机理》，随后提出了基因学说。1940年奥地利理论生物学家L. V. Bertalanffy提出把生物整体及其环境作为一个大系统来研究，由此创立了一般系统论。1953年，沃森与克里克发表了核酸的分子结构，标志着生物体在分子水平的联系与统一。在生态学领域，自1866年德国赫格尔创立生态学以来，积累了大量植物生态、动物生态、微生物生态等方面的研究资料。1937年英国泰斯来提出了生态系统理论，认为在自然界中，植物、动物、微生物与环境共同构成了一个整体系统。生态系统是生命现象的最高层次。近年来，由于系统科学、计算机技术广泛应用于生态系统的研究，形成了一门"系统生态学"，使生态系统的研究向数量化、模式化与优化控制发展。1996年骆世明等出版的《农业生态系统分析》中，通过概念解释、数学推导、实例示范、成果介绍等方法，较全面地阐述了农业生态系统与抽象的数学模型之间的关系和农业生态系统的各种分析方法。

与农业系统关系密切的生态学系统理论、系统科学、运筹学等的研究和发展，为农业系统的研究奠定了坚实的基础。1974年英国B. Grigy发表《世界的农业系统》；1975年英国C. R. M. Spedding发表《农业系统的生物学》，同年，英国G. C. Dalton主编出版了《农业系统的研究》；1979年(英)Spedding发表《农业系统导论》。此外，还有一些系统分析与系统模拟在农业中的应用方面的著作问世。如1971年新西兰J. B. Dent主编的《农业经营中的系统分析》，1979年J. B. Dent主编的《农业中的系统模拟》。1976年英国出版了国际性的《农业系统》季刊杂志，该杂志创刊至今，已发表了大量有关农业系统方面的论文：有关于农业系统基本理论与方法的，有关于某个国家农业发展政策的，有关于草原经营、畜牧生产、作物生产、林业生产、果园生产的，也有关于灌溉、施肥、饲养以至某一种动物的消化系统等专业方面的。总之，国际上在有关农业系统方面的研究已积累了一定的基础，但离作为基本方法解决当前我们所面临的挑战，还存在较大距离。我们几乎需要在每一个方面继续进行努力探索。这里有一点是明确的，要解决农业所面临的问题，用系统的思想和方法是我们几乎唯一的选择。

过去培根式的还原论方法在科学发展中发挥过重要作用，它是把事物分解开来进行研究，然后再拼凑起来，以为低层次和局部问题弄清楚了，高层次和整体问题也就自然清楚了，对于一个层次的问题，还原论方法是适用的，但对有多种层次结构的复杂系统来说，这个方法却遇到了实质性的困难。系统科学理论表明，高层次事物可以具有低层次事物所没有的性质，或者说，整体可具有其组成部分所没有的性质，也就是通常所说的一加一大于二。在把系统分解成部分后，系统的整体性质在部分的层次上就可能消失了。通俗地说，还原论方法可以解决一加一等于二的问题，但解决不了一加一大于二的问题。农业系统正是属于这一类问题。在这种情况下，就需要有新的方法，否则，把复杂性问题简单化，或用研究简单性问题方法，如还原论方法去研究复杂系统问题，其结果是不会成功的。一般系统论的创始人 L. VonBertalanffy 是认识得比较早的一位科学家，他本人是理论生物学家，当生物学的研究已进入到分子层次产生了分子生物学时，用他本人的话讲，他对生物体的整体认识反而模糊了，于是认识到在分解还原的同时，还应进行整体研究，这样使他转到了系统论，提出了系统方法。

第三节 农业对象系统结构

农业系统是一个由自然地理系统和社会系统构成的复杂的巨系统。从农业对象来看，如果把农业系统做一个横切面，由外而内可划分出五级结构。

一级结构。为自然属性结构。人类社会系统隶属于生物系统。生物系统与自然地理系统为构成地球生命共同体的基础结构系统，人类社会系统与自然地理系统复合而成的系统为人类生命共同体。地理系统为地球生命共同体的母系统，地球生命系统为人类生命共同体的母系统。今日世界生物系统已经影响到整个地理系统，地球生命共同体近似于地理系统。在此可以将人类生命共同体之外的地理系统定义为自然保护区地理系统。合起来就是，人类生命共同体地理系统与自然保护区地理系统，构成了完整的地理系统。两大系统覆盖整个地理系统，是隐性存在的结构关系，实践中需详加考察判定。

二级结构。为社会政治属性结构。如国家或独立的行政区域等构成的农业系统结构。人类社会在地理系统中长期居于主导地位。近 2 000～3 000 年来，国家与自治地区成为社会组织主体，今日世界划分为 200 多个国家与地区。国家之上有五大洲及联合国等相关国际系统结构，国家下以中国为例则有省（自治区）、市、地区、县、乡镇、行政村结构。在可以预见的将来，国家仍将是基本社会政治单元，为可以长期追索的显性存在实体。该结构覆盖整个地理系统。

三级结构。自然与社会政治相结合属性。为地理系统内部，国家或自治地区结构之下，以地形地貌为基本特征的结构单元。划分为五项结构单元，分别为农业单元、林业单元、草业单元、海业单元、沙业单元。1984 年钱学森在第六次产业革命理论创建中建议，围绕农业、林业、草业、海业、沙业，国家应分别成立部管理，以根据自然地理特征进行大农业结构性管理与建设。这是将农业系统自然属性由隐性实体提升为显性实体的认识，对未来国家农业系统认识与管理实践具有参考价值。该结构覆盖整个地理系统。

四级结构。根据进入工业文明时代以来的发展情况，人类生命共同体系统可以一分为二，分别为乡村地理系统与城市地理系统。地理系统可以进一步表述为由乡村地理系统、城市地理系统、自然保护区地理系统构成的系统。今日城乡关系为显性结构存在。根本而言，城市存亡不影响乡村存在与发展，而乡村消亡则意味着城市必定衰落与灭亡。乡村是人类文明的生长点与归宿地，是城市的母体；城市则为乡村的子体。依据发展需要，正确配置城乡关系，对于把握人类命运共同体系统命运，实现区域可持续发展关系重大。结合前三级结构，可以在一国或一地区之内，划分农区乡村地理系统、农区城市地理系统与农区自然保护区地理系统。其他以此类推为，林区乡村地理系统、林区城市地理系统、林区自然保护区地理系统；草原区牧业乡村地理系统、草原区城市地理系统、草原区自然保护区地理系统；沙区乡村地理系统、沙区城市地理系统、沙区自然保护区地理系统;海域渔业新村地理系统、海域城市地理系统、海域自然保护区地理系统。该结构覆盖整个地理系统。

五级结构层。在前四级结构层次下,分别国家与地区,分别地形地貌类型,分别乡村地理系统、城市地理系统与自然保护区地理系统各级结构单元,均存在生产结构、社会结构与地理资源环境结构。本层次为隐性存在的农业系统基层结构。在生态文明时代有机化建设实践中,将遵循"有机生产,有机社会,有机区域,三位一体,同步建设"的方针专指本层次结构建设(表 4-1)。

表 4-1 地理系统的五级结构层次

项目		乡村地理系统	城市地理系统	自然保护区地理系统	地理系统
农业	有机生产	农业生产	农区工业生产	农区自然保护区生产	农区生产
	有机社区	乡村社区	农区城市社区	农区自然保护区建设	农区社区
	有机社会	乡村社会	农区城市社会	农区自然保护区管理	农区社会
林业	有机生产	林业生产	林区工业生产	林区自然保护区生产	林区生产
	有机社区	林业社区	林区城市社区	林区自然保护区建设	林区社区
	有机社会	林业社会	林区城市社会	林区自然保护区管理	林区社会
草业	有机生产	草原生产	草原工业生产	草原自然保护区生产	草业生产
	有机社区	草原社区	草原城市社区	草原自然保护区建设	草业社区
	有机社会	草原社会	草原城市社会	草原自然保护区管理	草业社会
海业	有机生产	海洋生产	海洋工业生产	海洋自然保护区生产	海域生产
	有机社区	海洋生活区	海洋城市社区	海洋自然保护区建设	海域社区
	有机社会	海洋社会	海洋城市社会	海洋自然保护区管理	海域社会
沙业	有机生产	沙地生产	沙区工业生产	沙地自然保护区生产	沙业生产
	有机社区	沙地社区	沙区城市社区	沙地自然保护区建设	沙业社区
	有机社会	沙地社会	沙区城市社会	沙地自然保护区管理	沙业社会
汇总		乡村地理系统	城市地理系统	自然保护区地理系统	实时地理系统

生态文明时代是地理系统建设的时代。地理系统横向展开的五级结构植根于早期人类文明史之中,贯穿整个农业诞生以来的全过程。温故知新。回溯历史过程,可以把握未来发展。在可以预见生态文明时代建设实践中,需要根据具体建设条件,进行农业系统结构分析,辨明上下左右,正确指导与把握农业地理系统建设。需要注意的是,地理系统结构为宇宙系统结构的部分,实践中还需重视两者间对立与统一关系的变化。

第四节 农业系统对策结构

自然系统、社会系统是农业系统的大环境,农业系统与其环境存在着物质、能量、信息交换关系,自然环境或社会经济状况对农业的发展有重大影响,而农业的兴衰对经济发展、社会进步与自然环境的改善亦有极大的影响，即农业系统是一个开放系统；农业对策系统本身具有多层次性和多成分性，农业对策系统由农业生产子系统、管理子系统、科教子系统共同组成(图 4-1)，而每个子系统又可细分为更下一层子系统。处于不同层次上的系统具有不同的结构和功能。低层次系统是高层次系统发展的基础，高层次系统由低层次系统组成，但具有低层次系统所没有的特性(功能)，高层次系统的发展反过来又带动低层次系统的发展。由于不同层次的系统存在密切的相互依存关系，所以在研究一个具体系统时，首先要弄清处于哪个层次。然后根据需要确定向上和向下所必须涉及的层次。总之，既要看到“树木”，又要看到“森林”，要协调好各层次间的关系，这样才能取得好的整体效益。

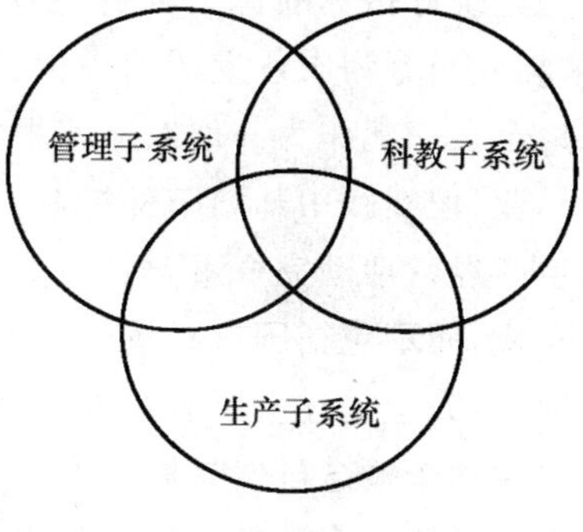

图 4-1 农业系统结构框图

一、农业生产子系统

农业生产子系统是农业系统及农业各子系统的核心与基础，它包括农业产前子系统、农业产中子系统、农业产后子系统(图 4-2)。农业产中子系统直接为全社会和全人类提供着食物和工业原料；与农业密切相关的行业，如农业生产资料的生产、加工和供应以及农产品的加工、储藏、运输和流通，属于农业产前子系统(产前部门)和农业产后子系统(产后部门)，两者都是农业生产子系统的一部分，是农业产业链条的延伸，与农业产中部门共同组成农业生产子系统的三阶段或三环节。严格地说，所有部门都与农业有一定的联系。我们在划定农业的产前或产后部门时，只能根据它们与农业的关系是否直接，是否密切；否则，所有的部门都可以包括在广义的农业之内，反过来，农业也可以包括在其他任何一个部门之内。

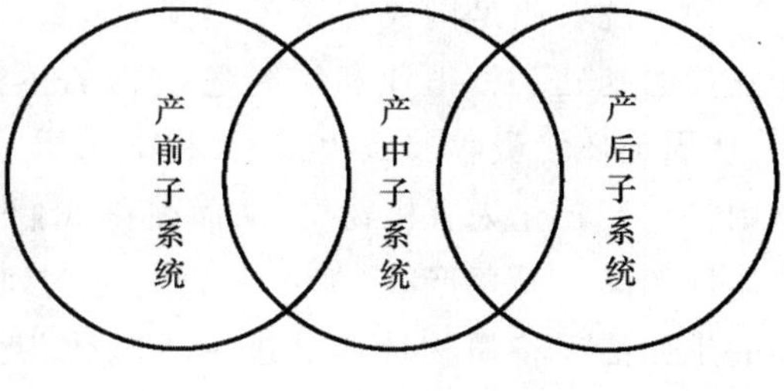

图 4-2 农业生立子系统基本结构

(一)农业产中子系统

农业产中子系统是农业的主体部门，它起着直接为人类提供食物和工业原料的功能。农业产中子系统包括农产业、林产业、草产业、海产业和沙产业五个部分。

中国现行统计口径(1993 年起把副业从农业中取消)将农业划分为农、林、牧、渔四个部门。农业包括种植业和其他农业两部分。种植业包括谷物、豆类、薯类、棉花、油料、糖料、麻类、烟叶、蔬菜、药材、瓜类和其他农作物的种植，以及茶园、桑园、果园的生产经营。其他农业包括采集野生植物的果实、纤维、树胶、树脂、油料及柴草、野生药材和菌类，以及农民家庭兼营的商品性工业生产。林业包括林木栽培(不包括茶园、桑园和果园的栽培、管理和收获等活动)、林产品的采集和村及村以下合作经济组织和农户的竹木采伐。牧业包括牲畜饲养和放牧、家禽饲养以及野生动物的捕猎和饲养。渔业包括水生动物和海藻类植物的养殖和捕捞。

从上述统计指标的含义可见，实践中农业的内涵与理论上应当包含的内容有一定差距。例如，采集应当算为农业生产的一种类型，但是，将农民家庭兼营的商品性工业也算是农业，把它与采集合在一起作为其他农业就很勉强。又如，从茶园、桑园、果园生产对象的性质看也许更接近林业，但实践中却划归种植业。这表明统计实践中林业生产的概念并不与多年生乔本植物的生产经营活动完全重合。再如，林产业生产中只包括村及村以下合作经济组织和农户的竹木采伐，而不包括国有林场的同类生产经营活动(后者包含在工业生产统计中)，就更加缺乏科学依据，完全是迁就所有制类型及其相关的国民经济管理工作的需要。另外，过去的种植业和养殖业两个概念虽然是农业产中子系统的重要组成部分，但它们并不能完全确切地概括农业产中子系统。多数的农作物是由人工种植的，但草原上的一年生、二年生、多年生的草类植物，并不一定是人工种植的，人们只是对天然草原进行必要的管理，例如轮流放牧或控制放牧量，以维护草原资源。同样，林产业中的天然林，草产业中的野生动物捕猎，海产业中的海洋渔业，都并非人工种植、养殖，故还应包括对动植物的管理。目前沙产业已发展成为很重要的一个产业，农业产中子系统中也应包括这一部分。

农业产中子系统各组成部分存在着复杂的物质联系(图 4-3)，共同组成一个整体。

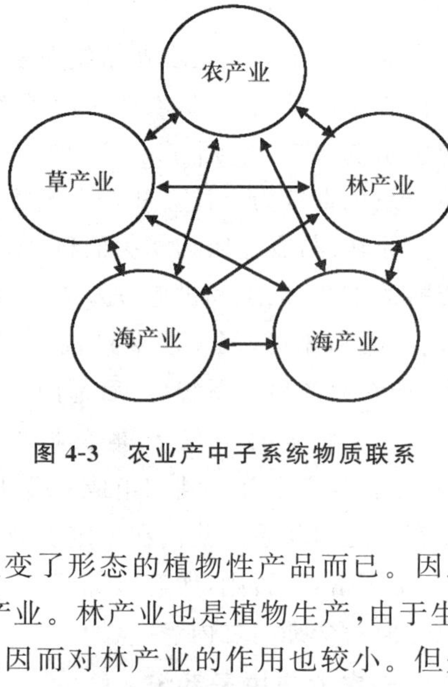

图 4-3　农业产中子系统物质联系

如果说农业是国民经济的基础，那么，农产业就是农业的基础。种植业利用绿色植物的生命活动过程，从周围环境吸收二氧化碳、水和矿物质，通过光合作用将它们转化为有机物质，从而获得我们所需要的植物性产品。而草产业、海产业则是通过动物、微生物的生命活动将植物性产品进一步转化为人们所需要的各种产品。今天的畜牧业主要依靠种植业提供的饲料；天然水域的捕捞今天仍然可以独立存在，但是，随着海产业的发展也越来越依靠种植业提供的饵料。从物质和能量转化的角度看，草产业和海产业生产得到的产品无非是经过畜禽和水生动物生命活动而改变了形态的植物性产品而已。因此，现代农业中如果没有植物生产，也就不会有草产业和海产业。林产业也是植物生产，由于生物学特性接近，农产业为林产业提供物质投入的情况较少，因而对林产业的作用也较小。但是，农产业生产技术在林产业生产过程中仍能发挥一定作用。在集约化程度较高的经济林培育过程中，人们往往在林间种植一年生或多年生的草本绿肥作物或其他作物；这些人工种植的植物可以在覆盖地面、减少土壤水分蒸发和水土流失的同时为树林提供优质有机肥料。在树林尚未成长起来的时候，林农间作可以控制杂草的生长；如果适当选择作物种类，林农间作还可以利用生物学方法控制病虫害的发生。

从本意看，林产业是培养、管理森林资源以取得木材等多种林产品的物质生产部门和利用森林功能保护生态环境的社会公益事业。除提供木材以外，森林还生产多种食物、药物和化工原料，同时也是野生动植物繁殖、生息、庇护的重要场所。森林具有涵养水源、保持水土、美化净化环境、调节局部气候和减少或减弱自然灾害等多种功能，是生物圈中最重要的稳定因素。对五业生产来说，林产业的主要作用是保护和改善较大范围的生态环境，减轻自然灾害的不利影响。同时可兼顾解决木料、饲料、肥料和燃料不足的困难。林产业的另一个作用是为种植、畜牧、水产业提供制造生产工具所需要的材料。木材、竹材和其他一些林木产品，如橡胶、松脂、生漆和油桐籽等，都是生产各种农具必不可少的原材料。即使是现代的大型农业生产机械，同样需要这些林木产品作为原材料。此外，热带雨林不仅对全球范围的生态环境具有重大影响，其丰富的物种资源对动植物新品种的培育以及与农业生产关系密切的生物化学工业的发展都具有难以估计的潜在作用。

草产业是从事经济动物的饲养、繁殖和动物产品生产的部门。在畜牧业生产过程中，通过人的生产劳动，输入植物产品即饲料，经过草食动物的消化、利用，就可以得到人们所需要的动物性产品；由动物直接、间接产生的排泄物和废弃物又返回到土壤中去，经过分解成为植物的营养来源。这样就形成了土壤一植物一动物（包括人类）一土壤的物质循环和生态系统，而畜牧业是这一物质循环过程中的一个重要环节，是这一生态系统中的一个重要组成部分。从生产和能量转换的顺序看，植物是第一性生产者，草食性动物是第二性生产者，而肉食动物和哺乳期幼小动物则是第三性生产者。畜牧业为农业产中子系统其他部门提供的主要是饲养动物的排泄物和废弃物。对种植业和林业的生产来说，动物排泄物和废弃物曾经是主要的肥料来源，也是维持土壤理化性状的重要物质。在西方的两圃制和三圃制耕作制度中，动物排泄物和废弃物与轮作的牧草一道构成恢复地力的主要手段；在东方的连作制度下，畜牧业提供的肥料和有机质更加重要。今天，尽管化学肥料的作用在许多国家可能已经超过了有机肥料，但是，动物排泄物和废弃物的作用仍不可低估；特别是其增加土壤有机质的作用，暂时仍然无法用人工合成品来代替。

因此，如果缺少了草产业这一环节，土壤中的有机质和无机养分都将很快消耗殆尽，土地不再适宜耕作，种植业生产将大幅度下降，反过来又进一步制约其他部门的发展。当然，随着畜牧业的迅速发展，动物排泄物的数量剧增，如不经过适当处理，就可能成为一种污染源。因此，我们必须强调畜牧业和其他各业，尤其是种植业的有机结合，以便化害为利，变废为宝。动物排泄物不仅是植物生长所需营养的直接来源，也是某些鱼类生长所需营养的间接来源。富含有机物和矿物质的动物排泄物是浮游生物的优质饵料，而浮游生物又是一些鱼类和其他水生动物的良好食物。畜牧业除了向种植业和林业提供动物排泄物和废弃物，还可以提供其他各业生产所需要的动力。历史上人工饲养大牲畜提供的畜力曾经是牵引农机具和运输工具的主要动力，在传统农业向现代农业过渡的发展过程中发挥了十分巨大的作用。今天，尽管拖拉机等大、中、小型机械动力已在发达国家农业生产中占据统治地位，但是，畜力在许多发展中国家的作为生产和经济林栽培中仍普遍运用，农村短途运输的主要动力也是畜力。

海产业是捕捞、养殖和加工水生动植物以取得水产品的生产部门。根据作业区域的差别，水产业可以分为海洋渔业和淡水渔业，每一部分又可再进一步分为天然生产（捕捞）和人工养殖两类。鱼、虾、贝类的蛋白质含量高，品质好，易于消化，是人类的理想食物。人类食用的残余和加工的副产品、剩余物，以及不宜于人类食用的水产品，是畜牧业的优质蛋白质饲料来源。它们或者可以直接用作饲料，或者在加工后作为饲料。例如，用经济价值较低的食用鱼类、水产动物或水产加工废弃物为原料制成的鱼粉就是一种普遍使用的动物饲料。20 世纪 80 年代初期全球几乎 1/3 的渔获物被用于制作鱼粉的原料。因此，海产业的发展对畜牧业的发展具有很大作用。

随着可持续发展战略的确立，一些传统的生态农业模式新引起人们的注意，其中有两种模式将产业、草产业、海产业中的农、牧、渔业生产技术结合成有机整体，即稻、鸭、鱼种养模式和“桑基鱼塘”模式。前者在稻田中放养幼鸭和鱼苗，稻田为鱼鸭提供了活动和觅食场所，而鱼鸭觅食可以减少稻田的杂草和害虫，排泄的粪便还可以肥田。在这种生产模式中，稻、鸭、鱼三者共同组成一种互利的生态环境，可以在维持较高产出的同时减少外部投入，同时也减轻对环境的污染。后一种生产模式是在易发生水灾的低洼地区开挖鱼塘，挖起的泥土覆盖在鱼塘周围形成比较高的“基”，上面种植桑树。塘内养鱼，桑叶喂蚕，蚕桑废弃物和蚕蛹喂猪，猪粪和蚕沙用来养鱼，而鱼池中的塘泥则用来作为桑树的肥料。这种循环利用的方式同样可以减少对外部能量和物质的依赖，并且减少对周围环境的污染。

与旅游、观光农业相仿，海产业除了正常的商业性生产和生态功能以外，游钓渔业逐渐兴起，是人们向往的休闲娱乐活动。

低等生物技术近年来呈良好发展势头。低等生物业包含低等动物，如昆虫类(蜜蜂、食用蟑螂、药用昆虫等)、蚯蚓、蜗牛、作鱼食料的浮游动物等；低等植物，如各种食用菌、根瘤菌、蓝绿藻、螺旋藻等。低等生物业不仅为我们提供大量高级食品、药品、工业原料，而且为发展其他各业可提供良好的饲料和肥料。同时，低等生物业还具有一些其他作用，例如，养蜂在采花酿蜜的同时也为一些作物完成了授粉过程，对增加这些作物的产量具有直接的积极作用。利用微生物发展沼气，不仅可提供能源、肥料，而且可净化环境等。它在其他行业“废料”的处理方面和生活、生态环境的净化、保护方面会发挥越来越重要的作用。

(二)农业生产的产前、产后子系统

农业产前子系统包括所有为农业提供生产资料和服务的部门，可以进一步分为产前产品生产子系统和产前服务子系统，主要有农业机械和其他农业生产工具的制造和维修；采煤、发电等农用能源的生产；化肥、农药、塑料薄膜等化工产品的生产；农用建筑材料和辅助材料的生产；农用交通工具的生产；种子和饲料、饵料的生产和加工；自来水的生产；所有这些产品的流通过程；交通运输；信息和金融服务等等。农业产前子系统各部门的发展规模、生产品种、产品质量、产品价格等需要服从农业生产的需要。如我国 1984 年后几年间的粮、棉、油生产的徘徊，重要原因之一是受到农业产前子系统的制约。由于国内化肥、农药产量不足，田间施用量减少，直接影响作物增产。并且由于供不应求，化肥、农业价格上升，农民收益下降，损害了农民积极性。因此农业产前子系统是农业整体中一个十分重要的环节。

农业产后子系统包括所有主要以农产品为劳动对象的生产和服务部门，包含产后加工子系统和产后商业服务子系统。主要有粮油初加工和食品加工业；饲料加工业；饮料制造业；烟草加工业；纺织业和服装业；木材加工业；家具制造业；造纸即纸制品业；医药制造业；橡胶工业；以及交通运输业、仓储业、批零贸易和餐饮业，等等。农业产后子系统是农业与市场相联系的基本渠道，对农业的发展发挥着极重要的作用。第一，农业的地域性很强，各地农产品种类差别很大，农业产后子系统可以流通作用，各地之间互通有无；第二，随着经济的繁荣，人们对农产品加工的要求越来越高，农业产后子系统可起到增值作用；第三，随着市场经济的发展，农产品的价格既受生产成本与合理利润的制约，又受供求关系的制约，农业产后子系统可以通过调节功能有力地促进生产，引导需求，使整个农业得到协调发展；第四，农业生产是分散的，而市场是共同的，是开放的。通过农业产后子系统，引入竞争机制，优胜劣汰，必然推动农业的进步。

20 世纪 80 年代，美国农产品加工业的产值占工业总产值的 1/4 左右；法国食物工业在工业部门中居首位；保加利亚的食品工业占工业总值的近 1/3，占出口总值的 90％多；美国农村劳动力的 20％用于产前、10％用于产中、70％用于产后；英国农业劳动力产前部分占 7.2％、产中占 22.9％、产后占 66.9％。发达国家农产品经过加工销售的约占 80％，而发展中国家只占 10％～20％。

农业生产的产前和产后子系统或者为农业生产提供物质投人和服务，或者以农产品为自己的劳动对象，为农产品的加工和流通服务，与农业产中子系统共同构成社会物质循环链条的一部分。发展农业产前、产后子系统的正确方针是保持产前、产中和产后子系统的协调一致。要根据农业产中子系统结构、产品种类和数量以及当地的自然、经济条件和人文、社会条件确定适当的产前、产后子系统组成及其产品和服务的种类，并且确定这些行业的发展规模。在发展产前、产后子系统的同时，要注意这些部门和行业的某些“副产品”即“三废”对农业生产的不利影响，注意保护耕地。

另外，有一些行业的产品既可以为农业生产服务，又可以为非农业生产以及一般消费服务，因而不能简单地看是否属于产前、产中子系统。像建材行业就是这样一种产业，几乎所有的批零贸易、餐饮和服务业也是如此。这取决于其主要产品或服务是否构成农业的产前或产后子系统的一部分。

二、农业管理子系统

农业是一种生产事业，必然就有对生产者以及各种生产要素的管理问题。使它们有合理的组织，以便生产能正常地进行。人类在农业的起源时代，即新石器时代，进入原始公社制，开始从母系的部族组织向父系的家族组织过渡。家族组织推动了种植业与养殖业的形成与发展，而后者又使家族组织得到巩固。这就是最早的农业管理形态。当代西方发达国家全部实行家庭农场制，社会主义国家实行不同形式的集体所有制。亚、非、拉三洲的发展中国家实行小农制、佃农制、庄园制不一。但是有一点是全世界相同的，这就是任何农业都离不开一定的组织或体制。

农业管理子系统包括行政管理、市场管理、民间团体组织管理三项基本内容。农业管理子系统对农业的发展往往具有决定性的作用。从发展的观点来看，这两个方面在未来发展中都应当实现科学化。

（一）农业行政管理子系统

这是传统的、固有的管理体系。随着农业生产的发展和市场经济的建立，其相当部分的功能将有市场管理子系统来代替。但其在宏观管理方面的功能将长期保留下去。农业行政管理就是政府及其农业部门制定农业发展方针、规划、计划、决策、政策，并进行贯彻，如农业体制、生产政策、分配政策、财政政策、信贷政策、税收政策、物价政策、劳动政策等。中国现行农业行政管理体系（表 4-2）。不论发展中国家还是发达国家，正确的农业政策和管理体制，对农业的发展都能发挥巨大的推动作用。我国十一届三中全会后推行的家庭联产承包责任制政策，就充分调动了农民的生产积极性。美国自1930年以来，联邦政府长期对小麦、玉米、棉花、羊皮、牛奶等农畜产品实行价格支持政策，有力地保证了农业的持续增长。

表4-2 中国农业行政管理体系结构

第一级	第二级	第三级	第四级	第五级	第六级	第七级
国务院	农业部 科学技术部 对外贸易经济合作部 水利部 国家经济贸易委员会 教育部 国土资源部 发展改革委员会 财政部	农村经济体制与经营管理司 市场与经济信息司发展计划司 国际合作司 农业机械化管理司 畜牧兽医局 种植业管理司 科技教育司 农垦局 乡镇企业局 渔业局 财务司 农业技术推广服务中心	省农业厅 省水利厅 省林业局 省发展计划委员会 省科学技术厅 省教育厅	县(市)农业局 县(市)水利局县(市)林业局	乡镇政府	村级机构

(二)农业市场管理子系统

在计划经济体制下，对主要农产品来说，供销与粮食部门的任务只是计划收购、计划调拨、计划销售，农产品的流通渠道很不畅通，农产品的贸易市场容量很小、水平很低。而对农业生产资料生产和商业部门来说，也仅仅是为了完成国家任务，毫无积极性可言。当前我国农业已开始向市场经济体制转型，最突出的矛盾就是农产品的流通渠道与市场建设远未跟上数量如此庞大、种类如此繁多的农产品贸易的需要。因此，加快培育农产品的流通与市场体系，加强农业市场管理子系统的建设，是当前以及今后相当长时期内的重要任务。农业市场管理子系统在未来发展中，随着研究与实践的深入，在农业生产的中观、微观领域将发挥越来越显著的作用。

当然，中国农业实行市场经济体制，并不是说就不要政府的宏观调控。为了保证农业市场管理系统的顺利运转，为了保证农业能满足全社会与国民经济的基本需要，政府的宏观调控仍然是必不可少的手段，这是世界各发达国家的共同经验。当然，市场经济体制中的宏观调控，主要是采取经济手段(辅以必需的法律手段)，调控的范围与强度亦是有限的。它与计划经济体制采取行政命令，以至政治强制手段，对农业进行高度集中的管理是完全不同的。政府宏观调控的一个重要方面，是对一些关系国计民生的重要农产品实施储备政策与保护价政策。在市场经济条件下，一些重要农产品由于某些原因(连年丰收，品种、质量不适销等)，可能出现严重积压。一旦农产品销售遇到困难，价格就会下降过低，导致农民利益的严重损失(谷贱伤农)。在这种情况下，政府需要制定保护价政策，以保证农民合理的收入。由于某些原因(如严重的自然灾害、商人的囤积居奇、农民的拒售，或者仅仅由于社会谣言等)有一些农产品会出现严重短缺，形成抢购与价格猛涨，使消费者难以承受，以致引起社会的动荡。为了对付这种局面，各级政府都需要对主要农产品(特别是粮食、棉花)建立储备制度，以便运用经济手段有效地控制市场，以保持物价的基本稳定。

当前许多发达国家（如欧洲共同体、日本、美国等），都以巨大的财政力量，在农业生产者销售其农产品时给予价格补贴，以保证本国农民获得与其他行业相接近的经济收入，同时亦为了加强本国农产品在国际市场上的竞争力。中国随着工业化的进一步发展，国家财政力量的加强，今后在必要时亦会采取类似政策，推进农业发展。

（三）协会或民间管理子系统

主要包括农业行业协会，产业联盟，或民间组织。解决具体生产技术问题以及经营管理中系统衔接的问题。

三、农业科教子系统

农业是最古老的产业。人类自开始从事农业以来，就有农业技术。但农业科技的迅速进步是在欧洲产业革命与近代自然科学发展以后，至今约有200年历史。随着社会的发展，农业科技的进步越来越快，农业科技在农业发展中的作用也越来越大。20世纪中叶，农业出现的突破性进展，其中农业科技的进步起到了极其巨大的作用，其贡献率大约为70%。在知识经济迅猛发展的今天，科学技术作为第一生产力在农业现代化建设中必将发挥更加巨大的作用。

农业科教子系统包含农业教育子系统、农业科研子系统、农业推广子系统三个方面（图4-4）。

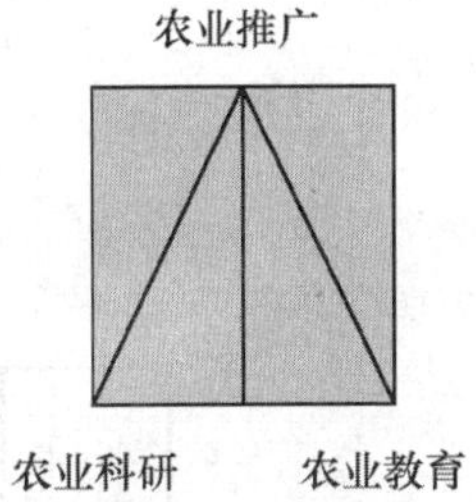

图4-4　农业科研子系统组成结构

（一）农业教育子系统

百年大计，教育为本，教育事业受到世界各国的重视。农业教育自古就有，其主要方式是靠经验传授与农业书刊的传播。19世纪欧洲一些最著名的自然科学家与农业科学家在大学任教，对发展与传授农业科学起了开创性的作用，如法国巴黎索邦大学的盖·吕萨克，德国吉森大学的李比希等。美国1862年通过了莫里尔提出的赠地学院法，在赠地学院中开展农业研究与农业教育。美国式的农业教育、科研、推广三结合体制对全世界农业教育有较大的影响。中国是一个农业大国，中国政府历来十分重视农业教育。20世纪初在东南大学、金陵大学、浙江大学、北京大学等先后建立农学院，开始了中国近代农业教育。1949年以来，中国逐步建立起来了“高等农业教育、农业职业教育、农业成人教育”三个层次合理布局、互相补充、协调发展的多元化农业教育体系（图4-5）。普通高等农业院校是中国农业教育体系的主要构成部分，它担负着为农业科学研究、农业技术开发及农业生产培养高级专门人才的责任，同时又是农业科学技术研究和开发中的一支重要生力军。

由于经济发展的不平衡性，目前世界各国农业教育的普及程度差别仍然相当大。美国200多万农业劳动者中，受过中等或高等教育的达一半以上。法国政府规定，凡申请经营农庄的青年都必须受过中等义务教育与3年农业专业教育。1949年以来，特别是改革开放以来，为落实中国政府制定的科教兴农战略，中国农业教育蓬勃发展，为农业科技进步做出了卓有成效的贡献。高等农业院校由1949年的48所发展到1998年的62所。贯彻《中国教育改革与发展纲要》，全国已有14所农业高校通过实行“共建、调整、合作、合并”，打破了学校规模较小、学科单一的束缚，教育资源得到合理配置和充分利用，促进了综合素质人才的培养。

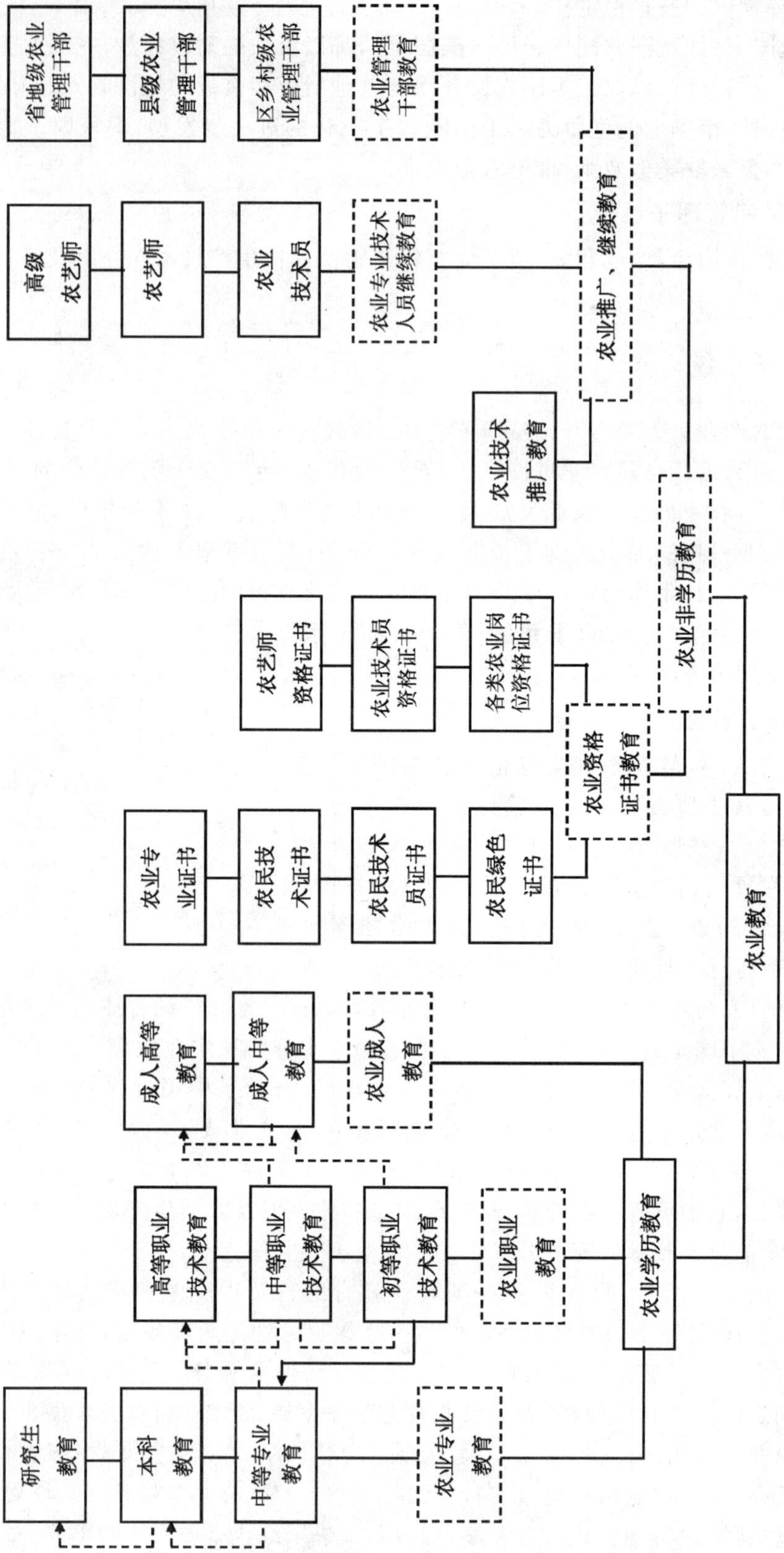

图4-5　中国农业教育体系结构框图

改革开放以来我国农业教育得到较快的发展。“九五”期间，培养了一大批农业高级专门人才和实用技术人才。据统计，2000 年全国高等农业院校在校生总规模 28.73 万人，比 1995 年增长 61.9%。其中研究生 1.1 万人，比 1995 年增长 81.1%。2010 年全国高等院校本专科学生在校人数 91.57 万人，比 2000 年的 26.67 万人，增加了 2.5 倍。近年来，随着国家对农业科学技术的进一步重视，高等院校在校生数量将呈现进一步上涨趋势。“九五”期间共输送高级专门人才 23 万人，其中研究生 1.1 万人。成人学历教育发展较快，2000 年招生达 3.45 万人。中等农业专业教育规模逐步扩大，2000 年在校生 50 多万人，比 1995 年增长 28.1%；“九五”期间共输送中专毕业生 60 多万人。据中国教育报 2001 年报道，2000 年，全国农村职业高中学校数已达 4 255 所，占全国职业高中总数的 60%以上，在校生总数 224.98 万人，占全国的 54.28%。农村职业初中 1,164 所，在校生数为 85.89 万人。农民职业教育有了较大发展，以职业教育为主要内容的农民中专 446 所，在校生 17.26 万人。农民技术培训学校 48.63 万所，年培训农民 9 047 万人次，绿色证书工程实施县由“八五”期间的 700 个发展到 2000 年的 1 994 个，培训农民 1 029 万人，有 476 万人获得绿色证书。农业广播电视学校毕业学生 60 多万人。农业干部培训和继续教育成效显著，“九五”期间累计培训 170 万人次，其中县以上农业领导干部 1.2 万人次，乡村干部 120 多万人次，专业技术人员 40 多万人次。

农业教育的基本任务是教育培养农业管理与领导人才、农业科技教育人才和农业生产经营人才。近年来，我国高等农业教育又推出了农业推广硕士研究生和农业 MPA，旨在提高基层农业推广技术人员和农业管理人员的素质水平。但与中国巨大的农业劳动者人数相比，我国高、中级农业专门人才所占比例仍然很低，仅百分之几。与美国 50%相比，中国农业教育在中国农业现代化进程中所肩负的任务还相当艰巨。

1989 年统计，我国农业劳动力中具有大专以上文化程度者占 0.08%，中专文化程度比例为 0.45%，高中程度文化程度者占 6.81%，初中为 31.43%，高小、初小占 38.67%，文盲、半文盲占 22.57%。2001 年统计，大专以上程度者占 0.5%，中专程度占 2%，高中程度为 9.7%，初中以下程度劳动力比重高达 87.8%。其中初中程度占 49.3%，高小、初小程度占 31.1%，文盲、半文盲占 7.4%，受到过专业技能训练的占 13.6%。2011 年统计，大专以上文化程度者占 2.7%，中专文化程度比例为 2.5%，高中程度文化程度者占 9.9%，初中为 53.0%，小学为 26.5%，不识字或识字很少占 5.5%。对比三个时期情况，尽管近年来九年义务教育和专业教育规模有所扩大，大专以上劳动者比重提高了数倍，但从绝对数量来看，每千人中只有 27 名大专以上毕业生。客观事实是，这一结构比例状况还受到用人渠道不畅，人才大量流失及教育体系改革中农业科学知识结构不平衡，人才质量偏低等因素困扰，这加重了农业人才不足势态。

随着 20 世纪末我国教育管理体制的改革，其他行业的教育经过资源结构的调整优化而得到充实和提高，而农业教育和农村职业教育因其弱势产业教育的特征与发展规律不适应简单市场化运作，在不同程度上被削弱、流失，甚至瘫痪。90 年代曾经鼎盛一时的农业中等职业教育受到极大冲击，目前还在减少，有的脱掉“农字帽”，有的升为高职学院，有的被合并，这里值得商榷的是因招生困难而选择适应社会和教育发展规律的调整无可厚非，不应“一刀切”，但盲目合并、削弱和脱离农业是令人堪忧的现状，我国的地区相当于国外一个州和省，连一所农业职业学院都没有，这与我国国情不相称。“轻视农业、远离农业、放手农业”并不是个别现象，人们更多的是直接关注餐桌上的农产品，却很少关注与之息息相关的人才与教育的极端重要性，这不仅是农业行业以外发生的故事。因没有及时对教育管理体制改革采取相应的支持与配套政策，农业教育和农村职业教育被削弱、流失和瘫痪现象及其对农民素质和农村发展的影响正在凸显。农民素质提高缓慢的主要原因在于农村教育与农村学生和农民的实际需求不相适应，农村职业教育体系和网络被削弱、流失和濒临瘫痪。

纵观国内外的变化，21世纪的来临，使我国农业教育面临新的形势：我国农业发展进入了新的阶段，农业产业结构的战略性调整，农业增效和农民增收缓慢的压力，农业产业化、市场化程度的提高，农业高新技术的迅猛发展，西部大开发的战略部署，加入WTO给农业带来的机遇和挑战等，都将极大地影响我国农业教育的改革和发展。

新形势对我国农业教育提出了新要求：必须加快教育思想和教育观念的转变，以适应市场经济的需要；突出农民职业教育在整个农业教育中的重要地位，全面提高农业劳动者科技文化素质；全面推进素质教育，提高受教育者的综合素质；调整人才培养的目标与规格，注重培养创新精神和创业能力；以优化农业教育结构为前提，积极推进数量规模的增长；要努力创新体制，进一步完善教育体系和运行机制，充分发挥农业教育的整体功能；加强办学条件的建设，深化教学改革，努力提高教育和培训的质量；加快法制建设，保证农业教育稳步健康发展。

（二）农业科研子系统

“经济上的需要曾经是，而且愈来愈是对自然界的认识进展的主要动力”。社会经济对农产品需要的增加促进了农业科技的发展。而农业进步的根本内在动力是农业科学技术。农业科学技术的发展与整个自然科学、技术科学及经济科学的发展是分不开的。农业科学技术中的相当一部分是自然科学、技术科学与经济科学在农业中的应用，而且经过200多年来无数农业科学家的努力，已经形成学科众多的农业科学技术体系。主要包括农业基础科学研究、农业应用基础科学研究、农业科技开发与推广等。我国农业科技体系结构如表4-3。

表4-3　中国农业科研体系结构

国家级	省市自治区级	市县级	乡镇级	村级
中国农业科学院 中国林业科学院 中国水产科学院 中国热带农业科学院 中国农业机械化科学院 中国科学院涉农研究所 重点农业大学	地方农业科学院 地方农业大学、专科院校 民营农业研究中心	农科所 民营农业研究所		

经过50多年的建设，中国农业科技取得了长足发展，具备了一定的基础和实力，已形成了基本按生态区域和经济特点设置的中央和地方两级管理的农业科研体系。到1998年，全国市级以上农业部门所属研究开发机构1,120个，职工近11万人，其中科技人员6.3万人。国家级农业科研机构有57个研究所，职工总数为1.21万人，其中从事科技活动人员0.77万人，约占全国总数的11%。31个省（区、市）农业（畜牧）科学院下设研究所共计414个，职工总数为5.36万人，其中从事科技活动人员3万，约占全国总数的48.7%。地市级农业科学研究所649个，职工总数为4.4万人，其中从事科技活动人员2.5万人，约占全国总数的40%。2001年，全国农业技术推广人员总计97.05万人，专业技术推广人员64.92万人，其中研究生1010人，本科6.79万人，本科以上学历占专业技术推广人员10.7%（表4-4）。

表 4-4　1998 年中国专业技术推广人员统计

项目	技术推广人员总数/人	专业技术推广人员										
		合计/人	按职称分					按学历分				
			正高	副高	中级	初级	未评	研究生	本科	专科	中专	其他
全国合计	970 530	639 245	1 273	21 770	143 540	393 266	89 396	1 010	67 866	143 345	326 287	110 737
县级以上	64 971	40 656	826	7 340	15 451	13 362	3 677	763	14 514	12 520	10 700	2 159
县级	347 728	216 708	387	12 280	72 879	112 231	18 931	224	36 330	66 190	98 378	15 586
乡级	557 831	391 881	60	2 150	55 210	267 673	66 788	23	17 022	64 635	217 209	92 992
			占专业技术人员比例/%					占专业技术人员比例/%				
全国合计			0.2	3.4	22.1	60.6	13.8	0.2	10.5	22.1	50.3	17.1
县级以上			2.0	18.1	38.0	32.9	9.0	1.9	35.7	30.8	26.3	5.3
县级			0.2	5.7	33.6	51.8	8.7	0.1	16.8	30.5	45.4	7.2
乡级			0.0	0.5	14.1	68.3	17.0	0	4.3	16.5	55.4	23.7

农业系统已建立了国家重点和部门开放实验室71个，具备了比较完备的科研手段和条件。农业科研成果硕果累累，如籼型杂交稻的发明和大面积推广、地膜覆盖栽培技术的应用、设施园艺技术的应用、抗虫抗病棉的发明和种植、组培脱毒快繁技术的应用、马传染性贫血疫苗，等等，极大地促进了我国农业生产力的提高。据中国农科院估算，我国农业总产量中科技进步的贡献率由1972—1980年的27%提升到1981—1985年的30%～40%，到1995年已达50%左右。美国自20世纪50年代中期以来，农业增产的80%以上，农业生产效率提高的70%以上都应归功于农业科技。

(三)农业推广子系统

农业推广子系统的任务是将农业科研成果与一定地区相结合，使科研成果在大面积生产上得到应用，以产生社会经济效益。它主要有以下基本功能：①农业科研发展机构(农业研究机构、院校)和目标机构(农村、农民)之间的活动中介(图4-6)；②科研成果的继续和再创新；③促成知识形态和物质形态的农业技术的转化；④教育农民，增进知识，提高生活与能力与生产技能。近年来，涉农企业也成为农业科技成果推广的一支重要力量。

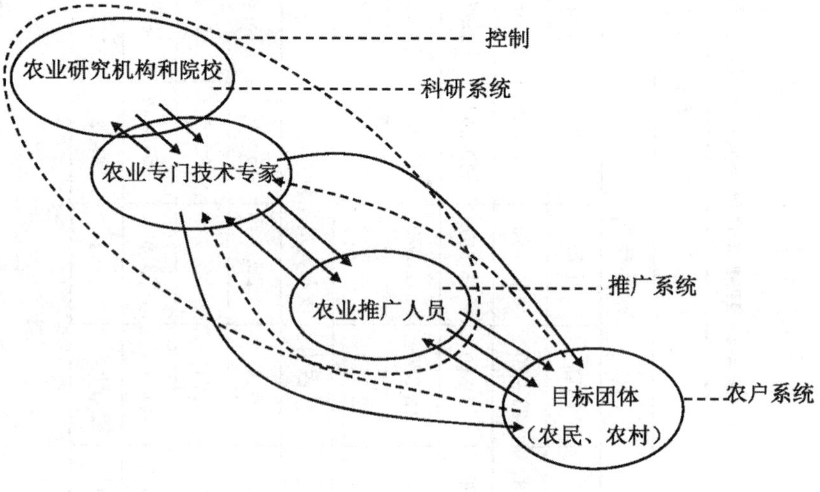

图4-6 农业推广在科技成果转化中的作用

世界各国在发展农业的过程中，都非常重视农业推广对实现农业现代化的作用，通过推广把政府的农业发展政策、科技成果、市场信息等传播给农民，使之应用于生产，转化为生产力。日本每七八千户农民有一所农业改良普及中心，20名左右农业技术人员；每400户有1名专门技术员或农业普及员外加2名协会技术员。以色列每300农业人口就有1名农技推广员。美国每100个农场就有1名推广员或联邦农业部属技术员。法国为100个左右农场有一名农民组织或行业协会技术员(表4-5)。以色列的农技推广员几乎是24 h坚守岗位，有关农业发达国家技术人员为全职工作人员，周年无偿提供服务。

表 4-5 农业技术推广人员的国际比较

国家	年份	政府农业技术推广专业人员			技术推广人员数据来源
		总数/人	人均负担农业就业人数/人	人均负担耕地面积/hm^2	
美国	1999	20 000	315	8 848	韩清瑞等，2011
日本	1997	11 853	415	380	李立秋等，2011
英国	1999	10 000	107	592	聂闯，2001
荷兰	1999	1 500	357	609	聂闯，2001
丹麦	1990	2 000	2 270	1 147	聂闯，1994
印度	1990	50 000	10 829	3 235	Eevenson，1997
泰国	1994	15 600	1 972	942	平培元，1999
以色列	1998	350	466	1003	王慧军，1998
埃及	1999	25 000	995	113	杨映辉，2001
欧洲	1988		431	3 719	Swanson et al，1990
北美洲	1988		325	19 441	Swanson et al，1990
拉丁美洲	1988		2 940	3 983	Swanson et al，1990
近东	1988		2 449	5 403	Swanson et al，1990
亚太地区	1988		873	2 889	Swanson et al，1990
非洲	1988		1 809	2 445	Swanson et al，1990
中国	2001	649 245	800	200	

注：亚太地区的数据不包括中国；主要国家人均负担农业就业人数（人）和人均负担耕地面积（公顷）根据 FAO 相关统计数据除以相应国家相应年份技术推广人员数据得出；洲际数据来自 Swanson et al，1990；中国数据根据农业部统计数据整理计算得到

1949 年以来，我国农业推广事业取得了长足发展。1995 年 8 月，农业部根据中国国情，将全国农业技术推广总站、全国植物保护总站、全国种子总站、全国土壤肥料总站组建成全国农业技术推广服务中心，下设 20 个处室。另外，近年来涌现出一批合作经济组织、农村专业技术协会等非政府推广组织，给我国农业推广工作带来了勃勃生机，从而形成了“软、硬”技术配合，产、供、销综合服务，试验、示范、推广、培训紧密结合的多元化综合服务推广体系（图 4-7）。

当前我国农业推广队伍存在的基本问题包括：2002 年统计，我国县级部门有农业推广人员 33 万，乡镇级为 70 万人；2003 年底统计为 100.78 万人，2004 年对全国 100 个县的监测表明，农技人员减少了 12%，其中乡镇农技人员减少 15%。根据我国农户基础教育水平低，要满足农业现代化建设需要，100 户农户需要 1 名全职农技推广人员，全国 2 亿个农户需要农技推广员 200 万人，相当于每一个村委会设置 2～3 名农技推广员，每个乡镇为 200 人左右。按照这一发展目标，未来我国农业推广体系应当在原有基础上，做好三方面工作。第一，采取措施，实现现有县乡两级农技推广人员 100%出勤工作；第二，采取培训，提高一部分、分流一部分、吸纳分配一部分方式，用两个 5 年计划时间解决县乡两级农技推广人员大学本科以上学历问题，即相当于每年解决 8 万人更新或转化问题，迅速提高县乡两级农技推广人员专业技术整体水平；第三，在积极探索试验基础上，稳步推进村级农技推广人员体系中约 100 万人规模队伍的发展，全面实施县乡村三级农技推广网建设。1975 年，我国曾拥有约 1 000 万人规模的大队

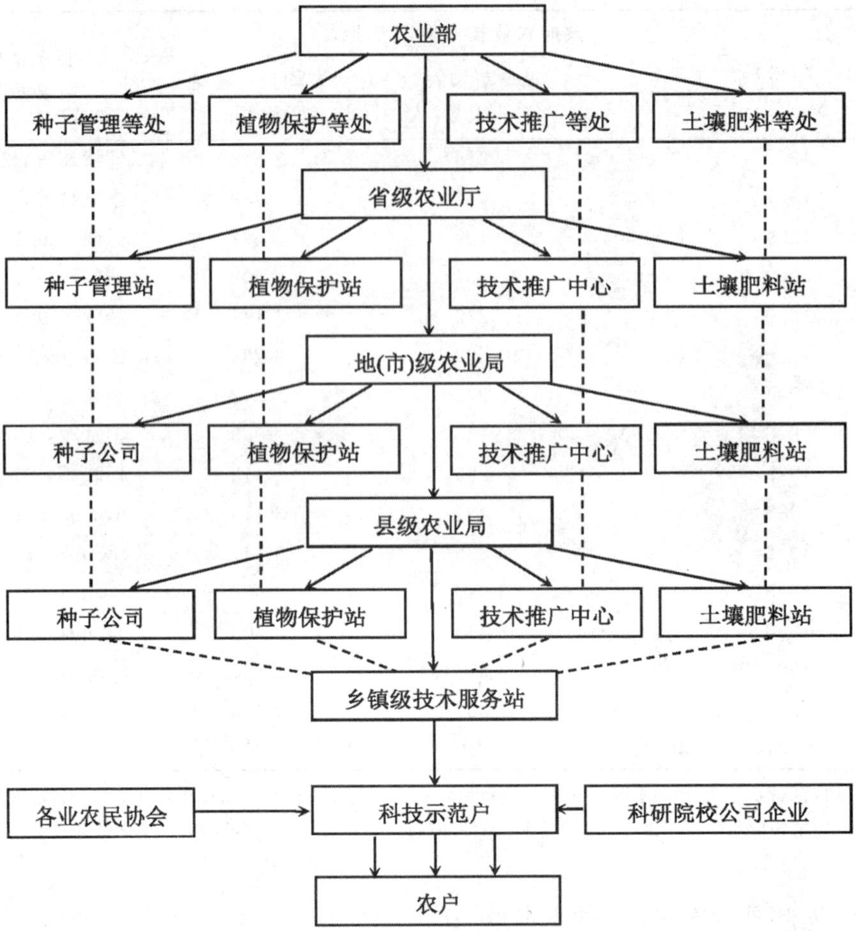

图 4-7　农业推广机构体系

级及生产队级农技推广基层群众队伍，1978 年后逐步解体。伴随着农村专业协会、合作社及农村基层组织建设，应当注意创造形成新型模式与机制，建设恢复基层科技大军。

但从农业发展的新阶段看，我国农业推广体系仍存在着很大的问题：

1. 管理体制不健全

各级农业推广机构接受农业行政部门和上级推广机构的双重领导，导致农业推广机构受行政干预的影响严重，系统内的管理弱化。

2. 农业推广与农业科研、农业教育部门间未形成有合力的运行机制

目前，我国的农业推广与农业科研、农业教育部门分属不同的政府部门管理，各自独立，自成体系。只有工作上的相互协作，没有机制上的内在联系，相互间协调困难，导致"三农"结合基本上还是低水平的、松散的、随意性的，削弱了"教育、科研、推广"三者相辅相成的整体功能。

3. 农业推广队伍残缺

一是农业推广系统总规模严重偏小，农业推广人员在布局上呈"倒金字塔"型结构。我国 1 000 户农民才有 1 名推广技术员(与统计数据矛盾)，县级农业推广人员占的比重大，而乡村

两级的农业推广人员所占比重小，并有下降的趋势。二是专业人员比例偏低，据 2000 年农业部等 4 部委(办)检查组对 40 多个乡镇的调查，许多乡镇站专业技术人员所占比例不足 60%。三是年龄普遍偏大，由于基层推广机构待遇低，工作艰苦，很多有专业学历的青年人不愿进来。四是知识亟待更新，目前在基层从事农业推广的人员中，掌握常规技术的多，了解新技术的少，不适应形势发展的要求。五是人才专业结构严重失调，绝大多数推广人员是学农学、植保、土肥的，而养殖业、农村其他非农产业和市场营销人员的比重极小，这种状况很不适应经济发达地区的农民、农业与农村发展的现实需要。六是人员素质偏低，据 1997 年不完全统计，全国共有农业推广机构 189 502 个(其中县级以上推广机构 22 860 个)，虽然专业技术人员有 885 021 人，但具有副高以上职称的人数仅占 3 %(25 656 人)，具中级职称的人数也仅占 18%(158 136 人)。不仅是职称结构的不合理，这批人员中接受过高层次教育的比例也较低，我国 2002 年县乡推广人员大专以上学历者仅占 23%，硕士研究生稀少，另有 22%仍然为初中以下水平。宁夏的统计表明，县乡推广队伍中有 33.5%的部分为非专业人员或无专业人员，而美国的县一级推广机构中有 75 %的人员具有硕士学位。七是出勤率惊人的不足，农业部 2002 年 20 个县 286 个专业技术推广站 866 名推广员调查表明，县乡两级农技推广员农技推广工作出勤率为 38%，乡级农技推广员农技推广工作出勤率只有 34%。2004 年 100 县的调查结果表明部分县乡农技推广员出勤率更在 25%以下。

4. 资金短缺，工作难以开展

很多地方农业推广经费问题长期得不到妥善解决，相当一部分基层推广人员没有稳定的收入，有的甚至难以保证基本生活，使农业推广体系面临“线断、网破、人散”的危险。2000 年农业部等 4 部委(办)检查的 169 个乡镇级推广机构中，全额拨款的占 55% ，差额拨款的占 35% ，自收自支的约 10%。在一些不发达地区，相当多的乡镇农业推广机构有站无址或工作在危房中，少数乡镇站甚至没有最简单的技术设备。这些都严重制约了农业推广工作的开展，也使一些新的综合配套技术无法引进、试验、示范和推广。

5. 偏重狭义的农业推广

农业推广机构主要承担把科技成果和实用技术介绍给农民，普及应用于农业生产过程(主要是产中过程)，开展与推广相关的社会化服务，帮助农民解决生产中的技术难题，忽视了对农民行为的研究和农民素质的提高。

第五节　农业系统结构演进

一、农业系统结构的演进趋向

从刀耕火种的原始农业到当代发达国家的现代化农业，是一个极为漫长的发展过程(图 4-8)。在农业发展的不同阶段，具有不同的农业系统结构。需要说明的是：不同制度的国家，农业发展水平可以处于相同阶段，也具有相似的农业系统结构。例如，中国与印度属于两种不同的社会制度，但它们的农业发展阶段和结构是相似的。农业系统结构的完善、协调是农业稳定发展的基础。

(一)原始农业时期的农业系统结构

地球上出现人类的时间，大约在距今二三百万年前。那时，人类为了维持生存，只有依靠采集和捕捞自然界里现成的动植物果腹。大约1万年前，人类进入新石器时代。原始农业就是伴随着新石器时代而诞生的。在中石器时代，人类由于谋生手段的改进，得以繁殖滋生，但在一定地区的自然环境中，可以采集与捕猎的动植物是有限的。人类在采集中注意到一些谷类植物的种子落地后第二年又生长出更多的谷粒。又加上人类石器工具的进步，已能生产出各种磨光石器，如石磨、石犁、石刀、石锄等，可用作种植的工具，这样就产生了原始种植业。原始种植业使人类定居下来，种植业收获的多余谷物、薯块有可能驯养牲畜，因此产生了原始饲养业。从而农业系统得以产生。

以原始的种植、饲养为形式的农业系统一开始就与自然生态系统有本质的不同。人类进入种植、饲养时代后，就不是依靠或不主要依靠自然生态系统为生，而是依靠农业系统为生。

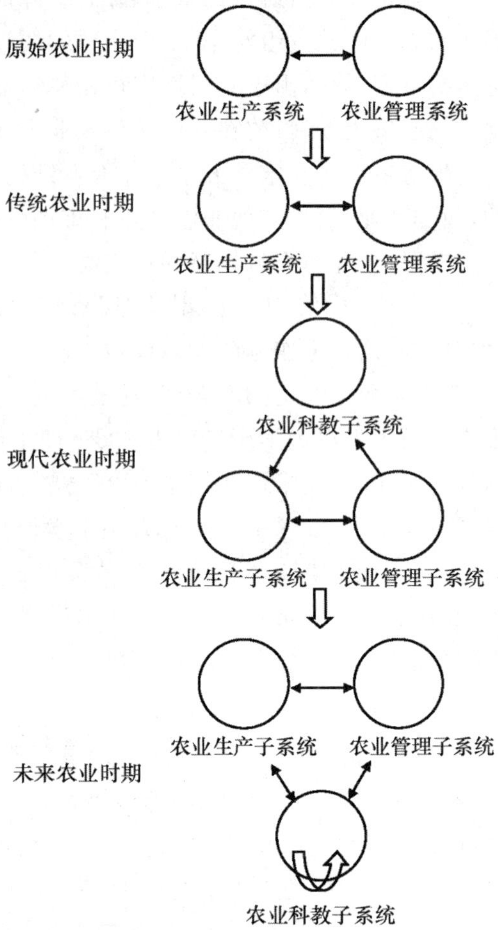

图4-8 农业系统结构演化

原始农业的农业系统虽然包括农业生产子系统和农业管理子系统，但农业系统结构单一，农业生产子系统就是农业产中子系统，即当时社会没有明显分工，以自给自足性经济为主。原始农业的目标就是维持劳动者个人消费和氏族成员的生存与繁衍，由于生产力很低，农业劳动所得供给劳动者消费后没有或很少剩余。农业管理子系统的功能主要表现在农业生产技术的进步上。尽管原始农业的生产技术进步对社会发展具有重要意义，但是，它只是建立在原始的直接经验基础上的技术，劳动生产率和土地产出率都十分低下。特别是烧垦制的出现，表明当时人类只会从土地上掠夺物质和能量，而不能及时地进行补充和偿还，所以，这是一种为保证人类繁衍而以自然环境被破坏为代价的原始技术，管理手段落后，管理措施单一。

(二)传统农业时期的农业系统结构

新石器时代的晚期，人类由石器时代向金属器时代过渡。埃及、西亚、印度、中国等地先后开始了青铜器时代，生产力得到明显提高，使农业发展到传统农业阶段。传统农业的基本特征是：以手工业制造的铁木工具为操作工具；以人力、畜力为主要动力；在农业技术上主要依靠精耕细作的传统经验；注重农业环境的保护与改善；自给自足的自然经济等。传统农业的农业系统结构仍以农业生产子系统和农业管理子系统为主。不过，随着农业的发展和农业生产技术的进步，农业系统的内部结构逐步分化完善。首先是农业管理水平有了很大提高，一方面耕作制度由原始的烧垦制过渡到既能较充分地利用土地资源又能较好保护自然植被的轮作制。一系列精耕细作的方法也随之出现，如整地播种、育苗移栽、中耕除草、灌溉施肥、轮作倒茬等。在中国，传统农业的耕作制度水平远高于世界其他国家，著名的德国农业化学家李比希称中国的农业是“合理农业的典范”。另一方面，灌溉施肥方法由原始的自然补充土地水分、肥力过渡到劳动者利用各种方法主动对土地施加水肥。如西亚、北非地区的灌溉农业，中国耕一耙一耱的抗旱保墒耕作法等。其次，由于农业生产技术的进步，促进了农业生产力的提高，从而使劳动所得有了剩余，促使社会性的劳动分工成为可能，形成了种植业、畜牧业、手工业、商业等不同的行业，推动了商品经济的发展，促进了农业生产子系统的分化完善。第三，农业产中子系统的物质生产更加丰富多彩。

（三）现代农业时期的农业系统结构

从19世纪中叶开始，世界农业步入现代农业阶段，这个阶段农业发展的基本特征是：随着工业化的开始而开始，随着工业化的高度发展而走向现代化；自然科学和农业科研成果应用于农业，科学的农业生产技术体系开始形成；农业由自然经济转变为商品经济等。

在现代农业阶段，随着科学技术的进步和生产力的发展，农业系统内部的分工也在不断提高。20世纪中叶以后，发达国家农业专业化的形式从地区专业化到农场（部门）专业化再到作业（工艺）专业化。所谓作业（工艺）专业化是指一个农场专门生产某种中间产品，专门完成产品生产这一个过程里某一项作业的专业化。例如，20世纪50年代以前，在发达国家里，养鸡一直是农家的一项副业，附属于农业本身而不是一个独立的生产部门。20世纪50年代以后，随着农业专业化的发展，养鸡就独立成为一个生产部门。而且，鸡饲养过程中的各个环节也逐渐分离开来，变成专业的独立部门：有专门从事种鸡饲养，生产孵鸡用蛋的种鸡农场；有专门从事雏鸡孵化，生产小鸡的孵鸡农场；有专门从事鸡的育肥，生产肉鸡的肉鸡农场。与此同时，饲料加工、家禽屠宰、疫病防治、运输和销售、食品加工以及现代鸡舍的设备安装与修理都纷纷从原农业生产中独立出去，成为专门的生产及服务部门。对于专业化的养鸡场来讲，其中一些部门成为它的产前部门。没有产前部门，养鸡场不可能形成。而另一些部门则是它的产后部门，没有产后部门，最终产品无法实现，养鸡场即使成立也无法维持。这样，养鸡业的产前、产中、产后部门就出现了。农业的其他部门也是如此。分离独立出来各部门的生产经营都建立在高度机械化、智能化和生产技术科学化的基础上。只用2～3个劳力饲养100万只以上的肉鸡场并不鲜见。分工的高度发展必然引起协作的深刻变化。

从农业中独立出来的工业、服务部门日益增多，它们之间的经济联系就日益密切。比如，以农用工业生产部门和农业本身的联系来说，美国全国农场生产开支中，用于购置农用工业部门提供的生产资料，1910年只占25%，1970年占到70%。再以农产品加工部门和农业本身的联系来说，1970年美国提供消费的农产品中有90%都是经过各种方式加工的。这就说明，这些工业部门、服务部门和农场的利益都共同体现在一个最终产品上，他们各自是这个农产品某一部分的生产者，只有这个农产品的价值最终实现了（即在市场上卖出去了），他们才能获得相应的一份利润；这中间任何一个部门出现问题，其他部门都要受到影响。也就是说，他们之间已经产生了一种共同的经济利益。共同利益的产生，表明了现代农业劳动和现代工业劳动以及商业劳动已经彼此融合，成为社会化的劳动，而农产品是劳动的结果，当农产品受到损失时，农业和与之有关的工商业都要受到损失，而且后者所受的损失比前者要大。

正是共同经济利益的形成和稳定，使农业和与之有关的工商业联为一体，形成一个完善的农业系统。这个系统里的各业，在高度的物质文明基础上，紧密结合，共同完成现代农业生产的全过程。

现代农业的农业系统结构的另一变化是农业科教子系统伴随着农业系统内部结构的分化完善，从管理子系统中分化产生。使农业系统结构更趋稳定完善，并对农业生产和管理起着越来越重要的作用。

（四）未来农业时期的农业系统结构

与现代农业时期的农业系统结构相比，在可以预见的未来农业时期，农业系统的结构在形式上仍然包括农业生产子系统、农业管理子系统和农业科教子系统三部分。但是各子系统之间的关系却发生明显的变化。在现代农业时期，农业科教子系统与生产子系统和管理子系统的联系是单向的，即农业科教子系统受作用于管理子系统的支配，而科教子系统对管理子系统只是被动接受；科教子系统对生产子系统也存在同样的关系，科教子系统对生产子系统具有指导或引导作用，其指导作用发挥的大小只取决于科教子系统自身的水平高低。在农业三个子系统中，农业科教子系统只是一个过渡的辅助的角色。

而在未来的农业时期，三个子系统的关系均是双向的，管理子系统不仅只作用于科教子系统，科教子系统亦对管理子系统具有反作用力。科教子系统与生产子系统间的关系亦然。这就要求在未来的农业生产系统，管理部门同样要进行相应的自身发展规律的研究，从而提高本身的管理水平；而科教子系统在指导生产的同时，必须注意生产部门反馈的信息，通过研究提高后再指导生产实践。而科教子系统自身也存在不断发展完善的过程。同时，科教子系统已不再是生产和管理子系统之间的简单过渡，已成为生产子系统和管理子系统发展的基石和支撑。没有科教子系统的发展，就没有生产和管理子系统存在的基础。

随着时代的发展，农业生产系统存在着由简单到复杂、从低级到高级、从单一层次到复杂链条的演变趋向。进入 21 世纪，随着科学技术的发展和社会经济的增长，农业系统结构将更加趋于完善，系统各成分之间将更加紧密结合，构成一个相互关联、相互制约、相互作用、协调统一的内在整体，共同完成农业的整体功能，提高农业的整体效益。这其中，农业科教子系统将会更加进步，并成为农业生产子系统、农业管理子系统以及农业科教子系统自身发展的重要动力源泉。

二、中国农业系统结构的改革

21 世纪将是知识经济的时代。知识经济所带来的新的农业科技革命与 20 世纪已发生的农业技术革新相比具有起点高、范围广、来势猛、成效大的特点，它将从根本上改变农业面貌。但是，我们也应当看到，中国农业科技虽然有了较大发展，与世界先进水平相比，仍有很大差距，农业基础研究还相当薄弱，高新技术研究及其产业化尚在起步，农业科研、教育、技术推广体系和市场经济发展以及即将到来的知识经济时代的要求还不适应。因此，必须着力抓好重点环节，努力建立以农业科研为基础，以推广为纽带，以高新技术产业化为特征，以人才使用为关键的农业科技创新体系，以促进农业系统整体效益的发挥和提高。

第一，要优化结构，建立与时代发展相适应、合理的农村产业结构和农业生产结构，提高农业的整体效益和素质。一方面要搞好技术、人才、信息、资金等生产要素的有效配置，建立一个结构合理、层次和规模分布有序、功能互补的农村产业结构。另一方面，要因地制宜地优化农业区域布局，发挥地区间的比较优势，调整农产品品种结构，提高农产品质量，保持农产品生产模式和消费模式的有机协调。

第二，要深化农业科研体制改革，构建充满活力的农业科研体系。科研的本质特征是创新。为促进创新，必须结合农业科研工作的特点及特殊性，改革阻碍农业科研的旧管理体制及运行机制，加强农业科技创新能力建设。要大幅度增加对农业科研的投入，加快建立以政府为主导、社会力量广泛参与的多元化农业科研投入体系，形成稳定的投入增长机制；要不断提高国家科技投入用于农业科研的比重，有关重大科技项目和攻关计划要较大幅度增加农业科研投资的规模；深化农业科研体制改革，抓紧建立国家农业科技创新体系；加强国家基地的创新能力建设，搞好农业基础研究和关键技术的研究开发，加快生物技术和信息技术等高新技术的研究；根据全国农业综合区划，在整合现有资源基础上，依托具有明显优势的省级农业科研单位和高等学校，建设区域性的农业科研中心，负责推进区域农业科技创新，开展重大应用技术攻关和试验研究，加强农业领域的国家实验室、改良中心、工程中心和重点实验室建设，改善农业科研机构设施条件和装备水平，加快建设国家农业科研高级人才培养基地，加快完善国家、省、地区间农业科研网络和体系。

第三，要深化农业技术推广体制改革，加强农业技术推广体系的规范化建设。要按照强化公益性职能、放活经营性服务的要求，加大农业技术推广体系的改革力度。探索农业技术推广的新机制和新办法，通过健全机构、稳定队伍、改善条件、增加投入，稳定基层农技推广机构，稳住精干的专业推广队伍。要开拓和发展农业技术市场，培育技术服务组织，搞好技术、人才、信息、资金等生产要素的有效配置，促进农技推广体系发展。对科技新成果要及时组织中试、推广。国家的公益性农技推广机构主要承担关键技术的引进、试验、示范，农作物病虫害、动物疫病及农业灾害的监测、预报、防治和处置，农产品生产过程中的质量安全检测、监测和强制性检验，农业资源、农业生态环境和农业投入品使用监测，水资源管理和防汛抗旱，农业公共信息和培训教育服务等职能。对公益性技术推广工作，各级财政要在经费上予以保证。同时，积极稳妥地将一般性技术推广和经营性服务分离出去，按照市场化方式运作。发挥农业院校在农业技术推广中的作用，积极培育农民专业技术协会和农业科技型企业。制定技术标准规程，认真搞好技术的组装配套和完善，便于农民接受和应用。加强农业高新技术试验示范和中试基地的建设，强化农业技术的标准化和质量监督工作，为农民提供更多更好的实用技术成果。大力推广农业先进实用技术，以增强技术服务组织活力和提供综合双套服务为目标，形成多元化的农业技术服务体系，促进农业技术服务社会化。

第四，加强农业教育，建立起具有中国特色的人才教育及培训体系。要充分认识农业教育建设的基础地位，逐步完成农业科技、教育体系整合。全面发展农业教育，突出抓住农业高等教育改革，高等农业院校要成为培养高科技人才的重要阵地，努力提高教师队伍素质，提高办学质量，培养高素质的人才。要利用国家重点实验室、工程技术研究中心、博士后流动站和主持国家重大项目等有利条件，大胆启用青年人才，把他们放在重要学术和管理岗位，在竞争中锻炼成长。要合理配置科研、教育、推广和管理人才，促进中国农业科技创新。要贯彻科教兴国战略，全面提高农民素质；结合农业结构调整、发展特色农业和生产实际的需要，开展针对性强、务实有效、通俗易懂的农业科技培训，建设具有中国特色的农业教育体系；农村中学要加强农业先进实用技术教育，适应产业结构升级和提高竞争力的需要，进一步搞好农民转业转岗培训工作，扩大“农村劳动力转移培训阳光工程”实施规模，加快农村劳动力转移，努力提高培训的实用性和资金的使用效率。广泛调动社会各方面力量参与农民职业技能培训的积极性。

总之,农业的基础地位和农业系统结构的复杂性决定了农业的发展必须以系统的观点、整体的观点来组织农业,而农业的进步又以科学技术的发展为推动力。农业系统结构的组成将越来越复杂,变革哪一个链条(部分)都有可能促进或阻碍农业的发展。因此,要坚持系统创新。既要高度重视农业科研、开发、推广、应用等每一个领域的创新,也要高度重视组织、机制、体制和学科等每一个环节的创新,还要高度重视产业、产品创新。要坚持统筹兼顾、远近结合、天人合一。在搞好基础研究、应用研究和开发研究的同时,要把解决当前农业生产发展中带有全局性、关键性技术难题作为主攻目标。

需要警觉的是,多数情况下,处于激流奔腾中的人们,往往来不及对眼前的景色尽赏,就已经被冲向了新的生活切面,相当多数终生处在切面切换之中。黑格尔说:没有经过审视的人生不是真正的人生。近300年来,是现代科学技术、工业化、城市化大行其道的天下。农业以邋遢、落后、不光彩的身份被卷入其中,甩来甩去,成为在真正意义上没有思想、没有理想、没有完整学科体系、没有科学技术体系,功能衰败的混合体。农业是国民经济的基础,中华民族自古以农立国。不懂农业必然误国、祸国。用系统结构方法,认识农业、建设农业是当代人建设现代社会基础,走向国家复兴与世界健康发展的科学之路。

农业是连接地球母亲与作为大地之子的人类的脐带。世界正处于有史以来的最严峻的人口高峰期与高速增长期。人类唯有通过农业来获得地球所提供的营养,也唯有地球母亲在健康状态之下,人类才可能健康成长,文明才能够繁荣。斯蒂格利茨曾说:"中国的城市化与美国的高科技发展将是影响21世纪人类社会发展进程的两件大事。中国的城市化将是区域经济增长的火车头,将会产生最重要的经济效益。同时,城市化也将是中国在新世纪里面临的第一大挑战。"可见斯蒂格利茨已经注意到中国城市化问题的严峻性。他所没有预料到的是,主导当代工业化与城市化的意识与行为是塑造与影响农业性状的规范,是农业、工业与社会健康发展的阻碍力量。

否极泰来。在当代世界发展形势下,工业与城市进一步发展的空间已经触顶,在经济上价值些微的农牧业正面临大发展的历史机遇,人类社会即将迎来钱学森1984年曾预见的"第六次产业革命"——农业型的知识密集型产业的建设,实现在农业文明基础上,经历工业文明洗礼,完成农业现代化工程建设,向更高形式的城乡和谐文明态的跨越。

思考题

1. 用自己的语言来简述农业系统结构。
2. 为什么必须用系统的、整体的观点来组织农业生产?
3. 为什么说科学技术的进步是农业系统结构演进的动力?

推荐读物

1. 高亮之. 农业系统学基础. 南京:江苏科学技术出版社,1993.
2. 王寿云,等. 开放的复杂巨系统. 杭州:浙江科学技术出版社,1996.
3. (英)C・R・W・斯佩丁. 农业系统导论. 吕永桢,等译. 兰州:甘肃人民出版社,1984.

中篇 2

农业系统运动原理

国以民为本，民以食为天。

——《吴志》

农，天下之大本也。一夫不耕，或授之饥，一女不织，或授之寒。故古先圣贤，敬民事，首重农。

——王　祯

人口增长有超越食物供应的趋势，大多数人注定要在贫困和饥饿边缘上生活。从长远的观点来看，任何技术进展也不能改变这种趋势。人类如果不能理性地对人口施以限制，就必将陷入幸福与灾难之间的循环往复。

——马尔萨斯的预言

第五章　农产品供求平衡原理

本章核心内容

- 农产品供求平衡原理是指相对独立的社会自然复合系统中，社会系统对农产品需求与其农业系统生产供给间的矛盾运动。这种运动具有维持相对平衡的必然性。本质上体现为农业系统的物质生产与社会需求及其地位。
- 其可分为①总量平衡：一定历史条件下，农产品需求总量与农产品供给总量之间的平衡。这是一个相对深沉、需要加以考察的东西。②市场平衡：农产品市场需求量与市场供应量之间的平衡。这是表观的东西，看得见，摸得着，通过市场价格可以感知的东西。③趋势性平衡：为社会中长期发展中对农产品需求趋势性增长与其农业系统农产品生产潜能之间的潜在平衡关系。
- 原理还分化为数量平衡与质量平衡。单位社会成员平均占有农产品的数量与质量状况分别为农产品数量平衡或质量（结构）平衡。数量平衡为基础性平衡，结构平衡则为高水平状态下的平衡。
- 当前广泛存在的食品安全问题是质量（结构）平衡问题，而粮食安全问题则为数量平衡问题。

第一节 农产品供求平衡原理的概念与表现形式

一、农产品供求平衡原理的概念

农产品供求平衡原理指相对独立的社会经济系统，对农产品需求与其农业系统农产品供给之间，具有的维持相对平衡的必然性。人类的不满足——人类物质的或精神的不满足，是一切社会运动的基本动力源泉。由于人类首先是物质的，然后才是精神的，人类基本的物质需求的不满足即农产品的不满足，是推动农业进步的基本动力。这规定了农产品供求平衡原理是农业系统运动的基本原理。我们所熟知的供求平衡是一个经济概念，而农产品供求平衡则有更广泛的意义。从供给满足程度来考察，农产品供求平衡原理具有三个层次的意义。第一，总量平衡；第二，市场平衡；第三，趋势性平衡。

（一）总量平衡

由农产品需求总量与农产品生产总量两方面构成。需求总量指在一定历史阶段、一定经济条件下一定时间内保证社会所有个体生存，保持社会系统结构有序、功能正常的社会，对农产品的基本需求量总和；农产品生产总量则是指在一定社会生产力水平、一定生产组织方式下、一定时间内农业生产系统生产的，支持全部社会消费的农产品总和。农产品需求总量与农业生产总量之间的基本平衡状况，就称为农产品供求总量平衡。该平衡点是社会系统的安全临界点。如果农产品生产总量不足以满足这个平衡，社会就存在部分个体温饱需求不能得到满足，生存就受到威胁。最终将打乱农业资源占有与农产品分配原则，造成社会经济秩序混乱，甚至发生对社会系统破坏性大的全局性问题。

传统农业时期关于农产品供求总量平衡的认识往往是模糊的。如果国泰民安、人民富足，就表明农产品供求总量平衡；如果灾荒频仍、贼盗四起，则意味着农产品的总量供不应求。这种平衡认识多数在供求总量平衡效果放大或酿成灾难情况下才显示出重要性。现代人们用数量化的方法来衡量农产品供求总量的平衡，如把个体基本需求换算成单位社会成员日均需要摄取热量，摄取蛋白质量，维生素量等来衡量。然后以单位社会成员日均需要摄取量乘以社会总人口得出需求总量。每一种类的单位农产品在人体消化吸收利用过程中的营养量相对稳定，对所有农产品的营养量进行加权，就得到以特定营养量表示的农产品需求总量。比较总需求量和总产出量大小，就可以确定农产品供求总量平衡状况。联合国粮农组织的农业统计年鉴中就同时列出了农产品物产量与营养量指标。

（二）市场平衡

为农产品市场需求量与市场供应量两者间的平衡。市场需求指在现实交换体系中，处在一定价格水平下，消费者愿意并且能够购买的农产品数量总和；市场供给量则指在交换体系中，处在一定价格水平下的生产者生产并且能够提供市场的农产品总量。该项平衡是以供求总量平衡为基础的动态平衡过程。在农产品供求总量达到平衡后，产出足以满足社会需求，并且允许需求有一定变动范围，即允许人们按照自己的喜好、按照经济条件来选择所消费的农产品种类和数量，同时生产体系有能力根据消费变化适时进行调整，保证需求与供给持续平衡。在此情况下，需求总是居于主导地位，它引导供给，刺激生产，拉动经济发展；供给则相对处于从属地位，它通过对农产品生产种类和生产数量的调整尽力适应需求，力图在每一种需求上都达到供求平衡；经济效益（价格和收益）是调节杠杆，对于需求和供给都有调节作用。

受生产条件和经济条件限制，需求愿望和实际供应量之间总是存在一定距离。一般来讲，需求愿望永远大于实际消费。消费者往往买不起、买不到或者不愿意花费太多去购买他们愿意消费的农产品。随着生产和经济的发展，需求愿望和实际供应量的差距呈逐步缩小趋势。需求愿望远大于实际供应量时的供求平衡是低水平的平衡。相反，实际供应量接近需求愿望时的供求平衡是高水平的平衡。由于存在替代品及产品演替过程，消费者对任何一种（类）农产品的依赖性都不是永恒的，需求与供给也不会一旦达到高水平的平衡就永远定格，每一种（类）农产品高水平供求平衡的实现或可产生一种（类）新的低水平供求平衡甚至不平衡。在新种（类）的高水平供求平衡的实现过程中，如果需求愿望发生（部分）转移，原来的高水平平衡会被打破并重建。就这样需求愿望总处于变化之中，实际供应量相应地也会随之变化。农产品的需求与供给平衡的转变非常灵敏，内容繁多，过程错综复杂。这个转变过程同时也是供应结构的调整过程和生产结构的优化过程。

（三）趋势性平衡

为农产品需求增长潜力与供给潜能之间的平衡。除了农产品供求总量平衡、农产品市场供求平衡之外，农产品供求关系中还存在中长期平衡问题。即需求增长变化与供给潜力之间的平衡。需求增长与供给潜力之间的平衡是对农业系统活力即系统管理科学性、系统结构合理性和生产技术延续性等方面提出的发展要求，要求系统作好中长期规划并实施超前性调整与建设，为保障未来农产品供求平衡建设良好基础，做好资源与生态环境准备。在过去，尤其是传统农业时代，往往不易准确预测和长远规划，难以考虑和调整需求增长潜力与供给潜能之间的平衡问题。因此，多通过剧烈的市场供求平衡，甚至农产品总量供求平衡调整来实现该平衡。

在现代社会经济条件下，由于需求和满足需求的技术都在以惊人的速度变化，协调两者间的关系便成为关键。假如二者方向相互偏离甚至背离，一定时间后，局面就可能失控，造成巨大的系统损失，甚至毁灭性灾难。而对于未来的环境承载能力、技术的可实现程度，以及需求增长状况的充分认识、把握和系统控制，则有助于实现农产品供求持久平衡，和社会经济的可持续发展。需求增长变化与供给潜力间的平衡运动矛盾是永恒的。实践中可以预判其平衡，确定性的科学预测期限越长，平衡水平越高。

农产品供求平衡原理中三个平衡水平间关系是递进的。从农产品供求总量平衡，到农产品市场供求平衡，再到农产品潜在趋势性供求平衡，农产品的供与需的满足程度是越来越高的。农产品需求与产出间的总量平衡是基本平衡。产出小于需求且严重失衡，生产就会遭到破坏，其他大的社会问题就将发生。其结果是系统退化（社会退步）。产出与需求总量基本相当情况下，系统就进入需求与供给间经济平衡状态，即需求与供给平衡阶段。这是一个以经济活动为载体，以经济收益为主要标准，以供求平衡价格为调节手段的平衡阶段。这个平衡是供给围绕需求上下波动的平衡，是需求不断变化，平衡不断被打破，然后又重建平衡的动态平衡。在社会状况正常情况下，平衡的移动指向特定产品高水平供应，农产品整体结构优化方向。当农产品整体结构优化到农业系统产业结构适合社会系统经济发展程度时，就提出了解决需求增长变化与供给潜力间的平衡问题。只有当农业系统具备了解决可预见的重大需求变迁的能力，其供应能力增减趋势基本同经济变迁走向保持一致时，系统才是真正具有活力的、安全的系统。

农产品供求平衡的三个水平在现实中又不能截然分开，它们是相互交错重叠的。农产品的供求平衡原理就是农业系统必定要不断进行调整，使之具备适宜的生产能力和潜能，以便能在农产品(种类)总量方面满足需求与产出之间的总量平衡，需求与供给之间的经济平衡，直到尽可能高水平的满足需求增长变化与供给潜力之间的平衡。原理还分化为数量平衡与质量平衡。单位社会成员平均占有农产品的数量与质量状况分别为农产品数量平衡或质量(结构)平衡。数量平衡为基础性平衡，结构平衡则为高水平状态下的平衡。当前广泛存在的食品安全问题是质量(结构)平衡问题，而粮食安全问题则为数量平衡问题。

二、农产品供求平衡的内容与类型

农产品供求平衡的各个水平在内容上体现为数量必然平衡和结构趋于平衡两个方面。社会经济系统对农业生产系统产品的每一成分、每一种类均体现为一定的量的需求，农业生产系统必须通过自身运动来提供相应量的特定产品，这就是数量必然平衡；另一方面，社会经济系统对于不同种类、不同成分的农产品的需求往往体现为一定的层次和序列，对于农产品的总体需求体现出多成分、多层次的结构特征。从不同的角度划分，农产品体现为不同的层次和序列，按功用有食、衣、住、行、文化和艺术产品，按产品价值分有初级产品、加工产品、深加工产品和奢侈品。社会需求的强烈程度从高到低通常是先食、衣，再住、行，后文化、艺术产品，先初级产品，再加工产品、深加工产品，后奢侈品。农业系统对需求的满足优先顺序与之相同。当农业系统对于需求的满足序列结构适合当时社会文化系统认知水平，符合当时社会经济系统的要求时，就达到了农产品供求的结构平衡。需求的期望值总是在随着社会经济条件发展而变动，所以数量平衡与结构平衡是动态的。随着农业系统按照优先顺序对社会需求的满足，数量平衡的层次结构在不断发生变化，数量平衡的动态变化和层次结构变化统称为数量平衡的移动。数量平衡移动的结果使结构趋于平衡，结构平衡是数量平衡移动的方向和目标。农产品的供求结构平衡是高水平的平衡状态，主要在农产品市场供求平衡阶段实现，这时农产品的需求与供给平衡的转变过程就是结构平衡的实现过程。

在农业发展史的各个阶段，以数量平衡和结构平衡的是否达到以及达到程度为标志，农产品的供求平衡表现为明显不同的三种发展类型，分别是供小于求、供求基本平衡和供大于求类型。

(一)供小于求

这种类型是农业系统农产品的供应对于社会系统的需要发生了绝对短缺，产品供求结构和数量都不平衡，平衡水平处于需求与产出的总量平衡界限之下。此时，由于产品和利益分配失去基本依托，这种供求类型对农业系统自身和社会系统具有巨大破坏性，当时的农业生产力或者生产方式难以完成调节。为发生于生产力水平飞跃前，或生产关系变革前的农产品供求平衡类型。在这种情况下，无论是个体，还是整体，其存在都受到严重威胁，在生存压力和求生欲望驱动下，农业系统必定要在生产技术、生产关系以及生产管理等方面进行创新，通过自身蜕变焕发出新的活力。客观地讲，这种平衡类型对社会发展具有强大的推动力，是生产技术重大突破，生产关系飞跃式发展的前奏，但其完成却是曲折和艰难的。如距今1万年前，人类抛弃了之前近300万年来形成，代代相传，技术日臻完美的采猎生活方式，而选择农耕方式，是因那时候按照传统的生活方式，食物已经出现绝对短缺，长期、广泛地处于供小于求状态。近1万年来人类没有怀疑祖先当初做出这种选择的正确性，并不说明供小于求一定能带来幸运。在确定农耕生活方式前，当时的人类经历了长期艰难的探索，和剧烈的社会动荡，总体生活水平一度倒退。基本生活资料配给制度也产生于农产品供小于求平衡类型，欧美在二战期间、我国在1949年后的部分困难时期，均有过这样的艰苦经历。

供小于求平衡类型在正在到来的人口危机、能源危机、资源危机和生态危机爆发期还将出现。向前回溯，历史上的人类曾经战胜了每一次危机、渡过了每一个灾难，并且使得自身事业越来越发达。然而，这并不能说明人类必然能克服未来任何形式的危机，战胜任何未知的灾难。所有的成功都是智慧和汗水的结晶，有时还要付出倒退的代价。对于现代人来说，面对农业发展进程中的问题，绝对不能持盲目乐观的态度。我们应当树立克服一切困难的信念，同时还应该具有孜孜不倦的科学进取精神，以求得能够力挽狂澜的思想与技术进步。

(二)供求基本平衡

这种类型是农业系统的产品供给基本能适应社会系统需要，产品供求数量处于动态平衡之中，趋向于结构平衡。表现为基本的市场供求平衡。在这种供求类型中，供应总量围绕需求总量波动，供应结构不断发生变化。在数量平衡的移动过程中，生产力水平得到修饰性提高(生产方式的补益和技术非根本性突破)，生产关系得到更新和完善，农业系统结构和生产结构优化。这种供求类型为生产力和生产关系稳定发展时期的农产品供求平衡类型，该时期社会政治、经济环境良好，供与需之间呈和谐互动。该平衡类型涵盖面广，从非基本生活物质(非基本食、衣资料)、配给制经济到某些种类常用农产品的限量供应，到所有农产品自由贸易，均属于供求基本平衡类型，其差别在于数量平衡和结构平衡的程度。

农产品供求基本平衡类型也是一个值得注意的供求类型。表面上来看，供和需都在增长，供求平衡水平在提高，没有明显的系统问题。平衡是相对的，不平衡是绝对的。实际上在此期间，供和需增长变化的正负效应都在积累。比如技术使用和资源开发的相应积累，人口增长、地域与产业的非均衡化发展等，达到一定阈值后，就会对社会产生难以预计的正面或者负面效果。供求基本平衡阶段是一个问题积累的阶段，如果在该阶段未能关注需求增长潜力与供给潜力之间的趋势性平衡变化，就会埋下供小于求类型或者供大于求类型出现的隐患，并可能在特定时期迸发系统危机。

(三)供大于求

这种类型是农业系统的农产品供给对于社会系统需求产生了绝对富余，农产品过剩，导致产品供求结构和数量都不平衡。并且供给潜力大于需求增长变化。谷贱伤农。过多农产品引起贬值。一段时间内，农业生产系统受追求获得收益驱动，将使过剩农产品保持强劲增长势头，从而使农业系统分配的整体利益低于应得权重，最终导致系统无序化和功能衰减。这种混乱往往会以系统更新的方式得到解决，其结果先是系统损失，然后才是农业系统的创新，社会系统各组成部分的均衡重组，例如农业人口外流，农业新行业创立，农村城镇化等。目前我国农业在调整过程中，局部存在供大于求情况。如南方早稻，东北玉米，多年都以巨额库存量给农业生产造成巨大压力。当重视这一现象，积极处理。以免引起大系统波动。

第二节 影响农产品供求平衡的因素

农产品供求平衡由供给能力及消费需求共同决定，在供需平衡关系中，需求居于主导地位，有什么样的社会需求，就会有什么样的生产供给，市场手段是协调供求关系的重要调节因素。要保证农产品供求处于总量平衡及持续平衡，就要加强系统行政管理功能，高度重视社会文化传统的影响，充分发挥市场作用，实现多元调控。

一、影响农产品供给的主要因素

农产品供给是供应能力和供应效益两方面的综合。供应能力取决于农产品生产力水平，主要受制于自然因素与科技水平；而供应效益则取决于社会经济状况。

（一）影响农产品供应能力的自然因素

1. 自然资源禀赋影响农产品生产规模

由于自然资源的有限性，农产品生产规模不可能无限制扩大。以种植业为例，全球可开垦的耕地面积自 1961 年至 2014 年间由 12.9×10^8 hm^2 增长至 14.2×10^8 hm^2，年均增长率仅为 0.178%（图 5-1），而该有限的增长率也是建立在巴西等国家过度开垦热带雨林的基础上，付出的代价是热带雨林以每年 12×10^4 km^2 的速度减少，对全球生态系统安全造成了严重负面影响；另一方面，农业生产规模受限于环境承载力。如灌溉用水占华北平原总用水量的 70%以上，农业生产过采地下水已使该区域形成了 7.3×10^4 km^2，全世界最大的地下水漏斗区，因此盲目的扩大生产规模，超出了环境承载力，就会对生态环境造成不可逆转的巨大损失。

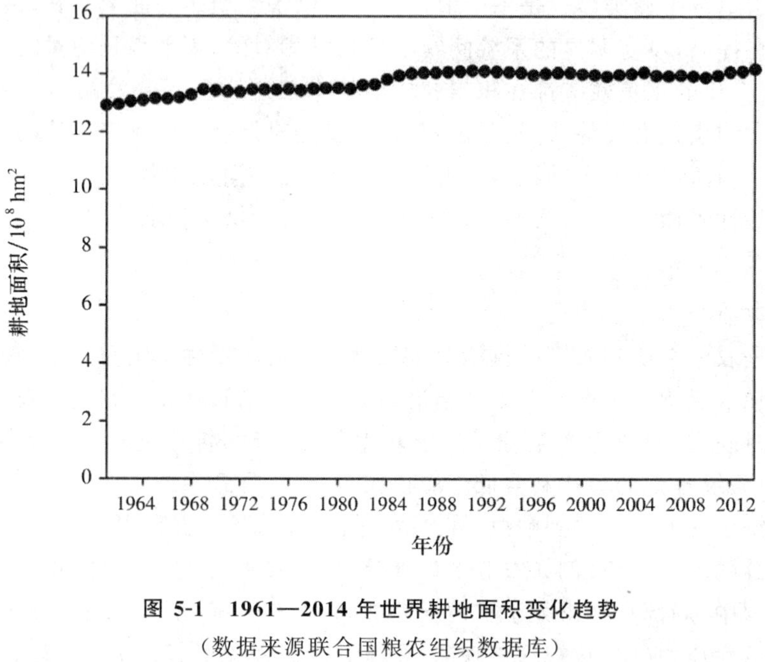

图 5-1 1961—2014 年世界耕地面积变化趋势
（数据来源联合国粮农组织数据库）

2.气候变化及极端天气条件影响农产品生产稳定性

农业生产仍未脱离靠天吃饭的基本格局。农业生产的特殊性为易受气候及不良天气条件影响,导致产出不稳定。由于风灾、干旱、冰雹、高温以及涝灾等不良气候条件影响,可导致粮食减产10%左右,极端条件下甚至绝收(史培军,1997)。林而达等(2007)预测,21世纪中期,某些中纬度和热带干旱地区年平均河流径流量和可用水量将会减少10%~30%;如果全球平均温度增幅超过1.5~2.5℃,目前所评估的20%~30%动植物物种可能面临灭绝的风险会增大;从全球角度看,局地平均温度增加1~3℃,预计粮食生产潜力会增加,但若超过这一范围,则会减少。我们应对此保持清醒认识。

(二)影响农产品供应能力的科技因素

科学技术的进步可以部分抵消自然因素的不利影响,提高农产品生产效率。吴普特等(2010)研究表明人为因素(技术进步、政策机制、生产投入等)在农业用水和粮食生产中已逐渐占据主导地位,对农业节水平均影响率达27%以上,对粮食增产平均影响率达40%以上。通过技术创新、政策机制保障和生产投入增加等人为因素控制,可在一定程度上冲销气候变化对农业用水和粮食生产带来的负面影响。

另外影响农产品供应能力的因素还包括运输条件、仓储、保鲜能力以及农产品加工能力等。

(三)影响农产品供应效益的经济因素

价格水平是影响农业供给功能的核心因素(郭燕枝,2011)。食物的销售价格水平决定了农产品供给功能的发挥,即食物价格的高低会影响食物消费行为。农产品的消费与其他产品消费有共同之处,也有自己独有的特点。食物是维持人类生命的特有产品,其需求价格弹性小。因此,除了考虑食物的销售价格以外,农产品的生产价格也不能忽视。市场经济条件下,农产品生产价格与销售价格,共同决定了农民从事农业生产的收益和农民的生产积极性,从而影响农产品生产供给水平。另外,市场容量、替代品的经营效益等也会影响农产品的供应效益。因此,价格因素在调节农产品供求平衡,调整系统结构性变化中发挥着最终决定作用。

由有上述影响因素可见,农产品生产力水平和社会经济状况对于供应具有决定作用。生产力越发达,经济越繁荣,供应量就可能越大。

二、影响农产品需求的主要因素

农产品需求是由消费愿望和消费能力两方面的综合,其主要受社会及经济的双重影响。

(一)人口总量决定需求总量

农产品市场需求是域内个人消费的总和,人口数量增减必然直接影响农产品的需求数量。自农业起源至今不过万余年,全球人口从400万人增至73亿人(图5-2)。马尔萨斯曾研究并提出过警示,人口增长有超越食物供应的趋势,大多数人注定要在贫困和饥饿边缘上生活。当下农产品供给能力受制于自然资源环境、科技水平等因素,已进入到发展的瓶颈期。而世界人口增长速率(尤其是欠发达地区国家)仍处在急速增长阶段,未来三十年内世界人口将增至约100亿人,农产品需求将随之快速增长。

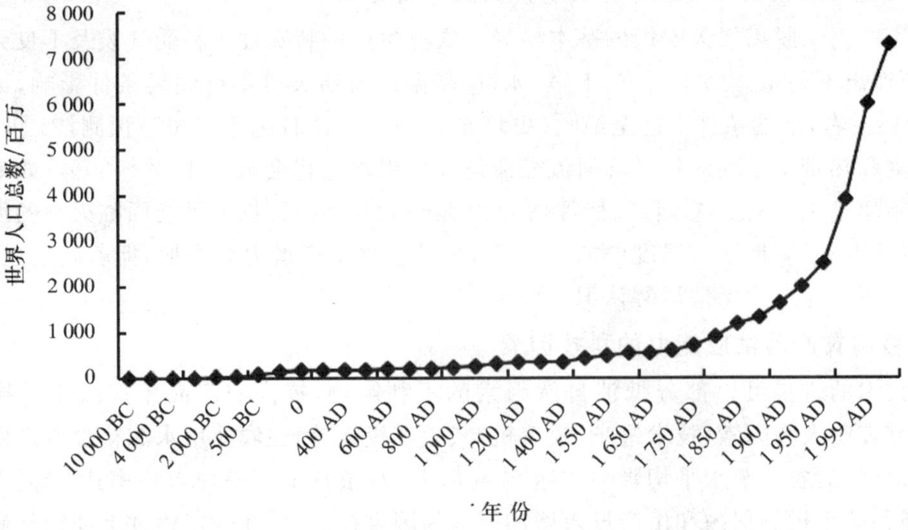

图 5-2　世界人口演变趋势

(二)社会文化决定消费愿望

消费愿望源于:①产品功能;②产品对生活的必需程度;③产品效用的替代性;④消费者对产品功用的认识程度;⑤嗜好;⑥风俗、习惯等。消费能力源于:①产品价格;②收入水平等。由上述需求构成因素可见,社会经济和社会文化对于需求具有决定作用,社会经济越发展,总需求量越大。

(三)经济属性决定消费能力

收入水平是农产品供给功能充分发挥的关键。历史与经济学的经验表明,收入水平决定居民的食物消费水平,收入增加为改变居民的食物消费结构提供了基础。我国在温饱问题没有解决之前,居民收入低,食物数量和种类有限,基本上是供给什么就选择什么,没有大的选择余地。追求农产品产量是这一阶段农业生产的重要目标,农产品供给功能受收入水平的限制,得不到充分发挥。温饱问题解决之后,特别是大部分城市居民和部分农村居民生活达到小康后,居民消费观念发生了巨大变化,人们不再满足于食物数量,而更多关注于食品营养、保健、安全、便捷等方面。具体表现在对粮食等农产品需求增速放缓,对营养丰富的鲜活农产品(如肉类、奶类、食用油、蛋类等)需求量快速增加(表 5-1)。因此,收入是决定食品消费结构的重要因素,也是影响农产品供给功能全面发挥的关键变量。

表 5-1　1977—2011 年中国膳食结构演变　　kg/人

项目	1977 年	2011 年	2011/1977
粮食	297.7	416.8	1.4
植物油	2.1	19.5	9.3
糖	2.6	10.2	4.0
肉类	8.2	58.1	7.1
奶类	1	26.7	26.7

续表 5-1

项目	1977 年	2011 年	2011/1977
水产品	4.9	40.9	8.3
蛋类	2.6	20.5	7.9
水果	8	93.4	11.7
蔬菜	84.1	494.0	5.9

数据来源:国家统计局

第三节 农产品供求平衡原理的历史运动过程

在一个生产关系类型中,农产品供小于求、供求基本平衡和供大于求类型往往循环出现。一种生产关系通常是供大于求和供小于求的类型开始或者结束;然后是供求基本平衡类型这种生产关系的成长发育。然而在有些情况下,供大于求和供小于求这两种供求类型有可能不出现,如果影响农产品供求平衡的因素协调得当,生产关系就可能平和而高速发展。

一定历史时期社会生产技术水平在整体上决定了农产品供求是否可能平衡以及处于哪种平衡水平。农产品供求总体平衡水平具有历史阶段性差异。由原始农业、传统农业到现代农业,一方面农业技术不断进步,农产品生产总规模持续扩大;但几乎是与此同时,社会系统人口总规模同步增加,然后就是粮食不足、饥荒威胁如同梦魇一般一次次降临,从而对粮食生产能力提出新的更高的要求。这种粮食不足导致农业发展,农业发展导致人口增加,然后又重新造成粮食不足,水涨船高,如影随形,周而复始的双轨外扩正反馈轨迹深深印入了近 10 000 年来的农业发展历史中。贾谊在《新书·无蓄》中曾感叹:"世之有饥荒,天下之常也",中国自公元前 108 年到 1911 年间,有记录的饥荒发生过 1828 次,平均每 1.1 年一次。

20 世纪 60 年代绿色革命以来,饥荒发生的频次大幅度下降,主要是由于农产品的供给能力不断上升。由于社会分配不均问题存在,目前全球仍存在饥荒问题,平均每 9 人中仍有 1 人在挨饿,主要集中在亚非拉等欠发达地区。

第四节 农产品供求平衡原理的现实意义

农产品供求平衡受生态、技术等背景因素框定,受社会和经济因素影响和调节。反过来,农产品的供求平衡同时对社会、经济和生态系统产生反作用。农业系统农产品供给需要满足社会经济系统对农产品的需求,这个规则是推动世界农业历史前进的原动力,它不断地催促着生产力的发展、生产关系的更新、经济的发展,并影响生态系统变化。农产品供求平衡的主要功能体现在社会功能、经济功能和生态功能三方面。

首先,如果农产品需求与产出之间总量失衡就会产生重大社会问题;处于需求与供给之间基本平衡能增进社会平稳进步;保持需求增长变化与供给潜力之间的平衡则会促进社会加速发展。农产品供求平衡发展的供小于求类型导致生产力飞跃发展,生产关系变革;供求基本平衡类型促进生产力进步,生产关系完善,社会平稳进步;供大于求类型促使社会系统更新。此外，农产品供求平衡的建立和演变对社会文化发展具有重大影响。物质运动是文化发展的基础。如供求平衡、需求绝对的永续性，还会上升发展成一定的哲学思想，体现出重要的社会功能。

第二，农产品供求平衡律是农业系统技术总体发展方向与运动形式发展变化的基本动力。需求拉动生产，生产带动经济，经济发展导致需求扩大。需求与生产的互动促进区域经济和行业经济的发展，促成了产业结构发展演变。农产品供求平衡原理体现为广泛的经济功能。

第三，农产品供求平衡律决定一定历史时期农业总体技术发展水平下的具体农业生态系统范畴、集约度及系统平衡状况。在农业总体技术水平一定情况下，以人为主体的生态系统的广度，人工系统发育程度及其扩张程度均由农产品供求平衡程度来决定。C. R. W. Spedding研究指出，采猎方式下每平方公里所能养活的人口为小于1人，简单耕作方式下为0.2～20人，畜牧和游牧方式下为4～38人，而进步的耕作方式下为4～57人。假设各个时期农产品供需都基本平衡，那么对于相同规模的社会群体来说，在这四个不同时期其生存足迹所涉及的范围和人工生态系统扩展范围显然是不同的，当然这四种生产方式本身说明了生态发育程度的差异。在进入现代社会后，这一原理似乎简单，不再适用，可是需求增长变化与供给潜力之间的长远平衡目标，提醒人类要时刻注意生态系统的健康状况，迫使人类采取必要手段维护生态平衡，甚至把生态效果列为农业生产的直接目标，农产品供求平衡原理的生态功能对维护生态系统的作用比历史上任何一个时期都更加显著。

第四，在现代经济条件下，农产品在其供求平衡点附近的盈缺变化表现出高度脆弱性、敏感性。一方面它的需求具有刚性特性，只要略微缺乏，立即显示强烈的市场需求反应；另一方面，供需弹性小，超量生产部分，难以维持高经济效益。因此，国家的介入调节对维持农产品供求平衡，特别是基础性农产品平衡必不可少。

思考题

1. 农产品供求平衡的三种类型是什么？
2. 请考虑确保农产品供需平衡的关键是什么？
3. 什么是影响农产品供给能力的关键因素？如何确保？
4. 请结合中外历史上的典型饥荒事件阐述农产品供求平衡出现了什么问题。

推荐读物

1. 马尔萨斯. 人口论. 郭大力译. 北京：北京大学出版社，2008.
2. 艾尔破特·霍华德. 农业圣典. 北京：中国农业大学出版社，2013.
3. 李秉龙，薛兴利. 农业经济学. 北京：中国农业大学出版社，2009.

今天城市最急需的是加强大家共同对自身的了解，洞察其历史发展过程，以此作为走向寻道和控制的第一步：这种对自身的了解正像一个精神病患者正视自己长期埋藏的婴幼年时期遭受的创伤，这种创伤阻碍了他正常的生长发展和人格的统一。

——刘易斯·芒福德

影响21世纪人类社会进程的两件最深刻的事件：一是美国新技术革命、二是中国的城市化运动。

——斯蒂格里茨

第六章 城乡协调原理

本章核心内容

- 城乡协调原理指政治相对独立的地理单元内城市部分与乡村部分彼此对立统一矛盾运动的关系。
- 中国古代城乡关系：无差别统一关系，城市和乡村共同建立在农耕文明自然经济基础上，城市是各地方行政中心所在地，乡村则是从属于城市权力系统的基层单位。近代城乡关系：对立统一的二重性关系，城乡联系是适应西方资本和本国封建统治者对乡村掠夺需要而实现的，城市处于主导和支配地位，并逐渐使乡村在政治、经济上屈服于城市统治。现代城乡关系：分治到统筹关系。
- 近代中国工业化、城市化的任务的现实性与艰巨性，使得城乡不协调发展成为了一个必然过程。对于中国而言，要实现城乡协调，首先必须从理论高度透视其历史过程及其战略重要性，在此基础上，分步解除工业化发展过程中城乡之间产生的差距，由赶超发达国家工业化、城镇化水平，转变到超越发达国家城乡和谐水平方向上。在此过程中，明确调整城乡发展过程中产生的不协调政策、制度因素，摈弃不合理城乡差别观念，实现城乡协调发展。城乡协调发展将是一个动态、长期的战略性运动过程。

第一节　城乡协调原理的概念与表现形式

城乡协调原理涉及城市和乡村系统发展与互动，体现出城市和乡村发展的统一性及各自的差异性。其理想状态为能够谋求城市和乡村动态差异化发展，使二者处于协调共进的良好状态。城乡协调原理的基本内涵复杂而丰富，把握城乡协调发展的内涵，首先应该理解城市和乡村的基本含义和城乡协调的表现形式。

一、城乡协调原理的概念

（一）城市和乡村

城市即人口密集、工商业发达的地方。英国城市经济学家巴顿认为城市即“人口和经济活动在空间的集中”。巴顿主张用经济学原理研究城市问题，认为城市是一个坐落在有限空间内的各种经济市场，住房、劳动力、土地、运输等相互交织在一起的网状系统，即各种经济活动在地理上的大规模集中。城市功能的定义，即城市是从事工商业活动的人群聚居的场所。城市不仅是人口聚居、建筑密集的区域，同时也是生产、消费、交换的集中地，这代表了典型的经济学的观点。

在《辞源》一书中，乡村的解释为主要从事农业、人口分布较城镇分散的地方。美国学者R·D·罗德菲尔德指出，“乡村是人口稀少、比较隔绝、以农业生产为主要经济基础、人们生活基本相似，而与社会其他部分，特别是城市有所不同的地方”。用地理学的观点来看，城市是城市地理系统的简称，乡村则表示乡村地理系统。城市与乡村是人类聚落的两种基本形式，两者的关系相辅相成，密不可分。

城市通常都是国家和区域的经济、政治和文化中心，乡村则是生产基地，是人类文明的发源地。纵观整个人类的历史，城市和乡村的发展是一个统一的辩证历史过程。原始社会生产力低下，那时尽管已经有了集市，还没有城市的概念；随着生产力的发展，产生了社会大分工以及科技革命，城市从乡村经济体中分化独立出来。工业技术革命后，城市职能进一步转化为生产型工业城市。这种城市化进程一直持续到了现在。这种城市相对独立发展的趋势，如果没有能够与乡村充分协调发展，就将导致城乡发展不平衡，城乡力量差别扩大化导致城乡分离。城乡分离是社会生产力发展到一定阶段的产物，城乡二元化是国家在城市化进程中所面临的课题，同时城乡一体化发展也是未来生态文明时代发展的必然要求。

（二）城乡协调原理

城乡协调原理指政治相对独立的地理单元内城市部分与乡村部分彼此对立统一矛盾运动的关系。

理想的运动过程为在城乡同处与相互依存的统一体中，各种社会经济与自然要素在其发展空间有序互动，资源优化配置，城乡均衡发展。城乡协调发展的社会经济系统，要求变更城乡分割局面，建立新型城乡关系，改善城乡功能和结构，实现城乡生产要素合理配置，协调城乡利益，缩小城乡差距。城乡协调原理是处理城乡发展关系的指导思想，有“综合”、“统筹”和“一体化”的内涵。城乡协调包括城乡政治协调、经济协调、生态环境协调、文化协调、空间协调诸方面。发展上要求在城市发展的同时，实现乡村现代化，在空间和景观生态上城乡紧密联系、相互依存。实现这一协调状态，要统筹城乡发展，实现城乡一体化。

二、城乡协调原理的表现形式

(一)城乡协调原理在传统农业时期的表现

根据中国农业百科全书农业历史卷(1995)的定义，传统农业是指在长期的封建社会中形成的农业发展阶段，其利用铁农具和畜力及水力为动力以辅助人力的不足，采用增加复种等多种措施以提高单位面积产量，形成一整套行之有效的精耕细作的技术经验，并从中提炼出具有中国特色的农学思想和理论。传统农业时期城乡关系表现为：①经济上，城市和乡村共同建立在农耕文明自然经济基础上，城市工商业发展缓慢，主要依靠乡村为城市提供生活所需物品。城市商业繁荣主要建立在由农村提供农副产品流通之上，城市经济对小农经济依赖很强。中国传统社会的城乡关系基本上是一种单向贸易关系，即城市没有物资向农村回流；②政治上，城市是各地方行政中心所在地，乡村则是从属于城市权力系统的基层单位；③人口上，简单的城市社会分工和较高的生活消费，致使城市对乡村人口缺乏有效吸引力，城乡人口比例长期相对稳定。

传统农业时期的西欧，城乡关系与中国不同。封建统治者居住在乡村庄园而非城市，当时的城市是生产型经济中心，同时又是生活资料和手工业原料的消费场所。城市所关心的主要问题，就是为一般大众获取足够数量与质量的消费品，为手工业者获取原料。城市向乡村提供商品和手工业品，乡村向城市提供粮食，城乡间通过市场实现双向流动式与对等交换。

(二)城乡协调原理在工业文明时期的表现

随着工业革命的到来，城市工商业得到发展，城市经济对农村辐射和聚集功能增强，导致城市与乡村间的经济联系日益加强。具体体现在：①城市工商业和对外贸易发展所引发的农村农产品和手工业品的商品化及城乡贸易扩大；②城乡社会分工的加深；③城乡间人口流动频繁起来。

工业革命之后，农业在国家经济中的主导地位受到大工业的冲击，城市逐步成为文明的象征。而农村则越来越落后，导致城乡差别和城乡对立问题日益显现。为解决这一问题，20 世纪初西方学者主张通过推进乡村城市化逐步减小二者间的差距，这种观点得到很多国家的认可，并得到有效推行。从工业革命开始到 20 世纪初，全球有 14%的人口居住在城市，到 20 世纪中期，这一指数增加至近 30%，到 2010 年达到 50%。促进农村城市化理论尽管在某种程度上暂时缓解了城乡对立，但并没有从根本上解决问题。

由于大城市过于集中，部分地区城乡差距加剧等问题的发生，人们开始意识到解决城乡问题必须将城市和乡村联系起来而非割裂它们。20 世纪 30 年代，E·沙里宁提出了有机疏散理论，亨利·赖特提出了一亩城理论，称为分散城市理论。这种理论主张将城市与其周边的乡村视为一个整体，重新构建兼具城乡优点的协作发展环境，引导城市郊区化发展。美国城市 20 世纪 50 年代开始的郊区化趋势正是分散城市理论的具体体现。此后，乡村在城市的发展理论中占据了重要位置，无论是将城市分散至乡村，还是将二者有机结合起来，西方城乡关系理论比以往更加注重城市与乡村的协调发展。

值得注意的是，工业文明时期，尽管就综合城市和乡村这两个不同特质的地理单元，在保留各自禀赋特征的前提下，进行合理分工，使彼此功能互补，形成效益共享、责任共担、相互协调、共同发展的新型城乡关系，以消除城乡二元结构分隔，实现现代化的理论。但现实是城市强势发展，乡村持续衰落（表 6-1），发达国家工业化发展的历史事实充分说明了这一点。因此，城乡协调发展的实质就是要建立一种新型、和谐的城乡关系，保留城市和乡村的资源禀赋，协调城市和乡村产业布局，规划城市和乡村空间结构，完善城市和乡村社会制度。

表 6-1　1955—2015 年世界城市化趋势

年份	全球		北美		南美	
	总人口/亿人	城市转化率/%	总人口/亿人	城市转化率/%	总人口/亿人	城市转化率/%
1955	27.55	30	1.86	67	1.91	45
1965	33.37	34	2.19	71	2.50	53
1975	40.72	37	2.42	73	3.22	61
1985	48.43	40	2.68	74	4.02	68
1995	56.91	44	2.98	77	4.82	73
2005	64.64	48	3.29	80	5.60	77
2015	72.19	52	3.6	83	6.33	80
年份	欧洲		非洲		亚洲	
	总人口/亿人	城市转化率/%	总人口/亿人	城市转化率/%	总人口/亿人	城市转化率/%
1955	5.74	53	2.49	16	15.39	18
1965	6.33	59	3.18	21	18.96	21
1975	6.75	65	4.15	25	23.94	23
1985	7.05	69	5.52	29	28.87	28
1995	7.27	71	7.22	34	34.29	34
2005	7.27	72	9.05	38	39.02	39
2015	7.20	73	11.14	42	43.50	45

（三）城乡协调原理在生态文明时期的表现

人类文明在经历了原始文明、农业文明、工业文明之后，将迈入生态文明的新阶段。相对于工业文明，生态文明可以看作是人类文明的更高阶段。以高投入、高消耗、高污染为特征的工业文明，在物质生产取得巨大发展的同时，对地球资源的索取也大大超出了合理范围，对自然生态环境的破坏已达到临界状态。重新审视人类与自然的关系，正确处理经济发展和生态保护的关系，从而促进经济社会可持续发展，构建人与自然和谐相处的生态文明，已日益成为全世界的共识和人类可持续发展的必然选择。发达国家对城乡协调发展中的生态关注自 20 世纪 70 年代提出可持续发展理念就开始了。城市化、工业化进程加快，城乡经济随之拉开了差距。在城乡经济结构二元化的影响下，城乡生态环境也出现了严重的二元化趋势。

城乡在生态环境保护上的观念存在差距，是导致各国城乡生态环境二元化冲突的意识根源。为防止和化解城乡生态环境二元化的趋势进一步加剧，应积极通过政府政策协调来缩小其差距。在政策上的具体实施办法：第一，科学地划定政府在统筹城乡生态环境保护中的权利和职责；第二，准确判断城乡生态环境的功能和作用，并全面统筹规划城乡生态环境保护，优化城乡产业布局，打破城乡分割体制，实现生态环境保护与经济发展双赢；第三，建立健全支持统筹城乡生态环境保护的经济政策，实行绿色税收政策。

第二节　城乡协调原理的影响因素

一、自然资源因素

自然条件的地域差异是城乡发展差异的基础因素。各地地形、地势、降水、辐射、热量、矿产资源等在城市发展的不同阶段所起的作用不同。在城乡发展初期，自然条件往往是决定因素。进入工业化阶段，在矿产资源作用开始上升的同时，自然条件的整体影响力逐渐降低。始于乡村的第一产业，在全面改造传统农业中大面积地嵌入了现代农业技术，农业土地生产率大大提高。与此同时，各种农产品加工业和服务业也伴随着农产品的高速增长在乡村地区广泛出现和增大，有力地改变了乡村土地的产出效率。资源禀赋差异是城乡发展差异的重要组成。我国近年来的实践表明：开发自然资源对提高城镇居民收入的促进作用大于农村居民，从而拉大了城乡居民收入差距。资源禀赋对于城乡收入差距的恶化，一方面验证了资源富裕区域“资源诅咒”假说理论；另一方面则反映出资源的不合理配置，农民不能均等地享受资源，大部分资源被政府和国有企业获得。同时，资源开采使得农村因失地，且得不到足够经济补偿而获益较少，从而加剧了城乡居民收入差距。

二、要素流动因素

要素流动包含了资本、技术、劳动力等多个要素的流动。促进城乡要素流动是城乡协调发展的基础。

(一)资本流动

在市场经济条件下，资本对经济发展和结构调整具有重要的意义，通过资本在城乡、各产业之间的流动，带动其他生产要素在城乡和产业之间的有效配置，能够有力地促进城乡经济增长和城乡产业结构调整。我国城乡经济发展不平衡，要缩小城乡间经济差异，谋求城乡经济协调发展，必须建立一种有效机制，促进资本在城乡间合理流动，促进资源的优化组合，提高资金利用效率。资本流动，尤其对于城乡产业发展及结构优化具有重要的作用。在城市规模扩大的过程中，由于聚集经济的影响，在城市进行生产能获得更高的收益率，促使资本大量涌入，推动着城市产业和城市的发展。而随着城市的发展和城市聚集经济的变化，城市产业的竞争优势发生变化，高度关联产业及劳动密集型产业面临要素价格提高和乡村产业的挑战，资本收益率下降，资本从位于城市的这些产业中流出，流向郊区和农村，促进农村产业机构的优化。高新技术产业和基础服务业在城市中的竞争优势则更明显，从而推动更多资本进入这些产业，使这些产业得到更好发展。在城市化的初期阶段，由于城市吸引各种生产要素离开农村进入城市，导致城乡差异扩大，这被称为“极化效应”，随着城市化发展到一定阶段，城市会通过自己的辐射作用拉动周围地区的发展，从而缩小城乡之间的差距，这被称为“扩散效应”。从最终的发展结果看，城乡互动的结果使城乡差距缩小。从历史情况与全球视野观察，城乡差别缩小这一过程只有在工业文明退出，进入生态文明之后才真正发生。

(二)劳动力流动

农村劳动力向城市的流动是伴随经济发展的规律性现象，在工业文明阶段根本上服从于经济导向。劳动力流动与一个国家的工业化和城市化过程相互促进、互为因果。从历史的角度透视，这种现象在发达国家经济起飞的时候都发生过，从国家之间的比较观察，众多发展中国家也正在经历这一过程。劳动力流动有利于提高农业的劳动生产率。一国农业产业地位的确定，归根结底，是由其劳动生产率决定的。只有劳动生产率提高了，农业作为一个产业部门，才可能对其他产业部门具有相对竞争力，农业也因此可以摆脱弱势产业的地位。而要提高农业劳动生产力，依靠亿万农民从事农业劳动是办不到的，减少农业劳动人口、提高农业劳动者的素质是提高农业劳动效率的前提。劳动力流动通常是向收入更高的地区或产业部门转移，明显表现在其收入改善方面。

(三)生产技术流动

随着人类社会分工不断加深，技术在经济发展中的作用越来越重要，各国各地区对技术进步非常重视。但由于起点不同，改革开放初期，直到最近一段时期，我国技术水平低于发达国家，既要求我们进一步加快新技术研究，也要更多地引进国外先进技术并加以消化吸收，同时要充分发挥我国现有技术潜力，使各种已有技术在中国得到充分利用，其中重要一点就是保证国内技术的合理流动，促进技术从发达地区向发展中地区、城市向农村的流动。技术在城乡之间的流动对于我国的经济发展具有重要的意义。一方面，可以加快农村技术进步和优化农村经济结构，促进农村经济发展，从而缩小城乡间技术和经济差距。另外，技术流动可以帮助城市尽快收回科研投资、延长技术生命周期并扩大技术效用。

三、政府政策因素

城乡协调发展是区域化的概念，在当前形势下仍然是国家概念。因此，其主导建设力量是政府。不同历史时期存在不同的城乡协调发展任务。在城乡协调发展过程中，要紧密根据发展实际，积极依靠市场对城乡资源有效配置的作用，突出发挥政府在公共品供给与配置、收入再分配、基础设施建设等方面的重要作用。一方面，政府作为城乡协调发展战略的制定者和执行者，应该坚持把握全局，发挥好政府在发展中的积极作用，切实地制定好城乡协调的发展战略。由于各种历史原因，各种制度、资源分配等在城乡之间存在不平等现象。如果只是单纯地依靠市场加以配置，不进行宏观调控，会进一步加大这种城乡不平等。所以，政府应该担当起社会管理者的服务职能，通过相应的政策支持，通过公共品等在城乡之间的合理分配，改善农民的生活水平，缩小城乡居民在公共品享用、社会福利、文化教育以及基础设施等方面的差距。

四、历史发展因素

从世界各国城乡关系演变的历程来看，大致经历了或者正在经历以下发展阶段：城市出现（乡村孕育城市）一城乡分离（城乡差距拉大）一城乡对立（城市偏向）一城乡互动（各经济要素参与程度高，城乡联系加强）一城乡协调（城乡逐步走向一体化）的过程。城乡关系的这种演变轨迹表明：走向城乡协调发展是一个国家或地区社会经济发展的最终选择和必然结果。在一国历史发展的不同阶段，该国的城乡关系会有不同的表现。正如马克思所言"城乡之间的对立是随着野蛮向文明的过渡、部落制度向国家的过渡、地方局限性向民族的过渡而开始的，它贯穿全部文明的历史并一直延续到现在"。他明确地指出了城乡关系的历史发展过程。未来发展中，随着社会生产力不断发展，市场经济逐步完善，社会主义和谐社会建设步入轨道，城乡二元结构被打破，国家政策导向重视农村发展与建设，将进入乡村和城镇联系逐步加强，差距缩小，城乡融合发展的大趋势。

第三节　城乡协调原理的历史运动规律

城乡协调发展是一国经济社会发展中最重要的问题之一。分析不同时期城乡关系的历史运动规律，从而探求城乡协调发展的传统路径和发展趋向。

一、西方城乡协调发展的历史运动规律

城乡协调发展在各国历史进程中都受到高度重视，城乡关系经历了分而合、合而分的曲折发展，至今仍处于探索之中。其实早在十六世纪初期，托马斯·莫尔就在《乌托邦》中描述了理想国中的城乡关系形态，在这种形态下虽然也存在城市和乡村，但是人们都要去农村工作，无论城市还是农村，人们的物质和精神层面都是一致的，所以在那里没有明晰的城乡界限，也就不存在城乡对立问题。欧文主张把城市和乡村、把工业和农业、把脑力劳动和体力劳动结合起来，并且身体力行地进行了"新协和"公社的实践活动，提出消灭旧的分工是消灭城乡对立的首要条件。在城乡关系方面，欧文认为"和谐村"是城乡融合的主要形式，"和谐村"由或大或小的新村组合而成，既具有城市住宅的便捷，也具备乡村住宅的优美，能够避免城乡社会对立带来的一切不便和弊端，这些预想包含着城乡一体化发展的思想精华，为人们研究解决城乡差别问题提供了开阔的思路。正如马克思在《政治经济学批判》中总结，这一时期城乡关系可以概括为城市作为乡村生活发展的产物，主要依赖农村剩余农产品提供生活资料，城市的社会、经济和文化发展程度受到当时农村生产力发展水平的制约，即城市乡村化时期。

工业革命之后，农业的国家经济支柱地位受到大工业冲击，城市逐步成为文明的象征，相比之下农村趋于落后，导致城乡差别和城乡对立问题日益显现。为解决这一问题，20 世纪初西方学者主张通过推进乡村城市化，逐步缩小二者之间的差距，这种观点得到很多发达国家的认可并得到积极有效的推行。从工业革命开始到 20 世纪初，世界上 14％的人口居住在城市，到 20 世纪中期，这个数字增加至近 30％，到 21 世纪初已经增至近 50％。促进农村城市化的

理论虽然在某种程度上暂时缓解了城乡对立，但并没有从根本上解决问题，同时，大城市过于集中、部分地区城乡差距加剧等问题，使得学者们意识到解决城乡问题必须将城市和乡村联系起来而非割裂它们。

通过对西方国家城乡协调理论的回顾可以发现，城乡协调理论历经了一个逐渐完善的过程，从城市乡村化到乡村城市化，再到城市与乡村不可割裂思想的确立，展现了当代西方城乡协调理论的基本脉络。应当注意的是，城乡关系的发展经历了农业起源以来的长期过程。工业化以来的变化只是其中的一个片段。从欧美城乡关系基本对立，以城市代替乡村，甚至消灭乡村，迄今未能根本改观的事实，表明关于城乡关系的理论探索仍应继续深化。

二、中国城乡协调发展的历史运动规律

中国城乡关系的演变与中国社会经济发展的实践密不可分，在不同的历史阶段，中国的城乡关系也随之呈现出不同特点。

（一）中国古代城乡关系：无差别统一关系

古代中国一直到传统农业后期，城市主要是由都城至郡县各级治所构成的大小城市网络，每个城外都有城墙，城墙外是"乡下"，人们以种田务农为主，城墙内是"城里"，为商业市集所在，也是行政中心。经济上，城市和乡村共同建立在农耕文明自然经济基础上，城市主要依靠乡村为城市提供生活所需物品，城乡经贸关系基本上是一种单向贸易关系；政治上，城市是各地方行政中心所在地，乡村则是从属于城市权力系统的基层单位。在城乡人口上，简单的城市社会分工，较高的生活消费，使城市对乡村人口缺乏有效吸引力，城乡人口比例维持长期相对稳定。城乡关系呈现出一种"无差别的统一"关系。

（二）近代城乡关系：对立统一的二重性关系

随着工业革命开始，国外势力渗入，中国主要通商口岸城市对外贸易和工商业的兴起与发展，旧式"城乡无差别的统一"关系亦发生了变化，以对立统一为特征的二重性城乡关系形成。近代城乡联系的加强，在很大程度上并非是城乡经济自身内在力量积累的生长与发展，而是适应西方资本和本国封建统治者对乡村掠夺需要而实现的，半殖民地半封建性色彩浓厚，城乡间建立起来的联系十分脆弱，缺乏延续性和稳定性。在城乡关系对立统一运动过程中，城市处于主导和支配地位，并逐渐使乡村在政治、经济上屈服于城市统治。

（三）现代城乡关系：从分治到统筹关系

改革开放前，我国在处理城乡关系问题上一直是以城市为重心，农业为基础，工业为主导。尽管1949年初提出了城乡兼顾、工农并举的方针，但在实际工作中，由于市场体制不健全，迫于现代化建设的主观愿望和不利的国际形势，为了实现紧迫的工业化目标，国家采取人为压低农产品价格，限制农民进城以及在资源投放方面的城市偏向等政策和措施，在城市和乡村之间划了一道深深的鸿沟，形成了典型的城乡分割的二元社会经济结构。重工业优先发展的战略使中国综合国力大大提升，工业发展迅速，虽然国家也注意到工农兼顾，但是在实践中重工轻农的发展战略不可避免地造成了对农村的挤压。

改革开放为中国城乡发展注入新的活力。1978年以联产承包责任制为主要形式的农村经济改革，和1984年开始的城市经济体制改革，使城乡经济开始渗透，城乡分割和相互封闭的

格局开始打破,社会发展及城乡经济出现了新的局面。

从20世纪80年代中期开始,城乡关系出现新的不协调,农村人口城市化再度缓慢,城乡发展再次陷入了新的失衡状态。城市的发展受到了相对落后农村的制约,城市接纳不了日益增加的农村剩余劳动力,许多国有企业举步维艰,城市问题繁多。因此众多学者研究城市发展问题时不再只局限于城市,研究农村问题也会考虑农村和城市的关系,城市问题和乡村问题为我国城乡协调发展研究提供了客观要求和宏观背景。

2003年以来,在对我国城乡二元经济结构还没有改变的事实做出肯定判断的基础上,基于对工农失衡、城乡失调等问题的客观认识,为了消解城乡二元经济结构,我国政府先后制订了城乡统筹、以城带乡和城乡一体三个不同的调整城乡关系和协调城乡发展的策略,并在随后的方针政策中提出了一系列促进城乡协调发展的政治举措。

1.转变发展理念,明确城乡关系,从侧重城市和工业到统筹兼顾,确定我国城乡协调发展已经到了以工促农、以城带乡的历史新时期

从发展理念上来看,以十六大为标志,我国城乡协调发展的理念有了根本的转变,从重城轻乡到统筹兼顾,自十六大提出要统筹城乡经济社会发展的战略后,十六届三中全会上《中共中央关于完善社会主义市场经济体制若干问题的决定》又提出"五个统筹"的发展战略,并将统筹城乡发展置于首位,提出"建立有利于改变城乡二元经济结构的体制"。2004年,十六届四中全会又明确了工业反哺农业、城市支持农村是一国城乡协调发展的普遍性倾向,同年中央经济工作会议确定了我国总体上已到了以工促农、以城带乡的发展阶段。2012年十八大作的《坚定不移沿着中国特色社会主义道路前进为全面建成小康社会而奋斗》报告明确指出,解决好农业农村农民问题是全党工作的重中之重,要坚持走中国特色的农业现代化道路,并要把推动城乡发展一体化作为解决"三农"问题的根本途径。城乡一体化发展已然成为我国现阶段发展城乡关系的一种新的战略取向和发展策略。此后,伴随着城乡协调发展的内涵涉及更多方面,国家开始对城乡协调发展提出具体的政策措施。

2.制定多项城乡协调发展的具体措施,确定新时期城乡协调发展的新战略,即城乡一体化

这一时期城乡发展不协调表现在多个方面,不仅存在城乡二元经济结构,还存在城乡二元社会结构,不仅存在城乡经济差别、还存在城乡政治差别、城乡社会差别、城乡文化差别以及城乡生态差别等多个方面。因此,城乡二元结构不仅表现在城乡经济发展差距诸如居民收入差距、消费断层等方面,更多地表现在受制于经济差距的社会发展差距和政治发展差距等方面上。随着经济和社会的发展,以前没有暴露,或者不够突出的问题如城乡协调发展中的要素分割问题、城乡空间规划问题等日益突出,这种不协调的发展现状已经严重影响了城乡经济社会发展和稳定,特别是城市化推进过程中的土地拆迁补偿问题已到了非解决不可的时候。

对城乡生产性分工造成的不协调问题,国家在十四届三中全会提出"建立社会主义市场经济体制"来应对,十六届三中全会又出台了完善市场经济的相关举措,在坚持市场取向的前提下,更注重市场与政府的互补效应。2005年,国务院发布实施《促进产业结构调整暂行规定》中再次提到要优化城乡区域产业结构和布局,优化对外贸易和利用外资结构,维护群众合法权益,努力扩大就业,推进经济社会协调发展。对于社会性分工造成的城乡发展不协调问题,我国政府在2004年对我国城乡关系发展阶段做出基本判断的基础上,2005年国家先后提出建设社会主义新农村和废止农业税条例;2007年提出建立以工促农、以城带乡长效机制,形成城乡经济社会发展一体化新格局;2008年,通过城乡规划法,为城乡一体化发展提供法律依据,

同年十七届三中全会上提出建立城乡经济社会发展一体化体制机制的基本目标。2016年为加快培育农业农村发展新动能，提出农业供给侧结构性改革，更进一步推进了城乡协调发展（表6-2）。

表6-2 1949—2015年我国城市化发展

年份	城市数量/个	城市人口/万人	城市化率/%	总人口/亿人
1949	132	2 740	5.2	4.5
1957	176	5 412	8.4	6.47
1961	208	6 906	10.5	6.59
1965	168	6 674	9.2	7.25
1978	193	8 182	8.5	9.63
1997	668	22 248	18.0	12.36
2000	663	45 891	36.2	12.67
2010	655	67 050	50.0	13.41
2015	—	77 138	56.1	13.75

三、城乡发展不协调的历史运动规律

城乡关系从城乡不平等到提出城乡协调发展，从城乡二元制管理体制到城乡统筹管理，从农业、农村支持工业和城市发展到工业反哺农业、城市支援农村，逐步实现城乡协调发展模式。城乡协调发展实际上是一个协调－不协调－协调的动态演变过程。城乡协调发展的历史运动规律分析表明，城乡协调发展是一个诸多因素综合作用的历史过程，其协调发展的内涵和侧重点随着时代的变迁不断发生变化。21世纪城乡协调发展的内涵已经扩展到了经济、政治、文化、社会和生态等诸多领域，发展的重点也从单纯的重视产业协调、要素协调、地域协调发展到社会协调、文化协调和生态协调等方面。城乡失调的现状在我国由来已久，进入21世纪后，更是在城乡居民的收入状况、消费结构、住房条件、教育、医疗和社会保障等多个方表现出巨大的城乡发展差距，有研究指出，城乡之间不仅存在着二元经济反差，而且也存在着二元社会反差。主要表现在：①城乡经济发展不协调，主要表现在城乡生活水平和城乡居民消费结构不协调；②城乡文化发展不协调；③城乡社会发展不协调，主要表现在城乡居民就业和社会保障差距；④城乡生态文明不协调。

总结各国城乡发展失调阶段，城乡发展失调的原因有很多种。从市场的角度城乡要素流动说、城乡产业比较效率说；一种是从政府层面找原因，如重工轻农的发展战略、城市偏向的宏观政策等会不同程度的影响城乡协调发展的历史过程。从理论上分析主要几个方面与城乡发展不协调：①城乡产业分工不协调、布局不合理；②城乡用地矛盾、城镇化建设不能有效推进、城乡生态环境面临新问题；③城乡要素分工与城乡发展不协调；④城乡二元户籍制度、就业制度和公共产品供给制度。由于城乡在产业分工、要素分工和区际分工等方面发展不协调的现状，城乡发展不协调已经拓展到政治、文化、生态等多个方面，单纯从经济角度无法全面把握城乡关系变动的规律，因此，进一步从社会分化的视角理解城乡二元经济社会，有利于对当前经济社会发展的现实更深入的了解，同时也有利于提出更有力的城乡协调发展措施。对造成社会分化的根源追问不可避免地涉及城乡二元分割的相关制度，城乡二元分割的制度使我国城乡发展不协调的现状改善缓慢，因此，城乡分割的二元制度既是城乡发展不协调的根源，更是城乡发展不协调的重要表现。

必须清醒地认识到，我国城乡关系的历史演变过程是全球城乡关系历史进程的一部分。1949年后建立城乡二元结构，快速工业化，是为了赶上世界发达国家工业化水平，这是一种社会主动的城乡结构建构行为。1978年后，改革开放，与欧美交往加深，发展经济，发展工业化与城市化，这是一种自觉不自觉的跟进欧美现代化的行为，其城乡关系成为比重被动行为，即只要还在追求现代化，就只能接受相应的城乡关系。期间提出的调整措施，不能明确见效，与此有关。未来中国城乡关系建设，应当在彻底反思全球城市化发展的全部历史，准确定位基础上，首先完成理论建设，然后推进实践。

第四节　城乡协调原理的案例分析

城乡协调发展问题是所有国家都必须面对的一个重大问题，工业革命以后，城市化进程的加快发展使得城市和乡村逐渐脱离、对立，城乡协调发展问题在各个层面表现出来，制约着城乡经济社会的进一步发展。发达国家基本上都曾经对城乡协调发展做出过努力，作为人类社会发展历史上必经的过程，各国在城乡协调发展历史中都曾面临城乡失调这一相同的问题，也都采取了一定的措施，尽管方式方法不同。无论是在世界经济史上，还是在我国城乡协调发展的历程中，均形成了一些各具特色的区域性城乡协调发展模式，这些模式既具有个性，也具有共性。如何实现城乡协调发展，跨过城乡二元经济社会结构的桎梏，不仅是发达国家必须解决的问题，而且更是发展中国家必须面对的问题。

一、国外城乡协调发展的实践分析

(一)美国城乡协调发展实践分析

美国是工业革命较早完成的国家，同时也是在解决城乡失调问题上较为成功的国家之一。作为市场经济发达的国家之一，美国政府信奉“自由放任的资本主义”，对经济活动不加干涉，从19世纪到20世纪中叶，美国农业在科学技术的带动下生产率持续提高，农村过剩的劳动力开始向城市转移，原本留在农村的劳动力也开始转向非农业生产，农业生产率一度提高很快，但是到了20世纪，农村在一定程度上出现了衰败现象，自20世纪50年代到70年代，美国农业人口收入一直低于非农业人口的收入，占非农收入的比重从50年代的55%增加到了70年代的75%，直到20世纪末21世纪初，美国才在真正意义上消灭了城乡差距。美国农业部对1997年至2007年的10年间美国城乡居民家庭平均年净收入抽样调查数据显示，美国城市居民和农村居民收入差别甚微，其中有6年城市居民高于农村居民的家庭平均年净收入，另外4年则是农村高于城市。2012年10月，美国人口普查局发布的全美城乡居民生存状况调查数据显示，2011年，美国的芝加哥、费城、旧金山等17个主要大城市居民的家庭中，年收入都低于全美家庭平均数50 502美元，相反，通常认为的城市郊区和农村，家庭中年收入却高于50 502美元这一平均线，城乡差别虽然存在，但是却是乡村高于城市，随机抽取调查的50个人口在1万人以下的小城市都在这一平均线以上，也就是说，美国不存在城乡居民收入差别。在城乡协调发展问题上，美国的做法主要有：①行政机构简单，注重基层民主自治；②重视对农民的教育，鼓励农民兼业发展；③利用科学技术发展农业，同时运用税收政策协调农业和非农业的差距，保护农业；④注重法律体系建设，关注乡村发展；⑤构建“大都市区”打破城乡区域界限，协调城乡经济发展。

(二)英国城乡协调发展实践分析

英国是工业革命最早的国家，因此也是城市化进程最早的国家之一，在城市化进程中最先遇到城乡协调发展问题。工业革命带动了英国纺织业和煤炭业等产业的发展，与此相应，各个大小不等的城镇也发展起来，英国也由乡村社会向城市社会转变，早期的这种工业化和城市化进程是在自发的状态下进行的，其后果就是产生了各个不平衡的大小城镇，并且出现了“城市病”、“城乡失调”等问题。19世纪末20世纪初这种失调表现在经济、社会和生态等各个方面，这也是霍华德在当时提出“田园城市”构想的社会基础，这时将城市和乡村统一规划的思想已经成为共识，因此，英国城乡协调发展的做法中最典型的就是突出了对城市和乡村的一体化规划，早期英国城乡协调发展的做法主要有：①突出城乡规划的重要性。英国城市化始于18世纪60年代，是世界上城市化最早的国家之一，目前城市化率已经达到90%以上；②重视小城镇的发展，保护小城镇文化特色；③通过“城市复兴”改善城乡产业结构；④通过相关政策法规完善城乡协调发展规划。

(三)日本城乡协调发展实践分析

日本是一个人口稠密的岛国，二战后至60年代起就一跃而成为世界上第二大经济体，其发展之迅猛令世人侧目，但同时也不可避免地出现了城乡发展失调问题，有数据显示，经过了20世纪50、60年代的工业高速发展后，日本工农业就业人口比例发生重大变化，在1955—1971年的16年期间，工业人口增加到4340多万人，占就业总人口的比例为85%；农业人口减少到760多万人，一增一减说明了城市工业人口的增加有将近一半是从农村转移出来的。和众多国家农外转移的劳动力一样，青壮年大多转移到村外，农村劳动力仅剩下老人和妇女，且平均年龄都在50岁以上，这一现象不仅造成城市人口过密、农村人口过疏，而且使农业生产面临人力资源空缺、农村社会面临瓦解的危机。由此，为了协调城乡发展，日本主要是从城乡矛盾体的重要一方即乡村着手开展“造村运动”协调城乡经济社会发展，具体来说主要包括以下几点：①建立补助金农政制度，强化农村基础设施建设；②发起造村运动协调城乡发展；③开展多元化的教育形式，提高农民的文化素质和科技技能；④成立农业协会，促进农业发展；⑤建立城乡一体的社会保障体系；⑥以制度改革推进土地规模经营。

(四)发展中国家城乡协调发展实践分析

和发达国家不同，二战以后，多数发展中国家面临的主要问题就是发展问题，面对百废待兴的国内状况，多数发展中国家选取了以工业为导向，以城市为中心的发展战略。这一发展战略并没有给发展中国家带来城乡协调发展，反之，城市繁荣的背后隐藏着贫困窟，工业化背后是过大的工农差距，拉美的城市化以城市的高污染、高犯罪率为基本特征，社会主义国家如中国和越南对人口的行政性限制成为城市化进程中的一大特色，这种发展战略在相当程度上固化了城乡二元经济结构，强化了城乡间不合理的利益格局，拉大了城乡间的发展差距。据联合国统计，拉美国家中绝大部分农村居民中都生活在贫困线以下，几个较为严重的国家如玻利维亚、秘鲁、巴西等都达到70%以上。经过重工轻农发展后，多数国家在20世纪60年代开始重视城乡协调发展问题，具体来说主要包括以下几点：①重视农业农村的发展，发展战略上不再单纯以工业和城市为主导，而把城乡协调发展作为主要战略；②发展以乡、镇为中心的小城镇建设；③发挥市场的主导作用；④政府宏观调控为城乡协调发展提供制度保障。

二、中国城乡协调发展的实践分析

(一)城市经济发达地区城乡协调发展(北京)

作为经济、社会发展在全国具有明显优势的地区，北京的城市化、工业化已经达到相当水平，其完全具备统筹城乡协调发展的经济和社会实力。并且农村人口的绝对数量相对较少，农村发展水平与人民生活水平相对较高。

北京要成功实现城乡经济社会一体化，是个长期的过程。北京具有很好的工业基础和城市基础条件，在现有城乡统筹发展的基础上，处理好北京中心城区、近郊区和远郊区产业发展互补的关系，形成合理的产业分工。中心城区在继续发展传统商贸业的同时，着重发展金融业、交通通讯业、现代物流业等新兴服务业；近郊区应突出工业强区，使近郊的城乡接合部成为高新技术产业和现代工业的辐射地，现代都市农业的生产地；远郊区进一步加强农业的基础地位，大力发展具有地方特色的农副产品深加工业。北京的交通网络发达，是统筹城乡协调发展的优势条件，尤其是轨道交通，越来越多贯穿城乡的地铁线路的修建，使农村和城区的联系更加紧密，对统筹城乡发展有不可估量的作用。北京的城乡统筹应侧重公平，加强城市对农村的反哺作用，以交通加强联系，在全国范围内率先实现消除城乡差别，经过一段时间的努力是完全有可能的。

(二)农业发展基础好，工业发展滞后地区(东北地区)

东北地区作为我国典型的老工业基地振兴地区，工业化率、城市化率较高，但非国有经济发展不足，城市化的质量不高，中心城市的活力不足。东北三省作为全国重要的农业基地，农业发展基础条件良好，机械化水平较高，东北三省统筹城乡发展工业经济水平后劲不足。从城市的发展水平来看，尽管目前东北地区的城镇化率达55.4%，城镇体系也比较齐全，但城镇化的质量不高，大部分城市属于资源型城市，城市的经济发展后劲不足，城镇居民的人均可支配收入及其增长速度都在全国处于落后的状态，而且除了中心城市之外，其余所有城市几乎都缺乏经济发展的活力和实力，一些资源型城市居民下岗再就业困难，城市基础设施落后，这使得城市没有强大的经济基础和发展能力去反哺农村的发展。东北地区从城乡发展的现状背后深刻反省城乡发展差距的真实原因，找准城乡发展的突破口，注重效率的提高。

东北地区统筹城乡协调发展要采取双轮驱动，一方面采取自上而下的方式，认真贯彻工业反哺农业、城市支持农村的方针，提高城市综合带动能力和经济竞争力，推进基本公共服务均等化。另一方面充分发挥东北农业资源丰富、农业基础较好的优势和农垦、森工的积极性，自下而上地促进城乡互动和工农互补，逐步实现城乡一体化。抓住国家振兴东北老工业基地的机遇，积极争取国家支持，做大做强哈尔滨都市圈和哈大齐工业走廊，加快资源枯竭型城市经济转型，推进建立资源开发补偿机制和衰退产业援助机制，积极发展接续替代产业，增加就业岗位，完善城市功能，促进资源型城市可持续发展。

(三)城市经济发展欠发达地区城乡协调发展(中西部地区)

中西部城市经济欠发达地区,从城乡关系上来看,存在城市拉力不强,农村推力较弱的双重矛盾,一方面,作为城市经济结构主体的工业和第三产业,吸纳农村剩余劳动力能力有限,另一方面,农业人口众多,农村经济不活跃,产业化水平低。各地区城乡协调发展要突出大城市在城乡协调中的地位,加快中心城市建设,提高其辐射与拉动能力,形成布局合理、结构完善、功能互补的城市体系结构,通过高质量的城市化将农村剩余劳动力转移到城市,实现农村、农业的繁荣。同时,也要改变小城镇无产业与空壳城镇化的状况。建立城乡社会与公共服务体系,加大对农村的财政投入力度,实现城乡基础设施和社会事业的统筹发展。

近代史上,中国工业化、城市化的任务的现实性与艰巨性,使得城乡不协调发展成为了一个必然过程。对于中国而言,要实现城乡协调,首先必须从理论高度透视其历史过程及其战略重要性,在此基础上,分别解除工业化发展过程中城乡之间产生的差距,由赶超发达国家工业化、城镇化水平,转变到超越发达国家城乡和谐水平方向上。在此过程中,明确调整城乡发展过程中产生的不协调政策、制度因素,摈弃不合理城乡差别观念,实现城乡协调发展。城乡协调发展将是一个动态、长期的战略性运动过程。

思考题

1. 查阅相关文献简述城市和乡村的概念和特征。
2. 从农业发展的角度阐述城乡关系。
3. 城乡协调发展的概念和内涵是什么?
4. 论述1949年后我国城乡协调发展的历史演进。
5. 国外城乡协调发展对我国城乡协调发展的借鉴是什么?
6. 以自己熟悉的地域分析城乡协调发展的实践。

推荐读物

1. 刘易斯·芒福德. 城市发展史. 北京:中国建筑工业出版社,2005.
2. 莱斯特·布朗. B模式2.0:拯救地球延续文明. 北京:东方出版社,2006.
3. 亚当·斯密. 国富论. 南京:译林出版社,2011.

大道之行也，天下为公。

——《礼记·礼运篇》

第七章 农业公益性原理

本章核心内容

- 农业公益性原理指地理系统意义上农业系统与自然系统、社会系统间的对立统一与和谐发展关系，包括农业系统内部的对立统一与农业系统分别于自然系统、社会系统的对立统一关系。因此，农业系统的发展对于其自身、自然系统及人类社会系统都是能达到和谐统一的关系，体现人类生命共同体和地球生命共同体的集体利益。
- 农业公益性原理在农业生产的五个历史时期体现不同，前文明时期由于农业还未出现，农业公益性还无从体现；在原始农业时期和传统农业时期人类系统和自然系统处于初级平衡状态，农业系统保持着较高的公益性。而在工业化农业时期，人们为了追逐眼前利益，不顾破坏生态环境和农村社会，使得农业的公益性受到巨大程度的伤害。在生态文明时期，人类将在对工业文明阶段农业系统、环境和社会状况全局性反思基础上，将创造性地结合传统农业时期和工业文明时期形成的农业技术，综合考虑对社会和生态环境的影响因素，建设功能齐全的农业体系，服务于社会发展，服务于生态环境，体现高度的公益性。
- 地理系统的基本矛盾为人类社会与自然地理系统之间的矛盾。在地理系统范围内，人类社会具有主动性，是主要矛盾方面，自然地理系统处于被动地位。超越了这一范畴，自然系统则具有客观必然性，居于主要矛盾位置。农业公益性原理为人类社会在农业系统建设方面维持自然系统稳定性的客观必然要求。这一客观要求贯穿于农业系统的全部结构，包括微观机构与一切运行机制之中。

第一节 农业公益性原理的概念与表现形式

一、农业公益性原理的概念

公益是指有关社会公众的福祉和利益。“公益”为后起词，五四运动后方才出现，其意是

“公共利益”,“公益”是它的缩写。现代的公益,是人人参与的公益,不管是个人还是集体,人们通过各种公益活动、公益基金、公益网站等途径,通过直接参与、捐赠、公益广告、公益歌曲等方式参与到公益中来。

农业公益性原理指地理系统意义上农业系统与自然系统、社会系统间的对立统一与和谐发展关系,包括农业系统内部的对立统一与农业系统分别于自然系统、社会系统的对立统一关系。农业的公益性,即农业系统的全部农产品服务于整个人类社会,同时个别农产品也同样服务于整个人类历史过程和社会整体。因此,农业系统的发展对于其自身、自然系统及人类社会系统都能达到和谐统一的关系,体现人类生命共同体和地球生命共同体的集体利益。

二、农业公益性原理的表现形式

农业公益性原理体现的是整体系统内部的和谐共生关系,具体分为农业系统内部对立统一关系、农业系统与自然系统对立统一关系以及农业系统与社会系统对立统一关系。

(一)农业系统内部对立与统一

农业生产系统包括农产业系统、草产业系统、林产业系统、海产业系统和沙产业系统的物质和能量转化过程。农业系统内部的统一,即各个生产系统中各要素之间相互支持、相互融合、互为补充,从而保证农业系统的正常运转。如,农田生态系统中,农作物生长过程中有虫害发生时,其天敌能够有效制约害虫的数量,保证农田系统的健康与稳定。

农业系统内部的对立是指,农业生产系统中各要素为了扩充其自身利益而影响其他要素的发展,并最终导致整个农业系统的崩溃。如:农产业与草产业的竞争,可能会出现耕地增加、草场退化,也可能出现过多的牲畜占用大量耕地、畜禽粪便污染耕地;农产业与林产业的竞争,可能出现林地改耕地、森林锐减、水土流失。

(二)农业系统与自然系统的对立与统一

马克思曾指出,农业是经济再生产和自然再生产过程的交织,农业系统的发展离不开自然系统的生产过程。因此,农业系统包含于自然系统,遵循着自然系统万物生长的规律。农业系统与自然系统的统一是指,农业系统遵循自然系统物质循环与能量守恒规律,农业系统的稳定与和谐促进自然系统平衡发展。

农业系统与自然系统的矛盾对立是指,随着社会生产力提升、技术设备的革新以及经济利益的涌动,农业系统打破原生自然系统内部的生长规律,干涉系统内部动植物的生长结构与生长方式,从而引起一系列生态问题。如,大量化肥、农药的施用,影响原农田生态系统中有益微生物和动物的生长,降低农田生态系统中抵抗病虫害的能力以及自身农作物品质,进而影响粮食安全与食品安全;开发湿地、草地为耕地,破坏原生生态系统的平衡,特有物种栖息地被破坏,生物多样性减少,造成湿地减少、草场沙化。另外,像水资源问题、气候变化等问题虽看似与农业系统隔着千山万水,但农业系统却如“蝴蝶”般可以影响着全球自然系统,牵一发而动全身。

(三)农业系统与社会系统的对立与统一

农业系统是人类社会为其生存发展而从自然系统中驯化形成的,其产品与人类社会需求相一致。农业系统与社会系统的统一是指,农业系统与社会系统的生产目标相同,通过输送社会系统中资源与其他要素促进农业系统高效产出。如,社会系统中农具的发明与使用极大提高农业系统的生产效率。

农业系统与社会系统对立是指，人类社会为了满足自身利益需求，过度侵犯农业生态系统各生命体的利益，人为加快非农业系统发展进程，打破人类社会与农业社会的和谐统一关系。如，为了城市发展，修建铁路公路及居民住宅都会使农田面积缩小，为了保证粮食总产量，即要提高单位面积的土地生产效率，导致大量施用化肥，造成土地板结、肥力退化、污染地下水问题；为了快速、大量获取肉禽蛋奶，饲料中添加生长激素，驯养密度加大，挤占动物生长空间，忽视动物生活福利，引发食物安全问题和动物福利问题，破坏生态环境。

第二节 农业公益性原理的影响因素

一、社会稳定状况

战争导致农村劳动力大为减少，农业设施大量损坏，食物成为战略物资，农户负担加重，农业生产陷入恶性循环。清政府镇压太平天国时，使南京到苏州“沿途如沙漠，荒凉万里”，江苏、浙江、安徽等地“几于百里无人烟，室庐焚毁，田亩无主，荒弃不耕”；民国时期军阀连年混战，军队调动征用劳力、牲畜、农具、米粮等，耽误农时与耕地。战争打乱了农村社会正常生产秩序，农户无力争取农产品的消费权和土地的耕作权，原有系统农业公益性被打破。

二、经济因素

贫富差距等社会阶层的不断分化和固化，低弱势群体话语权和对农产品的选择权逐渐丧失，农业公益性日趋微弱。2008 年，美国成年人肥胖比例为 34%，儿童和青少年肥胖比例为 16.9%；2011 年美国贫困率最高的 10 个州，民众肥胖率超过 14.9%，而贫困率最低的 10 个州，民众肥胖率不超过 9.2%。金钱短缺导致其只能放弃有营养的饮食，而选择高热量的食物来填饱肚子；其次缺乏足够的空闲时间来运动，导致肥胖加剧。而地区之间的不平等因素，也加剧了不同地区居民农产品消费的不平等性，影响农业公益性。

纵向看，工业革命以后，人们为了攫取更大的经济利润，放弃传统农业封闭式的物质能量循环模式，转为大规模化的农场式经营、单一的规模化种植或养殖生产格局。农场规模化经营确实可以使部分人获益，但失去土地者生活陷入了困境。同时也因原有农业生态系统破坏，自然防御机制坍塌，而遭至病虫害的侵袭，以及土壤肥力的下降，间接影响其公益性。

横向来看，全世界各国经济一体化日益加剧，各国农业结构也互有交叉。经济实力更为强大的地区拥有更多话语权，经济发达地区为了达到其地区的粮食安全和利益目的，可以影响经济欠发达地区的农业种植结构，不利于对原生农业系统的保持，影响其长远发展。

三、技术因素

传统农业铁具、木制农具等技术装备的发明是农业发展史的重大飞跃，工具的使用使原始农业进入传统农业，将人类从四处迁徙的渔猎生活转变为有固定处所的精耕细作。传统农业积累的生产经验延续了农耕文明的传承，如黄河流域二十四节气的归纳与应用，间作、复种等耕作制度的总结与实践。现代农业技术的飞速发展，如机械力代替人畜力、化肥代替农家肥，大大解放劳动力的同时，也利用现代生物化学方法加快生物生长进程，农业也因此进入了从未有过的“快车道”。农业技术的进步提高了劳动生产率，增加了农产品供给，为民众获取多样化的农产品提供了保障。但施用者未能从农业公益性的角度充分考虑此技术对农业其他系统的负面影响，新技术的应用带来过多的能源浪费和化学污染，造成农产品质量堪忧。因此在技术发展层面，应系统对投入技术进行安全性评价，以免对农业系统造成不良影响。

四、自然资源因素

农业生产力包括自然生产力和社会生产力。自然生产力因素包括土地资源、气候资源、水资源和生物资源等自然条件及其相关的农业生态环境。这些因素有机结合起来为农作物、动物的生长、繁殖提供物质生产条件，即自然提供物质资料的能力，可称为自然生产力。农业生产从根本上是直接利用自然生产力进行生产，人类从自然获取生存资料，由此决定了农业的基本矛盾是人与自然的矛盾。不同自然环境（温度、光照、降水量、气候等），其环境承载量也不同，农业生产量也不同。当所在地区自然环境系统所能提供的生产力低于人类劳动需求时，导致自然资源输出加大。连续超常输出，进而导致自然环境难以恢复时，必然造成当地自然生产力的下降。如公元前 4 世纪西亚幼发拉底河和底格里斯河流域出现四大文明古国之一的古巴比伦王国，因过度砍伐森林，和掠夺式耕作，最终导致王国陨灭。

第三节　农业公益性原理的历史运动过程

世界农业的起源是多中心的，农业的出现是人类社会发展到一定阶段之后的历史产物。近一万年来，世界农业的历史是由点状起源，到片状扩大的历史。这种星星之火成燎原之势的历程说明，人类社会对农业选择的必然性。农业的起源是人类从攫取性经济到生产性经济的转变，农业的产生在人类发展历程中有着划时代的意义，因此又称为“食物生产革命”、“最初的、伟大的文化革命”、“农业革命”。

农业是一种特殊的物质运动形式，它是人类以各种手段干预自然界生物体的生长过程，使之在与外界环境不断进行的物质循环和能量转化中，制造出人类所需要的食物和其他产品。随着人类对自然认识和改造能力的增强，自然资源、地理环境、气候等条件和文化传统的因素交互影响，形成了农业生产的不同阶段。分为五个时期，分别是前文明时期，刀耕火种的原始农业时期、牛耕技术的传统农业时期、动力机械的工业化农业时期和正在到来的生态文明时期。

一、农业公益性在前文明时期的表现

前文明时期大约从 600 万年前到 230 万年前，为人类起源后到旧石器时代之前的时期。这一时期人类基本处于动物态蒙昧阶段，农业还未出现，农业公益性还无从体现。

二、农业公益性在原始农业时期的表现

原始社会时期，人类“未有火化，食草之实，鸟兽之肉，饮其血，茹其毛”，这个时期的劳动是“动物式的本能的劳动形式”，仅仅为了维系生存，寻找生存的食物。旧石器时代晚期，山顶洞人学会人工取火的能力后，开始进行采集和狩猎。采集和狩猎活动，使得山顶洞人的社会生产力大幅提高，人口逐渐增多，跨入到母系氏族社会。火的利用、弓箭的发明，人类进入新石器时期，在生产工具改进的同时，冰河消退、气候转暖，为农作物的栽培提供了环境条件；人口增长，食物短缺，促进人类开发新的生活资料来源；人类在长期的采集和渔猎过程中熟悉了动植物的生活习性，学会栽培植物和驯养动物，原始农业是在一系列条件成熟基础上产生的。

原始农业时期，我们祖先从采集和渔猎天然生物的攫取性经济，转移成靠人类活动来增加天然产物生产。我国神农氏尝百草的传说，“古者民茹草饮水，采树木之实，食蠃蠬之肉，时多疾病毒伤之害。于是神农乃始教民播种五谷，相土地，宜燥湿肥硗高下，尝百草之滋味，水泉之甘苦，令民之所辟就。”(淮南子，修务训)其实这就反映了原始社会时人类从采集活动到发明农业、驯化动植物的艰苦实验过程，以及对农作物与其生态环境的认识过程。原始农业初期，农业生产不稳定，采集和渔猎活动仍是重要的生产手段。

原始农业的出现与发展，促进人类与自然环境的认识深化，扩大了人类利用自然、改造自然和保护与改善生存环境的活动范围。但此时人类对自然的利用程度和支配能力十分有限，人类必须直接依赖自然界提供的食物来果腹，也无法主动抵御气候、病害、野兽的侵害，仍是自然中普通的一分子。马克思曾论述古代人类同自然的关系，“自然界起初是作为一种完全异己的、有无限威力的和不可驯服的力量与人们对立，人们同它的关系完全如动物同它的关系一样，人们就像牲畜一样服从它的权力，因而这是对自然界的一种纯粹动物式的意识(自然宗教)。”

人类视自然为万物之神，想象出许多神秘超自然力量，通过各种宗教仪式表达对自然的敬畏，祈求得到自然之神的恩赐和庇佑。如，人类萌生出万物有灵论观念，出现图腾崇拜。部落通常以某种动物或者植物作为自己的图腾，并对图腾怀有极大的尊重，严禁采集和捕猎图腾的动植物。各氏族图腾不同，出于图腾禁忌，就保护了一定种类的动植物，也避免生活资料来源的枯竭或某种动物被捕猎殆尽的危机。再如，氏族部落为了保存其生产资料，把原始的生态伦理道德意识作为限制部落成员攫取本能和保护自然资源的手段。澳大利亚人在粮食和蔬果歉收时禁止消费香蕉和薯类等。拉法格认为，原始的氏族保护自然生物资源的禁例，对本能攫取的限制是带有共产主义性质，它们是为了部落全体成员的利益才规定的。

因此，在原始农业时期，自然界其他生物和人类自身之间是相对平等的，人类对自然的利用和攫取也在自然可调节的范围之内，自然系统、农业系统和人类社会系统内部之间处于平衡和制约的关系，保持着高度的公益性。

三、农业公益性在传统农业时期的表现

随着铁具使用，人类农业活动水平不断提高，从奴隶社会开始至资本主义社会初期，即产业革命以前的阶段，称为传统农业时期。传统农业阶段，人类社会有了杰出的成就，如铁器、青铜器的锻造、陶瓷的烧制、文字的使用、造纸术、印刷术的发明使得人类在物质生产和文化传承

上变得日益独立自主。人类不再依赖现成的食物，而是创造适宜条件生产和繁殖自己生存所需的植物和动物；食物供应大幅提高后，人类有更多精力从事精神方面的工作，这样人类的思想文化得到快速发展，提升了人类的认知能力。正是人类的认知能力和思想进步，反馈激励生产技术进一步提升，人类拥有一定的改造自然的能力。

传统农业时期，人类虽然在技术和文化有了大幅提升，但改造自然能力比较有限，所以仍旧尊崇自然，认为"唯天地，万物父母"。但由于人类已经可以驯化一些植物和动物并为其所用，人类的自信心大大增强，把自己从其他万物之中剥离出来，凌驾万物之上，认为"唯人，万物之灵"。西方的苏格拉底更是认为"思维的人是万物的尺度"，中世纪的西方社会愈来愈强调人的地位，神学自然化则将人格化的上帝凌驾于自然之上，成为人与自然的缔造者。中国传统农业思想，把人与天、地并列，主张人与农业生态系统各组成要素之间的协调、共生关系，且有更强的、更深刻的对人际和谐的认识，因此也更具有浓厚的群体本位的特征。冯友兰先生指出，"农的眼界不仅限制着中国哲学的内容，更为重要的是还限制着中国哲学的方法论"。

中国古代虽经历朝代更迭，但农耕文明从未辍弃；历代统治者对于农业都非常重视，且每次战火纷飞，农耕发达地区往往都是战争双方必争之地，说明农业强盛对于国家稳定发展有着重要意义。另外，中国在有限的土地上养活越来越多的人口而地力经久不衰，引起了西方学者的关注。曾任美国农业部土壤局局长，被称为美国土壤物理学之父的富兰克林·H·金，曾撰书《四千年农夫》，高度评价东亚的传统农业。我国传统农业发展过程中，总结了"三才"观、农时观、循环观、相生相克观以及人和思想。"三才"理论中的"三才"指宇宙构成三大要素天（气候、季节）、地（土壤、地形）、人（农业生产主体）。"三才"理论指导中国传统农业，一方面顺应自然、尊重自然法则；另一方面注重发挥人的作用，让农业作为自然再生产和经济再生产两个过程的统一。"顺时"、"趋时"是中国传统农业农时观的核心。《孟子·梁惠王上》中提出"不违农时，谷不可胜食也；数罟不入洿池，鱼鳖不可胜食也；斧斤以时入山林，材木不可胜用也"，这说明遵循林木砍伐、水产捕捞和野生动物捕捞以时禁发，农业生产按照农时进行，从而使"五谷不绝，而百姓有余食也"。自战国以后，人们认识到施肥保证"地力常新壮"，将城乡生产和生活中的所有废弃物以及大自然中部分能够用作肥料的物资投入土地，完成农业生态系统中物质循环和能量转化。另外，人们还发现了动植物之间相生相克原理和"人和"意识。人是所有因素中的最能动因子，晓天时、善地力，使自然万物为人服务。

传统农业时期，虽然人类扩大对自然界的利用程度，但物质生产活动都是在自然过程中进行强化和偏向，尚未对自然系统进行根本性的变革和改造，人类系统和自然系统仍处于初级平衡状态，农业系统保持着较高的公益性。

四、农业公益性在工业化农业时期的表现

自18世纪到19世纪初英法工业革命以后，传统农业进入新的农业发展阶段，工业化农业时期，或者称为现代农业。现代农业是农业发展历程中的高级阶段，属于商品性农业，主要特点是操作机械化、技术科学化、农民知识化和产销社会化，对农业发展起到了积极的推动作用。但现代农业的发展也加剧了对环境的破坏，不可再生资源消耗巨大，且生产效率降低，对土壤、水体、大气、生物等的污染严重。尤瓦尔·赫拉利在《未来简史》中写道，"到了科学革命，整个世界成了人的独角戏。人类独自站在空荡荡的舞台中间自言自语，不用和任何其他角色谈判

妥协，不但得到无上的权力，而且不用负担任何义务"。

工业文明中的科学技术革命彻底颠覆了人与自然的关系，自然界在人类心中不再有往日的神秘和威严，因为"自然对人无论采用什么力量——寒冷、凶猛的野兽、烈火、洪水，人总能有对付这些力量的手段"原始农业时期，人类匍匐在自然脚下；到传统农业时期，人类与万物平齐、仍保留着对自然敬畏的一点"情面"；再到工业化农业时期，人类仿佛已征服和凌驾于自然。

工业化农业对自然生态系统和人类社会系统的影响已远远超出传统农业，在自然资源消耗与开发、农村污染和城乡结构失衡上都有严重影响。

自然资源消耗过大、开发不合理。我国有近14亿人口，人口与资源拥有量呈非均衡状态，人均水资源、耕地资源、森林资源只相当于世界平均水平的25%、30%、12%，在这种严重短缺条件下，随着城镇化进程的加快，耕地面积还在收缩，水资源短缺还在加重，人均森林占有面积也在减少，这些严重的环境问题影响着现代农业的可持续发展。如黄河、海河、淮河等水域已经出现的水荒现象，直接影响到粮食生产，一些干旱区水源供应的减少甚至导致了农地的弃耕。

农业污染加剧与生态环境破坏。自20世纪80年代，为了提高耕地单产收益，化肥、农药、除草剂、农膜等大量用于农业生产，它们的过度滥用造成耕地质量总体下降、水体污染、盐碱化、农产品中农药残留等问题。另外，城市污染向农村转移，出现植被破坏、水土流失严重等问题。

人类社会系统中，城乡二元结构加重，农业收益低使农村高素质青壮年向城市单向流动，导致土地抛荒、农村社会人口结构不协调、农村空心化。农村一家一户小农经济风险高、收入低，农村人口外出打工难以抗拒家庭因病致贫、因学致贫，加剧贫富差距。农村劳动力老龄化、妇女化、留守儿童问题频发。农村居民的环境意识、环境权利和维权意识淡薄，使得农村环境进一步恶化。

因此，在工业化农业社会中，为了追逐眼前利益，农业的公益性受到巨大程度的伤害，农业越来越简化为少数人牟利的工具。

五、农业公益性在生态文明时期的表现

目前我们正处在通往生态文明时期的道路上，人类已经开始对工业文明阶段对农业系统、环境和社会的破坏进行全局性反思，在统一认识基础上，针对时代问题，理性地寻求发展前途，逐步明确了以经济、生态、社会协同、可持续发展为本质特征的发展方向、道路与基本原则。在这一阶段人类将智慧地结合传统农业时期和工业文明时期形成的农业科学技术，综合考虑对人类社会和生态环境影响，逐渐形成生态合理的文明社会，高度体现农业的公益性。

第四节 农业公益性原理的现实意义

一、农业公益性体现人类生命共同体和地球共同体的集体利益

信息科学技术将地球钩织成网状的立体结构，各国利益和命运从未如此紧密，人类和万物生命也从未如此紧密，从人类社会到自然环境，"牵一发而动全身"。农业系统如"蝴蝶效应"

般，影响着人类命运和地球生命；其公益性质促进人类命运共同体和地球生命共同体的健康发展。

“命运共同体”一词，来源于传承千百年的中华文化。“和”为中华文化的精髓，天人合一的宇宙观、协和万邦的国际观、和而不同的社会观、人心和善的道德观。打造“人类命运共同体”、“地球生命共同体”是对“世界大同”、“天人合一”等中华智慧的接续。人类命运共同体指在追求本国利益时兼顾他国利益，在谋求本国发展中促进各国共同发展。地球生命共同体是人、生命、自然共生共荣的协同性和多样性。

人类过度掠夺和不尊重自然万物之后，大自然也如数奉还。恩格斯在《自然辩证法》一书中总结历史规律，发出深刻警醒：“我们不要过分陶醉于我们人类对自然界的胜利。对于每一次这样的胜利，自然界都对我们进行报复。”人类在沾沾自喜的同时，就已经尝到了自然回馈的恶果，如粮食安全、食品安全、农村牧区社会安全和地理资源环境安全问题。

(一)粮食安全问题

联合国粮农组织(FAO)警告，由于自然资源压力、地区之间不平等或冲突以及气候变化问题，未来人类粮食自给能力将遭遇威胁。2011—2013年，全球估计共有8.42亿人口长期遭受饥饿，无法获得充足的食物以维持活跃的生活，这部分人口占世界总人口1/8以上。其中一心追求自身高额利润的跨国公司对农业贸易的垄断，严重影响发展中国家的粮食自给和粮食安全。

大型跨国农业公司利用母国国际地位、巨额补贴政策，制定不平等贸易条约，垄断全球农业贸易。全球市场几乎被跨国公司的农业寡头瓜分殆尽，其中四大跨国粮商(ADM、邦吉、嘉吉和路易达孚)控制世界粮食交易量的80%；六大农药企业(拜耳、巴斯夫、孟山都、杜邦、先正达和陶氏)控制世界农药市场的70%～80%；单孟山都一家，其控制转基因种子市场的91%。在农产品贸易市场上，农业寡头们攫取全球农业市场拥有绝对话语权，而发展中国家毫无话语权。

而丧失粮食主权的发展中国家，其粮食自给能力和生产体系遭到破坏，严重影响国家的经济发展和社会秩序。如，拉美国家在2008年世界性粮食危机中，无力抵抗国际粮价上涨和农业市场的动荡，出现大面积的饥荒和动乱，危害国家安全。同时，跨国公司以利润最大化为宗旨，利用转基因的技术垄断，强化某一地区作物单一化种植，破坏地区农业生态系统中的物种多样性，损害土壤肥力，进一步削弱整个农业生态系统的稳定性。这种方式是不可持续性的，它给跨国公司创造了巨额利润，却给发展中国家造成了巨大的生态灾难。

我国粮食产量逐年增加的背后，“丰年缺粮”的现实却鲜被提及，进口大豆已占据国内市场过半江山，中国三大主粮作物净进口常态化趋势也已显现。美国前国家安全助理布热津曾在《大棋局》中写道，“粮食和能源，将是中国经济增长的软肋。粮食依赖进口将给中国经济资源造成紧张，也使中国更容易受到外部压力打击。”据联合国粮农组织(FAO)发布的全球谷物供需简报显示，2015年度全球谷物贸易量为3.645×10^8 t，中国的粮食进口量就达到了1.03×10^8 t，几乎占到世界粮食贸易量的1/3。

跨国公司进入我国市场20多年，严重影响我国的种植、种业、农产品加工行业。我国大豆进口几乎都被跨国公司垄断，我国大豆主产区黑龙江省，2000年至2012年的12年间，大豆面积减少40%。从2006年至2014年,美国杜邦先锋公司的先玉335玉米种子种植面积从26万亩变成6 000万亩(1亩=666.7 m^2);在我国东北地区,其种植面积占玉米总种植面积的75%。这些对我国粮食自给和粮食安全战略产生严重威胁。

(二)食品安全问题

我国正处于社会转型的重要时期,食品安全问题层出不穷,从酒店豪宴到家庭餐桌,从大型超市到农贸市场,从蔬菜水果到生猛海鲜,都因为食品安全让百姓产生信任危机。农户知识水平低下、企业一味追求短期经济效益,才使得乱象频生。茅于轼先生曾在《中国人的道德前景》中提出构建一种"自利但不损人"、"诚实、敬业、守信"的市场经济道德底线,即体现公共利益的含义。

食品安全问题一般出在源头污染(种植、养殖过程)、生产加工环节、供应环节以及食品垃圾处理环节。具体如图7-1所示。

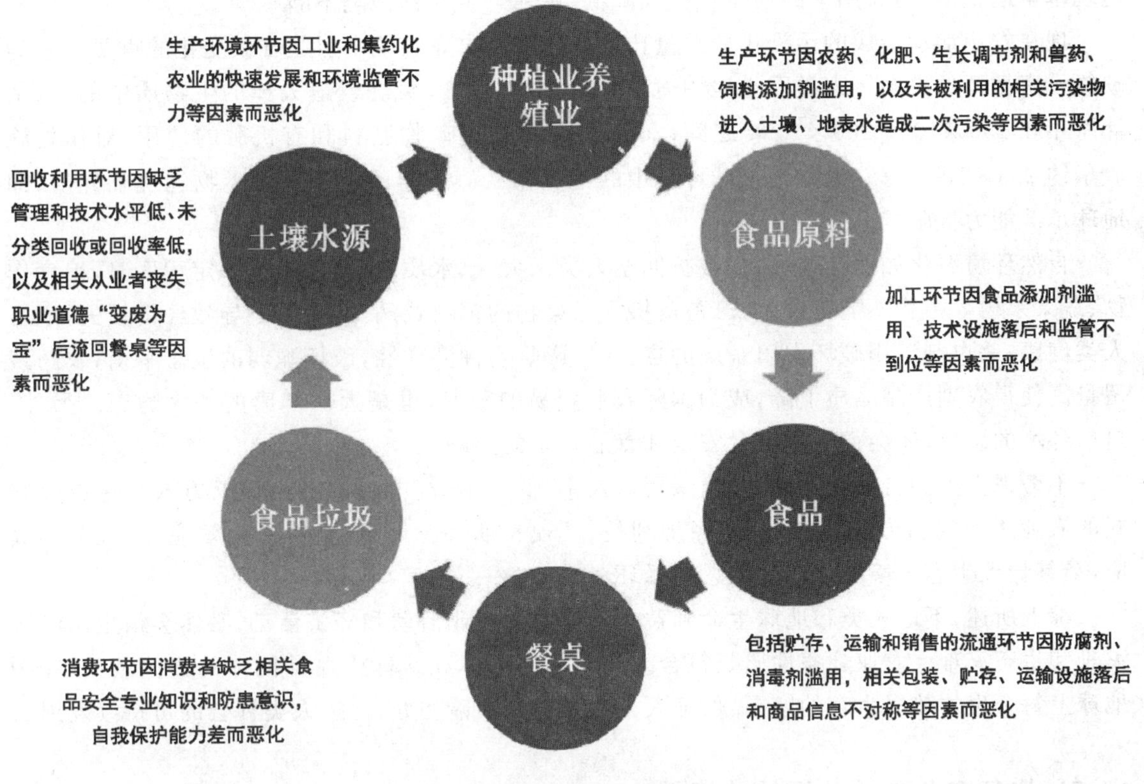

图7-1 影响食品安全各环节的相互关系

我国目前的大气、水、土壤污染状况仍然十分严重。与水体和大气污染相比,土壤污染具有隐蔽性、滞后性和难可逆性。工矿业、农业生产等人类活动的污染造成土壤重金属污染,过度使用农药、兽药,从而引发农产品与畜禽重金属污染、化学品残留问题。

生产加工环节上,滥用食品添加剂、对过期变质原料再加工,从而频频爆出"地沟油""毒淀粉""塑化剂"等事件;另外,人们外出就餐和点外卖概率增加,小作坊式加工方式安全问题堪忧。供应环节上,食品包装、贮存、销售阶段中,由于操作不当出现腐烂变质、超出保质期、产生真菌毒素。食品垃圾处理环节上，生活污水直接排入海中，海水富营养化导致赤潮和浮游生物过量繁殖，从而使得海中贝类毒素增加，加大食品安全风险。

而除此之外，经济社会也对食品安全有影响。2014 年健康、环境与发展论坛（Forum on Health，Environment and Development，FORHEAD）食品安全工作小组发布《食品安全在中国：问题、管理和研究概况》总结报告指出，问题重重的食品产业与我国极为快速但不平衡的经济发展、人口变化和食品生产环境的污染与退化等因素密切相关。这些因素使得跨辖区实施国家食品安全标准、建立食品追溯体系变得十分困难。

（三）自然地理环境问题

农业生产是人类生存与发展的基石，它利用自然环境中的光、热、水、土资源获得农产品为人类服务；与此同时，人类为了获得更多的农产品，在农业活动中过度改造自然，对自然环境产生了恶劣的影响。美国时代周刊曾发文，地球上的原始森林已接近崩溃，曾经可用作耕种的湿地现基本退化消失，饮用水的质量也大大降低，珍稀野生动物种类不断减少。

现在农业活动造成的污染排放总量比工业还多。农业系统中引起气候变化的重要因素为碳氮元素循环的失衡。人类因土地用途变化而收割、啃食、焚烧或遗失掉的生物质中的碳，估计每年在 $150\times10^{8}\sim200\times10^{8}$ t 之间；2005 年农民通过矿物肥料和有机肥的使用，对作物施放了约 2.3×10^{8} t 氮。泄漏到全球环境中的一氧化二氮可能已经超过了生物物理临界值，即地球承载能力极限。

自然环境恶化如回音壁般，如数折回至人类。大气、水质、土壤污染至一定程度时，粮食作物、蔬菜果树等植物不能正常生长，畜禽摄入污染物的饲料致病，从而影响导致经济损失，危害人类健康；杀虫剂滥用破坏农田系统的食物链，影响物种多样性，破坏脆弱的生态平衡；农药残留量高使得农副产品品质下降，成为国际农业贸易的掣肘，也是人类健康的一大隐患。另外，自然环境的恶化，还会衍生出粮食安全和食品安全的问题。

不考虑人类和自然的共同利益，采用低效率、低产出、高能耗的经济增长方式和粗放掠夺式的农业生产经营方式，追求短期经济利益、漠视长期环境效益，重视片面效应、轻视全局效应，最终导致生态环境恶化和贫困恶化循环。

综上所述，不以人类和地球生命利益为出发点的农业活动和经济活动，必然会衍生出经济灾难和生态灾难。农业公益性质是符合人类生命共同体和地球生命共同体的集体利益，守护地球上每个生物赖以生存的家园，保证人类和自然的和谐相处，促进人类社会的可持续发展。

二、恢复农业公益性质的迫切性

古代道家提倡“天地与我并生，万物与人为一”，农耕文化中以节气变化顺应作物生长，都体现了人与人、人与自然，和谐共生、永续发展的生态思想。近现代以来，工业化导致自然环境的严重破坏，自然生态系统的和谐与稳定被打破。当听到自然界给人类敲响的警钟时，越来越多的人去反思和寻求共赢的可持续发展道路，如《寂静的春天》、《只有一个地球》、《明天以后》、《增长的极限》、《未来简史》等。为了保持农业生态系统的稳定性，以及农业系统与自然生态系统、人类社会系统的动态平衡，恢复农业公益性是生态文明时代的必然要求。

(一)正确看待“人本位”和“自然本位”的关系

工业文明时代,以“人本位”促使人类不满足遵从自然、超越自然,从而推动生产力极大发展,颠覆性改变人类生产生活方式,这在人类发展史上有里程碑式的意义。但是人类在疯狂发展的漩涡中不能自拔,正如美国学者威利斯·哈曼所言,“我们对于解决“如何”的问题相当拿手,但对“为什么”这种具有价值意义的问题却越来越糊涂,愈来愈多的人不明白什么是值得做的。我们的发展速度越来越快,但我们迷失了方向。”梭罗的自然主义思想认为,我脚下的大地并非死的、惰性的物质,它是一个有着精神、有机流动的身体。他把自然看作生命体,且自然不属于人类;相反,人类是自然的一部分。

但同时,尊重自然不意味着消极畏惧自然,而是要顺应自然规律,在自然允许和承受范围内操作,既维护了“人本位”的既得利益,又促进自然和社会的协调发展,满足“自然本位”的要求。

人与人之间出现利益冲突、国家地区之间出现利益冲突,导致人类社会的不稳定;而人与自然之间出现矛盾冲突,则会出现人类社会与自然系统的对立矛盾。树立正确自然本位和人本位的价值观,有利于社会公德意识建立,有利于缓解社会系统与自然系统的对立状况,有利于农业系统公益性质的恢复。

(二)摆正农村建设者的位置

工业革命之后,人类社会把发展的中心放在城市的工业上,工农剪刀差逐步拉大,结构日趋不平衡。乡建工作中不同岗位中建设者“失位”现象严重:全部村民“主人翁”意识缺失、外来建设者“僭位”俯视乡村建设、乡村管理者管理失能。村民在乡村发展中本应占据主动权地位,但因种种因素其在经济实力和智力水准中均无优势,导致无法独立主导乡村建设。外来建设者总以救世主自居,俯视乡村发展甚至攫取乡村利益。乡村管理干部对农村了解不深,一味追求政绩,反而造成农村发展方向歪曲,失能于乡建。因此,各农村建设者的位置摆正,村民主人翁意识觉醒、外来建设者明确可以建设范围与方向、乡村管理者“在其位谋其政”。只有这样,才能维护农业系统的平衡与稳定。

(三)实现工业反哺农业

自工业革命以来,农业为工业和城市建设输送大量资源,造成其农业生态系统的不可持续,农业现代化进程显著滞后于工业化进程。通过工业反哺农业,减少工农发展剪刀差,从而实现工农业协调发展。工业反哺农业的方式包括间接反哺和直接反哺、简单反哺和复合反哺等;工业反哺农业的模式包括政府政策反哺、社会化反哺、农业产业化反哺、城市企业下乡反哺、新型城镇化反哺的模式。

政府通过农业补贴、优惠贷款和转移支付等方式进行政策反哺,政策反哺是收入性的间接反哺、简单的输血扶持,未从根本上改变工业对农业要素的吸纳。社会化反哺是依靠支农的社会团体提供农业技术、农业人才、培训青年农民,直接和间接方式相结合反哺农业。农业产业化、城市企业下乡和新型城镇化模式属于直接反哺,“授人以渔”式造血反哺,促进要素双向自由流动,提高农业自身发展能力。

(四)破除城乡二元结构,统筹城乡平衡发展

城市与乡村的发展是紧密相连、互为补充。恩格斯在1847年的《共产主义原理》中提出城

乡融合，“通过消除就得分工……以及城乡的融合，使社会全体成员的才能得到全面发展。”社会分工之前，社会发展以农业为主；分工之后，城乡逐步分离、农村发展缓慢，农村被迫依附于工业，大城市以高姿态俯视农村，最后形成城乡二元结构。破除城乡二元结构，就是要改变农村发展落后现状，提高农民知识水平、拓宽发展路径、保护生态环境和促进工农业协调发展。统筹城乡平衡要从推动农业现代化、新型城镇化和加快城乡文化一体化抓起。

发展农业现代化，需在农业领域中引入先进的技术手段和现代人力资本，优化现有生产和组织方式，从而与工业化、城镇化发展相协调；同时，践行工业反哺农业、城市支持乡村的方针，加快农村土地流转机制、农场经营规模化，建立农业科技示范区、推动农业产业化，创新生态农业模式、提高资源循环利用、促进环境综合整治。推动新型城镇化，是资源合理配置、产业结构升级、吸纳农村劳动力，推动农村逐步发展为城镇，缩小城乡差距、逐步解决三农问题。城乡文化一体化，是通过发展农村教育、丰富农村居民文化生活，发挥城市对农村文化的辐射和带动效应，缩小城乡文化差异、促进农村文化繁荣。加强对农村教育基础设施建设，保证城乡居民获得相对平等的受教育机会，提高农民素质，从观念上向城镇居民转变。

（五）提倡绿色、节约、循环的可持续农业生产模式

我国东北平原、黄渤海平原和长江中下游平原是粮食主产区，改变传统高产集约化生产，以资源高效和培育地力为目标，改善耕地质量、提高肥料和灌溉水利用率，保证资源高效和粮食高产并重。采用低污染的种植、养殖技术，减少化肥、农药施用量，从而减少农村面源污染、提升农产品质量。在农畜业主产区和生态脆弱区，建立资源多级循环利用模式，对农村畜禽粪便、生活垃圾、农作物秸秆等废弃物无害化处理和资源化利用。

（六）发展有机农业

有机农业（organic agriculture）是指在动植物生产过程中不使用化学合成的农药、化肥、生产调节剂、饲料添加剂等物质，以及基因工程生物及产物，遵循自然规律和生态学原理，协调种植业和养殖业的平衡，维持农业系统持续稳定的一种农业生产方。有机农业强调人与环境相协调、强调物质循环理论，强调食品对健康的影响，其核心是实现建立和恢复农业生态系统的生物多样性和良性循环。发展有机农业符合农业系统与人类社会系统、自然生态系统和谐共生的公益性理念。

自 1924 年，全球有机农业至今已近百年发展历史，从个人农场实践到全球风靡，有机农业走着一条曲折但光明的道路。英国的查尔斯王子是有机农业的支持者和践行者。1986 年，查尔斯王子买下海格洛夫庄园，并将这个普通农场改成有机农场。查尔斯王子用 30 多年的时间身体力行有机农业，并成功开创环保和经济双赢局面。海格洛夫庄园不仅是世界最美的庄园，同时还打造了“公爵原作”（Duchy Originals）品牌系列有机产品，年盈利 100 万英镑。

有机农业可以改善环境质量，促进农业可持续发展。有机农业中将作物秸秆还田、充分利用畜禽粪便、生活垃圾及其他有机废弃物堆肥，改善生态环境和耕地质量。从通过有机认证的基地来看，基地的农田生态系统较之前有明显好转，生物多样性明显增加。

有机农业可以提高食品安全质量，使民众有满足感和安全感。有机生产过程中不添加任何化学制剂和基因工程产物，保证食品中无农药残留和其他添加剂，提升产品品质。有机食品的口感更好、营养更丰富，提升民众健康水平和生活质量。

有机农业可以促进农业技术革新，冲破绿色壁垒，提升国际竞争力。随着人们生活水平提高，对环境质量和食品安全有了更高要求，有机食品需求量与日俱增。发展有机农业和有机食品，是倒逼我国农业生产技术提升的内在动力，也是冲出国际绿色壁垒、获得国际市场认可的外在要求。

思考题

1. 农业公益原理的定义和基本类型是什么？
2. 用农业公益的原理评价在工业化农业时期农业发展的特点。
3. 用农业公益原理评价有机农业在中国的发展。

推荐读物

1. 富兰克林・H・金. 四千年农夫. 北京：东方出版社，2011.
2. 艾尔伯特・霍华德. 农业圣典. 北京：中国农业大学出版社，2013.
3. 尤瓦尔・赫拉利. 人类简史. 北京：中信出版社，2014.

我们不要过分陶醉于我们对自然界的胜利，对于每一次这样的胜利，自然界都报复了我们。

——恩格斯

第八章 三效制约原理

本章核心内容

- 农业生产的目标和效果可以从不同的角度来评价，其评价结果叫作农业系统效益。通常从社会、经济、生态三个角度来评价农业生产，于是农业系统就有社会效益、经济效益和生态效益等三个相对独立又相互关联的效益。
- 农业的第一主观目标就是创造社会效益、满足社会需求，社会效益是农业系统运转的根本目的。自从产品交换产生以来，一部分社会效益以经济的形式表现出来，经济活动发展成为一个相对独立的网络和体系之后，经济效益也就成为农业系统的另一个运行目标。
- 由于农业系统是在地球生态系统中发育的，数百万年以来，尽管人类没有意识到生产活动对于生态环境的影响和改变，农业活动最直接的客观效果就是生态效益。因此，农业系统已经发展成为社会、经济、生态效益三者高度联系又相互制约的耦合关系，人类需要从社会、经济、生态效益"三效"制约的角度去理解农业系统，才能深刻认识到农业系统出现、运转和发展的内部规律，为农业系统的进一步优化提供观察角度和调控基础。
- 本章主要介绍了三效制约原理的基本内涵、关系及其衍生出的农业发展模式，并分析了三效制约原理作用程度的影响因素，介绍了目前常见的农业系统"三效"评价方法，以期为读者提供相关理论基础和方法论借鉴。

第一节 农业系统三效制约原理的概念与表现类型

一、农业系统的“三效”概念

(一)经济效益

农业发展的经济效益是对农业资源开发利用方式的现时生产效果评价,具有短期性和微观性特征。在社会经济体系中,经济效益是农业系统所有现时性的效果体现,它决定农业经营实体和农业体系的经济地位、生命力和竞争力,是显性存在的内容。

经济效益有三个特点:

首先,经济效益与科学技术进步息息相关,一方面所有农业科技发明直接效果都是促进农业经济的发展,另一方面只有掌握了先进的科学技术才能赢得良好的经济效益。

其次,经济效益引导人们利用见效快、周期短的方法与技术,以追求利益的最快实现,通常导致试图最大规模和最大深度的开发以追求最高经济利润。

最后,经济效益与生产经营者切身利益相关,那些能直接地增加投资者收入的成本小、收益大的新奇技术和方法最受投资者欢迎。这些特点既是经济效益自身的特性,又同时决定了其局限性。

对经济效益的追求一方面推动了科技的发展,比如新品种的传播,新药剂的使用,新栽培方案的推广等,另一方面可能使农业生产者产生盲目性,容易引发一窝蜂,不容易服从中长期的、全局性的农业规划,不注意基础性建设,忽视负向效果的累积,从而具有不利于中长期发展的倾向和可能。

(二)社会效益

农业发展的社会效益是指从国家或者相对独立的社会集团的整体利益出发,对农业资源开发利用方向和技术发展方向在现今至今后一个阶段内生产效果的评价。它包括产出对人们需求的满足程度,给人们的舒适感、安全感以及对个体存在和社会存在的尊严的维护程度等,具有宏观性和阶段性特征。

农业系统的社会效益是一个时期内农业物质生产因素与社会意识形态因素在政治、经济、文化等方面综合平衡的结果,它决定在社会体系中一种农业生产是得到肯定还是被否定,一个农业系统是得到建设还是遭到破坏,为显性存在的内容。

社会效益有三个特点:一是自身具有空间的广延性即全局性,它关系到一个地区、一个省乃至整个国家和全世界的利益;二是它具有时间的连续性即阶段性,关于中长期利益损益估算也是其组成部分;三是为实现社会效益所进行的投入其价值难以计量,对某些特殊问题的研究、特殊技术的开发或者废置,为某些特殊目的所投入的劳动等都很难衡量付出了多大代价。

社会效益决定了农业系统注重稳定,注重基本建设,注重对基本需求的供应,注重生产发展一定限度内的可持续性。农业社会效益执行过程中具有强制性,往往会迫使农业系统不吝付出一切代价采取突然性措施，表现为工农关系的定位、农业生产基本目标的定位、生产区划对策、生产结构调整以及技术路线、经济政策变更等。这些措施施行得当将会促进经济效益和生态效益的同步实现，如果偏颇则可能对生态造成永久性的伤害，对社会经济系统造成毁灭性的打击。

(三)生态效益

生态效益是以生态环境健康为标志对农业资源开发利用和技术发展方式、方向在相当长发展时段内效果的评价。它是系统性的安全指数，是一种隐性或者半隐性的客观存在，很难直观看出来。一般情况下，生态效益是以对生态的认识水平为准则，通过定性与定量分析来评定的。

生态效益决定农业生产的长期发展潜力，它也有三个特点：一是正向收益代价大。截至目前，负向收益是其普遍存在，最典型的体现是生态容易破坏，恢复难。二是累积影响久远。生态效益的累积成为生态问题，生态问题关系到千年万载的前途，子孙后代的利益，民族的兴衰和文明的续断。三是周期长，容易被忽视。短期内的生态效益既体现不出经济效益，也不会给社会效益以激烈的冲击，所以人们往往不愿意为之付出劳务或者经济代价。

决定生态效益的因和果在时空上的巨大差异注定了生态效益的隐蔽性，注定了实现生态效益的艰巨性，也注定了生态破坏现象的广泛性和持久性。生态效益的概念之所以在近年提出并得到普遍重视，主要是因为大量生态问题已经显示出对经济效益和社会效益实现的强大阻力。

二、农业系统“三效”制约原理的概念

农业系统的经济效益、社会效益和生态效益的特点决定了他们相互之间的制约性关系。三效制约原理就是指农业系统的社会效益、经济效益和生态效益间本质上相互依存、相互渗透、相互制约的辩证统一的矛盾关系。在现代社会经济条件下，农业系统三效的任何一个效益都不可能离开另外两个而存在，任何一个效益都会对另外两个效益产生影响。如果三者之间的关系协调，将会相互增益；如果三者关系失衡，则会相互成为阻碍发展的限制因素。

经济效益、社会效益和生态效益分别决定农业系统的近期、中长期和长远发展。在理论上农业系统的远期、中期、近期三个目标是同一的、因而是应当能够兼顾的，但在现实中却往往发生矛盾，有时甚至是十分尖锐的矛盾。

农业系统中经济效益、社会效益和生态效益的主要表现形式与路径见图8-1。农业系统的运转过程首先需要来自于自然环境系统的资源支撑，这既包括光照、降雨、土壤等自然资源的直接贡献，也包括农业生产所需农资(如农药、肥料、农机等)生产过程所需的自然资源的间接贡献；同时，农业系统产生的作物秸秆、畜禽粪便、农资废料等农业废弃物和系统运转过程中产生的环境污染物又必须回到自然环境中实现分解与消纳；此外，农业系统所产生的二氧化碳固定、氧气释放、防风固沙、涵养水土等生态系统服务功能又起到了调节生态、服务于劳动力所在的社会系统的功能。这一过程总体上反映了农业系统生态效益的来源与产生过程。农业系统的社会效益主要通过产生足够数量的农业产品供给劳动力及社会群体以满足社会需要，同时通过农业系统运转所需的劳动力和农资投入过程而直接或间接的创造社会劳动岗位，产生社会效益。当农业系统产生剩余农产品，通过市场交易行为完成经济活动时，这一产品与货币

(或产品)的交换过程就产生了经济效益。劳动力在经济效益的刺激下将会扩大农业生产规模或提升农业产品质量以期获得更多的市场利润,这一过程就产生了经济效益对农业系统的反馈作用。

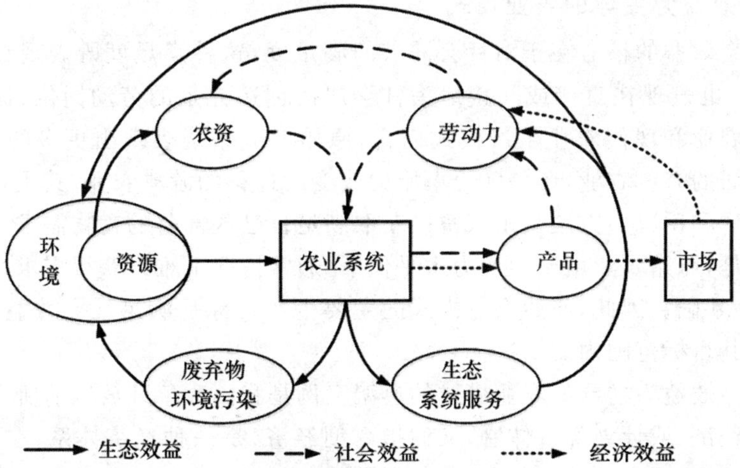

图 8-1 农业系统中经济效益、社会效益和生态效益的主要表现形式与路径

选读材料

"1990 年以来,我经常来中国,给我印象最深的一点是:每年我来这里,都会发现中国人似乎谈话更自由,而呼吸更困难了。……在抵达上海后的第二天早晨,当我走出房间时,我发现空气中弥漫着很浓的烟雾,那一刻,我以为酒店着火了——这就是我第一次感觉中国好像已经接近环境极限的原因。如果中国不朝着在设计、运输、生产和发电等方面更加环保、更具可持续性的模式进行根本变革,中国的奇迹将变成一场噩梦。"

"将近 30 年来,中国的经济一直在以每年约 10%的速度增长,几乎毫无顾忌地将废弃物排入江河,将废气排入天空。当一个国家年复一年地以这么快的速度增长的时候,它可能会开始认为,自然法则是不适用于它的。中国知道这场危机。但由于大量人口从农村流向城市,中国认为,政治稳定取决于为这些人创造就业机会,而就业机会取决于经济增长,经济增长又取决于中国继续充当所有一切产品的低成本生产国——这样环境注定会遭到破坏。但中国不能再像西方过去那样,现在增长,以后治理,因为它前所未有的增长速度和规模会使以后变得为时太晚。"

"美国的中国问题专家丹尼尔·罗森说:中国官员担心,如果他们达到美国那样的绿色生产和环境净化程度,中国将不再是低成本的生产国,而这会影响就业机会。但他们不知道,走向绿色不仅是一个问题,而是一个机会。污染意味着浪费和低效率,绿色企业总是效率更高。而且中国有机会成为低成本绿色经济的重要创新国。"

(摘自《纽约时报》,2006 年 11 月 15 日,托马斯.弗里德曼

(参考消息,2006.11.17.8 版))

三、“三效”制约的表现类型

(一)以社会效益为主导的农业模式

农业系统社会效益的核心在于对社会需求的满足度,这种满足度既表现在为全社会提供充足的农业产品,也表现在直接或间接地为社会居民创造充足的劳动岗位、提供生态系统服务。相比于传统农业和现代农业生产模式而言,原始农业系统表现出更多的社会效益属性。无论是逐水草而居的游牧农业,还是随土壤肥力改变而迁移的游耕农业,其主要农业生产形式都是利用天然植物和用原始方法繁殖家畜以获取满足自己或部落的食物需求。与传统农业或现代农业不同的是,原始农业由于生产力水平低下,通常情况下难以获得需求以外的剩余农产品,缺少商品交易基础。因此,原始农业模式的主要生产目标是满足社会效益,经济效益与生态效益几乎不在其目标范围内。

另一个以社会效益为主导的农业模式的典型案例是我国改革开放以前所实行的农业计划经济模式。计划经济,或计划经济体制,又称指令型经济,是一种经济体系,在这种体系下,国家在生产、资源分配以及产品消费各方面,都是由政府或财团事先进行计划。由于几乎所有计划经济体制都依赖政府的指令性计划,因此计划经济也被称为“指令性经济”。我国在进行社会主义初级阶段发展方式的探索时认为,我国是社会主义国家,社会主义经济的基本特征是计划经济,农业是国民经济的基础,工业和农业互相依存,若工业有计划,农业没有计划,国民经济就不可能按比例发展。同时,我国的农业面广量大,农作物如何合理布局,主要农副产品的生产和分配,各种农用物资,农业水利基本建设,农业科学技术,需要的农业投资、资金和人才,都必须由国家计划来安排。在农业计划经济模式下,我国农业生产的主要目的并不是通过剩余农产品的交换以换取市场利润,而是在国家计划调控下,通过农业生产来满足全社会(包括农村与城市)对农产品的需求,同时使每个劳动者各司其职,按照国家集体需求发挥作用。从这种角度上来看,农业计划经济生产模式就是一种典型的以社会效益为主导的农业模式,其生产目的主要是为了满足整个国家的社会需求。但是,农业计划经济在一定程度上表现出资源高度集中、实践中低效率的社会经济体系。这种以社会效益为主导的农业模式虽然有规划、计划地发展农业经济,一定程度上避免了市场经济发展的盲目性、不确定性等问题,但是,缺少经济效益的外部刺激和生态效益的有意识保护,使农业生产力水平发展缓慢、效率低下,长期来看,缺少系统发展的可持续性基础。这一农业发展过程在取得一定成绩的同时,也给我国社会经济发展带来了严重影响。可见,对社会效益偏颇的强调下所形成的以社会效益为主导的农业模式,可能对社会经济系统和自然生态系统都带来严重的影响。

(二)以经济效益为主导的农业模式

以经济效益为主导的农业模式是当前最常见的农业生产模式,也是全球当前农业发展的主要模式。工业革命以来,由于农机、农药、化肥等农资产品的出现和技术更新,以及相应的作物生产技术的快速发展,农业生产在大部分国家和地区已经可以充分满足该地区的社会需求,并产生剩余产品。农民、农场、企业和国家开始通过出售农业产品来换取市场利润,已实现自身对其他工业产品的购买性需求。在这一过程中,农业生产的主要目标开始从以社会效益为主导转变为以经济效益为主导,农业生产者和社会对于农业系统高产、优质农产品的要求不断提高。相应地,水、肥、能、地等农业资源的消耗数量也迅速增加,并产生严重的农业环境污染问题。以中国为例,1996 年至 2005 年间,中国的谷类作物产量增加了 10%,但相应的化肥使用量也增加了 51%。2007 年,中国的作物秸秆和畜牧粪便产量已分别达到 4.14×10^8 t 和 39.70×10^8 t,其中绝大部分被焚烧或直接排放至江河湖泊,造成了严重的环境污染问题。中国农业能耗也在 1980—2000 年间提高了 57%。联合国政府间气候变化专门委员会则指出,来源于农业活动所造成的二氧化碳、甲烷和氧化亚氮排放分别约占全球人为温室气体排放量的 12%、50%和 60%,对全球气候变化造成了严重影响。可见,当前以经济效益为主导的农业发展模式在一定程度上是以"资源—产品—废弃物排放"线性发展为主的粗放掠夺性经营方式,其特征是资源的高消耗、物质和能量的低利用、污染物的高排放。这种农业发展模式资源利用效率低,耕地资源、水资源和生物质资源浪费严重;农产品生产过程中化肥、地膜、农药等的大量投入,造成地力下降、环境污染、农产品安全等问题。因此,以经济效益为主导的农业模式虽然是当前全球农业发展的主要模式,也是全球农业近年来快速发展的重要基础,但是,仅仅关注于农业生产的经济效益,而忽视农业生产的生态效益和社会效益,就造成了当前全球农业环境污染的严峻问题,急待有效解决。

(三)以生态效益为主导的农业模式

以生态效益为主导的农业模式是我国农业现代化发展过程中的一个重要方向。这种农业模式通常是在现代化装备的基础上,运用生态学原理和生态经济学原理,节约使用资源,减少能量输入,适当减少化肥、农药施用量,加环增链,多层次利用生物有机质,做到废弃物资源化,物质循环再生,使农业不对环境产生污染,为人民生产出健康、安全的农产品;同时,还能安排更多的劳动力,增加农民收入,使农业成为可持续发展的产业。为适应现代生活方式和现代生产方式的需要,各地区目前已经发展出了许多以生态效益为主导的农业模式。

例如,福建省基于农业生产实际和秸秆－菌业利用经验,以南方特色食用菌产业为核心,以草生菌优良菌株(如双孢蘑菇优良新菌株、低镉姬松茸新菌株)选育为重点,循环利用稻草、麦秸、谷壳、茭白叶、牧草等秸秆资源,牛粪、猪粪、鸡粪等畜禽粪便资源,姬松茸菌渣、杏鲍菇菌渣等菌渣资源,制订双孢蘑菇、姬松茸、大球盖菇、金针菇、竹荪无公害高效栽培技术规程,研究草生菌栽培新工艺和新技术,开发草生菌产业(图 8-2)。配套开发"养猪业－猪粪便－沼渣－生物质能(沼气发电)"和"养猪业－猪粪便－沼液－牧草－养鱼业"循环利用技术。在食用菌产品下脚料循环利用方面,开发蘑菇酱油、下脚料复合酶解技术、大球盖菇黄酮类化合物活性物质提取深加工产业,利用菌渣、畜禽粪便生产有机肥、有机－有机复混肥,最终构建并利用系统能值高且循环路径合理的资源耦合体系及最优化的技术模式。

湖南省则研究集成了百亩分栏、分龄放养的规模化鸭-稻共生循环技术体系,通过水稻生长全程与鸭共生、早稻与晚稻与鸭共生、水稻生产连年与鸭共生的共生循环模式,实现资源高效利用及农药和化肥的减投。这种技术模式适用于在南方丘陵或湖滨稻区,与常规水稻栽培比较,可减少农药用量 50%以上、减少肥料用量 10%以上,减少施用农药人力成本 50%,耕作强度减轻 20%以上、耕作生态成本降低 25%以上,因化肥、农药和耕作减投,稻田资源利用效率与经济效益均得到提高,总计纯收入比常规栽培增加 15%以上。稻鸭共生循环模式还可实现水稻生产全程不施用农药,完全依靠鸭的捕食活动控制虫害,解决水稻产品安全的瓶颈问题。

总体上,目前我国各地区结合当地农业发展特点,积极探索和实践,已创造出许多卓有成效的注重生态效益的农业发展模式,生态效益在农业生产中的地位也日趋重要。

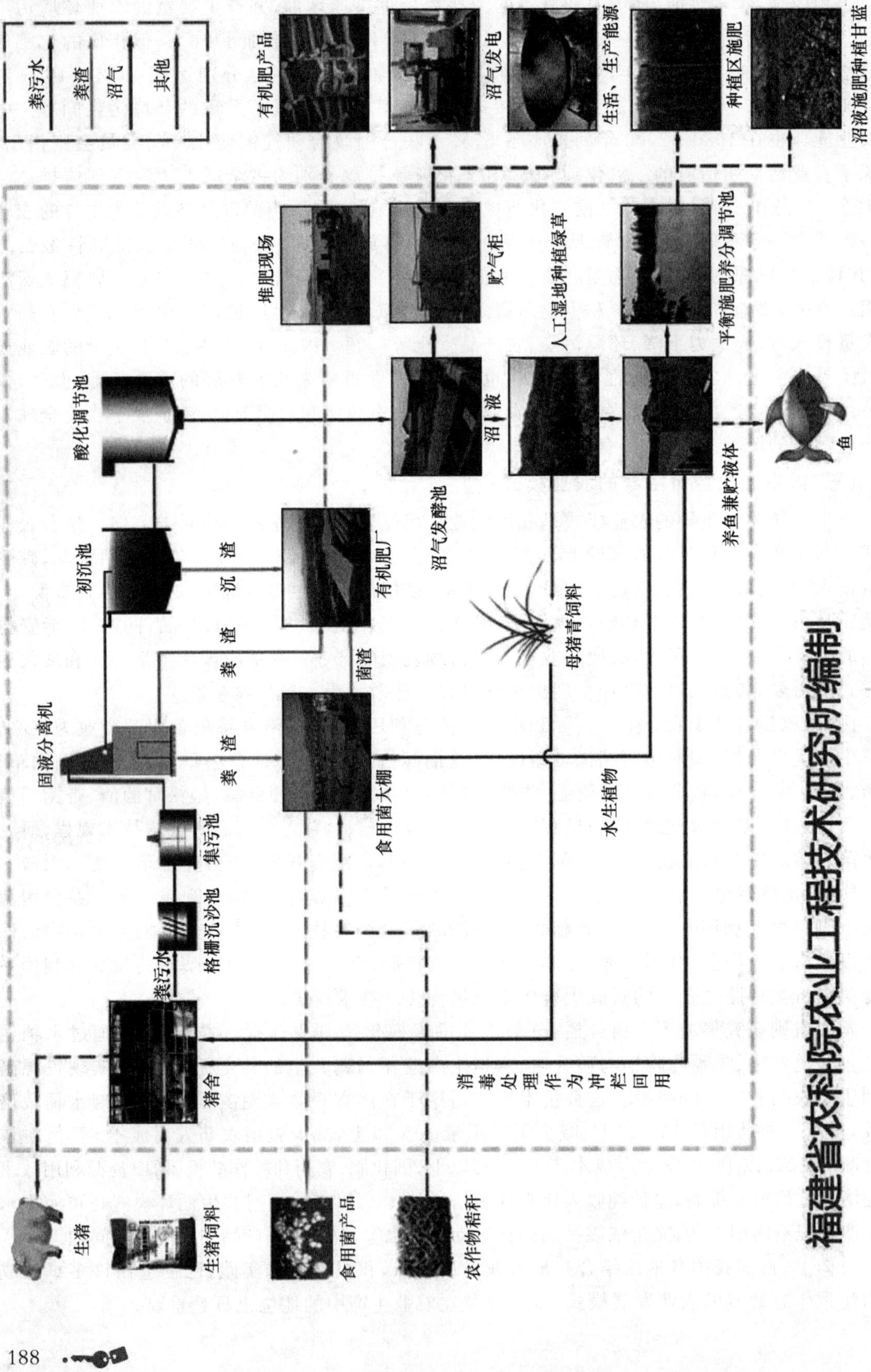

图8-2　福建丘陵区农田秸秆-菌业生态循环农业模式

选读材料

近期，湖南大米不时被检出镉超标，“鱼米之乡”光环被罩上一层阴影。事实上，土壤污染已成我国众多地方的“公害”。很多业内专家认为，湖南的“镉米”危机是一场迟早要来的危机。……湖南省地质研究所专家童潜明认为，我国土壤污染形势已十分严峻。中国水稻研究所与农业部稻米及制品质量监督检验测试中心2010年发布的《我国稻米质量安全现状及发展对策研究》称，我国1/5的耕地受重金属污染，其中镉污染耕地涉及11省25个地区。在湖南、江西等长江以南地带，这一问题更加突出。

童潜明认为，土壤重金属污染的成因，既有工业造成的点源污染，也有农业投入品滥用造成的面源污染。重金属对土壤的污染首先来自于工业“三废”。湖南是全国闻名的有色金属之乡，有色金属采选开发已有数百年，历史包袱沉重。在衡阳常宁水口山、株洲清水塘、湘潭竹埠港等涉重金属企业密集地区，许多耕地早已不适合继续耕种。来自农业的污染也是土壤重金属污染的重要来源。目前全球每年进入土壤的镉总量为66万kg左右，其中经施用化肥进入的比例高达55%左右。

“在经历了镉米危机之后，治理土壤污染的重要性与紧迫性已更加凸显。”湖南省环保厅副厅长谢立说，针对全省土壤重金属污染现状，目前环保、国土、农业等部门已在联合开展抽样调查。对重金属造成的土壤污染，湖南省的治理思路是严控增量，逐步消化存量。

本版据新华社电（摘自《京华时报》，2013年6月13日，中国绘制土壤重金属污染图，部分城市放射性异常）

第二节　“三效”制约原理的辩证统一关系及其影响因素

一、农业系统三效制约原理的辩证统一关系

(一)经济效益与社会效益之间主要关系

社会效益是经济效益的根本基础，经济效益是实现社会效益的主要手段。良好的社会效益为经济效益的取得提供支持性背景环境。经济效益以其经济利益诱导对生产形成直接的、有影响力的导向，它激励人们在现实允许的范围内，采取一切可采取的措施，发挥一切可发挥的潜能，取得最大经济利益，它对社会效益的积极性表现在多个方面。

第一，经济效益引导社会形成奋发向上的风气，让社会充满生气和活力。20世纪80年代以来中国，当经济利益这个标准重新来到人们面前时，经济迅速、全面的复苏足以说明这个效果。

第二，经济效益利于研究、探索、创新精神的建设，使得社会技术水平在经济效益的刺激下蓬勃发展。例如，在目前激烈的市场争夺中，许多跨国农业公司对科研的投入已经占到总投资

的20%左右，其科研技术实力甚至比我国一些国家级重点农业大学或者农业研究机构还要强大，这充分表现出了经济效益对社会效益的积极作用。

第三，经济效益会对社会生产的发展和社会财富积累有积极促进作用。

第四，经济效益好，对人们生活需要的满足程度相应提高，人们的安全感增强。

第五，经济效益对积极进步的文化思潮形成有促进作用。总体来看，这些积极效果一旦形成，就会反作用于生产，构成对经济效益进一步扩展的外部条件。

从主体上来看，经济效益和社会效益是一致的，某种意义上甚至可以说经济效益是社会效益的体现方式。但与此同时，经济效益对生产的指挥是缺乏秩序的、缺乏远见的。经济利益有可能驱使人们用一些已知对社会有害或者对其认识还不清楚的技术和产品赚钱，比如在资源的可持续开发和最有效利用问题上，在民族、地区特色农业、工艺保护问题上，在落后地区生产方式的改造问题上，在基础性生产和基础性研究方面，在大型系统技术体系建设问题上，直接经济效益往往与社会效益产生激烈矛盾。当经济效益被过分的尊崇而引起道德的沦丧、社会的无序和文化的衰退时，经济效益和社会效益就发生了尖锐对立。中国南方稻米经济效益低而仍然没有削减种植，中国对粮食安全的重视和为之支付的巨额机会成本，世界对转基因技术和克隆技术的恐惧和限制，烟草的生产以及毒品作物的种植都是经济效益同社会效益直接冲突的例子。在这些问题上，取得经济效益却损害社会效益，取得社会效益而必定要牺牲一定的经济效益。在社会效益与经济效益的冲突面前，一个健康的社会系统必定会取社会效益而舍经济效益，因为如果社会效益得不到保证，经济效益则不能持久实现。

(二)生态效益和经济效益之间的主要关系

生态环境是系统存在的综合背景，人工生态的发育程度和生态环境的好坏在根本上决定农业系统的存在和运转状态，其中包括经济效益的能否取得。经济效益的好坏又现时性地决定人们对生态效益的重视程度和生态效益的可实现程度。

同一个农业生产体系在纵向的不同生态历史时期，或者同一种农业生产方式在横向的不同生态(建设、发育)类型中，所能取得的经济效益往往是截然不同的。由于长期以来农业体系对生态效益的透支，现代生态效益的取得需要通过减小资源开发规模、减缓资源开发速度、停止部分资源耗竭或者长期大量的直接对生态进行投资修复来实现。这说明生态效益和经济效益是具有统一性的：经济效益好，才可能取得更好的生态效益，即在更大更长远的利益驱使，强大经济后盾基础上，生态效益才会成为可操作的目标；同时，生态效益好，才能对农业系统周围环境产生积极的系统反馈作用，使生态环境能够为农业系统提供更多资源，消纳更多农业环境污染，进而产生更大的经济效益。

另一方面，生态效益和经济效益在农业系统发展过程中又往往表现出矛盾。在短期内，至少在表面上看，生态效益与经济效益二者间是此消彼长的。这是因为生态效益是现在投资、未来收获，集中投资、分散收获，显性投资、隐性收获，而经济效益却恰好相反。现代农业发展过程中往往出现为了片面追求经济效益的提高，而忽视生态效益，例如农田过量施肥所造成的富营养化污染、农药过度使用所造成的生态毒性问题、地下水过度开采灌溉造成的局部地区水资源枯竭等问题。近年来，世界的生态健康保护和生态恢复重建呼声、我国西部的退耕还林还草政策、一些发达国家的休耕补贴政策和特种海陆野生生物的保护政策等都是经济效益和生态效益直接冲突的例子。在这些情况下，经济效益和生态效益一个代表极近的眼前、极小的个体、极明确的操作者，一个代表极远的未来、极大的整体、极抽象的主体，它们的矛盾是客观的。

社会体系的科学方案必须取生态效益而舍经济效益。这是因为如果不能保证生态效益，不仅在将来要付出更大的经济代价，而且将影响系统健康和系统活力。现时人们重视生态效益的动机还仅仅是可持续取得经济效益，其产生的生态效益有很大局限性。生态效益概念应该尽快科学化。因此，经济效益和生态效益间这种矛盾中存在统一的关系总体上表现为二者之间的辩证统一关系。

(三)社会效益和生态效益之间的主要关系

农业系统的社会效益和生态效益往往是不可分割的。社会效益和生态效益一个具有中长期性，一个具有长期性，二者有较好的统一性。

良好的生态环境是社会文明的一个重要标志，高水平的社会规划往往把生态作为重要考虑因素。现阶段，生态效益和社会效益还具有不同质的衡量标准，在不同的社会文明程度和经济发展水平下，社会效益尤其是非系统化方案所确定的社会效益往往损伤生态效益，生态效益又多以削弱社会收入为代价，在很多时候，这两种效益还相互竞争资源。例如，广大发展中国家为了保障国家粮食安全，提高粮食产量，往往会开山劈林、围湖造田，这一过程在中、短期内满足了国民粮食需求，具有一定的社会效益，但却造成了生态环境的破坏。我国近十年间，农药、化肥、农用柴油和塑料薄膜使用量分别提高 17.6%、22.2%和 13.2%和 39.8%，这对于稳定、提高我国粮食生产水平发挥了巨大作用，但是过量的农资投入也造成日益严重的环境污染问题，在保障社会效益的同时损害了生态效益。随着人们认识水平的提高，生态环境日益成为大众关注的问题，健康的生态系统会产生良好的社会效应，相应地，健康的社会系统会保护生态安全。因此，从长远的看，社会效益和生态效益必将逐步趋同、完全统一起来。

二、影响三效制约原理的因素

农业系统三效制约原理具有普遍性、持续性两个基本特性。三效制约原理同其他基本原理一样是长期存在于农业系统运动中并发挥作用的规律。由于各时空状态下农业系统的结构和发展水平不同，三效在农业系统的运转目标中表现出来的重要性不同，三效间相互影响的程度不同，所以三效制约原理具有范围上的和时代上的不平衡性。三效制约程度的影响因素主要有社会整体文明程度、经济水平、生态和技术背景四个因素。

社会整体文明程度首先是一个认识问题。科技基础、生产水平和人文环境对于三个效益的理解有重要影响。好的社会效益只能是科学上层建筑的运行结果，生态效益的概念只能在科技革命以后才出现，而农业史上是“天人合一”的思想还是“人定胜天”的理念的选择就产生了两种截然不同的发展方案。

此外，社会因素还表现为创造三个效益的能力及其比例不同。低生产力水平下，社会矛盾集中于经济效益，社会效益成为次要考虑因素，生态效益往往成为被忽略的因素。近代许多发展中国家大面积砍伐森林，一些经济落后的国家还在经营殖民性农业。这种情况下社会系统是无暇顾及未来后果的。另有些问题比如臭氧层空洞的修补，森林火灾的防止，是人类已经认识到并且力图解决但是找不到解决方案的，这是受技术背景限制的原因。

经济因素对三效制约的影响与社会因素比较一致，低经济水平下更可能诱发三效背离，高经济水平促使三效协调，其与社会因素作用的不同点是作用具有两歧性，即经济利益既可以为保障社会利益、生态环境提供必需的物质基础，又可能驱动对社会效益不利或者破坏生态的行为发生，而且经济水平越高、技术发育程度越高，导向力越强，作用力越大，冲击速率越高，波及面越广。生态系统自身的发育程度也起这种作用，随着生态效益由隐性存在逐步向半隐性、显性方向发展，它在整个农业生产目标中所占的地位越来越重要，与社会效益的重合度在加大，对另外两个效益的作用也越来越突出。

第三节　三效制约原理的历史发展过程

一、原始农业时期

在农业萌发以前，即人类还没有创造出农业生产的时候，人类为了维持生存，只有取采集和捕捞自然界里现成的植物和动物，还不能以人类的劳动去增加植物和动物的产品数量。这时一切技术进步都是为了寻找到更多的食物，而不是为了生产出更多的食物，这是没有农业的时期。进入旧石器时代，人类学会了用火和武器，并逐渐发展出了原始的种植业与驯养业，进入原始农业阶段。原始农业由于生产力水平低下，通常情况下难以获得需求以外的剩余农产品，缺少商品交易基础，因此，原始农业模式的主要生产目标是满足社会效益，经济效益与生态效益几乎不在其目标范围内。在此阶段，三效制约原理偏重于社会效益属性，并自发体现出了生态效益的特点，农业在满足社会需求的同时，不对自然环境造成负面影响。

二、传统农业时期

随着铁器的使用，原始农业进到传统农业阶段。传统农业以铁木制的农具为生产器具，以畜力为牵引动力，也使用风力和水力，如风车、水田等；大量的手工劳动，生产者凭自己直接经验进行农事活动。传统农业比原始农业的进步之处，亦即传统农业区别于原始农业的最主要特征是生产工具的进步，在冶铁术和畜力使用的基础上发明了犁耕，比锄耕提高劳动生产率，与此同时，可以扩大耕种面积，从而可以迅速增加农产品产量。在此背景下，农业生产力得到快速发展，农业产品开始逐步能够基本满足人类需求。对于农业生产者来说，剩余农业产品的出现成为可能，农业产品的市场交换逐步发展起来。相应地，三效制约原理开始从注重社会效益特点向逐步强调经济效益的特点上转变。另一方面，传统农业相比于原始农业，其利用自然能力的水平也逐步提高：创造了利用人工施用有机肥的办法来提高土壤肥力，发明了用选择农作物和牲畜良种的办法来改善农作物和牲畜的性状，还创立了间、套、轮作等耕作制度。这些农业生产技术通常是在适应当地自然条件和恢复自然生态环境的条件下来利用自然力的，因此，传统农业阶段的三效制约原理在逐步开始强调经济效益的同时，并没有忽视生态效益的重要性。

三、现代农业时期

到 18 世纪末和 19 世纪初，工业革命后产生的农业技术变革开始逐渐把世界农业从传统农业带入现代农业阶段。现代农业发展至今仅有 200 年历史，然而农业发展极为迅速，单产提高了2倍，劳动生产率提高了20多倍。之所以发展迅速，原因是多方面的，其中主要是依靠科学技术、廉价石油和掠夺性经营等重要方面。现代农业生产方式一方面大大提高了土地生产力和劳动生产率，但另一方面也带来了生态恶化、环境污染、资源枯竭等众多问题。在此阶段，农业生产者和社会对于农业系统高产、优质农产品的要求不断提高，农业生产的主要目标开始转变为不断地追逐经济效益。因此，三效制约原理在现代农业发展过程中，其经济效益的重要性开始被过度强调，而社会效益和生态效益的重要性被逐步忽视，农业生产发展到了片面追逐短期利益的阶段。

四、三效制约原理在不同农业发展时期的演变关系

农业系统发展过程中经济效益、社会效益和生态效益相关关系的演变见图8-3。从原始农业发展到现代农业的过程当中，随着农业生产水平的提高，农业系统过度采用某些技术手段提高农业产量，生态效益随着逐步减弱；与此同时，农业生产力的发展使农业产品出现富余，农业系统的社会效益相比之下重要性降低，而通过交易剩余产品而过去利润的经济效益重要性越来越凸显。但在未来，要实现农业生产的可持续，大众对于农业系统的生态效益和社会效益的重视度也将有所回升。总体来看，在不同的农业发展阶段，由于不同的社会整体文明程度、经济水平、生态和技术背景，经济效益、生态效益和社会效益重要性的表现略有不同，三效制约原理作用程度也不同，但其相关关系始终表现出了相互依存性，在未来农业发展过程中，三者间也必将实现相依相存、对立统一、和谐稳定的关系（图8-3）。

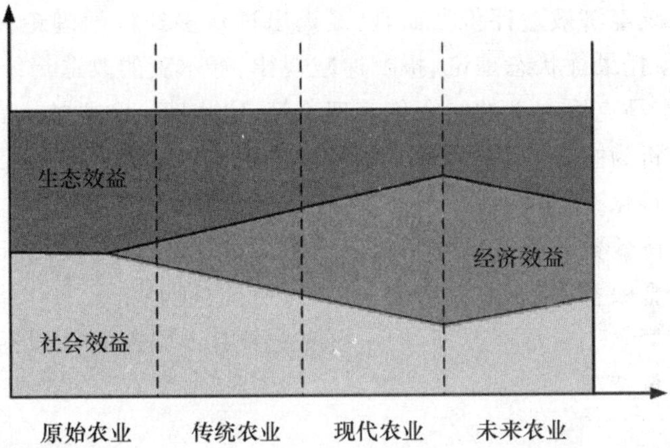

图8-3　农业系统发展过程中经济效益、社会效益和生态效益相关关系的演变

第四节　三效制约原理的现实意义

人类对三效制约原理的认识经历了漫长的发展过程。原始农业诞生阶段社会效益同生态效益之间的作用表现不明显，传统农业发展阶段主要是社会效益与经济效益关系表现突出，在科学化农业诞生与发展阶段农业生产造成全球性影响后，人类才完整地认识到经济、社会和生

态效益并认清了它们之间的关系。人类对于农业系统三效制约原理的认识具有重大意义。

首先是认识到兼顾短期、中期、长期三个发展标准重要性，获得了确定合理的农业发展方向，维持了人类生态系统的基本稳定，维持社会系统的相对稳定发展的标准；其次，得到一个重大启示，那就是技术和策略同时兼顾三大效益的，具有较大的发展空间，这成为农业策略制定与农业技术发展的科学路线；最后，获得了一个评判准则，经济效益、社会效益、生态效益等三个效益的和谐度成为判别一个政策、一项技术、一种方案是否科学、是否有益于系统健康、是否有益于增强系统活力的标准。总体来看，三效制约原理所决定的是农业系统的中长期发展问题，必须以长期战略性对策加以应对。在对农业系统进行评价时，必须从同时采用经济、生态和社会效益三种角度的评价方法进行综合分析，所得结论才能科学、合理地指导农业系统发展。

第五节　农业系统三效评价方法简介

一、农业系统经济效益评价方法

经济效益常用来反映系统投入的经济资源与产出的经济成果之间的关系。经济效益评价的实质，是在对系统产出范围、质量和数量界定的基础之上，明确系统产出与投入的关系，即在系统投入一定的情况下，若系统产出越多，经济效益越好，若产出越少，则经济效益越差。

国外在农业系统经济效益评价方面，已经提出过众多经济学理论及其相应的评价方法或指标体系，例如帕累托最优状态理论、报酬递减规律、舒尔茨的改造传统农业理论、现代西方经济学的最大化分析、马克思主义的剩余价值理论等，这些理论和方法大都基于市场经济之上以实证分析和定量分析为主，侧重于微观市场经济主体如何配置生产要素，确定生产要素的最佳投入量，模型化、数量化、实证分析是国外经济效益研究的主要特征。

国内对农业经济效益的研究主要侧重于从宏观上设置几个大的统计指标如农业劳动生产率、土地产出率、资金收益率、农业净产值来分析评价农业经济效益。指标是说明某种研究对象总体数量特征的概念。通常情况下，同一研究对象有不同方面，因此可从不同的方面来确定指标反映总体的数量特征。

二、农业系统生态效益评价方法

生态效益评价是对农业生产活动有利和不利的生态后果进行评估，为农业系统的进一步发展和优化提供决策依据。近年来，国内外学者将能值评价、生命周期评价、生态足迹等宏观生态、环境评价方法应用到我国各种园区、农户或企业等农业系统进行定量化评价。这些评价方法目前在国际上应用广泛，相对而言具有较为完整、科学的理论基础，系统性的评价指标，以及丰富的比较案例，甚至是一些成熟的软件化工具，这非常有利于农业系统生态效益的定量化评估和比较。

例如，二十世纪八十年代，美国生态学家 H. T. Odum 基于系统生态学与热力学理论提出了能值理论及其方法。该方法以太阳能值作为统一度量单位,将自然环境资源、社会经济资源、生态系统服务纳入评价范围,实现了对系统科学而全面的分析,搭建起了生态学与经济学的桥梁。农业生态系统是作为一种人工驯化的典型的半自然生态经济系统,其系统的运转受到自然环境与经济社会的共同驱动,因此能值评价方法对于农业生态系统表现出天然的适用性。目前,能值评价方法在种植业、养殖业、农业废弃物转化工程、农业生态系统服务、农业系统发展状态评估等方面都已经应用广泛,并取得了许多成果。

生命周期评价则是20世纪60年代开始发展起来的一种重要环境管理工具。国际标准化组织将生命周期评价定义为:"对一个产品系统(或服务)的生命周期中输入、输出及其潜在环境影响的汇编和评价。"该方法不仅能产品生产当前的环境冲突进行有效的定量化评价,而且能对产品"从摇篮到坟墓"全过程所涉及的物质利用过程和环境问题进行分析,因而是农业系统生态效益分析的重要工具。对农业系统分析而言,生命周期评价方法主要有两方面的明显优势:一方面,该方法可以将农业生产过程分解为不同生产环节进行评价;另一方面,该方法作为国际上现行的标准化环境影响评价方法,可以对产品生产全生命周期的物质消耗状态和潜在环境影响进行量化分析。该方法目前在农业系统生态效益评估方面已经有了一定程度的应用,并衍生出了碳足迹、水足迹、氮足迹等研究对象更加具体的一系列生态效益评估方法。

三、农业系统社会效益评价方法

社会效益评价理论及其方法的研究是从福利经济学开始的。20世纪60年代起,西方学者特尔、米里都斯、斯夸尔、范德塔克等就编著了一系列专著,对社会再分配目标、再分配的效益和成本、地区收入系数、就业价值、劳动力社会成本、国际竞争力等方面进行了研究。之后,西方发达国家开始从社会学和人类学角度开展社会影响评价、社会分析等广义角度上的社会效益性评价。

国内社会效益研究始于80年代国家计划委员会在项目可研报告中对社会影响评价范畴与标准的描述,之后在我国农业系统、工业建设、土地利用、森林或林业价值或是某项工程技术开展了大量相关研究,但目前学术界尚未就社会效益的概念与内涵形成统一看法,通常是将社会效益与经济、生态等效益相结合进行综合效益研究。我国目前对项目社会影响的评价主要集中于项目在实现国家各项社会发展目标方面的表现,主要包括四大类:项目对社会环境的影响、对社会经济的贡献、对合理利用自然资源的贡献、对自然和生态的影响。由于项目的社会影响往往具有宏观性、间接效益性、多目标性和行业差异性等特点,决定了对社会效益评价的定性指标多,定量指标少。农业系统涉及面宽、区域差异大、可变因素多,影响农业系统的社会因素较其他项目更为复杂。因此,我国当前农业系统社会效益评价一般是定量与定性分析相结合,指标设置上目前也尚无统一的划分标准。

思考题

1. 农业系统的"三效"指的是什么,它们之间是什么关系?

2. 谈谈认识三效制约原理的重要性。

3. 简要论述农业系统三效制约原理的侧重点是如何随着农业的发展而变化的。

4. 简述评价农业系统经济效益、生态效益和社会效益有哪些方法。

推荐读物

1. Gliessman S. R. Agroecology: the ecology of sustainable food systems (Third Edition). Boca Raton: CRC press, 2015.

2. Odum H T. Environmental Accounting: Energy and Environmental Decision Making. New York: John Wiley and Sons, 1996.

生态学家早就认为，必须重新构建全球经济。他们全都明白：由于森林缩小、土壤侵蚀、水位下降、渔场崩溃和气温升高，全球经济的基础正在逐渐圮毁。环境学家知道，经济的自然支持系统受到的不断破坏即使短暂，也会殃及长久。

——莱斯特·R·布朗

第九章 农牧结合原理

本章核心内容

- 从农牧结合的发展历程引出农牧结合的内涵、概念和基本途径，从粮食安全、食品健康、环境保护、中国农业结构调整与可持续发展的角度阐述农牧结合的基本性质，从人类食物发展过程剖析农牧结合的组织结构与发展模式，解析农牧结合的四大功能，综合分析影响农牧结合的各种因素，并为农牧结合的发展提出建议。
- 将农牧结合的历史运动过程分为农牧结合的原始阶段、融合发展阶段和工业文明阶段，强调从历史运动过程中寻找经验、教训和发展规律。
- 中国地域辽阔，不同地区农牧结合现状与发展规律不尽相同，因此，根据不同区域生态景观特点、农业发展状况和人口、市场等因素，分东北地区、北方农牧交错带、西北内陆干旱区、青藏高原和南方及沿海地区5个部分阐述农牧结合的现状、发展规律和启示。

第一节 农牧结合原理的概念与表现形式

一、农牧结合的基本概念

（一）基本概念

传统“农牧结合”观念中的“农”是指种植业，“牧”意为畜牧业，“结合”则指的种植业、畜牧业及土地等环境要素有机结合在一起，形成三位一体的农业综合系统。

(二)农业发展早期农牧结合的含义

农牧结合问题孕育于早期人类狩猎、采集活动时期;到了战国时期中国就确定了以农为主、农牧结合的小而全的自给自足的自然经济,农家种五谷、养六畜,从事多种经营;古代中国北方的游牧民族也离不开种植业,牧民和牲畜均需要粮食和其他农产品来满足其需求,与种植业形成了独特的结合方式。第一次社会大分工发生了种植业和畜牧业相对分立,独立的结果是二者的单项技术都得到了飞速发展,也使得农牧结合成为农业系统中的重大问题,以至于对整个农业发展史甚至社会历史进程都产生了重大影响。随着传统农业的逐步完善,农牧结合的技术在不断提高,一度形成了衣、食、住、行、文化、艺术产品俱全的足以封闭运行的自然经济体系。

(三)现代农业阶段农牧结合含义的发展

在现代农业阶段,自然经济体系被打碎,农牧结合方式又有了新发展。随着近代社会生产力、社会经济发展,种植业与畜牧业在不断发展变化。在种植业方面,先后经历了"以粮为纲"的一元结构到"粮、经"二元结构、再到"粮、饲、经"三元结构以及现代多元结构转变的历史发展变化过程。在此过程中,活动范围从单纯耕地不断向四周外推,作物种类也向包括粮食作物、饲料(精饲料、绿色饲料)、绿肥作物、经济作物(包括部分木本作物)与其他作物(功能型、观赏型、游乐型或体验型植物)生产为基础的新型种植业方向发展变化;在畜牧业方面,表现为由原始的高等动物驯化、游牧到高、低等动物饲养种类不断增加,舍饲比重加大,人工控制放牧程度持续提高,以及注重饲养动物福利、健康养殖的过程。今天的种植业其意义更加广泛,逐步向广义的植物业方向发展,而畜牧业则趋向于动物业,动物业与植物业在生产资料的使用、生产目标的确立甚至生产过程本身形成了高度依存、相互包含、相互促进或制约的关系。

农牧结合原理指植物业、动物业和土地间存在的相互依赖、相互融合、相互促进下系统运行方式、运行规律与发展机理的总和。

二、农牧结合的基本途径

(一)饲料途径

这条联系的方向是由植物业指向动物业,是植物业生产提供饲料,服务于动物业生产的物质联系。随着农业系统不断完善与发展,植物业提供饲料的重要地位日趋重要,近代动物业发展的历史充分证明了这一点。1975 年美国消耗的全部饲料标准代谢能(standard metabolic energy, SME)中,由植物业部分提供的比重占 50.91%,提供的粗蛋白质(crude protein, CP)比重为 57.36%,1988 年上述两项指标值分别为 59.79%和 66.00%。1990 年我国饲料消耗总量中,栽培饲料部分风干重比重为 48.96%,折合 SME 比重为 52.32%,CP 比重为 49.31%。2005 年美国干草产业的产值为 122 亿美元,种植面积 24 79$\times10^4$ hm^2,支持了 660 亿美元的草食动物产业(奶牛、肉牛)。同期(2009 年)我国牧草种植面积为 1 200$\times10^4$ hm^2,每年需向美国进口苜蓿干草 7.66$\times10^4$ t,才能支持我国 1 000$\times10^4$ t 牛羊肉及 350$\times10^4$ t 牛奶的生产。

(二)厩肥途径

该途径方向为由动物业指向植物业,是产生于动物业,支持植物业发展的物质联系,并由植物业内部进行转化。传统农业时期,该途径对维持农业系统物质循环,保证生产与再生产的顺利进行具有决定作用。随着化肥工业发展,其功能有所弱化,但对于现代化程度低、地理条件差的农业系统地力维持及生产发展依然具有十分重要的作用。

(三)畜力途径

该途径方向为由动物业指向植物业,是由动物业对植物业提供畜力的物质联系。该途径在原始农业向传统农业转变过程中曾发挥过划时代的作用,在传统农业时期得到全面发展与完善。迄今为止,在全球植物业生产体系中的作用仍必不可少。现代农业体系中,化石能源加农业机械对畜力途径有替代作用,但受发展水平、经济基础、自然条件的交叉影响,畜力途径仍然是重要农用动力来源。

(四)能量途径

传统农业时期,该途径方向为由植物业指向动物业,是植物作为薪柴功能为养殖动物提供冷季取暖、加工食物等,支持动物业的发展。在现代农业时期,该途径方向为由动物业指向植物业,养殖动物产生的粪尿经过生物发酵,产生沼气能,驱动植物业发展。

(五)经济途径

建立在植物业、动物业基础之上,受社会需求牵动,通过一方积累,支持另一方生产体系不断发展完善的相互联系。在现实生产中,这种经济联系千丝万缕,是各地丰富多彩的农牧结合形式发展变化的基本动因。植物业、动物业之间该项联系是相互的,但在具体时段内往往表现为单一作用方向。如出售植物业产品,购入动物业生产设施及畜种,或者是通过动物业积累,支持植物业发展。在现代化大农业专业化生产中,往往通过社会中间环节实现两业间的经济联系,实际上是一种具有现代化特色的时空广延性的农牧结合(图 9-1)。

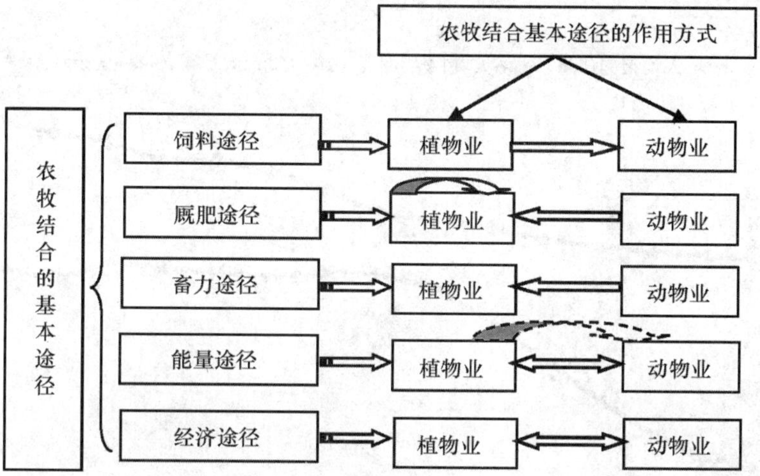

图 9-1　农牧结合的基本途径与作用方式

三、农牧结合原理的基本作用

(一)农牧结合可有效地促进我国粮食安全的持续发展

近 20 年我国居民的食物消费结构发生了显著的变化,特别是猪肉、牛羊肉、奶等动物产品需求显著增长(图 9-2),农牧结合的发展使牧区和半牧区牛羊肉、奶产量占全国的比例从 2003

年的 20%增长到 2013 年的 25%。未来农牧结合在保障食物安全中将发挥更大的作用。我国食物安全的本质是饲料和畜产品供给安全。如果没有农牧结合的发展,未来 20 年不仅将大量进口牧草、饲料原料(玉米和大豆),而且牛羊肉和奶类的净进口量也将大幅增加(图 9-3)。因此,大力发展农牧结合,破除“以粮为纲”的思维定式,对建立和完善中国粮食安全保障系统具有重大意义。

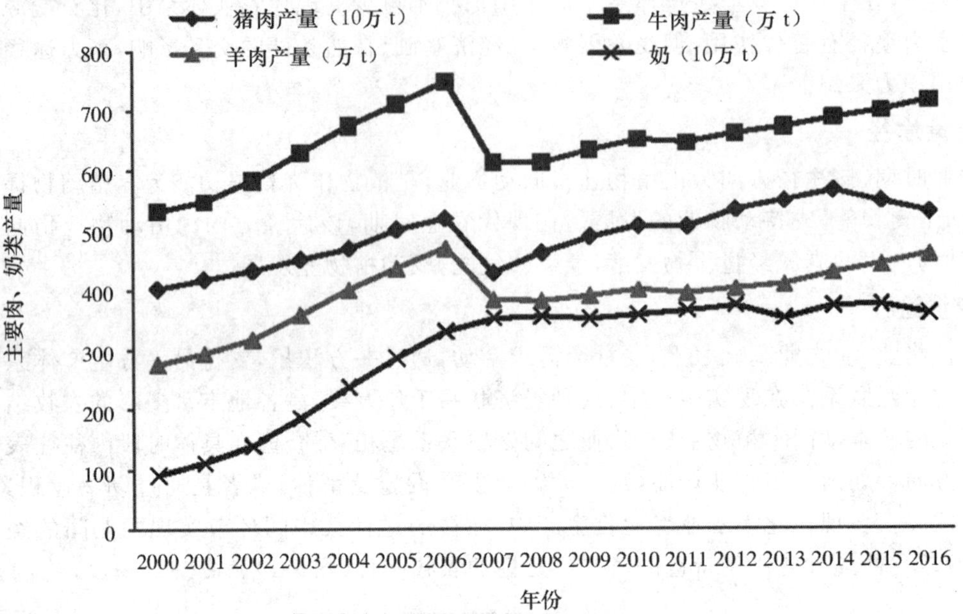

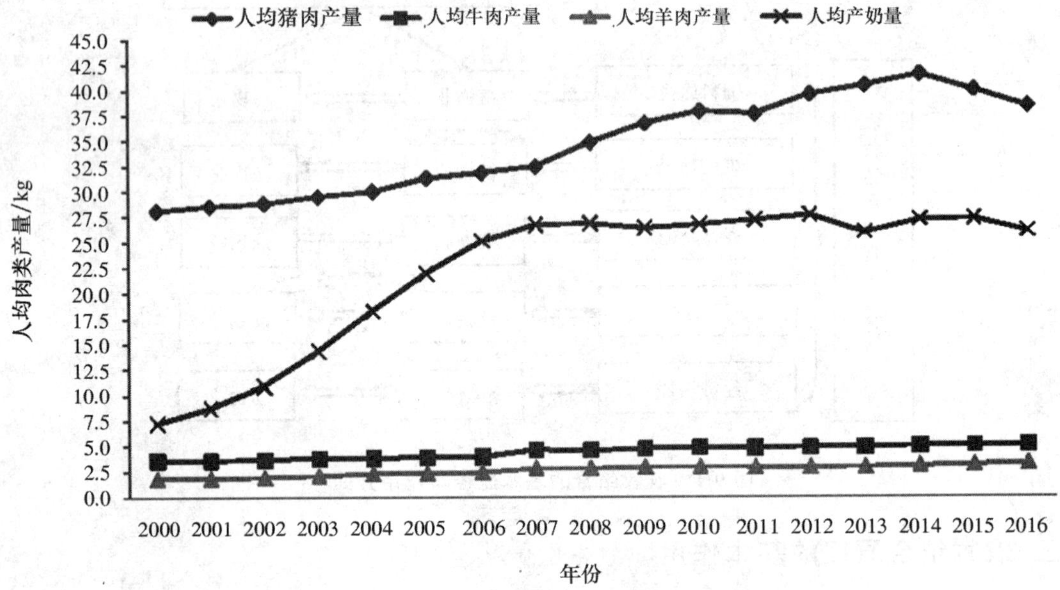

图 9-2　中国 2000—2016 年主要肉类及奶类产量与人均产量

(数据来源于《中国统计年鉴》)

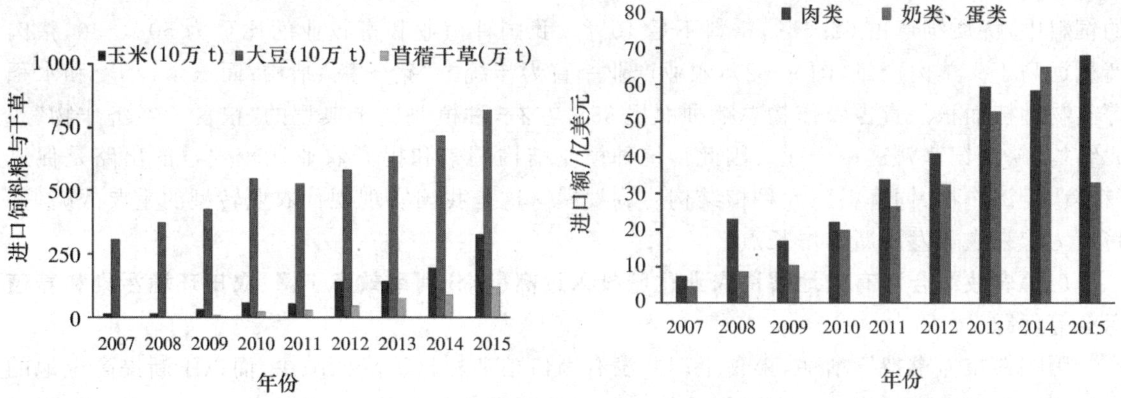

图 9-3　中国 2007—2015 年主要饲料粮与苜蓿干草进口量,肉类与奶类进口额

(数据来源于《中国统计年鉴》)

(二)农牧结合可有效地促进我国农业结构调整

发展农牧结合是实现现代农业转型的战略需求。我国传统"以粮为纲"的农业系统,割断了优质牧草与养殖家畜之间的内在联系,仅有6%～8%的畜产品由优质牧草转化而来,必然催生"秸秆＋粮食或合成饲料"的家畜养殖模式,家畜代谢疾病多,饲养成本高,畜产品质量低,比较经济效益低。然而农牧结合完全依赖天然草原,发展草原畜牧业是不可取的。几十年来,我国牧区家畜虽增长了约6倍,但牧区牧业总产值占全国牧业总产值的比重不足6%,肉类总产量不足全国肉类总产量的5%,奶类总产量不足全国奶类总产量的10%;2015年全国主要牧区(内蒙古、西藏、新疆、青海、甘肃、宁夏、四川)仅生产了26.46%的牛肉、51.91%的羊肉和33.66%的牛奶。长期过度利用及开垦草原,使草原退化面积已占到总面积的1/3,全国几十年累计保留的人工草地和改良草地面积仅为草原总面积的3%。所以,草原还将长期处于超负荷的严重"透支"状态,无法支撑现代畜牧业的持续发展。因此,大力发展农区畜牧业,走农牧结合的道路,才有可能解决我国不断增长的对动物食品的需求。

与此同时,我国种植业结构不合理及比较效益较低严重制约了我国农产品的竞争力。1991年以前,显示性比较优势指数(所谓显示性比较优势指数是指一国某种出口产品在本国出口中所占的比重与世界此类产品占世界总出口的比重之比)都在1.25以上,说明我国的农产品在国际上具有较强的竞争力;从1991年到1996年这6年间,显示性比较优势指数都在0.80～1.25之间,说明我国农产品在国际贸易中具有平均竞争力;而1996年至2011年,显示性比较优势指数全部都小于0.8,且2005年之后全部小于0.4,表明我国农产品在国际竞争中已经缺乏竞争力了。农牧结合不仅能提高光能利用率,增加单位耕地面积的营养物质产量,还能降低化肥使用量,提高肥料利用效率。据报道,在我国年产50×10^{8} t左右的粮食中,每年约有22.2%用作饲料,如果直接将部分粮食用地改种优良饲料作物,可比种粮提高20%的营养体饲料量。据FAO推算,我国用6.6%的耕地种甘蔗,就能年产$4\,000\times10^{4}$ t肉。在城郊区,推广粮—菜—草间作,可收鲜草3.75×10^{4} kg/hm^{2}以上,按20 kg鲜草(加1 kg精料)可换回1 kg奶汁,即可获1 800 kg/hm^{2}奶。农牧结合要实现高效、持续发展,必须依托饲草业的强力支撑。优质饲草料是发展农牧结合尤其是草食家畜产业的基础。国外发达国家的经验表明,畜牧业的迅速发展是以挖掘优质牧草和其他青绿饲料潜力来突出发展草食家畜生产为前提的，欧美发达国家畜产品的60%以上是由优质饲草料转化而来。以美国为例，全国畜禽所用的饲料中，优质饲草占62.5%，精料不足40%。我国种植业和畜牧业的比重为50 ∶ 30，猪肉产量远高于牛羊肉产量(图9—2)，农业产业一直为传统的“猪—粮”结构；而玉米、小麦和水稻等谷物种植面积一直占农作物总播种面积65%左右，种植业属于典型的“粮食—经济作物”二元结构，缺少饲草料这一产业。因此传统种植业结构调整和提升农业比较效益的出路是促进“粮食、经济作物、饲草料三元种植结构协调发展”，这是我国实现现代农业转型的重要战略，并将成为未来农业发展新的增长点。

(三)农牧结合可有效地解决农业化肥投入过高、养分利用效率下降、农田环境污染和养殖污染等问题

因饲料粮需求持续增加，粮食生产并没有因口粮消耗量下降而减少，而以不断提高土地的集约利用程度和增加农业生产资料的投入量来获得更多饲料粮(饲用玉米为主)，支撑猪、禽类养殖业的发展；由于没有优质饲草料，奶牛产业也陷入了“秸秆＋基础日粮”的养殖模式，牛奶产量与质量均处于较低水平，还进一步加剧了对饲料粮的供应需求。长期过量、无序的使用化肥、农药和其他农用化学品，使得我国各主要农区耕地质量下降严重，农药重金属污染的耕地面积近2 000×10^4 hm^2，约占总耕地面积的1/5。再加上连年耕作、过度种植、不合理灌溉导致农田土壤退化，全国耕地有机质平均含量已降到1%，明显低于欧美国家的2.5%～4%的水平，发生普遍性的土壤板结、酸化、盐渍化增加，防旱排涝能力变差，土壤生物性状退化、基础地力不断下降，最终导致耕地质量下降。与此同时，过度使用的化肥、农药和其他农用化学品通过地球生物化学循环进入到其他生态系统(淡水湖、河流和沿海的富营养化、重金属污染)，给其他生态系统也带来了极大的破坏，农业面源污染日趋严重。

把饲草料尤其是多年生饲草料结合到种植业生产中，由于不同的收获对象和时间，利用饲草料的多次刈割或放牧利用，可以彻底有效地控制病虫害的发生，而且通过有目的地培肥地力(如种植豆科牧草)、轮间作农作物与饲草料，可有效减少化肥使用量，减少农业面源污染，提升耕地质量，增加农作物产量与质量，提高农业比较效益，增加农产品竞争力。

另外，随着规模化养殖畜牧业的快速发展，粪污排放量大且处置不当等问题日益突出，不仅造成当地社区环境恶化，还进一步加剧了农业面源污染程度。根据养分循环原理，畜牧业粪污中含有大量氮、磷、有机质等，是植物生长所必需的有机质和营养元素，经过科学的处理可变为无害的、绿色的有机肥料。如畜禽养殖固体排泄物经过高温堆肥制成的有机肥，以及液体排泄物经发酵产生的沼渣沼液均是优质高效的有机肥料，可广泛应用于谷物、蔬菜、水果、苗木等植物业生产。与此同时，将畜禽养殖的粪污转化，不仅可减少种植业对化肥的需求，还可从总量上控制氮、磷、钾等营养元素的使用和排放，减轻农业面源污染程度。

因而，农牧结合作为一种在结构上合理、功能上健全高效的农业生态系统，在促进农业持续发展与繁荣人类社会经济上的贡献是不可估量的。

四、农牧结合的组织结构

农牧结合系统是植物业和动物业2个生态系统组分相互作用过程中，系统主体行为和结构特征发生“耦合作用”的空间域、能量流和物质交换，它具有独特的、由植物业和动物业2个系统组分相互作用程度所决定的一系列特性。植物业与动物业的产生也是由于人类对植物性食物资源和动物性食物资源利用、开发的结果，也展现出人类农业的发展历程(图 9-4)。农牧结合系统将成为我国现代农业主要生产方式，其生产模式的管理核心是减少植物业与动物业系统组分内部及系统组分交换时营养物质的外流损失，减少外来物质和能源的输入，节约成本。结合方式有优质饲草料生产＋草食动物生产、传统种植业＋饲草料、传统种植业＋饲养动物、林果业＋饲养动物、传统种植业＋草食动物、传统种植业＋水产等。在区域尺度则形成了农牧草、农林牧、农林牧草、农牧水等结合模式。

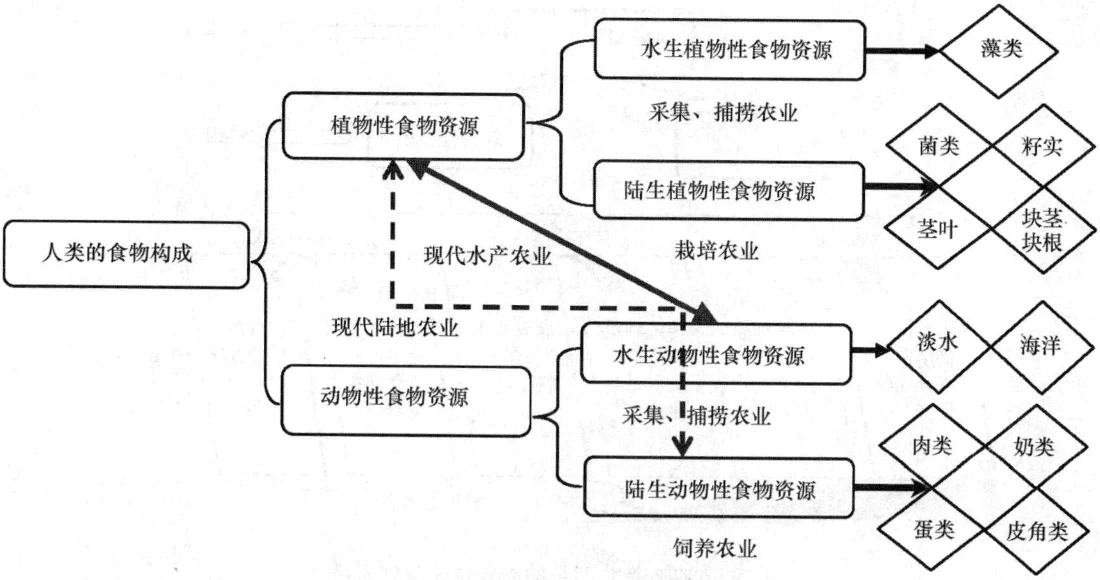

图 9-4 人类食物构成及农业分工与结合

(一)农牧草模式

对于我国传统牧区和农牧交错带来讲，具有经营草食畜牧业的草地资源和传统，又有地方优良家畜品种资源，再加上现有休牧、轮牧、减牧等合理利用与保护草原措施的实施，可大力营建多种形式的人工草地和饲料地，可以按照专业化、产业化方式，以适度规模经营的模式实行夏牧冬饲，把牧区建成家畜繁育基地；牧区以南以东的农牧交错区(或平原绿洲区)，兼有种植业和草食畜牧业的资源与环境。具有种养结合，进行家畜育肥的有利条件。牧区与农牧交错区优势互补，实行系统结合，可以开创专业化、适度规模化、产业化的新型农牧草生产体系。

在种植业占主导地位的地区，可利用生态草(耐寒、耐旱、耐盐碱、耐贫瘠)改造盐碱沙荒地，多年以后再种植农作物或优质牧草。种植农作物的农耕地应进行适当轮作牧草，培肥地力。与此同时要适当发展草食畜牧业，消化草产品，或建立草产品销售渠道。在此区域，如果农副产品剩余较多，可利用秸秆清洁饲料化技术，农副产品深精加工开发功能型饲料，结合优质畜禽品种育肥，建立畜禽粪便—堆肥直接还田、畜禽粪便—精加工(有机和无机肥)高效还田、畜禽粪便—沼气—沼肥还田等循环利用技术体系，增强农牧结合系统的生态经济效益。

(二)农林牧(草)模式

该模式依据区域地理环境、水热状况和社会经济发展情况，可发展成多种模式(图 9-5)。如针对平原山地相间的区域，可在在平原区发展立体型设施农业，调整单一的农业内部种植结构，畜牧和林业的发展在山地封育的基础上，乔灌草结合进行植被的恢复与建造，发展草食畜牧业，生态经济型林果业。在山地居多的区域，可在山地缓坡发展林业，山地陡坡发展草业，盆地、川道及台塬等发展农业。在草原面积占主导的区域，可结合天然草地的封育，大力推行舍饲养殖技术，继续发挥草山草坡广阔、农区饲草料资源丰富的优势，把草食畜牧业作为发展的突破口；结合山区经济林、生态林和庭院林果业的发展，以及农区优质农产品或草产品的种植，综合运用现代农业科技手段，走专业化、产业化、市场化的发展道路。

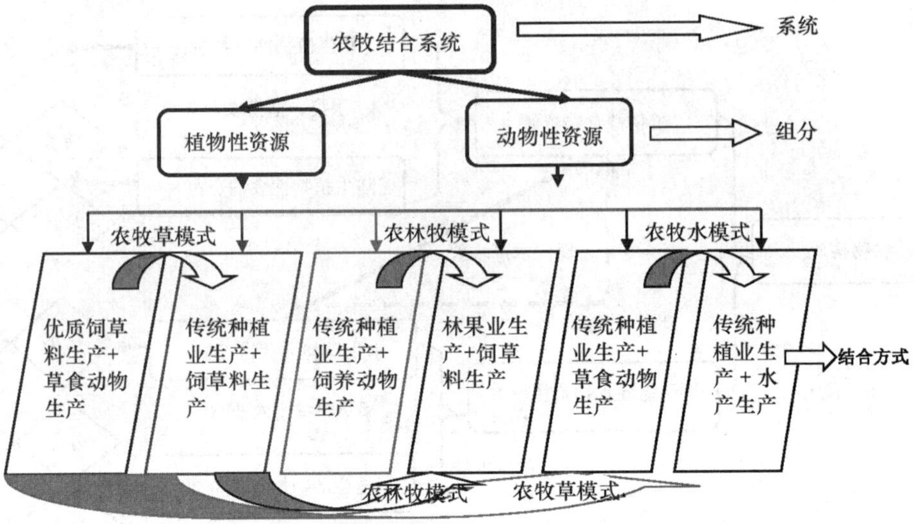

图 9-5 农牧结合系统的组织结构与结合模式

(三)农牧水模式

我国南方地区，水网密布，淡水养殖、水稻种植是该区域的特色。其中稻田种植牧草发展家禽饲养的农牧结合生产模式已在南方稻区初具规模且发展较快，有较强的生态适应性，经济效益明显。如冬种黑麦草养殖菜鹅的稻/牧草—鹅农牧结合生产模式，在不施除草剂的情况下能有效控制田间冬季杂草，实施该模式后翌年冬闲时田间杂草大幅减少，恶性杂草比例下降显著，土壤理化性状明显改善。另外在丘陵较多的南方山区，还可采取山(丘陵)后种草，山上养禽类，山前养猪，山脚建鱼塘，塘边为稻田。粮食喂禽类，禽类粪便和青草(适当加工)喂猪，猪粪直接冲入鱼塘，塘泥取出肥田，形成每种动植物互为依存的生物链。还可以以沼气(能源)为纽带，针对燃料缺乏地区，大力发展禽类、家畜、水产养殖，充分利用家庭院落发展庭院经济，建立以沼气池为驱动核心的立体农业，将农(蔬菜、水果、谷物)、禽、畜、草、水产、沼气结合在一起。

从未来发展趋势看，需要从以下几个方面加强农牧结合的技术、理论与实践推广研究。

(四)城市近郊农牧结合的高效养殖模式

(1)城郊鲜活农牧产品生产加工模式——研究鲜活农产品的生产、销售环节、提高流通快速反应机制，确保鲜活产品的质量；研究建立社区合作经济组织、市场中介组织和产供销、贸工农、农科教等结合服务实体，使特色农产品产业化形成规模，提高市场竞争能力。

(2)城市高科技农牧业模式——研究采用现代化科技手段加强农牧产品的优质种源供应，

解决品种退化,生产效益低下的问题;研究包括饲料、兽药在内的新型高效低毒产品,为整个牧业生产提供安全保障。

(3)观光旅游休闲农牧业模式——研究现代观光园区的设计和合理布局问题,最大限度减少对周边环境的污染问题。

(五)东部外向型农牧结合模式

研究我国东部外向型农牧产品出口外贸的资源优势、国际市场的竞争力,确定出口的优势产品;研究我国农牧产品规范化生产,制定国内生产的质量标准体系,解决出口外贸的质量控制问题;研究劳动密集型的生产向技术密集型生产、加工转变的途径,重点解决生产成本问题;研究以产品深精加工为主的农牧业结合与协调发展的关系。

(六)中部有机型农牧结合模式

研究我国中部有机型农牧业高效生产与加工技术支撑体系,解决生产效率问题;研究有机农产品集约化生产加工技术体系和农业现代化发展的协调关系,重点解决可持续发展的问题;研究生产加工过程中废弃物无害化处理与资源化利用途径,促使生态环境明显改善;研究以牧业为重点、农业为辅助的农牧业协调发展关系。

(七)西部粮草轮作改良与易地育肥模式

研究我国西部生态型农牧业持续发展的技术支撑体系,解决天然植被退化与农牧业可持续发展问题;研究生态有机农牧产品生产、加工与环境协调发展的问题,重点解决天然草原退化,西部耕地盐碱化、沙漠化的问题;研究草田轮作、间作以及草食家畜有机肥使用与西部耕地质量改善的关系,促进生态环境改善;研究农业区域与牧业区域产业耦合的问题,通过异地育肥,促进农牧业的专业化、市场化与适度规模化的健康发展。

五、农牧结合的基本功能

农牧结合的生命力在于它具有广泛的社会、生态、经济功能及连接纽带功能,其社会功能规定了农牧结合存在的前提条件,生态功能是它长期存在与发展的根本依据,而经济功能则决定着具体的农牧结合形式及发展变化趋势,连接纽带功能将植物业与动物业有机结合,创造出更大、更多的社会经济生态效益。它们之间相互作用,构成了农牧结合丰富的功能和内容,共同推动动物业与植物业生产协调发展。

(一)强大的社会功能

农牧结合长期存在的社会合理性在于它能够更好地满足社会多种需求,使农业体系具有强大社会保障功能。主要体现为满足人们多样化的基本生活需要和有利于保障社会系统存在与发展两方面。从人类社会已有的发展历史考察,受植物业与动物业内部发展不平衡作用,人类社会对动物性产品(肉、蛋、奶、毛、绒、皮、畜力)、植物性产品(谷物、豆类、油脂、水果、蔬菜、纤维)需求在根本上难以相互替代,决定了人类社会对动植物生产同时的、持续的需求。原始社会时期,人类社会的这一需求依赖猎获动物及采集植物营养体、果实(种子)来满足;之后在第一次社会大分工浪潮推动下,放牧与种植作物相对独立开来。但是与此同时,更大规模和更深程度的合作立刻以新的方式体现出来。即随着人口进一步增加,放牧生产在农业内部的比重逐步减少,而与此同时养殖业融合于种植业之中迅速发展壮大,渐次替代放牧生产功能,满足社会对动物性食品、畜力、厩肥需求。这在传统农业时期最具标志性;近代农业受工业化发展作用,在使农业土地生产力、劳动生产力大幅度提高的同时,导致动植物产品生产大量增长,种养业间关系进一步加强;未来发展中,随着社会经济持续发展及人口不可逆转的递增,人类社会对以农作物为基础的动植物生产依赖程度将持续加大,对动物性产品的同时需求将逐渐加大,这将势必推动农牧结合不断深化发展。

(二)显著的经济效益

农牧结合的显著经济效益使其技术得以广泛应用和不断发展。合理安排植物业与动物业生产,可增加单位面积农业用地产出的绝对数量,并增加品种的丰富程度,提高产品品质,在相同资源投入条件下这提高产品率,在商品经济条件下无疑将体现为农业经济效益的提高。经济效益是农业生产发展变化的基本动力。我国传统农业时期"桑基鱼塘"、"猪粮兼营"体系,现代农业生产条件下农区蛋鸡业、肉鸡业、肉牛业、奶牛业的发展,经济效益都是主导因素。植物业生产的全部产品中,只有小部分可以直接为人类所用,其余大部分则为废弃物,如农作物的废弃物比重为75%,木本作物为90%,而草地牧草产品的100%需要通过转化才能为人类利用。如此大量的植物业副产品资源,如果没有动物业生产进行转化,变废为宝,只能被白白浪费掉。植物业副产品综合开发利用,其产值往往可以同其主产品相媲美。

(三)巨大的生态效益

农牧结合可以充分利用资源,提高资源利用效率,并且减少废物存留量,优化生态环境。植物业和动物业相互配合,使农业生态系统所要求的能量流动和物质循环得以正常进行,从而为农业生产及再生产进行提供了保证。相反,假如没有动物业生产,大量的有机物质和能量便滞留在系统之外,其结果势必造成土壤肥力降低,系统生产力衰减,并最终导致系统崩溃,农业活动终止。动物在将饲料有机物质的1.5%~18%转化为动物产品的同时,把80%的部分以厩肥的形式返还到系统中去,用以培肥地力,维持和扩大植物业生产。这一功能是世界传统农业形成与稳定发展最重要的保证。即使在现代农业生产与发展中,其基础作用也不容忽视。以我国情况为例,2003年我国通过动物业获得的粪尿总量在26.6×10^8 t以上,合有机质3.1×10^8 t,合标准化肥1.5×10^8 t。其标准化肥折合量是我国当年施用化肥实物量的1.5倍左右。动物业生产还由于其特有的功能,家畜可从耕地以外聚集有机物质和植物营养要素,传递给耕地或土壤,促进土壤不断熟化,推动农业生产向前发展。四川畜牧研究所20世纪90年代初大样本调查表明,成都平原生猪生产饲料中,由种植业系统之外青绿饲料提供的氮素比重占1/3~1/2,提供的能量比重为1/5~1/3。河南开封的近期研究表明,青草饲料占到耕牛饲料的47%。至于农区养羊业的饲料则在更大程度上是来源于非种植业资源。这使农业系统通过农牧结合提高了农业资源的有效性,对生态平衡产生积极作用,具有巨大的生态效益。

(四)植物业与动物业连接的纽带

农牧系统组合的结合,其本质是植物与动物相互作用、相互制约、相互促进的结果。在自然界中,植物与动物的相互关联,彼此促进或抑制的例子比比皆是。例如,植物为了逃避草食动物(啮齿动物)的采食,释放特殊气味,让啮齿动物产生恶心或胃肠不适的条件反射,来保护自己。另外聪明的植物还会主动调节自身特殊次生代谢物质的浓度,在最危险或最敏感时期(如开花期)保护自己(次生代谢物质浓度最高)。聪明的植物还能与动物做朋友,利用特殊气味或物质吸引动物保护,或利用动物传粉、传播种子等。例如湖北神农架地区的金钗石斛

(*Dendrobium nobile*)散发特殊的香味,吸引鼯鼠(*Petaurista petaurista*),鼯鼠的粪便可以为金钗石斛提供养分;鼯鼠还在人类或其他动物采集金钗石斛时,发动攻击。农牧结合更能促进这种关联。如多样性的牧草可以促进草食动物营养的均衡性,使放牧家畜更加健康的生长。特别是豆科牧草中加入禾本科与其他科的牧草,不仅有上述作用,还能防止反刍家畜的鼓胀病。草田轮作、间作,不仅可以改善土壤质量,还可以有效控制病虫害的发生。因此,大力发展农牧结合,还需要深度挖掘植物业与动物业连接的功能,最大限度地产生生态经济效益。

六、农牧结合的影响因素

自古植物业与动物业和则两利,背则相伤。传统农业形成、发展的历史是在游牧文化与农耕文化长期竞争中完成的,两种文化每次交锋的结果带来的都是民族大融合、农牧结合大发展和经济飞跃。植物业与动物业的关系是人类农业历史上的重要关系,是农业系统内部的主要联系。影响农牧结合发展水平的因素错综复杂,大致分为社会因素、经济因素、生态因素与技术因素四个方面。

(一)社会因素

社会因素对农牧结合的影响复杂,具体体现为如下四个方面:

1.总体呈现随着社会生产力发展水平提高,农牧结合不断发展完善,结合程度愈益密切的趋势

农牧结合在原始农业发展阶段体现为以家畜产品食用、祭祀、陪葬及谷物食用功能为社会主要需求前提之下的联系,农牧结合处于自发发展状态。在传统农业阶段饲草、饲料的生产已经开始,部分时期牛耕生产、饲草饲料生产的重要性甚至大到与一个国家、一个社会集团的生死存亡密切相关的程度,所谓"君所恃在民,民所恃在食,食所资在耕,耕所资在牛。牛病则耕废,耕废则食去,食去则民亡,民亡则何恃为君"(《新唐诗·张廷桂传》),"匹马匹牛,居则以耕,出则以战,非猪羊类也"(《六朝语》),就是这一情况的真实写照。现代农业阶段农牧结合进入有意识、自觉积极的发展时期。一方面表现为养殖业对种植业生产物质依赖程度显著加大,另一方面则体现为种植业对养殖业经济发展敏感度达到空前水平,甚至超越国界、跨洋过海,像日本、韩国与美国建饲料交流一样,实现结合,使农养业生产在纵横两方面趋向生产一体化及全球一体化。

2.社会文化风俗及宗教意识影响农牧结合的具体形式和内容

文化风俗是人类社会发展与大自然长期相互作用过程中逐步约定俗成的基本观念。它往往反作用于生产活动。如日本人喜欢消费鱼类,中国人爱食猪肉,欧美人偏爱奶酪、牛肉、面包,澳洲人则更青睐羊肉,等等。不同的膳食结构习惯培养了不同类型和方式的动物业、植物业结合传统与技术。由于宗教原因,伊斯兰教偏爱牛、羊消费,佛教崇尚素食,印度教敬畏黄牛等。这些宗教意识在局部地区现实生产中往往对农牧结合的具体内容起操纵作用。

3.社会稳定状况影响农牧结合的实现

就战争本身而言,每一次的出现都是对农业生产力的直接破坏。受自然属性制约,动物业在战争中往往受到的摧残程度更大,战争之后也以植物业恢复较快。因此,战乱破坏农牧结合,导致种养业发展不平衡,偏重于植物业生产;和平建设时期则农牧结合关系趋向协调,养殖业发展较快。1949—1993年,我国在平稳条件下发展农业生产,谷物总产量增长3.03倍,肉

类总产量增长 16.47 倍。这一时期动物业生产发展速度快于植物业生产，畜牧业产值占农业总产值的比重 1949 年比重值为 12.4%，2003 年提高到 31.92%。2005 年之后我国植物业与动物业发展逐渐平衡，2016 年谷物产量比 2000 年增加 1.33 倍，肉类总产量也仅增长 1.34 倍，奶类产量增长 3.92 倍；动物业产值比重（畜牧业占 28%左右，渔业占 10%左右）变化较小，这一时期动物业生产发展转向动物产品质量的提高。

4.人口因素的增长速度影响农牧结合的程度

人口数量是需求总量高低的决定性因素。人口超负荷，其结果是植物性食物的增加与动物性食物的减少。考古学研究表明，美洲农业在由原始农业初期发展到后期阶段动物性食品比重就由 70%降为 34%。进入现代农业阶段之后，由于技术因素作用，情况有所不同，但仍不难发现人口压力大的国家与地区，植物性食物比重明显偏大这一基本事实。

（二）经济因素

经济因素是影响农牧结合的第二项因素。人们对膳食结构中的动植物食品组成存在有内在需求规定，受社会经济影响植物产品相对经济度量尺度值较低，动物产品则偏高。由于不同时代、不同社会经济单元（家庭、集团、阶级）经济发展水平不同、社会经济地位差异，因而对社会整体动、植物产品需求结构不同，由此导致植物业、动物业生产结构呈波动发展变化与梯度分布。从原始社会后期经济分化，产生奴隶社会、封建社会、资本主义社会，经济水平持续提高，农业内部动物业比重基本呈持续增加趋势。近半个世纪以来，欧、美发达资本主义国家植物业、动物业比重基本衡定（产值比重约波动于 50:50），究其主要原因在于社会总体动物、植物产品供求已经达到基本平衡，动物、植物产品社会增量需求敏感性降低，经济发展水平作用力不断减弱。从横向看，当今世界各国经济发展水平参差不齐，受全球经济一体化作用，各国农业结构波动变化互有交叉。但在各大社会集团间仍可清楚划分植物业、动物业生产总体结构界线。表现为发展中国家种植业比重偏大，发达国家动物业份额居高。通过上述两类社会经济类型区域集团人均年消费动物产品量可推断以上结论。1992 年，发达国家人均肉类占有量为 79.5 kg，奶类为 276.52 kg，蛋类为 14.61 kg，绵羊污毛为 1.46 kg；发展中国家四项指标分别为 18.62 kg，39.66 kg，4.17 kg，0.23 kg。发达国家分别为发展中国家的 4.27，6.97，3.50，6.35 倍。2011 年中国耗粮型畜产品（猪肉、禽肉）与食草型畜产品（牛肉、羊肉）的比例是 6.12，而欧美发达国家（美国、欧盟、澳大利亚等）均值在 1.76 左右，远低于中国。预计在今后相当时期内，经济因素仍然是影响这两大集团农业结构发展变化的主要因素。

（三）生态因素

地理生态自然环境因素是动植物业生产的限制因素，地理气候、土壤条件、生物资源等综合作用，影响农牧结合的具体内容和结合水平。随着纬度增加，光、温生产潜力呈梯度下降趋势，地形的高低曲折变化使同纬度条件下的光、温、水因子实现再分配，形成复杂多样的小气候及微气候，大跨度地貌和海陆位置决定大气候类型，还有土壤结构、性质、肥力以及农业生物的起源、分布、传播均影响农牧结合。一般来说原始农业与传统农业阶段，社会生产力水平较低，地理、气候、生物物种分布是影响农牧结合内容、形式、水平的主要因素；现代农业生产条件下，随着科学技术发展及生产设施提高，其作用有所弱化，影响力主要通过历史作用结果（包括文化的结果、生产的结果及经济的结果）的传递与对动植物生产种生长发育直接发生作用的积累两方面来体现。技术发展水平对该因素影响力具有替代性，如以色列、沙特阿拉伯依靠经济基础与科学技术优势，发展沙漠农业，实现食品自给，并有部分谷物及其他动植物产品出口。由于经济水平、文化发展、技术建设等方面的影响仍然有限，自然生态环境因素在可以预见的将来仍将发挥重要作用。

（四）技术因素

技术因素包括生产技能与技术装备两个方面。生产经验、技术知识积累的一维性，社会进步所导致的农业技术装备更新、发展、完善特性，共同规定了农业生产技术水平持续提高的基本趋势。也正是这一基础性发展趋势促进、支持着农牧结合内容不断丰富、水平持续提高。一定时期内主要技术水平往往凝结在技术装备之上。因此，可以通过农业技术装备阶段特征标定农牧结合水平程度。青铜器时期石器、木器、蚌器、骨器类农具产生的是一种松散、原始的农牧结合方式，铁器时代铁犁、牛耕标志着自给自足、相对封闭的农牧结合形式，而现代工业技术革命引发的农业化学化、机械化、电器化则代表着现代开放式的农牧结合。从农牧结合诞生一直到开放式结合方式发展初期阶段，技术进步所表现的主要特征是提高人类开发利用自然资源广度的能力，通过扩大耕地面积实现增加生产。因这一过程与社会人口总量增加趋势一致，劳动力数量的同步扩大对技术发展具有替代作用。因此，技术因素发展相对缓慢，阶段性分明。伴随着发展，农用后备资源开发殆尽，农业生产力水平扩张限制力量加大，转向垂直方向发展，劳动力量投入报酬递减，技术因素作用日益重要。发生在20世纪六七十年代的绿色革命就是以小麦、水稻种子革命为特征的，其技术贡献量巨大。近代欧、美农业生产增长因素中，技术因素比重额已占到60%～80%，以色列则高达90%。我国技术因素发展也呈增长趋势，进入20世纪90年代后技术因素比重约为35%。技术生产力的积累已经成为一个量变过程。在未来农牧结合发展中，技术因素仍将发挥巨大的作用。

第二节　农牧结合的历史运动过程

一、农牧结合的原始阶段

原始农业是农耕农业与草原畜牧业的结合体，大致遵循着采集渔猎－畜牧业－耕作农业这一脉络发展，由植物性食物采集发展成农耕农业，由渔猎发展成畜牧业，或由采集渔猎发展成畜牧业，即野生动物驯化－放养－圈养，再分化出来农耕农业。从畜牧业的发展历程来看，古代草原畜牧业发展大致经历了4个阶段：徒步游牧阶段、骑乘游牧阶段、游牧与农耕融合阶段、衰落阶段。其中，徒步游牧阶段是原始农业的重要形式，生产生活方式原始落后，畜群规模小，生产力低下，经历了漫长的史前时代。这一时期农牧本身就没有分离，是融合共同发展的：由于生产力低下，畜产品不足，人们往往会通过采集植物产品来补充食物。与此相同，在农耕农业的原始阶段，由于生产力低下，渔猎往往也成为农耕农业区补充食物来源的重要手段。骑乘游牧阶段是建立在对骑乘动物驯化养殖的基础上的，不仅具有了一定的圈养家畜的能力，还延伸了游牧范围，畜群规模与生产力均得到不同程度的大幅提高。这一时期农牧结合主要体现在草原畜牧业区与农耕农业区农畜产品的贸易交换。由于生产生活水平的提高，草原畜牧业生产的畜产品出现了富余，而且拥有大量私有财产的牧户，需要来自农耕农业区的谷物、茶叶、丝绸等产品提高自身生活水平。这种交换农畜产品的需求是双方的，农耕农业区也需要肉、奶、皮、毛及役用或乘用畜力。到了封建王朝或草原部族王朝建立之后，这种贸易交换的内在需求往往演变成了战争，出现了文化征服、同化，酝酿并迸发了人类文明的火花。这也为后来的农牧结合的融合发展奠定了坚实的基础。

二、农牧结合的融合发展阶段

农牧结合的融合发展在中国历史上很大程度促进了社会经济文化的大发展，生产力的快速提高。从历史进程(图 9-6)上看，古代中国农牧结合的融合发展大致可以分为以下 3 个阶段：①从赵武灵王的“胡服骑射”到汉代生产生活的深度“胡化”，此为农耕文化与草原文化的第一次大碰撞，促进了华夏各民族生产生活的融合，农业系统生产力的提高；②公元 4 世纪到 7 世纪，长达 300 年的游牧民族与农耕民族的大融合，此为农耕文化与草原文化的第二次大碰撞，赋予了华夏文明更强的生命力，诞生了隋唐盛世；③宋元时代，游牧民族与农耕民族长期交织缠斗，不仅出现了农牧结合的南向移动，也有力地促进了农业系统生产力的快速发展。尽管在古代中国农牧结合促进了文化碰撞、交融，生产力的提高，贸易的发展，但是由于农耕文化的强大生命力和保守性，近现代的中国并没有发展成现代农牧结合系统，两大农业子系统在各自区域还是主导力量。清代以来，农耕区不断扩大，以适应人口的不断增加，将草原畜牧业不断向北、向西压缩；随着近现代中国的人口的快速增加，为了确保粮食安全，实行了“以粮为纲”的农业政策，不仅割裂了农牧区间的联系，甚至将牧区变为农区，强调牧区粮食自给自足，给农牧结合的发展带来了极大阻碍。因此，这一时期的农牧结合逐渐走向衰落。

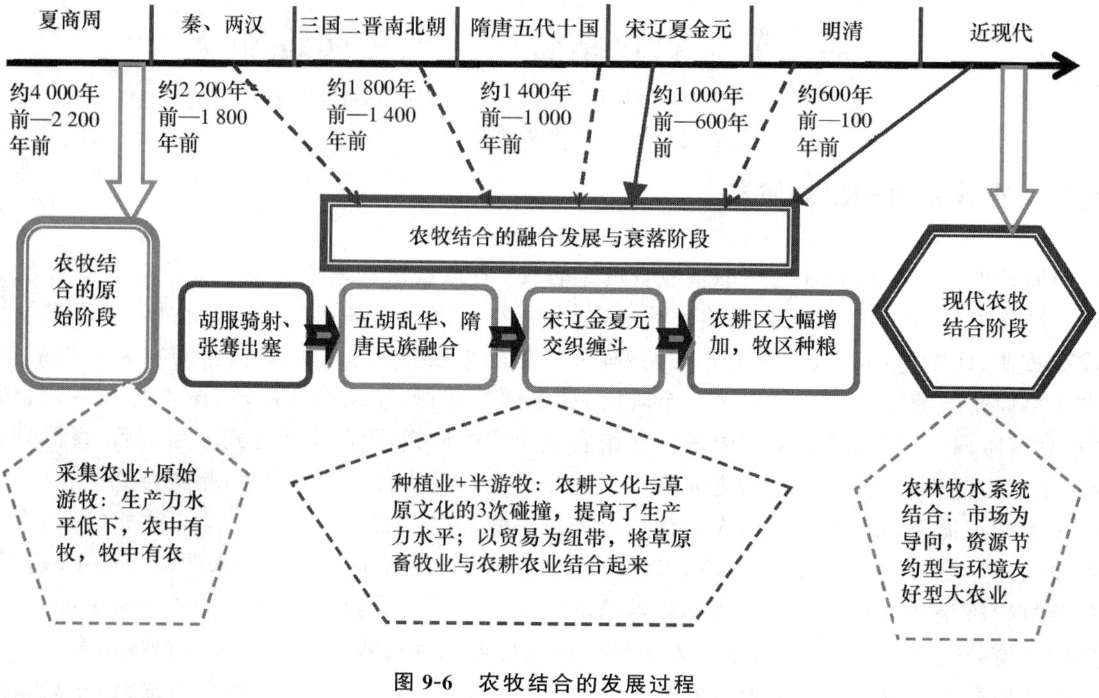

图 9-6　农牧结合的发展过程

三、工业文明时代的农牧结合

现代农牧结合系统起源于工业发达国家，其支撑体系的核心是科学技术、机械动能和资本。现代农牧结合系统将依靠光合作用的植物生产与动物生产（核心是草食家畜生产）有机结合起来，将传统的谷物、经济作物的农耕系统，扩展到谷物、经济作物、饲草料、天然草原与家畜、人结合的复杂产业链当中，其生产生态效益多样化，资源利用高效，符合人们的健康饮食习惯。现代农牧结合系统出现的早期，强调资源开发、利润的最大化，以石油等化石燃料为媒介，发展商品经济，形成了规模化、机械化的生产技术体系；但忽视了可持续发展，其生产方式与环境保护严重相悖。如 20 世纪初，在北美大陆出现的草原开垦、撂荒，黑风暴频发；20 世纪 50—60 年代，前苏联地区对西伯利亚地区的开垦、撂荒，及其产生的生态环境问题。随着知识经济和信息时代的到来，现代农牧结合系统更加强调人类生产、生活与自然生态系统的协调、稳定的可持续发展；通过互联网、物联网、“3S”技术、生物技术和信息技术等技术体系驾驭生物化学能与机械动能，发展市场导向经济，提高资源利用效率，与环境友好相处。

第三节　农牧结合的现实意义

农牧结合在不断变化、发展中进入了 21 世纪的第二个十年，在中国社会、经济、生态环境与人文环境急剧变化的时代，急需摸清其发展现状，寻找其发展规律，为中国农业的现代化与可持续发展提供充沛的动力。中国地域辽阔，不同地区农牧结合现状与发展规律不尽相同，因此，根据不同区域生态景观特点、农业发展状况和人口、市场等因素，分 5 个部分阐述农牧结合的现状、发展规律和启示。

一、东北地区农牧结合的现状、规律和启示

东北地区是我国最重要的粮食生产基地和重要的养殖业基地，具有农牧结合的天然优势。但是长期以来耕作农业面临着水土流失、耕地质量下降、农业面源污染严重、产出/投入比不断下降等突出问题：耕地次生盐碱化严重，耕地土壤有机质已下降到 2.5%左右，远低于世界其他黑土带农田土壤有机质含量；化肥投入量 2007 年比 1990 年增加了 1.58 倍，农药投入量则增加了 3.83 倍；农作物秸秆焚烧率占 85%左右，养殖牲畜粪尿处理率不到 30%；CH_4 和 N_2O 等温室气体 50%以上由农业生态系统排放。因此，东北地区急需解决耕作农业与畜牧业分割的困境，走农牧结合的道路，增加农业生产效率、减少资源浪费，提高资源利用效率，走可持续农业发展道路。

2008 年科技部启动了“农田循环高效生产模式关键技术集成研究与示范”重点项目，以东北地区的松辽平原作为全国重点示范区之一，建立了以农牧结合为主的生态－循环农业技术模式，开展了生态－循环农业技术示范推广，建立示范区 1 万 hm^2，辐射带动耕地 15 万 hm^2。示范区农田能量效率提高 10%以上，节约成本增效 5%～15%，肥料减少 5%～15%、农药减少 20%～30%，秸秆利用率达到 80%以上，农民增收、农业增效、节能减排效果十分明显，在技

术模式推广过程中进一步明确了生态—循环农业的重要作用。目前初步形成了适合松辽平原地区的农牧结合生态—循环农业技术模式有多种:如玉米秸秆直接还田循环利用模式,种养一体化循环生产模式,种养业废弃物循环利用模式等等。

对于东北地区而言,草田轮作、间作也是农牧结合的重要方式。适宜的多年生草种有羊草(*Leymus chinensis*)、紫花苜蓿(*Medicago sativa*)、二色胡枝子(*Leapedeza bicolor*)、扁蓿豆(*Melissilus ruthenicus*)、无芒雀麦(*Bromus inermis*)、碱茅(*Puccinellia distans*)、沙打旺(*Astragalus adsurgens*)、披碱草(*Elymus dahuricus*)等;适宜的一二年生草种有饲用玉米(*Zea mays*)、饲用高粱(*Sorghum vulgare*)、山野豌豆(*Vicia amoena*)、燕麦(*Avena sativa*)、大麦(*Hordeum vulgare*)、毛苕子(*Vicia villosa*)、野大麦(*Hordeum brevisubulatum*)等。不仅可以培肥耕地土壤,还可增加养殖业饲草料来源,降低饲养成本,提高农业比较效益与农畜产品竞争力。另外,羊草干草生产是该区域特色草产品,具有气候、土地及机械化作业等优势,是我国重要的羊草干草产业带。

二、北方农牧交错带农牧结合的现状、规律和启示

北方农牧交错带是半湿润耕作农业区向半干旱、干旱牧区过渡的半农半牧区,包括东北三省西部、内蒙古中东部、河北北部、山西、陕西、宁夏等地区,该地区农耕地与牧业用地交错分布,种植业与草原畜牧业并存,具有一定面积的天然草原和一定规模的草食家畜饲养。北方农牧交错带是农牧结合典型地区,在农牧结合的历史进程中发挥了巨大作用。由于近现代农耕区大幅向北、向西扩展,原有的天然屏障——天然草原被不断开垦,再加上气候变化,农业政策割裂了耕作农业与草原畜牧业的内在联系,使得该地区农牧业生态系统的脆弱性被放大。北方农牧交错带地处夏季东南季风尾闾区,对降水变化十分敏感,生态脆弱性不言而言;它随着气候的变化不断发生空间地带的摆动,尤其是在干旱年份,当降水条件低于旱作农业需水下限时,导致农业生产力大幅降低,大面积农田被迫弃耕或休耕,在风力作用下裸露地表迅速风蚀而导致沙漠化扩展;湖泊萎缩、草场退化、林带上移等;成为京津地区沙尘暴的源头,威胁国家生态安全。因此,减少北方农牧交错带农牧业生态系统脆弱性对生产、生活及生态环境的不利影响,增强农牧业生态系统对气候变化的适应能力,将耕作农业与草原畜牧业有机结合起来成为该区域农牧结合的关键问题。

通过在张家口地区、宁夏和内蒙古农牧交错带农牧结合实证研究,牧区繁育、农区育肥,退耕还草、减粮增饲,调整种植业结构(与牧草轮间作)可有效改善该区域生态环境质量,减少水土流失、土地荒漠化和提高耕地质量,维护国家生态安全。与此同时,还能增进农牧交错带农业发展后劲,培育新的增长点,切实提高农牧民生活生产水平。如内蒙古通过牧区繁育、农区育肥等措施,将羊易地育肥年净收入比自繁自育提高了19倍;牛易地育肥年净收入比自繁自育提高了5.5倍。同时易地育肥农牧结合使农耕区人工牧草种植比例达到20%~36%,促进了区域生态系统良化。

对于北方农牧交错带而言,草田轮作、间作和人工草地建植适宜的多年生草种有紫花苜蓿、沙打旺、柠条(*Caragana Korshinskii*)、冰草(*Agropyron cristatum*)、小冠花(*Coronilla varia*)、无芒雀麦、苇状羊茅(*Festuca arundinacea*)、鸡脚草(*Dactylis glomerata*)、红豆草(*Onobrychis vicifolia*)、老芒麦(*Elymus sibiricus*)、披碱草(*Elymus dahuricus*)、羊柴

(*Hedysarum mongdicum*)、梭梭(*Haloxylon ammodendron*)、沙拐枣(*Calligonum mongolicum*)、芨芨草(*Achnatherum splendens*)、扁蓿豆等;适宜的一二年生草种有饲用玉米、饲用高粱、燕麦、大麦、草木樨(*Melilotus suaveolens*)、毛苕子和箭筈豌豆(*Vicia sativa*)等。农牧结合过程中使用这些牧草不仅可以培肥耕地土壤,防止水土流失与土地荒漠化,遏制沙尘暴肆虐,还可增加草原畜牧业饲草料来源,增强发展后劲,提高农业比较效益与农畜产品竞争力。另外,由于该区域人口众多,背靠京津冀市场,可为奶业的发展提供优质的干草(紫花苜蓿干草),具有发展紫花苜蓿干草产业带的市场优势。

三、西北内陆干旱区农牧结合的现状、规律和启示

西北内陆干旱区包括新疆、甘肃、宁夏、青海西北部及内蒙古中西部等广大区域,总面积约为 288×10^4 km^2,相当于全国国土总面积的 29.8%。典型的气候特点是大陆性干旱气候,降水稀少(大部分地区年降水量在 400 mm 以下,极端地区不足 50 mm),冷暖分明,日照充足;地理特点是在很多地区(天山南北、阿尔泰山、昆仑山、祁连山等地区)形成了山地草原/森林—平原绿洲—荒漠的独特镶嵌地理景观格局。平原绿洲是耕作农业区,依靠山地水源发展灌溉农业;山地草原/森林与荒漠是草原畜牧业发展的基地,实行季节轮牧制。因此,在山地草原/森林—平原绿洲—荒漠区实行农牧结合具有时间与空间上的优势:暖季是绿洲农业区的生产时间,此时,草原畜牧业主要在山地进行放牧,不影响绿洲农业区植物生产;冷季植物停止生长,在山地放牧的草食家畜回到平原绿洲—荒漠区,植物生产的优质饲草料与副产品可就近为草食家畜提供丰富的食物来源。这种草食家畜在时空上的移动为该区域农牧结合提供了极大便利。但是该区域生态系统十分脆弱,绿洲农业种植结构单一,草原畜牧业超载过牧严重,草原生产力严重退化,再加上气候变化的影响,农畜产品市场范围小、受众少,使得农牧结合程度弱,系统相悖发展。因此,利用绿洲农业光、热、水、土的优越条件,发展优质干草生产与优质牧草种子产业,结合草田轮作、间作,特色林果业+林下种草,以及特色农副产品饲料化转化,构建适应独特地理景观格局的"山区暖季草食家畜放牧+冷季平原绿洲育肥"为核心的农牧结合制度。

通过在河西走廊地区、新疆天山北坡、塔里木盆地及黑河流域的实证研究,"山区暖季草食家畜放牧+冷季平原绿洲育肥",结合草田轮作、间作,特色林果业+林下种草,以及特色农副产品饲料化转化等农牧结合模式已经有效遏制了天然草原的严重退化,阻止了土地荒漠化面积进一步扩大,维护了绿洲的生态安全,提升了农牧产品的核心竞争力。如任继周等(2009)指出,该农牧结合制度下,河西走廊地区农牧业经济效益可提高 4.6 倍。

对于西北内陆干旱区而言,发展优质干草生产与优质牧草种子生产具有独特的土地与气候优势。其中紫花苜蓿干草产业带、紫花苜蓿种子产业带是该区域的优势产业,具有产量高、品质优、机械化作业程度高等特点。另外,与特色林果业、特色农产品相伴还可发展青贮苏丹草(*Sorghum sudanense*)、青贮玉米产业与功能性饲草料产业。适宜在该区域种植的牧草还有很多极端耐旱的牧草,如木地肤(*Kochia prostrata*)、沙拐枣、樟味藜(*Camphorosma monspeliaca*)、驼绒藜(*Ceratoides latens*)等。

四、青藏高原农牧结合的现状、规律和启示

青藏高原作为全球特殊的陆地生态系统,具有海拔高、气候多变且极端,自然灾害频发,土

壤瘠薄，植物生长缓慢等脆弱生态系统的特点。再加上近年来工农牧业生产生活的破坏，以及全球气候变化的影响，青藏高原冰川全面、加速退缩，生物多样性特别是草原生态系统的生物多样性破坏严重，冻土退化加剧，土地荒漠化程度增加，高寒草原生态系统退化严重，水土流失严重。青藏高原上草原生态系统是主体，占整个区域面积的 50.9%，一半以上的人口主要从事草原畜牧业生产，草原畜牧业产值占整个农业产值的一半，因此，草原畜牧业是区域农业生产的主体。在此区域开展农牧结合不仅有利于改善当地居民饮食结构，推动高原农牧业转型与可持续发展，还能有效保护脆弱的生态环境，维护国家生态安全。针对青藏高原的气候、地理与农牧业发展特点，将西藏"一江两河"地区及青海河湟谷地地区等高原农耕区作为草食家畜、猪、家禽的育肥区和养殖区，以优质高产耐寒饲草料生产作为支撑，强化高原农副产品饲料转化，夯实农牧结合的基础；在草原核心牧区，通过"暖季放牧＋冷季舍饲＋繁育输出"的模式，加快向高原农耕区转移育肥家畜（架子畜），同时加强人工草地与半人工草地建设与改良，切实减轻天然草原放牧压力，保护脆弱生态环境；在高原农耕区与草原牧区交错地带，可在暖季饲草料与农副产品饲料充足时，发展草食家畜、猪、家禽的育肥和养殖，在冷季饲草料与农副产品饲料不足时，向高原核心农区输出育肥家畜，同时利用种植业结构调整，加快草牧业基地建设，夯实饲草料供给基础。通过在青海、西藏等地的实证研究，核心农区人工草地增产效益明显（较天然草原增产 9 倍），农牧结合后，农牧民增收显著（每个农牧户增收超过 2000 元）。

对于青藏高原来说，热量是限制该区域草牧业发展的重要制约因素。热量较好农耕区可种植老芒麦、紫花苜蓿、红豆草、白三叶（*Trifolium repens*）、沙打旺、草木樨、箭筈豌豆等优质牧草，获得较高产量；在热量一般的地区，适宜选择耐寒、耐旱的牧草，重点强调适宜性，如披碱草（*Elymus dahuricus*）、燕麦、大麦、中华羊茅（*Festuca sinensis*）、冷地早熟禾（*Poa crymophila*）、糙毛鹅观草（*Roegneria hirsuta*）、星星草（*Puccinellia tenuiflora*）等。

五、南方及沿海地区农牧结合的现状、规律和启示

南方及沿海地区多属于亚热带气候（云南、海南部分地区属热带气候，黄淮海地区属于暖温带气候），降水丰沛，热量充足，地形多变，丘陵、山地、平原、湖泊湿地交错起伏，形成了山地丘陵、平原水网和沿海滩涂湿地等复杂的生态地理景观。经过长期的农业生产经营，该区域农业面源污染严重（农药、化肥），土壤肥力下降与水稻土潜育化严重，养殖业（主要是猪、家禽、水产、奶牛）粪尿废弃物的不当处理还造成了社区环境恶化，水资源污染严重，从而导致资源—人口矛盾突出，环境负荷严重过载。针对上述问题，结合南方及沿海地区气候、土壤、地形、农业历史与市场等要素的复杂性，该区域可建成山地丘陵农牧结合区、平原水稻农牧结合区和沿海盐碱湿地农牧结合区等农牧结合系统。

山地丘陵农牧结合区耕地面积小，与林、草、水交织在一起，适合因地制宜，以林草为核心，构建农牧结合系统。降水丰沛的地区，林地面积大，可发展经济林、特色林果业，结合高产优质牧草种植，发展草食畜牧业，通过沼气发酵转化，将牲畜粪尿废弃物、动植物残体转化为有机肥，反哺种植业（包括牧草种植）；通过调整种植业结构，围绕草食畜牧业优化种植作物结构，夯实林、草、畜、农结合的基础。水域面积较大的地区，还可与渔业结合起来，组成林、草、畜、渔、农的复合生态系统。降水较少的地区，适合将旱地农业逐步调整为"旱地草牧业＋旱地农业"的复合生态系统，将山地丘陵地区土地面积少、作物产量低的劣势，转变为饲草料产量高、品质

好、草食家畜适应能力强的优势。平原水稻农牧结合区可将水稻作为核心，构建农牧结合系统：稻田养鱼、虾、蟹，水稻与优质牧草间作、轮作或冬闲田种植，发展草食家畜（鹅）或作为水产饲料，形成水下、水面、地上的立体复合农牧系统。还可与沼气发酵结合起来，一方面解决部分能源需求；另一方面，将庭院养殖或适度规模养殖产生的粪尿废弃物进行无害化处理，增加稻田有机肥的施入，改善土壤质量，提高资源利用效率。沿海盐碱湿地农牧结合区土壤盐碱化威胁大，土壤质量不高，严重制约了农业的可持续发展。建立以“草田轮作、间作＋草食畜牧业”为核心的农牧结合系统，将奶牛、肉牛、肉羊等产业纳入到该区域的农牧系统中，通过优质牧草（特别是豆科牧草、耐盐碱牧草）改造中低产田，合理培肥农田土壤，增加农业比较效益，提高农牧产品竞争力。还可与湿地结合，引入水禽养殖，充分利用滩涂。

山地丘陵农牧结合区适宜种植的牧草有柱花草（*Stybsanthes guianensis*）、鸡脚草、紫花苜蓿、饲用玉米、苏丹草、狼尾草（*Pennisetum alopecuroides*）、雀稗（*Paspalum scrobiculatum*）、狗尾草（*Setaria viridis*）、白三叶、多年生黑麦草（*Lolium perenne*）、一年生黑麦草（*Lolium multiflorum*）、红三叶（*Trifolium pratense*）、苇状羊茅、大翼豆（*Macroptilium lathyroides*）、银合欢（*Leucaena leucocephala*）、山蚂蟥（*Desmodium racemosum*）、苦荬菜（*Sonchus uliginosus*）、草芦（*Phalaris arundinacea*）、扁穗牛鞭草（*Hemarthria compressa*）、聚合草（*Symphytum officinale*）、毛苕子、箭筈豌豆和串叶松香草（*Silphium perfoliatum*）等。平原水稻农牧结合区适宜种植的牧草有白三叶、多年生黑麦草、一年生黑麦草、饲用玉米、苏丹草、紫云英（*Astragalus sinicus*）、狼尾草、苇状羊茅、雀稗、紫花苜蓿、狗牙根（*Cynodon dactylon*）、鸡脚草、红三叶、无芒雀麦、箭筈豌豆、苦荬菜、聚合草和串叶松香草等。沿海盐碱湿地农牧结合区适宜种植的牧草有紫花苜蓿、饲用玉米、饲用高粱、黑麦（*Secale cereale*）、沙打旺、无芒雀麦、苇状羊茅、小冠花、百脉根（*Lotus corniculatus*）、鸡脚草和草木樨等。南方及沿海地区农牧系统的生产力远高于北方，是立体农业、复合农业和生态－循环农业的最佳载体。

思考题

1. 农牧结合的性质与功能在中国各区域的特点。
2. 中国农牧结合的历史嬗变规律对现阶段中国农牧结合方式的启示。
3. 中国农牧结合未来发展趋势分析。

推荐读物

1. 韦尔斯·H. G. 世界史纲(上册). 梁思成译. 上海：上海世纪出版集团，2005.
2. 任继周. 中国农业系统发展史. 南京：江苏凤凰科技出版社，2015.
3. 阎万英，尹英华. 中国农业发展史. 天津：天津科学技术出版社，1992.

有国有家者，不患寡而患不均，不患贫而患不安。盖均无贫，和无寡，安无倾。夫如是，故远人不服，则修文德以来之。既来之，则安之。

——孔子

天之道，其犹张弓与！高者抑之，下者举之，有余者损之，不足者与之，天之道损有余而补不足。人道则不然，损不足，奉有余。孰能有余以奉天下？其唯有道者。

——老子

第十章 资源均一化原理

本章核心内容

- 农业资源是由多种自然资源和社会资源构成的复合资源系统，包括有效自然资源和农业科学技术资源，是主要用于农业生产和农业产业部门的资源，是人类生活和生存的物质基础。
- 社会个体的平等斗争表现在农业系统的根本要求就是人们均衡地占有农业资源，由于社会平等斗争而致使社会系统成员占有农业资源必然趋于均衡化的发展趋势称为农业资源均一化原理。
- 影响资源均一化的决定性因素是社会文明进程，社会对资源均一化律的总体觉悟程度和社会制度的相应一致程度决定了社会成员的平等水平，这个水平给社会成员的生存、资源占有、利益分享等各种平等一个基调。

第一节 农业资源均一化原理的概念与表现形式

一、农业资源系统的构成

农业资源是由多种自然资源和社会资源构成的复合资源系统(图 10-1)，包括有效自然资源和农业科学技术资源，是主要用于农业生产和农业产业部门的资源，是人类生活和生存的物质基础。

自然资源是各种自然资源在一定空间范围内相互联系构成的统一整体。自然资源系统是客观存在的，是整个自然界的一部分，当然也从属于广义的生态系统。自然资源系统可以看成一个完整的有机整体，然而其内部仍然存在着差异性，我们可以根据自然资源系统的构成要素来分类，即子系统分类，也就是从纵向向上来划分，因为自然资源系统是由许多不同等级层次的子系统所构成；同时也可以按照自然资源系统构成要素之间的相互关系来分类，即分系统分类，也就是从横向上去划分，因为构成自然资源系统的各个子系统在不同等级的区域里仍然是相互作用、相互联系的。自然资源系统的各个层次也具有自己独特的运动形态、性质和规律。一般来讲，高层次资源系统是以低层次资源系统为载体；低层层次资源系统是构成高层次资源系统的基础，同时高层次资源系统制约和支配着低层次资源系统的状态和行为。

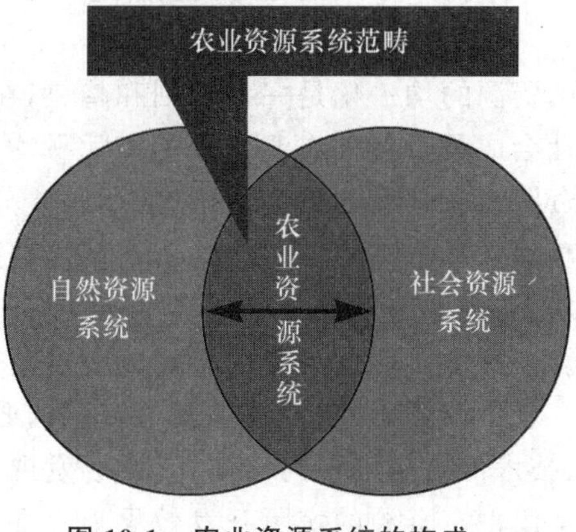

图 10-1　农业资源系统的构成

社会资源是指为了应对需求，满足需求，所有能提供而足以转化为具体服务内涵的客体，皆可称为社会资源，包括有形资源和无形资源。其中有形资源，例如人力（职员、顾问和义工等）、物力（设备、家具和用品等）、财力（私人捐献、政府补助和企业赞助等）、场地空间等；无形资源例如技术、知识、组织、社会关系等，而农业科学技术资源是农业资源系统的重要组成之一。

二、农业资源均一化原理的概念

社会个体的平等斗争表现在农业系统的根本要求就是人们均衡地占有农业资源，由于社会平等斗争而致使社会系统成员占有农业资源必然趋于均衡化的发展趋势称为农业资源均一化原理。人是构成人类社会的基础，人类社会史中，人际关系的发展变化是人类社会史的重要构成部分，社会阶级的对立统一、社会集团的合作与斗争、资源和效益的分配尺度是由人与人之间关系的发展运动决定的。总体来说，社会人际关系的终极趋向是个体存在的完全平等和利益分配的完全平等，社会历史上个体不平等的矛盾和为去除矛盾的斗争成为社会发展的直接动力。在特定历史条件下人们要求平等的内容表现出很大的不同。史前农业时期人们要求平均占有采猎劳动产品；传统农业时期人们要求均衡占有以土地为代表的农业资源；近代人们则明确地提出了生存平等权和经济平等权，经济平等权最终可归结为资源均衡占有的要求。

农业资源均一化原理是生存权力平等化和收益分享均衡化趋势在农业系统实现的根本途径，它是农业历史发展、农业文明演化的重要牵引力和导向力。农业资源均一化是通过社会平等与社会制度制衡等问题相互协调来实现。资源均衡占有是人类在长期的平等斗争中寻求到的最根本的平等方式，它既在一定程度上决定了生存权平等，又从根本上决定了经济平等权。

三、资源均一化的表现形式

资源的均一化是一种准则和趋势，在复杂的社会体系中、在生产活动中往往并不直接表现为社会成员对各种农业资源的实际平均占有，而常常表现为多种不彻底的过渡方式。比如强调资源占有效果的社会地位、强调利益分配和成果分享的经济地位等的平等性。资源均一化最直接、最根本的方式是农业资源的均衡占有，这只有当整个人类充分认识了资源均一化原理，生产力水平达到相当高度，阶级差别、城乡差别、体力脑力劳动差别彻底消除之后才能实现。现实中多表现为资源均一化一定范围的要求和一定程度的实现。

农民均分田地、山林和其他资源的要求是直接的资源均一化要求，而农户经营水平的一致化、技术传播与发展的均衡化、农场发展规模的相似化等要求，则是资源均一化的间接要求，它们是以占有资源的实际开发效果为标准提出的要求。当农业从业人员能够取得相当水平的收益，即有效资源开发效果一致时，对资源所有权的均一性要求转为隐性，资源均一化要求主要体现为间接要求；当有效资源的收益差异加大，资源的直接均一化要求变得强烈。另外，随着技术的发展，人们对资源的利用效果看得越来越远、越来越透彻，资源本身而不是一时的开发利用效果越来越重要，农业资源逐步由间接均一化转向直接均一化。非农业生产领域的各个行业间资源主要是间接均一化，表现为对农产品的享有权均衡化，一般是通过经济收入的平衡来实现的。经济实力决定对农产品的消费能力和消费水平，均衡的经济权利还要求打破人为或者生产条件的限制，取消局部或者一定阶层少数人的特殊供应。

资源均一化原理在行业间和区域间体现为资源势的均衡，即资源势差的减小。由于资源自身的差异性，相同数量的不同类型、不同种类的资源在一定社会生产技术水平下所能开发出的价值(即潜在价值的可实现度)不同，一定社会地域或者阶层个体占有资源的潜在价值在社会体系中的可实现度叫作资源势。通常资源势越高，资源的经济功能和社会功能就越强大，资源势的高低不同形成资源势差，资源势从高到低的变化是由于资源数量的减少和该种资源的社会贬值引起的，从低到高的变化原因则相反。资源势的变化总是随同技术的传播与扩展进行的。技术一方面是资源的要素，另一方面它对自然有效资源势差的变动起着第一推动作用和载体作用。从地域性的角度看，资源势在不同种族、不同部落、不同国家、不同地区间总是沿着由高向低的方向逐步流动，资源势差呈逐步减小的趋势，无界限的资源共享是最终平衡态。从生产内容的差别来看，资源势在不同行业类型、不同经营个体之间也总是沿着由高向低的方向逐步流动，资源势差呈逐步减小的趋势，具体表现为行业间高度合作、中间行业蓬勃发展、行业界限模糊等，不同行业通过这些渠道实现利益分成。在部分历史阶段，地域或国家间资源势差依靠社会手段得以维持，但历史最终总是依靠自己的意志推动社会走向均衡。资源均一化包含直接均一化和间接均一化，分别表现为占有资源的要求和占有资源的现实效果要求。其中非农产业领域表现为对农产品的享有权均衡化，是间接均一化；而经济收益的均衡可能使资源均一化要求转向间接和隐性，但农业资源的均一化正逐步由直接均一化转向间接均一化。

选读材料

2004—2006年新加坡年经济增长率7.6%，但国内30%的穷人日子比5年前更艰难了。统计表明过去5年中最有钱的10%的富人年收入增加了2.4%(不包括资本收益、分红等)，最穷的10%的穷人收入年减少4.3%，其结果为过去两年中消费仅增加3%。

(摘自美国新闻周刊，07—1—29，新加坡的矛盾与无奈)

60%的退休人员只领取国家支付的养老金6.6万日元，条件是缴费40年，否则则减少，直至零。国家最低生活标准8.8万日元，许多人不得不工作到70岁。其中1994—2006年正式职工数大幅减少，临时工薪水为正式工1/3，约50%的获医疗保险和1/3的养老金。而34岁以下职工39%受到工作不稳定性影响。

(摘自法国《新观察家》周刊，09-5-20，日本社会模式的破灭)

第二节　资源均一化原理的影响因素

一、资源均一化原理的特征

影响资源均一化的决定性因素是社会文明进程，社会对资源均一化律的总体觉悟程度和社会制度的相应一致程度决定了社会成员的平等水平，这个水平给社会成员的生存、资源占有、利益分享等各种平等一个基调。原始共产主义时期，资源的高度均衡是人类300万年思索和经营的结果，可是这个规则最终还是不堪一击，一方面因为它是不彻底的觉悟，具有区域性和集团性的局限；另一方面是因为它是简单的平均，缺乏具有弹性和活力的系统制度，缺乏一个有效的保障体系。资源均一化趋向不是植根于人类和善的天性，而是对其私欲的制衡结果，所以在产品相对富余而缺乏制衡机制的时候，严重的不平等反倒变成为主体制度。在阶级社会里，不同社会制度的资源均一化实现程度截然不同，总体呈现出彻底均一化趋势。奴隶社会不平等严重到奴隶失去人格，对于一个不被作为人的人来说，他是不谈论什么资源平等占有的，这个时期奴隶的反抗目标也仅仅是重获人身自由。封建社会人的存在仍然是不平等的，所谓“唯上智下愚不移”，资源自然被不公平的分配，这个时期人们已经认识到所谓“君君臣臣”是迷幻药，陈胜就高声讨伐过“王侯将相，宁有种乎?”，以后的农民起义多次提出过均分田地的口号。资本主义社会信奉“人生而平等”，其社会制度规定了人生存的平等，同时规定了资源占有的不平等。社会主义制度做到了规则上的资源完全均一化，但其彻底的实现还是一个漫长过程，最终有赖于技术势差与经济梯度的消除。

二、影响资源均一化的因素

在社会文明规定的均一化尺度内，影响均一进程的客观性因素是技术水平，而主要因素是经济因素，由此而具体表现为区域不平衡、城乡不平衡问题的存在。社会对于资源均一化原理的认识水平具有严重的不均衡性，技术的传播和经济的平衡发展提高社会人群的整体素质、降低个体文化技能的层次差异，使得人们普遍具有与时代同步的资源均一化要求和维护资源均一原则的能力。这个进程有赖于技术的传播,例如不同的技术发展阶段文化的平等可能性大小截然不同,工业革命之前只可能是精英式文化,现在已经走向大众式文化。技术的传播直接作用于经济,经济的发展和平衡才推动资源均一化进程,例如人们对于资源历史均一化的认识,就是技术发展和经济繁荣的产物。近现代以来,资源均一化还主要表现为间接均一化形式,当前就以经济地位的平等性作为资源均一化程度的标志。这样,资源占有问题转换成为成果分配问题,社会系统就可以通过经济措施来调控资源均一化程度。

资源均一化程度与社会的均一化要求之间的关系对社会系统的影响是巨大的,矛盾激化时候、往往引发大的社会危机,所以社会系统应该积极主动的调动各种工具促进资源均一化的实现。社会系统促进资源均一化的途径主要有:社会制度体现资源均衡的特征,从生存平等到利益分享均衡再到资源占有均衡是资源均一化程度递进的关系,社会制度所给规定的资源均一化程度应该与社会觉悟程度相适应;施行经济均衡规划并采取切实措施,经济指标日益成为社会价值的统一性尺度,生态文明观的建立和可持续发展理论也是从对环境生态资源进行估价和对发展方案的长期性机会成本进行估算开始的,经济均衡已经是现代的资源均一的实质要求,经济价值尺度不可能永远一统天下,资源均一化最终也会只表现在对资源的均衡占有上,但是在现阶段经济调控非常有效;加强技术推广,它在现阶段实际上是随着经济均衡措施一同进行的;加强意识形态领域的引导,强化资源均一化原理,团结社会成员以建设性的方式加速资源均一化,这能在整体上提高资源彻底均一化的进度。

第三节 资源均一化的历史运动过程

一、资源均一化发展的特点

农业资源均一化原理是在农业系统自身的发展历程中成形、成长的。社会人际关系的平等化趋向产生于人类实践活动,是人类理性和经验的系统化表述。人类实践活动主要包含于人与自然关系的发展中和社会历史的发展中,人与自然的关系主要体现为农业活动,而社会历史的发展也以农业活动为基石。因此农业活动是人类实践活动的基础和重要组成部分。近代西方工业革命开创工业文明史,还只是最近400年的事,所以整个人类历史实际是以农业为主导的历史,也就是说,整个人类300多万年的历史,其绝大部分时间里人类是完全通过农业生产活动同自然发生联系的,工业产生以来,农业也仍然是人与自然连接的最重要纽带。

二、发展经历的阶段

农业资源均一化原理实际上是由农业系统自身的发展史决定的,从农业系统主要矛盾的转换角度看,农业历史可以划分为三个不同的阶段,每一个阶段人们对平等的具体要求有所不同,但是都表现出资源均一化趋势。

第一阶段是原始农业的形成与发展,包括采猎农业期,游耕游牧期和早期垦殖农业。人类开始是居无定所,依靠采集植物的果实(种子)和猎取动物维持生存,这样过了几百万年之后,遇到了第一次全面的生存危机——自然生长的动植物满足不了采猎的需求。于是人类的农业思想发生了革命，人们开始驯化动植物，自己培植可供食用的生物，进入游耕游牧期。随着耕作技术的发展，定居成为发展的需要，人类找到合适的洞穴或者建造房屋，进入垦殖农业时期。这个阶段经历漫长，农业形式一再发生重大变化，可是人们占有资源和分享成果的均衡准则始终没有变。因为生产发展水平极低，人类处在严酷的自然环境条件下，还要面对众多的猎食竞争者和食物链中的更高级消费者。人群先是在灾难的驱赶下四处奔波，拥有自己的生产成果和家园以后，又得想方设法地日夜守护，低下的生产水平使人群从来没有轻松过。在这个阶段，由于受到自然生态的统一压迫和威逼，人与自然的矛盾是主要矛盾，人类必须集中所有力量来化解这个矛盾即战胜自然，以便至少能在自然的淫威下开辟一方富足的家园。所以最大限度地调动每一个人的积极性是生存的规则，人际关系的准则必须是公平的，执行必须是公正的。由于资源的占有达到比较彻底的均衡水平，人际关系非常融洽，人际合作程度很高，这个阶段被史学家称为原始共产主义时期。

第二阶段从传统农业的形成发展直到殖民主义结束。由于新工具的诞生，劳动生产率大大提高，农业产品出现了剩余，人类终于圆了数百万年的富足梦。可这时是生产相对超前发展而管理制约体系远远落后，甚至新社会人际关系准则还没有产生，面对多出来的产品，动物本能驱使人类开始了危险的内部激烈斗争，导致了利益争夺的出现，人与人之间竞争的出现，阶级的出现，国家的出现，剥削和压迫随之出现。原始部落的首领已经可以享受奢华的生活，传统农业技术成熟后更是一个劳力养活一家人。尽管人们仍然希望人能胜天，生存早已不是难事，利益的分配却成为症结，所谓"苛政猛于虎"农业系统的矛盾集中到人与人之间。生存和资源占有的不平等是社会固定的规则，争取平等则是永恒的前进方向。人类为此进行过难以计数的惊心动魄的斗争，人身奴役和反奴役、民族侵略和反侵略、阶级压迫和反压迫，近代的殖民主义则把这种矛盾和斗争推进到全世界范围内。

选读材料

西周时期"普天之下，莫非王土，率土之滨，莫非王臣。"周王自己留一份直接经营的"公田"和供祭祀支出的籍田；另一份给在朝廷供职的公卿、大夫、士作为禄田；其余土地按照功勋大小、爵位高低、宗亲远近划分不同等级和数额授予周王宗室兄弟、伯叔、功臣、勋戚、前代帝王子孙及各部落首领。设置同宗异姓大小不等诸侯国，分别在自己的领地内治理其土地和人民。诸侯向周王交纳一定供赋，在自己土地内按上述方法自留一块土地外，余分赐大夫、士经营。大夫和士向诸侯缴纳赋税、服役。周王为最高土地所有者，诸侯、公卿、士有土地使用权，无所有权。所谓"授疆授民"。基层单位为公社共同体，然后授予农民耕种。实行井田制。

孟子·滕文公上记载："方里而井，井九百亩，其中为公田，八家皆私有，同养公田，公事毕，然后敢治私事。"

战国、汉唐时期秦孝公采用商鞅变法(350B. C.)，"废井田，开阡陌，民得买卖"。汉代国有土地94%，92%为荒山，私有土地占6%。当时租佃关系为订立书面租约，地租占产量的50%。

在这个阶段，土地是农业资源的代表和象征，没有土地，传统农民就失去了一切。失去土地的人们用生命捍卫着自己的资源所属权，中外由土地所有权而爆发的农民战争此起彼伏，写满了一整部阶级斗争史。在这长期的斗争中人们由简单的争夺发展到对问题根源的思考。早在汉代的时候司马迁总结历史教训,在《史记》中就曾写下"不患寡,患不均"的警示;宋代王小波、李顺起义第一次明确提出了"均贫富"的战斗口号;太平天国在《天朝田亩制度》中提出土地一律平均分配,不论男妇,达到"凡天下田,天下人同耕"、"凡天下田,丰荒相通"和"无处不均匀,无人不保暖"的目标。这些都说明农民阶级已经由对土地均衡化的渴望走向对资源均一化原理的深刻认识与行动。近现代历史上封建制度的崩溃、"天赋人权"的产生、殖民扩张的覆灭、受压迫民族的解放以及社会主义国家的出现,所有这些都充分证明了资源尤其是农业资源的逐步均衡分配是历史发展的必然趋势。殖民主义的覆灭标志着不均衡显性、均衡隐性时代的结束,人类已经认识了资源均一化原理,社会系统正在积极主动的推动资源均一化的实现。

第三阶段从20世纪中叶开始,压迫和敌对淡出人类历史,和平和发展成为世界的主题,合作成为人际交往的主要方式。20世纪前半叶,世界风云变幻,国际传统性资源争夺达到历史上最激烈程度,到20世纪中叶时,尘埃落定,武力强行多占资源以彻底失败告终。这个争夺过程对世界产生了全面的深刻影响,一方面随着平等意识的强化,掠夺、禁锢、欺压、盘剥等激烈的聚集资源方式走到了历史的尽头,缺少了资源的显性强占就没有了争取资源均衡的反抗斗争,于是世界进入和平时代;另一方面随着生产活动复杂程度的加剧和经济网络功能的增强,社会成员平等的尺度转变为经济地位,发展生产是提高收入的唯一出路,大家在统一的目标下展开了最大限度的合作,人类开始了积极主动的资源均一化建设时期。

这个阶段有两个重要特征,一个是科技飞速发展,沉积成"地球村"哲学,高科技使得时空距离大大缩小,小规模人群就具有影响整个地球生态的能力,全人类所有个体的关系日益紧密;另一个是经济成为生产的主要目标,经济效益成为普遍的价值衡量标准,经济地位在相当大的程度上标志着资源占有份额。这些新形势迫使人们不得不深入的认识资源均一化原理并采取适当措施加快资源均一化进程。必须保证和平和稳定,才能保持地球的健康、安全;发展问题日益全球化,只有充分发动全球人们才能实现持续高效经济增长;单一经济目标的狭隘现代化遗留的生态危机、资源危机、能源危机、人口危机等一系列问题为害日深日广,只有全球的充分合作才能战胜困难。这些形势与原始社会的情形具有很大的相似性,也只有加快资源均一化进程,才有可能让人类的每一分子都不再为害,而且为全球的利益添砖加瓦。很多国际组织在积极地为世界经济均衡奔忙,其目的也主要是想通过减小资源势差、推进资源均一化进程而促进世界的全面持续发展。

这个时期人类除了深刻认识到资源的个体、地域和行业分配的均一化必然性,还认识到资源的历史分配均一化必然性。

三、资源均一化与可持续理论关系

可持续理论明确提出了代际公平理念,就是说在历史上先后出现的各个世代的人应该具有公平的占有、开发、利用资源的权利,现代人不应该为了眼前利益透支属于子孙后辈的资源。到现在为止,代际公平是资源均一化律历史特性的最明确注释,然而对于资源的历史均一化来说,这只是一个开端。资源均一化是一种无尽的指向,均一程度的相对彻底是指资源的均一化程度与社会生产效率要求适合到不产生激烈矛盾,会持续多久、会不会产生毁灭性的危机以及是否会被新矛盾更激化或者更缓和的阶段替代,取决于均一化的进程能否在时限内达到均一程度的相对彻底性。传统农业到常规现代农业过程中,以人均耕地资源占有量为准,表现为直接均一化特征；现代与未来一段时期发展过程中，原理主要倾向于以收入均衡状况为准，表现为间接均一化特征。

第四节　资源均一化原理的现实意义

一、农业资源均一化原理的意义

农业资源均一化的传统认识体现为："富者田连阡陌，贫者亡立锥之地，百姓铤而走险。"现象的背后是社会平等与社会制度制衡问题。当今国内外农业资源均一化的基本认识表现为本质是资本主义制度不公平性及其在世界范围的泛滥。其思想肇始于我、局部、私利视角。从地球村视野认识并寻找对策，是解决这一问题的根本之道。

二、资源均一化原理的案例

在现实中，资源均一化原理还受到农业发展的阶段性和各国发展的不平衡性的影响。

案例分析

案例 1：如图 10-2，1978 年安徽凤阳小岗村包产到户掀农村改革序幕

图 10-2　安徽凤阳小岗村包产到户

1978年12月，安徽省凤阳县小岗村20户农民代表联名签订了分田和包产到户的契约，由此揭开了中国农村经济体制改革的序幕。图为当年参与签约的三名农民和签订的契约。

1978年12月，安徽省凤阳县一个普通社员的家里，发生了一件不太寻常的事儿：小岗大队的十几个社员在生产队长严俊昌的带领下，偷偷摸摸签订了一份"文书"，把生产队的地给分了，对他们来说，这份"包干合同"可是押上身家性命的"生死文书"。18位社员在那张大纸上摁上了自己的手印。"摁手印"，对老百姓来说，那意思再明白不过：生死由命，义无反顾。

1978年复，安徽大旱，这年夏收分麦子，凤阳县小岗村每个劳动力才分到3.5 kg。全队18户，只有2户没讨过饭。队里严国昌等几个老人找到生产队长严俊昌商量：再这样下去不行了，得想想办法。办法就是不吃大锅饭！副队长严宏昌再也不想出去要饭了。1978年秋天，严宏昌联合18户人家搞了大包干。"我豁出去了，要是我被抓起来，村上人会养活你们娘几个儿的。"他很悲壮地对自己的婆娘说。

这个冒着身家性命危险带头实行了"大包干"的人说：这是逼出来的，不改革只有死路一条。"不改革只有死路一条"，这也正是邓小平反复告诫人们的话。

这份红手印包干书后来成为中国农村改革的一分重要文件，被认为是全国第一份包干合同书。改革开放20周年，这张中国革命博物馆馆藏红手印包干书成了热门展品，参观者络绎不绝。

思考："安徽凤阳小岗村包产到户"的现象说明了什么？

案例2：苏联三次大饥荒真相，来自俄罗斯联邦档案馆的解密文献，文摘周报，2009-5-26，徐元宫

1917苏联政权建立后，因实行"战时共产主义政策"，1919年1月11日，苏联人民委员会颁布命令，要求农民按照政府规定的数字缴纳农产品，交出全部余粮和部分口粮支援红军和工人。1920年谷物总产量比站前减少1半，棉花仅为战前的6%；1921年酿成波及17个省的大饥荒。1986年出版《苏联农民史》称造成100万人死亡；达尼洛夫《集体化前夕的苏联农民》称死难者有520万人；俄罗斯科学院俄国史研究所研究员季马·费奥多罗维奇称因饥饿和疾病死亡人数为500万人。

1928年1月斯大林密往西伯利亚考察，提出将苏联《刑法》第107条运用于粮食收购工作，该条文内容为"通过采购、藏匿商品或不投放市场等手段蓄意抬高商品价格者处以1年以下监禁并没收全部或部分财产，或仅监禁"。同时，西伯利亚边疆区党委专门成立"粮食收购三人特别小组"，拥有不经审讯批准逮捕、判刑和处决犯人的权利，各地普遍效仿。1929年4月，反对者布哈林被划为右倾机会主义者，1929年10月到1930年3月1日，1200万户农民加入集体农庄，占到农户总量的56%。1930—1931年饥荒显现，1932—1933年，估计死亡人数500万。

1946—1947年，由于战争期间一直有饥荒蔓延，战争使上千万农业劳动力丧失，战后复员军人无兴趣务农，1946年乌克兰又遭受大旱，粮食收购政策未及时变化。1947年苏联支持捷克斯洛伐克的粮食由40万t提升为60万t。

案例3：乌克兰纪念大饥荒—新京报，2006-12-8.

1932—1933年，乌克兰发生史无前例的大饥荒，学者估计，有可能高达1000万人饿死。

在前苏联解密的文件里有斯大林以红笔亲自签署的命令:凡大饥荒中的偷食者,一律当场击毙。

这段历史被长期掩盖,2006年12月的第一周,乌克兰各地人们集会,第一次纪念73年前的这场灾难。

纪念是后辈幸存者对前辈遭遇苦难的尊重,是对他们生命的尊重。同时,这样的纪念也在提醒人们反省发生灾难的原因,尊重前辈用生命给子孙留下的警告:既然他曾经发生,他也就可能再次发生。纪念活动是人类避免下一次灾难的唯一有效的方式。

思考题

1.如何提高农业资源的均一化利用?

2.该怎样应对农业资源均一化面临的挑战?

3.资源均一化在农业可持续发展中的地位和作用是什么?

4. 怎样合理利用影响资源均一化的因素?

5. 资源均一化带给农业的思考是什么?

推荐读物

1.刘成武.资源科学概论.北京:科学出版社,2014.

2.黄云. 农业资源利用与管理. 北京:中国林业出版社,2010.

3.王振鹏. 农业资源与环境概述.北京:中国农业大学出版社,2015.

我们生活在以科技终结文明，却十分依赖之而欲罢不能的时代。

——小约翰·柯布

第十一章 技术与资源互作原理

本章核心内容

- 自然界为人类提供天然的物质资源，随着技术的发展，自然界已有的资源已很难满足人类的需求，而且技术的负向作用也对人类的生存发展造成了严重的威胁。
- 垦殖技术的产生是第一次生产技术的重大变革的产物，人类得以由采猎走向耕牧。农牧结合型垦殖技术极大地促进了垦殖技术的发展，缓解了由于单一的垦殖技术对生态产生的不利影响。随着现代科学技术的飞速发展产生了现代农业，然而现代农业的发展是一把双刃剑。
- 农业技术与资源的发展经历第一次农业革命到第二次农业革命再到第三次农业革命，第一次农业革命是新型生态危机的根源，第二次农业革命的农业生产有了质的飞跃，第三次农业革命开始应用科学技术，未来农业信息技术与生物技术的有机结合必将对农业带来重大突破。
- 农业资源与技术互动包括水资源、耕地资源、气候资源、物种资源与技术的互动，只有通过技术合理分配、资源合理利用，生态才能平衡，农业方可创新。

第一节　农业技术与资源互作原理的概念与表现形式

一、技术与资源互作原理

农业系统中生产技术矢量增长的无限性与其作用资源的有限性是对立统一关系。农业技术的正向作用最终体现为促进社会进步，其反向作用则制约社会进步。农业技术与农业资源间相互作用给社会和生态带来的两歧背离效应及其矛盾运动规律称为技术与资源互作原理。

人类生产活动的开始就是生态平衡打破的发端，生态危机的累积是生产文明没落的根源，注定了人与自然不可调和的矛盾。面对文明进步的巨大悖论，人类必须跳出社会的小圈子，把视野扩大到整个地球生态系统，世界图景的视角必须由分析哲学诞生以来形成的物理观向全球生态文明观转变，即把全球生态健康程度和生态系统优化程度作为文明进步最重要的标准。从生态文明的视角来观察人类社会发展史，可以很清晰地观察到，由生产技术发展带来的人类社会进步总是伴随着生态文明的退化：科技的每一次飞跃和革命都是由于其进步性的积累形成生产功能更强大的新生产文明。从历史的观点看生态文明的退步是资本主义生产方式下工业文明的产物，更是导致全球危机的根源。

农业技术的效果具有累积性，而农业资源的可开发广度和深度具有相对有限性，彼此相互作用，运动发展。农业生产技术本身及其对农业系统的作用效果往往在累积发生质变时显现或暴露，成为农业历史阶段划分的重要标志。

二、技术与资源互动

科技的每一次飞跃和革命都由于其进步性的累积形成生产功能更强大的新生产文明，同时由于其负面效应的累积和资源绝对性不足，终将导致生态危机出现，毁灭其相关的生产文明类型。人类文明存在与发展的精髓在于不断发明新技术，开拓新资源与资源价值。

在一定生产力水平和一定技术背景下，社会需要引导新资源的发现，资源从发现到可以开发利用称为资源的有效化，这个技术的完成需要相适应的专门技术产生。资源可以利用以后社会系统会立即组织开发，资源得到广泛应用，技术得到进一步发展，由于对资源的认识加深，资源的开发向纵向发展。社会生活水平提高，人口增加，需求增加，资源的开发和技术的发展又因此相互促进，社会被活化，系统运转速率提高，社会整体表现为进步。

(一)技术与农业资源互动的基本性质

1. 普遍性——不同时期的各类农业系统均存在技术效果的累积问题

人类从开始播种并力图为禾苗的生长提供良好的环境以期获得良好的收成，农业就发生了。原始农业时代，工具的制作、使用、改进、发明是人类技术进步和生产力水平提高的标志。石器、金属制农具等生产工具的应用及动植物的驯化成功，极大促进了原始农业的发展；近代农业科学技术和生产发展来看，科学技术在发展生产力中显示无比强大的推动力量；现代生物工程技术的兴起，打破了生物物种之间的界限，为实现遗传物质的重新组合，创造人类预先的设计来改造生物，开创了新的局面。

2. 传递性——农业生产技术受技术势差作用由高向低传递的特性

农业生产技术的发展过程与信息的传递有着不可分割的联系。人类征服自然是一个漫长的过程，是一个一代代延续不断的过程，每一个新的发现或新的进步都产生于以前的发现或进步的基础之上，人类农业文明的进步依赖于信息的传递。

3. 两歧性——农业系统的技术作用效果利弊并存的特性

科学技术作为先进生产力的重要标志，对于社会发展有着非常重要的作用。科学技术像把双刃剑，既能通过促进经济和社会发展造福人类，也能在一定条件下对人类的生存和发展带来消极后果。科学技术作用的实现要受一定客观条件，诸如人们的思想观念和认识水平的影响。

4. 累积性——指农业生产技术本身及其对农业系统的作用效果呈矢量增长的特性

由于科学技术的扩延性，人类的知识宝库就具有积累性，而且是只进不出的继续积累。个人知识库的建立总是继承和学习前人和别人知识的积累过程。任何一种农业生产技术必须在继续积累的基础上，通过人类的实践和思维，不断提高其创造性和应用性，才可以应用于农业实践，为人类文明的发展增加积累。

5. 阶段性——农业生产技术本身及其对农业系统的作用效果往往在累积发生质变时显现或暴露(即农业历史阶段划分的重要标志)

事物的发展总是从量变开始，量变是质变的必要准备，质变是量变的必然结果。质变又为新的量变开辟道路，使事物在新质的基础上开始新的量变。质量互变原理揭示了事物发展是连续性和阶段性的统一。农业诞生于距今 10 000 年左右的全新世纪初，迄今为止，全球农业经历了原始农业、传统农业和现代农业三个历史发展阶段。原始农业基本完成了动植物的驯化，积累了一定的生产经验，现代农业日益与现代工业、现代科学技术和现代经济管理方法结合起来，运用现代化发展理念，将农业发展与生态文明建设结合起来，使农业的发展由落后的传统农业日益转化为具备当代世界先进生产力水平的生态农业。

(二)技术与资源互作程式

1. 基础技术发现农业资源——资源选择适应的技术

人类开始是居无定所，依靠采集植物的果实和种子和猎取动物维持生存，这样过了几百万年之后，遇到第一次全面生存危机——自然生长的动植物满足不了采猎的需求。于是人类发生了革命，人类开始驯化动植物，自己培植可供食用的生物，人类进入游牧时期。

2. 资源选择适应的技术——资源开发、技术发展

随着驯化技术的发展和耕作技术的崛起，定居成为人类发展的迫切需要，人类找到合适的洞穴或者建造房屋，农业进入垦殖时期。这个发展阶段经历漫长，农业资源进一步被开发、农业技术进一步发展。

3. 资源开发、技术发展——技术积累、资源枯竭

农业发展经历漫长，农业形势一再发生变化，人们占有资源的准则始终没有变化，原始农业阶段，因为发展水平较低，人类处在严酷的自然环境条件下，还要面对众多的猎食竞争者和食物链中的更高级消费者。农业技术就在这种艰苦的环境中萌芽、积累。随着国家、阶级的出现，资源占有的不均衡和资源枯竭问题逐渐显现出来。

4. 技术积累、资源枯竭——技术阻碍生产发展

在原始农业时代，工具的制作、使用、改进是人类科技进步和生产力水平提高的标志。技术在近代农业科学技术和生产发展中同样起着不可替代的作用。科学技术作为第一生产力在推动农业生产中的重要作用，受到世界各国的普遍重视。现有的科学技术积累不能解决资源枯竭的问题，自然而然禁锢人类思想，阻碍生产的进一步发展。

5. 技术阻碍生产发展——旧技术废置或被替代

20 世纪下半叶以来，现代科技取得了巨大的进步，社会生产效率迅速提高。原始农业向传统农业过渡依赖于一项重要技术的出现：炼铁术。铜器的出现使农业由刀耕火种的放牧文明向精耕细作的农耕文明转变，铁器工具、畜力的使用、精耕细作传统农业技术的建立和应用

极大地提高了土壤生产效率和劳动生产力。

总的来说：技术与资源互作的程式可以表述为“基础技术发现资源—自愿选择相应的技术—资源开发和技术进一步发展—技术积累资源枯竭—技术阻碍生产发展—旧技术废置或被替代—新的技术发现资源”循环过程。

三、技术的负向作用

社会生产水平提高，人口增加，需求增加，资源的开发和技术的发展又因此相互促进，社会被活化，系统运转效率提高，社会整体表现为进步。可是与此同时，技术的负向作用在快速累积，高速发展的开发技术把资源推向枯竭，这两方面都表现为生态的恶化，再加上人口增长的不可逆转性，需求增长和供给减少构成不可调和的矛盾，最终导致生态紊乱。

(一)农业技术负向作用的表现

人类的生存和发展离不开自然界，自然界为人类提供天然的物质资源。而进入现代社会以来这些资源也出现了问题，由于技术发展，自然界已有的资源已很难满足人类的需求。技术的负向作用对人生存和发展所不可缺少的物质资源造成了严重的破坏。

1. 生物资源的破坏

技术的负向作用使生物圈遭受破坏，生物数量急剧减少、物种大量灭绝。生物种类的多样化为人类提供更多种类的食物和生产原料，物种的快速消灭也意味着人类食物和原料的品种和数量在不断减少。各种化工原料的应用使环境中充满有害物质，而化肥、农药、激素的使用使有害物质沉积于食物链中，这不仅大大地降低了人类生存环境质量，而且食物链中的有害物质可以直接进入人体，环境中的有害物质可以通过扩散进入人体，危害人类健康。

2. 水资源的破坏

淡水资源的危机与技术有不可分割的关系，技术发展造成了人口的增长并促进了工农业生产的发展，而人口增加和工农业生产的发展又导致了用水量的增加。技术的发展还导致各种污染活动的产生和加剧，工农业和生活排出的废水，固体废物和大气污染物都污染水源，使水资源更加短缺。

3. 土壤及矿产资源的破坏

土壤是植物生长的基本资源，同样受到了现代技术的破坏，发展和应用先进的种植和农业生产技术，超负荷的使用耕地资源，过量地使用化肥等，导致了耕地的荒漠化。荒漠化土地的不断增加，意味着食物生产的不断减少，随着人口的不断膨胀，人类的生存问题日益严重。矿产资源是我们工农业生产的主要材料，有专家估算，预计到2050年左右全球的锰、铅、锌等16种矿产将被用完，这些资源在不远的将来将被用尽的可能性是不可否认的。

4. 能量资源的破坏

现代技术的应用对能源的使用状况也产生了不良的影响。目前我们所使用的能源90%以上是不可再生的矿物能源，这些能源主要是石油、天然气和煤炭。技术的发展和应用使我们人类充分利用了这些资源，使我们一刻也离不开这些资源，而又是技术造成了这些资源的枯竭。

5. 空气资源的破坏

空气是人类生存的直接条件，技术的发展导致了空气质量的恶化。一是各种污染物大量地排放。二是空气中二氧化碳浓度近100年来增加了15%。三是臭氧层空洞导致太阳紫外辐射直接到达地表，危害生物健康。四是人类向大气中大量地排放二氧化碳和氮氧化物会形成酸雨。

(二)农业技术的负向作用机制

农业技术负向作用机制可分为三种类型，一是物理作用，二是化学作用，三是生物作用。

1. 物理作用

大面积砍伐森林和开垦草原，导致天然植被的破坏，加剧了风蚀和地面径流以及土地的荒漠化、河流湖泊的干枯和野生动物的灭绝等；农用机械的碾压，影响了土壤的通透性，机械松动土层，使土壤的抗蚀能力降低，加剧了水土流失；发展灌溉造成了土壤的次生盐渍化、青泥化、沼泽化，大量抽取地下水使地下水位降低，形成"降落漏斗"，大型水库的建设易造成地质灾害。

2. 化学作用

农机具消耗大量燃料，吞噬着石油、天然气等不可再生的资源，燃烧的化学作用不仅消耗O_2，而且排放大量的温室气体和有毒气体，加剧了生态环境的恶化。农药的使用对人类及动植物都危害极大，化学肥料的使用也导致了环境的恶化。

3. 生物作用

选择性种植和饲养使农作物和家养动物种类减少，种群单一，从而失去了生态系统自动调节能力，使整个系统变得脆弱，易受灾害的袭击。畜群的排放也会造成环境污染。跨区域物种的引进可能会传播某些疾病和寄生虫，过度繁殖还会造成生态灾难等。基因工程技术也可产生基因漂移演变造成意外灾难。

(三)消除农业技术负向作用的途径

农业技术虽有负向作用，但农业离不开技术，技术离不开人，人类有能力使技术的负向作用降低到最小的程度。面对技术负向作用所产生的生态危机，应该采取可持续发展的策略建设全球生态文明。全面考虑各种影响和后果，并采取切实可行的措施，切断技术负向累积的道路或者阻止技术负向积累的质变发生，确保发展的延续性。对科学技术的负向作用，应通过多种渠道，采用多种办法加以消除。具体有以下几方面：

1. 改变人的观念，提高人的思想素质和科学素质

人既是科学技术的发明者又是科学技术的应用者，因此人对科学技术的不同应用将对社会产生巨大影响。只有科技应用者将科学技术用于对人类生存发展有益的方面才能推动社会文明的发展，因此提高全民科技应用素质是至关重要的。

2. 依靠政府力量

政府应首先意识到科技的风险与负面效应，通过立法，制定合理的产业发展政策，积极淘汰落后的高耗能、高污染的技术，推广清洁技术、有利于资源环境保护的先进技术的应用，防止科技成果的滥用与误用，尽最大可能将技术应用的负向作用降低到最低限度。

3. 依靠科技进步

科技发展在促进经济发展的同时也产生了一系列问题，这些问题仍需要科技的发展来解

决。发明新的方法替代有缺陷的技术；改进已有技术，克服弊端；运用新的科技成果消除已造成的恶果；充分运用科学技术对人类社会发展的预测作用。

案例分析

北美黑风暴

1934 年 5 月 11 日凌晨，美国西部草原地区发生了一场人类历史上空前未有的黑色风暴。风暴整整刮了 3 天 3 夜，形成一个东西长 2 400 km，南北宽 1 440 km，高 3 400 m 的迅速移动的巨大黑色风暴带。风暴所经之处，溪水断流，水井干涸，田地龟裂，庄稼枯萎，牲畜渴死，千万人流离失所。

启示：科学技术像把双刃剑，既能通过促进经济和社会发展以造福人类，也可能在一定条件下对人类的生存和发展带来消极后果。人类不可以将自己从自然环境中分离，应正确看待技术和农业资源的互作关系。

第二节　农业技术与资源互作原理的影响因素

一、垦殖技术产生对生态的影响

(一)垦殖技术的产生

1. 垦殖

垦殖是指将荒芜的土地开垦为良田的过程。垦殖活动作为人地互作的一种途径，自产生以来以独特的方式改变土地、影响环境、造福人类。垦殖技术标志着人类农业文明的开始，也标志着人地关系进入了更加广泛和深刻的相互影响阶段。随着生产力的发展及农耕技术的提高，人类垦殖活动也在越来越广的范围里影响、改变土地及周围环境。通过人类生产活动造成的生态危机大致可以分为采猎型、垦殖型和工业代谢型三种类型，随着生产技术的飞速发展，垦殖型生态危机以水土流失和森林破坏为主要标志，具有发生周期长、区域性及程度轻等特征。

2. 垦殖技术产生过程

历史上对农业发展方向产生过重大影响的生产技术革新一共有三次，每一次都推动了社会文明的飞跃发展，成为划定农业发展史大框架的标志，但垦殖技术最终冲击了这三种文明，造成了生态紊乱。垦殖技术的产生是第一次生产技术的重大变革的产物，这个技术系列使得人类得以由采猎走向耕牧，消除了人类历史上第一个资源绝对性枯竭的危机。耕作、放牧的重要特征就是动、植物的驯化开始，人与动植物从此由生态位的序列转变为驯化动物对人类的隶属性、依赖性和工具性关系，这是生产效率提高的源泉，也是新型生态危机的根源。早在距今约250万年至1万年的旧石器时代，人们就已经通过自己的劳作参与到草原本身的变革过程之中，但当时的人类更多的是依赖草原。随着时间的推移，土地有限、人口增长、粮食紧缺等问题逐渐显露出来，人们逐渐加大了对草原的开垦程度，不仅过度放牧的情况越来越严重，而且多地的草原被开垦为耕地。其实在人类的种种活动之中，开垦对草原的影响最严重。

(二)垦殖技术的产生对生态的影响

1. 垦殖技术对土壤物理性质的影响

垦殖可分为旱地垦殖和水田垦殖，土壤团聚体直径＞0.25 mm的团聚状结构称为大团聚体，直径＜0.25 mm的团聚状结构称为小团聚体。大团聚体(＞0.25 mm)中土壤有机碳分解较快，留存时间较短；而小团聚体(＜0.25 mm)中有机碳能长期存留在土壤中，对有机碳的保护程度优于大团聚体。垦殖后的土壤基本上表现为降低大团聚体，提高小团聚体。对比旱地和水田，旱地耕作有利于提高0.053～0.25 mm的小团聚体，水田耕作利于提高＜0.053 mm的微团聚体。沼泽湿地垦殖为农田后生长季(6～9月)蒸散量的年际变化显著，基本上水田耕作会提高农田蒸散量，旱地耕作会降低农田蒸散量，另外农田蒸散量还与作物生长季的降水量相关；若将沼泽湿地开垦为农田，则土壤呼吸作用趋于降低，分析其原因可能与沼泽湿地转变为农田后的田间小气候、土壤地上地下变化的过程、残留物被移走、土壤有机质含量降低和土壤碳输入减少有关，由于耕作等剧烈人为活动引起土壤孔隙度、团聚体结构等变化也会影响土壤呼吸速率。

2. 垦殖技术对土壤化学性质的影响

垦殖后土壤有机碳、气体排放、微生物等化学性质会发生明显变化，土壤有机碳基本分布在土壤表层，容易受到土壤侵蚀等影响。垦殖改变了湿地剖面土壤有机碳含量同时降低湿地土壤有机碳密度，将湿地开垦为旱田后，旱地土壤有机碳密度高于水田。干旱荒漠区自然土壤开垦为农田后，随着垦殖年限的延长，农田土壤总有机碳的积累丰富，但垦殖5年后，土壤总有机碳表现出基本维持平衡或缓慢增加的趋势。沼泽湿地开垦为农田降低CH_4和N_2O这两种温室气体的综合温室效应，同时却导致了CO_2排放量的显著增加。并且垦殖技术使湿地失去了碳汇的功能，转而变为了碳源。垦殖前后土壤微生物发生变化较垦殖年限对微生物的影响更加显著，荒地一经垦殖利用，微生物的数量总体上呈增加趋势。随着垦殖年限的延长，细菌和放线菌数量呈上升的趋势，真菌数量呈先增加后降低的趋势。

3. 垦殖技术对水土流失的影响

水土流失是指人类对土地的利用方式，特别是对水土资源不合理的开发和经营，使土壤的覆盖物遭受破坏，裸露的土壤受水力冲蚀，流失量大于母质层育化成土壤的量，土壤流失由表土流失、心土流失而至母质流失，终使岩石暴露。当前中国是世界上水土流失极其严重的国家之一，由于特殊的自然地理环境和社会经济条件，水土流失成为我国主要的环境问题。除垦殖技术对水土流失情况的影响，垦殖方式对水土流失也会有很大的影响。在顺坡开垦山地果园方便快捷，却易造成水土流失，如在开垦时配合套种丛生型禾本科牧草，即可有效减少雨水冲刷，从而有效控制水土流失。随着人类需求的扩大，发展垦殖技术的同时结合先进的科学技术，构建比较成熟的生态建设与水土流失防止技术体系，包括旱地合理耕层构建技术、旱地宽带多熟种植技术、坡耕地改造技术等来合理垦殖，科学垦殖。

总体来看，垦殖技术确实促进了人类社会文明的发展，但对生态环境生态也产生了一定的负面影响。随着社会发展，人类环保意识的提高并从长远考虑我们应吸取历史教训，重视利用先进的科学技术实施生态修复工程，满足人类需要的同时，改良垦殖技术与方式，科学、合理利用自然资源。当代社会我们既要重视利用先进的科学技术实施生态修复工程，同时也要吸取历史上的惨痛教训。对于开垦过程中出现的生态问题，应及时调整开垦策略，合理利用资源，避免生态恶化情况蔓延，并对已产生破坏的生态区域进行修复。正确处理好人口、资源与环境的相互关系，实现人与自然和谐及社会可持续发展。

二、农牧结合型垦殖技术形成对生态影响

(一)农牧结合型垦殖技术

1. 农牧结合

农牧结合是种植业与畜牧业之间的一切对立统一的联系，即种植业为畜牧业提供物质基础，而畜牧业为种植业提供有机肥料，彼此互为供求关系。二者之间的关系借助于微生物的活动而得以形成。

2. 农牧结合型垦殖技术产生过程

第二次技术革新使得农牧结合型垦殖技术成熟，即以铁犁为标志的传统农业的形成。铁犁的产生使得生产力水平获得了另一个划时代的飞跃，凭借畜力和铁犁等外力，一个劳动力便可养活一家人。垦殖技术发展到这里，人类终于松了一口气，社会人口得到空前的高速增长，人类的活动范围也产生了空前扩展。大规模的草原开始开垦，大面积的林木开始采伐，人工生态范围进一步扩大，干旱和贫瘠地区也产生了人类文明。

从人类社会起源开始，农业生产活动起初主要以狩猎为其生活形式，但随着人口的不断增长，狩猎获取的食物难以满足人类生存的基本需要，于是垦殖技术逐渐上升为农业生产活动的主要形式。随着种植业生产活动频繁地发生以及其生产规模的逐步扩大，驯养牲畜、利用畜力种田同时利用畜肥培肥地力也逐渐演化为主要的农业生产活动。同时利用农业秸秆等残留物，有计划地放牧维系驯养牲畜的生存。在这个过程中，种植业与畜牧业之间的物质能量交换日益增强，随着农业与畜牧业生产专业化的逐渐加深，同时发达国家畜牧业生产技术迅速改进、生产规模迅速扩张。

(二)农牧结合型垦殖技术对生态的影响

1. 农牧结合型垦殖技术的发展的前景

随着社会主义经济的快速发展、贯彻可持续发展战略、实现社会经济与生态环境协调发展，已成为我国发展中面临的重要问题，因此农牧结合的垦殖技术对生态的影响也越来越备受关注。农牧结合型垦殖技术对生态环境的改善也是其大面积推广的重要因素之一，从生态学角度分析，农牧结合型垦殖技术可以使有机物高效流动。自然界绿色植物中人类能直接利用物质和能量的不足30%，剩余的70%包括牧草、农作物秸秆及树叶等又刚好可以做畜禽的饲料。可作为饲料的植物目前的用途有三种即燃料、肥料、饲料，作为燃料除利用一部分热能外，植物中的蛋白质等营养物质将全部浪费，作为肥料则能量在生物发酵的过程将全部流失，作为饲料不仅有机物能量得到高效转化，蛋白质、微量元素也可得到充分的利用。建立高效的良性循环的生态系统，实现农业可持续发展需以农牧结合和动、植物间可转化的效应理论为基础。

2. 农牧结合型垦殖技术的优势

一般来说，作物在全生育期中的光能利用率表现为“前期低－中期高－后期低”的变化规律，因此种植作物如果以籽粒为收获目标，作物必须经历三个完整的生育期；而以营养器官为收获目标生产绿色饲料，则可以在植株光能利用率最高的生育中期结束时收获，这样可以避开作物光能利用率低的生育后期，提高全年复种指数，提高作物光能利用率，增加单位耕地面积营养物质产量。通过农牧复合，可将畜牧业生产的有机肥还田，培肥土壤，提高土壤保水、保肥、抗旱防涝的能力，进而提高土地生产力。有机培肥的土壤，微生物活性提高，土壤增产潜力随之提高。有机肥的投入，使得土壤有机质和氮、磷、钾含量提高，微生物的数量及活性提高，增加土壤中碱性磷酸酶、脲酶、蔗糖酶酶类的活性，改善作物生长的土壤生态环境。有机肥还田有利于土壤团粒结构的形成，增强土壤调节水、肥、气、热的能力，同时有效补充种植业所需肥料物质，连年从土壤中吸收氮、磷、钾及各种微量元素，提高农业生态系统转化效率。

3. 不同农牧结合型垦殖技术模式对生态的影响

(1)稻-鸭结合型垦殖技术模式　稻-鸭结合型垦殖技术是一项不需要使用除草剂、且农药施用量又少的低成本农牧结合型垦殖技术。从生态角度分析，稻－鸭结合型垦殖技术模式中鸭子可以在田间自由觅食，能够大大提高鸭子的成活率；鸭子在田间的各项活动可以促进水稻根系延展及分蘖发育；同时可以增强水稻抗病虫、抗倒伏的能力，使水稻等在嫌弃条件下分解出来的气体能从土壤中快速排出，促进水稻根系深扎入土壤内，有利于水稻的生长发育。

(2)果园-鸡结合型垦殖技术模式　果园-鸡结合型垦殖技术是利用果园空隙地等土地资源，以自由采食、自然饲料为主，人工科学补料为辅，对果园的土地与资源进行合理、有效利用，达到养鸡、果园双获利的目的。从生态循环角度分析，改善农业生态环境，为农民的小康致富目标开辟新途径，促进规模效应的形成。

(3)猪-沼-鱼结合型垦殖技术模式　猪-沼-鱼结合型垦殖技术模式以农户为生产主体，通过养猪，生产的猪粪作为沼气池的发酵原料，产生沼气供农户照明、炊事等，经微生物作用后产生的沼气和沼渣喂鱼。从生态循环角度分析，是环保又科学的农源生态链。农牧结合可高效、合理利用资源，从根本上解决我国饲料生产和利用问题，因此，是解决我国中长期粮食安全问题的一条有效途径。实行农牧结合模式，符合循环经济理论，体现了科学发展观的要求。

三、现代农业发展对生态的影响

(一)现代农业发展

1. 现代农业

农业的发展可分为原始农业、传统农业和现代农业3个阶段。现代农业是在传统农业的基础上发展，广泛应用现代科学技术、现代工业提供的生产要素和科学管理方法的社会化生产的农业形态。现代农业的核心是科学化，特征是商品化，方向是集约化，目标是产业化。在按农业生产力性质和状况划分的农业发展史上，是最新发展阶段的农业，主要指第二次世界大战后经济发达国家和地区的农业。现代农业发展过程中，长期积累大量农业技术，科学将发挥决定性作用。

2. 现代农业发展规律

农业的产生已有上万年的历史，在农业发展的历史长河中，我国古代劳动人民融合东方哲学精神于传统农业实践活动中，形成了我国特有的农耕文化。现代农业，相对于传统农业而言，以其技术先导性、要素集约型、功能多元性、效益综合性和持续性等特征，使其成为我国农业发展的必由之路，成为我国转变经济发展方式、全面建设小康社会的重要内容，成为提高农业综合生产能力、增加农民收入、建设社会主义新农村的突破口。

(二)现代农业发展对生态的影响

目前，现代农业已经成为世界农业发展之所向，是世界各国着力发展和建设的重点，也是有效提高资源利用率、土地产出率、农业劳动生产率以及抗御自然风险能力，不断满足人们日益增长的物质文化需求，有效保障农产品供给和粮食安全的有效途径。然而，基于科学技术显著的“双刃剑”作用的特点及其局限性，决定了其在铸就农业文明的灿烂辉煌、创造诸多农业奇迹的同时，也必将对开放性强、稳定性差的农业生态系统产生广泛而深远的影响，以致造成了人与自然难以调和的对立与矛盾。

1.集约化和专业化生产经营方式对农业生态环境的负面影响

高度集约化、专业化和规模化生产给农业经营带来了前所未有的高产量、高效率和高效益，但同时也给农业农村生态环境带来了一系列不容忽视的严重问题和后果。

(1)病虫害流行　集约化、专业化的生产经营方式导致作物布局单一，造成农业生态系统中寄主植物和生物种群结构单一，物种间相生相克和共生共荣的生态平衡与自然规律遭到破坏。同时一些害虫和杂草的优势种群数量剧增，作物抗性逐渐丧失，引发毁灭性病虫草害的爆发和流行。

(2)农业生态环境污染　由于现代农业集约化、专业化发展处在初级阶段，缺乏有效的监督管理政策，且盲目的热衷于追求高产。集约化生产“高投入高产出”的经营理念以及病虫害频发等，致使生产过程中化肥、农药、兽药等化学投入品过量使用，严重污染和破坏土壤、水体以及大气环境。

(3)生物多样性减少　为了发展高度集约化、专业化和规模化的农业生产，大面积的森林、草原、湿地被采伐和垦殖，草场被过度放牧，这些农业活动对野生物种来说是毁灭性的。加速了农业生态系统遗传多样性、基因多样性、物种多样性和生态多样性的破坏与丧失，农村自然景观单调乏味，生态环境愈加脆弱，野生动植物种类和数量减少。

2.化学投入对农业生态环境的负面影响

化学化是现代石油农业的最基本特征，是现代农业发展初级阶段所追求的目标之一，也是现代农业产业技术体系的重要组成部分。

(1)破坏土壤环境　大量化肥、农药等化学品的长期不合理使用，导致农田土壤遭受各类有毒有害物质的污染和侵蚀，土壤板结和退化等问题日益突出。土壤结构和理化性质发生改变，有机质含量下降等问题严重，影响农产品产量和品质的提高，进而阻碍农业的可持续发展。秸秆还田是缓解土壤恶化的最有效途径，但目前我国秸秆还田率较低，并且秸秆还田尚存在一些不能解决的实际生产问题。随着科技的进步，秸秆还田的弊端能得以解决，土壤问题也将会缓解。

(2)污染水环境　农业化学品的过量和不规范使用，致使有效利用率偏低、流失率高，大量化肥、农药等通过农田径流进入水体，同时空气、阳光等作用下形成新的化合物，污染水体，加剧江河湖泊的富营养化和有机污染，污染水环境。农业化学品导致的农业面源污染加剧，越来越成为农业环境的重要污染源。

(3)影响空气质量　施用后的农业化学品一部分被作物吸收或残留于土壤、进入水体，另外一部分挥发进入大气环境、污染空气，降低空气环境质量。

(4)破坏农业生物多样性　化学农药等在有效控制有害生物种群数量和危害的同时，也使农业生态系统中野生动植物、有益生物、害虫天敌等种群数量、结构受到损害，导致农业生物多样性丰度下降，生态失衡。

3. 机械化对农业生态环境的负面影响

从世界各国发展现代农业的路径来看，机械化是农业现代化的重要标志，它使较少的劳动耕种较多土地成为可能。

(1)加剧能源危机　目前，绝大多数农业机械的动力源主要来自不可再生资源——石油，而农机化的推广普及以及燃油利用率偏低等问题，使得全球能源危机进一步加剧。

(2)加速水土流失　大量机械操作，极易导致耕作、犁耙过度，加剧对自然生态的破坏。我国近年频发的沙尘暴尘源主要来自于农田土壤，而发生在美国西部和苏联的著名“黑风暴”等，则基本都是大规模机械化耕作的严重后果。

(3)限制土壤生物及作物生长　频繁的机械化作业易使土壤环境、结构、理化性状发生改变，有机质含量和土壤肥力下降，使疏松的土壤变得紧实，不利于蚯蚓等有益生物的生存繁殖。连年的机械作业，造成犁底层上移，影响作物根系生长，限制作物根系对养分的吸收，降低土壤养分利用率，最终影响作物产量形成。

(4)污染环境　机械化作业过程中燃油的滴漏，对土壤和水体产生直接污染，影响作物和水生动植物的生长，而燃油燃烧将产生大量有害气体，污染大气环境。

科技革命的每一次飞跃和革命都由于其进步性的累积形成生产功能更强大的新生产文明，同时由于其负面效应的累积和资源绝对性不足，终将导致生态危机出现，毁灭其相关的生态文明类型。人类文明存在与发展的精髓在于不断发明新技术，开拓新资源及资源价值，走向未来。从某种程度上讲，技术是一把双刃剑，有其有利的一面，也有其有害的一面。技术的负向效应累积对原有系统具有破坏作用，但经验技术废止后，总有新的更先进的技术来替代。人类社会对技术具有的天然依赖性是技术与资源互作原理的根本基础。

现代农业发展一方面在有利于生态环境保护和改善的同时，另一方面对农业生态环境的负面影响是广泛而深远的，有些矛盾甚至是难以或者不可调和的。因此，这就要求我们在积极推进现代农业建设和发展的伟大实践中，不仅要牢固树立、全面贯彻落实和践行“以人为本”的思想理念与科学的可持续发展观，充分利用和发挥现代农业对农业生态环境保护的积极成分和有益元素，认真发掘，汲取，继承和发扬传统农业中环境友好的思想精髓及优势。根据自身的资源环境要素和生态承载力，建立和选择适合国情和具体实际的可持续相爱年代农业发展新模式及新路径。

案例分析

草原退化

以科尔沁草原库伦旗与科左后旗为例，原系波状起伏疏林草原，以低平丘间低地及缓坡地为基础，近 100 年来将 1 133 km^2 多的土地垦种了一遍，部分土地已翻耕过

2～3遍。开垦后的草地，在没有相应的保护措施甚至是更加强度的耕种和放牧情况下，不仅土壤物质组成发生了变化，而且使整个垦区逐渐退化成无法利用的流动沙地。库伦旗与科左后旗的流沙面积，50年代末期占土地面积的14%，到70年代末期增加为32%，到80年代末已增加到41.2%，90年代到了54 %，疏林草原已退化成流沙与半固定沙丘交错分布的景观。

第三节　农业技术与资源互作原理的历史运动过程

一、第一次农业革命与资源属性

(一)第一次农业革命的形成

1.第一次农业革命的形成背景

远古人类并不能通过自己的劳动去增加动植物产品数量，只有依靠采集和捕捞自然界里现成的动植物果腹才能维持生存。这时的技术进步都是为了寻找更多的食物。这个时期包括人类的童年期和旧石器时期。

人类童年期的时期特征是树居和食果，当时的人类生活在热带和亚热带的森林中。而旧石器时期的主要特征是以粗制的、没有磨制的石器为工具，并且学会了用火。凭借原始的狩猎工具，并不能捕捉到足以维持生命的食物数量。所以，采集植物和捕鱼仍然是当时人类劳动和生活的主要内容。但是，无论以何种方式捕获食物也都只是利用自然界现有的动植物，并没有做到通过生产去增加动植物产品。

2.第一次农业革命的开始

随着食物的充沛，繁衍扩大，定居人口越来越多。这时，如果遭遇恶劣气候的不良影响，没有掌握食物储藏技术，那么部落会不幸遇难。于是，农业由此诞生。

垦殖技术的产生是第一次生产技术的重大变革，垦殖技术使得人类由采猎走向耕牧，消除了人类历史上第一个资源绝对性枯竭的危机。人类历史由于农业的产生，新技术的不断发展呈现出前所未有的壮丽景观。人类对动、植物的驯化即耕作、放牧的重要特征，人与动植物的关系也从此由生态位的序列转变为驯化生物对人类的隶属性、依赖性和工具性的关系。从此，人类有了相对稳固的居住地，生活资料得到更大程度的保障，文化也得到了相应的发展。

(二)第一次农业革命的发展

弓箭的发明是新石器阶段的重大技术进步。它使打猎成为人类的普通劳动，也将肉食变成了人类的日常食物。人类在打猎的过程中渐渐发现了动物可以被驯养，从此形成了原始的畜牧业。在长期的采集植物过程中，原始人类找到了适合种植的谷物籽粒，因此就形成了原始的种植业。

第一次农业革命的发展阶段，主要出现在南纬10°到北纬40°之间的几个地方，其地理气候条件大体相似。公元前7000年，美洲的印第安人已开始种植玉米，后来又培育了甘薯、马铃薯和花生等已引种到世界各处的作物。而他们从9世纪到13世纪才定居下来从事原始的农业生产。

(三)第一次农业革命的资源属性

第一次农业革命发展体现在技术上的进步。技术进步促进了原始农业的产生,原始农业的发展推动了人类文明。原始农业的技术进步首先表现在生产工具上,从粗制的棍棒和石器农具发展为精心打磨过的石制、骨制和木制农具,还出现了极少量的青铜制农具;其次表现在耕作方法上,从只会采集发展到刀耕火种乃至锄耕火种,出现了原始的烧垦制;第三表现在对野生动物的驯化上,从单纯猎取野生动物,采集野生植物的籽粒,发展到对某些野生动物进行驯化和对植物籽粒的栽培,使之可以饲养和种植。原始农业的生产技术进步对社会发展具有重要意义,但这也只是建立在原始的直接经验基础上的技术。第一次农业革命即是人类社会生产效率提高的源泉,同时也是新型生态危机的根源。原始耕作放牧技术的发展直接导致人口膨胀,随即而来的是生产规模的扩张。由于生产力的低下和耕作、放牧之间的巨大生态差异导致了游耕和游牧在生态、地理动向上的背离,矛盾和危机层出不穷。进而产生了第一次社会大分工——农牧的分离独立,耕作、放牧技术所产生的耕牧系统暂时瓦解。随后,人类社会开始了第二次农业革命。

二、第二次农业革命与资源属性

(一)第二次农业革命

人类从事农耕和畜牧后,比较稳定地获得较丰富的食物来源,同时生产出超过维持劳动力所需的食物并储存它。人口迅速增长的同时,并可使一部分人去从事维持生存以外的活动,从而产生新的社会分工和物品的交换,还使某些人有可能积聚财富,最终导致原始社会的崩溃。

第一次农业革命阶段基本完成了农作物的驯化,也完成了原始农业的传播,将农业生产传播到了与近代人类活动范围基本相当的区域。伴随着炼铁术及铁质农具制作技术的成熟,铁质农具使用普及化,世界农业发展进入了第二次农业革命。生产工具的每一阶段变革都与材料、能源、工艺等在技术上的重大发展息息相关。冶铁技术的发明,使得铁质农具出现,随后人类社会进入了第二次农业革命时期也就是传统农业时期。

第二次农业革命开始于希腊的荷马时代和中国的春秋时代。对出土文物的研究可以证明,中国在春秋战国时期有了功能较为完善的铁质犁耕,汉代初期,铁犁有了形式多样化的发展,有铁口犁铧、尖锋双翼犁铧等。同时还发明了能够调节耕地深浅的犁箭装置及犁壁装置。第二次农业革命期间,人类利用精致工具捕猎动物的场景在世界各地的岩石壁画上留有印记,同时也能清晰地看到初步形成的文字。与西方不同,中国传统农业发生在封建社会建立的时期。据史书记载,我国春秋战国时期开始使用铁器,出现牛耕。相比较而言,中国的传统农业比希腊起步晚,但是发展快,成熟早。

(二)第二次农业革命的资源属性

生产工具的进步必然推动农业技术的发展。首先,耕作制度由原始的烧垦制过渡到轮作制。轮作制既能较充分地利用土地资源又能较好保护自然植被。古代农业的耕作制度是实行隔年耕作法,即在干旱缺肥条件下,种一年休闲一年。其次,灌溉施肥方法由原始的自然补充土地水分和肥力过渡到劳动者利用各种方法主动对土地施加水肥。在中国,发明了耕—耙—

耱的抗旱保墒耕作法。古代农业生产技术是随着生产工具的不断更新而更新的。一方面生产技术更新是先进生产工具充分发挥作用的保证,另一方面先进的生产工具又进一步使得农业技术的更新成为可能。同样,能把杂草埋在地下做肥料的铁犁犁壁的发明和使用,进一步实现了精耕细作。

(三)第二次农业革命的主要贡献

传统农业是以巩固农耕生产为基本内容的,它是一套以发明铁犁、牛犁、手工劳动并发展精耕细作的农业技术体系,这使得古代农业的劳动生产率大大提高并远高于原始农业,从而促使了人类社会各个方面的发展变革,开始了人类文化史上从所谓的野蛮时期向文明时期的过渡。传统农业的时间跨度长达两千年,与原始农业相比,传统农业阶段的生产有了质的飞跃。传统农业的发展为迈向现代农业积累了宝贵经验并奠定了坚实基础。

三、第三次农业革命与资源属性

(一)第三次农业革命

人类对农业的研究从未停止。随着人类社会的发展,文明的积累和进步,地球上人口数量越来越大,人类开始使用工具、运用科技开始了农业革命。在第二次农业革命后,人类开始对农业展开了新一轮研究,同时这也是第三次科技革命的重要组成成分和起因之一。这一次农业革命是伴随着人类社会的工业化和城镇化逐步发展的,革命的全部成果几乎都可以应用到农业之上,这使得农业的生产效率极大提高,投入农业的人力迅速减少。

(二)第三次农业革命的形成、发展和意义

1.第三次农业革命的形成与发展

现代农业是在传统农业中孕育发生的,它是指工业化以来高资本、高能量、高技术投入及以商品生产为主要特征的农业生产体系。19 世纪中期以后,农业生产工具和技术进一步发展,农业商品化程度不断提高。当今科学技术的革新和发展不断加快,科学技术转化为生产力也在加速。第三次农业革命节约了大量的劳动力,通过农业机械进行大面积的田间作业。与传统农业不同的是,第三次农业革命产生了农业科学实验,将农业技术的开发建立在科学实验的基础上。现代农业之所以在世界产生深远影响,与现代农业革命的成功传播密不可分。农业产品的商品化、各国之间的农业交流活动、国际农业组织的合作与交流对现代农业的传播起到了至关重要的作用。

2.第三次农业革命的意义

第三次农业革命,意义极其深远。第一,改变了农业经济构成,使农业前部门和农业后部门都得到迅速发展。第二,促进了农民的非农化和乡村的城市化。第三,缓解了资金不足和农村劳动力过剩的两大难题。第四,提高了农民的收入和生活水平。第五,改变了农民的传统观念,加速了农村商品化的发展速度。第六,推动了农业劳动力与生产资料的重新组合,促进了农业生产力的发展。第七,再次促进了国家对国有企业管理体制的进一步改革。

(三)第三次农业革命的资源属性

1.第三次农业革命的生产工具和技术

内燃拖拉机、联合收获机和某些特殊作业的收获机是现代农业阶段的主要生产工具。其主要特征是智能化和机械化。生产工具的改进和推广使用极大提高了田间作业效率，显著降低了操作者的劳动强度。第三次科技革命的重要成果运用在农业上主要表现在实现了机械化和自动控制。杂交育种的第二、三次突破发生在现代农业的初级阶段。第二次突破是布劳尔在墨西哥研究培育出的矮杆、高产、抗锈、耐肥、抗倒伏并具有广泛适应性的小麦品种。第三次突破是沃森和克里克于1953年发表的“DNA双螺旋结构分子模型”，从此宣布了分子生物学的诞生。

2. 第三次农业革命的组织形式

从农业中独立出来的养殖业、饲料加工、疫病防治、运输销售、食品加工和服务部门等日益增加，它们之间的联系也日益密切，进而产生了一种共同的经济利益。当农产品受到损失时，与其相关的其他部门也会受到损失。为了共同的利益就要使农业和相关的部门联系起来成为一个整体。各种农业形式在高新技术含量不断增加的基础上有机结合起来，相互影响的同时也互相支持共同进步。

四、未来农业革命与资源属性

（一）未来农业革命的发展背景

1. 全球农业逐渐进入新纪元

经济的发展导致了全球食物和纤维需求成倍增长，食物消费结构显著变化，同时提高人类对农业多功能的需求。未来农业将成为一个具有无限发展空间和潜力的行业。然而，发展机遇与巨大挑战始终并存。未来农业将不但要满足90亿人口对食物和纤维数量及质量的需求，而且生物质能源发展将直接威胁粮食和其他农产品的安全；同时，农业还将面临全球气候变化和资源环境恶化等带来的诸多风险。因此，农业能否满足人类社会和经济发展的需求，科技进步将起到至关重要的作用。

2. 中国农业逐渐步入农业发展新时代

在需求方面，食物和纤维需求总量将显著增长，收入增长、城市化和人口增长将依次成为食物需求总量和结构变化的主要驱动力。到2020年，中国农业将在资源紧迫、需求持续增长和日益多元化等一系列压力下，继续发挥其保障食物安全、改善人口营养和维护农民生计等传统功能，同时开始承担起改善生态系统、减缓气候变化、提供观光农业和田园景观，以及提供文化和传统知识传承等新功能。

（二）未来农业革命发展趋势

1. 全球未来农业革命发展趋势

20世纪是科学技术突飞猛进的世纪。生物工程技术不仅与人类社会更加息息相关，而且同产业的命运将紧紧相连。在20世纪信息科学技术发挥了巨大渗透和强大先导作用，在21世纪它会继续大放光彩。信息技术与生物技术的有机结合，将会对农业带来重大突破。

（1）生物技术　综观世界各国，目前农业生物技术有三大发展趋势：一是基础研究深入，二是农业生物技术产业化，三是农业生物技术向各个行业渗透。

(2)信息技术　信息业以现代电子信息技术和现代通信技术为核心,它将迅猛发展,势不可当。信息技术正在带动一场全球范围内的新的技术革命。信息技术在农业上的广泛应用,将大大提高农业的科技水平和生产效益,加快未来农业进程。

(3)遥感技术　1966年美国地质调查局建立了地球资源观测系统,在世界范围内进行遥感资源普查和环境监测,受到了各国的重视。

(4)地理信息系统　地理信息系统是综合处理和分析空间数据的计算机系统。GIS是一个多学科的技术系统,具有信息共享、综合分析、辅助决策等特点,是资源与环境综合评价、规划、管理及决策的现代化手段。可以预测,未来农业科技革命仍需要一个较长的时间才能到来,并且这场革命来临之前,还需要一个过渡期。

2.中国未来农业革命发展趋势

为使中国农业具备实现农业资源的可持续利用,国家食物总量和质量安全得到充分保障、农业进入传统功能与现代多功能并存的未来新农业,需从以下五大农业科技领域进行创新和突破。

(1)在植物种质资源与现代育种科技领域,坚持开发基于基因组信息的关键生物技术,构建我国功能植物的产品研发创新体系,为我国农业生产的可持续发展提供科技支撑。

(2)在动物种质资源与现代育种科技领域,将主要利用系统生物学、基因工程等生命科学和生物技术多学科的交叉融合研究手段,采用重大产品导向的研发战略,发展健康可持续发展的畜禽水产业。

(3)在资源节约型农业科技领域,深入研究水分、养分、人工辅助能源高效利用机制和途径,全面建立节地型农业、节水型农业和节肥节能型农业三大生产技术体系,实现农业生产力的持续提升和资源的持续利用。

(4)在农业生产与食品安全科技领域,加强农产品安全生产农产品营养保持等领域的基础理论研究,突破关键技术、创新综合技术集成,建立农产品病虫害流行的智能专家管理系统,以及从源头到餐桌的食品安全数字跟踪系统,实行精确监测和防控的“主动安全战略”。

(5) 在农业现代化与智能化农业科技领域,通过突破农业信息关键技术和武装高技术,使我国农业实现“四化”并构建一个能够推进我国农业研究不断创新的现代化平台。农业虚拟化研究网络平台的搭建,大幅度提高农业生产效率、资源利用效率和农业持续创新能力。

(三)未来农业革命资源属性

(1)农业科学与生产结合越来越密切,以技术创新和产业化为纽带同时正在趋向一体化和综合化。

(2)基础科学对农业科学的渗透日趋明显,不断产生新的边缘学科,交叉学科和信息学科。

(3)农业基础科学向微观和宏观方面发展,既相互结合又相互促进,加快了科研进展与突破。

(4)农业科学借助新兴的现代实验工具和理论方法,推动科学研究手段的现代化。

(5)高新技术推动精密农业(或称精准农业)的产生和发展。

(6)国际农学基础科学研究交流广泛,竞争与合作并存,交流与限制并存,形成非常复杂的态势。

第四节 农业技术与资源互作原理的现实意义

农业资源是主要用于农业生产和农业产业部门的资源，包括有效自然资源和农业科学技术资源，是人类生活和生存的物质基础。自然资源包括水资源、耕地资源、气候资源、物种资源等这些在自然界中普遍存在的并且能够为农业生产提供条件的资源。农业科学技术的发展与应用产生了以有机农业和现代农业为代表的农业发展模式。

一、农业技术与资源良性互动

(一)水资源

我国水资源总量比较丰富，但人均占有量和单位面积耕地占有量较小，是一个水资源十分短缺的国家。

1. 农业水资源利用现状及存在问题

农业用水主要包括农田、牧业、林业等灌溉及水产养殖业、农村副业和人畜生活等。其中农田灌溉用水是主要用水方式，农用灌溉用水占农业总用水的比例始终保持在90%以上。地下水的开发利用在农业用水中占据十分重要的地位。

2. 农业水资源可持续利用

建立生态经济型水利模式。要全面研究农业水资源的开发、利用、保护、防洪抗灾与生态环境的关系，协调农业发展、生态环境保护与经济社会发展需求之间的关系，使农业用水的经济效益、社会效益与生态效益相统一。要依法治水，统管地上水、地表水和地下水。在技术上，集成节水与水资源保护技术，减少各用水环节上水量的损失和水质的污染，提高农业用水效益。在体制与机制上，通过污水资源化、农业产业结构调整、农业产业化经营、水利工程产权制度改革，加强生态建设与节水型社会建设。

(二)耕地资源

中国目前耕地面积约为 133×10^{8} hm^{2}，约占国土面积的14%，但人均耕地面积不到世界人均水平的一半。

1. 耕地资源现状及存在问题

耕地总量及人均耕地数量呈下降趋势，耕地质量降低，水土流失严重。耕地污染严重，生态功能下降。目前我国耕地污染面积已达超过 667×10^{4} hm^{2}，每年粮食减产达 100×10^{8} kg。对耕地过度利用使耕地肥力下降，土壤板结、盐碱化、沙化的现象时有发生。从而耕地不能有效地缓解面临的压力，致使肥力不断下降，结构变差。

2. 耕地资源的合理开发利用和可持续发展

实现耕地资源合理开发和持续利用，要依靠科学研究、政策调整和市场配置。通过政策调整，加强土地保护和执法。通过市场配置，规范地价和农产品价格。耕地资源的可持续利用是公众保护意识、政策调整、市场调控和科学研究共同作用的结果。

（三）气候资源

气候资源是指光、热、水、风及可开发利用的大气成分，是人类生产和生活必不可少的主要自然资源，在一定的技术和经济条件下为人类提供物质和能量。它的可再生性、普遍性和清洁性奠定了其在可持续发展中的重要作用与地位。

1. 太阳能资源

我国陆地每年接受的太阳辐射能相当于 2.4×10^{11} t 标准煤，但由于地理纬度、海拔高度、地形和天气状况的影响，太阳能资源在区域的分布上有较大差异。

2. 风能资源

风是由太阳辐射加热引起的。据估计到达地球的太阳能中只有大约 2%转化为风能，但其总量仍然十分可观。全球风能约为 2.74×10^{9} MW，其中可利用的风能为 2×10^{7} MW，是地球上可开发利用的水能总量的 10 倍。

（四）物种资源

中国地域辽阔，地形复杂，土壤多样，气候多种，加之农业历史悠久，耕作制度繁多，经长期自然和人工选择以及培育新物种和新品种，从而形成了丰富多彩的作物种质资源，物种多样性和遗传多样性。中国作物种质资源物种多样性，所指的是中国农业生产和民众生活中利用的各种作物及其野生近缘植物的所有物种数量，即物种的丰富性。中国是世界农业大国，亦是作物种质资源大国，作物种类繁多。

二、农业技术革命与产业化

（一）农业科学技术革命

纵观农业的全部历史，由刀耕火种的原始农业到精耕细作的传统农业，以致当今发达国家、发达地区的现代农业，无不表现为人类利用各种手段和生产技术对自然资源进行开发，对生物资源加以利用，并对环境起着重要的改造作用。中国以传统农业为主，但以较快的发展速度正在向现代农业过渡。

优化生态环境，合理利用资源的关键在于提升人的素质和悟性。而建设生态农业，关键在于用科学规律和科学的思维理性约束自己，克服先破坏后治理，追求短期效益的倾向，树立起经济、生态、社会三效益协调发展的新观念。“粮－经－饲三元结构”是农业新技术的制高点。农业系统中对经济发展及改造环境起最重要作用的是生物资源，生物的多样性对优化农业生态系统和持续发展农业经济是正相关的。

（二）科学技术革命与农业产业化

1. 合理配置资源，调整产业结构是产业化技术革命的突破口

我国可利用草地是耕地的 3 倍，耕地产出 30%的粮食还要作为饲料发展畜牧业，但畜牧业产值在农业总产值中仅占 31%。畜牧业产值结构中养猪业产值占到牧业产值的 52.7%，在“粮猪型”大格局的限定下，非猪畜牧业的比重较低。这一格局使我国大量的作物秸秆资源未得到充分的开发利用，还有大量的草山草坡，特别是南方 $6\,667\times10^{4}$ hm^2 草山资源中以灌丛为主的草地资源未得到合理的开发利用。需要进一步发展饲料工业，特别是加强有关草食动物的青贮、氨化、草粉、块状饲草饲料的开发与生产，为突破性发展草食动物奠定物质基础。

2.“公司+农户”是我国产业化生产的基本运作方式

以户为经营单位,依靠农业服务来运用先进的科学技术提高生产效率,进行加工、销售形成商品的生产,完成产业化生产过程中必需的技术配套措施,这种服务是系统的,全方位的,甚至是社会化的。

案例分析

藁城县种植模式

根据该区农业自然资源特征,确定了以节水适沙的果品、经济林木和花生作为该区的主导产品,通过以农户为基础的专业乡镇和由技术人员承包的集体果园两种形式,建成了区域专业化、商品化的林果油规模化生产基地。以此为依托,在乡(镇)村集体与林业局的组织下,建立了较为完善的市、乡、村营销队伍组织,目前已经开辟了国内国际两个市场,在市场预测,搞活商品流通,充实服务性经济实体等方面有一定的经验与实力。

思考题

1.技术与资源互动原理的基本概念及性质。

2.请简述技术与资源互作程式。

3.请简述消除农业技术负向作用的机制与途径。

4.如何利用技术与资源互动原理指导生产实践?

5.根据你所学的知识,请分析农牧结合型垦殖技术的发展前景,并简要分析如果确保安全、高效的发展农牧结合型垦殖技术。

6.请简要概述中国的现代农业及其与其他国家的差距,你认为应该如何缩小这种差距。

7.简述农业革命发展历史及其资源属性,并简要概述我过农业未来发展方向。

8.简述资源利用中存在的问题及如何与农业技术良性互动。

推荐读物

1.陈文林,等.农业科学的进化.成都:科技大学出版社,1988.

2.胡跃高.农业发展原理.北京:中国农业大学出版社,2005.

3.皮广洁,等.农业资源利用与管理.北京:中国林业出版社,2002

4.孙颔,石玉林.中国农业土地利用.南京:江苏科学技术出版社,2003.

5.魏文铎,等.工厂化高效农业.沈阳:辽宁科学技术出版社,1999.

6.翟虎渠.农业概论.北京:高等教育出版社,1999.

地球供给我们的物质财富足以满足每个人的需要，但不足以满足每个人的贪欲。

——莫汉达斯·卡拉姆昌德·甘地

我们所需的真正任务或许可以表述为下列 4 点：

第一，工作场所应建立于人民现在所居住的地区，而不是设于他们可能迁往的城市区域。

第二，平均而言，这些工作场所的耗资，必须小到足以在不需依靠高不可达的投资以及进口的情形下大量创设。

第三，所使用的生产方式必须相当简单，因此可以将对高技术人力的需求降至最低。这种状况不仅适用于生产程序，而且适用于组织、原料供给、融资、行销等各方面。

第四，生产应就地取材，就地贩售。

我们只有以“区域化”的方式来推进发展，并且有意识地发展、应用所谓的“中间技术”，上述四个条件才能达成。

——舒马赫

第十二章 最小规模稳定原理

本章核心内容

- 最小规模稳定原理是指农业系统的最小功能单位所具有的力求在最小地理范围或规模上实现基本平衡稳定的内在趋势。
- 社会系统结构中，以家庭为基础结构单元，而家庭总是在地理位置上相对固定，存在力求在最小范围内实现自身简单再生产、扩大再生产的特性。
- 村庄是整个中国社会的细胞，是基本功能单位，也是千百年来形成的基层组织基础结构。只要解决了一个又一个村庄意义上的农业建设问题，整个社会经济与生态建设就将步入全新发展状态。
- 村级建设是未来农业现代化、国家现代化建设的关键层级，集中力量进行村级农业建设是撬动农业现代化建设的最有力的支点。

第一节　最小规模稳定原理的概念

最小规模稳定原理是指农业系统的最小功能单位所具有的力求在最小地理范围或规模上实现基本平衡稳定的内在趋势。这主要由于社会系统结构中以家庭为基础构成单元，而家庭总是在地理位置上相对固定，存在力求在最小范围内实现自身简单再生产、扩大再生产的特性。另一方面，农业系统的自然非生物资源基础与其相应的生物资源在漫长的进化过程中形成了基本生产力，这种生产力尽管随着人类劳动的介入而提高，但对一定的时空具有适应性，因而具有内在的强制性要求。长期的人类与其特定的自然基础相互作用，约定俗成，在文化、生活习惯、生产技能上连锁形成的在最小规模上实现平衡生产、稳定生活的倾向。

随着社会经济与生产力的发展，奴隶制度、封建制度、资本主义制度的形成，出现了从个体、家庭、部落、族群、地区社会集团、国家、大区域部分农业内容与部分社会成分全球开放式交流均衡的动向，如南美的香蕉、中国的梨等等产品的全球共享。但就全人类总体、农业生产基本供求内容及其长期发展趋势而言，在尽可能小的范围内完成农业生产与消费依然是系统的客观稳步追求。

这是与农业系统整体的自然属性联系在一起的基本原理。原始社会的人类生产力水平低，如农业文化的传播速度每年只有约 1km（A・J・阿默曼），农业生产的供求平衡是在小范围内取得平衡的。奴隶制城邦、封建社会时期国家的形成使农业与社会供求平衡的地理范围扩大，出现了“苏湖熟，天下足”的情况，但即便如此，农业的均衡也是尽可能在一国之内求得平衡的。中国历史上隋唐以后政治重心中移、南移与企图在较小范围内求得农业稳定均衡不无关联.开放系统大规模、远距离的农业物质调运是与高风险、高社会资源代价付出联系在一起的，这种系统趋向于增高熵值的稳定方向。

近 400 年来，现代工商业蓬勃发展，逐步形成了全球社会经济一体化的发展大趋势，世界农产品贸易量持续增加，似乎最小规模稳定原理在弱化，但迄今为止，在全世界 20 亿 t 的谷物总产量中，只有约 10％的部分属于贸易成分，其余近 90％的部分依然是国家与地区范围内自给自足。而且与此同时，由于全球生产力水平，特别是农业生产力水平发展不均衡性出现了世界性的难民潮与移民潮，这种运动脱去部分的政治外衣与偶然性套装之后，可以观察到事实上存在着的农业最小规模稳定原理作用的内涵。从长远发展来看，只要农业系统、人类本身尚未彻底脱离自然，该原理就将继续存在并作用下去。

第二节　最小规模稳定原理的功能

一、以最低的社会生产成本实现农业生产供求平衡

农业生产实施与完成中心与对应的社会消费群体中心在地理位置上的中心距的大小决定

社会存在于发展代价的大小。中心距越小，其社会代价小，风险相对较低；中心距越大，社会代价大，风险大。从全球系统整个历史时段发展的总体来认识，农业生产与消费较大中心距的存在与维持是与系统能量高支付、高的社会维护成本为前提的。这样的系统在面对能源危机或社会动荡时抗冲击力弱，风险大。

按照人类历史发展进程来看，可以将农业生产经营规模、生产与消费中心距的大小基本组合为四种形态。分别为小规模小中心距类型，小规模大中心距类型，大规模小中心距类型，大规模大中心距类型。迄今为止，伴随着人类社会发展，基本呈现出由小规模小中心距类型到大规模小中心距类型，小规模大中心距类型再到大规模大中心距类型的基本发展演化态势，但这种趋势正在付出沉重代价，全球性能源危机、化石能源枯竭迫使人们反思其发展模式，东方式的小规模小中心距类型在尚被完全抛弃之前又一次受到关注。这种关注本身是对农业系统最小规模稳定原理作用力的回归。

二、保持生态多样性，文明多样性，创造多格局的社会经济文化的单元，大系统更稳定

从地球系统全局来看，农业系统客观存在的最小规模稳定原理具有将地球生态系统维持在尽可能高的多样性状态倾向。这样的倾向与人类的创造性、文明多样性密切联系，进而有利于丰富地球社会经济文化发展基础，使系统更趋于稳定。

很显然近 400 年来世界社会经济发展趋势大方向是与农业系统最小规模原理相悖的。例如，历史上人类曾经先后驯化了约 1 500 种植物，目前仅保留了约 150 种，而最常用的作物只有 15 种。2002 年美国野生动物保护协会研究指出，人类占据地球 83%的地面；其中人类占据了 98%的适宜种植水稻、小麦、玉米的土地。另外考察海洋、陆地、空中的脊椎动物，人类、家畜及其宠物占 80%。这是一个压到性多数……，人类即将进入一个没有野生动物的时代。上述情况反映出，我们正在走向生态多样性减少，文明多样性基础受到削弱的时代。一系列的生态环境反应与严峻的生态灾难正是系统内在运动规律对人类大规模不当行为的强烈警示。

第三节　最小规模稳定原理的影响因素

一、社会发展水准

把人类社会由原始状态发展到今天，经历了原始社会、奴隶制社会、封建社会、资本主义社会历程与地球系统生态多样性减少总趋势间进行直接联系可能将被证明是不准确的。事实上伴随着社会发展，全人类人口总规模在扩大，人类技术水平在提高，知识普及化程度在增加，社会动员能力及对自然干扰能力总规模在增长，城市化在加速发展，这些趋势是与生态系统多样性、文明多样性减少趋势同时存在的，迄今为止，多样性演化趋势极可能的原因是在上述变化的同时，人类社会整体文明提高程度不足，未形成人类社会共识，并未能采取确当的共同行动所致。人类社会的行为存在与演变具有不平衡性与发展惯性，日本、欧洲、北美对环境的重视

仍然未能在总体上彻底扭转全球生态退化总体颓势，以地球系统生态多样性、文明多样性增加为基本标志的全新人类文明建成仍将需要时日。

二、人类的迁移特性

伴随着"地球村"的出现，人类文明水准的提高，社会文化隔膜消除，人类流动生活与杂居状态趋于均衡化，由此会带来全球农业广泛交流的新需求。这种需求最初表现为农业生产与消费的基本组合形态由小规模小中心距类型到大规模大中心距类型的发展演化趋势。但如同在欧洲、中东及北美所正在兴起的亚洲来源的经济作物发展势头所标明的那样，最终可能会导致新的系统融合，形成具体地区的文明生态系统多样化，成为新型的由最小规模稳定原理作用产生的另类表现形式。

三、土地规模化种植的兴起

除了农业以最小规模（农户为单位）成为中国农业生产的主体以及农耕文化的一种承载，我国的传统农业模式是以家庭为基础结构单元的，其生产模式在小范围内基本已经实现了自给自足的生产，但这种模式很难实现生产过剩。在当今农业全球化和一体化的大背景下，我国的传统农业模式正受到西方发达国家的农业模式的冲击和影响。西方的最大单位规模化种植直接冲击着我们的传统农业，然而我们的传统农业模式依然屹立不倒，那么农业的大规模化种植到底存在着哪些弊端和不足呢？

首先排除一些直接因素的影响，如自然因素、技术因素、市场因素、信贷因素等。规模化农业生产，往往存在作物品种单一化，生物多样性脆弱，面积广阔，集中管理不力等等一系列问题。大规模种植由于对自然因素、市场、技术等因素难以掌控，其风险系数将会增大；一旦发生灾害，其影响与扩散速度会呈几何倍数增长，自然灾害因素具有不可预测性，对于农业规模化生产影响非常大；由于我国一些地区在尝试大规模种植模式，在采用新技术方面还不够成熟，也不够完善，其风险性无形增加了很多；另外由于市场具有不稳定性，农产品价格波动幅度较大，难以人为把控，也会增加经营主体的风险；前三个原因的存在，一旦其中某一项因素导致生产受阻，经营不顺，则意味着经营主体难以维持，信贷风险就不言而喻。

当最大单位的规模化种植模式形成之后，伴随着出现的一系列土地问题也开始产生了。如土地流转困难、土地的持续利用率降低、风险控制难度增大、农民失所—农民失去根本保障、对生态多样性也有严重的的影响等。

土地流转是一项有利于促进农民获得财产性增收的政策，一旦形成最大单位规模化种植之后，农户的土地将会转交使用权，而现在农村的劳动力大量涌入城市，城市化问题也就随之出现。南方农村报讯在粮食危机阴霾迫近的主流语境中，作为一种总量日益萎缩的战略资源，农用土地日益显得珍贵，而形成最大单位的规模化种植之后60%以上的农民将失去对自己的土地使用，这意味着将导致众多农民失去基本保障；从地球系统全局来看，农业系统客观存在的最小规模稳定原理具有将地球生态系统维持在尽可能高的多样性状态倾向，而最大单位的规模化种植是反其道而行之的，其种植的形式多只有一至两种作物，大大减弱了物种的多样性，严重破坏了生物物种间的稳定性；由此可见最大单位的规模化种植方式值得我们重新审视与思考。

四、城市化的影响

近几年我国城镇化的建设在不断加快，我国城市规划的人口容量已达 33 亿人规模，而 100 年后，我国人口也不会有 33 亿人。与此同时，我国的土地以每年 1 000 万亩的速度消失，20 年中有 14000 万亩农民失去了耕地。城镇化建设虽然加快了经济发展的步伐，但也存在诸多问题。经济发展过程中的土地、资源、能源、劳动力等要素成本迅速上升，投入边际效益不断递减，发展的比较优势正在弱化，这很大程度延缓了城镇化的建设，同时农村的土地流转、土地管理、农民失所（根本保障）、土地持续性（长久性）利用等问题也显现出来，农村土地的风险控制、生态位的多样化也在遭受很大的挑战。城镇化的建设中的一些弊端也逐渐暴露出来，生产代价高、消耗大、收益低、失衡严重等问题愈发的引起人们的重视。我国在面向多元化、全球化的国际形势下，城市化建设还处在初步阶段，农业发展也还处在相对落后的阶段。许多大规模种植都存在管理体系不够完善，种植技术还处于半机械化半人工化的落后状态。

城镇化脚步的加快还导致了一系列的社会问题，近两年“用工荒”频现于东南沿海，并向中西部扩散，农民工中的青壮年比例明显下降，劳动力关系开始朝着“刘易斯拐点”发生全面性、趋势性变化。除此外还有诸如资源透支、产能过剩、排放过量、生态环境恶化等社会问题也日益紧张。

规模化种植在一定程度上导致结构固化、人员流动不足，这将导致资源要素的合理配置失衡，造成动态上的不平等，限制了农业的发展，长此以往，将导致我国经济增长动力不足甚至增长停滞。发达国家在过去 400 年里，完成了世界人口 20%的工业化与城市化，有 8.16 亿的消费者享受着理想的生活，创造了一种现代城乡矛盾关系模式。从全球历史发展大局观察，这种模式只是现实的，但不属于未来世界。其根本原因在于，处于这一模式下的公民人均消耗能源和物质材料分别是发展中国家的 35 倍和 50 倍。世界 20%的人消耗着世界 80%的物质材料和能源。推而广之，如果全世界都像美国那样消费，整个地球所有不可再生资源将在 40 内被消耗殆尽。

第四节 全球趋势化下的最小规模稳定原理及其现实意义

一、过度规模化的不可持续性

规模化、专业化的农业生产要求直接涉及农户经营规模的变化。例如，1930 年美国农户的平均规模为 62.698 hm^2（940 亩），1990 年演变为 200.1 hm^2（3 000 亩）。但这种情况在同样经济全球化的亚洲国家却是截然不同的。1930 年中国的农户平均规模为 1.507 4 hm^2（22.6 亩），日本为 1.067 2 hm^2（16 亩），1990 年时分别为 0.667 hm^2（10 亩）和 2.001 hm^2（30 亩）。

事实上，由于我国现有大、中城市存在大量待业人口，同时有1亿左右近期由农村转移来的劳动力进城，已经出现基础设施不足，人口饱和问题。加上农村现在仍然有2亿以上的剩余劳动力待转移而无处转移，而且即便假如能够完成转移，达到了欧美国家农业水平，那也仍然需要国家长期大规模补贴度日。此外，我国农村资源生态已经出现大规模萎缩，潜在耕地开发资源枯竭。上述宏观背景可以使我们又一次得出推论，欧美式的农业现代化道路可能并非为全球现代化，因而也不是我们的现实选择。中国农业现代化必另辟蹊径。

中国的情况并非就是世界特例，世界绝大部分发展中国家均与中国存在类似情况。南美国家与部分非洲国家比我国资源状况好，他们在现代化过程中虽然先行一步，但出现了城市贫民大量增加，社会不稳定因素的反面经验。客观情况是，这种现状并非为最终结果，世界总人口仍在进一步稳定增长之中，人口资源之间的矛盾将持续加剧。世界范围内发达国家与发展中国家农业现代化过程中同时遭遇困境，基本揭示了当代农业发展模式的不可持续性与不可取性。既然大规模发展的方式不完全可取，最小规模稳定原理所支配的小规模方式就仍然是基本的选择。

二、全球趋势化的新要求

世界正处于一场大变局中。商业生产所要求得的绝对简洁、更加高效的标准化工业化生产模式及其在世界范围内作用力的大大拓展，使农产业生产趋向追求单一的规模化、专业化。荷兰、以色列花卉业的国际化发展，中国珠江三角洲地区世界玩具业中心的形成等等，是其基本例证。另一方面，人类本身生活、需求的多样化特性、劳动天性所形成的物质需求与文化风俗，人类、生物与自然在特定地理区域长期进化所具有的独特性及其生态环境要求等等，存在着强烈的农业多样化需求。这种需求伴随着物质文化单一性的迅速增加，愈益反应强烈。正所谓“高天滚滚寒流急，大地微微暖气吹”。

任何事物的发展总是在走向我们自己的归宿。现代农业的商业化生产方式在经历400年发展之后，尽管仍在进一步兼并整合中，但欧洲、北美农业普遍高强度补贴制度表明其持续发展能力降低。事实上，由于资本密集、技术密集型、社会基础设施密集要求，常规农业现代化模式在全球范围内广泛推广的潜势已经受到强烈限制。与此同时，农业多样性正在成为其系统的重要补充方面迅速发展。从中长期发展来看，首先在发达国家，农产品的供求平衡基本不存在问题，与文化结合的多元农业（艺术农业）将可能成为具有更强生命力部分生长壮大。在发展中国家中，大规模化的商品农业尚未全面展开，同时已经出现了城市失业人口增加，城市化阻力加大，农村劳动力无法转移的巨大问题。很显然，人类必须寻求不同于已有模式的新的农业发展方式。答案正在明晰，人们只要能够有效地将生物多样性、文明多样性与经济发展结合起来，就可能形成新型农业模式。而这正是最小规模稳定农业原理的基本追求。

三、适度规模是全球趋势化的新模式

在最小规模种植和最大规模种植中间有一个适度规模的存在，属于一个过渡性的规模种植方式，既融合了两种极端种植模式的优点，又摒弃掉了两种种植方式的缺点，可能是一个比较好的种植模式。这种思路是源于农业人口的城镇化与大量土地撂荒而提出的。规模种植模式中出现的土地流转困难、土地的持续利用率低、风险控制难度大、农民失所——农民失去根本保障、对生态多样性的破坏等问题在适度农业中都可以有限地避免，而最小稳定规模种植中的对土地有效的利用，对效益的提高，种植的多样性等优点又可以弥补前者的不足。虽然最小规模稳定原理所支配的小规模种植方式是未来的基本选择，但适度规模的种植模式也在一定区域与范畴占到一定的比例。比如现实生产中一些地区茶叶生产、花卉生产与药材生产均以适度规模的形式出现。

在我国最小规模稳定原理之下的小规模种植方式在未来很长一段时间都将继续成为我国农业种植模式的主流，在经过西方农业模式的冲击下后，经过一系列的变革改动，最终在发现大规模种植模式不适应于我国国情时，不断地摸索，找到适合我国农业发展的主体模式与格局，使农业生产继续发挥最小规模种植的稳定模式。

四、最小规模稳定模式对农村的现实意义

最小规模稳定原理中是以社会系统结构中的家庭为基础结构单元的，这种最小的结构单元除了实现自身的简单再生产外，还要扩大再生产。对农村而言，这样的最小规模稳定原理是非常适合农村的生产。首先生产单位足够小，单位内部的沟通和交集比较多，在对土地的利用和管理上就比较精细，可以及时调整种植内容。小单位对土地的利用率也将大大提高。其次可以对土地进行精耕细作、种植作物也可以是多样性的，对土地的循环利用也有很大的提高。其三，在土地使用和流转上面可以减少程序，土地不撂荒，可以增加对土地的有效利用，这样大大提高了农业生产总效益。相比大规模化种植的方式，最小规模的种植方式重点突出，优势明显，其必定是未来种植方向的一个大趋势。

由于我国农村人口数量依然占大多数，农民还是以土地为根本保障，只有力求在最小范围内实现生产自给自足，在小范围内实现供求平衡，才能解决掉我国的温饱问题。由于我国农村人口数量的巨大比例，导致农村资源相对稀缺，这决定了农村的基本生产单元还是以家庭为主。而家庭正是社会系统结构中的基础结构单元。所以最小规模的生产方式将会主导着农村的经济发展。

思考题

1. 什么是最小规模稳定原理？
2. 结合实际，谈一谈您对最小规模稳定原理的认识。
3. 现代农业中强调规模化，一味强调规模越大越好吗，为什么？
4. 在现代农业发展进程中，可持续的做法应该怎样来体现？
5. 请思考：回归最小规模的生产是否应该提倡一种极简的生活方式。

推荐读物

1. E. F. 舒马赫. 小的是美好的. 北京:译林出版社,2007.

2. 富兰克林·H. 金. 四千年的农夫. 程存旺,石嫣译. 北京:东方出版社,2011.

3. 王颖. 南怀瑾说中庸. 北京:时事出版社. 2017.

4. 张弦,苏百义. 老庄的生态智慧——朴素农业生态文明的萌芽. 山东农业大学学报(社会科学版),2016,(2):114-117.

5. 夏显泽. 天人合一与环境问题. 昆明:云南大学出版社,2006.

6. 佐佐木典士. 我决定简单地生活:从断舍离到极简主义. 程礼礼译. 南京:江苏科学技术出版社,2017.

假如人类单靠空气和水分就能够生存，那么就不存在统治者和奴隶，君主和平民，朋友和敌人，仇恨和爱情，道德和恶习，忠实和奸诈等等概念了……所有那些使人类成为主宰者的，都被一件事情制约着，即每个人有一个肚子，它要服从自然规律，为了维持生存，每天一定要消耗一定数量的食物。这些食物都是人类通过劳动与智慧从土地里获取来的。

——（德）李比希

人类的内在要求是一切文明时代社会经济系统运动的动力源泉。

——本书作者

第十三章 农业系统动力原理

本章核心内容

- 在不同的历史阶段，农业系统在种种因素的作用之下不断发生着变化与革新。农业系统动力原理旨在阐述推动农业系统变革的驱动力，该原理普遍存在于农业系统的各级结构层次。
- 根据人类文明发展阶段的不同和农业系统的变革情况，可将农业系统发展的动力分为五个方面：第一动力为部落生存，第二动力为国家安全与发展，第三动力为经济发展与控制欲望，第四动力为全球可持续发展，第五动力为艺术与美的追求。
- 影响农业系统动力的主要因素有农业技术水平、农业生产组织形式、生态安全和社会文化四个方面。
- 在人类沿着原始文明、农业文明、工业文明和生态文明发展的过程中，推动农业系统发展的主要动力分别是部落生存、国家安全与发展、经济发展与控制欲望、全球可持续发展。目前，人类正在进行由工业文明向生态文明的转变，农业系统的主要动力也正处于由第三动力向第四动力转化的发展阶段。
- 生态文明时代的重要任务是在全社会达成共识，走向社会经济与生态可持续发展的道路。在此过程中，农业有望焕发出新的生命力。了解和掌握农业系统动力原理将有助于农业工作者更好地把握农业未来的发展方向。

第一节　农业系统动力的概念与表现形式

一、农业系统动力原理的概念

农业出现以来漫长的历史时期当中，随着人类文明的发展和进步，推动农业系统变化革新的动力也在不断地改变。农业系统动力原理旨在阐述推动农业系统变革的驱动力，该原理普遍存在于农业系统的各级结构层次。根据人类文明发展阶段的不同，农业系统存在与发展的动力也在不断变化：第一动力为部落生存，第二动力为国家安全与发展，第三动力为经济发展与控制欲望，第四动力为全球可持续发展，第五动力为艺术与美的追求。目前，人类正在进行由工业文明向生态文明的转变，农业系统发展的第三动力成为强弩之末，正处于由第三动力向第四动力转化的发展阶段。生态文明时代的重要任务是在全社会达成共识，走向社会经济与生态可持续发展的道路，在此过程中农业有望焕发出新的生命力。生态文明并非工业文明的直线延伸，也不应该成为向农业文明的复辟倒退，而是文明发展的崭新篇章，是“对工业文明的否定，对农业文明的否定之否定，是向农业文明的辩证复归”[①]。

二、农业系统基本动力类型

(一)部落生存

为人类族群生存提供足够的食物，并确保在与其他族群的竞争所必需的人口数量，这是推动农业系统发展的最基本的动力。

(二)国家安全与发展

在农业的基础之上，人类才有可能建立大规模的社会组织，产生阶级、国家，并发展出复杂的社会分工，这些因素是文明进步的不可或缺的前提条件。国家产生之后，国家的安全与发展需要稳定的农业系统的支撑，农业生产力也在这个过程当中不断提高。

(三)经济发展与控制欲望

小农生产是以满足自身需求为主要目标的，并在家庭范围内进行一定的劳动分工。但随着生产力的提高，社会分工不断发展，商业和贸易不断增加，在满足自身的需求以外，出现了以追求经济利益为根本动力的农业商品化。农业生产商品化程度的提高又促成了资本主义商品贸易的发展，到了工业文明时期，经济利益和经济发展成为推动农业系统进步的最主要动力，也促进了农业科技水平的提升。

(四)全球可持续发展

随着科学技术的发展进步和人类改造自然能力的增强，人类需求无序扩张与自然资源限

---

① 黄邦汉著.农业哲学基础.北京：科学出版社，1991.

制之间的矛盾日益突出，地球生态系统面临着前所未有的威胁。农业是人类生存发展的基础，也是影响生态环境的重要因素。常规现代农业在极大地提升农业生产力的同时，化肥、农药的不合理使用对环境造成了负面影响。可持续发展成为农业乃至整个人类文明的必然选择，也成为推动农业系统变革的新的动力。

（五）艺术与美的追求

展望未来，在人类生产力极大进步以后，农业的物质功能有望得到充分发挥。在此前提下，农业活动中蕴含的艺术与美的成分可能成为关注的重点，人类对艺术与美的追求将成为农业系统进一步发展的动力之源。

（六）农业系统基本动力类型之间的关系

上述五种农业系统基本动力在农业的不同发展过程当中交替存在并发挥作用，但在不同历史时期，推动农业系统发展的主要动力类型是不同的。农业的发展过程十分曲折复杂，但是如果能够正确分析和掌握不同时期的农业系统动力类型，抓住主要矛盾并集中力量解决，农业系统便能发展到一个新的水平，进入一个新的阶段。在新阶段中又出现了新的农业系统发展动力，在充分理解和认识新的主要矛盾的基础上，便能采取对应措施继续促进农业系统向更高水平发展。部落生存、国家安全与发展、经济发展与控制欲望、全球可持续发展、艺术与美的追求这五种农业系统基本动力类型之间既有平行关系又有递进关系，对农业系统动力原理的掌握有助于把握农业系统发展方向，增强对农业系统的认识，并指导具体实践。

第二节　影响农业系统动力的因素

一、农业技术水平

农业技术是在长期农业生产实践经验的基础上总结和发展起来的，农业系统演变发展的历史也是人类运用农业科学技术促进农业生产不断发展的历史。在科学革命之前，农业技术的发展主要依靠农民自身的对经验的总结与创新，而在科学蓬勃发展并逐渐与农业技术紧密结合之后，当前农业技术体系主要依靠现代科学技术的指导，并以现代工业为基础，极大地提高了农业生产力和农业生产效率。

纵观世界农业发展的历史，可以看出农业经历了从低级到高级、从粗放到集约的过程。农业技术进步在此过程中扮演了重要的角色。农业文明时期的农业生产使用传统的工具和技术（锄、犁、牛耕、休闲、轮作、粪肥等），以自给为主要目的，这种模式经历了很长的历史。中国在春秋战国秦汉时期已奠定了传统农业的基础，开始推行铁制农具、牛耕、农田水利，休闲制已大部分转变为连年耕种制。到南北朝和唐、宋、元、明朝期间，北方形成了旱作技术体系，南方稻作发展并使用人粪尿和畜粪作为肥料，出现了少量麦—谷、麦—稻等半集约型的一年两熟种植方式。在欧洲，农作方式从游牧、草场、休耕、火耕、二圃制（休闲—谷物）到三圃制（休闲—冬麦—春麦），16—17 世纪后才出现四圃制。

维持地力是农业技术发展需要解决的关键问题之一，原始农业主要利用土壤的天然肥力，耕作方式简单粗放，在连续种植若干年后地力耗尽、产量变少，便弃耕另辟新地，依靠自然植被恢复地力。传统农业时期，随着土地利用程度的提高，养地方法也不断完善，早期的休闲地依靠自然植被恢复地力，播种前进行翻耕。后来，对休闲地进行耕作，翻土保墒并消灭杂草和病虫害，有的还施用有机肥，以加强人工恢复地力的作用。在由人工恢复地力到利用生物养田、提高土地利用率的阶段，中国以种植业为主，而西欧沿着农牧混合的农业方向发展。西汉时期，我国劳动人民利用割青沤肥与采树叶为"粪本"的过程中得到启发，开始利用冬闲地诱发杂草生长，春耕时翻作肥料。西晋时，又从养草作肥发展为种草作肥。唐、宋以来，由于人口增加、土地有限，于是连作、间作、套种等提高复种指数的耕作制较快地发展起来。间作套种不仅充分利用土地，而且充分利用地上空间和日光，但消耗地力较重。除大量增施有机肥料之外，还采用了与养地作物搭配种植的方法，以补偿地力。对于西欧的农牧混合农业，在二圃制、三圃制时期就注意用草养畜、畜粪肥田，一方面提高了土地的利用率，利用休闲地种草发展畜牧业，另一方面，谷草轮换种植，恢复了地力，提高了作物产量。

总体而言，直到20世纪中叶之前，虽然各项农业技术有了很大发展，但农业单产水平提升较慢，产量增长主要来源于耕地面积的扩张。从20世纪初期到1950年，世界谷物单产只增长了6%，然而从1950年到80年代后期，在耕地面积基本没有扩张的前提下，单产提高了130%，这与现代农业生产技术，特别是灌溉、化肥、农业机械等的广泛应用密不可分。

然而，常规现代农业带来的一些弊病也逐渐显露出来。许多学者认为，大规模单一品种种植破坏了生物多样性，化肥、农药的过量和不合理使用导致环境污染。不过同时也要看到，当今资源环境破坏的主要原因还是人口增长和工业污染；低投入、粗放的农作因为产量低下，必然需要更大的耕地面积，由此造成的森林、草原破坏以及水土流失问题同样不可忽视。高产、优质、高效仍然应该是农业发展的目标，对于我国这一点尤为重要。为此，控制人口数量，加强农业科技研究，提高农业集约度，才能在保障人类自身需求的同时，为自然留出更多的空间，这应该是生态环境保护的根本出路。

农业技术水平决定了农业生产力，也就决定了各个历史阶段中人类的平均生活水平。无论是在原始文明、农业文明、工业文明还是生态文明时期，农业技术水平较高的国家或地区，必然能够更好地满足人民的生存与发展需求，在与其他人类群体的竞争当中占据优势地位。先进的农业技术保障了足够的农业产出，在此基础上才能进行细致的社会分工和专业化生产，这是社会文明进步的必要前提。此外，在农业土地生产率和劳动生产率足够高的情况下，农民可以生产出不仅可以满足自身需求，还能用于贸易流通的各种农产品，获得更多的经济利益。当前，农业技术不仅要满足生产需求，更要关注生态保护和可持续发展，这对农业技术的发展提出了更高的要求。

二、农业生产组织形式

在人类历史上的大多数时间里，农业生产是由农民以家庭为单位经营的。即便到了今天，世界上大部分国家的农业经营主体依旧是家庭。实践证明，在一定的自然、技术、经济、社会条件制约下，以家庭为单位进行农业生产和经营有其合理性和必要性。目前看来，家庭经营仍将长期存在，但其外在形式会随着外界经济环境的发展而不断变化，并向合作或集体经营和家庭雇工经营的方向倾斜。

变化的农业生产组织形式将对农业系统动力产生巨大影响。选择何种农业生产组织形式，在历史上对一个部落的生存、一个国家的安全与发展、农业经济效益及可持续发展都有显著的作用。

三、生态安全

农业生产对自然环境有很强的依赖性，在工业革命之前人类改造自然的能力较弱的漫长历史时期当中，自然条件限制着农业的发展；即便到了今天，由于成本等因素的影响，自然环境仍然是左右农业生产最主要的力量之一。与此同时，农业活动也深刻影响着自然生态，这一现象从农业产生之初便开始了。随着人类技术能力的不断提升，对自然的影响程度和范围也在不断变大。农业与自然生态之间的矛盾并不是工业革命之后才出现的新兴事物，新月沃地是农业的起源地之一，起初这片区域有许多森林覆盖，但随着农业扩张，大量开垦了林地，大量山羊放牧也对植被造成破坏。而该区域降雨量较少，植被再生速度缓慢，粗放的农业生产造成严重的土壤侵蚀，长期灌溉使得土壤中盐分不断积累，最终生态崩溃，农业和建立在其基础之上的文明也由此衰落。数千年前的情况已是如此，今天科学技术的进步赋予人类前所未有的力量之后，这种矛盾的激化更加不可避免。目前生态环境安全问题已成为关系到 21 世纪人类生存的最大课题，生态安全带给农业系统的变革压力必将深刻影响未来农业发展。路在何方？人们依旧在探索当中，但是解决问题的关键或许在农业生产系统之外。

四、社会文化

农业具有形成和保持农村独特文化和历史的功能。由于农业生产活动与农村生活紧密结合，农业对形成和保持特定的传统文化、维护文化的多样性具有重要作用，一些国家的文化和传统深深地根植于农村生活，许多传统节日与农业密不可分，形成了许多富于地方特色和乡土气息的农村文化和传统。

除了与其他部门一样具有提供产品和就业机会等传统经济功能外，农业还具有其他经济方面的非商品产出功能，如保障劳动力就业、经济缓冲作用、保持国土空间上的平衡发展、提供消遣场所、文化和历史继承、形成农业景观、促进社会公平、提高农村居民学习能力和维持特殊的生态系统等功能。农业多功能性所具有的经济方面的非商品产出功能有别于一般经济活动所具有的可通过市场机制实现的经济功能，如提供就业机会。保障农村劳动力就业之所以成为农业非商品产出功能之一，是因为很多发展中国家二元经济结构的存在以及国际劳动力流动受到限制，使这些国家的农业承受了保障劳动力就业和提供隐蔽性失业保障的功能。农业具有的经济缓冲作用是指农业随着宏观经济的波动适时释放和吸纳劳动力，为减缓经济危机和加速经济复苏发挥了重要作用。

瑞士农业经济学家克莫斯基 1919 年出版的《农业哲学》一书中认为，农业不但具有经济属性，也具有自然属性。农业以供给最广义的人类食粮为其主要任务，而它为人类提供审美对象，起到装饰和娱乐作用，也是不可或缺的。农业的职能不会被其他部门所取代。虽然使用化学方法人工合成某些供人食用的有机物质已属可能，但它绝不能取代农业。农业依靠植物利用日光这一无偿能源来合成人类食物，这是最经济的，工业合成方法无法与之相比。

农业不仅为农村居民提供了谋生手段和就业机会，而且为他们提供了生活和社交场所，有助于形成和维持农村生活模式以及农村社区活力，具有减少农村人口盲目向城市流动、保持社会稳定、形成社会资本的功能。

第三节　农业系统基本动力的历史运动过程

农业的产生原因一直是一个争论不休的话题，尽管新的考古证据不断出现，农业历史研究也在持续深入，但目前看来，对该问题的认识离达成共识尚有很远的距离，甚至可能永远争议下去。但毋庸置疑的是，农业产生之后，因为农耕相比狩猎采集能更充分地利用资源，养活更多人口，农耕群体在与狩猎采集群体的竞争中占据优势地位，在经历了从少到多、从点到面的发展之后，农业成为确保原始人类群体在与其他群体竞争的过程中不落于失败的基本条件。在农业的基础上，才有可能形成社会分工，建立大规模的政治与社会制度，推动人类社会发展，取得辉煌灿烂的文明成就。直到近代，在科学革命的推动下，工业才逐渐取代农业成为人类社会发展新的动力源泉，但农业的基础性地位并未改变。不同的是，在工业文明时代，农业不再是90%以上人口从事的产业，而逐渐被视为工业社会生产分工之中的一个特殊环节，对经济利益的追求成为农业系统发展最重要的驱动力。工业的进步给予人类前所未有的干预和改造自然的能力，这一能力作用于非生命体时并未产生太多问题，但当其作用在生物之上时，却逐渐引发了许多技术、生态、社会乃至伦理问题——毕竟，物理和化学过程比较“简单”，而生物和生态系统的复杂性超出了人类可以轻易掌控的范围。作为地球生态系统的成员之一，人类在尚未全面理解该系统时便盲目行事而造成的破坏性后果必将反作用于我们自身，这是人类当今面临的一系列生态环境问题的重要原因之一。农业作为人与自然联系的纽带，自然难以摆脱这些负面因素的影响，甚至农业本身已经成为影响生态环境的重要力量。今天，人类已经站在了转变的十字路口，要应对农业乃至整个人类文明面对的挑战，坚持可持续发展、走向生态文明已成为最为重要的战略选择之一。

一、原始文明

在农业革命之前，原始人类对自然界动植物的生长机理就有充分的认识，因为他们必须非常熟悉自己所生活的环境，才能在残酷的自然竞争中生存下来。但是这种认识在漫长的历史阶段中并没有应用于实践，农业的历史相比人类作为一个物种的历史要短暂得多。究其原因，目前认为这主要是因为以狩猎采集为生的原始人类缺乏足够的动机去从事农业生产——依靠打猎和采集野生植物，他们一般足以获得足够的食物，并且通过杀婴、堕胎、断奶等手段限制人口数量，度过食物匮乏的阶段。从个体角度来看，以农业生产为主要的食物来源与通过狩猎采集获取食物并没有太大区别，许多研究甚至表明人类从狩猎采集转向多种作物采集，最终完全转向农业生产的过程中,身体素质呈现下降的趋势,包括身高降低、疾病增加等,且狩猎采集群体利用相对较少的劳动时间就能满足自身需求。此外,在人类历史上可驯化的动植物种类极为有限,而且分布并不均匀,部分原始人类居住的地区非常缺乏适于驯化的动植物。那么,原始人类为何要放弃狩猎采集生活而转向农业生产?有观点认为,冰河晚期剧烈的气候波动打破了人与自然间的平衡,相比继续狩猎采集,农业生产的优越性逐渐展现。而且随着人类的不断扩张以及技术水平的进步,天然食物资源逐渐减少,狩猎采集可获得的食物与人类需求量之间的矛盾越来越大,定居农业生产的优势逐渐显现出来——在有限的生存空间内,采纳农业可以养活更多的人口,而人口数量对某一原始人类族群的竞争力具有决定性的意义,尽管族群中多数个体的生活条件未能得到提升。

现有考古学证据表明,农业最早开始于背山面水的山麓地带,而非平原或山区;因为平原地区地势较低,植物茂密,沼泽密布,难以利用石制和木制工具进行开发,而山地缺少适宜农作的土地,也往往缺乏充足的水源。最先被驯化的植物可能是薯类和禾谷类。薯类在采挖后残留在土壤中的部分可长成新的植株,禾谷类植物分布广泛、适应性强、生长期较短,且成熟期较为一致、方便储藏,容易进行驯化和种植。

农业扩张过程中,人类社会形态的变化也格外值得关注。亨利·伯恩斯坦将所有社会按照演进顺序分为"生存社会"、"农业阶级社会"和"资本主义社会"三个大类,原始文明时期的"生存社会"在消费水平和人口规模基本稳定的基础上进行再生产,小群体内部的阶级分化并不明显。而农业的出现使得人口规模和密度不断增长,在此基础上,建立一种促使人类群体进行大规模合作的社会体系显得非常必要,由此产生了阶级的分化,统治阶级、国家、城市的出现和发展壮大就成为农业阶级社会的主要特征,在满足群体竞争与生存所需之外,文明进步的需求逐渐成为农业系统发展的主要动力。

二、农业文明

对"文明"一词的定义在不同学科中并不相同,但对历史学和考古学而言,城市化和国家的产生是文明的基本特征,而这两点与农业生产密不可分。在农业社会中,农民的产出不仅要满足自己的需求,还必须用于供养一小部分不从事直接生产的阶级,如国王、神职人员、官员、士兵等,他们生活在城市当中,是国家的主导力量。这种关系的实质是剥削性的,但剥削关系并非固定不变,受到过分压迫的农民会起义反抗城市、推翻统治阶级,而统治阶级为了维护秩序也会维护农业发展、减轻农业负担,或者部分地开放政权,为阶层流动提供空间。从客观上讲,没有在国家体系下对农民剩余产品的索取,文明的进步就不可能实现。农业文明时期另外一个值得注意的特点是,与工业社会相比,统治阶级并不会用征收来的剩余产品进行再投资,也不会采取系统措施有意识地提高社会生产能力。

历史上有不少由于农业无法支撑其过度发展的城市社会从而衰落的文明,例如兴起于两河流域的美索不达米亚文化和生活在地中海沿岸的腓尼基人。由于城市与农村在地理上的分离和人口密度上的不对称,以农产品的方式从土壤中带走的养分随着时间推移使得土壤肥力不断降低,而城乡在地理上的相对分离以及养分在循环过程中的自然损耗使得农田养分一直处于相对亏缺的状态,这是农业文明普遍面临的问题。舒尔茨在《改造传统农业》一书中指出,传统农业虽然贫穷但有效率，在实施传统农业的技术条件下，虽然农业生产率低，但要素配置已达到最优状态，“依靠重新配置受传统农业束缚的农民所拥有的要素，不会使农业生产有显著的增加。”因此他认为，技术停滞是传统农业落后和贫困的主要原因。即便到了17—18世纪，西欧的半农奴社会仍无法生产出足够维持温饱的农产品，更难以满足大型城镇的需求，国家不得不进口由东欧农奴生产的粮食，这些粮食支撑了其后的文艺复兴、宗教改革、启蒙时代乃至科学革命。而在我国，虽然历朝均坚持以农立国，统治者极度重视农业生产，也较早地发展出精耕细作的农业技术，但由于肥料资源的严重不足以及自然灾害等因素的综合影响，只是维持了较低的食物供给水平，贫苦农民长期挣扎在温饱线上。在农业文明时期，虽然技术不停发展，文明也在不断进步，但总的来说人类通过技术手段改造自然界的能力极为有限，社会的经济增长也很缓慢。

三、工业文明

工业文明的源起可以追溯到16世纪的科学革命，但科学的进步并不必然意味着技术以及工业的发展，只有在科学知识积累到一定程度并与技术充分地结合起来，形成二者互相促进的发展趋势时，人类利用技术促进生产、改造自然的能力才大大增强了。直到18世纪，在商业和贸易需求的驱动下，以机器取代人力、以大规模工厂化生产取代个体手工生产的工业革命才真正到来。与工业革命相适应，农业的工业化在欧洲开始了萌芽与准备，但是工业对农业生产的广泛促进要到很晚才得以实现。

工业革命的产生与资本主义发展密不可分。就其本质而言，资本主义通过扩大生产规模、提高生产率来剥削劳动者，获得利润的积累；作为工业大发展之前国民经济主要支柱的农业，成为资本主义对经济利益的追求中首当其冲的改造对象。在小农生产为主体的状态下，基本自给自足的农民并没有充足的动力成为资本主义工厂或大农场的雇工。为了解决”这一问题，在资本的原始积累过程中，原先的自耕农被剥夺了土地，形成无地的劳工阶级。在英国，这一过程是通过将土地商品化并出租给资本主义租地农场主来实现的(圈地运动)；在普鲁士(德国)，前资本主义的封建地主阶级转向资本主义商品生产，将之前的农奴转变为靠工薪生活的农业工人，并经常从其他贫穷地区招募季节性劳工；美国的情况比较特殊，其北部有许多独立的小规模土地所有者，而南方有许多专门种植经济作物的奴隶种植园，到了19世纪60年代，商业性的家庭农场开始在美国普及，而劳动力的相对短缺和较高的工资成本促成了农业机械化的发展；日本和韩国的工业化过程中并没有通过类似英国的“圈地运动”来剥夺农民，而是通过对农民的过度征税来积累资本，这一点在中华人民共和国成立初期工业化进程中也有所体现。

需要指出的是，为追求经济利益而进行的农产品商品化并不是大多数农民的自愿选择，而带有很大的强制性。这种商品化一定程度上提高了劳动生产率，但并未很快地增加土地生产率，劳动生产率的提高也往往建立在对国内或国外贫苦农民利益的损害之上，更不用说在种植园中劳作的无数奴隶了。第一次工业革命以铁、煤和蒸汽动力为主要的物质基础，先发国家的农业劳动力逐渐转向城镇和工业生产，新式马拉农具逐渐推广，并开始少量使用化肥，但并未给农业生产技术带来革命性的变化。直到第二次工业革命后电力、化工、石油和内燃机的出现和发展，才真正开始提高了土地生产率，但这些新技术在发达国家的大范围推广也只是到20世纪40年代之后才普遍实现。19世纪后半叶美国最早开始推广半机械化农具，农业劳动力占总劳动力的比例由1790年的80%、1860年的59%减少到1910年的30%。尽管如此，直到20世纪初马拉农具仍是欧美农业的主体，化肥施用量在20世纪初仅为200×10^4 t，且以磷肥为主，氮肥很少，1912—1913年全世界氮素化肥用量只有7 000 t。1940年以前，世界总人口还不到22亿，粮食单产仅比中世纪时期略高，即便在发达国家，食物供给也只是勉强满足需求，其他国家则存在普遍的饥荒和营养不良。据估计，1920年美国小麦和玉米的单产分别为600 kg/hm^2 和1 500 kg/hm^2，而1850年我国河北省粮食单产为810～915 kg/hm^2，河南省为930～1 125 kg/hm^2。1934—1938年，发达国家谷物平均单产也仅为1 150 kg/hm^2，相比1949年我国的平均粮食单产975 kg/hm^2 并无很大优势。但到了1940年以后，在发达国家化肥、农药的大范围推广应用、遗传学对作物育种的大力推动以及内燃机驱动的农业机械对农业劳动生产率的提升等多种因素的共同作用下，发达国家的作物产量大幅度提高，这一进步也逐渐扩展到发展中国家，带来了广为人知的“绿色革命”，小麦、水稻等主要粮食作物的单产成倍增加。通过扩大耕地面积、改良品种、改进管理措施以及改善作物营养，世界粮食总产量由1934—1938年的6.4×10^8 t增加到了1978年的15.82×10^8 t。

与农业的工业化不同，农业商品化在工业文明发端之前便广泛存在于世界各地。在农业社会中，经济的主体是农业，其他经济部门在国民经济中占据的比例很小，且对农业有很大的依赖性。因此，只有农业发生了重大变革，农产品数量足以满足需求的前提下工商业发展才具有坚实的基础。但是纵观资本主义工商业的发展历史，可以清晰地看出工业革命带来的技术力量在较为晚近的19—20世纪才真正提高了土地生产率并减少农业劳动力投入。先发的工业国家如何保障非农人口的食物需求？这与西方国家凭借科技优势而采取的殖民扩张以及其在全球贸易中的支配地位有密切关系。一个国家要想获得满足国民需求的农产品数量，其手段无非是：增加单位面积产量或扩大农业生产面积，或是二者的结合。在单产没有显著提升而本国可开发的农业土地面积有限的情况下，利用贸易或军事手段从外部获取农产品，甚至直接占领土地，就成为必然的选择。

商品化农业，或者说资本主义农业的突破率先发生在荷兰，从14世纪中期开始粮食价格不断下跌，荷兰从东欧国家进口大量农奴劳动所生产的粮食，支撑本国的畜牧业生产和粮食需求。英国的农业发展与之相似，圈地运动加上种植饲料作物代替休耕，生产用于贸易的畜产品。荷兰和英国的农业模式在自然条件更为优越的美国得到了更好的发展，特别是在美国南部地区，但因劳动力不足以及对高额利润的追求，大量依赖黑奴劳动。但是尽管南方农业高产，北方却更多掌握着农产品的加工和贸易，为内战后美国的大规模工业化积累了资本。建立在剥削无地农民乃至农奴基础上的商品化农业生产降低了粮食价格，欧洲的农民无法与廉价的进口粮食竞争，转而生产更加高附加值的水果、蔬菜和乳制品。直到20世纪，发达国家基本完成了农业机械化，并开始普及使用化肥、农药，才真正提高了农业生产效率，不仅满足自身需求，还能以低廉的价格出口。今天农业面临的矛盾不是总的生产能力不足——从全球角度来看粮食生产并不存在绝对短缺——而是大量贫穷的人口因为缺乏购买力而不得不忍受饥饿。

四、生态文明

工业文明的发展使得人类征服自然的历程达到了一个转折点,生态环境已越来越难以承受工业化的侵袭和破坏。与此同时,不可再生的化石能源和主要矿物资源逐渐减少,动摇了工业文明的物质基础。能源转换的革命是工业革命的核心,从理论上讲核聚变为人类彻底摆脱能源不足的束缚带来了一线希望,然而受技术水平的限制,可控核聚变依旧遥不可期,光能、风能等新能源从数量和成本上也难以与化石能源相抗衡。在此背景下,建设生态文明日益成为时代发展的必然趋势。党的"十八"大确立了生态文明在我国新阶段社会主义建设中的突出地位,明确指出"面对资源约束趋紧、环境污染严重、生态系统退化的严峻形势,必须树立尊重自然、顺应自然、保护自然的生态文明理念,把生态文明建设放在突出地位,融入经济建设、政治建设、文化建设、社会建设各个方面和全过程。"农业是与自然之间关系最为紧密的产业,自然成为生态文明建设的重要领域。

受耕地面积减少、环境污染、水资源匮乏、农业生态功能减弱等不利因素影响,当前我国乃至世界的农业发展都面临困境,以牺牲资源和环境为代价片面追求经济效益的农业发展模式遇到了难以突破的瓶颈,食品安全问题、粮食安全问题、乡村社会安全问题以及地理生态环境安全问题亟待解决。在生态文明时期,可持续发展已经成为推动农业系统变革的根本动力。转变农业发展方式,探索资源节约、环境友好的发展路径,将资源环境的合理利用与保护融入农业产业发展当中,是未来农业发展的正确方向。

第四节　农业系统动力原理的现实意义

本章阐述了在人类文明与社会发展的各个历史阶段中推动农业发展的主要动力。前面探讨的群体生存与竞争、文明进步、经济利益和可持续发展四种农业系统基本动力在不同的发展时期互相影响、交替存在。但在不同时期,需要解决的主要矛盾有所区别,农业乃至整个人类文明就是在这些基本动力的推动下不断进步的,掌握农业系统动力原理有助于我们更好地思考和把握农业未来的发展方向。经过成千上万年的努力,今天的人类终于基本摆脱了饥荒的阴影,但是新的问题随之到来:人类无止境的欲望正将我们与生态环境的矛盾推向顶峰。要想缓和这一矛盾并取得进一步的发展,技术的提升是必要的,但更需要变革的是我们的思想和理念。想要实现农业可持续发展,需要技术、经济、社会等多学科的密切合作。

农业生态学教父:绿色革命是彻底的失败

据《参考消息》报道,农业生态学教父、美国加利福尼亚大学伯克利分校农业经济学教授米格尔·阿尔铁里在接受《新苏黎世报》采访时说,绿色革命仅仅使一小部分农民受益,同时绿色革命使得生态多样性遭到破坏,环境负担加重。因此,他认为"绿色革命是彻底的失败"。

米格尔·阿尔铁里是加州大学伯克利分校农业经济学教授,拥有美国和智利双重国籍。他曾在多个国际机构担任农业生产和食品领域的顾问。他认为自己是“南方国家大使”,非常关注发展中国家的利益。

以下是《星期日新苏黎世报》记者帕特里克·伊姆哈斯利对米格尔·阿尔铁里的采访原文:

粮食多被用于投机目的

帕特里克·伊姆哈斯利问:世界上有多少人忍受着饥饿?

米格尔·阿尔铁里答:数量在8.5亿~10亿人之间。他们大多生活在非洲、亚洲以及部分南美地区。但是人们往往忘记的是第一世界,美国仍有200万人承受着饥饿。

问:另一方面,最近25年来发展中国家饥饿人数不断下降。这是如何成为可能的?

答:事实上如今可供支配的大米、玉米和豆类更多了。但这并不意味着人们就真的吃好了。就算如今有更多的人可以获得食物,很多人——特别是儿童——仍没有获得适当的营养。营养不良仍是目前而且仍将是一个巨大的问题。

问:2050年地球上将有90亿人生活。也就是说我们就必须比现在多养活大约20亿人。我们需要像20世纪60年代那样的绿色革命吗?

答:不需要。如果有几点发生改变的话,我们现在就可以养活90亿人。必须改善的是获得食品和土地的可能。大企业控制着食品的供应体系,而且粮食被用于投机目的。此外,如果我们能将美国和欧洲所浪费的粮食运往非洲,就可以养活整个非洲。

问:您打算怎样完成这样的转运呢?

答:当然,这样的事情无法具体实行,对我来说关键在于形象地说明食品供给体系的不平等。在相应的政治意愿下可以轻易改变的比方说有“幽灵种植”的现象。我借此来指实践中非洲、亚洲或者拉丁美洲耕种的大量土地仅被用来满足北方国家需求的现状。想一下吧,那里种植的大量豆类被拿到欧美加入精饲料后喂牛。只有当我们不愿意消除现有的不平等的时候,才需要将食品产量翻一番。

绿色革命破坏生态环境

问:不管怎样,绿色革命通过提高农业产量保证了数百万人的饮食。

答:比如说拉丁美洲,那里只有大约10%的农民从绿色革命中受益——那些能耕种很大面积并负担得起肥料和杀虫剂的农民。归根结底,主要是像凯洛格这样的大食品企业借此保证了他们的谷物补给。但小农被从他们土地上赶走,地方种植的多样化是消失了,而肥料和杀虫剂则加重了环境的负担。看一下这些生态和社会影响,就不得不说,绿色革命是彻底的失败。

问:人们如何能够在不破坏环境的情况下养活不断增长的世界人口呢?

答:借助35年前在拉丁美洲形成的农业生态学理念。农业生态学将西方学术界的宝贵方法和来自南方国家的传统知识相结合。生态学和土壤研究的发现以及有机杀虫是一方面,有上千年历史的土地耕作法是另一方面。

问:这具体意味着什么?

答:如果土壤中氮含量太少,那么这不是因为添加的氮太少了。而是导致氮形成的微生物进程中出了问题。要重新令其恢复正常。或者拿害虫问题来说:这往往要归咎于单一的种植以及因为单一种植而失去的自然多样性。也就是说,人们必须缔造害虫的天敌能够逗留居住的环境。此外成百上千的研究表明,混合种植的生产率高于单一种植,因为混合种植对光、水和营养成分的利用更为高效。

问:按照这样崇高的原则耕种土地的小农也不能够养活世界。

答:小农在全球仅控制着30%的土地,他们消耗的水仅占20%,但它们生产的食品却占60%~70%。如果给他们70%的土地,食品供应问题一下子就会解决了。

饥饿归咎于供给不平衡

问:您所推广的农业生态学与至少在欧洲相当流行的有机农业差别在哪里?

答:差别相当大。农业生态系统尤其以其基因和物种的多样性为特征。这使得该系统可以自我调节。相反80%的认证有机种植天是单一的种植的。他们运作的逻辑适合传统农业相同的。他们只是不使用化学农药,而是使用有机物质。

问:您对有机农业的评价有相当大的批判性。

答:有机认证的成本很高,在加利福尼亚,大约有3%的有机农业控制着70%的有机市场。因此小农受到挤压,工业化农业的错误一再重复。此外有机方式生产的食品价格更高。相反,农业生态学缔造了新的团结一致的市场,并且使得所有人都可以获得他们的产品。

问:但是有机生产的食品是发展中国家农业的一个重要立基——得到品质认证的有机农业80%生活在第三世界。

答:这种发展不是可持续的,因为生产是为了出口,对当地的食品安全没有任何贡献。有机农业没有对占据主导的模式形成挑战。他利用了全球化资本主义经济留给他的窗口。因为他这么做了,所以他是问题的一部分,而不解决方案的一部分。

问:小农是好的,农业生产是坏的,或者反之——为什么总是这样非黑即白的思维方式?

答:因为在食品供应问题上,各种范例是相互抵触的。孟山都农产品公司不会养活全世界,而是通过销售种子和除草剂赚大量的钱。因此它也影响着学术机构的科研安排。另一方面,农民运动也得到进步学者的支持,我自己也是其中的一员。我们认为,饥饿与食品生产没有那么大的关系,而是与应当消除的不平等有关。归根结底这是一场政策讨论。

问:生物技术可以为可持续农业做出贡献么?

答:目前全球生长着转基因作物的 2.8×10^{8} hm^2 土地中,没有一块为养活受饥饿的十亿人做出了贡献。转基因棉花和油菜籽不能吃,玉米被加工成生物燃料,而大豆则被用作牛饲料。

思考题

1. 农业系统的基本动力类型有哪些?

2. 当今世界农业系统动力正在发生怎样的转变?其内在原因是什么?

3. 简述不同历史时期农业系统动力的发展变化情况。

4. 结合当前实际,举例说明农业系统动力原理的意义。

推荐读物

1. (英)亨利·伯恩斯坦. 农政变迁的阶级动力. 汪淳玉译. 北京:社会科学文献出版社,2011.

2. David J. Connor, Robert S. Loomis, Kenneth G. Cassman. 作物生态学——农业系统的生产力及管理. 2 版. 北京:中国农业出版社,2016.

不管哪一门学科，都离不开对系统的研究。系统工程和系统科学在整个21世纪应用的价值及其意义可能会越来越大，而其本身，也将不断发展，如现在的系统科学已经上升到研究复杂系统，甚至是复杂巨系统了。像人的大脑、互联网等，就是复杂巨系统。这在国外也是一个热门，叫复杂性科学研究。

——钱学森

复杂性科学是一门21世纪的科学。

——乔治·考温

20世纪的文明是微观的，我们认为21世纪是宏观与微观应结合成一体。

——李政道

第十四章 农业系统复杂性原理

本章核心内容

- 系统属性包括整体性、关联性、层次性、可控性、时序性，他们共同构成系统的复杂性，也可以说系统的整体性、关联性、层次性、可控性、时序性是系统复杂性的五个维度。
- 复杂系统理论(system complexity)是系统科学中的一个前沿方向，它是复杂性科学的主要研究任务。复杂性科学(complexity science)是研究系统行为和性质的科学，其研究的核心是复杂性及整体涌现性机制。
- 农业是一个复杂适应系统，属于复杂性科学研究的范畴，因而必须抛开就农业生产论农业的简单方法，转变思维方式，运用复杂性科学的研究方法看待农业和农业生产中的复杂问题。
- 农业系统作为社会—经济—自然三者的复合体，是一个复杂系统，其研究的核心是可持续性发展。

第一节　农业系统复杂性的概念

一、系统的概念

系统是由若干个(两个或两个以上)相互联系、相互依赖、相互制约、相互作用的元素组成的具有某种特定功能的有机整体。系统学是研究系统结构和功能(系统的演化、协同和控制)一般规律的科学,这是系统科学的基础理论。系统科学以系统为研究对象,而系统在自然界和人类社会中是普遍存在的。客观世界存在着各种各样的具体系统,按着不同原则可将系统划分为各种不同的类型。例如,按着系统的形成与功能是否有人参与,可划分为自然系统和人造系统。如果按系统与其环境是否有物质、能量和信息的交还,可将系统划分为开放系统和封闭系统;当然,真正的封闭系统客观世界中是不存在的,只是为了研究上的方便,有时把一个实际具体系统近似地看成封闭系统。如果按系统状态是否随着时间的变化而变化,可以将系统分为动态系统和静态系统;同样,真正的静态系统在客观世界中也是不存在的,只是一种近似描述。若按系统物理属性不同,又可将系统划分为物理系统、生物系统、生态环境系统等,按系统中是否包含有生命因素,又有生命系统和非生命系统之分等。

系统属性包括整体性、关联性、层次性、可控性、时序性,他们共同构成系统的复杂性,也可以说系统的整体性、关联性、层次性、可控性、时序性是系统复杂性的五个维度,如图 14-1 所示。

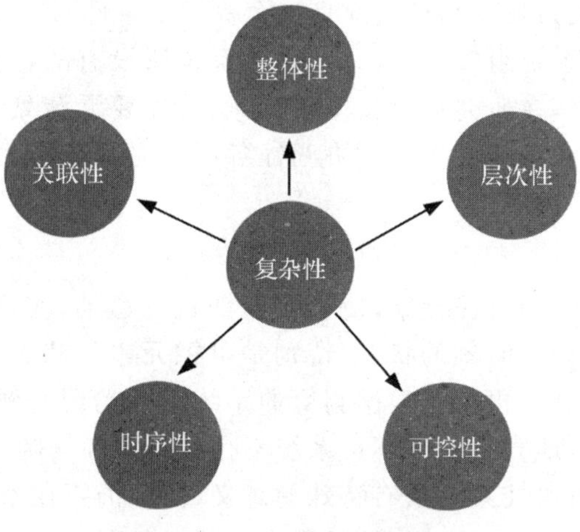

图 14-1　系统复杂性的维度

(一)整体性

整体性是指系统整体具有各组成部分自身独立存在时所不具有的性质,一般情况下它不等于各组成部分性质的简单相加,而且不能回溯到个组成部分。构成系统的相对独立的部分称为子系统,系统不同不可再分的最小单元称为系统元素。系统可由若干从属于它的子系统构成,而它本身又是一个更大系统的子系统。系统整体的功能与系统组成部分的性能与数量有关，一个水分子谈不上溶解氧气和自净能力，许多水分子形成湖泊、江河、海洋，组成一个水系，就具有溶氧和自净能力。

(二)关联性

关联性包括内部关联和外部关联两个方面。内部不关联是指系统组成部分与系统整体之间的关系和系统各组成部分之间的相互关系。系统各组成部分以一定形式相互联系，并满足一定的数量关系，形成一定的内部结构，从而使系统呈现出相应的特性。在农业生产中，氮肥、磷肥、钾肥和有机肥以不同比例施用时，作物的产量就不同。总之，系统组成元素的数量匹配协调，联系形式合理，排列组合有序，系统内部结构就好，系统整体功能就强；反之，系统内部结构就不好，系统整体功能就差。外部关联是指系统整体及其组成部分与环境之间以一定的数量和方式输入输出物质、能量和信息。为使系统在给定时刻和环境里实现正常的功能，要求系统有相对稳定的内部结构；为使系统在变化的环境中也能实现正常的功能，要求系统有比较灵活可变的内部结构。系统结构即稳定又可变的二重性，是系统内部关联和外部关联综合制约的反映。为使系统与环境相适应，可以调节系统内部结构，使其适应变化了的环境；也可以创造条件改变环境，使其满足系统发展的要求。农业生产实践中，不论采用哪种方法，都必须是系统和环境处于协调运行的良好状态，否则系统和环境都会受到损害。总之系统功能取决于系统的内部结构，但又必须在一定外部条件下才能充分发挥作用。

(三)层次性

系统向上可逐层综合，组成一层比一层更庞大复杂的系统，直至整个宇宙；系统向下可逐层分解，分解为一层比一层更小的系统，目前已深入到层子的范围。系统的层次是自然界和人类社会从简单到复杂，从低级到高级的发展和进化过程中形成的。低层次系统是高层次系统发展的基础，高层次系统又反过来带动低层次系统的发展。例如，人类驯化了野生稻麦才有了种植业，而种植业的发展又为稻麦品种的改良培育提供了条件。

高层次系统由低层次系统组成，但具有低层次系统所没有的特性(功能)。由于不同层次的系统有密切的联系，所以，在研究一个具体系统时，首先要弄清处于哪个层次。然后根据需要确定向上和向下所必须涉及的层次。要协调好各层次之间的关系，这样才能取得好的整体效益。

(四)可控性

人们通过调节可控系统的可控元素，使它按预期轨迹运动，实现预期的目标。为此，首先必须能准确及时地测得系统各时刻的状态，特别是可控元素的状态。其次必须准确及时地把测得的结果传送到控制中心。再次是根据测得的系统实际情况与预期要求的差距，调整可控元素。应当指出天体运行，地壳运动等不可系统不存在可控性问题。因此，可控性并非一切系统共有的属性，但由于它对可控系统具有特殊的意义，所以仍要在系统研究中加以探讨。

系统元素的可控与否是相对的。在较低层次上不可控的因素，在某个高层次可能是可控的；在一种条件下不可控的元素，在另一种条件下可能是可控的；现在不可控的元素，随着科学技术的发展可能变得可控。例如，我国粮、棉、烟等农产品的价格，在省、县级是不可控的，但是在国家级系统就是可控的。一个现实系统常常有许多可供选择的控制策略，其首要任务是寻求使系统能带来最好整体效益的控制策略。

(五)时序性

任何系统都随时间而运动和发展，并在一定调价下转化为另一种形态的系统，因此，任何系统都是由若干个发展阶段组成的动态的过程系统，当系统处于缓慢量变阶段或系统变化所持续的时间与所研究系统的寿命相比，可以忽略不计，并且它的变化对系统功能的影响也可忽略不计时，就可静态处理这种变化；当系统的量变积累到一定临界值而发生急剧质变时，系统结构、性能都能发生重大变化，甚至可能解体重组，呈现出全新的功能，转变为新系统。在研究现实系统时，必须弄清系统所处法发展阶段，预测其变化趋势和速度，制定相应的贮备措施，留有足够的发展余地，特别要注意系统不同发展阶段的更替或衔接。

我国著名科学家钱学森在对系统进行全面、细致的分类基础上提出开放的复杂巨系统理论。根据“子系统的数量以及它们的关联关系的复杂程度”，钱学森对系统做出如下划分（图14-2）：

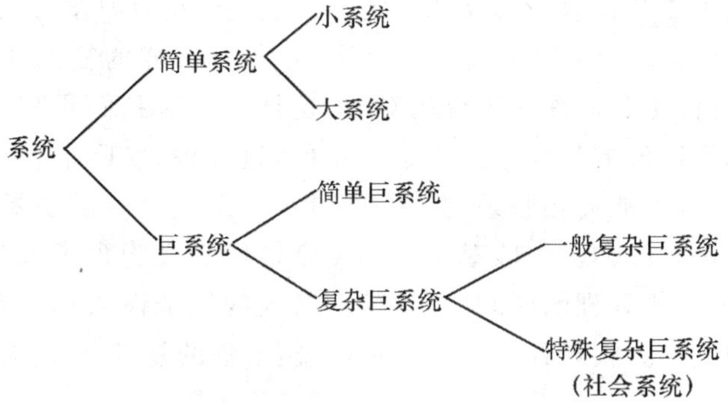

图 14-2　系统的构成与分类

钱学森认为，所谓开放的复杂巨系统是指子系统众多并有层次结构，子系统之间关联复杂，并且与环境连通的系统。钱学森一反国外从抽象定义出发理解复杂性思路，主张从方法论角度来认识复杂性。他指出：“所谓复杂性实际上是开放的复杂巨系统的动力学”。开放的复杂巨系统（Open complex giant system）是“开放的”，系统本身与系统周围的环境有物质、能量、信息等的交换。系统所包含的子系统很多，因而是“巨系统”。巨系统内子系统的种类繁多，每个子系统既参与整个系统的行为活动，又受整个系统和环境的影响，形成复杂的相互作用，高度非线性，并且有许多层次结构，各层次结构之间的关系也很复杂。这是界定一个系统是否是“开放的复杂巨系统”的根本标准。开放的复杂巨系统的主要性质可以概括为：开放性、复杂性、进化与涌现性、层次性、巨量性。开放的复杂巨系统广泛存在于现实世界中，其中社会系统是最复杂的一类。

二、复杂性的概念

科学史表明，近代科学发展的主旋律是沿着古代科学家毕达哥拉斯、阿基米德等人开创的方向前进的，即探索自然现象所蕴含的简单性、和谐性和规律性，并且把它用直观的数学形式或语言形式表达出来（王鸿生，1996）。在简单性原则和还原论的指引下，科学的发展取得了辉煌的成就，但这种科学研究从一开始就遇到了困难：它不能解释自组织和整体功能涌现现象，人们不得不逐渐认识复杂性是世界的本质属性。复杂性是客观的，不是简单性的线性组合和现象，特别不仅仅是简单性的表现结果。随着科学的发展和技术的进步，20 世纪自然科学不再像以往一样偏重于在复杂性中探索简单性而忽略了在简单性中探索复杂性，科学研究开始重视复杂性问题的探讨。系统论、控制论和信息论以及耗散结构理论、协同学、超循环论、突变论、分形几何和混沌学等新科学理论也相继诞生，为解决复杂性问题提供了新的方法和思路，促进了全新的自然观和方法论的发展，进而引发了研究复杂性和复杂系统的复杂科学，在科技界、产业界、金融界、政府和社会公众都引发了广泛的兴趣和关注。尽管在复杂性的概念和研究领域尚存在较大分歧，但已经被有些科学家誉为是“21 世纪的科学”，是现代科学的前沿之一。

复杂系统理论(system complexity)是系统科学中的一个前沿方向，它是复杂性科学的主要研究任务。复杂性科学(complexity science)是研究复杂系统的行为和性质的科学，它的主要目的就是要揭示复杂系统的一些难以用现有科学方法解释的动力学行为。目前复杂系统理论还处于萌芽阶段，它可能孕育着一场新的系统学乃至整个传统科学方法的革命。

复杂性这个概念有很多不同方面的意义，然而，不管什么样的复杂性，他们都有一些共同的特性。这些不同的特性是我们深入研究的对象，这种深入对我们研究复杂性系统是很有益的。不管什么事物，都可以说成是复杂的或是简单的，这样说，实际上包括了主观色彩。因为复杂性是与人对事物的认识能力相联系的。一件事对一个人可以说是复杂的，而对另一个却可能是很简单的(罗雪山，1990)。一般对于事物复杂性的定义隐含了人与事物间的关系。复杂性对人来说是难于理解或处理的，即某事物相对某人的复杂性依赖于人与事物间的交互作用，依赖于它们交互作用的方式与程度。因此可以说：事物的复复杂性体现在事物观察者的眼睛里。

在多数情况下，人与事物之间的相互作用实际上有无限种方式，结果造成这种相互作用从来不会完全，人对事物的认识是永无止境的(罗雪山，1990)。人认识事物总是基于自己的兴趣来区别这一事物与其他事物不同的属性。这些属性的数目往往是有限的，而且这些属性并不能由观察者直接得到，要通过从它们抽象的映像得到。这些映像是由人感知出来的。

人是通过自己的感觉器官来感知世界的。事物的主要属性是有限的，人所感知的这些属性的映像也是有限的。这些抽象出来的属性的映像，我们称之为变量。人与所感应趣的事物相互作用，便可建立一组变量，我们说这是从该事物中区分出的一个系统。因此，“系统”这个术语总是被视为对事物某些方面的抽象或映像，而不是实际的事物，换句话来说，系统是观察世界的一种方式。这种区分事物与系统的思想在阿什比的著作中有很精彩的描述。他认为，系统的意义不是别的，乃是一集变量。

我们处理的是从事物中区分出来的系统，而不是事物本身，因此将复杂性视为事物本身的内在特性是不尽合理的。但这并不是意味着我们在本体论上否认事物复杂性的存在，我们仅仅认为，与系统的复杂性概念相比，事物的复杂性这一概念在认识论和方法论上是空洞的，无意于我们的研究，而把复杂性看作体现在观察者眼中的方法是唯一可行的度量复杂性的方法。

关于系统复杂性的一般性原理：

系统是物质客体的某些特性的一个抽象或映像，而不是物质客体本身。即使是对同一物质客体，不同的观察者关心和感兴趣的东西不同，因此抽象出的系统也必定不尽相同。对于任何系统，其复杂性都有两个方面，可用两个原理来表述。

系统复杂性第一原理：任何系统的复杂性应该与描述这个系统所需的信息数量成正比。此处，“信息”这个术语仅是句法信息意义上的，即不是语义信息或现实信息，有关这三种信息的定义参见文献。这种复杂性成为描述性复杂性(descriptive complexity)。

一种也许是最简单的描述性复杂性的表示法是用系统中实体的数目(变量、状态、组件)和这些实体间的关系来衡量。的确,当系统中实体的数目及实体间的关系增加时,我们处理系统的能力就要降低。还有许多不同的方法可用来表示系统的描述性复杂性。

三、复杂性研究的主要领域和方法

复杂性科学兴起于 20 世纪 80 年代。1984 年,在诺贝尔奖获得者 Gell Mann 等人的发起与鼓动下,一批物理学家、理论生物学家、计算机专家和经济学家及其他学科的研究人员聚集于美国新墨西哥州 Santa Fe,组织了一个松散的研究团体,称为 Santa Fe 研究所(SFI)。研究所的主要研究目标即是对复杂性的研究,寄希望于通过多学科交叉研究,进一步形成有关复杂系统的一般性理论,即复杂性理论。SFI 科学家们通过多年的、不断深入的研究,逐步说清楚了他们对复杂性的理解。复杂系统是由大量相互作用的单元构成的系统,复杂性的研究内容则是研究复杂系统如何在一定的规则下产生有组织的行为。可以看到,SFI 的科学家们对复杂性的说法恰与混沌理论研究内容相反(即系统根据简单规则产生混沌行为),所以 SFI 又将其复杂性研究称为反混沌(antichaos)等。近年来,SFI 的一些科学家拓宽了复杂性的研究内容,把兴趣逐步转移到对混沌边界(edge of chaos)的研究上。至今为止,SFI 在复杂性方面的研究内容主要包括上述两个方面。而在国内,1986 年以来,在钱学森指导的“系统学”讨论班,对有关复杂性系统的一些问题进行了探讨。在经过 5 年的探讨与实践后,于 80 年代末,把对系统的研究加以拓广,提炼出开放的复杂巨系统的概念,并总结概括了处理开放的复杂巨系统的方法论。在这个方法的基础上,形成“从定性到定量综合集成研讨厅体系”的构思,把复杂系的研究推上了一个新的台阶。并从概念上弄清了“复杂性”问题,得出了如下结论:“复杂性”实质上是开放的复杂巨系统的动力学,或开放的复杂巨系统学的问题。由于开放的复杂巨系统也把复杂系统、复杂巨系统、开放复杂系统等作为特殊情况,所以复杂性的研究自然也把这些类系统的动力学特征概括在其范畴之中。综上所述,这就对复杂性的研究方向有一清晰的把握。关于复杂性、复杂系统的研究许多地方都在进行,尤其是复杂系统的研究,国内就有很多学者在进行工作。

从认识论层面上看,复杂性研究改变了人们认识问题的视角,使人们更加注重从整体论出发,以整体和还原相结合的视角来研究认识事物。目前,复杂系统研究主要集中在人脑系统、生命系统、生态系统、社会系统、经济系统、互联网系统等方面。从方法论层面看,借助计算机等现代工具发展了一套解决复杂系统问题的方法,如神经网络、元胞自动机、多智能体、遗传算法、综合集成研讨厅体系等,成为问题探索的有力工具。

四、农业系统是开放的复杂巨系统

农业是人类最早的生产部门,又是世界上分布最广,涉及面最大的生产部门。在时间和空间上都存在着深远浩大而又十分精巧的特殊构造。数千年来人们在彼此隔绝的条件下,埋头于各自的生产分支,没有必要、也很少能对整体农业做出全面考察。但是随着科学的发展,交通运输的发达,人类农业活动手段的日益强大,农业生产已经逐渐打破历史上的狭隘地区限制,成为全球规模的事业。从农业生态系统的角度来看,东南亚热带雨林的游耕与非洲萨赫勒地区的游牧;西欧的草地农业与亚洲的谷物农业。

农业系统概念:农业系统是由若干个(两个或两个以上)相互联系、相互依赖、相互制约、相互作用的元素组成的具有某种特定功能的有机整体。

农业生态系统:农业生态系统,是在一定农业地域,人类根据生态系统原理,利用生物技术和生态机能,进行农业生产的综合体系,是一种人工生态系统。由一定农业地域内相互作用的生物因素和非生物因素构成的功能整体,人类生产活动干预下形成的人工生态系统。

农业系统是一种受人工控制的自然、经济系统。农业系统的功能应该是充分利用温、光、水、土、生物等自然资源,和劳力、各种生产资料、资金等经济资源,生产更多的各类农产品。农业系统的功能应该是不断改善环境,为农业生产持续稳定增产创造条件,为人类创造优美生存环境。

农业系统的环境是农业系统外部整体,或者说包围系统地整个空间。近一、二百年来,现代农业科学的各门专业学科(如作物育种学、作物栽培学、植物病理学、农业昆虫学、作物生理学、农业气象学、土壤学、肥料学、农业机械学、农业经济学等)对于各国与中国农业的发展都发挥着重要作用。但是农业生产实际上是一个十分复杂的系统,是一个综合性的整体。各门农业专业学科由于分工过细,对于农业整体性的问题都很少涉及。以致当代,关于农业的整体结构与整体功能等问题,人们的认识一般还不深。农业各专业学科分工过细的问题影响农科科技成果的效益,影响农业科技人才的培养,影响各级农业管理部门的决策水平,这已经引起许多农业领导人和农业科学家的关注。农业发展的经验与教训要求在农业科学中加强综合性和整体性的研究。

农业是一个复杂适应系统,属于复杂性科学研究的范畴,因而必须抛开就农业生产论农业的简单方法,转变思维方式,运用复杂性科学的研究方法看待农业和农业生产中的复杂问题。

第二节　农业系统的复杂性

现代农业系统研究的基本单元是农业系统。农业系统作为社会-经济-自然三者的复合体,是一个开放的复杂巨系统,其研究的核心是可持续性发展。农业系统的复杂性问题,可由农业类型的复杂性,农业生产过程的复杂性,农业生物的多样性,以及农业系统功能的复杂性、人类干扰的复杂性等构成。把这 5 个层次上的农业系统研究有机地联系起来,应用复杂性科学的概念和方法是分析农业系统问题,是 21 世纪农业工作者的解决农业系统问题的必由之路。

钱学森指出"复杂性是开放的复杂巨系统的动力学特征"。

农业系统是开放的复杂巨系统,是多规律并行作用系统。导致今日世界农业系统安全问题整体爆发的根本原因在于多数矛盾关系激化。农业系统安全问题的原因既在农业系统内,也在农业系统外,既在地理系统内,也在地理系统外。我们在农业实践中应谨记系统的层级结构及其相对稳定原理,不重犯笛卡尔当年的错误,正确应用系统工程方法与系统科学方法,解决复杂系统问题。

农业系统是个非线性的复杂系统,是由各个子系统组成的复杂适应系统。从宏观农业系统角度看,农业体系中的各个子系统是相互关联和影响的,并且表现出涌现性和自适应性的特点。

农业系统涉及农业、农村、农民这三个问题。实际上，这是一个从事行业、居住地域和主体身份三位一体的问题，但三者侧重点不一，必须一体化地考虑以上三个问题。“三农问题”是农业文明向工业文明过渡的必然产物。中共十六大后，一系列高层会议和政策举措已勾勒出中央新领导集体施政思路的概貌。由于新领导集体面临的问题和担负的任务与以前相比有很大不同，他们的施政思路展示出不少“新的东西”。这其中，对“三农”问题的态度极其引人关注。

农业系统是由农业、农民和农村三个子系统复合而成的复合型系统。所谓复合型系统性问题，指的是具有自然、经济、社会复合生态系统性质的问题。自然、经济、社会复合生态系统的物质流、能量流和信息流最初来源于自然生态系统，最终汇集到自然生态系统。自然生态系统既是社会复合生态系统的“源”，同时也是“汇”。

一、农业系统的相关问题

（一）粮食问题

粮食问题曾是千百年来困扰人类和历朝历代统治者的“天”字号的大问题，它不仅直接关系到国计民生的安危，也影响到世界的和平与安定。之所以有“民以食为天”之说大概源自于此。由于农业是为人类提供所需食物的基础产业，所以历朝历代的统治阶级都十分重视农业生产。

改革开放以来，随着家庭联产承包责任制的推行，农民的生产积极性得到了比较好的调动；随着种子革命和化肥革命的深入，加上农业生产技术的改进，生产水平有了大幅度提高，我国的粮食供应由过去长期的短缺转为供过于求，一个千百年来没有解决好的吃饭问题得以解决。我国粮食生产波动很大，人口呈刚性增长。1994 年，有一个叫作莱斯特·布朗的美国学者写了一篇文章《谁来养活中国》，声称中国必将出现粮食短缺，进而造成世界性的粮食危机。当时这篇文章在国内是被猛烈批判的，被定性为“中国威胁论”，但大家不要忘记我国解决温饱问题也只是近三十年的时间，而且是低水平的温饱，距最近一次的粮食危机并不遥远，发生在 1959—1961 年的粮食危机给国人带来的伤痛至今还刻骨铭心。所以说粮食安全问题仍然是国民经济中“牵一发而动全身”的头等大事，马虎不得。

我国政府解决粮食安全问题的基本方针是依靠自己的力量实现粮食基本自给。

21 世纪以来，中央连续 8 次下发指导农业发展的中央一号文件，不断加大对农业和粮食生产的扶持力度，有效调动和激发了各级政府及农民粮食生产的积极性，粮食综合生产能力稳步提高，食物供给日益丰富，供需基本平衡。但随着工业化、城镇化发展，人口增加和人民生活水平提高，粮食消费需求呈刚性增长；耕地减少、水资源短缺、气候变化等因素对粮食生产的约束日益突出，我国粮食供需将长期处于紧张状态，粮食安全面临严峻挑战。

从供求来看，近些年来我国粮食产量连续 8 年丰收，2011 年我国粮食产量达到 57 121 万 t，创历史最高纪录。但从需求来看，人口的快速增长使得我国的粮食总供给赶不上总需求的增长，供需出现的缺口需要通过进口来解决。

从价格来看，近些年来，由于农资价格不断上涨，当前国内市场上的主要粮食品种都有较大幅度的上涨。2011 年我国居民消费价格平均比上年上涨 5.4%，其中食品价格上涨 11.8%。今年我国居民消费价格上涨的幅度更是高于去年，尤其是食品价格。

从粮食区域结构看,我国粮食生产继续向优势区域集中,区域间的粮食供需差异对粮食流通形成压力。同时我国粮食库存品种结构与消费结构不完全适应,需要进一步改善。

从国际形势来看,受美元贬值,原油价格上涨,大量粮食用于燃料乙醇生产、需求大幅增加、部分主产国粮食因灾减产、一些国家粮食供求紧张等因素影响,当前国际市场上的主要粮食品种都有较大幅度的上涨。尤其是我国加入 WTO 后,国际粮油巨头凭借其资本、技术及经营管理等优势,对我国农业和粮食产业不断渗透,政府对市场调控的难度不断加大,风险不断增加。

(二)农业政策问题

过去农民总结农业的变化有三句话,叫一靠政策,二靠科技,三靠投入。今天和今后仍然如此。新中国成立以来,我国"三农"政策的演变大体可划分为三个时期。

1.1953 年至 1978 年:计划经济体制下的农业养育工业政策

在工业化浪潮席卷全球的国际经济背景下,新中国成立之初即确立了国家工业化战略,即优先发展重工业的赶超型的社会主义工业化战略,以及采取与之相配套的"高积累、低消费"政策。我国工业化起步之际的经济发展水平与发达国家存在着较大差距。在当时的国际环境下,工业化的积累只能主要依靠国内而难以获得大量国外资本;而农业又是国民经济的主要产业,选择农业养育工业的政策成为历史的必然。

"多取"。在计划经济体制下,向"三农""多取",主要是通过两条路径得以实现的:一是在"高积累、低消费"政策主导下,通过低价收购农产品,获取工农产品价格"剪刀差",为工业提供积累;二是通过财税政策,直接为工业化提供积累。1958 年全国人大常委会正式通过《农业税征收条例》,继续延续了 2000 多年来实行的征收农业税的做法。

"少予"。在财政对农业的支出上,量较小,且资金来源渠道和投向都比较单一。以推进工业化为政策目标,在计划经济体制下逐步形成了城乡二元财税体制:城市基础设施和社会事业主要由财政负担,而农村基础设施和社会事业主要由农民负担,包括在乡村公路等公共产品上也采取以农民自力更生为主、国家支援为辅的政策,从农业上取得的财政收入大于财政对农业的投入。

农业养育工业政策的实施,农业剩余大量向工业转移,快速推进了工业化的发展,到 1978 年,我国已建设形成了完备的现代工业体系。

2.1978 年至 2001 年:市场化改革进程中的农业养育工业政策

一方面在改革中对"三农"实行"放活"政策,逐步解构城乡二元结构;另一方面,逐步增加对"三农""予"的数量。

"多取":渠道增加一是直接向农民收取"三农"的各种税费。二是低价向农民征地。三是农民工与城市职工同工不同酬的工资差。四是农村资金通过金融存贷大部分流向城市。

改革开放以来至世纪之交,由于农村改革中实行"放活"政策,解放和发展了生产力,加上逐步加大"予"的力度,从而促进了农业和农村经济的发展。到 20 世纪 90 年代末,农业和农村经济进入新的发展阶段,其显著标志是农产品供应从总量不足发展为供需基本平衡,并出现结构性和区域性过剩。尽管如此,由于农业养育工业的政策没有根本改变,城乡二元财税体制依然没有改变,还形成了向"三农""取"的新渠道,在经过 20 多年改革与发展之后,城乡差距不但没有缩小,反而不断扩大。

十一届三中全会：开始扭转国民收入分配中不断强化对农业“少予”的政策。针对“三农”危局，十一届三中全会果断决定加强农业，通过了《中共中央关于加快农业发展若干问题的决定（草案）》这一历史性重要文献。这次全会从国民收入分配层面对工农关系政策进行了重大调整。第一，调整国民收入初次分配政策，大幅度调整工农业产品比价。规定：“粮食统购价格从1979年夏粮上市起提高20%，超购部分在这个基础上再加价50%。棉花、油料、糖料、畜产品、水产品、林产品等的收购价格，也要分别情况，逐步作相应的提高。农业机械、化肥、农药、农用塑料等农用工业品，在降低成本的基础上降低出厂价格和销售价格，在1979—1980年降低10%—15%，把降低成本的好处基本上给农民。农产品收购价格提高后，粮食销价一律不动；群众生活必需的其他农产品的销价，也要坚决保持稳定；某些必须提价的要给予消费者以适当补贴。今后，我们还要根据国民经济的发展情况和等价交换的原则，对工农业产品的比价，继续进行必要的调整。”第二，调整国民收入二次分配政策，增加财政对农业的投入。规定：“今后三五年内，国家对农业的投资在整个基本建设投资中所占的比重，要逐步提高到18%左右；农业事业费和支援社队支出在国家总支出中所占的比重，要逐步提高到8%左右。地方财政收入应主要用于农业和农用工业。”第三，决定减少农产品征购基数，多进口粮棉等农产品，让农民休养生息。规定：“在今后一个较长的时间内，全国粮食征购指标继续稳定在1971年到1975年‘一定五年’的基础上，并且从1979年起减少统购25×10^8 kg，以利于减轻农民负担，发展生产。”

在80年代初，对农业增加财政投入的政策没有得到落实，但提高农产品收购价格和减少农产品征购基数的政策得到了很好的落实。1984年全国农产品收购价格总水平比1978年提高53.6%，明显高于同期农村工业品零售价格总水平上升7.8%的幅度。有的学者研究测算：在1979年至1984年农业增长中，提高粮食收购价格对粮食增产的贡献份额为32.2%。这次全会对国民收入分配政策的大幅调整，扭转了国民收入分配中不断强化对农业“少予”的政策，初步改善了国家与农民的利益关系。

同时，在农村改革中实行家庭承包经营、逐步减少农产品统派购品种和放开农产品市场、发展农村多种经营、允许农民进城务工经商、大力发展乡镇企业等“放活”政策，极大地解放和发展了生产力，农业实现了高速发展，工农业总产值增长速度比，由1953年至1978年的4∶1改善为1979年至1984年的1.2∶1；农民收入高速增长，人均纯收入由1978年的133.6元增加到1984年的355.3元，按可比价格计算，年均增长15.6%，城乡居民收入之比由1978年的2.57∶1，缩小到1984年的1.84∶1。

尽管十一届三中全会没有从根本上改变农业养育工业的政策框架，但在国民收入分配上进行的大调整，增加了对“三农”“予”的数量，扭转了长时期对“三农”“少予”政策取向不断固化发展的态势，或者说是对“三农”“予”的政策的拐点。从这种意义分析，十一届三中全会对国民收入分配政策的调整，其实质是对“三农”“取”、“予”政策取向的大调整。

“予”：呈增加态势

1994年实行的分税制改革为中央财政支农资金的增加奠定了基础。从2000年起构建财政支出改革、税费改革和公共财政框架：在财政支出改革方面，重点是规范预算的编制和支出的管理；在税费方面，主要是启动农村税费改革试点；在公共财政方面，提出了建立公共财政制度框架，并在财政收支上逐步向公共财政的方向调整。

随着经济的发展，政府先后开辟了支持农业的新的财政来源，财政支持农业的来源渠道、总量、范围和方式发生了如下积极的变化：

一是开辟支持农业的新的财政来源渠道。

二是财政用于农业农村的支出逐步增加。

三是初步改善财政支农结构。

四是财政支农方式不合理的格局依旧。

3. 二十一世纪初：农业养育工业政策向工业反哺农业政策转变

21世纪之初，我国人均GDP超过1000美元，开始步入工业化中期阶段。同时，改革以来，特别是1994年以来，国家财政实力不断壮大，初步具备了工业反哺农业的能力。在进入新的经济发展阶段之际，我国农业养育工业的政策开始向工业反哺农业的政策转变。工业反哺农业政策的启动，其显著标志是中央明确提出“多予少取放活”的方针，从2004年开始至今，中央连续8个1号文件都是关注“三农”问题，逐步启动“多予少取”政策。

“多予”：

一是着力建立“三农”投入的稳定增长机制。

二是财政支持“三农”资金总量快速增加。

三是开始实施公共财政覆盖农村政策。

四是改变财政支持方式。

“少取”：

一是取消面向“三农”的各种收费，包括取消、免收或降低标准的全国性及中央部门涉农收费项目150多项，取消农村“三提五统”、农村教育集资等收费项目。

二是减免涉及“三农”的税收。除免征农业税外，还对农机、化肥、农药实行免税政策，制定实施了与农产品有关的进口税收优惠政策，并较大幅度地提高了农民从事个体经营活动时按期(次)缴纳增值税、营业税的起征点。

三是全面取消农业税。2005年十届全国人大常委会第十九次会议审议通过废止《农业税条例》，从2006年1月1日起，征收了2600多年的农业税从此退出历史舞台。这是具有划时代意义的重大变革，标志着国家与农民之间的传统分配关系格局发生了根本性变化。

四是实施农业补贴政策。“多予少取”政策取向的确立，只是改变了农业养育工业的政策取向，而工业反哺农业的政策体系尚未完全建立起来。从“多予”政策看，城乡二元财政体制开始向一元体制转变，但城乡二元财政体制尚未根除，农业财政支出虽实现快速增加，但财政对农业的支持在财政的支出总量中所占的比例仍然是很低的。从“少取”政策看，农业税被取消了，但通过低价征地、农民工低工资和农村资金向城市流动等新的渠道向“三农”“取”的问题又日益凸显，这也是新农村建设中必须要解决好的重大课题。

二、农业系统复杂性原理的作用

系统分析的作用：①人们面临的系统大多是开放性系统，决策时必须重视环境对系统的约束，分析系统环境的变化以提高系统环境的适应性，而系统环境分析能够解决该问题。②系统通常是由许多层次的分系统所组成，系统与分系统之间有着复杂的关系。系统分析中的目标分析、结构关系分析等将为上述问题提供答案。③系统分析也是系统建立和系统改造过程中的一个中间环节，它有承上启下的纽带作用，使系统开发、改进计划得以实现。④系统分析可为系统决策提供各种分析数据、各种可供选择方案的利弊分析和可行条件等,使决策者在决策之前做到心中有数。

三、农业系统与农业功能的关系

农业系统的功能实际就是指系统的功用和效能。农业系统的功能与结构的关系:系统的功能与结构关系密切,结构决定功能,但功能对结构也有重要影响,只有系统的结构合理,系统才有可能发挥出最佳功能。另外,系统的功能不仅取决于结构,它还取决于系统所处的环境及其组织管理水平。系统结构相同,由于所处的环境和组织管理水平的不同,可能表现出不同的功能,同时结构不同的系统,也可能表现出相同的功能。也就是说,系统的功能是由系统的结构、所处的环境和组织管理与生产水平等共同作用决定的。

第三节 农业复杂性原理的运动历程

在人类进化的漫长历史长河中,猿人时期大约经历了300万年,以采猎为生的原始人时期大约距今100万年,真正的人类社会发展史只不过1万年左右。在人类社会中最早出现的是农业生产部门。农业生产的历史,具体反映了人类智慧、社会经济、技术与自然协同发展的不断进步。农业的发展,已经经历了3各阶段:一是原始农业,历时7000年;而是传统农业,历时3000年;三是现代农业,只有100多年的历史。对于未来,则将是生态农业,有机农业和智慧农业。在各个不同阶段,由于生产力的不同而又质的差别,这些差别主要表现在生产工具、劳动者的知识和技能、生产力的组合方式和完善程度等方面。科学技术的发展给予人类有力的认识自然,改造自然的能力。随着文明的进步,农业复杂性表现得越来越明显。

一、原始农业

大约在100万年前,人类的祖先就开始以狩猎、捕鱼和采集野果来维持生活。是一种最原始的农业形式,是农业的雏形。后来,随着人类的增加,单纯依靠大自然的有限恩赐已经难以满足人们的需要,便开始把捕获的野兽饲养起来,把采集的野果、种子种植起来,从而出现了最原始的畜牧业和种植业。

原始农业的真正形成是在新石器时代,大体上经历了7 000年的漫长历史进程。原始农业是氏族社会的产物,它的生产劳动是人力,生产工具是石器和木器,耕作方法是刀耕火种、广种薄收。生产特点是掠夺式经营。它只利用自然而不改造自然,它只从自然界掠夺物质而不进行偿还,从而对自然界生态平衡破坏性极大,致使许多古代文明的发源地,有的沦为沙漠,有的变成不毛之地。原始农业的最大功绩是对野生动植物的驯化。原始农业是一种简单的、单向的生产方式。

二、传统农业

在原始农业的基础上，随着金属工具的出现和生产经验的长期积累，逐渐形成了传统农业。传统农业是金属出现、经验积累和区域交流的产物，它的生产动力是人力和畜力，生产工具是铁器和木器，生产形式是自给自足的自然经济，生产特点是“半封闭式循环”，它以手工工具和人畜力以及自然肥料为基础，不仅从土地上获取能量物质，而且还进行施肥、灌溉、轮作、休闲，对农业生产进行物质和能量的偿还，但是从其他物质生产部门转移到农业生产系统中的物质和能量很少，农业生产的物质和能量主要在农业系统内部周而复始地循环，遵循“畜多—肥多—粮多—畜多”的典型模式。以上可以看出，传统农业的生产规模狭小，缺乏社会分工；劳动生产率很低。生产发展缓慢；“水平扩展”式生产，导致了生态条件的破坏。

三、现代农业

现代农业是在传统农业的基础上，日益广泛地应用现代科学技术而发展起来的。蒸汽机、内燃机的出现和近代科学技术的发展，迅速地推进了工业的发展；而工业的发展则需要从农村吸收大量劳动力，拓宽工业产品的销售市场，这就促使落后的传统农业开始向现代农业转化。现代农业是物质和能量的“开放式循环”，商品经济代替自给自足的自然经济，现代的技术装备改变了传统的经验模式。农业生产中的物质和能量循环已经远远突破本系统，跨行业、跨地区，甚至漂洋过海，使世界各地都加入到这个循环中来。农业生产的投入，实际上是各行各业的共同投入，如机械、化肥、电力、良种、农药、塑料、配合饲料、科技新技术，等等。这些使农业生产向“垂直扩张”，大幅度提高了单位面积产量。

第四节　农业复杂性原理的现实意义（农业系统工程）

长期以来，人们一直以一种机械的、还原的、线性的观点以及分解分析的方法研究世界上的一切事物，对于一些复杂问题，如生命起源、意识的本质等等，认为只需假以时日，将问题的每一部分研究清楚，就会了解事物的全部真相或本质。随着社会的进步和科学技术的发展，尤其是二十世纪以来，人们开始对线性的认识论产生了质疑。系统论、信息论、控制论、运筹学、系统工程的相继产生，使人们了解到整体不等于部分的相加，仅仅分析事物的部分，并不等于了解事物的整体，事物的本质应当从整体（wholeness）上来把握。

信息时代社会与科学技术的发展速度越来越快，科学对象也越来越复杂，不断涌现出前所未有的复杂事物，使现有科学思维方法已无法解决这些问题。于是引起科学家在不同的领域，从不同的角度对世界的本质进行了全方位的探索，出现了耗散结构理论、协同论、突变论、混沌论、超循环论、复杂适应性系统、开放的复杂巨系统等等理论体系，进一步质疑和超越了还原论，主张运用跨科学的方法论来研究复杂系统中的复杂性问题，从而建立了“复杂性科学”的研究。

复杂性科学的研究对象是复杂系统，尤其是自然科学与社会科学交叉处的复杂问题，主要是通过定性与定量计算相结合、微观分析与宏观分析相结合、还原论和整体论相结合、科学推理与哲学思辨相结合的原则、研究复杂系统中各组成部分之间的相互作用所涌现出的特性与规律。

复杂性探索注重自然科学和社会科学的相互渗透，开辟了大量跨学科研究的新领域，它们无法划归某个现有的科学领域，也不会形成一个单一的新学科，而是强调一种学科交叉的思维意识，强调相关学科的合作以解决越来越复杂的各种社会问题。

复杂性科学的方法论原则是把复杂性当作复杂性来处理。要抓住事物的本质，必须进行简化处理，因而复杂性研究并不排斥对事物进行适当地简化处理。把复杂性当作复杂性来处理是复杂性科学的简化路线，其本体论前提是承认复杂性是客观世界在自身演化中产生出来的客观存在，不可能通过认得认识活动而消除掉，科学的任务是承认它、描述它，保留复杂性的本质特征下加以简化。对于复杂性的问题没有统一的解决办法，只能是实际情况实际对待，如果一味强调一种统一方法或定义，建立一个统一的解决办法，只能陷入新一轮的困惑。

在众多的研究复杂性的流派中，美国的圣菲研究所（the Santa Fe Institute，SFI）①把复杂性看作是有序与无序之间的、处于“混沌边缘”的科学，并从适应性角度来研究复杂系统。

系统的复杂性表现在多个方面，如：系统各单元之间的联系广泛而且紧密，从而构成一个网络，每一单元的变化都会受到其他单元变化的影响，并引起其他单元的变化；系统具有多层次、多功能的结构，每一层次都成为构筑上一层次的单元，同时也有助于系统某一功能的实现；系统的开放性体现在它与环境有密切的联系，能够与环境相互作用，不断向更好地适应环境的方向发展变化；系统在发展过程中能够不断地对其层次结构与功能结构进行重组和完善；系统的动态性显示它处于不断变化发展之中。最近的研究表明，在自然、社会、思维中普遍存在复杂性，复杂性科学的产生，为科学的发展开辟了一个运用“整体”或“系统”方法处理复杂性问题的新方向（苗东升，2001；赵光武，2001）。作物栽培学是农业生产上一门重要学科，它是以农田作物栽培系统为对象，研究该系统内作物生长发育、资源利用和产品形成规律及其与环境、措施相互关系，探索作物高产、优质、高效、低耗相结合的系统管理理论与技术。农田作物栽培系统是一个开放的复杂系统，从复杂性角度解析该系统的特征，探索其机理，将有助于人们了解其发展动因及规律，以便更好地对其进行有目的的适应调节与控制。

非线性理论观察和分析事物的复杂系统，要求克服对立统一规律观察和分析事物简单的两元结构思维。在复杂系统理论看来，世界所有事物，都自成系统又归属于一个高于其结构的更大系统。每个系统，相对于高于其结构层次的大系统而言，它只是构成这个大系统的一个或几个要素，或作为大系统的某一结构层次的事物而存在。事物因其归属不同，因其所处关系或结构不同，而成其为不同的存在，成其为不同性质的事物。与此同时，分处不同的系统或系统不同层次中的事物，当其组织的外延超出了一定的格局或一定的物质、能量、信息场域时，那外面的更大系统或系统的更大层次则既可能是统属该系统的更宏大系统，又可以是该系统赖以存在和发展的外部环境。比如地球是一个自成系统的宏大事物，但它归属于太阳系，太阳系是统属地球的一个更宏大的系统，地球仅作为它的一个成分、一个要素而存在，，但若把地球当作

① 圣菲研究所（the Santa Fe Institute，SFI）：圣菲研究所是一间位于美国新墨西哥州圣菲市的非盈利性研究机构，该所的主要研究方向是复杂系统科学。该所于 1984 年由乔治·考温，大卫·潘恩斯，斯特林·科尔盖塔，默里·盖尔曼，尼克·麦特罗博利斯，赫布·安德森，彼得·A·卡拉瑟斯，以及理查德·斯兰斯基等人一同创办。

一个系统看待，太阳系则成为地球生存和发展的环境。自然，太阳系归属于更大于它的银河系。当我们把太阳系作为一个相对独立的系统看待时，银河系则成为太阳系生存和发展的外部环境。这个外部环境，不仅影响和规定着太阳系的整体运演，还大量间接地影响和规定着太阳系内各星球的生存和发展。相对地，它又是太阳系每个场域要素——星球更宏远的外部环境。事物复杂系统的这种层层相属、环环相扣的互规定关系，是事物的真实存在，远非是一种矛盾双方的对立统一关系定在：复杂系统理论要求对事物存在、运动、发展的机理，做出超越矛盾二元结构简单思维的立体理解。

复杂系统、复杂性是近年来科学研究中经常出现的两个概念。但是，正如“复杂”一次在日常用语中的含义就不是很明确一样，复杂系统、复杂性的含义给人的印象也是模糊不清的。在几乎所有领域中都能举出复杂系统的例子。在工程领域中，一个有很多变量并且变量之间相互制约的系统被称为复杂系统；物理学家对为何雪花能形成美丽的六角形仍是解释不清；生命世界的多样性则使生物学家陷入了困境。

所有这些领域中的研究，皆和复杂系统、复杂性的研究有关，然而随着研究背景的不同又有着千差万别。毫无疑问，给复杂性的研究的进一步深入带来了困难。

复杂性科学(science of complexity)是一种新兴的边缘、交差学科。国外有学者称复杂性科学是科学史上继相对论和量子力学之后的又一次革命，国内学者认为它是系统科学发展的一个新阶段，称其为“21 世纪的科学”。复杂性科学的相关研究在国内外掀起了热潮。复杂性科学打破了线性、均衡、简单还原的传统范式，而致力于研究非线性、非均衡和复杂系统带来的种种新问题。

农业系统问题包括农业问题、农村问题和农民问题，即为“三农”问题。农业问题、农村问题和农民问题也是系统性问题是系统性问题(张象枢，2006)。系统性问题是指涉及系统内部结构、系统与环境相互关系、系统演化各阶段相互关系以及系统整体功能的实现等方面的问题。农业问题涉及农业系统中各个子系统、各组分之间的总体协调性问题，农业系统与其环境的相互关系问题，农业系统演化过程各阶段的相互关系问题以及农业系统整体功能实现等方面的问题。

对于复杂性问题，有两种原则上不同的处理方法。一种是复杂性简约化为简单性来处理。例如把模糊性简约化为清晰性，把非线性关系简约化为线性关系，把混沌运动简约化为周期运动，把分型对象简约化为整形对象。这是传统科学处理复杂性的原则。另一种是把复杂性当作复杂性来处理，即在保留复杂性的本质特征加以简化。例如，把模糊性当作模糊性来处理，把非线性当作非线性来处理，把混沌当作混沌来处理，把分形当作分形来处理。这就是复杂性研究的方法论原则(苗东升，1996)。

所谓复合型系统性问题，指的是具有自然、经济、社会复合生态系统性质的问题。自然、经济、社会复合生态系统的物质流、能量流和信息流最初来源于自然生态系统，最终也均汇集到自然生态系统，后者即是前者的“源”，又是前者的“汇”。两者的共同点表现在：均服从自然规律的支配，均通过物质流、能量流和信息流连接系统中的各子系统、各组分。区别表现在组分的多样性和结构的复合性、功能的交互性和统一性、动力机制的异质性与联动性、演化形成的两面性与协同性、人在系统中角色的多重性与和谐性以及系统未来走向的两种可能性等方面。有农业、农村和农民三种问题复合而成的“三农”问题具体表现了上述自然—经济—社会复合系统的基本特征。

农业整体性的观点对于解决任何农业问题都十分重要。以卢良恕等人对食物结构与食物发展的研究为例，中国的合理食物结构和食物发展战略必须首先适应于中国的自然环境资源条件与中国的社会经济条件，也就是说必须适应中国的国情。中国不同地区的合理食物结构与食物发展战略必须适应于该地区的自然与经济条件。任何一门农业专业学科都不能单独地解决食物结构和食物发展战略问题，必须组织多部门、多专业，从生物（包括人体与农业生物）、环境、技术、社会经济的各个方面进行综合研究，才有可能提出内容丰富、论点深刻而有据的政策建议。

国家或者地区级农业综合开发问题，是一个涉及社会、经济、政治、外贸、环境、资源、农业、林业、畜牧业、渔业、交通、能源、工业、商业的十分复杂的综合性问题。任何一门农业专业学科都不能解决这样复杂的问题，所以需要应用农业系统和农业整体性等基本观点，将各门学科组织起来，进行综合开发方案。

农业系统工程是从农业整体出发，合理开发、运行和革新一个大规模复杂系统所需思想、程序、方法的总和。

农业系统工程的特点：①系统工程研究问题一般采用先决定整体框架，后进入详细设计的程序，一般是先进行系统的逻辑思维过程总体设计，然后进行各子系统或具体问题的研究。②农业系统工程方法是以系统整体功能最佳为目标，通过对系统的综合、系统分析构造系统模型来调整改善系统的结构，使之达到整体最优化。③系统工程的研究强调系统与环境的融合，近期利益与长远利益相结合，社会效益、生态效益与经济效益相结合。④系统工程研究是以系统思想为指导，采取的理论和方法是综合集成各学科、各领域的理论和方法。⑤系统工程研究强调多学科协作，根据研究问题涉及的学科和专业范围，组成一个知识结构合理的专家体系。⑥各类系统问题均可以采用系统工程的方法来研究，系统工程方法具有广泛的适用性。⑦强调多方案设计与评价。

思考题

1. 系统复杂性原理的含义是什么？具有哪些特征？
2. 怎样理解农业系统复杂性？
3. 结合专业背景知识，说明农业系统的复杂性特点。
4. 谈谈农业系统工程的理论要点。
5. 举例说明农业系统复杂性。

推荐读物

1. 骆世明. 农业生态系统分析. 广州：广东科技出版社，1996.
2. 唐超世. 农业系统工程的研究与应用. 兰州：兰州大学出版社，1990.
3. 罗伯特·W. 里克罗夫特，等. 复杂性挑战：21 世纪的技术创新. 北京：北京大学出版社，2016.
4. 张象枢. 农业系统工程概论. 济南：山东科学技术出版社，1987.

3

下篇

未来农业建设

农，天下之大本也。一夫不耕，或授之饥，一女不织，或受之寒。故古先圣贤。

2006年，全世界有8亿人处于营养不良状态，与此同时超重的人数又高达10亿。当时国际公务员提出，截至2015年，如果我们无法把全球的饥饿人口降到4.12亿，那么我们的全球人口会失去一代人。5年之后，营养不良人口已达到10亿人，而超重人口则达到15亿人。现在，很少有人能够在有生之年看到这一问题有任何彻底的改善。

——拉吉·帕特尔

第十五章 当代世界农业形势

本章核心内容

- 世界农业发展取得了巨大的社会成就、经济成就、技术成就。
- 世界农业在发展过程中，存在着诸多问题和挑战，如：食品安全问题、粮食安全问题、农业生态环境安全问题（包括资源短缺、生态破坏、环境污染、气候变暖、自然灾害等）和乡村社会安全问题（包括饥饿、贫困与健康问题）。
- 当代世界农业发展还面临着农业系统之外的复杂背景与形势，如：资本主义衰亡危机、工业社会崩溃危机、地球生命共同体颠覆危机和人类文明存亡危机。
- 未来世界农业将呈现以下发展趋势：①世界农业发展正处于历史性转折时期；②农业正在上升成为人类社会的第一建设产业；③世界面临重新发现传统农业价值的任务；④有机农业正在成为世界农业发展的主流；⑤发展中国家有机农业将异军突起。
- 推进未来世界农业的建设与发展，应采取以下战略对策：建立全球统一的农业发展观、走全人类普及农业科学技术知识道路、建立生态文明时代新型全球农业可持续发展体系、加强世界各国农业交流与合作。

第一节 世界农业发展及其成就

全世界现有190多个国家与地区，主权领土总面积为13 432.5万 km^2，2014年总人口72.077 4亿人。农业在维系全世界人类生存与发展中发挥着极其重要的、不可替代的作用。

1945年以来，世界农业在发展过程中取得了巨大成就，也出现了巨大问题。本节主要介绍突出的社会成就、经济成就、技术成就。

一、社会成就

(一)养育了日益增长的世界人口

世界农业发展取得的最伟大的成就之一，是养活了(或至少是基本养活了)地球上的人口，这也是农业的最基本功能所在。1961年，全球只有30.75亿人，谷物(主要包括稻谷、小麦、大麦、玉米等)总产量为8.770 3亿t，人均谷物占有量为285.21 kg/人。2014年，全世界人口达到72.077 4亿人，谷物总产量25.004 0亿t，人均谷物占有量为346.91 kg/人。2014年世界人均谷物占有量比1961年增加21.63%，年均增长0.41%。

(二)农产品产量持续增加

从谷物总产来看，据联合国粮农组织(FAO)最新报告，2016年世界谷物产量为25.71亿吨，比2015年产量增加1.5%(3 900万t)。2016年世界谷物总产量比1961年增加了1.93倍，年均增长3.64%。

在肉类总产方面，1961年世界肉类总产量只有7 144万t，人均消费肉类23.23 kg/人。而据FAO发布的食品前景报告显示，2016年全球肉类的生产总量为3.207 0亿t(与2015年基本持平)，比1961年肉类总产量增加了3.49倍，年均增长8.31%。2016年全世界人均消费肉类44.54 kg/人，比1961年人均消费肉类增加91.74%，年均增长1.73%。

从奶产品总产来看，1961年世界奶产品总产量344 19万t，人均消费量111.93 kg/人。2011年至2015年统计，世界奶产品总产量分别达到453 76.9万t、464 56.4万t、468 10.9万t、485 13.5万t和489 79.5万t，分别比1961年奶产品总产量增加31.84%、34.97%、36.00%、40.95%和42.30%。

除谷物、肉类和奶产品总产增加之外，世界其他农产品，如油料、纤维(棉花、麻类等)、糖类、水果、水产品等都有较大增长。

(三)农产品质量问题受到重视

有机农产品是目前全世界农产品质量的最高形式。1972年11月5日在法国成立的“国际有机农业运动联盟”(International Federation of Organic Agriculture Movements，简称IF-OAM)，旨在面对全球食品安全问题，推进全球有机农业发展，以生产更多有机农产品。提高全球农产品质量。

据《2016年世界有机农业年鉴》资料，2014年全球有机食品消费市场规模已超过600亿欧元，美国以271亿欧元的市场规模位居第一，德国79亿欧元、法国48亿欧元分别列第二、第三，中国为37亿欧元，排第四。目前，全世界有机农业生产者达到230万人，居历史新高。2010年，全世界有机农业种植面积3704万hm^2，2014年全球有机农业用地达到4370万hm^2，后者较前者增加666万hm^2，增长17.98%。澳大利亚和阿根廷因为有机牧场占有较大面积，分别以1720万hm^2和310万hm^2占据各国有机农业用地排名中的第一和第二位，美国有机农业用地面积(220万hm^2)排名第三。从国家内部来看，全球有11个国家和地区的有机农业用地占总农业用地的面积超过10%，马尔维纳斯群岛(36.3%)、列支敦士登(30.9%)和奥地利(19.4%)分列前三位。

(四)在解决人口就业问题上保持有重要地位

农业是世界上最大的产业之一,对解决世界人口就业问题做出了重要的和不可替代的贡献。1950年,世界农业劳动力占社会劳动力的比重为60.2%,1980年为45.3%,仅30年时间就下降了14.9个百分点。1980年,美国农业劳动力比重为2.2%,日本为11%,法国为8.6%,而印度达63.8%,中国则高达71.2%。如今,各国农业劳动力比重均有所下降(表15-1)。

据《2016中国农业发展报告》(中华人民共和国农业部编,中国农业出版社,2016年12月)资料显示(表15-1),1998年中国从事第一产业(农业)的就业劳动力占全社会就业总劳动力的比重为49.8%,2000年为50.0%,2010年36.7%,2015年降至28.3%。

显然,随着全球经济社会的不断发展,实际直接投入到农业的劳动力有所减少,农业劳动力在社会总劳动力的比重呈现下降趋势,如美国1860年,农业就业人数为626万人,占美国全国就业总人数的59.4%,2010年,农业就业人数为只有220.6万人,仅占全社会总就业人数的1.6%。2012年印度农业就业人数的比重也降至47.2%。除美国之外的其他工业化发达国家(如英国、德国、法国、日本、加拿大等)的农业劳动力占社会总劳动力的比重一般降为2%~3%左右。

尽管如此,就全世界而言,农业作为第一产业,对解决全球人口就业问题所作出的历史贡献,及现今占有的重要地位依然不可低估,不可取代。

表15-1 世界部分国家或地区农业劳动力占社会总劳动力的比重 %

国家或地区	2005年	2011年	2012年	2013年
中国	44.8			31.4
中国香港	0.3		0.7	
中国澳门	0.1			
孟加拉国	48.1			
柬埔寨				51.0
印度	55.8		47.2	
印度尼西亚	44.0		35.1	
伊朗	24.7			
以色列	2.0			
日本	4.4			
哈萨克斯坦	32.4		25.5	
韩国	7.9			
马来西亚	14.6		12.6	
蒙古	39.9	32.1		
巴基斯坦	43.0			43.7
菲律宾	36.0		32.2	
新加坡	1.1			
斯里兰卡	30.7		39.4	

续表 15-1

国家或地区	2005 年	2011 年	2012 年	2013 年
泰国	42.6		39.6	
越南				47.4
埃及	30.9	29.2		
南非	7.5	4.6		
加拿大	2.7			
墨西哥	14.9	13.4		
美国	1.6			
阿根廷	1.1		0.6	
巴西	20.5	15.3		
委内瑞拉	9.7		7.7	
捷克	4.0		3.1	
法国	3.6		2.9	
德国	2.4		1.5	
意大利	4.2		3.7	
荷兰	3.2	2.5		
波兰	17.4		12.6	
俄罗斯	10.2			
西班牙	5.3		4.4	
土耳其	29.5		23.6	
乌克兰	19.4		17.2	
英国	1.3		1.2	
澳大利亚	3.6			
新西兰	7.1			

注：资料来源于《中国统计年鉴—2015》(中华人民共和国国家统计局编，北京：中国统计出版社，2015 年 9 月)

(五)由农产品生产功能向多功能拓展

世界农业的功能，已从最初的主要为提供食物、解决人类温饱问题的单一功能，逐步向多功能方向拓展。突出表现为：一是横向拓展，在确保粮、棉、油、肉、蛋、奶等基本农产品生产供给的同时，凸显农业的生态环境保护、观光旅游休闲和文化传承等非生产功能；二是纵向延伸，延长产业链、保障供应链、提升价值链、完善生态链，尤其是实现一、二、三产业的深度融合发展，极大地提升了农业的整体功能与效益。

进入 21 世纪后，世界农业正朝着信息化、智能化方向发展，工厂化农业、“互联网＋农业”等农业的新模式、新业态正悄然兴起，全方位、全过程、全领域向农业的广度和深度推进，农业的功能正得到前所未有的拓展和展现。由于模式的创新和功能的拓展，世界农业正在成为新世纪充满希望的“朝阳产业”，其命维新。

二、经济成就

世界农业的发展,对推动全球经济发展发挥了巨大的作用。

(一)农业产值显著增加

从世界来看,1961—2004 年,世界农业生产总值增长了 1.73 倍,谷物生产总值增长 1.74 倍,作物生产总值增长 1.72 倍,畜产品生产总值增长 1.67 倍,详见表 15-2。

表 15-2　世界农业生产总值(1961—2004 年)　　1 000 国际元

年 份	农业生产总值	谷物生产总值	作物生产总值	畜产品生产总值
1961	40.0	39.0	40.2	40.6
1962	41.3	41.6	41.7	41.8
1963	42.4	42.6	42.8	43.0
1964	43.9	45.5	44.9	43.8
1965	44.4	45.0	45.2	45.2
1966	46.1	48.8	47.1	46.8
1967	47.8	50.8	48.8	48.5
1968	49.0	52.7	50.4	49.9
1969	49.1	53.2	50.2	50.7
1970	50.6	54.6	52.1	51.8
1971	52.0	58.9	53.8	52.9
1972	51.5	56.9	52.6	54.2
1973	54.6	61.8	57.3	54.5
1974	55.3	60.4	56.5	56.8
1975	56.5	62.2	57.5	58.1
1976	58.0	66.5	59.0	59.8
1977	59.2	66.4	60.4	61.1
1978	62.0	72.3	63.9	62.9
1979	62.6	70.2	64.3	64.1
1980	62.9	71.4	63.5	65.5
1981	65.2	75.2	66.5	66.5
1982	67.4	78.0	69.5	67.4
1983	67.6	76.5	68.4	69.6
1984	71.2	83.2	73.3	71.4
1985	72.6	84.4	74.3	73.4
1986	73.8	85.3	75.1	75.6
1987	74.4	82.5	75.5	76.7
1988	75.8	81.6	75.6	78.8
1989	78.5	88.1	79.4	80.1

续表 15-2

年 份	农业生产总值	谷物生产总值	作物生产总值	畜产品生产总值
1990	80.6	91.9	81.4	82.3
1991	81.0	89.1	81.1	83.1
1992	83.1	92.7	83.8	83.3
1993	83.6	90.0	84.0	84.7
1994	85.7	91.9	85.9	87.2
1995	87.6	90.2	87.3	89.6
1996	91.4	98.0	92.8	90.9
1997	93.5	99.5	94.2	93.1
1998	95.1	99.2	95.2	95.7
1999	98.2	100.3	98.3	98.0
2000	100.2	99.0	100.1	100.2
2001	101.6	100.7	101.6	101.8
2002	103.0	96.7	101.7	104.9
2003	105.8	99.0	104.5	107.1
2004	109.0	106.7	109.5	108.2
2004 年比 1961 年增长(倍)	1.73	1.74	1.72	1.67

注:农业生产总值以 1999—2001 年为基准年。

资料来源:《中国耕作制度 70 年》,王宏广,等著,中国农业出版社,2005 年 9 月。

1995 年,美国农业总产值为 1 930.08 亿美元,2003 年为 2 175.58 亿美元,2007 年为 3 112.28 亿美元,2012 年为 3 966.06 美元,2013 年为 3 915.80 亿美元。2013 年比 1995 年净增长1.03 倍(表 15-3)。

表 15-3 美国农业总产值(1995—2013 年) 亿美元

年份	农业总产值	年份	农业总产值
1995	1930.08	2005	2383.09
1996	2068.38	2006	2465.69
1997	2062.22	2007	3112.28
1998	1917.29	2008	3165.13
1999	1861.28	2009	2846.52
2000	1916.65	2010	3349.32
2001	1999.93	2011	3807.81
2002	1950.13	2012	3966.06
2003	2175.58	2013	3915.80
2004	2368.70	2013 年比 1995 年增长(%)	102.88

注:资料来源于刘超等,美国农业国内支持与 WTO 规则一致性分析,《世界农业》,2017,(1):5-12.

从中国来看，1998—2015年全国农林牧渔业总产值从24 541.9亿元增至107 056.4亿元，增长3.36倍，农林牧渔业增加值净增长3.32倍，其中农、林、牧、渔各业分别增长3.08倍、3.73倍、3.21倍和3.50倍(详见表15-4)。

表15-4　1998—2015年中国农业产值及其构成(按当年价格计算)　亿元

年份	农林牧渔业总产值	农林牧渔业增加值	其中			
			农业增加值	林业增加值	牧业增加值	渔业增加值
1998	24541.9	14555.7	9069.2	611.9	3413.3	1461.3
1999	24519.1	14457.2	8916.6	629.9	3391.1	1519.6
2000	24915.8	14628.2	8703.6	662.3	3638.5	1623.8
2001	26179.6	15411.9	9130.7	660.4	3950.5	1670.3
2002	27390.8	16117.3	9482.4	710.8	4166.7	1757.4
2003	29691.8	17341.7	9649.1	833.0	4653.0	1793.0
2004	36239.0	21224.9	11827.7	905.6	5953.7	2081.1
2005	39450.9	23070.5	12758.5	975.5	6506.9	2327.2
2006	40810.8	24040.1	13937.0	1099.2	5811.8	2415.5
2007	48893.0	28626.9	15988.9	1272.9	7796.7	2723.8
2008	58002.0	33702.2	18151.0	1459.0	9985.0	3172.0
2009	60361.0	35225.9	19738.7	1579.0	9412.3	3424.1
2010	69319.8	40533.6	23684.5	1744.2	10022.1	3903.8
2011	81303.9	47486.1	27042.8	2089.2	12431.4	4590.0
2012	89453.0	52373.6	30216.1	2281.3	13128.4	5266.9
2013	96995.3	56966.0	33147.2	2569.3	13762.8	5842.5
2014	102226.1	60158.0	35257.5	2793.0	14025.3	6260.2
2015	107056.4	62904.1	37029.7	2895.8	14360.0	6569.1
2015年比1998年增长(倍)	3.36	3.32	3.08	3.73	3.21	3.50

注：系根据《2016中国农业发展报告》(中华人民共和国农业部编，中国农业出版社，2016年12月)有关资料整理而成。

(二)生产效率持续提高

农业生产效率的提高，集中体现在土地生产率和劳动生产率的提高。

1. 土地生产率提高

世界农业不断发展的一个重要标志是土地生产率，即作物单位面积产量(单产)的不断提高。据中国农业大学程序教授研究，2001年世界谷物总产量为20.9亿t，比1950年翻了一番半多；单产水平逐步提高，谷物平均单产207.5 kg/亩(3112.5 kg/hm^2)，比1970年提高了72.4%。又据《世界农业》1980年至2004年的有关资料，从1978年至2002年，世界主要农作物的土地生产率平均提高1.92%～59.74%。

以美国为例。水稻、小麦、玉米、大豆、甜菜、棉花等是美国种植的重要粮食和经济作物，由于现代科学技术的广泛推广应用，单产呈现不断上升之势。

(1)从水稻单产变化来看,1948～1950 年美国水稻单产 2 499 kg/hm^2,1955 年单产跨上 3 000 kg/hm^2 台阶,达到 3 432 kg/hm^2;1962 年跨上 4 000 kg/hm^2 台阶,达 4 179 kg/hm^2;1967 年跨上 5 000 kg/hm^2 台阶,达到 5 085 kg/hm^2;1985 年突破 6 000 kg/hm^2 台阶,达到 6 095 kg/hm^2;2000 年突破 7 000 kg/hm^2 台阶,达到 7 036.9 kg/hm^2;2004 年单产最高为 7 833.1 kg/hm^2,2005 年为 7 437.6 kg/hm^2,2007 年 8 091.4 kg/hm^2,2011 年 7 920.96 kg/hm^2。

(2)从美国小麦单产来看,1990 年为 2 656.7 kg/hm^2,2003 年 2 973.0 kg/hm^2,2005 年 2 825.3 kg/hm^2,2010 年突破 3 000 kg/hm^2。

(3)从玉米单产变化来看,2004 年美国玉米单产达到 10 064.8 kg/hm^2,2005 年为 9 286.8 kg/hm^2,2009 年达到 10 707 kg/hm^2。

(4)从大豆单产来看,美国在 20 世纪 50 年代末突破 1 500 kg/hm^2,1985 年中期以后稳定保持在 2 000 kg/hm^2,1992 年首次突破 2 500 kg/hm^2,为 2 527.2 kg/hm^2,之后在 2 500 kg/hm^2 左右徘徊,2005 年达到 2 889.9 kg/hm^2。

(5)从甜菜单产来看,1990 年以后美国甜菜单产稳定在 45 000 kg/hm^2,2004 年和 2005 年分别达到 51 501.7 kg/hm^2 和 50 037.5 kg/hm^2。

(6)从棉花单产来看,1984 年美国棉花单产为 600 蒲式耳/英亩(1 英亩=40.5 公亩,1 蒲式耳=36 L),2008 年达到 810 蒲式耳/英亩,后者比前者增加 35%。2007 年棉花单产达到最高,879 蒲式耳/英亩,比 1984 年增长 46.5%(表 15-5)。

表 15-5 美国棉花种植面积、产量和产值(1984—2008 年)

年份	面积/千英亩		单产(蒲式耳/英亩)	总产量(千蒲式耳)	单价(美元/蒲式耳)	产值(千美元)
	种植面积	收获面积				
1984	11 145	10 379	600	12 982	58.9	3 670 508
1985	10 685	10 229	630	13 432	56.3	3 628 112
1986	10 045	8 468	552	9 731	52.4	2 449 111
1987	10 397	10 030	706	14 760	64.3	4 555 017
1988	12 515	11 948	619	15 412	56.6	4 190 488
1989	10 587	9 538	614	12 196	66.2	3 877 888
1990	12 348	11 732	634	15 505	67.1	5 075 826
1991	14 052	12 960	652	17 614	56.8	4 913 244
1992	13 240	11 123	700	16 219	54.9	4 273 935
1993	13 438	12 783	606	16 134	58.4	4 520 908
1994	13 720	13 322	708	19 662	72.0	6 796 654
1995	16 931	16 007	537	17 900	76.5	6 574 612
1996	14 653	12 888	705	18 942	70.5	6 408 144
1997	13 898	13 406	673	18 793	66.2	5 975 585
1998	13 393	10 684	625	13 918	61.7	4 119 911
1999	14 874	13 425	607	16 968	46.8	3 809 560
2000	15 517	13 053	632	17 188	51.6	4 260 417
2001	15 769	13 828	705	20 302	32.0	3 121 848

续表 15-5

年份	面积/千英亩		单产（蒲式耳/英亩）	总产量（千蒲式耳）	单价（美元/蒲式耳）	产值（千美元）
	种植面积	收获面积				
2002	13 958	12 417	665	17 209	45.7	3 777 132
2003	13 480	12 003	730	18 255	63.0	5 516 761
2004	13 659	13 057	855	23 251	44.7	4 993 565
2005	14 245	13 803	831	23 890	49.7	5 695 217
2006	15 274	12 732	814	21 588	48.4	5 013 238
2007	10 827	10 489	879	19 207	61.3	5 652 907
2008	9 470	7 728	810	13 036	56.6	3 538 573

注【资料来源】:《美国农业统计年鉴》(1985—2009 年)

再以日本为例。1961 年日本土地的谷物生产率为 4 173.5 kg/hm^2，1970 年突破 5 000 kg/hm^2，达到 5 125.4 kg/hm^2，1995 年突破 6 000 kg/hm^2，达 6 003.2 kg/hm^2，2000 年达到 6 256.9 kg/hm^2，2005 年 6 154.3 kg/hm^2。2005 年比 1961 年增长 47.46%(表 15-6)。

表 15-6 1961—2005 年日本土地生产率 kg/hm^2

年份	土地生产率(谷物产出)	年份	土地生产率(谷物产出)
1961	4173.5	1985	5847.2
1965	4398.2	1990	5846.3
1970	5125.4	1995	6003.2
1975	5933.3	2000	6256.9
1980	4843.2	2005	6154.3

注【资料来源】:高帆，农业劳动生产率提高的国际经验与中国的选择，复旦学报(社会科学版)，2015 ，(1)：116-124.

可以深信，随着科学技术的进一步发展，世界农作物的单位面积产量仍将进一步提高，全球土地(耕地)利用率将随之提高。

2. 劳动生产率提高

由于科学技术的进步、生产手段的改进和完善，世界农业劳动生产率有了迅速提高。据有关资料，2001 年世界平均每个劳动力生产谷物 2 091 kg，比 20 年前提高了 4 成(40%)。

从美国、日本两国 1961—2005 年的劳动生产率变化来看，1961 年美国每个农业劳动力生产谷物 105 978.8 kg，2005 年提高到 548 484.5kg，提高了 4.18 倍；日本劳动生产率从 1961 年每个农业劳动力生产谷物 1 968.5 kg，到 2005 年提高至 10 997.0 kg，提高了 4.59 倍(表 15-7)。

表 15-7 美、日两国劳动生产率变化(1961—2005 年)

年份	劳动生产率(谷物产出)(kg/农业劳动力)	
	美国	日本
1961	105978.8	1968.5
1965	151911.3	2397.3
1970	201502.6	3427.5

续表 15-7

年份	劳动生产率(谷物产出)(kg/农业劳动力)	
	美国	日本
1975	223798.7	4947.8
1980	230111.5	4628.6
1985	318398.4	6375.2
1990	297175.3	7111.0
1995	274936.8	8346.8
2000	470296.3	9521.6
2005	548484.5	10997.0
2005 年比 1961 年提高(倍)	4.18	4.59

注【资料来源】:高帆,农业劳动生产率提高的国际经验与中国的选择,复旦学报(社会科学版),2015,(1):116-124

今后,随着机械化、信息化、智能化等现代科学技术与装备现代化的向前推进,世界各国的劳动生产率必将有更大的提高与发展。

(三)促进了社会经济发展

农业是国民经济的基础,是全世界最大的产业之一。农业具有公益性、基础性、战略性,但同时又具有低效性、风险性和弱质性。无论是世界上哪一个国家,无论其经济发展到何种程度,农业作为第一产业,始终不能忽视或放弃。农业在促进世界经济发展中占有极为重要的和不可替代的地位。

表 15-8 列出了世界部分国家或地区 2000 年和 2013 年两年的国内生产总值产业构成。从中可以看出,即使是美国这样一个世界上经济最发达的国家,其农业增加值占国内生产总值比重也从 2000 年的 1.2%,增加到 2013 年的 1.5%,尽管比重不高,但其份额和绝对值却不能低估,美国是世界上农产品出口量最大的国家。如拿中国、印度等发展中国家的农业来说,其对经济发展的促进作用则更是不言而喻。由此不难看出,农业在促进国家或地区经济发展的重要作用。

可以说,无论是过去、现在,还是未来,农业一直是世界各国密切关注的热点问题,尤其是现代农业产业化的发展,产业链延伸,特别是产业间高度融合,农业的产前部门特别是产后部门的发展,使其产值几倍、十几倍甚至上百倍于农业产中部门,农业及其直接相关联的二、三产业,仍在国民经济中占据十分重要的地位,成为经济发展中新的增长点。可见,高度重视农业生产对促进世界经济的发展具有十分重要的作用。

表 15-8 世界部分国家或地区国内生产总值产业构成 %

国家或地区	农业增加值占国内生产总值比重		工业增加值占国内生产总值比重		服务业增加值占国内生产总值比重	
	2000 年	2013 年	2000 年	2013 年	2000 年	2013 年
中国	14.8	9.4	45.4	43.7	39.8	46.9
中国香港	0.1	0.1	12.4	7.2	87.5	92.7
中国澳门			14.7		85.3	

续表 15-8

国家或地区	农业增加值占国内生产总值比重		工业增加值占国内生产总值比重		服务业增加值占国内生产总值比重	
	2000 年	2013 年	2000 年	2013 年	2000 年	2013 年
孟加拉国	23.8	16.3	23.3	27.6	52.9	56.1
柬埔寨	37.8	33.6	23.0	25.6	39.1	40.9
印度	23.0	18.0	26.0	30.7	51.0	51.3
印度尼西亚	15.6	13.7	45.9	43.7	38.5	42.6
伊朗	13.7		36.7		49.5	
日本	1.6	1.2	31.1	26.2	67.4	72.6
哈萨克斯坦	8.7	4.9	40.5	36.9	50.9	58.2
韩国	4.4	2.3	38.1	38.4	57.5	59.3
老挝	45.2	26.5	16.6	33.1	38.2	40.4
马来西亚	8.6	9.3	48.3	40.5	43.1	50.2
蒙古	30.9	15.4	25.0	35.5	44.1	49.1
缅甸	57.2		9.7		33.1	
巴基斯坦	25.9	25.1	23.3	21.1	50.8	53.8
菲律宾	14.0	11.2	34.5	31.1	51.6	57.7
新加坡	0.1	0.0	34.8	25.1	65.1	74.9
斯里兰卡	19.9	10.8	27.3	32.5	52.8	56.8
泰国	9.0	12.0	42.0	42.6	49.0	45.5
越南	22.7	18.4	34.2	38.3	43.1	43.3
埃及	16.7	14.5	33.1	39.2	50.1	46.3
尼日利亚	26.0	21.0	52.2	22.0	21.8	57.0
南非	3.3	2.3	31.9	29.9	64.8	67.8
加拿大	2.3		32.5		64.5	
墨西哥	3.5	3.5	34.9	34.4	61.6	62.1
美国	1.2	1.5	23.2	20.5	75.6	78.1
阿根廷	5.1	7.4	28.1	28.8	66.9	63.8
巴西	5.5	5.6	26.5	24.4	68.0	70.0
委内瑞拉	4.2		49.7		46.1	
捷克	3.4	2.6	37.2	36.7	59.4	60.7
法国	2.3	1.6	23.3	19.8	74.3	78.7
德国	1.1	0.9	30.8	30.7	68.2	68.4
意大利	2.9	2.3	27.1	23.4	70.0	74.2
荷兰	2.5	2.0	25.4	22.2	72.2	75.9
波兰	3.3	3.3	32.8	33.2	63.9	63.5
俄罗斯	6.4	4.0	38.0	36.3	55.6	59.8
西班牙	4.1	2.8	30.7	23.3	65.1	73.9

续表 15-8

国家或地区	农业增加值占国内生产总值比重		工业增加值占国内生产总值比重		服务业增加值占国内生产总值比重	
	2000 年	2013 年	2000 年	2013 年	2000 年	2013 年
土耳其	11.3	8.3	31.3	26.6	57.4	65.1
乌克兰	17.1	10.2	36.3	26.2	46.6	63.6
英国	0.9	0.7	26.9	20.1	72.2	79.2
澳大利亚	3.4	2.5	26.8	26.8	69.8	70.7
新西兰	8.3		25.3		66.4	

注：资料来源于《中国统计年鉴－2015》(中华人民共和国国家统计局编，北京：中国统计出版社，2015 年 9 月)

三、技术成就

世界农业在发展过程中，不仅取得了巨大的社会成就、经济成就，而且在农业生产技术方面，也得到了长足发展，突出表现在“六良”技术——良田技术、良种技术、良制技术、良法技术、良物技术和良境技术的发展上。

(一)良田技术

“万物土中生”。中国的《农业八字宪法》——“土、水、肥、种、密、保、管、工”中，“土”是放在第一位。优质的土壤、优良的农田，是世界各国农业生产的基础和前提。

在世界各国的农业发展进程中，新型的农田土壤改良技术也在不断地探索、改进和发展。如：①美国一家农场成功地用硫酸铵改良了高钠土壤。过去，这个面积为 1500 英亩的农场土地钠量高达 13.7 %。经硫酸铵处理后，不仅稻株长势良好，而且单位面积产量也大大增加。②德国采用注射法来改良土壤结构，效果很好。其具体做法是：制成一种专门的使用压缩空气的注射装置，向土壤中注入塑料颗粒和石灰，不仅可使土壤疏松，石灰还可中和土壤中的酸性。③法国利用聚合物制成一种亲水松土剂，它能湿润和疏松土壤。该松土剂呈颗粒状，撒在土壤中(用量为每平方米 100 g)后即起作用。当土壤潮湿时，颗粒吸收水分而剧烈膨胀，其体积可增大数百倍。然后逐渐释放出水分，使作物在干旱时也有一定的水分可供维持生长。随着含水量逐渐减少，颗粒的体积也随之减少，空出原来占据的位置，从而使土壤疏松。④印度利用纸厂废渣改良土壤也取得了很好的效果。其方法是，在作物播种前，每公顷施入纸渣 5 t。经过多种作物的对比试验，水稻、小麦、马铃薯、油菜等作物都能增产 20%～50%。这主要是由于纸渣不仅能有效地降低土壤酸度，而且含有钾、镁、钙 等微量元素。

中国东北的松嫩平原是世界三大苏打盐碱土分布区之一，盐碱地总面积约为 300×10^4 hm^2。松嫩平原盐碱地改良一直是个老大难问题。2016 年 10 月 18 日，《中国农业新闻网－农民日报》以“盐碱废弃荒地快速改造生态良田技术取得新突破”为题报道，中国农业大学胡树文教授所带领的团队经过多年探索，在吉林白城市、黑龙江大庆市等地的重度盐碱地上进行土壤开垦、改良的试验与示范，改良前土壤 pH 10.0～10.8，含盐量 0.4%～0.8%，碱化度在 32%～40%之间，质地黏重，土壤条件极其恶劣，是典型的“不毛之地”。该团队经过多年的探索，自主研发出的一种新型高分子土壤改良剂，结合缓控释肥料、盐碱土专用功能性肥料、螯合态中微量元素肥料、新型盐碱土专用种子处理剂等配套措施，在作物全生育期内提高作物的综合抗盐碱性能，同时结合秸秆还田、土壤培肥等综合措施，总结出一套行之有效的“盐碱废弃荒地快速改造生态良田综合技术”。试验示范的结果表明，当年采用盐碱改良技术综合处理的水稻产量为 561.3 kg /亩，而按照农民常规方法种植的水稻产量仅为 154.1 kg /亩，二者相比水稻产量相差了近 3 倍。显然，上述盐碱地改良技术对于东北吉林、黑龙江等地盐碱地的治理以及中低产田改造具有非常广阔的应用前景。

(二)良种技术

良种既是农业生产的基本资料，又是农业生产的重要手段和关键技术。应用传统育种技术和现代生物技术，不断改良、更新农业生物(农业动、植物)的种类和品种，是世界农业不断取得重要进展和重大成就的重要原因之一。尤其是大力推广农作物新品种，对于增加农产品产量、提高农产品品质、维护世界粮食安全和食品安全，具有重要的理论与实践意义。

一方面，良种技术的推广应用，促进了世界农业的发展；另一方面，世界农业的发展，又反过来助推了良种技术的开发、保护和应用。从这一意义来说，良种技术是世界农业发展取得的重要技术成就之一。

世界农业发展取得的良种技术成就主要表现在以下几方面：

1. 品种多

据《全球科技经济瞭望》2009 年第 24 卷第 10 期“世界农业技术创新现状与发展趋势”一文资料，全世界发展中国家公共选种计划在过去 40 年间生产出 8 000 种作物改良品种，其中水稻、半矮秆麦子品种是第一代创新，还包括来自国际农业研究磋商组织(CGIAR)的玉米改良品种。在 2014 年 5 月 26 日于北京召开的“世界种子大会”上，中华人民共和国农业部副部长余欣荣介绍，目前中国每年推广使用的农作物主要品种大约有 5 000 个，其中国家自育的品种占到主导的地位，如蔬菜 85% 以上种植的是国家自育的品种。全国主要的农作物年供种量超过 1 000 万 t，种子的质量合格率也达到了 97%以上，良种覆盖率也一直是稳定在 96%以上。中国台湾从 1953—1985 年共育成的主要水稻品种计 58 个，其中粳稻 41 个、籼稻 17 个。

2. 面积大

这里以中国的杂交稻种植面积和美国的转基因作物种植面积说明。

(1)中国的杂交稻种植面积。水稻是全世界最重要的粮食作物之一，中国 60%以上的人口以稻米为主食。杂交稻是中国培育成功并大面积推广应用的水稻高产品种。1976 年中国杂交稻种植面积为 14 万 hm^2，1990 年达到 1590 万 hm^2，近年来一般都在 1 570 万～1 670 万 hm^2，约占中国全国水稻种植面积的 60%以上。

(2)美国转基因作物种植面积。美国是世界上生物产业最发达的国家 1993 年成功研制出世界上第一种转基因食品——转基因晚熟番茄，并正式投放市场。随后研制成功了玉米、棉花、大豆等一系列转基因作物，并开始了商业化种植。美国农业部数据显示，1996—2013 年，美国转基因作物种植面积保持持续增长态势，并始终位居世界第一。2013 年美国转基因作物种植面积达到 7 020 万 hm^2，占全球种植面积的 40%。在全球前 20 家大农业生物技术公司中，美国占了 10 家，其中，孟山都、杜邦等 5 家跨国公司，通过基因作物和种子的专利，控制了全球 80%以上转基因作物种子。

3. 分布广

可以说，世界各国都在推广各种作物(植物)、动物(畜牧畜禽)的优良品种，以充分发挥良种技术在农业增产增效中的重要作用。据《新华网》2014 年 5 月 28 日报道，中国杂交水稻技术目前在国际上具有优势，海外的播种面积在 2012 年就达到了 7 800 万亩，已在越南、美国、印度、印度尼西亚、巴基斯坦等多个国家大面积种植。在越南，由于中国杂交水稻的亩产能达到 420 kg，足足比当地品种高出 120 kg，杂交稻种植面积近 1 000 万亩；在美国，杂交稻种植面积有 600 万亩，比当地品种增产 20%以上。

现代生物技术是世界上应用最为重要的作物育种技术，1996—2015 年，全球转基因作物商业化种植面积从 170 万 hm^2 增加到 1.797 亿 hm^2，增长了 100 倍，农民收益超过了 1500 亿美元。目前，转基因作物已遍布美国、巴西、阿根廷、印度、加拿大、中国、巴拉圭、巴基斯坦、南非、乌拉圭、玻利维亚、菲律宾、澳大利亚、布基纳法索、缅甸、墨西哥、西班牙、哥伦比亚、苏丹、洪都拉斯、智利、葡萄牙、越南、捷克共和国、斯洛伐克、哥斯达黎加、孟加拉国、罗马尼亚等世界多个国家或地区（表 15-9）。

表 15-9　2015 年全世界转基因作物在各国的种植面积

排名	国家	种植面积/百万 hm^2	转基因作物
1	美国	70.9	玉米、大豆、棉花、油菜、甜菜、苜蓿、木瓜、南瓜、马铃薯
2	巴西	44.2	大豆、玉米、棉花
3	阿根廷	24.5	大豆、玉米、棉花
4	印度	11.6	棉花
5	加拿大	11.0	油菜、玉米、大豆、甜菜
6	中国	3.7	棉花、木瓜、杨树
7	巴拉圭	3.6	大豆、玉米、棉花
8	巴基斯坦	2.9	棉花
9	南非	2.3	玉米、大豆、棉花
10	乌拉圭	1.4	大豆、玉米
11	玻利维亚	1.1	大豆
12	菲律宾	0.7	玉米
13	澳大利亚	0.7	棉花、油菜
14	布基纳法索	0.4	棉花
15	缅甸	0.3	棉花
16	墨西哥	0.1	棉花、大豆
17	西班牙	0.1	玉米
18	哥伦比亚	0.1	棉花、玉米
19	苏丹	0.1	棉花
20	洪都拉斯	<0.1	玉米
21	智利	<0.1	玉米、大豆、油菜
22	葡萄牙	<0.1	玉米
23	越南	<0.1	玉米
24	捷克共和国	<0.1	玉米
25	斯洛伐克	<0.1	玉米

续表 15-9

排名	国家	种植面积/百万 hm^2	转基因作物
26	哥斯达黎加	<0.1	棉花、大豆
27	孟加拉国	<0.1	茄子
28	罗马尼亚	<0.1	玉米
总计		179.7	

资料来源:Clive James,中国生物工程杂志,2016,36(4):1—11

4. 产量高

优良的作物品种,一般都具有较高的生产能力。生产实践上,各国之所以广泛推广应用良种,就是因为其具有产量高、增产显著的特点。如中国多年来的生产实践表明,杂交水稻比常规稻增产 20%以上,从 1976 年至 2013 年,全国累计种植杂交水稻近 4×10^8 hm^2,累计增稻谷约 8 000×10^8 kg。近年来,杂交水稻年种植面积超过 0.16×10^8 hm^2,占水稻总种植面积的 57%,而产量约占水稻总产的 65%。杂交水稻年增产水稻约 240×10^4 t,每年可多养活 8 000 万人口,对解决中国的粮食需求问题发挥了极其重要的作用。

据研究,转基因技术——作为国际上种植面积增长最快的技术之一,2014 年全球 28 个国家的 1800 万农户在种植转基因作物中受益。研究表明,1995—2014 年间,全球转基因作物的种植不仅使农作物的产量提高了 22%,农民利润增加 22%,而且减少了 37%的化学农药使用量。显然,转基因技术育成的转基因作物新品种,具有增产、降耗、节本、增效之功能。

5. 发展快

根据粗略估算,农业生产上大概每 5~8 年主要作物品种即更换一代。从 1949 年新中国成立至今的 60 多年时间里,中国主要农作物品种更新换代平均大约至少在 8~10 次以上,品种每更新换代 1 次平均可增产 10%以上。韩国在 20 世纪水稻栽培品种的演变经历了 7 个时期:农家品种时期(1910 年以前)、农家品种与引入品种并重时期(1910—1920 年)、引种时期(1920—1935 年)、国内选育时期(1935—1940 年)、国内选育的品种与引入品种并重时期(1940—1970 年)、统一号品种时期(1970—1980 年)和统一号品种衰退时期(1980 年开始)。印度重视推广优良品种,且更新速度快,目前在印度 80%的产粮区种植改良品种。

6. 贡献大

良种的贡献,一是增产;二是增效;三是促进交流与合作。如中国的杂交水稻从 1979 年首次走出国门起,已在世界上数十个国家和地区进行了研究和推广,其中亚洲的印度尼西亚、印度、菲律宾、越南、孟加拉国、缅甸,美洲的美国、巴西、委内瑞拉、乌拉圭、哥伦比亚等国家都已进行了大面积的商业化种植。中国的杂交水稻品种为世界的发展做出了积极贡献。据有关研究,良种在农业生产中占据极其重要的地位,其技术贡献率达 36%以上。

(三)良制技术

优良耕作制度技术的不断研发和推广应用,是世界农业发展取得的重要技术成就之一,对推动世界农业不断向前发展发挥了重要作用。

1. 多熟种植技术

由间作、混作、套作、复种等组成的多熟种植技术,对提高土地利用率、增加农田产出、促进世界农业发展具有重要作用。多熟种植遍及世界各国。据沈学年、刘巽浩等研究,全世界复种

耕地面积约在 1×10^8 hm^2 以上，占世界总耕地面积 14×10^8 hm^{2}的约7%以上。如加上间、混、套作的种植面积，估计全世界实行多熟种植的耕地面积至少在 $1.5\sim2.0\times10^8$ hm^2 以上，占世界耕地总面积的10%～15%。在人多地少的发展中国家，解决温饱是首要问题，亚洲一些湿润热带地区较早形成了多熟种植，特别是在二次世界大战后，东南亚地区在作物集约化多熟种植上取得了惊人的进步，通过间作和套种一年同一块土地上收获次数多达5次，从而带动了多熟种植的研究和发展。即使是经济发达国家如美国、英国等，也特别重视发展间、混、套作多熟种植。

2.轮作休耕技术

轮作是传统农业技术精华所在，对防治农作物病、虫、草害具有明显效果和显著作用。美国在一熟制地区推行"玉米→大豆→小麦"轮作体系。美国科学家已经建立了多个长期轮作试验用以观察玉米和大豆轮作或与其他作物轮作对各自产量的影响。美国在伊利诺斯伊州进行的为期4年的试验表明，玉米、大豆轮作条件下玉米的产量较连作玉米每公顷增产1 t，而大豆玉米轮作条件下大豆产量比连作大豆每公顷增产0.4 t。添加小麦作为玉米、大豆轮作的第三作物，使大豆和玉米的产量对比各自连作增产12%～15%。巴西也大力推广"玉米→大豆"轮作体系。巴西试验研究表明，在前茬大豆施用氮肥为30 kg /hm^2 时，玉米的氮、磷和钾施用量分别为22 kg/hm^2、115 kg/hm^2、36 kg/hm^2 时，玉米的产量达到了最大值，其肥料利用率也较高。因此，在巴西大豆－玉米轮作体系中，前茬种植大豆，同样对玉米的产量具有正效应。

在推行轮作的同时，为恢复、提高土壤肥力，实现农田持续生产能力提升，世界各国还纷纷实行耕地休耕制度。美国是全世界休耕制度最完善的国家，美国的轮作休耕历史可追溯到1985年，当时通过农民自愿参与和政府财政补贴，实现10～15年的休耕还林、还草等长期性植被恢复保护工程，以此来达到改善土壤质量的目的。2002年参与CRP(Conservation Reserve Program)的所有土地中，95%实施了休耕、还林，在美国农业法案中休耕面积的最高额度是 $1\,530\times10^4$ hm^2，约占耕地总面积的16%。欧盟在1992年开始进行土地休耕制度，主要包括轮作和完全休耕。日本早在1971年，就开始实施休耕政策，其中包括轮作休耕、管理休耕和永久休耕三种模式，农民或其土地所有者只要参与休耕，都可以得到休耕补贴，但政府要求必须保障土地的可持续利用、采取控制杂草等措施。

3.保护性耕作技术

保护性耕作技术，是优良耕作制度技术的重要内容与组成部分。在一定时限内，实行农田保护性耕作，可有效保持水土、节约农时、促进农业增产增效和可持续发展。当前，保护性耕作已在世界许多国家推广应用。

2007年10月24～26日，由中华人民共和国农业部和联合国亚太农业工程与机械中心共同主办的"亚太地区保护性耕作发展国际研讨会"在中国河南郑州举行。根据会议报道，全世界保护性耕作面积接近 1×10^8 hm^2。其中，80% 以上集中在美洲国家。

美国从20世纪40年代开始研究保护性耕作技术，60年代开发成功免耕播种机和除草剂后，开始在全国大面积推广，2002年保护性耕作应用面积达到 $6\,769\times10^4$ hm^2，已占到总耕地面积的60%。美国保护性耕作应用面积已经接近适宜区域总面积，除了收获时必须翻耕土壤的马铃薯、甜菜以及无法保留秸秆覆盖的蔬菜等作物之外，所有的谷物生产都采用了保护性耕作技术。截至2004年底，美国62.3%的耕地实施了保护性耕作，涉及的作物种类包括玉米、小麦、大豆等常规作物，以及棉花、蔬菜、马铃薯、西红柿等经济作物。主要采用免耕、少耕、垄作免耕等技术模式，其中少耕和免耕面积较大，分别超过总耕地面积的38%和22%。

加拿大从20世纪60年代开始引进、试验保护性耕作技术，70～80年代研制成功配套机具和除草剂，1985年，开始在三个农业省大面积推广，截至2002年，保护性耕作应用面积达到1 300×10^4 hm^2，占全国耕地的30%。

巴西从1975年开发成功免耕播种机后，应用面积逐步扩大，1985年达到40×10^4 hm^2，1995年达到650×10^4 hm^2，2002年达到1 700多万hm^2，17年的时间内，保护性耕作面积增加40多倍，是世界上保护性耕作应用面积增长最快的国家。截至2004年，巴西保护性耕作应用面积达2 310×10^4 hm^2，占全国耕地总面积的近60%。

澳大利亚从20世纪70年代开始保护性耕作试验，80年代开始大规模推广。在1996—2002年间，保护性耕作应用面积由60%增加到73%。据澳大利亚粮食研究与发展中心介绍，澳大利亚近20年粮食产量增加一倍，其中保护性耕作的贡献率在40%以上。

在欧洲，为了简化农业生产工序，降低生产成本，德国、法国、瑞士等国家从20世纪80年代开始推广应用保护性耕作，近10年保护性耕作应用面积有了较大增长，年年翻耕土地的农民越来越少，16%～28%的耕地已经应用了保护性耕作技术。

如今，保护性耕作已成为世界上应用最广、效果最好的一项旱作农业技术，一般的增产幅度在5%～10%。据美国农业部报告，每公顷平均节省工时1.2个，节省燃油5.5升，减少机具磨损与保养费13美元；保护性耕作可减少水土流失量60%～80%，减少来自农田的扬尘量60%以上，减少冲入河流中的泥土、营养元素（特别是磷元素）和化学药剂50%以上，可将更多的碳元素固定在土壤中，减少排放到大气中的二氧化碳数量，改善大气质量。

4.用地与养地结合技术

用地与养地结合（简称用养结合）是建立优良耕作制度的重要内容和手段，用养结合技术是优良耕作制度技术的组成部分。目前，在世界农业生产实践上常用的用养结合技术和方法很多，如：①种植绿肥，既可作牲畜的饲料，又是优质的有机肥料，收获后根、茎、枯枝落叶残留在土壤中腐烂分解，就能为后茬作物提供优良的氮素和其他营养成分，使各项作物获得更大的丰收；②种植豆科作物，既可满足人民生活水平的需要，又能固定空气中的氮素，使之为植物所吸收；③扩种油菜，既能提高冬季田复种指数，增加收入，又能实现耕地用养结合；④在玉米等高秆作物中间套绿豆、紫花苕等矮秆养地作物，保持水土、提高地力；⑤在冬闲稻田和水稻生长期间放养红萍等水生绿肥养地，提高稻田土壤肥力；⑥实行农作物秸秆还田，逐步改变各国部分农田用地与养地失调的现象。

（四）良法技术

在良田、良种、良制技术的基础上，推广应用“良法”——优良的种植（或饲养、管理）技术和方法，是世界各国农业发展的又一重要经验和成就。

美国是世界上最早研究与应用精准农业技术的国家，在20世纪90年代中，美国就进行了土壤结构密度传感技术、土壤传导性技术、电磁感应技术等农业工程领域的研究，这些技术现在已经陆续在农业生产中使用，对土壤元素测定、农作物产量监测、施肥变量反应等耕作技术起到实质性推动。美国精准农业发展模式其核心是技术层面，将现代化的信息技术、农业技术与工程技术进行了有机的结合，体现了精准农业所要求的时间与空间差异，在此基础上，通过农田地理信息系统提供的地理信息确定作物的最佳生产模型，决定依据不同作物的差异，采用卫星定位，智能机械，智能施肥、灌溉、喷洒农药等，最大限度地优化各项农业投入，同时也保护了农业生态环境及土地资源。

以色列是一个自然环境较为恶劣的国家,国土面积 2.5 万 km^2,沙漠就占去了 60%以上,可耕地面积占国土面积的 20%左右。大部分国土是沙漠地带,导致了以色列淡水资源极为匮乏,人均可利用的淡水资源只有世界平均水平的 1/33。但是,面对如此恶劣的自然环境,以色列的农业却很发达。1996 年以来,其农业总产值连年增长,年增长率保持在 17%左右,其农业人口只占总人口的 3%左右,但以色列的粮食已经完全实现了自给自足。2000 年以后,其农产品大量出口到欧洲,以色列的农业创造了"沙漠奇迹"。以色列采取的节水"良法"关键技术是:①发达的自动化温室控制技术。以色列的温室技术从 20 世纪 70 年代至今,完全实现了智能化与自动化,一个温室大约 4 000 m^2,从播种开始到收获,全过程电脑控制,基本上不需要人力,而且将滴灌技术引入温室系统,进一步提高了花卉、蔬菜等农作物的产量。截至 2012 年年底,以色列的温室花卉种植面积约 2 000 hm^2,但其产品 90%以上用来出口,以较小的产出获取了较大的收益。②先进的节水灌溉技术。滴灌与喷灌是以色列节水灌溉技术的主要形式,目前,以色列节水灌溉率达到 90%以上,水资源利用率达到了 98%,位居世界首位。③水肥一体化技术。以色列在节水灌溉技术发展的同时,还开发出水肥一体化技术,灌溉与施肥同时进行,这种精准技术是建立在对土壤品质及作物生长过程的监测基础之上,实现了节水、灌溉与平衡施肥的统一化。

中国杂交水稻种植技术与水平居世界领先地位。湖南省袁隆平农业高科技股份有限公司等创造的"杂交水稻全程机械化制种关键技术",将父母本机插秧技术、无人机植保技术、无人机辅助授粉技术、父母本机械分收和杂交种子机械烘干技术等关键技术在湖南省绥宁县进行示范推广,取得了良好效果。该新型创新技术与传统人工制种技术相比,小面积测产增产 19.1%,种子精选入库平均增产 15.6%,可降低生产成本约 2 550 元/hm^2。广西是中国甘蔗种植大省(区)。广西壮族自治区在发展甘蔗生产过程中,十分重视"良法"的推广应用。其推广的"良法"关键技术有:深耕深松种蔗技术;冬春植蔗、地膜覆盖等栽培技术;配方施肥技术;加强甘蔗前、中期田间管理技术;综合防治甘蔗病、虫、草、鼠害技术等。据中国吉林省《长春日报》2017 年 2 月 23 日(第 002 版)报道,该市利用"良种+良法",促进农业效能提升。其推广的"良法"关键技术,如:测土配方施肥手机信息服务技术、农区统一灭鼠技术、玉米宽窄行交替休闲种植保护性耕作技术、玉米大斑病控制前移技术、无人机防治玉米蚜虫技术、玉米机械化分次减量施肥技术、米豆轮作条件下大豆高产栽培技术、水稻钵育苗机插秧栽培技术、水稻主要病虫害防治技术、棚室蔬菜标准化生产技术、脱毒马铃薯栽培技术、秸秆综合利用技术等。

(五)优良高效投入物与装备技术

20 世纪 80 年代中、后期,中国政府提出"发展农业,一靠政策、二靠科技、三靠投入"的方针,对促进当时及后来中国农业的持续稳定发展起到了重要作用。

实际上,这里说的"投入",就是"良物技术",即要求在发展农业生产过程中,不仅要有良田、良种、良制、良法,还要有"良物",要有良好的物质装备和物质投入,才能获得农业的高产、稳产和持续增产。

从世界农业发展的历史、现状和未来趋势来看,数量充足、质量可靠的物质装备和投入是必不可少的,且在农业发展中起着关键的作用。

总体来看,世界农业的"良物技术",主要包括:

一是农田基本建设投入。农业,包括种植业、养殖业,生产对象是有生命的活体,它的生长发育需要一定的水、温、光和营养。搞农田基本建设，如保护性栽培和集约化的温室、畜禽舍、鱼池等都是为了满足农作物和养殖动物生长发育需要的基本条件。

二是基础设施建设投入。推进世界现代农业发展，必然需要进行农业科研，开展试验与示范；物化科研成果，如繁育优良品种，生产疫苗、菌种，都需要有基础设施建设。

三是农业机械化建设投入。农业机械化不仅能提高劳动生产率，而且能满足生产中一些科学技术的要求，如深耕、及时排灌、及时收获、干燥冷藏等。如果没有机械装备，生产中一些科学技术的要求，人工是难以做到的。

四是农业化学制品投入。19 世纪以来，世界农业土地集约化程度提高，化肥、农药、农膜等农业化学制品投入增加，大大提高了农业生产率，但国别差异比较大。农业发达国家，包括英国、德国、挪威、瑞典、丹麦、芬兰、荷兰、比利时、法国、美国、瑞士、奥地利、意大利、日本、加拿大、澳大利亚、以色列、西班牙、爱尔兰、新加坡等，农业投入品数量多、发展快、成效大；而传统农业国家，包括塞拉利昂、马拉维、坦桑尼亚、尼日尔、中非、布基纳法索、埃塞俄比亚、布隆迪、卢旺达等，投入相对较少，发展也比较慢。

随着世界现代农业的不断向前发展，对“良物技术”的要求在日益提高，即不仅强调良物的数量，更强调优质、安全、无毒、无害、无残留的化学制品投入，强调使用“生物农药”和“绿色防控”技术。

(六)环境良化意识提高

至今，人类食用的农产品，绝大多数是直接(或间接)地来自农业生产。农业生产的环境——农业生态环境的好坏、优劣，直接关系到农产品质量高低和安全与否。因此，维持、保护和建设优良的生态环境，确保大气、水体、土壤的优质和安全，对农业生产至关重要。从这一意义上来说，良境技术，即保持优良的农业生态环境技术，是以上“五良”技术(良田、良种、良制、良法、良物技术)的重要基础和前提，如果没有良好的农业生态环境，即农业生态环境遭受严重破坏和造成严重污染，则无法从事正常的农业生产，或者生产出来的农产品不能“吃”、不能“用”，这样的农产品，就是“不合格”的、“不安全”的，就不能再生产。这样的农业、这样的农业生产就应“停止”、“取消”，或者“转产”、“转业”。

事实上，世界各国都高度重视农业生态环境的保护和建设，重视良境技术的推广应用，并且取得显著成就和积极成效。

1. 美国

美国重视农业生产过程的清洁和标准化操作。1972 年，美国国会对《联邦水污染控制法》进行修订，首次明确提出控制非点源污染，倡导以土地利用方式合理化为基础“最佳管理规范”(Best Management Practices，BMPs)，美国环境保护署(USEPA)将 BMPs 定义为“任何能够减少或者预防水资源污染的方法、措施或操作程序，包括工程、非工程措施的操作和维护程序”。BMPs 主要通过技术、规章和立法等手段能有效地减少农业面源污染，其着重于污染源的管理而不是针对污染物的末端治理，注重过程清洁和标准化操作，来保障水质安全。

2. 日本

日本积极开展农业清洁生产——又称之为环境保全型农业，以“环境友好型农户”认证和倡导集体环保行动的方式来全面推行环境保全型农业技术实践。其中政策支持包括对环保型农户建设实行硬件补贴、无息贷款、税收减免等优惠政策。进入 21 世纪后，一系列促进环境友好型农业的标准、规范和法律颁布实施，明确了使用清洁农业生产技术是所有农户必需的义务，也以法规的方式给予大力补贴扶持，并建立公众配合管理机制，主要包括预案参与、过程参与、末端参与和行为参与，在此基础上继续增加了环境保全型农业认证制度以及生态农户认证制度，对农业生产和农业资源环境保护的农业从业者实施继续教育制度。

3.韩国

韩国政府提出培育“亲环境农业”计划，确立中长期政策蓝图和方向，同时作为履行《亲环境农业培育法》之义务，2000年制定了《亲环境农业培育五年计划(2001—2005)》(以下简称“五年计划”)，以农业与环境协调、可持续发展为理念，提出两大基本目标：第一，通过确立适宜于区域条件、农民经营规模、农作物特点的亲环境农业体系，提高农民收入，生产高质量安全农产品；第二，通过确立农产、畜产、林产相联系的自然循环农业体系，保护农业环境，增进农业的多元性公益职能。提出如下实现指标：在化学生产资料的施用方面，1999～2005年，化肥、农药使用量分别减少30%；在畜产粪尿的处理方面，对管制对象的处理设施设置率由92%提高到100%，堆肥、液肥资源化率由86%提高到90%；亲环境农产品的生产方面，总产量中获得专门机关质量认证的低农药标准以上农产品所占比重由1%提高到5%，低农药标准以上的水稻栽培面积在水稻栽培总面积中所占比重由0.8%提高到4.5%，蔬菜栽培面积由0.9%提高到4.6%，果树由1.4%提高到6%。五年计划的投资比例构成，中央政府承担67.2%、地方政府5.2%、融资16.2%、民间11.4%。最终提前近一年完成了既定目标。

4.欧盟

欧盟从20世纪80年代末开始通过提倡“自愿性伙伴计划”，通过农业技术与支持政策相结合的方式推行良好农业生产规范(Good Farming Practices，GPA)，并将其与直接补贴相挂钩。2003年，欧盟提出了单一农场补贴(Single Farm Payment)，属于“绿厢”补贴范围，同时提出了强制性的交叉达标(Cross Compliance)理念和标准，即对农民的直接补贴不再与生产面积相挂钩，但是农民必须遵守环境保护、食品安全标准和动物健康标准的法律法规，同时还要保持土地质量符合相关农业种植和环境标准，若是农民没有达到相关要求标准，将视具体情况对补贴额度予以削减或者扣除。为了保护水体质量和供水安全，欧盟于2000年10月份颁布了水框架指令，提出了成员国要建立流域管理计划，以期达到一个良好的生态状况。除了执行欧盟法令外，欧盟各国围绕各自面临的农业面源污染问题有针对性制定规章，引导和鼓励农户开展更为细致的农业清洁生产技术实践。

(七)若干环境保护技术进步

一般地，农业生产活动对生态环境的影响存在着“正”效应和“负”效应。科学的、合理的、正确的农业生产方式和方法，对生态环境主要产生“正”效应；而不科学的、不合理的、不正确的农业生产方式和方法，必然对生态环境产生负面影响，有时甚至是“毁灭性”、“灾难性”的影响或后果。以下主要从正面，阐述世界各国科学、合理、正确的农业生产活动对改善全球生态环境的积极影响和重要作用。

农业生产中种植的任何绿色植物(作物)，都通过光合作用，“吸碳放氧”——绿色植物吸收大气中的CO_2和H_2O，生产出有机物并放出O_2，其化学方程式为：$CO_2+H_2O \rightarrow (CH_2O)+O_2$(反应条件：光能和叶绿体)，从而既降低了大气中$CO_2$的浓度，又释放了人类(包括其他生物)所需要的$O_2$。可见，绿色植物为改善地球生态环境、维护人类食物安全和繁衍生命做出了极其重要的、不可替代的贡献。

据研究(刘晓雪等,2015),2001 年、2005 年、2009 年中国陆地植被年平均氧气生产量为 531.618×10^7 t;又据有关研究(王轶虹等,2017),2001—2010 年中国农田 NPP(植被净初级生产力,Net Primary Productivity,NPP)平均值变化范围为 C 0.21～17.24 mg・hm^{-2}・年,平均值为 4.12 mg・hm^{-2}・年;又据《生态系统浅说》(祝廷成编著,科学出版社,1983 年)记述:“地球上每年通过光合作用可形成 1.7×10^7 t 干物质(生物有机碳)”。可见,地球上的农(林)业生态系统具有显著的“碳汇”功能。由此不难看出,农业生产中绿色植物(作物)及整个农业(或林业)生态系统,在减缓气候变暖中起着重要作用。

1. 改善生态环境

针对工业化农业所出现的生态环境问题,农业科学技术领域在改善生态环境方面进行了积极努力,取得了部分成就:①改善土壤。发展农业生产,通过农田耕种——耕作管理和合理施肥,可改良土壤,加速土壤风化、改善土壤结构、提高土壤肥力,特别是种植养地作用,如绿肥(紫云英)、豆科作物(大豆、绿豆、花生等),其效果就更加明显;②保持水土。农业生产过程中,种植多种作物(植物)于农田地面,可增大地面绿色覆盖,从而有利于减少水土流失,增大营养物质富集土壤,尤其是生物体(植物体)残体归还土壤,有利于土壤的生物富集,从而可以改善农田生态系统的结构和土壤肥力状况;③转化废物。在农业(农田)生产过程中,通过农业生物(绿色植物和农业微生物)的作用,吸纳、转化、分解大量生活垃圾和工农业废弃物,使地球农业生态环境保持“常新”。④防灾减灾。稻田是农田的一种类型,稻田生态系统在滞洪、除涝、抗旱中发挥着重要作用。如中国 $3\,800\times10^4$ hm^2 稻田都灌满 20 cm 的水,蓄水量可高达 760×10^8 m^3,是目前中国最大的蓄水池和滞洪库。若考虑地下水位以上的下界面饱和持水作用,蓄水量则更大,估计可达到 $1\,900\times10^8$ m^3。⑤提供经济保障。世界农业的发展,增加了经济产值,反过来又可为改善生态环境提供“经济”支持,从而可为世界生态环境的不断改善提供经济保障。

2. 保存生物基因方面的努力

工业化农业对生物多样性造成了严重威胁。农业科学技术领域在农业生产多样化种植,特别是在发展传统有机农业系统中采用“生态种植、生物防治、协调共生”的环境友好型生产方式与技术措施,对保存有利基因、保护生物多样性、促进可持续发展十分有利。

据《光明日报》2016 年 9 月 28 日(第 012 版)以“中国基因库成世界农业作物‘保育园’”为题报道,2016 年 9 月 22 日,筹建 5 年的深圳中国国家基因库正式运营,成为继美国国家生物技术信息中心、欧洲生物信息研究所、日本 DNA 数据库之外的世界第四大基因库。目前,在占地面积 4.75×10^4 m^2 的一期中国国家基因库中,已经存储了 1 000 万份样本,以后将增加到 3 000 万份。海内外媒体纷纷将国家基因库称为诺亚方舟。在正式运营当日,中国国家基因库就和挪威世界末日种子库结成“姐妹库”,共同存放种子资源。而中国国家基因库所依托的华大基因研究院,此前对全球农业种质资源数据的贡献率达 70%。

现在世界许多国家改变了农业生产方式,从育种公司购买种子,近 80%到 90%农作物的生物多样性已经丢失。国家基因库、种质库平台的建成,能够充分保存和保护物种资源和生物多样性,帮助全球科学家培育出适应环境变化和人口增长的新作物,从而有利于更好地解决世界粮食安全问题。

3. 推动绿色发展的进步

如上所述,合理的农业技术措施,不仅可减缓全球气候变暖、改善地球生态环境,而且对推进世界绿色发展具有重要意义。或者说，世界农业的发展，特别是“能源农业”(Energy Agriculture)的发展，在促进世界节能环保、实现绿色发展方面取得巨大成就。

农业生产中，绿色植物能够通过光合作用将太阳能转化为化学能存储在体内，形成可为人类利用的能源即生物质能。能源农业是以开发生物质能为目的农业(主要是种植业)。

能源农业包括多种生物质资源利用方式：一是开发和利用农业生物质资源生产燃气和发电，以生物质能源替代其他能源；二是开发和利用农副产品及粪便、垃圾、柴草，以发展农村沼气取代煤炭等能源；三是开发和利用能源作物，从能源作物中提取燃料油，加工生产生物柴油等液体燃料。

由于生物质能对环境造成的污染比石油、矿物能源少，比核能安全，比风能、地热使用广泛，因而生物质能被称为“绿色能源”。

绿色能源的发展，在推动世界经济社会的绿色发展中作用明显、效益巨大。生物质能主要包括生物质发电、生物质成型燃料、生物质液体燃料和生物质燃气燃料等。生物质能作为绿色能源已经受到越来越多国家的重视。根据中国工程院《中国可再生能源发展战略研究报告》，中国含太阳能的清洁能源开采资源量为 21.48×10^8 t 标准煤，其中生物质能占 54.5%，是水电的两倍和风电的 3.5 倍。且在新能源中，生物质能是唯一可再生的碳源，并能转化为固态、液态、气态燃料。可以说，生物质能是最具发展潜力的可再生能源。

积极开发和利用可再生清洁能源、减少石化能源消耗、降低温室气体排放已成为世界各国缓解能源危机和气候变化问题的共识。生物质能是继煤和石油之后的世界第三大能源，是太阳能以化学能形式贮存在生物质中的可再生能源，长期以来为人们的生活用能提供能源。近 50 年以来，随着石化能源消耗的增加，生物质能在全世界的应用急剧减少。尽管如此，目前在全世界范围内生物质能的年消耗量占世界一次能源消耗的 14%。在发展中国家，生物质能是人们取暖和煮饭等生活用能的主要来源；而在发达国家，生物质能成为煤的替代能源被广泛运用于发电厂和工厂。与风力发电和水力发电相比，生物质能发电具有不受外界自然条件的影响及生产过程可控性高等优点。

2000 年世界生物质颗粒燃料的产量只是 165×10^4 t，而到了 2010 年已经增长到 $1\,570\times10^4$ t，增长了 9.5 倍。世界生物质颗粒燃料产业在全球的发展并不平衡，目前主产区集中在欧盟和北美洲国家。以 2010 年为例，欧盟和北美洲生物质颗粒燃料产量分别是 928.6×10^4 t 和 432×10^4 t，分别占世界总产量的 59.3% 和 27.6%；而东欧俄罗斯地区和亚、非、澳洲地区的产量只分别占 9.2% 和 3.9%。据预测，到 2020 年，世界的生物质颗粒燃料的总产量将达到 $4\,520\times10^4$ t，是 2010 年产量的 3 倍左右。值得注意的是，亚洲和南美洲的生物质颗粒燃料的产量将会有较大的增长。特别是亚洲，到 2020 年生物质颗粒燃料产量预计可以达到 $1\,110\times10^4$ t，将是 2010 年产量的 16 倍左右，接近欧盟和北美洲的产量而成为第三大产区。

第二节　当代世界农业面临的问题

如上所述，世界农业发展已取得了社会、经济、技术、生态等方面的巨大成就；但同时也面临一系列的问题与挑战，突出表现在以下 4 个方面——食品安全问题、粮食安全问题、农业生态环境安全问题和乡村社会安全问题。

一、食品安全问题

(一)食品安全的重要性

首先,“民以食为天”,“食以安为先”。食品是人类赖以生存和发展的基础,食品安全广为世人瞩目。其次,食品安全是一个遍及全球的公共卫生问题,不仅直接关系人类的健康和生存,而且还严重影响着世界经济和社会的发展。第三,世界卫生组织(WHO)已将食品安全确定为公共卫生的优先领域,并制定全球食品安全战略。各国政府也日益重视食品安全工作。

(二)当前世界食品安全形势的严峻性

然而,当今世界却面临着食品“不安全”问题,世界食品安全形势已非常严峻、复杂。具体表现在:

1. 食品“不安全”引发全球公共卫生问题,危及人类生存与健康

首先,食源性疾病严重危害着人类的健康和生存。食源性疾病是一种广泛流行的疾病,是最大的食品安全问题。不论是发展中国家还是发达国家,食源性疾病是对健康的一种严重威胁,尤其是对儿童、孕妇和老人。在发达国家,每年大约30%的人患食源性疾病。美国每年有7 600万食源性疾病的病例,其中32万例住院治疗,5 000人死亡。在澳大利亚,每天有11 500人患食源性疾病。在发展中国家,食源性疾病的情况难以估计,但肯定高于发达国家。

其次,新的食品安全危险因子对人类健康产生了新威胁。在20世纪90年代,发生了2起引起全球食品安全恐慌的事件。一是英国的疯牛病。吃了疯牛病的食物,可引起人类感染,发生克雅氏病(VCJD),导致脑组织进行性退化而死亡。到2000年,英国已有7人死于该病,法国有2人,爱尔兰有1人。二是比利时的二噁英食品污染事件。当时,比利时一家报纸很醒目地写着“我们还能吃什么?”二噁英污染之所以引起世界性轩然大波,是因为二噁英是一种超痕量的毒物,其毒性是氰化钾的1000倍,是一级致癌物,被称之为“地球上毒性最强的毒物”。

第三,新技术的应用给食品安全带来新的挑战。随着科学技术的进步,应用于食品生产的新技术层出不穷,例如基因工程技术(基因微生物、基因农产品、基因动物)、包装技术(Modified—atmosphere packaging)、生物酶技术,以及生长激素的应用,等等。这些技术一方面能提高食品生产,有利于食品数量安全,但另一方面也可能产生潜在的危害。

2. 食品安全事故频发,产生巨大危害

据《中国医药报》2013年8月12日(第003版)报道:“近期,食品安全问题成为全球关注的焦点:日本核泄漏事故后,出口食品多次检出放射性物质超标;德国出血性大肠杆菌事件殃及多国,已造成30余人死亡,3000多人染病;中国台湾塑化剂事件卷入近300家企业,7000种食品下架,制药和化妆品行业也受到波及;美国疾病和预防控制中心6月7日发表研究报告称,美国每年约有5000万人因为进食了被污染的食品而染病,这相当于每6个美国人中约有1人受被污染食物之害……”。

3. 转基因食品安全性问题

2014年,全球已有28个国家中的180万农民在4.88亿英亩的农田上种植经过转基因处理技术或转基因的农作物。尽管科学界对转基因技术改良后的农作物的安全达成了广泛的共识,而且转基因农作物也在全球范围内得到快速应用,但转基因食品安全性的争论仍在继续,

与转基因连带使用的除草剂对环境和人体健康的危害也不可小觑，有关转基因方面的公众科普工作仍有很长的路要走。

(三)食品不安全问题的全球性、复杂性，亟待世界各国共管共治

2015 年世界卫生日的主题是"食品安全"，世界卫生组织(WHO)在确定这一主题时明确指出，不安全的食品与每年约 200 万人的死亡有关，其中多数是儿童，含有有害细菌、病毒、寄生虫或化学物质的食品可导致从腹泻到癌症等 200 多种疾病。同时，WHO 还强调指出：

1. 有 200 多种疾病通过食品传播

每年有数百万人因食用不安全食品而患病，还有许多人因此而丧失生命。据估计，每年仅腹泻就夺走 180 万儿童的生命，而其中大多数疾病因食品或水受到污染所致。适当的食物制备可防止大多数食源性疾病发生。

2. 世界范围内食源性疾病在不断增长

食品中引起疾病的生物体通过当今相互关联的全球食品链远距离广泛传播，致使食源性疾病发生的频率和范围不断升级和扩大。全球城市化快速发展，带来了新的风险，因为城市居民食用非家庭制作的食品较多，包括新鲜食品和鱼、肉类及家禽等，它们在处理或制作上可能不够安全。

3. 食品安全是一项全球关注问题

食品生产和贸易的全球化，增加了发生涉及污染食品国际事件的可能性。大多数国家通常都进口食物产品和原料。在出口国家加强食品安全系统，可增强本地和跨界卫生安全。

4. 新出现的疾病与食品生产相关联

过去 10 年里，影响人类健康的新的传染病大约有 75% 是因细菌、病毒和源自动物和动物产品的其他病原体所致。其中，人所患的许多疾病都与在食品生产过程中，即在食品市场和屠宰场对受感染的家养和野生动物的处理有关。

当今世界是一个开放世界，"全球化"的世界，人类共同生活在一个"地球村"里。食品安全处在一个全球相互依存的环境中，任何国家都不能单凭一己之力进行治理。食品供应的全球化意味着我们餐桌上的食品可能来自全球的任何地方，因此食品安全问题也成了一个全球性的公共健康问题，需要世界各国共管共治。

二、粮食安全问题

(一)确保世界粮食安全的极端重要性

粮食是人类赖以生存的基本生活资料，它是一种关系经济发展、社会稳定和国家自主的特殊商品。确保粮食安全，就是要确保所有的人在任何时候既买得到又买得起他们所需的基本食品，这就要求确保全世界生产足够数量的粮食，并能最大限度地在世界各国稳定供应，从而确保世界各国所有需要粮食的人都能获得粮食。保障粮食安全，既是世界各国人民的基本生存权，更是维系世界稳定发展的基石。如果没有粮食安全，有相当数量的国家、相当数量的人解决不了最基本的生活需求——温饱问题，吃不饱饭甚至吃不到饭，受饥挨饿，这个世界将是不太平的、不安定的。

(二)当前世界粮食不安全问题的严重性

应该说,世界农业的发展,为解决全世界的粮食安全问题做出了重要贡献。但由于多种因素,全世界仍有国家或地区的相当数量人口处于“粮食不安全”状态之中。根据FAO(联合国粮食与农业组织)最新统计数据,按照世界粮食峰会目标(WFS目标)计算,目前(2014—2016年度平均),世界粮食不足人口(食物营养不足人口数量)还有7.94亿,比初期(1990—1992年度平均)10.106亿减少了2.16亿,下降了21.4%,但仍有2.89亿人没有实现目标要求,WFS目标实现率为42.7%。按照世界千年发展目标(MDG目标)衡量,目前(2014—2016年度平均)世界粮食不足人口比例(即营养不足人口发生率)10.9%,比初期(1990—1992年度平均)18.6下降了7.7个百分点,下降幅度41.4%;MDG1目标实现率为82.8%,与9.3%的目标相比,仍有1.6个百分点的任务没有完成,还需要下降8.4%。

据《中国新闻网》2017年4月2日以“联合国报告:全球一亿多人粮食安全没有保障”为题报道,2017年3月31日由多个联合国机构在布鲁塞尔发布的报告称,在2015年至2016年间,全球各地面临严重粮食不安全的人口从8000万猛增至1亿零800万,而且这一数字仍在持续飙升之中。

显然,“粮食安全问题”,或干脆直接称“粮食不安全问题”,已成为全世界面临的紧迫问题。

(三)未来世界粮食安全的不确定性及形势的严峻性

未来世界粮食生产受诸多因素的影响,存在不确定性和形势的严峻性,使得维护世界粮食安全面临艰巨性、复杂性。

一是人口增长,对粮食需求量增加。联合国人口基金会依照全球150个国家的人口指数预测,预计到2025年全球人口将增至91亿人,粮食需求随之将增加50%(按现有发达国家年人均粮食消费量估算)。

二是气候变化,对粮食生产可能造成不利影响。粮食生产与全球气候变化保持着高度的因果联系,特别是在目前极端天气反复发作的条件下,气候变异已经成为直接影响粮食安全的关键因素。对此,FAO(联合国粮农组织)研究报告指出,今后20年至50年间的农业生产将受到气候变化的严重冲击,并进而严重影响全球超长期的粮食安全。

三是世界工业化、城市化的快速推进,对粮食生产带来冲击。工业化、城市化的快速推进,意味着对农业生产要素——地(农用土地,耕地)、人(农业生产者,农民)、钱(农业生产资金投入)、水资源等的“过度”吸纳和占用,使得粮食生产的基础受到削弱和“摧毁”。

四是生物能源产业发展,威胁世界粮食安全。近些年来,随着全球节能减排战略的实施,作为一种替代性能源,生物质能源得到了快速发展。当前,全球生物质能源每年的产量大约为800×10^{8} L,美国、巴西、加拿大及欧盟各国是主要的生产国家。而除了欧盟外,其他三个国家均是世界上主要的粮食出口国。这些国家将粮食大幅度用于生物质能源的生产,势必会减少粮食的出口量。联合国粮农组织(FAO)预测,在未来的5年时间内,全球生物质能源还将每年增加400×10^{8} L。生物质能源的主要原料是玉米和大豆。通常情况下,3.3 t玉米能够生产1 t左右的燃料乙醇。有人预测,即便是将美国种植的所有玉米和大豆都用来生产燃料乙醇,也只能替代汽油需求的12%和柴油需求的6%。2014年,美国120家生物燃料企业耗费了美国玉米总产量的20%,其生产的燃料乙醇约为193.75×10^{8} L。按照美国现在的计划,还打算继续扩大生物质能源的生产规模,在未来的5年后,也许这些工厂将会消耗掉美国50%的玉米。正是这些粮食出口大国将大量初级农产品作为原料投入到生物质能源的生产，使得国际粮价从2016年年初就不断上涨。还刺激了其他功利性行为的发生。在巴西，大量的粮食被用于生产生物质能源，导致巴西本国的玉米价格上涨，农民看到了其中的商机，大量砍伐原始森林改种玉米，而森林的破坏与联合国政府间气候变化专门委员会(IPCC)所倡导的减少碳排放原则相违背。此外，这些初级农产品是其他生产活动的原料，初级农产品价格的上涨导致了肉类、乳制品价格的上涨。因此，生物质能源的发展是"双刃剑"，可以在一定程度上减少了碳排放，但消耗了粮食产量，造成了粮食资源的浪费，加剧了粮食的短缺，威胁着世界粮食安全。

五是地区冲突和战争，也对世界和地区的粮食生产、粮食安全产生严重威胁。

三、农业生态环境安全问题

世界农业生态环境安全问题，主要表现在以下5个方面：

(一)资源短缺

资源是农业生产的基础和前提，没有资源或资源不足，都将严重影响农业生产。当前，世界农业的发展就面临着资源短缺的严重问题。

1. 水资源短缺

水是生命之源、生产之本、生态之基。水利是农业的命脉。水资源对人类的生存、对世界农业发展的重要性不言而喻。

然而，水资源短缺已成为世界农业发展面临的最突出的问题之一，并给世界农业发展带来严重影响。当前，世界水资源短缺集中体现在以下几方面：

(1)水量不足。首先，地球上的淡水资源非常有限。全球水的总储量约有14×10^8 km^3，平铺在地球表面上约有3 000 m高。地球的表面上70%被水覆盖，因此有人把地球说成是"蓝色的星球"。地球上的水97.2%都分布在大洋和浅海中，陆地上两极冰盖和高山冰川中的储水占总量的2.15%，目前无法直接饮用。余下的0.65%才是人类可直接利用的。若把一桶水比为地球的水，人类可用的淡水只有几滴。其次，人口增加，导致人均水资源占有量减少。2010年，全球供水量比1970年减少了1/3，由于40年中全球增加了18亿人口。随着世界人口快速增长，全球淡水需求量每年需要增加$6\,400\times10^8$ m^3。第三，工业化、城市化导致用水量大增，引发水资源紧张。据世界资源研究所资料，从1950年以来，全球消耗量增加了近10倍，农业所占的比例，1900年为90%，2000年以后下降到60%以下。但在同一时期中，工业用水量将从2%增加到近25%，而城市的用水量从2%增加到10%以上。20世纪初，全球可供利用的水量中，使用的不到5%，而到2000年时，有35 %以上投入使用。第四，人类生活用水的增加，也是导致水资源不足的重要原因。公元前每天人均耗水约为12 L，中世纪每天人均耗水20～40 L，18世纪增加到60 L，当前发达国家的一些大城市人均每天耗水500 L。当前，在日常生活中，人们对水的使用速度加快，水的人均、日均使用量增大，导致水资源不足，阿拉伯联合酋长国被迫从1984年起，每年从日本进口雨水$2\,000\times10^4$ m^3。第五，由于路面"硬化"、土地"水泥化"等，使得雨水降至地面后，没有得到"使用"即流入江、河、湖、海成为"无用水"。以上这些，均是导致全球淡水资源总量不足的重要原因。

(2)水质下降。由于工业"三废"(废气、废液、废渣)排放，农业使用农药、化肥等化学制品，以及生活垃圾未得到妥善处理等多方面原因，导致全球水资源污染，水质降低，有的甚至不能饮用。

根据联合国教科文组织公布的《世界水资源开发报告》(《决策与信息》,2012 年第 10 期,总第 335 期),全球每年大约有 400×10^8 m^3 的污染水排入江河;每立方米废水可污染 8 m^3 淡水。欧洲现在约有 4 100 万人无法获得足够的饮用水;美国每天有 4 000 多万人在饮用受多种药物成分污染的水源;发展中国家约有 10 亿人喝不到清洁的水。又据有关资料,目前世界上有近 26 亿人缺乏安全的水卫生设施,全球每年有数百万人,尤其是 5 岁以下儿童,死于与水相关的疾病,如疟疾、伤寒、霍乱等。全球每 8 s 就有一个(即每天大约有 6 000 个)儿童死于与不卫生水相关的疾病。在所有传染性疾病导致死亡的案例中,由水造成的传染性疾病是第三大杀手。有时候,如 2004 年,与水相关的疾病比 HIV 和 AIDS 造成的死亡数字还高。

中国正实施"长江经济带"发展战略,但由于工业废水排污量的大幅度增加,加之农业生产上大量使用农药和化肥造成的污染问题日益加剧,使"长江经济带"大多数湖泊以及很多支流水质污染严重,水质日益下降或恶化。工业、农业以及居民生活上的种种污染已经让长江脆弱的生态环境不堪重负,而污水处理设施建设却跟不上水环境污染的速度,长江干流城市的污水处理率还不到 50%,"长江经济带"水污染问题的治理迫在眉睫。

(3)缺水严重。现在,世界上已有超过一半的陆地面积、遍及一百多个国家和地区缺水,20 亿人饮水困难。而人类正以每 15 年增加 1 倍的淡水需求消耗着水资源。时至今日,人类消费的淡水量已占全世界可用淡水的 54%。到 2025 年,全世界将有 35 亿人口缺水。据联合国教科文组织统计,非洲每年有 6 000 人死于水资源缺乏,约有 3 亿人因为缺水而生活在贫困中。

(4)旱灾加重。由于严重缺水,造成世界农业生产中"旱灾"频率越来越高。全球旱灾频次由 1900—1959 年的年均不到 1 次,增加到 1960—2009 年的年均约 10 次,增加了近 10 倍。特别是 2000—2009 年的 10 年间,全球发生特大规模的旱灾就达 190 次,平均每年受灾人数约为 8 300 万人,经济损失约 2.82×10^9 美元。2010 年全球有 100 多个国家遭遇的不同程度的旱灾,其中,俄罗斯在这一年遭遇了罕见干旱,粮食产量减少约 1/3。2011 年,全球又发生大范围的旱灾。这一年,美国遭遇了过去 50 年间最为严重的旱情,得克萨斯州灾情尤其严重,几乎全州受灾,预计损失超过 30 亿美元;法国、德国等欧洲国家遭遇连续干旱,小麦产量下降;墨西哥也出现 70 年来最严重旱灾,使 99 万 hm^2 作物减产。

(5)前景堪忧。如不引起足够重视并采取强有力的措施,未来,世界将不可避免地出现"水资源危机",尤其是全球气候变化,将加剧全球"水资源危机"的出现。

今天,世界 40% 的粮食来源于灌溉土地,在许多人口众多的发展中国家,如中国、印度等,水资源可用量已达不到灌溉的需求,而这些国家快速增长的人口及用水的低效性使这一问题更加突出。联合国环境规划署的数据显示,如按当前的水资源消耗模式继续下去,到 2025 年,将有 40 个国家占全球 30% 的人口受到水资源短缺的影响。到 2050 年,将有 65 个国家约占全球人口 60%的人类将面临淡水危机。

在全世界很多地区,地下水的开采超过补给能力,受到污染越来越多,1960—2000 年,地下水枯竭率翻了一番,每年减少 280 km^3,未来几十年,地下水枯竭可能成为全球人类工农业和城市用水面临的最大问题。联合国界定当一个地区的人均水资源量跌破 1 700 m^3/人为用水紧张,当人均水资源量低于 1 000 m^3/人为缺水。据估计,全世界 10%的人口没有安全的饮用水。随着世界人口快速增长,这一数字将增加。

研究表明，由于全球气候变化，导致冰川面积缩减、降雨量减少、地面径流量减少等，对非洲水资源产生不利影响，导致本来水资源就缺乏的非洲“雪上加霜”，水资源危机进一步加剧。

联合国教科文组织报告称，到2025年全球淡水紧缺量将上升到20 000亿 m^3。联合国警告说，如果不加以改进，到2030年我们只拥有所需水的60%。这些所缺的水将从哪里来？更糟的灾区在亚洲、中东和北非的半干旱地区。国际原子能机构研究表明有23亿人（世界人口的1/3）生活在用水紧张的地区，其中17亿人每年可用的水不足1 000 m^3。到2025年，这一数字将上升至35亿。如此缺水极其令人担忧，因为这对世界经济发展的可持续性有很大的影响。由于水对所有行业（农业、矿业、能源生产等）以及人类福祉来说是必不可少的。2015年1月举办的“世界经济论坛”宣布基于对社会影响破坏的量化，水资源短缺问题——水危机是全球第一大风险。

2. 耕地资源短缺

耕地是农业生产的基础，是人类生存所必需的农产品的生产主要场所。耕地资源具有稀缺性、珍贵性和不可替代性。综观世界耕地资源的发展与变化，可以看出其存在以下问题：

(1)耕地面积减少。首先，从世界耕地总面积来看。由表15-10可以看出，从1961年至2002年，世界耕地面积略有增加，从127 656万 hm^2 增加至140 413万 hm^2，增加9.99%，这主要得益于这一时期世界许多国家大力开展“开荒造地”、“围湖造田”等。但据赵文武在“世界主要国家耕地动态变化及其影响因素”一文（见《生态学报》2012年第32卷第20期第6 452～6 462页）中研究，从20世纪60年代到2007年间的不同时期内，有越来越多的国家表现出耕地总面积减少的趋势，其中，满足人口消费需求、城市化与经济发展是大多数国家耕地总量减少的主要动力。

据尹成杰在“世界耕地资源与粮食安全”一文（见《农村工作通讯》2009年第10期第26～29页）中研究，美国从2003—2004年耕地面积锐减了243万 hm^2，下降幅度为1.38%；加拿大从2001—2002年耕地减少了22万 hm^2，降幅为0.48%；欧盟主要国家中，以英国、法国、德国、意大利、西班牙、波兰为代表的欧盟主要农业国，从1999年至2005年耕地面积出现减少，由1999年的7218.1万 hm^2 降至2005年的6 972.4万 hm^2，降幅达3.4%，其中耕地减少速度最快的是波兰，耕地面积由1999年的1 407.2万 hm^2 减少到2005年1 214.1万 hm^2，减少13.7%；俄罗斯2005年的耕地面积为12 178.1万 hm^2，比1999年的12497.5万 hm^2 减少了319.4万公顷，减少幅度为2.56%；乌克兰2005年的耕地面积为3 245.228万 hm^2，比1999年的3 267万 hm^2 减少了21.8万 hm^2，减少幅度为0.66%；白俄罗斯从1999年至2005年耕地出现大幅减少，由1999年的618.2万 hm^2 减少到2005年的545.5万 hm^2，减少幅度达11.76%；日本从1999年到2005年，耕地数量一直在逐步减少，即从1999年的450.3万 hm^2 减少到2005年的436万 hm^2，减少幅度达3.2%；韩国耕地从2000年的171.8万 hm^2 减少到2005年的162.4万 hm^2，减少幅度达5.5%。

又据世界银行WDI数据库，2001—2013年，全球耕地总面积由13.9亿 hm^2 略增到14.1亿 hm^2。其中超过1亿 hm^2 的国家有印度（1.6亿 hm^2）、美国（1.5亿 hm^2）、中国（1.4亿 hm^2）和俄罗斯（1.2亿 hm^2），上述四国耕地面积合计占世界耕地总面积的近40%，其中中国占7.5%。同期，全球200个国家和地区中，耕地增加和减少的国家或地区数量相当，均为90个，另外20个耕地面积基本保持稳定。上述4个耕地大国的耕地面积均减少，其中美国减少最快，减少13.4%，中国、印度和俄罗斯分别减少8.9%、2.1%和1.3%。另外，澳大利亚耕地减少了 7.2%。

其次，从人均耕地面积来看。1961 年，世界人均耕地面积为 0.4 145 hm^2/人，2002 年下降至 0.2 256 hm^2/人（表 15-10），下降幅度达到 45.57%。其中，发达国家的人均耕地面积由 1961 年的 0.66 hm^2/人，下降到 2002 年的 0.46 hm^2/人，降幅为 30.30%；发展中国家的人均耕地面积下降更快，由 1961 年的 0.30 hm^2/人，下降到 2002 年的 0.16 hm^2/人，下降了 46.67%，其最主要的原因是发展中国家人口增长过快。据研究，从 20 世纪 60 年代至 2007 年，全世界 90%以上的国家或地区人均耕地面积都出现不同程度的下降，其中人口快速增长、城市化快速推进则是导致世界许多国家人均耕地显著减少的重要原因。

表 15-10　世界总人口、土地面积、耕地面积及人均占有耕地面积（1961—2002 年）

年份	总人口/万人	土地面积/万 hm^2	耕地面积/万 hm^2	人均占有耕地面积/(hm^2/人)
1961	308 013	1 305 550	127 656	0.414 5
1962	314 078	1 305 549	128 054	0.407 7
1963	320 350	1 305 549	128 687	0.401 7
1964	326 822	1 305 549	128 989	0.394 7
1965	333 488	1 305 549	129 361	0.387 9
1966	340 343	1 305 549	129 466	0.380 4
1967	347 377	1 305 549	129 666	0.373 3
1968	354 561	1 305 549	130 635	0.368 4
1969	361 863	1 305 549	131 851	0.364 4
1970	369 250	1 305 549	131 905	0.357 2
1971	376 721	1 305 549	131 741	0.349 7
1972	384 266	1 305 548	132 011	0.343 5
1973	391 833	1 305 547	132 140	0.337 2
1974	399 361	1 305 542	132 787	0.332 5
1975	406 811	1 305 536	132 848	0.326 6
1976	414 159	1 305 534	133 199	0.321 6
1977	421 427	1 305 532	133 428	0.316 6
1978	428 679	1 305 532	133 880	0.312 3
1979	436 003	1 305 532	134 330	0.302 9
1980	443 468	1 305 530	134 197	0.302 6
1981	451 081	1 305 531	134 417	0.298 0
1982	458 826	1 305 529	134 904	0.294 0
1983	466 731	1 305 528	136 056	0.291 5
1984	474 819	1 305 513	136 755	0.288 0
1985	483 098	1 305 511	138 086	0.285 8
1986	491 587	1 305 512	138 577	0.281 9
1987	500 260	1 305 511	138 923	0.277 7

续表 15-10

年 份	总人口 /万人	土地面积 /万 hm^2	耕地面积 /万 hm^2	人均占有耕地面积 /(hm^2/人)
1988	509 024	1 305 511	139 133	0.273 3
1989	517 755	1 305 501	139 115	0.268 7
1990	526 359	1 305 500	139 125	0.264 3
1991	534 801	1 305 501	138 954	0.259 8
1992	543 097	1 305 986	138 939	0.255 8
1993	551 271	1 305 987	138 988	0.252 1
1994	559 373	1 305 987	139 380	0.249 2
1995	567 438	1 305 987	139 141	0.245 2
1996	575 469	1 305 986	139 598	0.242 6
1997	583 450	1 306 673	139 642	0.239 3
1998	591 379	1 306 673	139 272	0.235 5
1999	599 249	1 306 668	139 145	0.232 2
2000	607 059	1 306 667	139 628	0.230 0
2001	614 806	1 306 667	140 546	0.228 6
2002	622 498	1 306 688	140 413	0.225 6

注:系根据《中国耕作制度 70 年》(王宏广等著,中国农业出版社,2005 年 9 月)等有关资料整理而成。

(2)耕地质量退化。据《新华每日电讯》2011 年 11 月 30 日(第 005 版)以“联合国:全球四分之一耕地严重退化”为题报道,联合国粮食及农业组织(FAO)于 2011 年 11 月 28 日发布的报告显示,全球现有耕地中的四分之一“严重退化”,威胁 2050 年前全球粮食增产七成的目标。这份名为“世界耕地与水资源现状”的报告显示,全球 25%的耕地“严重退化”,44%的耕地“中度退化”,仅有 10%耕地“状况改善”。该报告划出耕地退化最严重的几个地区,包括美洲西海岸、南欧地中海沿岸地区、北非、萨赫勒地区、非洲之角和亚洲一些地区。报告指出,耕地退化地区中 40%为经济贫困地区。报告估算,至 2050 年,即使粮食产量翻一番,全球仍将有 3 700 万人挨饿。可见,耕地质量退化带来的后果是极其严重的。为避免这种“严重后果”的出现,报告建议:①在耕地质量退化地区,要采用新的农业耕作方式,如发展保护型农业、农林间作和家畜农作物综合养殖系统等,以提高农业用水效率,确保农业增产;②在发展中国家,共需投资约 1 万亿美元用于改善农业灌溉条件,投资约 1 600 亿美元用以保护耕地资源。

美国世界资源研究所提供的数据,目前世界 40%的耕地已出现中等程度的退化迹象,世界每年由于盐碱化而损失耕地近 162×10^4 hm^2,导致农业产值减少约 110×10^8 美元。2008 年 7 月 2 日,FAO 发布的一份报告指出,通过对 1981—2003 年间的数据进行分析的结果显示,世界耕地退化现象加剧,约有 15 亿人直接依靠退化的耕地为生。研究显示,世界 20%的可耕地、30%的林地及 10%的草地都处于退化状态。退化的耕地中有 22%位于非常干旱或半干旱地区,其余 78%位于湿润地带。报告指出,土壤管理不佳是造成耕地退化的主要因素。耕地退化的结果,包括生产力降低、粮食无保障、基本资源和生态系统被破坏、生物多样性流失等。此外,耕地退化可导致生物质和土壤有机物的流失,并导致二氧化碳释放以及土壤保存水分和养分的能力下降。

由于工业化、城市化和气候变化等影响，全球土壤状况迅速恶化，主要表现为水土流失、养分枯竭、土壤有机碳丧失、土壤板结，以及受过量的盐、酸和重金属污染等。据联合国粮农组织(FAO)于2015年12月4日发布的《世界土壤资源状况》报告，目前世界大多数国家的土壤状况属于一般、较差或很差，并且许多地方的土壤状况正在恶化，全球33%的土地由于盐碱化、板结、酸化和化学污染等原因，正处于中度到高度退化之中。由于侵蚀，每年导致250×10^8～400×10^8 t表土流失，造成谷物年产量损失约760×10^4 t，人为因素造成的盐渍化影响全球76×10^4 km^2 土地。

(3)耕地资源浪费。耕地资源的浪费，导致世界耕地资源的"隐形"短缺(表面上看起来耕地面积没有减少，但实际使用上减少了)，对各国农业生产发展极为不利。世界耕地资源浪费有以下几种"情形"：一是耕地"非农化"，如"不合理"的、"不切实际"的退耕还林、还草、还湖等，导致耕地资源浪费，耕地成为"非耕地"；二是耕地"闲置"、"不用"，包括耕地撂荒、弃耕、休耕、休闲等，"有地不种"，浪费资源；三是耕地熟制缩减，复种指数降低，如可以实行三熟制的，只种二熟；可以实行二熟的，只种一熟，导致光、热、水、气、土资源的大大浪费。这些都是不可取的。

(4)未来耕地形势更趋严峻。导致未来世界耕地形势更加复杂、严峻的主要因素有：

①人口增加，人均占有耕地越来越少，必然导致人地关系日趋紧张、人地矛盾日益尖锐。目前世界人口数量正以年均约8 500万人的速度增长，为满足新增人口对农产品的需求，不仅需要更多的耕地种植粮食、发展农业，还需要提高耕地生产力和农业生产效率，其对农业、对耕地带来的"压力"不可想而知的。

②城市建设、工业发展等加剧对耕地的"蚕食"。目前世界各国在推进工业化、城市化、城镇化进程中，侵占耕地的现象十分普遍。据《新华每日电讯》2008年8月29日(第003版)报道，正在维也纳召开的"2008欧洲土地会议"呼吁，世界各国必须重视保护耕地，并采取强有力的措施阻止工业化、城市化进程中乱占农业用地的现象。会议指出，在奥地利，平均每天至少会有12 hm^2 耕地因道路、住宅或其他设施建设被占用；在德国，每天被占用的耕地有时甚至高达110 hm^2。出席会议的许多专家同时发出警告说，全球耕地面积正在迅速减少，这种现象必须引起足够重视。

③全球各种自然灾害频发也是导致世界耕地资源毁损的重要因素之一，因此，为保护耕地资源，各国必须高度重视防灾减灾，推进可持续发展。

3. 森林资源短缺

森林资源是地球上最重要的资源之一，是生物多样化的基础，它不仅能够为生产和生活提供多种宝贵的木材和原材料，能够为人类经济生活提供多种物品，更重要的是森林能够调节气候，保持水土，防止或减轻旱涝、风沙、冰雹等自然灾害；还具有净化空气、消除噪音等功能；同时森林还是天然的动植物园，哺育着各种飞禽走兽和生长着多种珍贵林木和药材。森林可以更新，属于可再生的自然资源，也是一种无形的环境资源和潜在的"绿色能源"。

世界森林资源的一个重要特点就是森林面积的分布极不均衡。俄罗斯的森林面积最大，约占全球的1/5，其次为巴西、加拿大、美国和中国，这5个国家的森林总面积占全球森林面积的一半还多。

由于自然和人为等多方面的原因，当前世界森林资源面临短缺问题，突出表现在：

(1)森林面积减少。据有关资料，1980—1990年期间，世界森林以每年$1\,310.5\times10^4$ hm^2的速度在消失，1990—2000年期间世界森林资源在每公顷活立木蓄积量没有下降的情况下年

消失面积降为 886.8×10^4 hm^2，平均年减少 0.38%；2000—2005 年为 731.7×10^4 hm^2，平均年减少 0.18%。

据 2015 年 9 月 FAO 发布的《2015 全球森林资源评估报告》，过去 25 年间，由于人口增长和农业扩张，全球森林面积显著减少，但近 5 年来减少速度下降了一半。1990 年全球森林面积 41.28×10^8 hm^2，森林覆盖率 31.6%，且绝大部分是未受破坏的原始森林；2015 年森林面积减少到 39.99×10^8 hm^2，森林覆盖率 30.8%，减少了 1.29×10^8 hm^2 森林，相当于整个南非的国土面积。近 5 年来，由于森林砍伐逐渐减少、人工种植林不断扩大、森林保护区面积增加，全球森林面积的减少速度下降了一半以上，从 1990 年下降 0.18%减缓到过去 5 年年均下降 0.08%。根据联合国的统计，全球森林覆盖面积约为 40×10^8 hm^2，占世界陆地面积的 30%左右，世界森林资源蓄积推算约为 $4\,300\times10^8$ m^3。虽然森林退化和消失的速度有所减缓，但每天仍有将近 200 km^2 的森林消失。

(2)森林质量退化。世界森林质量退化的一个重要标志是原始森林面积、自然林面积减少。1990—2000 年，世界原始森林和自然林面积以每年 $1\,129.72\times10^4$ hm^2 的速度在消亡；2000—2005 年，世界原始森林和自然林面积以每年 $1\,010.52\times10^4$ hm^2 的速度在消失，平均年消失率 0.28%。虽然自 20 世纪 90 年代以来，全球毁林速度放缓，但毁林状况依然严峻。2000—2010 年，每年约 $1\,300\times10^4$ hm^2（毛损失）森林转作他用，虽然再造林抵消了部分损失，但森林净损失仍高达每年 560×10^4 hm^2；此外，高达 $4\,000\times10^4$ hm^2 的原始林被转化为次生林，导致森林质量明显退化。

在全球层面，森林面积持续减少的同时，森林质量不断下降，一些发展中国家森林退化和毁林严重。据联合国粮农组织(FAO)的报告，在 20 世纪 90 年代，全球平均每年减少的天然森林面积达 $1\,610\times10^4$ hm^2，年递减 0.4%，其中 $1\,520\times10^4$ hm^2 是在热带国家，年递减 0.8%，每年减少森林面积 830×10^4 hm^2。2000—2010 年间，全球天然林面积每年减少 $1\,300\times10^4$ hm^2，森林面积每年减少 530 hm^2，全球森林面积减少的趋势得到一定程度的减缓。

(3)森林结构不优。世界森林结构存在不优、不合理的问题，如幼林、残次林、稀疏林面积大，林种结构配置不合理，导致森林生态系统功能不高。FAO 的 2010 年全球森林资源评估主要结果显示，世界森林面积达 40×10^8 hm^2，约占土地面积（不含内陆水域面积）的 31%，人均森林面积 0.6 hm^2。全球人工林面积 2.64×10^8 hm^2，约占世界森林面积的 7%。

(4)森林功能脆弱。从森林功能来看，全球商品林面积接近 12×10^8 hm^2，生物多样性保护林面积超过 4.6×10^8 hm^2，防护林面积 3.3×10^8 hm^2，分别占世界森林面积的 30%、12%和 8%。从森林权属来看，公有林面积占世界森林面积的 80%。全球森林碳储量达到 $2\,890\times10^8$ t。

(5)未来森林资源可持续发展面临严峻挑战。一是受工业化、城市化冲击，“毁林建设”（如“毁林扩城”、“毁林修路”、“毁林搞工业化”等）现象将不可避免，甚至在某些国家可能愈演愈烈，这对全球森林的破坏和森林资源的可持续发展是极为不利的；二是森林的可持续管理理念和方式尚未得到广泛推广。国际热带木材组织(ITTO)的一项调查估计在其 33 个生产成员国总面积 9×10^8 hm^2 的森林中，仅 $3\,600\times10^4$ hm^2 森林以可持续方式管理，仅占这些国家森林总面积的 4%；三是自然灾害，特别是森林火灾的发生和发展，将严重威胁世界资源的保护和发展；四是全球气候变化，对森林资源的可持续发展带来挑战。

4.能源资源短缺

能源资源不仅对世界各国家发展、对世界发展至关重要，同时也是农业发展的重要基础性资源，能源资源的种类、数量、结构等均直接地或者间接地对农业发展产生影响。如农业投入品化肥、农药、农膜等均直接地或者间接地来自化石能源，农业灌溉系统、农业设备（包括拖拉机、收割机和打谷机等此类农用机械）和渔船都受能源资源的影响，还有农民日常生产和生活等都与能源的使用有关。甚至可以说，农业生产和农民生活的方方面面都离不开能源资源。

综观世界能源资源状况，可以看出其正面临着突出的短缺问题，具体表现为：

(1)化石能源储量有限。据《2004BP 世界能源统计年鉴》测算世界石油总储量为 1.15×10^{12} 桶，以目前的开采速度计算，可供生产 41 年。又据有关报道（崔东树，2015），截至 2014 年底，世界石油探明储量为 $1.700\,1\times10^{12}$ 桶，相当于 52.5 年的全球生产需求。世界的天然气资源储备相对丰富，2014 年探明全球天然气资源储量 187×10^{8} m^3；现已探明世界煤炭总储量 $8\,915\times10^{8}$ t，够用 110 年。但不管如何，这些化石能源总量是有限的，“用一点，少一点”，资源不可再生，总有一天会用完、用尽，直至资源枯竭。

(2)化石能源消耗加快。目前全世界能源年总消费量约为 134×10^{8} t 标准煤，其中石油、天然气、煤等化石能源占 85%，大部分电力也是依赖化石能源生产的，核能、太阳能、水力、风力、波浪能、潮汐能、地热等能源仅占 15%。化石能源价格比较低廉，开发利用的技术也比较成熟，并且已经系统化和标准化。今后 20 多年里，石油仍然是最主要的能源，全球需求量将以年均 1.9%的速度增长；煤仍然是电力生产的主要燃料，全球需求量将以每年 1.5%的速度增长。可见化石能源仍然是我们在这个星球上赖以生存和发展的能源基础。有统计表明，2020 年全世界能源消费量将是目前的 3 倍。

(3)未来世界能源安全形势不容乐观。随着世界经济的快速发展，未来化石能源消耗速度将进一步加快。这势必产生两个问题：一是加速“能源危机”，或者说，引发世界能源“不安全”问题；二是造成严重的环境污染。以煤炭、石油为主的世界能源结构带来全球性能源环境问题的主要表现为酸雨、臭氧层破坏、温室气体排放等。在许多发展中国家，城市大气污染已达到十分严重的程度，在欧洲和北美也出现了超越国界的大气污染，形成了广泛的环境酸化，上千个湖泊的湖水酸度达到了不能支持鱼类生存的程度，酸性气体所造成的腐蚀损失，每年高达 10×10^{8} 美元。有研究表明（程春华，世界知识，2017 年第 1 期），能源产业占全球温室气体排放 2/3 的份额。

5.肥料资源短缺

肥料是农作物的“粮食”，肥料资源支撑着世界农业生产和人类食物供给。在《农业八字宪法》——“土、水、肥、种、密、保、管、工”中，肥料仅次于土、水，位列第三。由此不难看出肥料之重要。

(1)总体状况。肥料产业是一个高度依赖资源和能源的产业。如氮肥虽然从空气中制取，但需要能源，磷肥的生产需要磷矿，钾肥生产需要钾矿。随着人口的增长，粮食的需求越来越多，肥料用量也越来越大。1961 年世界肥料总消费量为 31 182 244 t，2002 年达到 141 571 130 t，后者比前者增加 3.54 倍（王宏广，2005）。2008—2013 年间，世界年均氮肥用量增加了 2.2%、磷肥 3.8%、钾肥 5.3%。2013 年世界化肥用量为 1.84×10^{8} t(纯养分)。

(2)氮肥。在氮肥的能源消耗方面，在世界范围内约有 75%～80%的合成氨由天然气制备，每吨合成氨需要约 1 230 m^3 的天然气，若全部合成氨由天然气生产，将消耗全世界约 5%

的天然气。天然气的价格会严重影响肥料的价格，目前每年消耗的天然气为 3.2×10^{12} m^3，按这种速度，世界天然气只可维持消耗 50 年。

(3)磷肥。目前磷矿主要用于磷肥的生产，世界范围内磷矿贮量为 150×10^8 t，基础贮量为 470×10^8 t，主要分布在摩洛哥和西撒哈拉、中国、美国和南非，约占世界贮量的 80%以上，按目前的开采速度，高品位磷矿可用 90 年，加上低品位磷矿可用 290 年。中国磷矿可用 80 年，加上低品位磷矿可用 210 年。

(4)钾肥。钾盐是生产钾肥的基础矿物，全世界贮量约 83×10^8 t，基础贮量约为 180×10^8 t，主要分布在加拿大、俄罗斯、白俄罗斯、德国和巴西，约占世界总贮量的 95%以上，按目前的开采速度，可用 235 年。加上低品位钾矿，可用 500 年。

(5)未来形势和前景。世界氮、磷、钾资源贮量在可预见的未来是丰富的。但随易开采矿物的减少，肥料的价格可能会不断上涨，这必将引起粮食等农产品价格的"波动"和"上涨"，对"农业安全"、"粮食安全"产生不利影响。

总之，肥料资源属于不可再生资源，其数量是有限的、短缺的，须十分珍惜，并切实做好肥料管理，研发新型肥料资源，从而确保世界肥料资源的可持续利用与发展。

(二)生态破坏

世界各国在经济建设和社会发展过程中，自觉或不自觉、有意或无意地造成生态破坏。如开发矿藏、架桥修路、城市扩建、房产开发，还有地区冲突或局部战争等，以及各种自然灾害，均造成全球生态破坏，引发世界性或区域性的生态环境问题。生态破坏造成多种形式的生态环境后果，如土壤退化、水土流失、荒漠化和生物多样性降低等是其典型的几种形式。

1. 土壤退化

目前，由外因(人为因素、自然因素)和内因(母质因素、土壤因素)综合作用不利影响引起的土壤退化问题，已严重危及世界"有土栽培"领域的可持续性发展。据统计，世界土壤退化的总土地面积为 1.30×10^8 km^2，而人为引起的土壤退化面积就达 1.97×10^7 km^2，占总土地面积的 15.12%。就区域分布来看，亚洲的土壤退化面积最大(7.47×10^6 km^2)，占全球土壤退化总面积的 38.02%，其次是非洲(4.94×10^6 km^2)占 25.14%、美洲(4.02×10^6 km^2)占 20.46%、欧洲(2.18×10^6 km^2)占 11.09%、大洋洲(1.02×10^6 km^2)占 5.19%。就土壤退化类型来看，全球土壤物理退化(包括水蚀、风蚀、土壤压实、渍水、有机土下陷等)面积 1.73×10^7 km^2，占退化总面积的 87.84%，其中土壤侵蚀退化(水蚀、风蚀)占总退化面积的 83.56%，其结果以表土丧失为主，是造成土壤退化的最主要因素之一，全球土壤化学退化(包括土壤养分衰退、盐渍化、污染、酸化等)面积 2.39×10^6 km^2，占退化总面积的 12.16%；就退化程度来看，全球土壤退化以中度、强度和极强度退化为主，其中中度退化土壤占全球土壤退化总面积的 46.00%、强度退化占 15.00%，而轻度退化仅占 38.00%。

据联合国统计，全球 26 亿人直接依赖于农业，而用于农业的 52%的土地受中度或严重的退化影响。贫困人口的 74%直接受到全球土地(土壤)退化影响。

2. 水土流失

2010 年 1 月，澳大利亚碳农业大会在悉尼举行，与会科学家警告称，全球肥沃土壤将在 60 年内消失，人类因此将面临新的粮食危机。而管理不当和过度耕作导致的侵蚀、气候改变以及日益增加的人口，都是全球肥沃土壤流失的主要原因。悉尼大学研究发现，中国土壤的流失比自然补充速度高 57 倍,欧洲高 17 倍,美国高 10 倍,澳大利亚只高 5 倍。

由于森林的滥伐,草原的破坏,荒地的滥垦和顺坡耕种等原因,只要一场大暴雨则泥沙俱下。黄河每年搬运入海的泥沙高达 13 亿 t,长江每年将 4.7 亿 t 泥沙带到河口。

据调查统计,我国水土流失面积占国土面积的 1/3,每年流失土壤总量达 50 多亿 t,相当于 67 万 hm^2 土地被剥了 1 cm 厚的表土。在如此恶性循环下,水旱灾害增多,良田被冲毁,很多山塘、水库均被泥沙淤塞,有些甚至失去蓄水作用。长此下去,后果不堪设想。

3. 荒漠化

(1)遍布全球。荒漠化是一个世界性的生态环境退化问题,在各大洲均有分布。全球有 100 多个国家和地区,10 亿多人口约占陆地面积 1/3 的范围受到荒漠化的威胁,特别是在亚洲和非洲的一些受影响的面积和人口数目都很大的发展中国家表现得尤为突出。据联合国环境规划署(UNEP)统计,全球已经受到和预计会受到荒漠化影响的地区占全球土地面积的 35%。荒漠和荒漠化土地在非洲占 55%,北美和中美占 19%,南美占 10%,亚洲占 34%,澳大利亚占 75%,欧洲占 2%。荒漠和荒漠化土地在干旱地区和半干旱地区占土地面积的 95%,在半湿润地区占土地面积的 28%。

(2)发展迅速。世界平均每年有 5 万～7 万 km^2 土地荒漠化,以热带稀树草原和温带半干旱草原地区发展最为迅速。半个世纪以来,非洲撒哈拉沙漠南部荒漠化土地扩大了 65 万 km^2,萨赫勒地区已成为世界上最严重的荒漠化地区。

(3)危害严重。土地荒漠化不仅使生态环境恶化,土地承载力和农业生产力下降,而且对土地利用退化区域及其周边地区社会经济发展产生深远影响。1991 年全球范围内由荒漠化造成的损失为 422. 08 亿美元,其中灌溉农业损失 107. 85 亿美元,旱作农业 81. 89 亿美元,草原 232. 34 亿美元(安凤生等,2011)。

4. 生物多样性降低

(1)保护生物多样性就是保护人类自己。生物多样性是人类赖以生存和发展的基石,是人类衣、食、住、行的源泉,也是人类赖以生存的物质基础。可以说,没有生物多样性,就没有人类,也就不存在农业。目前,全球有超过 30 亿人的生计依赖于海洋和沿海的多种生物、超过 16 亿人依靠森林和非木材林产品谋生。所以说,保护生物多样性就是保护人类自己,一点儿都不为过。

(2)世界生物多样性遭到严重破坏。地球上曾经出现的物种里,99%都成了生命尝试的牺牲品,永远地消失在历史中。自人类登上历史舞台后,特别是自工业革命以来,随着世界人口的持续增长和人类活动范围与强度急剧增加,物种灭绝加速,生物多样性遭到严重的破坏。据科学家研究表明,过去 500 年来,人类已经使陆地上野生动植物总量减少了 10%,使物种总量减少了 14%,绝大多数的损失都发生在近 100 年以内。

(3)生物多样性灭绝速度加快,亟待采取有效措施。随着全球人类活动加剧,生物多样性遭到前所未有破坏,物种正以惊人的速度消失。研究过去 500 年的历史发现,全世界每年有近 100 个物种消亡;近年来,每年全世界约有 1 000 个物种消亡;在过去的 30 年中,地球上几乎十分之三的生物丧失,珊瑚礁大规模白化、热带雨林逐渐消亡。如按照这个速度发展下去,到 21 世纪末,全球 80%的物种将消失,而恢复这些物种则需 1000 万年。显然,保护生物多样性已日益成为人类面临的全球性重大挑战。

(三)环境污染

近百年来随着工业化进程的不断加快，全球环境污染危害程度也愈发严峻。英国伦敦的烟雾、美国洛杉矶的光化学污染、日本水俣病汞中毒事件、我国的镉大米事件……世界范围内不断爆发的环境污染不胜枚举，又触目惊心。

据世卫组织(WHO)的最新估计，2012 年约有 1260 万人因在不健康环境中生活或工作而死亡，这占全球死亡人口总数将近四分之一。空气、水和土壤污染，接触化学品，气候变化，紫外线辐射等环境风险因素，可导致 100 多种疾病和损伤。

与世界农业发展密切相关的环境污染类型主要有大气污染、水污染和土壤污染等，现分述如下。

1. 大气污染

清洁的空气是人类健康和福祉的基本需求，然而大气污染在全球范围内严重威胁人体健康，造成严重经济负担。世界银行最近的一份报告显示出，在 2013 年，暴露于环境和室内空气污染给世界经济造成约 5.11 万亿美元的福祉损失，从程度上来看，南亚和东亚及太平洋地区的福祉损失分别相当于地区国内生产总值(GDP)的 7.4%和 7.5%。

全球 PM 2.5 年均浓度在 2008—2013 年间增长了 8%。其中美洲、欧洲及西太平洋等区域的高收入地区大气污染呈现下降趋势，而其他区域则呈上升趋势。全球约 92%的人口所在地区的 PM 2.5 年平均浓度值超过了世界卫生组织空气质量准则值(10 $\mu g/m^3$)。其中，地中海东部区域高收入国家的 PM 2.5 年平均浓度达到了 91 $\mu g/m^3$，情况最为严峻；东南亚区域紧随其后，PM 2.5 年平均浓度为 55 $\mu g/m^3$。2012 年，全球约有 300 万例死亡与暴露于室外大气污染有关，其中 87%的死亡案例发生在中低收入国家。如果依照每 10 万人中死亡人数的粗死亡率进行排序，乌克兰以 120 人居于榜首，中国以 76 人位列第 10 名；如果依照年龄标准化死亡率计算，中国每 10 万人中因大气污染死亡人数为 70 人，与蒙古并列第六位；如单纯按照死亡人数计算，则中国因为人口基数大成为了死亡人数最多的国家，2012 年死亡人数约为 103 万人，其次为印度和俄罗斯，2012 年的死亡人数分别为 60 万人和 14 万人。按照发病类型看，2012 年中国因肺癌死亡的人数约为 23 万人，在所有国家肺癌死亡人数中居首位。世界卫生组织的一份报告称，东南亚主要城市被列入全世界空气污染最严重排行榜，每年大约有 50 万人因空气污染而毙命(全球同类的死亡人数约为 400 万)。

近年来，中国空气污染事件频发，已引起世界各国关注。如 2014 年 10 月 9 日至 10 月 11 日，京津冀及周边地区出现持续重污染天气，由于大气层结构稳定，风速小，污染物不易扩散等原因直接导致这些地区持续被雾霾笼罩，北京、天津、石家庄、西安等多地发布重污染天气应急响应。持续的雾霾天气严重影响了人们的生产生活、出行和身体健康，同时也给人们心理笼罩了一层阴影。

根据《2015 年环境质量公报》的数据，2015 年，中国 338 个地级以上城市中，有 73 个城市环境空气质量达标，占 21.6%；265 个城市环境空气质量超标，占 78.4%。338 个地级以上城市平均达标天数比例为 76.7%；平均超标天数比例为 23.3%，其中轻度污染天数比例为 15.9%，中度污染为 4.2%，重度污染为 2.5%，严重污染为 0.7%。

联合国环境规划署在第二届联合国环境大会上发布《健康环境 健康人类》专题报告，指出大气污染已成为全球范围内对人类健康威胁最大的环境问题。采取行动改善大气质量已迫在眉睫。

2. 水污染

水污染已成为全世界关注的问题。调查显示，全世界自来水中测出的化学污染物有 2 221 种之多，其中有些确认为致癌物或促癌物。

水问题与地下水污染及水资源面临枯竭的状况密切相关。国际水管理学会实测了 14 个国家的地下水状况，结果表明，其地下水的氟离子摄入量高于容许的安全值(1.5 mg/L)，导致不同程度的氟中毒疾病，小到牙病，大到肌肉骨骼疾病。据世界卫生组织(WHO)估计，印度有 6 500 万以上的人群面临饮用水氟中毒的风险，仅次于饮用水氟中毒危险的毒素是砷。一般受污染的水就可能引起砷中毒疾病，仅印度孟加拉邦就有 500 万人面临砷中毒的危险。还有未处理污水中的汞、铅、铁等，农药及化肥的流失，都会渗透到人们的饮用水中。

资料显示，在中国主要大城市中只有 23%的居民饮用水符合卫生标准，小城镇和农村饮用水合格率非常低。城市水污染的成分十分复杂，受污染的水域中除重金属外，还含有甚多农药、化肥、洗涤剂等有害残留物。据《学习月刊》2016 年 10 期第 18～19 页报道，近年来，中国由水污染引发的社会矛盾冲突有着显著上升的趋势。中国国家监察部的统计显示，全国水污染事故近几年每年都在 1 700 起以上，近几年更是上升到 2 000 起左右。许多冲突事件开始还是小范围、小规模，随着时间的推移，伴随着污染范围扩大和伤害程度的加深，冲突事件发生的频率和强度增加，涉及的人群越来越多，甚至演化为群体性事件(王瑞玥，2016)。

3. 土壤污染

土壤污染具有隐蔽性、渐进性、复杂性，其治理难度大、成本高、周期长，对世界农业的发展，特别是食品安全影响巨大。

日本是工业化较早的国家，也是较早受土壤污染危害的国家，1968 年日本出现的“痛痛病”，成为 20 世纪十大公害事件之一。20 世纪 70 年代以后，日本城市地区频繁出现了大量土壤污染事件。1975 年，大量六价铬污染土壤事件在东京地区频繁爆发，逐渐演化成严重的社会问题，进而引起全社会对“城市型”土壤污染的关注。

在工业化过程中，德国留下了许多污染场地，有 15%～20%的土地被怀疑可能受到污染。

中国是全球土壤污染最严重的国家之一。据 2013 年全国土壤抽样调查数据显示，全国土壤污染超标率 16.1%，耕地超标率达 19.4%。中国重金属污染耕地约为 2.5×10^{7} hm^{2}，其中因镉含量超标被迫弃耕的耕地约为 1.3×10^{4} hm^{2}。受有机污染物(包括农药、石油烃和 PAHs)污染的农田约 3.6×10^{7} hm^{2}，其中农药污染农田面积约 1.6×10^{7} hm^{2}，农产品的农药残留超标率高达 16%～20%。石油炼化业也使大面积土壤受到污染，严重石油污染土地面积约达 1.0×10^{4} hm^{2}。受镉、砷、铬、铅等重金属污染的耕地约占我国总耕地面积的 20%，重金属污染导致的粮食年减产超过 12 00 万 t，造成的直接经济损失超过 200 亿元。

中国基本农田保护区的土壤有害重金属超标率达 12.1%；污染农田约为 4×10^{4} hm^{2}，造成经济损失高达 2.2×10^{8}元。葫芦岛锌厂南部土壤镉含量高出土壤环境质量标准的 19.23～109.23 倍，韶关冶炼厂周围稻米中镉含量是非污染区稻米的 19 倍。湖南某厂铬渣堆场周围铬污染严重，厂内污染区中的水溶性 Cr^{6+} 含量比较高，蔬菜样品和地下水中铬含量严重超标。我国多数城市近郊的土壤都受到了不同程度的重金属污染，蔬菜、粮食和水果等食物中的污染物超标。

中国土壤的有机污染十分严重，且对农产品及人体健康的影响日益突出。全国每年农药施用量达 50 万～60 万 t，但是农药有效利用率仅为 20%～30%，其中 70%～80%直接进入环境，约 1 300 万～1 600 万 hm^2 耕地受到农药污染。我国有机氯农药已禁用了近 20 年，土壤中的残留量已降低，但检出率仍很高。太湖流域农田土壤中 DDT 检出率仍达 100%，有些地区土壤 DDT 最高残留量高于 1 mg/kg。我国用五氯酚钠在长江中下游地区防治血吸虫病，其中的杂质二噁英已造成区域性二噁英类污染，洞庭湖、鄱阳湖底泥中二噁英类污染物的含量很高。

(四)气候变化

全球气候变化已成各国政治家、科学家、企业家和普通群众普遍关注的问题。全球气候变化的核心和实质是全球气候变暖问题。

1. 气候变暖已成事实

有资料表明，在过去的 100 年间，全球平均气候上升了 1～1.5℃，但近 20 年来气温平均的上升程度远远超过了这个平均值。按照政府间气候变化专门委员会(PICC)的预测，到 2100 年全球平均气温还将会上升 2～6℃。全球平均气温上升 1～1.5℃带来的严重后果已可以看到，如世界各地发生的高强度飓风、风暴、洪灾、旱灾导致了很多国家尤其是发展中国家的粮食减产、海洋珊瑚礁的消失、南北极冰川的融化、亚马孙地区热带雨林的消失以及可能会造成地球上 20%～30%物种的灭绝，这种灾难性的后果到 2050 年会更加明显。如果地球平均气温上升了 6℃，科学家预测，地球末日将会来临。如此高的温度，地球上的各类冰川将不复存在，海平面将会上升 70 m，各种浮游的微小生物将永远消失，生物链出现了断裂，鱼类、哺乳动物甚至是大型的鲸鱼将会因为生物链的断裂而灭绝。炙热的气候会使得沙漠吞噬地球上的大部分土地，凶猛的飓风将会带来难以想象的灾难，臭氧层甚至会被破坏殆尽，炙热的紫外线会使得人类为无法生存。

2. 气候变暖后果严重

(1)导致农业减产。多项研究结果显示，气候变化可能影响农作物产量。到 2030 年，气候变化可使粮食产量最多减少 5% ；到 2080 年，减产幅度可达 30%。

(2)引发自然灾害。联合国在“气候灾害造成的人类损失”的报告中显示，由于全球气候变暖，在过去 20 年间，90%的世界灾难都是由洪水、暴风雨、高温、干旱以及其他自然灾害造成的，而且超过 95%的受害者都集中在亚洲、非洲地区。虽然暴风雨爆发的次数没有洪水那么频繁，但是暴风雨依然是最致命的灾害性天气，一共造成 24.2 万人死亡。

(3)增加贫困人口。世界银行近日发布的一份报告认为，当前气候变化给全球的贫困群体打击较一般群体(如富裕群体)更大。世界银行报告预测，如果不采取合适对策应对气候变化，2030 年前全球将新增 1 亿贫困人口。这份报告说，气候变化带来的问题已经阻碍减少贫困人口计划的落实。而且，最为贫困的人正在遭受全球变暖带来诸多影响，例如降水减少和极端天气。

3. 未来形势更趋严峻

按照当前全球气候变化的趋势，对人类影响最大的看似是那些自然灾难，其实灾难的背后，是水资源问题。因为全球性的变暖，导致降雨异常，影响水资源的分布与储存。按照现在的趋势发展，未来如美国南部、澳洲、地中海沿岸、北非地区、中国中部与北部、中东地区降雨量将会越来越少，干旱引起的自然灾害会更加严重，而类似于赤道地区、南北极则会更加的潮湿，降雨量增加。

全球气候变化导致天气异常，也会使得降雨量难以预测。平时一些降雨量较多的地方也许几天之内有瓢泼大雨，但一个周期内的旱季也会延长。在一年时间里，四季交替变得越来越不稳定，这就意味着，即便是将来有较大的降雨量，人类依然会面临着水资源的匮乏。

可以说，干旱是未来的趋势，没有水资源的滋润，粮食难以生产，饥荒就会更加频繁。对于非洲国家而言，这是严重的挑战，尤其是撒哈拉以南的非洲各国，在未来的50年里，持续的旱灾、短缺的水资源是寻常事，由此导致的各种危机包括政治危机可能会频发。比如当前苏丹达富尔地区的冲突，就是干旱引起的水资源战争，数年的战争已经使得200万人丧生，阿拉伯牧民与非洲土著之间在这一区域的冲突从气候变化的角度看，必然是长期的，当然也无和解的迹象。

已有研究表明，大气中温室气体的浓度在逐渐升高，预计2030年CO_2浓度将加倍。温室气体产生温室效应，会使大气升温，全球平均降水增加，海平面升高等，这些变化对全球农业将产生深刻影响，作物光合作用会增强，但农产品质量可能下降；土壤水分有效利用率将发生变化；农作物分布区域和面积将有大幅度变更；灾害性天气可能会增加；农业病虫害因气温升高可能会扩大危害；海平面升高会淹没一些土地，并使盐渍化扩大。农业是与人类关系最为密切的产业，全球气候变化的农业后果研究尚需进一步加强。

（五）自然灾害

目前，世界农业生产绝大多数是在“露天”进行，极易遭受自然灾害的危害。全球自然灾害的分布、发生和发展直接危及世界农业的生产与安全。从总体来看，全球自然灾害具有以下特点：

1. 灾种多

目前，在世界各国频繁发生的自然灾害种类非常之多，如：干旱、高温、低温、寒潮、洪涝、积涝、山洪、台风、龙卷风、火焰龙卷风、冰雹、风雹、霜冻、暴雨、暴雪、冻雨、大雾、大风、结冰、霾、雾霾、浮尘、扬沙、沙尘暴、雷电、雷暴、球状闪电等气象灾害；火山喷发、地震、山体崩塌、滑坡、泥石流等地质灾害；风暴潮、海啸等海洋灾害；森林草原火灾和重大生物灾害等。

2. 分布广

自然灾害广泛分布于世界各国。可以说，每一年每一个国家均会发生自然灾害，只是灾害种类、强度及遭受的损失大小不同而已。以2016年为例，由于受厄尔尼诺事件的影响，2016年成为全球自然灾害多发且频发的一年。地震、飓风、洪水、高温等自然灾害的发生，给许多国家的人们带来了深重的灾难与沉重的考验。表15-11列出了2016年国际上一些重大的自然灾害事件，希望能更好地引起国际社会对灾害的认识和重视。

表15-11　2016年世界部分国家重大自然灾害事件

国家	灾种	主要灾情描述
巴基斯坦	洪水	2016年4月3日，巴基斯坦遭遇强降雨天气，造成该国开伯尔－普什图省等地发生洪水并引发多起山体滑坡灾害。据巴基斯坦灾害管理部门称，从3月9日开始，暴雨在该国共造成至少121人遇难，上百人受伤，数百栋房屋倒损
厄瓜多尔	地震	2016年4月16日，厄瓜多尔发生7.8级地震，这是该国1979年以来震级最高的一次。震后部分山体滑坡，交通中断导致大规模搜救行动无法开展。灾害共造成676人遇难，6千多人重伤，近3.5万座建筑倒塌或损毁，14万人无家可归

续表 15-11

国家	灾种	主要灾情描述
印度	高温	2016 年 4～5 月，印度北部多地受热浪侵袭，其中拉贾斯坦邦的珀洛迪城最高气温达到 51 摄氏度，打破了印度国内保持了 50 年的最高纪录。灾害共造成 300 人遇难，食物和饮用水不足问题严重
斯里兰卡	洪水	2016 年 5 月中旬，斯里兰卡全国范围内连日暴雨导致洪水并引发山体滑坡。在首都科伦坡，暴雨引发洪水淹没街道，交通陷入瘫痪。凯加拉地区山体滑坡造成大量房屋被严重损毁，超过 20 万人无家可归。灾害总共造成 203 人遇难
意大利	地震	2016 年 8 月 24 日，意大利中部城市佩鲁贾附近发生 6 级以上地震，震源深度 10 公里，首都罗马震感强烈。震中周边多座历史名城和古镇遭受严重破坏，1/3 的建筑在地震中倒塌。灾害共造成 296 人罹难，数百人受伤
朝鲜	洪水	2016 年 9 月 11 日，朝鲜遭受了 70 年一遇的洪水灾害，北部地区由于普降暴雨导致洪水暴发，使该国受到重大的人员和财产损失。灾害共造成 538 人遇难，东北部地区数以万计房屋被毁，数万人流离失所
海地	飓风	2016 年 10 月 4 日，2007 年以来大西洋上威力最大的飓风“马修”侵袭海地，使海地部分地区被夷为平地，水、电、交通中断，部分城市八成房屋倒塌。灾害共造成 546 人遇难，十几万人被迫离开家园，灾后霍乱疫情严重

注：根据《中国减灾》2017 年第 3 期第 58～60 页资料整理而成。

3. 强度大

2016 年全球共发生 6.0 级以上地震 110 次，其中 8.0 级地震 1 次，7.0～7.9 级地震 16 次。7.0 级以上大震发生频率稍低于 1900 年以来 18.3 次/年的平均水平，最大地震为 11 月 13 日新西兰 8.0 级地震。

4. 频率高

联合国新近发布的“气候灾害造成的人类损失”(The Human Cost of Weather Related Disasters)报告显示，2005—2015 年 8 月，全球每年发生的气候相关灾害平均为 335 次，较 1995—2004 年上升 14%，是 1985—1994 年年平均值的两倍，并且未来十年气候相关灾害发生频率仍将保持上升势头。2005—2015 年，气候灾害发生最多的国家分别是美国 472 次、中国 441 次、印度 288 次、菲律宾 274 次、印度尼西亚 163 次。

5. 损失重

世界银行与全球减灾和恢复基金(GFDRR)新报告揭示：极端自然灾害的影响相当于全球年消费损失 5 200 亿美元，每年迫使 2 600 万人陷入贫困。在过去 20 年间，90% 的世界灾难都是由洪水、暴风雨、高温、干旱以及其他自然灾害造成的，而且超过 95% 的受害者都集中在亚洲、非洲地区。虽然暴风雨爆发的次数没有洪水那么频繁，但是暴风雨依然是最致命的灾害性天气，一共造成 24.2 万人死亡。联合国国际减灾战略(UNISDR)估计，全球每年自然灾害造成的损失在 2 500 亿～3 000 亿美元。

《坚不可摧：加强贫困人口面对自然灾害的韧性》报告说，极端天气对贫困造成人道和经济的综合影响，其危害程度远远超过以往的理解。仅以东亚太平洋地区为例，灾害造成的破坏比以往的估计超过 50%，每年总计达 2 000 亿美元。在该报告所研究的 117 个国家，以消费损失衡量，灾害对民生的影响大于财产损失。由于贫困人口的抗灾能力有限，因而遭受的灾害损失更大，报告估算在这些国家灾害对福利的影响相当于每年消费损失约 5 200 亿美元，超过所有其他估算 60%。

自 1995 年以来，全球气候灾害占所有灾害的 90%以上，共造成 60.6 万人死亡，受伤、流离失所或需要援助人数高达 41 亿。2013 年，菲律宾台风"海燕"过后，据估计，有 100 万菲律宾人陷入贫困，国民经济损失 129 亿美元，100 多万住房被毁。

6. 未来全球自然灾害可能将更加严重

全球性的气候失控，已经成为人类生存的头号威胁。2005 年到 2014 年，全球平均每年发生 335 起气象灾害，比前十年的平均值增加了 14%，几乎是 1985 年到 1994 年的两倍。科学家认为，这种增长主要归因于气候变化，随着未来极端天气气候事件增加，气象灾害还将呈持续上升趋势。

据《中国气象报》2016 年 7 月 27 日（第 003 版）报道，全球最易发生自然灾害的大洲是亚洲，最易发生自然灾害的国家是中国、美国、印度、菲律宾、印度尼西亚。自然灾害发生频率与大洲和国家所处的地理位置及国土面积息息相关，洪灾发生频率最高，气候变化导致气象相关自然灾害呈快速上升趋势。

根据比利时灾害疫情研究中心（CRED，全球灾害分析研究机构）数据，亚洲一直是全球自然灾害发生频率最高的区域。而作为亚洲面积最大的国家，中国遭遇的自然灾害数量势必位居全球前列。根据 CRED 近年发布的数个自然灾害评估报告，自然灾害发生频率高且造成较大经济社会影响的国家分别是中国、美国、印度、菲律宾、印度尼西亚。除美国属于北美洲外，其他国家均属于亚洲。

2015 年共有 346 个自然灾害被记录在灾害数据库（EM-DAT）中。其中，亚洲地区就有 152 个，占到了总数的 44%。中国 26 个，美国 22 个，印度 19 个，菲律宾 15 个，印度尼西亚 11 个。在 2014 年的灾害数据中，进入全球前 5 位的也是这 5 个国家（中国、美国、印度、菲律宾和印度尼西亚）。

四、乡村社会安全问题

从目前来看，世界许多国家或地区存在着严重的乡村社会安全问题——饥饿、贫困与健康问题，对全球农业可持续发展产生不容忽视的影响。

（一）饥饿问题

以可持续的方式结束饥饿和营养不良，是人类在 21 世纪面临的关键挑战之一。

2008 年国际食品价格和能源价格一路飙升，35 个国家因食品短缺而发生社会骚乱，全世界有 1.15 亿人不得不忍受饥饿。这是一场人道主义的灾难，一场给人类带来巨大痛苦的无声海啸。

2016 年 12 月 6 日，FAO 发表报告《2016 亚太地区粮食不安全状况概览——为零饥饿一代投资》中指出，世界人口最多的亚太地区，近年来消除饥饿、改善营养的行动在逐步放缓。该区域的国家必须加倍努力，有效应对在减贫、消除饥饿领域所面临的经济、社会和环境挑战，并增加针对高效生产方法和农业研究的投资，以实现到 2030 年消除一切形式的饥饿和营养不良的目标。尽管自 20 世纪 90 年代以来，亚太地区已经设法将饥饿人口减少了一半，基本实现了联合国千年发展目标的相关要求，但目前全球饥饿人口中超过60%都生活在亚太地区。

据《农民日报》2015年6月10日(第001版)报道，20世纪以来，全球减少饥饿的目标具体有两个，一个是联合国千年发展目标，另一个是世界粮食首脑会议目标。1996年，FAO召开首届世界粮食首脑会议，通过了世界粮食首脑会议目标，即到2015年使全世界饥饿人口的数量减半。2000年9月，联合国大会通过《联合国千年宣言》，其中第一项目标包括在2015年之前使全球饥饿人口占总人口的比例减半。两项目标均以1990—1992年为基准期。由于全球人口不断增长，世界粮食首脑会议提出的饥饿人口数量减半这一目标实现难度更大。

根据粮农组织等机构最新发布的《2015年世界粮食不安全状况》报告，全球目前已有72个国家和地区实现了将饥饿人口比例减半的千年发展目标，世界饥饿人口总数已降至7.95亿，比1990年至1992年期间减少了2.16亿，而发展中地区国家食物不足率已从25年前的23.3%降至12.9%。

根据FAO的统计报告，1990—1992年中国饥饿人口数字为2.89亿人，占全部人口比例为23.9%，预计2014—2016年饥饿人口减少到1.34亿人，比例为9.3%。FAO报告也显示，中国是东亚地区减少饥饿人口数量的主力，并且在全球反饥饿进程中，中国饥饿人口下降数量占整个发展中世界的2/3，为全球反饥饿事业做出了重大贡献。

2014年1月7日《粮油市场报》(第B03版)在“环球·粮情”栏目中，登载了——世界粮食署公布十大“饥饿事实”，指出：在世界各地辞旧迎新之际，世界粮食计划署公布了最新的全球十大“饥饿事实”，以提醒人们在欢庆节日、期盼新的开始、享受幸福与繁荣的时候，切勿忘记成千上万依然生活在饥饿和动荡之中的民众。这十大“饥饿事实”是：

①世界上大约有8.42亿人无法获得维持身体健康所需的足够的粮食。这意味着地球上每8人中就有1人每晚要饿着肚子睡觉。②自1990—1992年以来，处于长期饥饿的人口减少了17%。如果这种趋势能够保持下去，离联合国千年发展目标仅有一步之遥。③世界上大部分营养不良人口位于南亚地区，紧接着就是撒哈拉以南的非洲地区以及东亚地区。④在发展中国家，5岁以下的死亡儿童当中，1/3的孩子都与营养不良有关。⑤在发展中国家，每4个儿童中就有1人发育不良，这意味着他们的生理和心理发育都因营养不充足而受到损害。⑥从妊娠到2岁，婴儿生命最初的1 000天至关重要。在此期间，适当的饮食能够保护孩子，防止营养不良引起的智力和身体发育异常。⑦如果女性农民拥有更多的资源，世界上饥饿人口可以减少1.5亿。⑧每天，仅仅0.25美元就能为一个孩子提供健康成长所需的全部维生素和营养物质。⑨到2050年，气候变化以及极端天气可能会使2 400万儿童陷入饥饿，其中一半的儿童将会来自撒哈拉沙漠以南的非洲。⑩在我们的有生之年，饥饿是能够被消除的。联合国秘书长潘基文提出了“零饥饿挑战”，就是旨在为这一目标获得更多全球支持。

(二)贫困问题

25年前，世界上有超过1/3的人口生活在国际贫困线以下。在2012年，贫困人口的比例缩小到低于13%。现在，根据世界银行的报告，按照新的国际贫困线：每人每天生活费或收入不到1.9美元(约合12.3元人民币)计算，全世界贫困人口的比例已下降到9.6%。

2015年7月，联合国发布的《千年发展目标2015年报告》显示，生活在极端贫困中的人数从1990年的19亿降至2015年的8.36亿，其中大多数进展是在2000年后取得的。尽管全球总体上实现了千年发展目标的减贫目标，但从区域来看，减贫进展并不平衡。

现在全球超过40%的极端贫困人口生活在撒哈拉以南非洲。该地区极端贫困人口占本地区人口比例仅由1990年的57%下降到2015年的41%,并没有实现极端贫困人口比例减半目标。且由于这一地区人口总量的增长快于减贫、经济增长乏力、自然灾害频发等原因,极端贫困人口数量由1990年的2.91亿,增加到2015年的约3.66亿。

南亚也是贫困人口较为集中的地区,该地区极端贫困人口占全球贫困人口的34%。南亚极端贫困人口比例由1990年的52%,下降到2015年的17%;极端贫困人口数量相应地由6.20亿,减少到2.86亿。

2016年12月27日发布的《中国扶贫开发报告2016》(扶贫蓝皮书)中指出,30年间我国减少的贫困人口占全球减少贫困人口比例超过70%。该报告指出,按照世界银行2011年购买力1.90美元/天的贫困标准,1981年至2012年全球贫困人口减少了11亿或者55.1%,同期中国贫困人口减少了7.9亿。中国减少的贫困人口占到全球减少全部贫困人口的71.82%。1978年以来,中国在减少贫困人口、提高居民生活质量方面取得了重大进步。按照2010年价格农民年人均纯收入2300元扶贫标准,农村贫困人口从1978年的7.7亿人减少到2015年的5575万人,减少了71464万人或者92.8%;同期农村贫困发生率,从97.5%下降到5.7%,降低了91.8%。

(三)疾病与健康问题

联合国儿童基金会2016年10月31日公布的一份报告显示,目前大约有3亿儿童生活的地区室外空气受到了严重污染。这样的空气会对儿童的身体造成严重损害,包括对他们正在发育的大脑造成损伤。户外和室内空气污染与肺炎和其他呼吸道疾病有着直接联系,这些疾病是造成近十分之一5岁以下儿童死亡的罪魁祸首,空气污染也因此成为影响儿童健康的首要危险因素之一。大部分遭受严重空气污染的儿童生活在南亚、非洲、东亚和太平洋等地区。

2016年4月6日,世界卫生组织发布了《全球糖尿病报告》,指出:①在世界各个地区,糖尿病的患病人数不断增加,流行程度不断加剧。②糖尿病的流行产生了重大的健康和社会经济影响,尤其是在发展中国家。③糖尿病的并发症可导致心脏病发作、中风、失明、肾功能衰竭和下肢截肢。2012年,糖尿病导致150万人死亡。

霍乱仍然是世界许多地区显著的公共卫生问题。2015年全球42个国家报告霍乱病例172 454例,死亡1 304例,病死率为0. 8%。病例数比2014年(190 549例)下降9%。报告病例数来自非洲16个国家、亚洲13个国家、欧洲6个国家、美洲6个国家和大洋洲1个国家。阿富汗、刚果、海地、肯尼亚、坦桑尼亚报告病例数占全球报告病例总数的80%。全球报告病例中来自非洲的占41%,亚洲占37%,伊斯帕尼奥拉岛占21%。13个国家的报告病例全部是输入病例。2015年全球23个国家报告了1 304例霍乱相关死亡病例,其中非洲937例,亚洲30例,美洲337例,美洲报告的所有死亡病例均来自伊斯帕尼奥拉岛。有15个国家报告病死率超过1%,其中缅甸和尼日尔报告的病死率高于5%。经过适当治疗,霍乱病死率应少于1%,高病死率反映了病例管理不恰当或延误了治疗时间。世界卫生组织(WHO)估计全球每年发生霍乱病例130万～400万例,其中死亡2. 1万～14. 3万例。

据《健康报》2016年11月30日(第004版)报道,截至2015年底,全球共有3670万艾滋病病毒(HIV)感染病例。中国艾滋病病毒感染者有57.7万人,按13亿人口测算,全人群感染率为0.06%,即每1万人中有6人染艾。据《科技日报》2016年7月25日(第002版)报道,目前全球仍有约2 000万艾滋病患者没有得到有效治疗,艾滋病仍是危害人类健康的一大祸害,是全球范围内导致青少年死亡的第二大杀手,而在非洲则是青少年的头号"杀手"。

实际上,世界各国面临的疾病与健康问题,远不止上述几种,真实情况往往还要严重得多。如乡村社会面临解体问题,普遍呈现为乡村老人儿童留守的空村现象是重要乡村安全问题之一。如不能采取有效对策和措施解决以上面临的饥饿、贫困、疾病与健康问题,将对世界农业及整个经济社会的发展产生消极影响。

第三节 农业系统外的背景与形势

综观世界农业之发展,可以看出在当代世界社会经济中,农业居绝对弱势地位,农业的命运相当程度上是由农业系统之外的因素决定的。因此,欲研究世界农业问题和形势,还不得不对世界农业系统之外的背景与形势进行考察和分析。

从总体而言,当今世界农业系统外的背景与形势集中反映在资本主义衰亡危机、工业社会崩溃危机、地球生命共同体颠覆危机和人类文明存亡危机等四个方面。

一、资本主义衰亡危机

法国人类学与社会学家保罗·若里翁于2011年3月21日在《法国论坛报》撰文指出,当前资本主义的"局势比危机前还糟糕"。他说:"资本主义的衰落现在是确定无疑的,因为它已经走向崩溃,而唯独能够阻止崩溃的措施,但我们的领导人是绝对不会采用的,就是进一步拖延,这只能让可能的复苏更加困难。不能对股市的喘息抱有幻想。经济不平衡一直未被消除。金融危机摧毁了国家。国家不再有能力投资于社会保障,而社会保障曾经维持了所有人都能从这个体制中获益的信仰。"

丹比萨·莫约在其著作《西方迷失之路:西方的经济模式是错误的》(重庆出版集团,2012,第191页)中指出,在过去500年里,西方的经济统治中充满着冷酷无情和利己主义。它的军事力量、它的全球掌控以及它对世界的影响力,都浓缩在它的贸易中,或者更确切地说,就是坚定地从其他国家、其他大陆、其他人民那里获得的物质、土地和劳动力以推动其经济发展——换句话说,就是使他们变得富有的历史。虽然这种经济主导地位从一国传递到了另一国,无论是威尼斯还是荷兰、西班牙、法国、英国或是美国,无论在1760年还是2006年,经历了无数的战争、瘟疫、政治动乱,西方国家依旧保持着它的"铁腕",依旧有不惜一切代价从其他国家获得他们想要的东西的那种执拗的决心。

约翰·帕金斯在《一个经济杀手的自白——做出印尼发展速度将达到19%的经济学家》一文中指出:"在美国,究竟还有没有人是清白无辜的?我们国家绝大多数的人,都是靠剥削发展中国家来维持我们美好的生活——当然,获得最多好处的是处于社会经济体制金字塔最顶端的人……这些国家不得不让美国公司肆意开采他们的自然资源,也不得不忍痛把国内的教育,医疗和其他社会建设计划放在一边,而是首先偿还我们的债务,但是实际上,我们已经从工程建设中回笼了大部分资金,尽管计算贷款的公式上没有算上这些钱,难道"大部分美国人不知道"的借口就意味着我们是无罪的吗?也许有人会说'不知情',也许因为有人故意误导,总之有很多借口,但是你能说你是无辜的吗?我怀疑,地球上有限的资源能否让世界人民都过上美国人民那样富裕的生活,实际上,在美国境内也有千千万万的居民生活在贫困中。另外,我不十分清楚其他国家的人是否真心想要过上和我们一样的生活。美国国内关于暴力、经济衰退、滥用毒品、离婚和犯罪的数据也说明了：尽管我们是历史上最富有的国家之一，但是我们也许是最不快乐的国家之一。那么我们为什么要强迫别人模仿自己？”

美国经济政策研究所所长 Lawrence Mishel 在 2012 年由北京大学出版社出版的《劫贫济富》一书的“前言”指出，美国奉行不受约束的全球化，放松行业监管，弱化安全网，制定低标准的最低工资和加班费，允许差别待遇，对工作中的安全与健康制定低标准，将公共服务私有化等政策，导致 30 年经济不景气，工作质量下降、经济质量下降、经济发展依靠资产泡沫，家庭负债不断上升，政策杠杆用于帮助富人。

2013 年 7 月 8 日，阿根廷新闻社报道：“21 世纪的革命刚刚开始：希腊、西班牙、土耳其、巴西与埃及是全球资本主义危机的一部分”，并进一步指出：资本主义世界体系的新自由主义全球化制造出来的国际现实是，不平等现象加剧，财富进一步集中，更严重的排斥现象，对劳动者的过度剥削，工薪阶层购买力丧失，食品和基本生活消费品价格上涨，就业率低迷，自然条件恶化。所有这一切都是为了保证社会财富以“利润”的形式集中在人类越来越小的群体—资本家群体手中。

乌尔里希·维克特在其著作《贪婪—世界经济危局的罪魁祸首》（中国电力出版社，2014，第 184 页）中指出：“在诺贝尔和平奖、经济学奖获得者穆罕默德·尤努斯看来，本次金融危机与其他所有发生过的经济危机具有完全一样的深层次原因：资本主义理论的重大缺陷。这种缺陷植根于对人性的错误设想。人类只被当成单一维度的存在，坚决服从理智，具备高度知识信息水平，只受利己的驱动力影响，将增加自己的利益作为毕生的目标。”

戴维·斯托克曼在 2014 年由中信出版社出版的《资本主义大变形》一书中写道：“进入 21 世纪第二个十年，美国资本主义遭受着双重危机，已经堕落为权贵资本主义。在公共管理方面，国家正处于政治无能和财政崩溃的边缘；在私营企业方面，经济演变成投机赌博，财富被少数人掌控。权贵资本主义体制动摇了美国的根基，摧毁了美国的民主政治和自由市场经济。”

2014 年 12 月 17 日，帕特里夏·科恩在《纽约时报》撰文指出，美国贫富差距处于 30 年来最大水平。该文指出，最新研究报告结论为，大衰退毁掉了占全社会总量 80% 的中低收入家庭，他们没有感觉到经济复苏。低收入家庭中位数，1983 年为 1.14 万美元，2013 年为 9300 美元；中等收入家庭收入中位数，1983 年为 9.43 万美元，2013 年为 9.65 万美元；高收入家庭 1983 年为 31.8 万美元，2013 年为 63.93 万美元。1983 年，低、中收入家庭中位数之比为 1∶8.3，2013 年为 1∶10.4；1983 年，中、高收入家庭中位数之比为 1∶3.4，2013 年为 1∶6.6；1983 年，低、高收入家庭中位数之比为 1∶27.9，2013 年为 1∶68.7。

小约翰·柯布在 2015 年由人民出版社出版的《有机马克思主义》一书“序言”中指出：“全球资本主义已经走向毁灭，也正在使这个星球变得无法居住。到了放弃对它的修修补补而寻找一个新的起点的时候了。”

热拉尔·迪梅尼尔在著作《新自由主义的危机》（商务出版社，2015 年，第 1 页）中指出，始于 2007 年 8 月美国次贷危机的这场危机将成为资本主义历史中的一个特殊的里程碑。自危机出现时起，金融动荡便达到了令人始料未及的程度。这一冲击导致过去数十年间建立起来的脆弱的金融结构逐渐变得不稳定，也使得实体经济发生动摇。截至 2008 年 9 月，已然明显的是，资本主义正在步入一场深刻而持久的危机之中。

简言之，资本主义正处在衰亡的时代，从现在开始，可能需要 50～100 年的时间。在这过程中，世界各国人民应积极行动起来，从一个建设者的角度，观察、认识、体会资本主义的本质特征，同时探索、思考、推动世界农业及整个经济社会的发展，积极倡导和发展社会主义制度，建设世界美好未来。

二、工业社会崩溃危机

Herman E. Daly 和 John B. Cobb Jr. 共同撰写的著作《21 世纪生态经济学》(中央编译出版社，2015，第 10 页)中对经济学的渊源过程进行了描述，认为：马克思主义和资本主义只是现代工业社会的两种形式，现代工业社会更多地取决于人类状况和生态状况，而不是取决于两者的区别。资本主义和社会主义的对立，不是关于要不要或能不能工业化，两者都视工业化为必然。双方的冲突在于，那种经济体制能够更好地提供更多数量的商品和服务，以及公平分配工业化生产方式带来的利益。不管在意识形态方面有何差别，两种制度都完全依赖实行分级管理的生产单位，这些生产单位规模庞大，都是能源和资本高度密集并且专业化的工厂类型。两种制度都依赖不可再生资源，都在不可持续地利用可再生资源和滥用地球吸收废物的能力。

美国伊利诺大学校长詹姆斯在《给罗斯福的备忘录》(1906 年)中指出：哪一个国家能够做到教育这一代中国青年人，哪一个国家就能由于这方面所支付的努力，而在精神和商业上的影响取回最大的收获。商业追随精神上的支配，比追随军旗更为可靠。

综上所述，可得出一基本认识：①从 17 世纪开始，资本主义的历史已经有 400 年左右的发展历史；而从马克思 1867 年发表《资本论》算起，社会主义的理论与实践走过了 150 年左右的历史。社会主义是替代资本主义的理论与实践。现实的社会主义实践不是在资本主义高度发达的西方世界出现，而是发生在苏联、中国等资本主义力量薄弱的地方。在客观上形成了社会主义要在与资本主义的并存过程中斗争、发展的问题。将这一时期的世界宏观形态称为工业社会有其合理性。②但是，工业社会的认识，是停留在世界社会经济发展的表面，停留在社会主义建设的生存阶段的基本表现形式的认识。一旦资本主义社会进一步衰落，而社会主义社会挺过了严冬时期，就将展现出崭新的生命力。因此，所谓工业社会的衰落，本质上仍然是资本主义的衰落。苏联的解体，只是新生社会主义世界“龙”的“蜕皮”。失去的是糟粕，留下的是顽强的生命力。今日社会主义世界正在迎来全新发展时期。

三、地球生命共同体颠覆危机

当前，地球生命共同体遭受颠覆危机体现在以下两个方面：

(一)地球生态环境面临颠覆危机

小约翰·柯布在《世界文化论坛》2014 第 63 期上发表了“中国的伟大机会”一文，指出：“如果我们能够客观地审视我们今天所处的境况，我们就会发现，生态危机的脚步在一步步逼近。以气候变化为例。全球气候变暖已经不可逆地发生了，它将断送上万年来良好的环境。即使我们明天就停止向大气排放碳，冰川也依然会融化、危险数量的甲烷也仍然会被释放到大气中、海平面也同样会升高。”

2015 年 6 月 21 日在美国有研究称：地球进入新一轮“大灭绝时期”。斯坦福、普林斯顿、伯克利大学参与研究的人员指出，地球正步入新一轮的“大灭绝时期”，而人类将率先遭遇灭绝。地球上脊椎动物的灭绝率已经达到正常水平的114倍，研究主笔之一的杰拉尔多·切巴洛斯(Gerardo Ceballos)称："我们正进入第六次大灭绝时期"。最近一次大灭绝发生在6 500万年前，当时统治地球2亿年之久的恐龙与其他动植物因故灭绝。如果本次大灭绝不可避免，新的物种需要在数百万年后才能重新出现世界各地。这封报告与2014年杜克大学的研究报告结论一致。

当代人类生态思想家托马斯·柏励于2002年指出："我们正在面对地球生命系统的崩溃。其规模和严重性，在地球上只有6700万年前中生代结束和我们现在的新生代开始时恐龙和其他无数物种的灭绝这样的大事件才可以与之相比。"

全球地理系统正处于大变迁时代，世界多数国家与地区普遍发生或存在下列突出问题：水源短缺、能源枯竭、荒漠化、生物多样性减少、水污染、土壤污染、空气污染、全球气候变暖等。

据此，应有一基本认识：人类是在地理系统意义上进行文明活动的。地理系统正在走向颠覆，即地球生命共同体正在走向崩解，意味着整个文明世界的基础在发生根本动摇。这是当代社会主义与生态文明建设的基本背景与生态环境紧张态势。不谋全局，不足以谋一隅。作为21世纪的农业建设者，必须全面洞察整个危机，才能及时、准确制定建设策略，实施真正意义上的建设。

(二)世界农业不安全问题将可能全面爆发

资本主义推动下的农业商品化——为利润而组织的生产——是农业自由化的本质。张彤玉等在著作《当代资本主义经济的新特征》中写道：垄断资本对全球农业的改造正如《共产党宣言》中所讲："它迫使一切民族——如果它们不想灭亡的话——采用资产阶级的生产方式；它迫使它们在机制那里推行所谓的文明，即变成资产者。一句话，它按照自己的面貌为自己创造出一个世界。"目前有2/3的发展中国家由粮食净出口国变成净进口国。世界粮食生产逐渐向美国、加拿大、澳大利亚、乌克兰等集中，它们控制了世界粮食出口量的六成以上，其中仅美国的粮食出口曾经一度占了全球的1/3。

自20世纪80年代开始至今仅仅30年的时间，全球粮食80%的交易量掌控在ADM、邦吉、嘉吉和路易达孚四大粮食寡头中，前三个大型农业公司总部都在美国。另外一些大型农业跨国公司如孟山都和杜邦则通过垄断所谓优秀粮食品种的培育能力，并匹配生产"不可替代"的农药，将发展中国家的农业企业牢牢控制，逐渐将其排挤出市场，最终导致发展中国家农业从选种、耕种、面积、产量、储存、运输等几乎所有环节都操控在这些大型农业垄断集团手中，市场的定价权也随之转移。前所未有的定价权的获得形成了农业垄断资本对世界粮食体系的垄断格局，这不仅意味着生产商能为他们的产品承担较低的价格，而且意味着交易商、加工商和零售商都能够提高粮食价格，于是农业垄断集团的利润猛增。

FAO指出："这些公司通过密切参与制定那些支配当今粮食体系的贸易规则，通过牢牢控制市场及全球贸易得以运作的复杂的金融体系，就处在非常有利的地位上，能够将粮食匮乏变成巨额利润。人们必须要吃饭，不管粮食有多贵。"

农业跨国公司在兼并发展中国家大量破产的中、小农场时往往通过与已变为农业劳工的破产农民签订种植合同来规定其生产的作物、生产的方法以及产出的价格，使得农业生产成为价值链的一个环节，并且变成"只是一个步骤而已，占据支配地位的是农业投入环节和将农产品转化为消费品的销售环节。在农业食品体系中，农业生产只占食品价值的10%，投入环节占25%，农产品加工、运输、销售则占65%。20世纪初，发展中国家的生产环节占农产品价值

的比例为40%,种子、肥料等投入主要依靠农场内部来解决。"(R. C. Lewontin,1998)

John B. Cobb,Jr.于2014年10月30日在中国农业大学发表主题为"中国的伟大机会"的演讲,指出:农业的工业化是现代人对自然的疏离,它对社会的推动方向恰恰与生态文明背道而驰。有人可能想知道,农业的工业化或工业化农业有这么多伤害,那么它为什么还如此盛行?答案是,现代经济主义的胜利支持它,这种经济主义是资本主义的国家意识形态。在资本主义体系中,形成政策时,真正的人类价值无法发挥作用,只有财富和权力是有价值的,而权力只是富人的权力。现代经济学支持的现代经济体系,将财富越来越集中在那些已经富有的人手中。马克思当然明白这一点,所以马克思主义国家自然可以不按照这种意识形态的规则运行。

根据上述,可得出一个基本认识或结论:在资本主义世界看来,同世界其他的万事万物一样,农业只是一个小角色而已。资本主义或者工业社会的发展是把农业作为第一垫脚石来使用的,工业与资本初期积累的财力、物力、人力几乎100%地来自那可鄙的农业,然后便一脚踢开,掠夺那全部的自然与向全体的人类社会索取财富。应当如何正确对待这个怪物,是未来农业建设者必须回答的问题。

四、人类文明存亡危机

托马斯·柏励2002年在《求是学刊》第3期撰文指出:"作为人类整体的我们身处一种具有毁灭性影响的现代工业——技术文明之中,这种文明正将地球历史的新生纪送进历史博物馆。我们时代的伟大工作是呼唤生态纪的到来。在生态纪中,人类将生活在一个与广泛的生命共同体相互促进的关系之中。"

20世纪天才的社会思想家Pitirim Sorokin在2003年发表了"The Crisis of our Age"(我们所处时代的危机)一文,指出:"我们的危机不是正常的而是超常的。它不纯粹是一种经济的或政治的失败,而是主导了过去四个世纪的西方文化和社会的基本形式的崩溃。"

2014年3月17日,中新社休斯敦电讯,由美国数学家萨法(Safa Motesharri)领导,宇航局(NASA)戈达德太空飞行中心(Goddard Space Flight Center)资助,自然和社会学家帮助建立起来的"基于'人类和自然动力学'模型",对未来100年工业世界发展状况进行了预测,其结论是:因全球经济不稳定,人类对资源的消耗压力不断增长,受工业化推动的现代文明正在加速走向毁灭。如不采取措施,现代文明恐将在未来几十年内面临毁灭风险。

戴蒙德在2008年由上海译文出版社出版的《崩溃》一书中,明确指出:由于当前的人类社会过着不可持续发展的生活方式,不管用何种方法,世界的环境问题都必须在今天的儿童和青年的有生之年得到解决。唯一的问题在于是以我们自愿选择的愉快的方式来解决问题,还是以不得不接受的不愉快的方式来解决,如战争、种族屠杀、饥饿、传染病和社会崩溃等。这些惨剧在人类历史上都发生过,起因大部分是环境退化、人口压力增加、贫穷和政治动荡等。

Herman E. Daly,John B. Cobb Jr. 在著作《21世纪生态经济学》中指出:"未来40年里,全球体系将会改变,因为按照自然法则,它必须改变。……如果在不得不改变之前改变,在仍有改变选择之时改变,也可能不会避免苦难和危机,但带着对更加美好世界的现实期盼,全球体系可以在苦难和危机中建立。……有两条路摆在我们这一代人面前,生存之路和死亡之路。愿人类选择的是生存。"

2014年12月3日《卫报》在"OECD一项对发达国家跨国公司的调查"一文中报道：一项对过去15年(1999年2月至2014年6月)41个国家400项交易的调查发现，平均行贿金额1400万美元，占交易总额的11%。多数行贿受贿者均为发达国家，金额占到平均利润的34.5%。2/3的案件发生在采矿业19%，建筑业15%，交通运输与存储业15%，信息通讯业10%。1/4贿赂对象为国有公司雇员，11%为海关官员，政府首脑与部长占5%，金额占11%。57%为了赢得政府采购合同6%为清关，6%为获得优惠税率。

据《http://news.sohu.com/》2017年5月6日报道，英国著名物理学家斯蒂芬·霍金过去曾多次发表自己对地球终将毁灭的看法，而在英国BBC将于6月份播出的纪录片《探索新地球》中，他再次发出警告称，人类在地球上生活的年限仅剩下100年。在未来的100年内，人类必须离开地球，到外太空寻找可能居住的星球，否则将面临灭亡的命运。多年来霍金一直强调，地球上的生命很有可能由于某种灾难而灭绝，如全球变暖、小行星撞击、核战争、基因工程制造的病毒、人工智能带来的威胁等，并且这种风险还在不断增长。早在2011年，霍金也曾经发出警告称，小行星撞击地球、核战争、超级病毒和全球变暖等因素带来的威胁将使地球在200年内毁灭，人类若想幸存必须移居至外星球。霍金认为，人类以不可持续的速率继续吞噬地球上的资源，这将加速地球的毁灭。霍金并不是唯一一个对人类生存面临的威胁发出警告的重要人物。近年来，亿万富翁伊隆·马斯克也曾经多次发出警告称，人工智能是人类目前最大的威胁，并于去年创办了一家名为Neuralink的公司，研究大脑与计算机连接的人机融合技术。中国企业家马云最近也警告称，由于新技术与互联网的冲击，社会将面临几十年的"痛苦"。

以上说明，在当前稍显平静的世界农业系统背后，隐藏着的事实是整个地球系统处于危机之中。世界金融危机爆发，全球气候变暖，饥饿、战争、难民问题此起彼伏，尤其是现代生物技术、信息技术、脑技术等"新技术"，已经波及甚至"威胁"世界的每一个角落。很显然，世界农业系统之外的现有背景与形势，已对当前及未来世界农业发展构成严峻挑战和影响。

第四节 未来世界农业发展的趋势

未来世界农业发展的目标：一是持续增加农产品产量，满足人类对农产品数量之要求；二是保障农产品质量，满足世界各国人民对农产品质量的需求，尤其是无毒、无害、无污染、无残留，且具有营养、保健和特殊功能的农产品将更加受到欢迎和青睐；三是持续增加农业生产效益，特别是经济效益。农业的生产效率，包括土地生产效率、资源利用效率、劳动生产效率等要大幅度提高；四是保护农业资源环境永续利用。在发展农业生产过程中，不以牺牲资源环境为代价，注重以绿色、循环、低碳生产方式发展农业生产，实现农业及整个经济社会的可持续发展；五是维持世界农业综合平衡向好发展，即世界各国共同富裕、共同发展，彻底消除饥饿、贫困和发展不平衡问题，实现"地球村"的和谐发展。

基于上述目标，未来世界农业已经或将朝着以下方向和趋势发展。

一、世界农业发展正处于历史性转折时期

当今世界，工业文明下的农业尽管危机重重，但依然不乏许多人对它的私爱。但有关工业

文明已处于颓势的研究报告已经远远冲破了善良人们恋旧企稳的底线。康奈尔大学大卫·皮孟特尔指出,如果全球都采用美国粮食管理体制,所有已知的矿物燃料资源都将在7年内用完。90%的粮食以肉类与乳制品形式消费,意味着世界只能养活40%的人口;联合国的一份报告预计,2025年世界将近一半的人口会生活在缺水地区;2016年牛津大学研究人员卡尔·贝内迪克特·弗雷一年前在一项研究中指出,未来世界面临着47%就业岗位消失的危险;2017年香港-亚太经合组织贸易政策集团执行董事戴维·多德维尔报道,世界对于颠覆旧业市场的科技革命缺乏准备,他估计中国可能要丢掉2.5亿人工作岗位,美国为8 000万人,英国为1 500万人,这相当于是"就业大屠杀";近期英国有人在试验"无人农场";2009年英国政府首席科学家贝丁顿在威斯敏斯特可持续发展会议上发言指出,世界2030年面临诸多问题的"全面风暴",我们的粮食储备正处于近50年来的最低水平,但到2030年我们的粮食产量还必须再增加50%。那时我们对能源和淡水的需求将分别提高50%和30%。因此世界在2030年将遭遇一场全面风暴,因为所有这些都将在同一时间范围内发生。

从历史发展趋势观察,欧美农业及其模仿者农业相当程度上是一座座依靠"现代科技"、化石能源与相关资源精心搭建起来的"海市蜃楼"。只要化石能源与相关资源断供,危机就将爆发,所有的空间结构就将不复存在。而世界化石能源与农业相关的若干资源断供事实已经不可避免,倒计时已经开始。对此,莱斯特·布朗(2006)曾经明确指出:"西方的经济模式不适用于中国,它在印度也肯定不适用……。对于也在做着'美国梦'的其他发展中国家的30亿人口,西方的经济模式也必然不适用。"而且,"现行的经济模式对于工业化国家也同样行不通……老经济的日子已经屈指可数了"。2007年以来的世界的发展证明了这一判断的正确性。

显然,世界农业发展正处于历史性转折时期,正在朝着新的"绿色化"方向迈进。其基本特征是:在强调农业发展的同时,重视自然资源的合理开发利用和环境保护;在增加生产和提高人民生活水平的同时,要合理利用、保护、改善自然资源和生态环境,不仅要保持持续增长的农业生产率,还要保持稳定的土壤肥力,保持健康协调的生态环境和资源与环境的持续利用,全面体现生产、经济、技术、社会和生态这五大系统相互谐调发展的可持续性。

二、农业正在上升成为人类社会的第一建设产业

农业是国民经济的基础性产业、战略性产业、公益性产业,但同时又是风险性大、效益低的脆弱性产业。正因为此,世界农业正在上升为人类社会的第一建设产业,其突出表现在:

(一)信息技术广泛应用于世界农业,世界使得农业信息化突飞猛进

将现代高新技术——信息化技术广泛应用于农业,快速推进农业信息化,是世界农业正在上升成为人类社会第一建设产业的重要标志之一。当前,世界农业信息化的一个最显著标志是农业大数据的应用。农业大数据是指在农业以及涉农相关领域所产生的(或发生)的全样本(或多样本)不同类型数据的集合。如果用"天时"、"地利"、"人和"来形象地解读这一概念,那么"天时"就是指实时的气象数据,如:温度、湿度、光照、降水、风速等;"地利"指动静态的土壤数据,如:土壤的积温、墒情、肥力状况、作物品种、病虫害信息等;"人和"则指人力资源配置、农业生产资料、农产品加工和流通渠道、市场行情等(中文互联网数据资讯中心,2016)。

大数据在农业产业中的应用,国外一些农业公司实践起步较早,许多公司现已形成较成熟的应用模式。目前,国外农业大数据的应用现状主要体现在"三化"——规范化、精准化、智能

化。以美国为代表的发达国家,农业大数据与精准农业概念相结合,已经应用于大部分农场并产生理想收益。通过对农业生产全过程的精准化、智能化管理,可以极大程度地减少化肥、水资源、农药等投入,提高作业质量,使农业经营变得有序化,从而为转向规模化经营打下良好基础。可以预见,在未来20～30年(甚至更短时间如10～20年)内,世界农业信息化必将会有一个"质"的飞跃。

(二)建立农业科技创新模式

世界农业正在上升成为人类社会的第一建设产业的另一标志是,各国特别是发达国家高度重视农业科技创新,纷纷建立各国农业科技创新模式,以促进各国农业快速发展。

美国的农业科技创新模式——产学研结合型模式。美国农业发展有着强大的R&D实力与完善的科研体系,是全球最发达的农业强国,也是世界最大的农产品出口国。美国农业科研对农产品产值贡献率达80%以上,是典型的产学研结合型科技创新模式。其农业科技创新模式的构成与特征:①产学研无缝结合,科研成果转化率高;②农业布局合理,生产运作效率高;③农业投入主体明确,生产方式合理。美国农业研究是美国政府R&D长期投资的重点领域之一,自20世纪50年代末起,美国农业研发投入平均每年都以8%的增长率增长。目前,美国农业研究的R&D科研经费在农业科研经费中的投资比重仍不足50%,说明私人农业科研投资较高。私人农业科研投入主要是为了获得经济效益,私人投资的重点在于具有市场潜力与高额利润的开发性农业研究,目的在于直接应用于农业生产。

英国的农业科技创新模式——政府引导型模式。英国现代化农业经历了机械化农业、化学农业、生物农业、生态农业等发展阶段。在各个阶段中,政府引导在英国农业发展中起到不容忽视的作用。科技创新是英国农业发展战略与政策制度的重要评价指标。从整体来看,英国农业发展的科技创新模式属于政府引导型模式。这种模式特别强调3点:一是健全的农业科技质量保障体系;二是强大的农业科技支持与推广应用力度;三是鼓励农民应用新的农业科研成果。

法国的农业科技创新模式——链式环保型模式。法国的农业科技创新模式与美国存在较大区别,更加侧重于农业链条的深化和生态环境的保护。总体而言,法国的农业科技创新模式就是具备健全的产学研一体化的农业科技创新体系,农业产前、产中和产后链式化服务完善,注重农业可持续发展。可以认为,法国的农业科技创新模式就是一种较为典型的链式环保型模式。这种农业科技创新模式具有以下三大特点:①建立较为完善的产学研合作的农业科技创新体系;②加强农业环保新技术的研发与推广应用;③开发国际先进的农产品加工技术。

德国的农业科技创新模式——生态信息型模式。德国的信息经济在全球相对较发达,农业信息技术可作为德国农业发展的关键技术支撑。在按需种植、优化生态资源、美化亮化乡村等方面,农业信息技术都扮演了重要的角色。总体而言,德国的农业科技创新模式属于一种以先进信息技术为支撑、以生态农业为保障的生态信息型模式。这种农业科技创新模式具有以下三大特点:①研究开发并积极应用农业信息技术;②开发新型的现代生物技术,如以马铃薯、玉米、油菜等农作物为对象,定向培育并制取甲烷、工业酒精等绿色能源;将马铃薯作为原料,可以制造出一次性、绿色餐具用品;将玉米淀粉作为原料,可以制造出可降解的塑料;可以用植物油加工为工业专用油,等等;③坚持倡导生态农业发展理念。从2001年开始,德国政府提出实施生态农业发展计划,提倡将生态作为德国农业发展的代名词,大力发展生态农业。

(三)生态旅游农业蓬勃发展

从当前及今后发展趋势来看,世界生态旅游农业的蓬勃发展,是世界农业正在上升成为人类社会的第一建设产业的又一重要标志。

生态旅游农业可定义为,利用现代科学技术,运用生态学、环境美学的相关方法,结合现代农业资源的开发,通过科学的、人性化的规划设计及建设,将乡村景观、农业资源及文化风貌等整合入乡村生态旅游中,向游客们提供高质量、富有乡村气息的旅游服务。可以说,生态旅游农业是现代农业系统与时尚旅游相结合的新兴产业。所以生态旅游农业的发展重点在于保护乡村农业天然的生态系统,并结合旅游行业的需求进行开发,以吸引游客前来观光旅游。

从世界各国的生态旅游农业发展状况来看,发达国家生态旅游农业发展得更为迅速、成效更为明显。如:

(1)美国。美国政府对支持生态旅游农业发展高度重视,不仅各层级政府都出台了一系列支持生态旅游农业发展的产业政策,而且中央联邦政府每年都要投入巨资完善旅游产业相关的交通运输网路体系,使其更加便利。美国地方政府不仅在管辖行政区域中制定生态旅游农业的发展规划,鼓励该产业的发展,还积极提供便利的基础设施。据统计,美国每年参加农业生态旅游的人数达 2 千万人次,而且美国生态旅游农业很注重通过节日活动增加自身魅力,每逢农业传统节日,都会举办主题庆祝典礼,将农业文化整合进庆祝典礼中,甚至推广到整个生态旅游农业产业链中并加以发展,与此同时,创造并推广富有美国特色的社会文化和价值观。而且生态旅游农业中还融入很多乡间艺术,深受游客喜爱,例如瓜果塑造、农民艺术画等。

(2)法国。法国生态旅游农业的主要形式为人工菜园活动以及相应的农庄旅游,随之法国农民建立了 1.6 万余个农家旅馆,并形成了联合经营组织,命名为“欢迎您到农庄来”,吸引城市游客前来休闲旅游。这样的“绿色度假”形式的生态旅游农业产业,据统计每年可为法国农民带来约 700 亿法郎的收入,占法国旅游业收入约 25%。法国政府不仅出台一系列产业政策支持农民旅馆发展,还有专门对农民旅馆提供贷款的银行:信用农业银行、旅游信用贷款银行。而且法国政府中的农业部门还有专门的财政专项补贴资金,用于支持农民农户翻新房屋,对于符合规定的农户的出租性农舍项目,国家财政补贴高达 18 亿欧元。法国生态旅游农业产业的发展,离不开法国政府支持的非政府组织机构的协调引导,协会制定产业质量标准、职业基准并提供推广、传播、指导的服务,实现生态旅游农业产业的可持续发展。法国生态旅游农业相关的非政府组织还共同建设了“欢迎光临法国农场”的宣传网站,网站职能包括帮助生态旅游农业产业对外宣传,促进产业内经营主体广告经验的交流、信息传播及提供人才培训服务等。所以法国政府并不直接从事管理服务,而是间接进行监督管理,由生态旅游农业行业通过协会进行自我约束,由职业协会主导旅游农业行业的发展。

(3)德国。德国生态旅游农业主要有乡村博物馆、休闲度假农场、市民农园三个主要类型。其中市民农园在德国乃至整个欧洲都有很高知名度,在德国非常盛行。德国于 1919 年就制定了《市民农园法》,可以说是全球最早制定的农园法律。1983 年,德国对该法进行了修订。该法鼓励农民将单一的农业生产转变为提供生态、生活、生产体验的综合性经营模式。市民农园不仅提供市民种植农产品的体验机会,而且还提供了社会交往平台,对德国郊区环境美化也有很大贡献。德国市民农园的运营机制非常健全,例如契约期内承租人如果中途撤回或转让对土地的租用合约,那么之后的续租人必须将最初承租人前期尚未支付的所有费用补足,这保证了经营农园的农户权益,也有利于市民农园的可持续发展。

(4)澳大利亚。澳大利亚动植物品类丰富，各种类型的农牧用地面积广阔，发展生态旅游农业有着得天独厚的资源优势，例如畜牧业与田园风光相结合的牧场旅游农业占到澳大利亚旅游收入约 35% 左右，其中比较著名的有天堂农庄等。澳大利亚的葡萄酒庄园也享誉世界，2009 年澳大利亚葡萄酒旅游游客总计为 476 万余人，创汇收入达 48.9 亿澳元。澳大利亚还有提供游牧休闲旅游的现代农场，游客可以进行喂养动物、挤牛奶、剪羊毛、甩羊鞭等娱乐活动，也可以提供采摘果蔬、学习制作果酱、自助烧烤等饮食服务，游客在农场中可以感受到澳大利亚野性、自然、多样性的独特之处，游客也可以乘坐专用农车到牧场广阔的田野中去感受新鲜空气。澳大利亚皇家农展会也是相当知名的一项国家级农业展览会，该展览会不仅有特产展销项目，而且还有特技表演等娱乐项目，还提供游乐等旅游项目。澳大利亚十分重视对农业的科研投入和技术培训。不仅农业教育体系完备(包括职业教育、高等教育等)并十分普及，而且政府通过市场机构对农民展开专题培训。澳大利亚有大量农业科研机构及推广示范基地，这些机构的建设不仅由澳大利亚各级政府出资，而且高校和社会企业也投入相当部分的资金。

(5)日本。日本生态旅游农业历史较悠久，不仅各地区的旅游农业经营者联合成立了相关协会，而且都基于当地农业生产特点，以美丽的田园风光和特色的服务设施吸引国内外游客。比较著名的有：北海道的田园游，游客可以参与应季农活，还有捕鱼、放牧、挤奶等畜牧业体验项目。

三、世界面临重新发现传统农业价值的任务

在世界许多国家，一代代农民、牧民、林农和渔民以多样化的物种及其相互作用为基础，利用适用于当地条件的独特的管理实践和技术，创造、发展并保持着一些专门的农业系统和景观，通过反复试验，不断调整着捕鱼、耕作和放牧的方式，既保护了环境，又获得了收益。这些建立在当地动态知识和实践经验基础上的农业系统巧夺天工，反映了人类与自然环境的协调发展——传统农业模式，不仅产生了独具特色的美学景观，维持了具有全球意义的农业生物多样性、具有自我调节能力的生态系统和具有重要价值的文化遗产，而且最重要的是为人类持续提供了多样化的产品和服务，保障了人类的生计安全和生活质量。这种传统农业系统或农-林-牧复合系统，在人口密集地区或者由于某种原因需要建立复杂的、具有创新性的资源利用和管理途径的地区很容易发现，这些原因包括地理隔绝、生态脆弱、政治边缘化、自然资源短缺和(或)极端气候条件。全球重要农业文化遗产(Globally Important Agricultural Heritage Systems，GIAHS)——重新发现传统农业价值，不仅反映了丰富且通常是独特的种内和种间的农业生物多样性，而且反映了生态系统和生态景观的多样性。这些农业系统出现于古代农业文明中，其中一些与驯化植物和动物的起源地或多样性密切相关，因此其保护、传承就具有重要的全球意义。这些农业系统的恢复能力与适应能力有了很大的发展，以适应诸如自然环境、新技术、社会条件与政治形势的变化，以保障食物与生计安全和缓解风险。人类管理策略的动态变化，使得生物多样性和重要生态系统服务功能的维持可以适应技术与文化创新、代际传承以及与其他社区和其他生态系统之间交换的变化。自然资源管理和利用的知识与经验的不断积累，是一种具有全球意义的重要资源，需要保护和发扬，同时也需要发展。

当今技术、文化和经济的快速发展，正威胁着许多农业文化遗产及其生物多样性和社会环境基础。在过去的几十年里，人们高度关注农业生产能力、专业化水平和全球市场，而忽视了

相关的外部性与适应性管理的策略，导致全面忽视对这些多种多样、独具特色的农业生产系统的研究和发展的支持。生存的压力阻碍了农民的创造性，迫使他们采用不可持续的生产方式，过度开发自然资源导致生产力水平下降，实施农业专业化生产，引进外来物种等。严重的基因污染、相关知识体系和传统文化的丧失以及重要的全球性遗产传承断裂的风险，并可能将社区拖入到贫穷和社会经济动荡的恶性循环之中。如果不采取有效措施帮助这些农业生产系统应对所面临的威胁，那么 GIAHS 将难以避免世界上无数的农村社区消失于工业化、现代化和全球化浪潮中的厄运。GIAHS 项目的提出和实施适逢其时，因为当前各国和国际社会正致力于保护和可持续利用生物多样性，防治土地退化和荒漠化，承认农民和原住民对于生物多样性和传统知识体系方面的贡献，引起了世界范围内对于这一自然与文化综合遗产的关注。

GIAHS 是联合国粮农组织（FAO）在全球环境基金（GEF）支持下，联合有关国际组织和国家，于 2002 年发起的一个大型项目，旨在建立全球重要农业文化遗产及其有关的景观、生物多样性、知识和文化保护体系，并在世界范围内得到认可与保护，使之成为可持续管理的基础。该项目将努力促进地区和全球范围内对当地农民和少数民族关于自然和环境的传统知识和管理经验的更好认识，并运用这些知识和经验来应对当代发展所面临的挑战，特别是促进可持续农业的振兴和农村发展目标的实现。可以说，GIAHS 项目的实施，正是世界重新发现传统农业价值的难得机遇和有力举措。

四、有机农业正在成为世界农业发展的主流

有机农业是农业可持续发展的重要模式之一。与常规农业相比，有机农业在生产、加工、运输、销售等环节要求严格，本身经济价值较高，在保障食品安全、促进生态环境健康发展方面具有得天独厚的优势，因此被认为是一种生态环保、环境友好的农业生产方式。常规农业生态系统由于大量使用人工合成的化肥、农药、抗生素等，导致生态系统功能的破坏，造成生态环境问题，如生物多样性减少、土壤质量下降、食品安全问题、面源污染、大气污染等。而有机农业在生产过程中严格禁止人工合成物品的使用，大大降低了对食品安全和生态环境的风险，因而具备更高的生态服务功能价值。随着有机产业发展规模的扩大，对有机农业生态服务功能价值的分析和比较研究显得较为突出。近年来国内外不少专家学者对有机农业生态服务功能价值进行了研究和核算，结果表明，与常规农业系统相比，有机农业生态系统在食品安全、物质循环、气体调节、土壤有机质积累、水文调节、休闲、旅游观光、农业废弃物处理、生物多样性保护等方面具有更加强大的功能。

正是由于有机农业具有上述生态环境保护和农产品安全等多方面的功能和优势，其在世界各国得到了快速发展，且取得了显著成效。

总体而言，世界有机农业的发展具有以下特征：①历史久。中国是具有 5000 年文明的农业大国，发展有机农业至少有 2 000～3 000 年的历史。西方有机农业，如从 1909 年美国农业土地管理局局长 King 考察并总结中国有机农业经验开始，也有 100 多年的历史。②面积大。2010 年，世界上进行有机农业生产的国家有 160 个，全球有机农业土地面积约为 $3\ 700\times10^4\ hm^2$，大洋洲约有 $1\ 200\times10^4\ hm^2$，欧盟以及欧洲自由贸易联盟约有 $805\times10^4\ hm^2$，拉丁美洲有 $800\times10^4\ hm^2$，亚洲有机农业发展较快，目前从事有机耕作的土地有 $315\times10^4\ hm^2$，北美为 $245\times10^4\ hm^2$，在非洲尤其是非洲南部国家有机农业发展较快。截至 2012 年，全球以有机

方式管理的农业用地面积达到 $3750\times10^4\ hm^2$（包括处于转换期的土地）。③发展快。2002 年，世界有机农业种植面积达到 $2\,400\times10^4\ hm^2$，约占全球农业耕地面积的 1.6%。2003 年世界有机农业增长 46%（达到 $2\,570\times10^4\ hm^2$）。2006 年，德国有机农产品的销售额同比增幅达到 19%，占德国食品销售总额的比重达到 4%，成为全球第二大有机农业生产和销售国。2014 年，德国有机农产品的销售额占全国食品销售额的比重进一步提高，达到 8%左右。据国际有机农业运动联盟（IFOAM）公布的统计数据，美国 2005 年有机农业面积为 $160\times10^4\ hm^2$，世界排名第 4 位。另据美国农业部（USDA）统计数据，2007 年美国获得有机认证的有机生产者约有 11 000 家，较之 1997 年翻了一番，占到美国 220 万农民的 0.5%，而有机农场为 20437 个，有机农业面积已达 $103\times10^4\ hm^2$。目前全美的 50 个州均已从事有机农业生产，其中加州作为美国最大和最发达的农业州，有机农业面积占全美有机总面积的 14.4%，有机农产品商品总价值亦占全美的 38.4%。可见美国的有机农业发展势头强劲。目前，全球有机农业发展处于增长期。④分布广。可以说，当前有机农业遍布世界各国。其中，全球有机农业用地面积最大的洲是大洋洲和欧洲，分别占 32%和 30%，其次是拉丁美洲，占 18%，亚洲和北美洲相似，分别占 9%和 8%，非洲最少，仅占 3%。⑤效益佳。如上所述，有机农业的效益，综合体现在保护生态环境、维护食品安全、减少生产成本、提高产品质量和价格等多方面，发展有机农业具有“三效”（经济效益、社会效益和生态效益）并举的特点。⑥前景好。从全球生态环境状况及未来农业发展趋势来看，有机农业是前途广阔的世界农业的主流模式，前景十分看好。

五、发展中国家有机农业将异军突起

未来，有机农业将不仅在发达国家蓬勃发展，在发展中国家有机农业发展亦将出现“异军突起”的崭新局面。做出这一预测和判断的基本依据是：

（一）有基础

由于全球有机农业发展的大趋势，发展中国家的有机农业已有了一定发展，或者说，有机农业发展有比较好的基础。据《科技日报》（2000 年 5 月 8 日）报道，除了工业化国家外，一些发展中国家也开始发展有机农业。新加坡目前拥有的 6 个农业科技园，占地面积达 1 100 hm^2。在这 6 个农业科技园中，有 56 个绿色蔬菜农场，每年生产 7 500 t 有机绿色蔬菜。5 年后，将生产有机绿色蔬菜两万吨。古巴近年来积极发展有机农业，目前古巴有 60%的农民从事有机农业生产，从而使粮食和蔬菜产量大幅度增长，解决了自己的问题。巴西计划在该国东北部地区发展咖啡、腰果和热带水果等有机农产品的种植，对从事有机农业生产的农民提供农业优惠政策，并在农产品检疫和出口信贷等方面提供便利。菲律宾、泰国、印度尼西亚、韩国、印度等国家已经开始从事有机农产品和有机肥料的生产和出口。斯里兰卡从 1995 年起出口有机栽培的茶叶，其创汇占本国农产品出口的 55%。中国的“绿色食品”生产已初步形成规模。截至 1996 年底，中国已开发绿色食品产品 700 多种，其中部分绿色食品已成功地打进日本、欧美、中东等国家和地区的市场。

又据《世界农业》2006 年第 3 期报道，在诸多发展中国家有许多有机农业应用的成功案例。如：①马达加斯加：有机农业的水稻集约化生产系统（SRI）。引进于 1990 年的 SRI，在农户土地上不施用购买的杀虫剂或化肥，水稻产量已经从约 2 t/hm^2 增加到 5 t/hm^2、10 t/hm^2，甚至 15 t/hm^2。这种生产系统正在亚洲和其他地方各处进行试验推广，检验在所有的情况下水稻的增加产量。②塞内加尔：改良土壤质量。自从 1987 年以来，罗代尔再生农业研究中心已经进行了多元化的研究，包括圈养家畜，豆类作物和绿色粪肥，改进有机粪肥和岩石磷酸盐的使用，集雨措施和堆肥。粟米和落花生的产量已经增加好几倍，且年产量稳定。③印度：Maikaal 有机棉花项目。超过 1 000 个农户参与了一个有机棉生产项目，该项目大大增加了棉花、小麦、大豆、红辣椒和甘蔗的产量，以比较低的生产和劳动力成本，比较低的灌溉需求，改良了土壤结构和减少了主要病虫害。④墨西哥：ISMAM 公平贸易咖啡。通过采用有机技术和提高质量，ISMAM 小型咖啡种植者合作组织能够克服土壤退化和低产量而进入特产市场（公平交易），奖赏他们为维持生态健康所付出的额外努力。

2002—2015 年，马来西亚产品经过“myOrganic”认证（有机产品认证）的农场数量 151 个，面积 1 848 hm^2。其中：水果农场 36 个，面积 321 hm^2；蔬菜农场 34 个，面积 125 hm^2；稻谷农场 3 个，面积 118 hm^2；其他菌类和草本类农场 68 个，面积 1 283 hm^2。马来西亚从 2003—2005 年经过“myOrganic”认证的农场数量 3 个，2006—2010 年 43 个，2011 年 29 个，2012 年 21 个，2013 年 23 个，2014 年 23 个，2015 年（截至 6 月）9 个。

（二）有需求

随着世界经济的发展，尤其是发展中国家经济快速发展，人们对优质、安全农产品的需求有增无减，且与日俱增。

2012 年，全世界有机产品的市场销售额已超过 600 亿美元，主要集中在欧洲和北美。发达国家近 60%的有机食品缺口从发展中国家进口，其中阿根廷占据了向发达国家出口的有机食品的 70%。同样，发展中国家有机食品的需求越来越大，“缺口”也越来越大，如目前中国有机食品的消费额正以每年 30%～50%的速度增长，常年缺货达 30%，其他发展中国家（如印度）对有机农产品的需求状况也大致相同或相似。

（三）有条件

应该说，发展中国家具备了生产有机农产品的各种条件。首先，自然条件具备，发展中国家有良好的生态环境，大气、水、土壤等生态环境质量能够满足发展有机农业的要求；其次，技术条件具备，发展中国家已掌握了有机农业生产的各种关键技术和措施，完全可以大力发展有机农业生产；第三，“硬件”条件具备，发展中国家的农业生产条件不断改善，农田水利条件、农业机械化条件等各种“硬件”条件能够达到有机农业生产的要求；第四，其他条件，如市场条件、人员科技文化素质条件，以及国际交流与合作条件等，均能满足大力发展有机农业的要求。

一句话，发展中国家大力发展有机农业有基础、有需求、有条件，未来有机农业必将在发展中国家异军突起、飞速发展。

第五节　世界农业建设的战略对策

一、建立多样性共生的农业发展观

未来，要使世界农业发展得更好、更快、更持久、更健康，必须要有多样性共生的全球农业发展观，即，要有“全球一盘棋”、“世界是一村”的农业发展观。具体来说，要求做到：

(1)维护全球食品安全。地球是人类共同的家园，“地球村”——全世界人人都应珍惜、都应保护、都应建设。基于这种认识，世界各国人民首先应携起手来，共同维护食品安全。要建立统一的食品生产、流通、贸易等各个环节的“规则”和“标准”，且共同维护、共同执行、共同监督。

(2)维护全球粮食安全。世界人口增加、耕地减少，可耕种的地、优良优质的地必然越来越少。在这一必然趋势下，世界各国人民应共同维护全球粮食安全，彻底消除饥饿、解决贫困、“杜绝”不平等和“两极”分化的现象——这是世界各国人民共同的任务。要由 FAO(联合国粮食与农业组织)牵头，建立起维护全球粮食安全的各种“制度”、“框架”、“规则”，并要求世界各国和有关组织切实遵守执行。

(3)维护全球生态安全。生态安全不仅是食品安全、粮食安全的基础，更是世界安全、全人类安全的基石。没有生态安全，世界现有的一切都将化为“乌有”；没有生态安全，世界所有的一切都将无从谈起。维护全球生态安全，是世界各国面临的共同任务。全球生态安全观是全球农业安全观、全球农业发展观的基础和前提。只有全力维护好全球生态安全，才有可能实现全球农业安全，才有可能实现全球农业的发展和繁荣。

二、走全人类普及农业科学技术知识道路

现代农业，或农业现代化，是世界农业发展的方向和最终目标。而要发展现代农业，或实现农业现代化，科学化是其唯一道路或途径。因此，走全人类农业科学化的道路，是世界农业建设的战略对策和必由之路。

走全人类农业科学化的道路，关键要做到 3 点：

(1)实现世界现代农业的高技术化。世界现代农业是建立在日益发达的农业科学技术体系基础之上的产业，由于大批农业新技术的研发、应用和推广，特别是生物技术、计算机技术、电子技术、激光技术、遥感技术、信息技术、原子能技术等现代高新技术在农业中的广泛应用，极大地推动了现代农业的快速发展。

(2)实现世界现代农业的知识化。知识经济时代的到来也反映在知识农业方面，为实现现代农业所追求的优质、高产、高效、安全等目标，农业优良品种更新换代比较快，农用生产资料知识技术含量越来越高，农业生产者和经营者的文化技术素质也相应得以不断提高，知识型、智能型、技术型的劳动者日益取代传统经验型、体力型劳动者，从而使新知识、新技术不断推动着现代农业的持续发展。

(3)实现世界现代农业组织管理的科学化。随着世界现代农业经营范围、规模的扩大和产业链的延长，协作分工越来越细，需要劳动者之间和各生产环节之间相互协调与密切配合，要求进行严密的科学的组织管理，采用现代化的管理手段与科学的管理方法，使现代农业逐渐实现组织管理的科学化。

三、建立生态文明时代新型全球农业可持续发展体系

加快转变农业发展方式，走绿色、循环、低碳农业发展之路，是未来世界农业建设与发展的

战略对策和必然之举。

首先,遵循绿色化理念。中国政府提出的五大发展理念(创新发展、协调发展、绿色发展、开放发展、共享发展)中,绿色发展位列其中。2016年9月,在中国杭州举行的G20峰会上,"绿色发展"成会议各国领导人共识。中国国家主席习近平在二十国集团工商峰会(B20峰会)开幕式上做题为《中国发展新起点 全球增长新蓝图》的主旨讲演,他在演讲中提出了"中国方案":在新的起点上,我们将坚定不移推动绿色发展,谋求更佳质量效益;我们推动绿色发展,也是为了主动应对气候变化和产能过剩问题;我们要建设天蓝、地绿、水清的美丽中国,让老百姓在宜居的环境中享受生活,切实感受到经济发展带来的生态效益。习近平主席的演讲,得到与会者广泛赞同。

其次,建立绿色化模式。打破现有的以牺牲资源环境为代价的掠夺式农业经营方式,建立符合自然生态规律的农业绿色生产经营体系。大力倡导和推广"绿色农业"、"循环农业"、"低碳农业"、"生态农业"、"有机农业"、"可持续农业"等各种农业可持续发展模式。

第三,推广绿色化技术。在农业生产实践上,要积极推广应用绿色化技术,如大力推广使用低毒、无毒的农药,既解决了农业生产中环境污染和生态破坏等问题,又提高了农产品的安全系数;加强畜禽污染综合治理,推进农业废弃物资源化利用技术,努力实现农业降成本、农产品提质量和农田减污染;开展植树造林,改善农业生态环境。

最后,生产绿色化产品。在推广绿色化农业发展模式、应用绿色化农业技术的基础上和前提下,生产绿色化农产品,如无公害农产品、绿色农产品、有机农产品,以确保世界人民的安全和健康。

四、加强世界各国农业交流与合作

如前所述,现在的世界是开放的世界,地球上所有国家都生活在"地球村"里。农业作为地球上最基础的产业,世界各国只有共同协作、资源互补、合作共赢、合力发展,才能把农业"打造"好,才能满足世界日益增长人口的生活需求。

世界农业的国际化发展趋势,要求各国共同维护世界食品安全、粮食安全和资源环境安全,共同研发现代农业的核心技术、关键技术,共同培养农业人才,共同建设农业基础设施,大力推进技术合作、产业合作、人才合作,构建以提升农业综合效益为导向的"地球村"农业发展新格局。

显然,世界农业要建设好、发展好,唯有开展国际交流与合作,除此之外,别无良策。也可以说,开展世界各国之间农业的交流与合作,既是各国自身发展的需要,更是整个世界农业实现全面发展、协调发展和可持续发展的必然要求。

(一)发达国家重视农业国际合作

发达国家设立专门机构推进农业国际合作。如:①美国。美国农业部海外局是美国农业对外经济合作的主要管理服务机构。海外农业局主要负责收集、发布有关全球农产品供求状况、贸易走势等信息,并通过国际贸易、国际合作和可持续发展交流,扩大美国农业的国际市场份额,以保证美国农业的长期经济活力和国际竞争力,同时为出口商提供相关政策咨询和指导。同时美国还设立了许多非政府组织,包括美国民间社会、商务团体和地方管理机构来促进农业对外合作。另外美国制定了《经济合作法》、《对外援助法》、《非洲增长与机会法案》等相关法律，从政策上来进一步支持本国农业企业进行国际合作。②日本。日本的农业对外援助由日本农林水产省经济局负责，包括对农业金融、税务、保险的指导，以及出口和国际合作。此外，公益法人团体日本工程顾问协会（ECFA）和综合商社利用强大的海外销售网以及长期积累的海外销售经验，协助企业向外扩张。政策方面，日本不仅拥有系统的法律体系和税收保护政策，还对企业对外直接投资在保险制度、资金、技术援助以及信息提供等方面有政策上的支持。

（二）中国农业国际合作初见成效

据《农村工作通讯》2016 年第 2 期报道，目前，中国已经和 140 多个国家及国际农业机构和金融组织机构建立了长期稳定的农业合作关系，和 50 多个国家成立了农业合作委员会和工作组，与世界 100 多个国家和主要的国际组织、区域组织以及国际农业研究机构建立了科技交流与合作关系。在境外投资、合作、上市的农业产业化龙头企业约有 40 家，投资金额达 153 亿美元，涉及亚洲、非洲、北美、欧洲、大洋洲的 30 多个国家和投资地区。近几年中国在菲律宾、柬埔寨、印度尼西亚、马来西亚等国建立了农业技术示范中心和农业示范基地；在 30 多个国家的专属经济区及太平洋、大西洋、印度洋等地公海陆续开发了大量海洋渔业资源，年捕捞量达 100 多万 t，年产值 70 多亿元。通过实施农业“走出去”战略，有效地带动了我国相关农产品和农业生产资料的出口贸易，扩大了就业，增加了农民的收入，同时也进一步推动了中国企业农业对外投资和国际化进程。

（三）未来开展世界农业国际合作的建议

加强农业国际合作不仅是扩大农业对外开放的基础，也是适应农业国际化的必然要求。未来世界农业要做到又好又快地发展，必须加强农业国际合作——无论是发达国家或是发展中国家，都是如此。

开展世界农业国际合作，关键要做到：一是制定战略规划。每个国家都应制定各自的农业国际合作战略规划，这是开展农业国际合作的基础和前提；二是加强宏观指导。各国政府和有关部门，在具体实施国际合作规划时，要加强宏观指导，做到宏观性与实际可操作性相结合，这样才有实效；三是优化合作环境。凡参加农业国际合作的国家或地区，一定要为交流和合作提供“优越”的环境，在政策、税收、服务等方面要有配套的“优惠”措施；四是坚持优势互补、合作共赢的原则。由于国际形势风云变幻，未来农业应走向多元应对，既加强国际贸易合作，也要提升本国农业生产的自足能力，为人类满怀信心地进入生态文明时代奠定基础。

思考题

1. 简述世界农业发展取得了哪些巨大成就。
2. 世界农业发展面临哪些资源、生态与环境问题。
3. 从社会、经济、生态的角度，谈谈你对世界农业发展的认识。
4. 未来世界农业发展应走什么道路？为什么？
5. 结合具体事例，简述世界农业发展的方向与趋势。
6. 将世界发达国家与发展中国家农业发展作一简要对比分析。
7. 与世界发达国家和发展中国家相比，中国农业有何特殊性？应如何建设好中国农业？
8. 根据你所学的知识，谈谈未来如何建设好世界农业，如何维护世界粮食与食物安全？

推荐读物

1.《世界农业》杂志,1979—2017 年各期.

2. 刘从梦. 各国农业概况(一). 北京:中国农业出版社,1996.

3. 刘从梦. 各国农业概况(二). 北京:中国农业出版社,1997.

4.(美)斯特林·沃特曼,小拉尔夫·W·卡明斯. 世界粮食问题挑战和战略. 瞿昭旗,聂崇训译. 北京:农业出版社,1984.

5. 李思经. 国际农业生物技术进展. 北京:中国农业科技出版社,1997.

6. 徐更生. 美国农业. 北京:农业出版社,1987 .

7. 张广胜,等. 美国农业. 北京:中国农业出版社,2015.

8. 胡跃高. 农业总论(面向 21 世纪课程教材). 北京:中国农业大学出版社,2000.

9. 胡跃高. 农业发展原理(普通高等教育"十五"国家级规划教材),北京:中国农业大学出版社,2005.

10. 黄国勤. 农业可持续发展导论(全国高等农林院校"十一五"规划教材). 北京:中国农业出版社,2007.

11. 沈国明. 国外环保概览. 成都:四川人民出版社,2002.

12. 张镜湖. 世界的资源与环境. 北京:科学出版社,2004.

13. 邓楠. 世界农业科技现状与趋势. 北京:中国林业出版社,2001.

14. 中国农业科学院. 当代世界农业. 成都:四川科学技术出版社,1991.

15. 中国农林科学院科技情报研究所. 国外农业概况. 北京:科学出版社,1975.

16. 张宇燕. 2017 年世界经济形势分析与预测(世界经济黄皮书). 北京:社会科学文献出版社,2017.

西式工业化虽然能医治某些社会弊病，但也制造出一些新的社会弊病——工业化的西方发起者既没有预料到，也没有提出任何解决方案。不过，西方观察者不应低估这样一种可能性：中国有可能自觉地把西方更灵活、也更激烈的火力与自身保守的、稳定的传统文化熔为一炉。如果这种有意识、有节制地进行的恰当融合取得成功，其结果可能为文明的人类提供一个全新的文化起点。

如果中国人真正从中国的历史错误中汲取教训，如果他们成功地从这种错误的循环中解脱出来，那他们就完成了一项伟业，这不仅对于他们自己的国家，而且对处于深浅莫测的人类历史长河关键阶段的全人类来说，都是一项伟业。

——汤因比

我为中国政府对建设生态文明的郑重承诺以及在生态文明建设上取得的成就感奋，但同时也非常担心中国做出的农业与农村发展决策会阻碍中国实现生态文明的可能性。我迫切希望中国对现代化的热衷让位于对生态文明的建设。假如中国做出如此决策，她将领袖世界，确切地说是拯救世界。中国大体上仍然是一个传统社会，直接进入生态文明的发展抉择带给中国一个千载难逢的伟大机会，这个机会是中国独有的领导世界的机会。抓住这个机会将是选择生。重复西方的错误，将现代化模式强加给农村则是选择死。我恳请你们：请选择生！请抓住直接进入生态文明这一千载难逢的伟大历史机遇。

——小约翰·柯布

第十六章 中国农业发展基本战略

本章核心内容

- 20世纪以来中国农业发展经历了以下3个阶段：20世纪上半叶（1900－1949年）的中国农业、中华人民共和国成立后的前30年（1949－1978年）的中国农业、改革开放以来（1978年至今）的中国农业。
- 中国农业发展的成就与贡献主要体现在以下5个方面：①产品供给贡献；②经济产出贡献；③农业劳动力转移贡献；④土地资源供给贡献；⑤生态建设与服务贡献。
- 当前中国农业发展面临着5大问题与挑战：食品安全问题、粮食安全问题、乡村社会安全问题、地理资源环境安全问题和全球农业安全问题。
- 未来中国农业发展应采取以下战略：从生态文明时代地理系统建设高度定位农业战略地位，走城乡和谐发展道路，按轻重缓急安排农业五项战略任务，走有机农业道路，实行全民普及农业科学技术战略。

第一节 中国农业发展历程与贡献

一、20世纪以来中国农业发展历程

中国农业有悠久的历史,也曾有过辉煌的成就。但是,鸦片战争以后,中国沦为半封建、半殖民地社会,农业生产力发展十分缓慢,全国人民长期处于饥饿半饥饿状态。进入20世纪以来,中国农业发展一直围绕着如何解决全国众多人口的温饱问题而展开。在一个世纪多的时间里,中国农业发展大体上经历了两种社会制度、三个发展阶段,即旧中国半封建、半殖民地社会和新中国社会主义社会两种社会制度,及20世纪前50年、新中国成立后的前30年和改革开放至今三个发展阶段。旧中国时期,中国人民为实现"耕者有其田"的目标进行了不断探索和英勇奋斗,但是由于封建反动势力的顽固抵抗,这一目标没有实现,农业的落后面貌没有改变,全国人民仍然处在饥饿半饥饿状态中。新中国成立后,前30年,为改变落后的农业生产力、解决温饱问题进行了不断的探索,农业的改革与发展虽然取得了很大成绩,但是农业生产力提升有限。改革开放30多年来,农业的改革与发展取得了举世公认的成就,长期困扰中国人民的温饱问题在20世纪末基本得到了解决。

(一)20世纪上半叶(1900—1949年)的中国农业

进入20世纪以来,中国的许多思想家和革命家,面对着中国辽阔的土地、落后的农业、饥饿的人民,进行了深刻思考。逐步认识到,中国农业落后、农民贫困的根本原因是封建半封建主义对中国的长期统治,加上帝国主义的掠夺和官僚资本主义的剥削,特别是封建土地所有制,剥夺了农民赖以生存的土地,遏制了农民的生产积极性,阻碍了农业生产力的发展,造成了贫穷饥饿的局面。为改变这种状况,他们提出了许多改良的和革命的主张。20世纪初,革命先驱孙中山先生就提出了"平均地权、节制资本、发展实业"以解决中国民生问题的主张。中国共产党为此也进行了艰苦的斗争。在大革命时期,实行土地革命,在一些地区没收土豪劣绅、地主恶霸的土地,分给了广大的贫雇农,后来还在革命根据地和解放区进行了减租减息和土地改革运动。这些革命斗争,虽然在一些地区或一段时间内取得了成功,但是全国绝大多数地区仍然长期处在封建土地所有制统治之下。到1949年新中国成立时,封建地主阶段仍占有大量土地。据统计,当时占农村人口不到10%的地主和富农,占有全部耕地的70%以上,而占农村人口90%以上的雇农、贫民和中农,占有耕地却不足30%,大量的农民仍然无田可种,"耕者有其田"的目标并未实现。

在长期的封建土地所有制束缚下,加上帝国主义的掠夺和连年战乱的破坏,旧中国的农业生产力十分低下,许多地区仍然处于刀耕火种的原始农业生产状态。广大农民长期食不果腹、衣不蔽体,在饥寒交迫中苦苦挣扎。据统计,到1949年,全国粮食和棉花产量分别只有 $11\ 318\times10^4$ t和 44.4×10^4 t,人均分别只有209 kg和0.8 kg;油料产量只有 256×10^4 t;大牲畜存栏仅有 $1\ 149\times10^4$ 头,人均猪牛羊肉只有4 kg;水产品产量只有 44.8×10^4 t,农产品数量根本保证不了全国人民的正常生活需求。

（二）中华人民共和国成立后的前30年（1949—1978年）的中国农业

1. 土改使得农业生产力获得了大解放

1949年新中国的成立，揭开了中国农业发展的新篇章。翌年6月，中央人民政府政务院颁发了《中华人民共和国土地改革法》，在全范围内开展了波澜壮阔的土地改革运动。经过3年努力，全国彻底除了封建土地所有制，大约有3亿多农民获得了4 670×10^4 hm^2 土地和其他农业生产资料，废除了过去每年向地主缴纳的大约3 500×10^4 t粮食地租，使亿万农民从几千年封建土地所有制统治下解放出来，极大地激发了广大农民的生产积极性，农业生产力获得了大解放。

2. 互助合作使得农业生产全面恢复

土改之后，分得土地的广大农民焕发出了极大的生龙活虎热情，他们旋即展开了爱国丰产运动，并且开始组织起来，走互助合作的发展道路。到1952年底，全国互助组在质量上了有显著提高，常年性互助组的比重不断增加。组织起来的农民，在爱国增产竞赛运动中起到了带头作用，在春耕防旱及防治病虫害方面获得了很大成效，特别是在刚完成土改的新解放区解决了翻身农户缺乏耕畜、农具和口粮的困难，保证了爱国增产运动的顺利展开。1950—1952年连续3年，农业每年都以史无前例的高速度发展。到1952年，粮食总产量达到16 390×10^4 t，棉花产量130.4×10^4 t，分别比历史最高水平增长9.3%和536%，农业生产全面恢复，主要农产品产量都超过了历史最高水平。农民生活有了较为明显的改善，同时向社会提供的商品逐年增加，对整个国民经济的恢复和发展做出了重大贡献。

3. 农业社会主义改造，合作化速度加快

随着国民经济的恢复和发展，我国于1953年开始全面启动国家工业化的进程。按照过渡时期总路线的要求，为了克服农民在分散经营中的困难，防止两极分化，同时，为了提取足够的农业剩余和确立动员资源的组织体制，使农业生产与国家工业化相适应，我国政府明确了农业社会主义改造任务，要求加快农业合作化的发展速度。农业合作化作为“一五”计划的重要组成部分。在实施过程中，就全国来说，步骤比较稳妥，遵循了自愿互利的原则，因而发展基本上是顺利的，促进了农业生产的发展。可是，1955年夏季以后，由于指导思想上产生了急躁情绪，以至合作化运动要求过急、工作过粗、改变过快、形式过于简单划一，产生了偏差和失误。但是，从总体上说，在一个拥有几亿农民的大国比较顺利地实现了对小农经济的社会主义改造，并促进了工农业和整个国民经济的发展，这无疑是伟大的历史性胜利。据统计，1957年与1952年相比，农业总产值增长了28.7%，粮食增长了19.0%，棉花、糖料等经济作物也都有较大幅度的增长。到1957年，粮食产量达到19 505×10^4 t，棉花产量164×10^4 t，全国人均粮食306 kg，人均棉花2.6 kg，农民生活提高较快。1949—1958年，我国粮食产量跨上了第一个台阶，粮食总产由1 132×10^8 kg增加到2 000×10^8 kg，9年间增加了868×10^8 kg，年均增长96.5×10^8 kg单产由68.5 kg增至109.5 kg，增长59.5%。

4. 农业3年受挫期

经过土地改革和互助合作，我国农业得到了迅速地恢复和发展，各项指标增长的实绩令人鼓舞。然而，其中存在的问题并没有引起足够的注意，相反，制度选择和政策制定中急躁冒进、夸大主观作用的情绪得到了蔓延。1958年之后，前些年恢复并有所发展的农业生产力遭受了极为严重的挫折，农业生产大约倒退了10年。1960年，粮食总产量下降到14 350×10^4 t，棉

花产量 106×10^4 t，都基本上降到了 1951 年的生产水平；油料产量 194×10^4 t，猪牛羊肉产量 219.5×10^4 t，比 1949 年的生产水平还低。农业的严重减产，使广大人民生活陷入了新中国成立以后从未有过的困境，全国城乡农产品供应出现了全面紧张的状况。

5. 农业生产恢复期

针对农业遭受的严重挫折，1962—1965 年，党和政府不得不对国民经济进行重大调整，实行"调整、巩固、充实、提高"的八字方针，放慢工业化速度，调整农村政策，制订了《农村人民公社工作条例》，实行"三级所有、队为基础"，把农业的基本核算单位由人民公社下放到生产队。同时，放宽农村经济政策，调减粮食征购任务和农业税负担，调整农副产品购销价格，允许农民发展家庭副业，开放农村集市贸易，让农民休养生息。国家按照农轻重的次序安排国民经济计划，大幅度增加农业投入，修订颁布了《全国农业发展纲要》，要求不同地区的粮食亩产分别达到 200 kg、250 kg 和 400 kg，并且大力推行"农业八字宪法"，即在土(壤)、肥(料)、水(利)、种(籽)、密(植)、植(保)、工(具)、管(理)等八个方面推广当时的先进农业技术。经过 3 年努力，农业生产虽然很快得以恢复发展，农村经济形势明显好转，农产品供给状况也得到改善。到 1965 年，全国农业生产恢复到了 1957 年的水平，整个国民经济和人民生活明显好转起来。

6. "以粮为纲"的 10 年

1966—1976 年这一时期，由于片面强调"以粮为纲"，粮食总产量虽有一定增长，但农业生产经营体制问题严重制约了生产潜力的发挥，广大农民的生产生活十分困难。1976 年，全国粮食总产量虽然达到 $28\,631\times10^4$ t，但人均占有量仍停留在 1956 年 307 kg 的水平上，棉花、油料的人均占有量还没有达到 20 年前的水平。农民人均纯收入只有 113 元，仅比 1965 年增加 6 元，平均每年仅增加 0.55 元。到 1978 年底，我国农业的落后面貌基本没有改变，农业生产力水平依然低下，全国农村仍有 2.5 亿人没有解决温饱问题。1958 年至 1978 年为第二个台阶，粮食总产由 $2\,000\times10^8$ kg 增加到 $3\,047.5\times10^8$ kg，20 年增加了 $1\,047.5\times10^8$ kg，年均增长 52.5×10^8 kg；单产由 109.48 kg 增至 168.48 kg，增长 54.5%。在这一个时期内，粮食播种面积由 19.142 亿亩(1 亩 = 666.7 m^2)减少至 18.0881 亿亩，提高单产是粮食总产增加的主要原因。增产的措施主要是依靠扩大灌溉面积(灌溉农田由占农田总面积的 30.67% 增长到 45.24)、增加化肥投入(由 54.6×10^4 t 增至 884×10^4 t)。

(三)改革开放以来(1978 年至今)的中国农业发展

1978 年 12 月召开的党的十一届三中全会，把全党的工作重心转移到经济建设为中心的轨道上来，中央首先对农业和农村采取了一系列改革与发展的重大政策措施，极大地解放和发展了农业生产力。标志着中国进入了崭新的改革时代。这是一个令人激动和充满生机的时代。自 1979 年农村改革以来，形成了两大市场经营主体，一是以从事农业为主的农户经济，共有 2 亿多个农户；二是以从事非农业为主的乡镇企业，共有 2 000 多万个。这两大主体，既是市场经济和社会的细胞，又是国民经济高速增长的一支基础力量。近 40 年来，农业和农村经济经历了如下发展阶段：

1. 农业全面高速增长阶段(1979—1984 年)

"家庭承包经营"极大地解放了生产力，加上国家实行大幅度提高农产品收购价格和超购加价以及对农用生产资料实行补贴的政策，缩小了工农业产品价格"剪刀差"，大量地增加化肥的投入，大面积推广杂交玉米和杂交水稻等高产品种，使农业出现了前所未有的全面高速增长的局面。以种植业为例,这个阶段农业全面高速增长,粮食作物与经济作物可以同步增长。在粮食作物播种面积下降6.3%的情况下,使粮食产量达到4亿t,连续上了两个台阶(每500×10^8 kg为一个台阶),增长33.6%;与此同时,棉花、油料、糖料作物的播种面积和总产量均大幅度增加,创造了农业的"黄金时期"。这主要是由于依靠科学技术和化肥投入增加了单位面积产量,1978年每公顷粮食产量为2 527 kg,1984年增加为3 607 kg,增长42.7%,在此期间化肥投入由$4\ 368\times10^4$ t(实物量)增加到$7\ 495\times10^4$ t,增长71.6%。在科学技术上大面积推广杂交玉米(北方)和杂交水稻(南方),提高复种指数,在黄淮海平原推行改造中低产田技术以及开始使用地膜覆盖技术等,为农业的全面高速增长发挥了重大作用。

2. 农业徘徊阶段(1985—1988年)

1985年粮食总产量由上年的$40\ 730\times10^4$ t减为$37\ 910\times10^4$ t,减少7%;棉花总产量由上年的625×10^4 t减为414×10^4 t,减少33.7%。这次农业生产的波动,政策因素是主要的,并非自然灾害。为了防止继续滑坡,自1986年起,在政策上作了些微调,减少粮食定购任务,实行"三挂钩"(定购任务与平价化肥、平价柴油和预购定金20%挂钩)政策,使粮食播种面积、单位面积产量和总产量略有恢复性增长,但至1988年,粮食总产量为$39\ 930\times10^4$ t,棉花总产量为414×10^4 t,仍未达到1984年水平。这一阶段由于乡镇企业迅速发展,增加了劳务收入,使农民人均纯收入由1984年的355元上升为544元,而年均增长幅度下降为5%。

3. 农业恢复性增长阶段(1989—1991年)

1989年我国经济出现了严重的通货膨胀问题,工农业生产比例严重失调。为此,国家实行整顿治理,压缩基本建设投资规模、抽紧银根、控制物价、加强农业投入,依靠国家的"科技攻关计划"、"863计划"、"丰收计划"等,重点推广农作物和畜禽新品种、旱作农业技术、"吨粮田"技术、生物防治技术、设施栽培技术等,收到了明显成效,使农业有了恢复性增长。1991年粮食总产量达到$44\ 193\times10^4$ t,比1988年$37\ 910\times10^4$ t增长16.5%;棉花总产量达到567×10^4 t,比1988年的414×10^4 t增长36.9%。但是这个阶段对于迅速发展起来的乡镇企业影响甚大,造成三个零增长:一是银行贷款零增长;二是吸纳农业劳动力零增长;三是农民人均纯收入增长幅度为近零增长,处于改革开放以来的低谷。这三年年均纯收入增幅为0.7%,其中1990年为-1.7%,是首次出现的负增长。

4. 农业稳定增长阶段(1992—1996年)

1992年后,中国经济出现了新的生机,农业和农村经济进入新的发展阶段,政府将农业发展的政策目标调整为"高产、优质、高效",农业科技开始向"重视品质、提高效益"转变。出现了两个新高:一是粮食产量新高。由于国家提高粮食收购价格,同时提高销售价格,实现了购销同价,解决了长时间以来由于购销差价增加财政负担的重大问题,而且推广模式化高产配套技术,促进了粮食增产。1996年粮食总产量达到$50\ 454\times10^4$ t,首次突破5亿t大关,创历史最高水平;二是农民收入新高。由于农业的增产和乡镇企业高速增长,大大增加了农民收入,农民人均纯收入1996年达到1 926元,比上年1 578元增长22%,是近些年来的最高水平。

5. 农业效益下降阶段(1997—2003年)

由于基本解决了温饱问题,农产品总体上处于"低水平"供大于求的状态,市场价格低迷,而农用生产资料价格居高不下,工农业产品价格"剪刀差"重新拉大,农业效益下降,直接影响到农民收入。这五年粮食产量出现新的徘徊局面,1997年为4.9×10^8 t;1998年为$5.1\times$

10^8 t,创历史新的最高水平;1999 年为 5×10^8 t;2000 年为 4.6×10^8 t;2001 年为 4.5×10^8 t;2002 年为 4.5×10^8 t;2003 年为 4.3×10^8 t。1996 年每亩粮食的纯收益平均为 360 元,而 2000 年下降为 160 元。虽然国家从 1998 起实行按保护价敞开收购、资金封闭运行、粮食企业顺价销售"三项政策",对保护种粮农民利益起了一定的积极作用,但未能根本解决粮食效益低下问题。这个阶段农民收入增幅逐年下降。1997 年下降为 8.5%,1998 年下降为 3.4%,1999 年下降为 2.2%,2000 年下降为 1.9%,2001 年恢复性增长为 5%,2002 年为4.6%。

6.农业快速增长阶段(2004 年至今)

从 2004 年起,粮食播种面积又开始逐年增加,至 2015 年,基本恢复至 20 世纪 80 年代初期的水平。另一方面,粮食作物单位面积产量增长明显,从 1978 年的 2 527.3kg/hm^2 稳步增长至了 2015 年的 5 482.8 kg/hm^2,增长率约达到 116.9%。尽管近些年中国粮食总产量获得"十二连增"卓越成绩,但是成绩背后,也隐藏着众多迫切需要解决的难题。2016 年全国粮食总产量 $61\,623.9\times10^4$ t,比 2015 年减少 0.8%,但是前期累计的各种问题依然存在。粮食连丰、价格高企、库存庞大、进口激增、卖粮难来袭与农民种地不赚钱、加工企业赔钱停机等多种矛盾交织,形成当前粮食产业发展的新常态。一方面,粮食生产成本"地板"逐年抬升。据统计,从 2003 年到 2016 年,中国玉米、稻谷的生产成本都提高了一倍以上,小麦提高了 84%。为了应对农业生产成本的急速上升,国家粮食生产补贴也逐渐升高,使中国粮食生产的补贴已经接近"天花板"。作为人口最多的国家,中国的粮食安全问题尤为重要。尽管中国的粮食安全现状有所保证,但长远来看仍面临着粮食生产资源不断减少、粮食供应存在结构性短缺、贫困人口数量仍然巨大等严峻挑战。

二、中国农业发展的成就与贡献

新中国建立以来,中国农业取得了辉煌成就,广大农村发生了翻天覆地的变化。党的十一届三中全会以来的 40 年,是取得显著成就的时期,基本扭转了主要农产品供给长期短缺的局面,解决了长期困扰中国人民的吃饭问题,以占世界不到 1/10 的耕地,生产出了约占世界 1/4 的粮食,养活了世界近 1/5 的人口,为人类的发展做出了重大贡献,也为国民经济和工业化起到重要的支撑作用。

(一)产品供给贡献

改革开放以来,我国农业综合生产能力稳步提高。粮食供给基本上结束了短缺状态,主要农产品实现了由长期短缺到供求基本平衡、丰年有余的历史性转变。棉花、油料、糖料、猪牛羊肉、水产品、水果、茶叶等产品产量也都有大幅度增长。目前,我国粮食、棉花、油菜籽、肉类、蛋类、水产品、水果等农产品产量均高居世界首位,中国已成为名副其实的农业大国。农产品生产在一定程度上产量取得大幅度的增长,基本满足了人民的食物需求,也满足了工业生产所需的原料。

(二)经济产出贡献

我国农业和农村对国家工业化和国民经济发展付出巨大的经济贡献,主要体现在:一是农业总产值的贡献。农业总产值是农村经济发展水平的重要指标。改革开放以来,我国农村经济呈现较快水平的发展，农业总产值不断上升。1978 年农业总产值为 13 97 亿元，2016 年全国农业总产值 65 976 亿元。农业通过工农产品价格“剪刀差”形式，累计向工业提供了上万亿元的资本积累，极大地支持了国家工业化建设，为保障和促进国民经济的发展做出了历史性贡献。二是乡镇企业对国民经济贡献巨大。尽管在不同时期，乡镇企业的发展受到政策变化的影响，但一直保持了很高的发展速度。乡镇企业增加值的增长高于全国平均水平，且与效益的增长是同步的。乡镇企业不仅在国民经济的存量中居于举足轻重的地位，而且对全国 GDP 增量的贡献是很大的。三是农民收入增加大大拉动内需。改革开放以来，我国农民收入大幅度增长，农民生活发生了巨大变化，农村消费水平的提升能够极大地拉动内需，促进了国民经济的发展。农民在吃、穿、住、行等方面的生活条件明显改善，生活质量不断提高，有力地拉大国内经济的发展。此外，金融政策向工业和城市倾斜，农村资金流失严重。

(三)农业劳动力转移贡献

工业化进程的主要表现是工业产值比重和就业比重不断上升，同时农业产值比重和就业人口比重不断下降的过程。改革开放以来，随着我国经济社会的发展及农业生产水平的提高，农业人口占总人口的比重不断下降。随着工业水平的提高，将创造大量的劳动就业岗位，能促进农村剩余劳动力的顺利转移。1983 年以后我国工业化率开始超过了第一产业的就业比率，而且工业化率的总体趋势是不断上升，而第一产业就业比率的总体趋势是不断下降。这反映了我国农村为工业化的推进贡献了大量劳动力。

(四)土地资源供给贡献

工业化进程必然带来了土地的占用。在人多地少的亚洲，尤其是经济发展较快的国家，如日本、韩国、印度尼西亚，一方面人地关系本已紧张，另一方面伴随着经济腾飞，耕地资源大量的非农利用。随着工业化进程的加快，经济不断发展，占用的土地也不断增加。20 世纪 80 年代以来，我国耕地面积整体呈下降趋势，而随着伴随着是城镇化率的不断增加，这两者有着一定必然的联系。这说明我国农业发展进程是不断“让地”于工业化进程，农业不断“牺牲”自己的土地资源使得工业化进程得以不断加速。

这一时期的耕地资源不断减少，支撑粮食总产量稳步提高到 6×10^{8} t 的基本因素为调整单产水平较高的玉米与薯类面积，杂粮等低产作物生产面积降低。

(五)生态建设与服务贡献

总的来说，我国在工业化进程中农业的生态贡献主要表现在：一是土地改良与水利工程建设。我国农业的发展历程对土地改良做了许多重要的工作，突出表现在中低产田的改造、水土流失治理以及水利建设上。国家和地区为了防止水土流失带来的负面影响，每年都采取积极的措施防止水土流失，近年来水土流失治理面积不断上升。1949 年以来，我国不断加大投入进行中低产田改造，建成近 10 亿亩的中高产田、8 亿亩的灌溉农田，有力地保障了我国社会经济发展对粮食的急剧需求。二是致力于农业生态环境的改善治理，以提高其生态贡献功能。先后启动了退耕还林还草工程建设、水土流失及荒漠化治理、防护林体系建设、生态农业县建设等重大工程建设。总体来说，我国农业对工业化的生态贡献是“入不敷出”，由于过去在经济发展上重蹈工业化国家覆辙，走以牺牲资源与环境为代价高速发展经济的老路，付出了沉重的代价，以致历史欠账多，生态状况仍是局部有所改善，总体继续恶化。

第二节　中国农业面临的问题与挑战

一、食品安全问题

我国为世界第一大化肥使用国、第一大农药与添加剂使用国、第一大饲料蛋白质进口国。化肥、农药、除草剂、生长调节剂、动物饲料添加剂生产种类长期监管不严，使用随意，新投入品入市程序简单，不认真，是食品安全危机泛滥的根因。部分菜地化肥年使用量甚至超过 1 t/亩，违禁农药屡禁不止，饲料激素类、抗生素类、重金属类添加剂监管不严，屡屡导致蔬菜、水果、粮食、动物产品存在产品污染问题。加之多年来水土资源环境、生产过程、生产产品间轮番交叉污染，恶性循环，使食品污染呈现愈演愈烈之势。这是食品安全问题的第一种表现。

食物或食品在加工储运过程中，出于商业利益考虑，有时加入调味剂、着色剂、稳定剂、抗氧化剂、防腐剂、塑化剂、改性剂(如三聚氰胺)等，另外在鲜活农产品商贩销售过程中，出于保鲜考虑，间或加入各种违禁品，人为塑造虚假的商品外观。上述现象在行业内部或者习以为常，或者心知肚明，相互会意，日复一日，已滋生为市场行为的组成部分，不知不觉中参与劣化，甚至毒化消费链。这是食品安全问题的第二种表现。

随着城市化进程加快，餐饮业迅速发展。餐饮业知识经验基本源于传统习惯，由于近期市场化动力驱动，使得食物生产指向基本为取悦于消费者即时的色香味感觉，新型调味剂时有引入。或用其名，异其实，或以古今中外餐饮食材、烹调剂为原料，随意组合，以娱消费者，从而导致食品质量问题时有发生。这是食品安全问题的第三种表现。

食品安全问题本质上为食材种类结构与其数量结构变化问题。1952 年我国水稻、小麦、玉米三者合计产量占粮食总产量的比重为 63.12%，1977 年变为 77.47%，2010 年则为 89.33%。此即主粮越来越成为人们食物构成的主要部分。而与此同时，杂粮作物产量比重由 1952 年的 7.35%降低为 2010 年为 0.76%，基本上退出了大部分中国人的食谱。此外，我国的蔬菜、水果、动物产品种类结构多样性已经迅速减少，形成宏观层面传统食物大遗失局面。从食物结构看，1977 年我国人均占有粮食 297.7 kg，占有植物油 2.1 kg，占有糖 2.6 kg，占有肉类 8.2 kg，占有奶类 1 kg，占有水产品 4.9 kg，占有蛋类 2.6 kg，占有水果 8 kg，占有蔬菜 84.1 kg。2011 年有关 9 项指标则依次为 416.8 kg，19.5 kg，10.2 kg，58.1 kg，26.7 kg，40.9 kg，20.5 kg，93.4 kg，494 kg，呈现出动物产品中奶类增加 25.7 倍，水产品增长 7.3 倍，蛋类增长 6.9 倍，肉类增长 6.1 倍，呈大幅度增长态势；水果增长 10.7 倍，食用油增长 8.3 倍，变化显著；人均粮食、糖类、蔬菜占有量分别增长 0.4、3、4.9 倍。膳食结构变化明显，营养质量并未随着人均占有量的提高而提高，这是食品安全问题的第四种表现。

由公众健康基本状况不良与发展严峻态势，食物生产、食品加工体系输出食品质量、食物结构演化趋势综合判断，世界已经客观存在食品安全问题。从历史长期演化看，这是农业自一万年前诞生至今，第一次遭遇规模如此巨大、原因错综复杂、演化后果难以预料的食品安全问题。没有产品质量保障，一切农产品的数量终将失去意义。食品安全问题是当今农业面临的最紧迫的安全问题，因而是第一安全问题。

二、粮食安全问题

我国粮食纯进口出现在20世纪90年代中期。2001年我国加入世贸组织，当年粮食进口规模占粮食消费量的3.7%。之后进口速度加快，2014年粮食进口规模达到10 400×10^4 t，2015年为13 100×10^4 t，2016年为11 468×10^4 t。国际市场依赖度分别为15%、17.4%、15.7%。我国粮食自给率已经连续突破95%、90%、85%三道红线。受粮食进口关联影响，我国在植物油、动物蛋白质饲料方面已经形成严重依赖国际市场局面。

1949年后我国粮食生产发生过两次大跌落。第一次是在三年困难时期的1961年，产量比之前的1958年水平降低30.9%；第二次是在2003年，比1998年水平降低15.9%。需要指出的是，尽管在2003年之后国家重视粮食生产，实现了十二连增，但由于多种因素作用，恢复增长缓慢，年单位面积增长量、年增长绝对量、年平均增长率处于1949年以来的历史较低水平状态。国内粮食生产正在经历1949年以来难度最大的爬坡过程，2016年已经止长下行，前景不容乐观。

我国水资源分布大体上南方比北方为81∶19，自古形成了粮食生产南重北轻的局面。但这一情况已经发生永久性逆转。1980年南方与北方粮食产量比为57∶43，2013年为42∶58。其中，辽、吉、黑由11.1%增长为19.5%，冀、鲁、豫由18.9∶%增长为22.6%，西北地区由11.8%增长为15.7%。水源丰富的东南、中南、西南比重则同步降低。上述总趋势加重了我国北方与西部地区的生态环境压力。

与果树、蔬菜及其他经济作物相比，我国每亩地粮食年收益为300～1 000元不等，相当于经济作物年收益量的1/5～1/10，为近期3～10 d的农民工工资。这种情况长期存在，致使大量农民放弃种植粮食，种粮成了种植业不受欢迎的生产选项。家庭农场主、专业合作社、农业企业很少在粮食生产上投资。粮食生产只剩下了规模化一条路可走。而规模化、土地流转与农村社会经济问题复杂关联，难以迅速推进。此外，现行农地规模化经营师从欧美，因而必然走向大量使用化肥、农药、除草剂、机械化等石油农业道路。而这已被事实证明会产生一系列副作用，走向不归路。两方面因素使得粮食生产规模化问题阻力重重。随着时间推移，国内粮食生产形势在持续恶化。

我国陆地面积占世界的6.4%，耕地占7%，草地资源占7%，林地资源占3.1%，湿地资源占6.7%，淡水资源占6%，磷矿资源占36.7%，钾矿资源占2.2%，煤炭资源占19.2%，石油资源占1.4%，天然气资源占1.1%。经历近代以来连续高强度开发，粮食生产后备土地资源、水资源濒临枯竭，同时荒漠化问题、水源紧张问题已经爆发。新增有价值粮田的难度在加大。加之粮食生产大面积增产的科学技术成果缺乏，我国粮食生产稳步增产的潜在技术储备不足。

综合上述5方面情况，我国粮食安全危机已经客观存在，如不进行战略性建设，近期内形势就可能进一步恶化。

从20世纪80年代开始，世界粮食增长率与人口增长率趋于接近。其粮食年均增长率为1.98%，人口年均增长率为1.73%；20世纪90年代两项指标分别为1.16%、1.47%，粮食增长率明显弱于人口增长率；2000—2010年两项指标分别演变为0.84%、1.21%，人增粮减"剪刀差"进一步拉大。2010—2016年发生逆转，两项指标分别为2.32%、0.9%。2011年莱斯特.R.布朗研究指出："世界正从食物丰富过渡到匮乏的时代。在过去的10年中，世界粮食储备已减少了 1/3。世界粮食价格已经翻了一倍多,引发了全球范围内的土地抢夺,并迎来了一个以食物导向的新地缘政治。食物成了新的'原油'。土地是新的'黄金'……食品的地缘政治效应快速盖过了石油的地缘政治效应。"观察这一历史性发展趋势,不能不使人怀疑,马尔萨斯人口论"幽灵"在离开地球 200 多年后,正蠢蠢欲动,已经再次悄然降临世界。全球粮食安全问题之下的国家与地区粮食安全问题客观存在,为第二大农业安全问题。

三、乡村社会安全问题

乡村社会包括农村社会与牧区社会两部分。近期农村的巨变发生在 1978 年之后,牧区则基本在 1986 年之后。一直到 1998 年,我国城市化率才上升到 30.4%(中国城市化率(1949—2013 年)统计资料,国家统计局)。之后步伐加快,2011 年达到 51.27%,城市人口过半。《2011 年我国农民工调查监测报告》(何宇鹏,2013)显示,全国农民工总量为 25 278 万人,其中 16~40 岁占 61.7%,41 岁以上占 38.3%,而同期农村劳动力中 41 岁以上部分占 75%左右。我国城市化进程仍在行进中,现实形势已经明朗,即只要继续向城市转移农民工,城乡人口质量剪刀差趋于拉大,乡村总体活力就将降低。伴随乡村小学校撤点并校,乡村合作医疗工作弱化形势不易改观等多因素作用,乡村越来越只剩下家庭综合收入水平、生活水平、工作能力低于全国平均水平,迟迟看不到接班人的"末代农民"群体,乡村社会生机趋向于弱化。

大量乡村青壮年带着生产技术、生活经验进入城市,开始认识新的环境并流动生活,对于农民工本人来说是在成长发展。但他们数以亿计、成十年在外,甚至永久离开乡村,"农二代"(指第一代农民工的子代)几乎 100%转变为城市人的客观现实,相当程度上在丢失乡村文化传承载体,丧失文化创新主体。我国乡村如同正在经历一场长时段的"大出血",乡村社会普遍陷入衰落之中。

世界多数国家城乡人均收入比例小于 1.6。我国改革开放前实行工农业"剪刀差"的工业化政策,造成长期城乡收入不平衡问题。1978 年城乡居民收入差距之比为 1∶2.36,1984 年曾一度缩小为 1∶1.71,之后再度反弹。1992 年与 1978 年持平,2011 年为 1∶3.13。长期重城轻乡政策,塑造了全社会"贱农贱乡"的观念。21 世纪初,资本势力成型,开始向乡村渗透,城乡矛盾随之尖锐化。《2013 年中国社会形势分析与预测》指出,社会群体事件呈继续上升趋势,其中征地拆迁引发事件占一半左右,环境污染和劳动争议引发事件占 30%左右。两类纠纷相当程度上属于城乡矛盾性质,在众多社会矛盾中城乡矛盾已经成为影响我国社会经济的主要矛盾。

我国自古以农立国,历史上社会矛盾多为阶级矛盾对立导致改朝换代,城乡对立问题从未真正出现。但从近期发展趋势看,我国乡村正陷入有史以来从未遭遇过、最深刻的城乡社会矛盾对立为基础的危机之中。这无疑是进入 21 世纪后,我国社会经济发展所面对的新的重大战略性挑战。近 400 年来,以工业化、城市化、殖民化为基本内容的常规现代化代表了世界总的发展方向与主导建设力量。常规现代化的行为本质为"尊工业,卑农业;贵城市,贱乡村;重工业,轻农业",表现为以牺牲农村、农业为代价,实现工业发展和城市繁荣。20 世纪中叶第二次世界大战结束后,常规现代化在全球范围内迅速展开。半个多世纪过去了,在取得工业化、城市化发展成就的同时,世界已总体陷入全局性城乡差距扩大,乡村人口每年在以 3 000 万~6 000 万人口规模涌入城市,农村牧区凋敝,农牧业萎缩,农村社会解体,农村牧区板块生态环境劣性发展的困境之中。

与此同时，世界出现了工业产能绝对过剩，跨国公司强势发展，社会财富分配贫富分化严重，城市失业率长期居高不下，中产阶级总体趋于萎缩，失能国家数量持续增加，世界难民与移民规模与日俱增，不可再生资源枯竭，生态环境恶化，贫穷国家动荡不安等系统恶化问题。整个人类社会在滚雪球般地处于“撤离乡村、涌入城市”潮流的冲击之下。这场表面上的农牧业危机、农牧民社会危机与农村牧区生态环境危机，本质上为城乡对立，多数人贫困化与少数人财富聚集的历史过程。这是常规现代化的必然结果。全球工业化、城市化浪潮仍在凭借巨大的惯性力量向前滑行，农村牧区社会安全问题仍在加剧。国家与地区全局性农村牧区社会安全问题是隐藏在紧迫的食品安全问题、粮食安全问题身后，更具根本性的第三大农业安全问题。

四、地理资源环境安全问题

国家级自然地理系统可分为耕地、草地、林地、湿地与水系、沙地、社区六个子系统。我国地理系统安全状况如下：

耕地能力包括耕地数量与质量两方面。2008 年我国有耕地 18.26 亿亩。2013 年完成的第二次土地调查结果高于这一数目。从发展趋势看，国家每年有约 300 万亩耕地被批转为建设用地。根据占补平衡政策，各地近期基本维持了总耕地面积不变状态。但 21 世纪初尚存的 1 亿亩后备耕地资源已告罄。受地方土地财政及有关建设影响（向市场出售国有土地与集体土地，获取地方政府发展资金），保持耕地总量 18 亿亩红线正面临巨大压力。另一方面，受占水补旱，占近补远，占川补山，占优补劣行为影响，以及化肥、农药、除草剂不当使用，加之连年重茬生产，水利建设与需求不平衡，秸秆焚烧（指为节省农时，简化耕作，农民选择在田间收获粮食作物后，直接将其秸秆焚烧的操作行为），动物排泄物循环路径阻断，耕作制度失序，荒漠化，水源、土壤、空气污染，气候变化等因素作用，耕地质量总体呈不平衡、不稳定、不可持续发展状态。近期一项对西部地区农村 1251 人的调查显示，认为土地退化处于发生、劣化阶段的人数比重分别达到 37％、41％。

我国存在水资源时空分布不均衡问题。地理空间分布错位，南方与北方耕地面积比为 35∶65，水资源分布比为 81∶19。年度内 60％～80％的降水集中分布在 7—9 月，年际间旱涝变幅大。受近代工业化、城市化、农业现代化等影响，水资源危机呈全局性爆发态势，具体表现有以下几种：

水体萎缩。1949 年以来，已有 500 多个湖泊干涸，黄河、海河、淮河等大量河流减流、季节性断流，甚或永久性断流；

地下水超采。全国地下水年超采量 $44\times10^8\ m^3$，已形成 100 多个漏斗区，海河流域已经形成近 $10\times10^4\ km^2$ 的世界最大的漏斗区。近期一项关于西部 12 省的调查显示，66.50％的认为近 10 年来当地地下水位在下降，其中内蒙古、新疆同一指数分别占 79％和 78％。

冰川消融加速。1962 年至 2006 年间，乌鲁木齐一号冰川面积减少了 14％，新疆监测的 1 800 条冰川在过去 26 年内总面积缩小了 11.7％。林业总局近期公布 2003 年我国有湿地面积 $37.78\times10^4\ km^2$，2013 年统计减少了 $3.4\times10^4\ km^2$，减少了 9％；

水源污染严重。2007 年统计，全国主要河流水质超过Ⅳ类占 13.5％，Ⅴ类占 5.3％，劣Ⅴ

类占 21.7%。大量工业污水、农业污水、生活污水直排偷排，造成水质劣变；大量发生沿海地区海水倒灌、海水富营养化事件及南方经济发展较快地区酸雨问题。总体而言，水资源问题在我国已经暴露。从南方到北方，从西部到东部，从海洋、陆地到冰川，从地下、地表到大气降水，从水量到水质都已经客观存在危机。

草地资源是重要的地理系统成分，更是草地牧业生产者赖以生存的资源基础。我国西部地区，特别是西北地区为游牧文化为主的区域，草地资源在这一地区发挥着重要的生态、生产作用。1950 年至 20 世纪后期，内蒙古草场面积由 $8\,800\times10^4$ hm^2 减少为 $7\,370\times10^4$ hm^2；1980 年至上世纪末，新疆草场面积减少了 16%；1988 年至今，西藏、宁夏、青海草场面积分别减少了 4.5%、1.9%、2.9%。西北地区草地面积呈整体减少趋势。在草地面积变化同时，草场发生严重退化。2007 年新疆草地退化面积为 $4\,580\times10^4$ hm^2，与 1980 年相比，退化面积扩大近 10 倍，草地退化率增长 15 倍；内蒙古草原生态恶化形势同样严峻，1947 年后的 50 年中草场退化率从 18%上升到 73.5%；半个世纪前，青藏高原地区高山草甸覆盖率为 85%，2005 年西藏一半以上的草场发生重度退化，1/10 的草场明显沙化。近期在西部地区进行的 789 人的调查资料显示，61%的部分认为植被退化主要发生在土地承包之后。

在我国耕地、湿地水系、草地面临巨大压力，在数量规模与质量结构发生不良变化的同时，沙地、林地与社区部分也在发生变化。沙地包括沙漠化、石漠化土地两方面，两者都属于荒漠化范畴。第四次荒漠化公告显示，2009 年我国荒漠化、沙化最严重省份均集中在我国西北部地区，分别为新疆、内蒙古、西藏、青海、甘肃。与 2004 年相比，2009 年我国荒漠化土地面积减少 12 454 km^2，年均减少 2 491 km^2。沙化土地面积净减少 8 587 km^2，年均减少 1 717 km^2。就当前局势看，我国土地荒漠化和沙化整体得到初步遏制，荒漠化和沙化土地面积有所减少。从较长历史时段考察，过去的 3 000 年中，我国北方地区沙漠面积向南扩张了约 300 km。近百年间，新疆、内蒙古沙漠呈扩大化趋势；北方黄土高原地带沙地扩张，水土流失严重；西南区、东北区荒漠化形势依然严峻。1986 年至 2006 年，北疆古尔班通古特沙漠面积扩大了 973 km^2；南疆塔克拉玛干沙漠南缘，在过去 2000 年间向南蔓延 80～100 km；1996—2002 年，阿拉善盟全盟沙漠面积增加了 24.7×10^4 hm^2，年均增加 3.53×10^4 hm^2；2010 年，我国喀斯特地貌区为 44.99×10^4 km^2，石漠化达到 12.96×10^4 km^2，所占比例为 28.81%，比 2005 年增长 6.5 个百分点。其中 2005 年至 2010 年，云南石漠化面积增加了 5 953 km^2，增幅为 20.7%。上述情况表明，对于沙地变异与石漠化，我们必须继续保持清醒头脑。

林地是唯一发展较好的地理单元。近代发展过程中，我国林地资源经历了两个基本发展过程。第一阶段，20 世纪 70 年代前，大量砍伐天然林，造成越来越严重的水土流失问题；第二阶段，1978 年之后至今，持续大规模人工造林，林地面积恢复性增长。林地建设上目前存在幼龄林比重高，成材林少，南方林地相对较好，北方林地存在与耕地、草地、湿地争地争水，林地经济效益低，自我循环能力差，林材国际市场依赖度大等问题。

社区方面，近 20 年至 30 年中，我国城市建设呈显著增长趋势。重庆市近 25 年中城市建成区面积增长近 11 倍，内蒙古、西藏、宁夏、青海、甘肃、广西、四川城市建设面积分别增长 1.1、1.65、4、0.87、1.38、1.35 和 1.69 倍；新疆、贵州近 30 年中建成区面积分别增加了 4、5.1 倍；山西、陕西、云南近 10 年中建成区面积增加了 0.44、0.61、1.35 倍。同时，工矿建设用地也呈增加态势。1996～2004 年全国工矿区增长量占建设用地面积增长总量的 48.5%。城市化高速发展加大了对水资源、土地、化石能源的需求，进而加大了对相关地理单元的压力。

我国六大自然地理单元同时表现出不同程度的变异，显示地理结构不稳定，地理单元间关系紧张，自然地理系统潜在风险呈现积累上升态势。

五、全球农业安全问题

我国与世界150多个国家与地区建立了外交关系，农业对外交流为重要的国际合作领域。2012年我国已经成为世界第一农产品进口大国，农业系统已经成为高度开放的系统。世界农业发展趋势与问题都会对中国农业产业重要影响。

主宰18、19、20世纪发展模式和路径的是欧美西方国家（彼得·圣洁，2010）。1945年后，美国登上全球霸主高地后，依据“控制粮食，控制所有人”理念与目的，将粮食作为除金融、石油外的第三大“武器”。20世纪80年代初利用石油危机，美国将世界粮食市场控制权集中于手中的嘉吉、大陆谷物、库克工业、达孚、邦基、ADM等六大公司，自此掌握了世界粮食储备的95%（威廉·恩道尔，2008），奠定了迄今为止发达国家主导世界粮食市场的基础。

美国作为世界规则的制定者，从20世纪70年代开始，在全球实行粮价“明贱暗补”战略武器化策略，建立了欧美农业强势体系。近半个世纪后的今天，已经结出后“果”，全球乡村遭遇到历史上从未有过的全局性危机。主要体现在：食品安全问题普遍存在，公众健康问题趋于严重。粮食安全问题，根据联合国粮农组织2017年发布的最新报告《世界粮食安全和营养状况2017》显示：世界上的饥饿发生率在经过十多年的稳步下降后，2016年似乎再次出现上升，食物不足人口估计数已从2015年的7.77亿增至2016年的8.15亿，影响了全球人口的11%。乡村安全问题广泛蔓延。全球有一半的人口依靠土地谋生，世界96%的农民都在发展中国家。农业是世界80多个发展中国家最重要的经济活动。发展中国家农业领域长期处于竞争不利地位，严重伤害了农业经济与农村社会。全球地理安全状况堪忧。亚马孙河流域、东南亚热带森林大量砍伐，世界2/3的渔业资源已经充分开发，受城市化、工业化、灌溉农业发展影响，几乎在世界所有发展中国家与相当部分发达国家都发生了地下水位下降问题；世界67%的农用地已经退化，40%的部分严重退化，在非洲有80%的农用地已经严重退化。全球25%的灌溉地退化。世界农业已经脱离了安全状态，处在灾变边缘。

第三节　中国农业发展基本战略

一、从生态文明时代地理系统建设高度定位农业战略地位

在全球意义上，人类历史正在由工业文明时代驶入生态文明时代。这一时代的基本任务就是从地理系统建设高度去认识与建设世界，其中包括认识与建设世界农业。

今日世界历史车轮已经自行驶入了资本主义衰亡问题、工业社会崩溃问题、生态环境颠覆问题与人类文明存亡问题——四大问题同时爆发的轨道。经历了400—700年激烈膨胀的工业文明自己一头扎到阴沟里，深深陷入了死胡同中。“生态纪”概念的提出者托马斯·柏励曾经指出：“人面临一个从现代能力和维度中出现的在人的历险中从未被思考过的任务——一个

处理支撑现在地球上的生命形式的地-生系统的毁灭问题。作为人类整体的我们，身处一种具有毁灭性影响的现代工业——技术文明之中，这种文明正将地球历史的新生纪送进历史博物馆。”这充分表达了作者对于现代工业——技术对地球生命系统毁灭可能性的深度忧虑。

工业文明的华丽套装下掩盖的是一种吃人的社会与孤独、单个的个体人堆积而成的人类沙漠之间的关系，正像索罗斯所说，是狼与羊群血淋淋的关系。只要这一基本关系还存在，具体的人类就必然是牺牲对象。从人类社会历史发展角度冷静观察，工业文明的本质特征就是不可持续性，其中包括了经济的不可持续性，社会的不可持续性，生态的不可持续性，紧跟着的是人类文明的彻底毁灭。工业文明状态下的生产不可持续性，社会系统不可持续性，自然地理系统不可持续性，全面揭示出不可持续性就是工业文明的本质特征。

生态文明是对立于工业文明而建立的文明，是当代人类最高水平的理性思维与行为实践的汇聚与升华。与不可持续性是工业文明的根本特征相反，生态文明的根本要求与本质特征就是可持续性。在地理系统意义上包括生产可持续发展、社会可持续发展与自然地理系统可持续发展三个方面。衡量当代世界真假生态文明的理论、实践、技术、模式、体系的根本标准就在于是否在根本上可持续发展。可持续发展者属于生态文明，不可持续发展者本质上属于工业文明。

农业之根深深扎入原始农业前的古文明躯体中。自农业诞生以来，其在全球意义上始终与人类文明相伴生，共进退。农业与人类文明两者几乎就是人类社会的一体两面，农业是基础。由此推断，今日世界全局性文明转型，本质上就是农业大转型。中国农业属于世界农业的重要组成部分。在新的文明转折时期，当代中国人理应审时度势，认识到当前农业问题的全局性、系统性与历史性，从地理系统角度定位农业建设的战略性、根本性与决定性，引起对农业建设的足够重视，制定正确的建设方案，动员人类社会所有建设力量，完成建设任务。

二、走城乡和谐发展道路

影响农业文明的主要矛盾关系是人与自然的矛盾，即主要解决人类生存的问题。用历史的观点来看，农业文明的兴起是一场温和的革命，其结果是乡村建设的巩固与发展。乡村文明建设经验是人类建设能力的一部分；影响工业文明的主要矛盾关系是人与人的矛盾，即主要解决如何在更大范围内稳定系统，发展系统。这是一场激烈斗争、旷日持久的竞争过程。其结果是城市的出现、巩固与发展。站在今天的观察点来看，这只是人类自身将社会作为对立面，建立能力的一部分——城市文明的斗争经验。从发展来看，只有农业文明与工业文明相结合，即乡村文明建设经验与城市文明斗争经验相结合，升华为生态文明智慧，才能完成当代生态文明建设任务。

在原始农业时期，农业文明的结果，大大减缓了人类与自然的矛盾关系，经济稳定，乡村得以巩固并扩展。此时，人的威胁，即对立的社会因素上升为影响乡村存在与发展的主要因素。大约从原始农业后期开始，也就是我国在黄帝时期，便进入了部落与部落，民族与民族、国家与国家，及其相互间为主要矛盾运动，进入了乡村文明建设经验与城市文明斗争经验交替进行的历史时期，历经整个奴隶社会与封建社会。这是一种乡村文明与城市文明经验相长的过程。

工业革命的开始，最先通过欧洲对世界的殖民化过程，第二次世界大战后发达国家对世界经济及金融的殖民化网络建设，使其部分社会有能力不断突破国界、洲界，在更大地理系统范围内，实现城市与乡村对接，随之获得更大工业化动力，以在更大程度上向世界扩展，直至在20世纪90年代到达了全球范围。在此过程中，城市文明第一次以破坏域外文明为手段，彻底摆脱其域内传统乡村文明能力限制，开始放任生长，同步到达今日世界的尽头。工业革命力量与城市文明在打破一切国家界限，统一今日世界过程中发挥了必不可少的作用。

比较而言，农业文明是一种温和的建设性力量；工业文明则是一种创造性的破坏力量。过去400年工业革命的发展，无疑是一种失衡的文明偏态发展过程，它所遵循的逻辑是一种工业文明创造了不平衡，随即打破疆界，扩展范围，不平衡得到部分缓和；然后，很快便生长到新的不平衡状态，接着再打破界限，直至在第二次世界大战后，到达全球所有国家与地区。从那时起，便开始在现有国家与地区间尔虞我诈，相互倾轧，实施恐龙般你死我活的破坏斗争，直至今日。主导今日世界的工业革命已经是脱缰的野马，城市文明已经成为一种偏执的斗争破坏意识与行为。

今日世界的基本态势可以看作为，人类社会农业建设能力基本停留在新石器时代或铁器时代，工业破坏能力则到达了信息时代。以工业破坏能力为基础的城市文明已经掌管天下，占据决定地球命运的高位，继续加速破坏农业建设能力及乡村文明，进而将全人类捆绑起来，一步一步推向悬崖边际。

这是一种迫切需要工业革命止步，城市文明收敛，而工业革命却高昂着头颅，城市文明已经无人能左右；迫切需要农业革命进步，乡村文明兴旺，以实现工农协调，城乡和谐发展，然而乡村文明恰恰被弃之若敝履，农业被任意机械地宰割，粗暴地塑造。10000多年前，在创造了乡村文明与城市文明之后，人类文明迅速发展。那是已经存在的城乡矛盾曾经多次将人类文明从险境中拉回到安全地带。历经数世纪以来的发展，特别是1945年以来的发展，人类在世界史上第一次面临全局性工业与农业、城市与乡村对立格局，强大的城市大有毁灭乡村之势！世界仍然在现代化大道上快速行进，伴随着发展，城乡矛盾尖锐化程度仍在加重之中。

刘易斯·芒福德(1961年)所描述的正是这一态势："在过去历史上的大部分时间内，村庄和乡村一直是清新生活的储存库，受祖先行为模式的约束，使人们保持人性、通人情，但又对人类的局限性和人类的可能性两者都有自知之明。不论城市的统治者有多大的错误和过失，仍然是可以纠正的。即使全部城市人口都被毁灭了，人类十分之九以上的人口仍然在毁灭圈之外活着。今天这种安全因素没有了，大都市迅速而猛烈地扩展，把它思想上的毒素和化学上的毒素两者都扩散到全球各处，它造成的破坏恐怕是无法挽救的……只有那些意识到这种危险的人，才能把我们集体的力量引导到更有建设性的过程中去。"根本而言，城乡矛盾尖锐化是工业文明发展的必然结果。各国依工业文明道路行之，在取得工业化成就的同时，无不最终陷入城乡矛盾尖锐化"陷阱"。

中国属于世界的一部分。1978年以来，中国城市化经历了一个稳步发展的奠基时期，指导1998年城市化率为30.4%。在此之后进入了高速增长期。2016年为57.4%。在19年时间里上升了27个百分点。按照这一速度，2020年将达到60%。即我国大约30年时间，城市化率从30%将上升为60%。从全球观察，英国的这一过程经历了180年左右时间，美国用了约90年，日本则用了60年左右时间。这意味着中国正在经历体验的是世界历史上最强力、最爆裂，同时也是最大规模的城市化过程。而与此同时，乡村出现了前所未有的衰退问题。

解决建设问题，必须首先解决认识问题。解决发生在今日中国的城乡矛盾问题，必须彻底反思世界近代史上城乡矛盾运动的质变特征，必须从人类城乡矛盾的根源处进行彻底反思，拨乱反正，达成生态文明目标下的城乡和谐理论共识，进而推进有序建设。

用历史的眼光细究根本，欧美商业文明孕育并驱动的常规现代化，其基本内容的工业化与城市化，合而为城乡矛盾之"城"的方面；它的对立面以世界其他国家与地区的农业与乡村为内容之"乡"的方面。"城"、"乡"两者共同构成了常规现代化历史阶段全球性对立统一的"城乡矛盾"关系。其基本形势是"城"为主要矛盾方面，"乡"为次要矛盾方面。这就是说，超越国家或地区之上，从全球冷眼观察，欧美常规现代化根本上为城市意义上片面、局部、倚强凌弱式的伪现代化。即只要导入欧美文明，乡村文明就必然成为牺牲对象，或疾或缓，必将走向衰落，直至破败不堪。历史发展的事实充分证明了这一基本规律。

资本主义发展史上，为避免城乡矛盾激烈对立，影响其存亡，每一次均采取殖民化开路，不断扩大矛盾运动疆域的方式，来一次次稀释有限范围内的矛盾对立强度，缓减与延后矛盾爆发，直至将矛盾运动边界推进到全球范围内所有国家与地区。形成了今天全局性城乡对立格局。欧美常规现代化矛盾运动在到达全球范围边界，再也无余地可拓展格局下，城乡矛盾"剪刀差"暴力便必然戳向了"手心手背都是肉"的自体，形成了今天令人绝望、揪心的全球困局：即走一种要么继续资本主义化，一国国地毁灭乡村，然后彻底毁灭人类文明的道路；要么探索新路，彻底改造资本主义劣根性，救亡乡村，实现城乡和谐共存，文明进步的道路。

近距离观察与体味中国近代城乡"二元"结构发展大势，今天的乡村单元已经出现严重的农村优势劳动力"萎缩"、农业生产力"衰落"、粮食安全形势严峻化、生态环境恶化、城市化膨胀发展强势挤占与抢夺农用土地等本质特征。这些特征均一致指向城乡矛盾尖锐化。城乡矛盾是当今世界步入生态文明时代的重要矛盾。只有抓住这个矛盾，世界社会经济根本问题才能迎刃而解。

城乡矛盾尖锐化是近代世界常规现代化演进的必然结果。各国依常规现代化道路行之，在取得工业化、城市化成就的同时，无不最终深陷城乡矛盾尖锐化"陷阱"。借助于巨大的历史车轮惯性滑行，世界仍在常规现代化大道上滑落。伴随着时间推移，全球城乡矛盾尖锐化程度必将愈益加重。我们对此必须保持清醒认识，不可存在盲目侥幸心理。

欧美农业科技曾经对世界做出过重大贡献。但今天服务于该体系的科技力量在一次次毁灭性危机发作压力下，已经破落成不完整的科学思想与技术体系，对解决全球农业安全问题越来越只剩下了不完整的科学技术意义。中国有问题，欧美有答案。曾经是1840年以来中国人解决自身问题的金科玉律，但在今天形势下已经被彻底打碎在地。未来中国与世界将只能自力更生，探索新的前进道路。

与此同时，那些或早年或近期从欧美回来的专家学者学得的经验知识总体已经陈旧过时，难以用于指导当前中国农业现代化的发展需要，常规现代化的时代已经过去。未来建设者必须通过审慎研究中国与世界的新情况，以获得新生。中外科技界已经处于农业创新发展，实现城乡和谐建设目标的同一起跑线上。

三、按轻重缓急安排农业安全五项战略任务

地理系统定位问题，城乡关系认识问题是建设未来农业必须解决的思想问题。从农业内部工程建设来看，应处理好各种建设任务的轻重缓急关系。今日中国农业面临着食品安全问题、粮食安全问题、乡村社会安全问题、生态环境安全问题，以及国际农业安全问题，共5个问

题。针对五大问题的未来建设任务就是要实现食品安全、粮食安全、乡村社会安全、生态环境安全，以及国际农业安全。也可以成为5项建设目标。因此，在农业工程建设中，要分别食品安全工程、粮食安全工程、乡村社会安全工程、生态环境安全工程与国际农业安全工程进行建设。

认真分析，农业五大工程间存在两种关系。其一为台阶的关系，即食品安全工程是第一台阶，然后是粮食安全工程，再然后是乡村社会安全工程、生态环境安全工程与国际农业安全工程。在实践中我们需要由低到高，先解决食品占全工程问题，在解决粮食安全工程问题，再次为乡村社会安全工程问题，以及生态环境安全工程与国际农业安全工程问题。如此一层一层地拾级而上，不可颠倒顺序；其二为包含的关系。这是指农业安全工程体系的粮食安全工程体系是食品安全工程体系的母系统，乡村社会安全工程包含有前两部分，生态环境安全工程前三部分，最后是统一的国际（全球）农业安全工程。是一种一层包着一层的关系。这意味着我们唯有绸缪全局，方能谋定一方。农业安全工程五大工程间既有层次性，又有包含性的特征反映了未来建设国家农业工程的复杂性、艰巨性与长期性。这是为什么自农业起源以来，人类投入了巨大的资源进行建设，而农业问题百出不已的根源。

从时间尺度看，食品安全问题是一种小于1秒、1天、1月、1年为单位性质的问题，粮食安全问题则是以1～10年为单位性质的问题，乡村社会安全问题则属于以10～100年为单位性质的问题，生态环境安全问题则为以100～1 000年为单位性质的问题，最后全球农业安全问题涉及的时间问题是以1 000～10 000年为单位性质的问题。

对农业安全工程的建设仍然处在探索阶段。从中外实践的历史经验教训来看，食品安全工程建设的最终完成，需要在基层的村级及以下单元全面建立合作生产制度；粮食安全工程建设任务的完成，需要在国家及全球层面达成以粮为纲的社会共识，使之成为社会经济第一保障内容为前提；乡村社会安全工程的建设任务的完成，需要全人类完成对工业文明的反省，走向生态文明建设时代；生态环境安全工程建设任务的完成，需要全人类完成对包括农业起源以来一切时代农业系统的全面反思；在此基础上，在一国或国家组合体完成农业安全工程建设，达成理论共识，建立技术经验时，完成全球农业安全工程建设的基本条件将达到成熟。在第五次产业革命已经普及的今天，人类社会应在未来50～100年基本完成农业安全工程建设任务，中国理应秉持有利因素，率先完成这一伟大的任务，对人类社会做出新贡献。

四、走合作社和有机农业结合的道路——有机合作社

总结近一个世纪以来乡村建设中大量的历史经验教训，国家将在乡村实行合作生产、城市实行合作消费的基础上，彻底解决食品安全问题。由于食品安全问题是全部五大农业安全问题的第一台阶问题，解决食品安全问题便是在为解决所有其他农业安全问题打基础。这意味着合作社生产、合作社消费的组织方式，将作为贯穿解决整个农业安全五大问题全过程基础方式而存在。合作社建设事业是生态文明时代乡村振兴的第一本质特征 。

另一方面，第一，有机农业产品最终可以从根本上解决食品安全问题；第二，用有机农业技术替代氮肥、农药、除草剂等常规现代农业技术，可取得与常规现代农业生产同样高的谷物、豆类、蔬菜、水果单位面积产量。相关技术仍在发展之中，有机农业可以解决粮食安全问题；第三，近期世界有机农业发展每年10%以上的增长率表明，消费者愿意支付有机产品更高的价

格，有的高5倍、10倍，甚至更高，这可以在总体上增加乡村板块的经济权重，从而有利于稳定乡村社会的物质基础，吸引部分人回流乡村，从而有利于最终解决乡村社会安全问题；第四，有机农业使用资源节约型技术、环境友好型技术，这样不断完善的技术体系有望解决区域生态环境安全问题；第五，如果一地、一国能够解决上述农业安全问题，就将为其他国家与人民解决当地农业安全问题带来希望，从而为解决全球农业安全问题铺平道路。因为有机农业可以一箭五雕，所以有机农业道路就是乡村振兴战略建设的根本大道。有机农业是生态文明时代的第二本质特征。

生产合作社与消费合作社的建设发展是工业文明此岸到达生态文明彼岸的社会组织基本方式。有机农业道路是由工业文明阶段转向生态文明阶段农业物质生产与消费方式，是实现可持续发展的基本内涵。将合作社与有机农业道路组合成为有机合作社，高度概括了21世纪生态文明新时代乡村振兴战略的实施社会经济建设的目标、方向与基本道路。如果说合作社是乡村振兴大车的左轮，那有机农业就是它的右轮。两者构建而成的有机合作社就是乡村振兴建设的双轮大车，乡村振兴战略建设滚滚车轮，将驶向生态文明建设新时代。有机合作社是生态文明时代乡村振兴战略建设的旗帜与标志。

五、实行全民普及农业科学技术战略

科学技术是第一生产力。百年之内，中国农业安全工程建设任务的完成，必然要求全体社会成员的参加，在相当程度上要求全社会的参与。全体民众对农业安全工程的认同与参与是保证工程建设一定成功的决定因素。我们要借助与一切科技进步成果(信息技术、材料技术、生物技术)，利用一切可能的条件，推进全民科学化，达到钱学森曾经设想的人人硕士研究生水平，为工程建设任务完成创造条件。农业科学技术是一把双刃剑，比如种子改良、化肥的使用，杀虫剂、除草剂、转基因技术以及单一作物种植的集约化、机械化大生产的科学技术普及，都是在利弊并行的条件下一步步向前推进的。现在看来，这是一种以经济效益为唯一目标的科学技术发展路线及其结果。生态文明时代的我们，必须用经济效益、社会效益、生态效益三把标尺，来鉴别一切农业科学技术的创新与应用。这就需要对全民普及农业科学技术，让大家认识农业科学技术的特征，利用农业科学技术生产，控制农业科学技术使用。

首先进行的是一场新的思想解放运动，包括系统总结历史经验教训，破除常规现代化迷信，反思工业化，反思城市化，反思资本主义制度，反思社会主义实践，反思工业文明，最终达成巩固和建设乡村，实现城乡和谐建设的共识。在此基础上，做好乡村板块耐心细致的学习动员工作，提高整个乡村社会对自身战略地位的认识水平与建设能力，从中选择优秀者“走出去”，参加各种培训与学习，使其成为“合作社带头人”，形成合作社自己的造血核心并具备造血能力，由“带头人”组织和动员更多的村民参与其中，让合作社顺利、正常、稳定地运转起来。

其次，激发与动员城市板块社会成员，其中包括进城务工的优秀农民工，农业科学家与技术工作者，有乡村工作经验的离退休人员，涉农企业家，乡村建设管理工作者，多方面宣传、教育，让大家认识农业科学技术的特征，了解农业科学技术的利弊，掌握农业科学技术要领。

再次，增强各级各类科研院校实习学生与中小学实践教育环节活动，教育从娃娃抓起，农业的重要性要从小根深蒂固，农人的骄傲要流淌在血液里。

最后，将国际乡村建设友人“引进来”，分类制定具体保障措施，进入乡村，参加建设。

思考题

1. 如何正确认识中国农业的贡献与存在的问题?
2. 中国农业安全问题包括哪几个方面?
3. 未来我国农业应采取的战略如何?

推荐读物

1. 历年中央一号文件.
2. 粮食及农业状况:气候变化、农业和粮食安全. FAO,2016.
3. 钱学森第六次产业革命研究学习组. 第六次产业革命. 北京:清华大学出版社,2015.

关于开放的复杂巨系统，由于其开放性和复杂性，我们不能用还原论的办法来处理它，不能像经典统计物理以及由此派生的处理开放的简单巨系统的方法那样来处理，我们必须用依靠宏观观察，只求解决一定时期的发展变化的方法。所以任何一次解答都不可能是一劳永逸的，它只能管一定的时期。过一段时间，宏观情况变了，巨系统成员本身也会有其变化，具体的计算参量及其相互关系都会有变化。因此对开放的复杂巨系统，只能作比较短期的预测计算，过了一定时期，要根据新的宏观观察，对方法作新的调整。

——钱学森，1997年1月

第十七章 世界农业科教体系建设

本章核心内容

- 世界农业科学和科教体系的发展经历了以下3个发展阶段：第一次、二次产业革命期间，农业科学思想与技术的萌芽期；第三次、四次产业革命期间，农业科学思想的建立与发展期；第五次产业革命期间，农业科学思想的扩展完善期。
- 世界农业科教体系发展取得了4项成就：建立了现代农业科教体系网络；积累了大量有价值的农业科学和技术基础；为维护世界粮食安全提供了重要支撑；为未来农业发展奠定了重要科学技术与人才基础。
- 世界农业科教体系存在4方面问题：农业科教体系的发展方向不清晰；农业科教体系存在多重不平衡；农业科教体系缺乏稳步健康发展的机制；农业科教体系与生产结合不紧密。
- 世界农业科教体系面临5大挑战：一是人口与资源矛盾激化，对农业科教体系建设提出了紧迫、严格的要求；二是农业科教工作长期偏重追求经济效益，对农业系统的影响毁誉参半；三是乡村社会迅速萎缩，对农业科教体系结构建设提出了挑战；四是推广环节软弱无力，制约农业科教体系整体作用的发挥；五是社会主体意识轻视农业，农业科教体系缓慢发展。
- 未来世界农业科教体系建设的目标与措施：一是为保障农产品供求平衡提供支撑；二是持续增加农民收入、繁荣乡村；三是支持保障生态环境安全；四是培育合格的农业建设人才；五是建立稳步健康发展的农业发展机制。
- 优先建立与完善农业科教体系，迎接第六次产业革命的到来世界。

农业是人类与自然斗争、争取生存和改善生活的最重要的实践活动。农业科技则是人类在从事农业生产活动中认识自然、改造自然的重要手段。农业科技经历了由简单到复杂，由低级到高级的发展过程。在漫长的发展过程中，人类的生活需求和生产需求是农业科技发展最直接的动力，由此促进了农业科技的不断进步，同时农业科技的发展又极大地推动了社会的发展，以满足人类不断提高的生活需求和生产需求。

随着世界科学技术日新月异的发展，科技革命引起了社会经济结构、生产方式和消费结构的重大变化，已经深刻地改变了世界经济和人类社会的面貌。科技进步已经成为各国社会经济发展的重要动力，而科学技术的产生和应用依赖于科教系统。高效的农业科教体系及其运行机制能够提高农业生产效率。大范围、多层次的农业教育、科学技术研发和推广，三位一体的农业科教结构与运行机制，是当今世界农业科教体系的主要特征。随着世界社会经济的发展，一方面，农业产值在GDP中所占的比重越来越低；另一方面，农业在国民经济中具有不可替代的作用。因此，建设与时代相适应的农业科教体系，服务于农业生产，正显示出越来越重要的作用。

第一节 世界农业科学和科教体系发展的基本历程

完整的农业科教体系源于农业科学技术的发展。农业科学是农业发展进步的精髓，是关于对农业对象认识的思维与行为；农业技术（物化技术、工艺流程和诀窍）则是关于人们建设农业的知识经验与技能。当今世界，农业科学与技术的内容涵盖了全部与农业关联的领域。人类社会是在一次次的科学技术革命的推动下向前发展的。一项或多项科学技术革命成果，可以推动产业革命的发展。产业革命是指由于科学技术的重大进步，推动产业结构发生巨大变化，进而使社会、经济等各方面发生新的变化。产业革命不是生产技术应用于某方面或局部引起的飞跃，而是全局性的、整个生产体系的飞跃变化，包括工业、农业、交通运输以及经济关系的变化。总之，产业革命是经济的社会形态的飞跃。

社会需求是刺激科学技术革命最主要的动力和线索，科学技术的进步推动产业革命向前发展。每一次产业革命的发展均使劳动生产率空前提高，极大地促进了生产力的发展，改变了人们的生产生活，促进了人类社会的进步。迄今为止，人类社会经历了五次产业革命。每一次产业革命的发生，都是在农业科学技术萌芽、形成与发展，再到全面扩展完善的基础上形成的。伴随着农业科学技术的发展及其推动的产业革命的进步，农业科教体系在逐渐地形成和发展。

一、第一、二次产业革命期间，农业科学思想与技术的萌芽期

第一次产业革命是农业和牧业的出现。这是建立在人类社会长期以来在石器、木器、骨器工具制造技术不断积累，以及对农业生物生育规律长期摸索基础上发生的革命。这是人类历史上第一次使用工具进行生产，也是农业科学思想与技术的萌芽时期。这一时期大约从距今1.2万年前开始，结束于距今5 000～2 000年不等。在此期间，人们在自然界从完全依靠采集植物野生果实和猎取动物产品而生存的方式，转入了发展农业和牧业，以播种植物果实与种子，同时驯服野生动物，来供食用的时代。人类第一次走向了不完全依赖自然，有一定主动权，

依靠自己的辛苦劳动来进行生产，获得食物等生活资料的时代。这无疑是革命性的飞跃。受农业与畜牧业生产的需要，人类由逐水草而居变为定居生活方式。数百万年的流动生活方式终于结束了。

第二次产业革命是商品的出现。这一时期，约始于奴隶制社会前后，大约在 3 000 年前。人类在农业诞生之后，逐步掌握了冶铜、冶铁技术，这是科学技术的重要进步。冶铜技术的出现是生产力发展到一个新阶段的标志，但铜质软，不耐磨，并未能广泛应用在农业生产中。铁制农具的产生则大大促进了农业生产力的提升，将这一时期的农业生产力推向了高峰。考古学研究证实，大约在公元前 12 世纪，位于伊朗高原附近的赫蒂王朝发明了冶铁技术，赫蒂王朝灭亡后，有关技术传到希腊。大约在同一时期，古希腊完成了铁犁头制造，开始了铁犁牛耕（古希腊文明产生的最重要基础）的农业历史，至此形成了传统农业。我国在西周时期，青铜农具开始使用，到战国时期，随着冶铁技术传入与发展，铁制农具开始得到广泛使用，如三齿耙、铁镰、铁锄等。在这一时期，各种农业工具、技术也开始相继被发明、运用。例如，西汉时期的耦犁和东汉时期的牛耕技术得到大量的使用，相应的耕作技术得到很大提高。西汉时期赵过推行过一种适应北方旱作地区的耕作方法，在同一地块上的田垄隔年代换，提高了生产的效率。始于东汉的翻车，三国时期经魏国改造之后，效率得到了极大的提高，在当时应用非常广泛。而隋唐时期的曲辕犁和筒车大大增加了耕作和灌溉效率。农业科学技术的每一项进步，均为农业生产发展与提高，社会经济结构建设注入了活力。

随着农业生产的发展，人类逐渐总结出了农业生产相关的规律。如在中国黄河流域，人们按照一年四季的季节、气候、物候等自然现象变化，及其相互关系划分了二十四节气，在农业生产过程中起到了重要的指导作用。在这一时期，涌现出了大量与农业生产规律相关的书籍。例如，《汜胜之书》（公元前 1 世纪）是世上最早的农业专著之一。北魏贾思勰所著的《齐民要术》（公元 5 世纪中）是最古老的农业百科全书，公元 9 世纪传到日本，后来又传到欧洲。明朝徐光启的《农政全书》（公元 17 世纪）集中国传统农学之大成。这些都大大推动了不同时期农业生产力的提高，推动了商品经济的发展。农业生产经验与技术相关书籍的出现与传播是传统农业时期重要的技术扩大与传承方式，在一定程度上起到了农业技术知识普及与教育的作用，为传统农业时期的产业发展做出了重要贡献。

二、第三次、四次产业革命期间农业科学思想的形成与发展期

第三次产业革命是大工厂的出现，这是经典作中说的产业革命。发生于 18 世纪 60 年代，首先发生在英国，大量向外扩展是在 19 世纪初。在这个时期，随着资本主义社会的发展，科学技术突飞猛进，以机器生产代替手工活动的大革命开始出现。在这一时期，资本主义的世界体系开始初步确立，蒸汽机的发明和应用，将人类带入了蒸汽时代，冶铁及铸铁技术的进步为蒸汽机的广泛应用创造了条件，人类就此进入了工业时代，生产力大大提高。而这一时期的科学技术对农业生产起到了一定的促进作用。同时，这一时期也是近代农业科学思想和农业科学教育的形成时期。

第四次产业革命是更大规模的、全国性的以至于跨国的、全世界性的生产体系的建立。这次产业革命兴起于 19 世纪末、20 世纪初，以化学工业兴起为标志，首先兴起于德国，主要是煤焦化得到煤焦油等有机物，进而进行各种化学反应，迅速发展了合成化学工业，带动了多种工

业的发展。同时，资本主义从自由资本主义发展到垄断资本主义时代，它的生产体系、组织结构和经济结构经历了一次飞跃发展。

在这两次产业革命过程中，科学技术在农业生产中显示了强大的推动力量。蒸汽机的发明为农业生产提供了强大的动力。19 世纪中叶，德国科学家李比希创立了植物矿质营养学说，为农业施用化肥奠定了理论基础，成为近一百多年间世界粮食产量成倍增长的主要理论依据。同时，在生物科学领域也有较大发展，如英国科学家达尔文奠定生物进化论学说，奥地利生物学家孟德尔遗传规律的发现，为农作物杂交技术的广泛应用奠定了基础，美国从这一时期开始发展杂交玉米技术，并取得成功，获得大幅度增产。

科学技术的进步推动了第三、第四次产业革命发展，反过来，产业革命的发展，为农业科学技术研究、管理、培养高素质的综合型或专业型人才创造了条件，也提出了更高的服务要求。至此，近现代意义上农业科教体系先是在欧洲，然后在北美正式形成。其中包括农业院校的创建、相关法律的制定、农业科技推广体制的建立与完善。

(一)农业院校的创建与相关政策的制定

早期的农业院校主要在欧美等一些发达国家建立。随着近代资本主义的发展，欧美各发达国家先后建立了与本国农业发展相适应的农业院校和科教兴农政策，同时为农业院校的发展提供大量的资金支持，这些为其国家农业教育的快速发展奠定了基础。

北美独立战争胜利之后，为促进农业发展，美国颁布了《莫里尔法案》同时建立了农业相关的院校。1890 年，美国国会又通过了《第二莫里尔法案》，对农业院校提供更大力度的资金支持，从而保证这些学校具有充足的资金。

法国都是世界上一流的农业强国，也是欧盟最大的农业生产国，其农产品出口量仅次于美国，居世界第二位。法国在农业方面取得的成就，与其政府高度重视农业教育和农业科学研究是密不可分的。在 1848 年 10 月，法国国民议会批准通过建立了第一所农业相关的学校。在第二次世界大战之后，法国政府对农业教育体系进行了调整和改革，通过改革逐渐建立起了完备的培养高、中、初三级农业技术人才的教育体系。

早在 19 世纪初，德国已经开始农业科学教育。最初的农业科学教育主要是由修道院来传播农业家政知识，并在一些学校里设置了农业相关的课程。1802 年，近代农业经营学的奠基人泰厄在塞勒建立了德国第一所农业学校。1804 年，普鲁士的第一所农学院成立。从 19 世纪中后期开始，德国开办冬季农业学校，这些学校在冬季农闲之时对农民进行全日制的农业知识教育。冬季农业学校在德国迅速发展起来，是其后出现的正规农业学校的前身。20 世纪初，德国颁布了《农业考试条例》，在全国农业职业学校中设置统一的课程，并将农业教育纳入职业义务教育的体系中。

除了欧美等发达国家，日本的农业教育在办学思想、培养目标、教育体系等方面都很具有特色。日本的农业教育主要始于 19 世纪下半叶的明治时代，作为"富国强兵"的政策，以尽快提高农业生产水平、稳定农村为目标发展起来。农业教育主要由两个部分组成。一部分是由文部科学省负责的初等教育、中等教育和高等教育。另一部分是属于农林水产系统（农业部）和各县管辖的农业大学教育。这些学校为培养农业人才奠定了基础。

(二)科研机构的建立

近代农业发展的事实证明，农业生产的提高很大程度上依赖于科技进步。加强农业科技研究开发，是促进世界农业发展的重要举措。科学技术的发展大大改变了人类的生活。因此，各发达国家都非常重视科学技术的研发和应用。农业领域也是如此，而农业科研的目的是解决农业生产中的问题，提高农业生产效率和产品质量，现在还要加上可持续发展这个新目标。

当农业相关院校建立后，学校的课程设置、当地农业生产需要的高素质人才培养、解决当地农业生产和社会生活中遇到的各种实际问题成为迫切需要解决的问题。因此，需要动员相关教学人员进行科学研究，通过科学研究进一步充实和完善农业相关课程的内容，同时推动农业科学的发展，不断提高解决农业生产过程中存在的问题，发明新的应用性强的农业科学技术成果。

19 世纪 70 年代中后期，在美国政府和私人财团的资助下创建了部分农业研究站，这些农业试验站有些是依托相关的农业院校建立起来的，农业院校的教师同时也是农业研究站的研究人员，他们在完成规定的教学任务之外，可以从事相关农业科学研究，在此过程中发明了许多应用性强的农业科学技术，解决了许多实际问题，促进了农业的发展。

在欧洲，政府高度重视农业科学技术的研究，每年都会对农业科学研究投入相当数量的经费。从事农业科学技术研究的部门遍及欧洲各地，其中有国家级的农业研究院、农艺研究国际合作开发中心、国家农机、农村工程、河流与森林中心等大型研究单位，此外地方也都有相关的农业科研机构，各个综合性大学则是农业科研的主力军。另外，还有一些专业性的科学技术研究机构，如粮食和饲料技术研究所、养牛技术研究所、油料职业技术中心等。政府的有关部门和相关的协会还经常组织科学技术交流、成果展览、座谈会、培训班等活动，使农业科研成果得到了广泛的推广应用，并使之快速的转化为生产力。

(三)农业科技推广体制的建立与完善

农业是一个实践性很强的产业。一个完备的农业科教体系，除了包括建立农业院校与制定科教兴农政策、设立相应的科研机构之外，还需要有健全的农业推广体系。农业推广是以农村社会为范围，以农民为对象的家庭农场或农家为中心，以农民实际需要为内容，以改善农民生活质量为最终目标的农村社会教育。因此，农业推广是农业科教体制的重要组成部分。完善的农业推广体系可以将农业科技成果与生产实践有机结合起来，从而提高农业生产的效率。

近代以来，随着工业革命的兴起，农业领域的科技发明也迅速得到了推广，各国为农业技术的推广制定政策并建立和完善相关体制。欧美各发达国家相继颁布法案，促使农业院校系统迅速建立，并逐步完善农业院校的人才培养和实用科学技术研究的制度，这些对农业经济的快速发展提供了强有力的人才支持和智力保障。例如，美国各州农业院校的农业试验站更偏重于农业实用技术的研究。美国联邦政府于 1914 年正式颁布了《斯密斯-利佛法案》，规定农业推广工作由分布于全美的赠地学院系统与联邦政府、州政府和地方政府合作进行。合作农业推广在全美 50 个州、哥伦比亚特区以及各个美属领地均有分布，农业院校参与合作农业推广的机构是农业推广站。农业推广技术和行政工作由不同人负责。技术方面由大学教师和合作推广员实施，推广对象主要是农村地区的农业生产者、小企业主、学生等。大学教师是具有博士学位的学科专家，他们的职责是开发适合目标群体的课程，并向政府人员介绍农业研究的最新进展，是传播农业新技术、联系农业研究与受惠群体的关键纽带。这些推广制度使美国先进的农业科学技术迅速得到了应用，促进了美国农业的迅速发展。

三、第五次产业革命期间农业科学思想的扩展完善期

第五次产业革命的核心是信息技术革命。其发生在20世纪中叶，第二次世界大战结束前，诞生了第一台计算机。以美国为中心的微电子时代起始于20世纪下半叶。半导体材料的发明和应用，推动了计算机和机电一体化。于是，现代化工厂逐渐实现了机器设备的电气自动化，生产效率大大提升。

在产业革命发展的同时，农业科技也得到了快速的发展。国际上有关20世纪世界农业科技发展时期的划分有多种。以20世纪对世界农业发展影响最大的“绿色革命”为界限，将农业科技的发展划分为三个时期：即“绿色革命前时期”、“绿色革命时期”、“后绿色革命时期”。另有学者又把“绿色革命时期”细分为“绿色革命前期”和“绿色革命后期”。无论是三阶段划分法，还是四阶段划分法。它们均具有共同的特征，即以“绿色革命”前后国际农业生产力的发展及其农业技术创新的主要标志成果进行划分。为了与中国的农业科技发展时期进行比较，中国农业科学院将国际农业科技的发展过程划分为四个时期，即“绿色革命前时期”、“绿色革命时期”、“后绿色革命时期Ⅰ”和“后绿色革命时期Ⅱ”。新的农业科技革命的特点主要有以下几个方面：

（一）农业科学与生产结合越来越密切，以技术创新和产业化为纽带，趋向于一体化和综合化

人类在长期的农业实践中，通过不断总结生产经验，逐步形成各种专业生产技术，农业生产技术的不断提高，逐步产生理论上的飞跃，上升为农业科学。而农业科学又指导着农业技术的进一步改进和提高，并且在一定条件下形成新的技术，推动了农业生产的发展。农业的突出特点是以生物为劳动对象，当前生命科学、生物技术在理论研究和科学实验上已经获得重大突破，将给生产和技术带来巨大进步，其与其他技术相结合，以空前的规模和速度向前发展，使世界农业生产发展进入了日新月异发展时代。

在20世纪初由于生产力水平的限制，技术上升为科学、科学转化为技术的过程十分缓慢，农业生产增长中依靠科技进步作用的份额仅占5%。到20世纪90年代，农业科学加速发展，一些发达国家农业生产中依靠科技进步作用的份额提高到60%～70%。美国农业生产增长值的80%和劳动生产率提高的71%归功于农业科学和农业技术推广。

（二）基础科学对农业科学的渗透日趋明显，不断产生新的边缘学科、交叉学科和信息学科

如植物遗传育种学为基础，又分化出细胞遗传学、生化遗传学、分子遗传学、数量遗传学、群体遗传学等。

解决农业的重大课题越来越需要多学科的综合。例如，20世纪70年代以来，中国杂交水稻、菲律宾水稻、墨西哥小麦等的突破，就是集中了种质资源、遗传育种、病理、昆虫、生理、生态等多学科发展的技术成就而选育成功的，极大地提高了农业生产力。

（三）农学基础科学向微观和宏观两方面发展，既彼此结合又相互促进，加快了科研进展与突破

在微观发展上，20世纪50年代以来，作物遗传从细胞水平进入分子水平，建立了分子遗传学，为定向培育作物新品种开辟了新的途径。栽培作物的高产、优质、抗病、抗虫、耐涝、耐旱、早熟等性状，探知都是由生物细胞里DNA上的遗传信息所控制，也就是基因控制。分子

遗传学能实现生物之间基因(DNA 片段)的重组和转移,可以按人们的需要创造出自然界从来没有的作物新品种或新物种。自 1983 年首次获得转基因烟草、马铃薯以来,基因工程技术进展很快,已有 60 多种植物获得转基因植物,包括水稻、小麦、玉米、马铃薯等粮食作物;棉花、大豆、油菜、亚麻等经济作物,以及一些果树、蔬菜和花卉等,对人类进步和社会发展产生了难以估量的影响。20 世纪是电子时代;21 世纪将是分子生物学时代。

在向宏观发展上,20 世纪 70 年代后,由于地球资源卫星的问世,农业科学的分支学科,即航天遥感技术广泛应用于农业;从宇宙空间来观测地球、普查土壤、监测病虫、预测农作物产量等,取得了重要进展。

(四)借助新的现代实验工具和理论方法,推动农业科学研究手段现代化

运用自动定氮仪、原子吸收分光光度计等离子发射光谱仪等工具对全国进行土壤普查,测量出土壤有机质含量普遍较低,并测出土壤缺磷、钾、硼、锌、锰、铁等元素的比例面积,从而为指导科学施肥提供了证据。在图像观察和微结构分析方面,应用电子显微镜、X 光衍射技术、质谱、核磁共振技术等,可观察到生物大分子,如蛋白质、核酸等微结构的粗糙轮廓,使生物学研究进入到分子水平。进入 20 世纪 90 年代以来,农业科学借助大量新的现代实验工具和理论方法,揭示了生物的内在规律,极大地提高了工作效率和科学研究水平,有利于新的技术突破。

(五)高新技术推动精密农业(或称精准农业)的产生与发展

近年来,美国农业除了利用转基因技术对作物种子进行改造外,信息与航天技术也不断渗透到农业生产与经营管理的各个环节。由这两种高新技术推动的精密农业正在美国中西部被广泛用于种植甜菜、玉米和大豆。

(六)国际农学基础科学研究交流广泛,竞争与合作并存、交流与限制并存,形成了复杂局面

面对当前和未来的人口、资源、环境、食物,即生存与发展的重大课题,需要通过国际合作,组织多学科协作,采用现代的实验手段和严密的科学管理,开展全球性、区域性研究。

第二节　世界农业科教体系的成就

随着历次产业革命的进行,农业科学技术得到了飞速发展,与此同时,农业科教体系在世界农业发展中也发挥了重要作用。近 200 多年来,世界农业科教体系在维护全球粮食安全、农业科技发展、农业技术人才培养等方面取得了巨大的成就。

一、建立了现代农业科教体系网络

经过多年来的发展,农业科教体系建立了以教学、科研和推广为核心的系统,培养了大批农业科技人才,发明了成千上万的农业科学技术,在推广应用中起到了重要的作用。

(一)建立农业教学体制

近三百年来,在资本主义经济发展的同时,农业科学教育也在蓬勃发展。一方面,各发达国家纷纷开展农业科学教育,制定相关课程,培养农业教学、科研和科技成果推广人才;另一方面，各国大力发展农业中等学校教育，提升基层农业劳动者的科技文化素质。在一些国家同时进行社会教育，各级农民协会负责农民职业技术教育，农业技术试验基地和农业技术普及中心负责技术推广与生活指导教育、正规教育同时进行，提高了农业科学教育的效果。

（二）完善农业科研体制

近代以来，各国在经济发展的同时，制定法律、政策来保障农业科研的经费支出，用于农业科学技术研究和推广的经费支出随经济的增长而增加，发达国家政府用于农业科技推广的经费按照比例进行配套，同时通过财政预算来保证农业科学研究和推广相关经费的落实，保证农业科技服务的经费支持，这些在很大程度上有利于稳定农业经营，并提高农业生产力。

许多国家的政府为农业科研提供了大量的经费支持，将农业相关研究院的科研经费纳入政府的经费预算之中，其中大部分经费来自于政府拨款。为了支持农业研究，许多农业相关的科研实验室的经费需要得到了满足，同时增加了基础研究的经费，且鼓励科研人员创新，如支持组建科研小组、营造充满活力和富有创造力的科研环境，同时给年轻科研人员提供便利的科研条件。

除了政府为农业科研经费投资外，许多国家的农业科研机构为拓宽农业科研、推广所需经费的投入渠道，积极吸纳其他的投资主体。如农业科研机构将研究项目推向市场，根据企业的委托开展相应的科研，以获得企业的资助；同时，一些国家的高等农业院校研究经费除了得到地方政府和国家科学基金资助以外，还能够得到其他基金组织、个人或企业的资助。

在一些国家，公共性质的研究机构主要从事一些基础性、长期性和关系农业发展的重大课题，民间力量主要从事应用性研究。如美国坚持农业基础研究与应用研究并重的方针，并形成了合理的分工。政府在对公共科研经费的投入中，以基础研究和应用性研究为重点；国家和一些地区研究中心以基础研究为主，而农业试验站以与本地农业生产有关的应用研究为主。欧盟的一些成员国在重视农业基础研究的同时，也重视农业应用研究。为优化配置农业科研资源，提高科研效率，加快农业基础和应用研究的发展、为促进农业科研及科技成果转化和推广，许多国家注重开展跨学科和跨地区之间的横向交流与合作，并积极开展政府科研机构与私人科研机构之间的广泛合作。

二、积累了大量有价值的农业科学和技术基础

农业作为第一产业，是国家乃至世界稳定的基础，目前世界有70多亿人，人口压力导致发展农业生产更是刻不容缓的事情。发展农业生产主要依靠政策、科技以及投入。科学技术已成为当今世界农业生产最强大的推动力。科学技术是第一生产力，对农业的现代化建设有极大的推动作用。在当今世界，农业竞争的背后是科技含量的竞争。作为一种潜在的生产力，科学技术在农业生产中的应用可以迅速成为物质力量，成为农业生产和实现现代化的强大推动力。因此，科学技术最富有增产潜力。

农业技术是农业科学原理的体现和应用，在科学与生产中处于中介的位置。农业科学应用于农业生产需要农业技术，农业技术是直接面向生产、提高农业生产力的主要环节。育种学家将孟德尔、摩尔根的遗传学定律应用在了实践中，培育出了优良的品种，李比希的矿质营养学说，指导了合成氨的工艺，进而产生了各种各样的化肥，这些对农业的发展做出了巨大的贡献。而农业科学技术的研究为农业积累了大量的农业科学和技术基础，包括一些传统的育种、

作物种植技术、作物栽培技术、作物施肥技术和灌溉技术等。这些技术的发展和应用依赖于农业科教体系的完善。多年来，世界农业科教体系使农业科学技术有了飞速的发展。

现代农业是以市场为导向，更高效的农业，目前市场对质量的要求更高，比传统的农业竞争要激烈的多，而竞争的根本核心是科技，科技只有通过推广和普及才能转化为真正的生产能力，产业才能具有较强的竞争力。随着社会经济的不断发展，农业由数量增长型向质量效益型转变。因此，世界农业面临着质量和科技含量的改变。面对21世纪世界农业的发展，既存在着难得机遇，也面临着严峻挑战。世界人口已达70多亿，食物消费水平不断提高，与资源短缺、环境恶化、物质投入放缓的矛盾十分突出，将给未来农业的发展带来新的挑战。对此，各国政府和国际组织高度重视，都在推动农业科技创新，促进农业可持续发展过程中，掀起了新一轮农业科技革命，主要包括生物技术、数字农业、农业工厂化技术、可持续农业技术等。

三、为维护世界粮食安全提供了重要支撑

（一）传统农业技术对世界粮食安全的贡献

农业科学技术的应用为粮食产量的提高做出了巨大贡献。农业技术在很大程度上保证了农作物播种面积，确保了粮食数量安全。比如，我国一些地区的农作物间套作种植模式能够有效地利用土地，提高复种指数，增加种植面积。同时，农业科学技术的应用可以提高对贫瘠地的利用，保证更大更有效的播种面积。农业技术也是保障粮食质量、保护生态环境重要手段。随着农业科学技术的发展，高效栽培技术和措施得到应用，如肥料施用技术是提高粮食生产的必要措施，再如油菜免耕栽培可以有效地减少对耕作层的损失，避免水土流失。农业科学技术的应用，实现了粮食安全可持续发展，可持续粮食安全，是粮食安全更高阶段。

随着农业科学技术的发展，育种技术也在不断拓展，新品种选育进程大幅度推进。特别是在杂种优势利用、常规育种和部分作物转基因育种等领域；经过多年的积累，通过农业科研建立了较完整的动植物种质资源收集与保存体系，在新品种培育中发挥了十分重要的作用。例如，我国先后推广了一批超级稻、杂交玉米、优质小麦、转基因抗虫棉、高产大豆等突破性优良新品种，这些新品种的推广使我国农作物良种覆盖率达到95%以上，良种对粮食增产的贡献率超过40%；一批种业企业也在新品种推广中不断成长壮大，全国农作物、动物、林木花草种业年产值达3 000亿元。因此，新品种的选育为保障国家粮食安全和主要农产品有效供给提供了强有力支撑。

（二）新时代生物技术对世界粮食安全的贡献

随着生物领域科学技术的发展，转基因技术开始蓬勃发展，培育出了许多新的品种，比如抗虫性强的棉花、高产玉米和水稻等。目前，抗虫棉花已在国内外大面积种植，抗虫玉米在国外也有一定的种植面积，这些转基因作物的推广可降低农药施用量。世界上许多国家已培育出氮肥高效利用的转基因小麦、提高磷肥利用效率的转基因烟草，同时，国内外也陆续鉴定分离出一些与养分利用效率相关的基因，将这些基因导入到作物体内，将可能有效地提高各种作物的肥料利用效率，降低化肥的施用量，同时也减缓了化肥施用过量对环境造成的污染。随着分子生物学研究的发展，世界上已经发现了不少植物耐旱基因，这些基因的利用将培育出大量耐旱的农作物品种。同时，在耐盐碱、耐铝毒分子生物学研究也取得了很好的进展，转基因技

术的应用已经培育出了一些耐盐碱、耐铝毒的作物新品种。应用转基因技术培育的耐储藏保鲜番茄，在国内外已经获准投入生产。在食品的营养品质、微量元素改良领域，转基因技术也将会发挥重要作用。因此，这些新时代的生物技术的应用，可望提高作物生产力，为世界粮食安全做出了贡献。有关转基因作物问题上的争议源自对生态环境安全的长期影响评价；对跨国公司垄断技术，主导竞争问题的质疑；对其农产品毒性的分析；生产过程及其产品的安全效应等。

四、为未来农业发展奠定了重要的农业科学技术与人才基础

近代以来，世界各国的农业科教为农业科学的发展培养了大量的科技人才。从美国《莫里尔法案》颁布至今，在长达一个多世纪的时间里，农业院校培养了大批的农业学科教师科研人员、推广人员以及高素质的农民和农场主。而法国农业教育体系主要分为中等农业职业技术教育、高等农业教育和农民成人教育三大部分，不同层次的院校在培养农牧林等各个领域、各个层次的人才中起着不同的作用。日本的文部科学省主要针对高中和大学阶段进行教育，其所管辖的大学包括国立大学，公立大学和私立大学，这三种学校中均设置了农业教育。农林水产系统和各县管辖的农业大学校主要是一些农业研修机构和培训部门，这些机构为日本农业科技人才的培养做出了巨大的贡献，这些都为现在和未来农业发展奠定了重要的农业科学技术与人才基础。

在过去的二百多年里，随着世界农业科教体系的不断发展完善，农业科学技术得到飞速发展的同时，各种层次的农业科学技术人才在各自的岗位上做出了卓越的成绩，积累的大量的经验。因此，世界农业科教体系为未来世界农业发展奠定了技术和人才基础。

第三节　世界农业科教面临的问题

虽然在过去的几百年中，世界农业科教体系为农业的发展和人类生存做出了巨大贡献，但自工业革命之后，随着工业的崛起、全球经济的发展，第二和第三产业得到高度的发展，而第一产业农业在经济中所占的比重越来越小，农业经济受重视的程度越来越低，甚至在一些发达国家农业产值所占的比重已经到了可以忽略的程度，因此传统的农业文明正在逐渐消亡，农业科教的受重视程度重在逐渐降低。目前世界农业科教面临的主要问题有：

一、农业科教体系服务的目标对象不清晰

近年来，世界科技水平飞速发展，尤其是在生物领域，取得了一系列成果。然而，农业科教体系服务的目标对象却越来越不明确。农业是一个侧重于生产实践的行业，然而，目前世界农业科教体系缺乏一个长久、明确的服务目标。如农业科技的发展更多地侧重于理论知识的研究，而轻视了实践应用研究的作用；农业科研机构的考核更多地倾向于学术论文，而学术论文大多侧重于基础研究，涉及应用推广研究的较少。农业是一个应用性强的领域，粮食产量的提

高更多地需要应用研究，才能取得显著的效果；由于科研在国家高校教师的考核中所占比例较大，导致了农业院校教师授课积极性不高，而将更多精力投放在科研上，教学所占比例则相对较少；另一方面，由于人们传统观念原因，对从事农业学习有较多偏见，导致学生学习积极性不高。

二、农业科教体系存在多重不平衡

农业作为第一产业，是国家乃至世界稳定的根本基础。目前世界有70多亿人口，人口压力导致发展农业生产为刻不容缓的要务。发展农业生产一靠政策，二靠科技，三靠投入。科学技术已成为当今世界农业生产发展最强大的推动力之一。作为一种潜在生产力，科学技术在农业生产中的应用可以迅速成为物质力量，成为农业生产和实现现代化的强大推动力。因此，科学技术是最富有增产潜力的潜在生产力。然而，从世界范围看，农业科教体系存在多种不平衡问题。

1. 发达国家和发展中国家之间存在不平衡

与世界发达国家相比，多数发展中国家在农业教育和科研上的投入长期不足，导致农业科技水平与发达国家相比有较大差距，使发展中国家农产品科技含量不高，农业科技支撑力弱。与欧美、日本等发达国家相比，发展中国家农业科技人员所占比重低，国家对农业教育重视和投入不足。同时发展中国家大多经济比较落后，国家没有过多经费投入到农业科技研发中。研究表明，美国、法国、日本等发达国家农业科研投入经费大约占农业总产值的1.6%～2%，而大多数发展中国家大约只有0.4%。同时由于农业科研具有周期长、见效慢的特点，科研成果通常是社会收益较大，而科研机构及人员的经济收益较低。因此，在市场经济条件下，社会资本向农业科技这一领域自动聚集难度大，使许多经济欠发达国家的农业科研投入强度和农业科学家个体积极性存在天然不足，制约了农业科技技术的均衡发展。

2. 农业科教体系内部不平衡

从目前的农业科教体系发展来看，农业科教体系中教育—科研—推广三个环节之间存在严重的不平衡。许多国家的农业院校和农业科研所考核机制中将学术论文所占比重加大，科研环节过度重视，降低了教师和研究人员在教学和实践推广中的积极性，在科研中取得的先进成果不能在教学和推广中体现出来，最终导致农业科学的教学和推广效果不佳。

三、农业科教体系缺乏稳步健康的发展机制

农业科教体系作为实现科教兴农的主要渠道和途径，目前缺乏稳步健康的发展机制。从目前发展来看，教学、科研、推广各个环节配套不够，严重影响和制约农业的发展，甚至直接关系到农业现代化的最终实现。首先，目前有许多发达国家的农业科研侧重基础研究，理论性较强，而实践应用方面则较弱，这些科学研究在相当长时间内对增加粮食产量和改善品质没有发挥作用。其次，相当多的国家已经将农业生产纳入市场经济体制之中，经济利润最大化成了农业科教体系的活动目标。欧美等国家农业推广工作主要由公司来完成，农业科教工作的性质发生了改变。农业是关系到国计民生的行业，为保障国家粮食安全，农业生产应该由国家对粮

食的需求量来决定，如果农业推广体系及农业生产均由公司来决定，就会对世界粮食安全造成巨大的威胁。因此，只有建立稳步健康的农业科教体系发展平台，正确定位，才能使农业得到健康发展。

四、农业科教与生产结合不紧密

将农业科技工作运用到农业生产实践中可以使农业长足发展。现阶段，农业科教与生产脱节、科研成果推广不到位。高校和科研机构的科技活动比重较高，而企业比较低，使得科研成果整体较多局限于学术方面，忽略了市场需求。同时，与现实联系最为紧密的企业则更多重视当前经济利益，缺乏长远眼光，不具备持续创新和应用开发的能力，最终致使科研成果与市场需求匹配较差。因此，必须全面考虑制约农业科学技术推广应用的各种因素，为加速农业科技发展、推广和应用创造条件，进而促进农业科教与生产实践紧密结合。

第四节 世界农业科教体系面临的挑战

随着社会经济的不断发展，农业由数量增长型向质量效益型转变。因此，世界农业科教体系面临着新的质量需求的改变。面对21世纪世界农业的发展，农业科教体系建设与发展既存在着难得的机遇，也面临着严峻的挑战。世界人口持续快速增长，导致对食物的消费水平不断提高，其与资源短缺、环境恶化的矛盾十分突出，这些将给未来农业科教体系的发展带来新的挑战。

一、人口与资源矛盾激化、对农业科教体系建设提出更紧迫、更严格的要求

经济水平的高低，自然资源的丰富程度，环境压力的大小，都与人口压力有密切的关系。与其他国家相比，中国、印度、日本等国的人口密度较大，人口与资源间的矛盾尖锐。例如，我国的人口状况是：人口基数大，增长规模大，许多经济指标虽然总量不低，但人均占有指标低，导致经济发展乏力。直接表现在人与资源配置不协调而引发的巨大经济压力。世界人口密度34人/km^2，我国为122人/km^2；在人口与资源配置上，我国的国土面积居世界第三，人均为世界平均值的1/3；耕地面积列世界前茅，人均却是第67位；淡水资源排名世界第5位，人均在世界上排88位，是世界人均的1/4；我国的森林和草原覆盖率为13%和23%，人均林、草只占世界水平的1/15。因此，从世界范围看，随着人口数量的增加，人口与资源的矛盾的正在逐步加重，随着各种资源重叠大高峰来临，人与资源的矛盾对农业发展潜力的制约日益严重。

农业资源主要包括人类生存与发展的水资源、土地等资源。随着世界经济发展，农业资源环境逐步恶化，这些对农业发展和农业科教体系建设提出了新的挑战。

(一)水资源短缺和污染，制约了农业的发展

众所周知，水是生命之源，生命的存在必须以水作为首要条件。然而，在当今世界，地球面临严重的水资源危机。随着经济高速发展，人类对水资源的需求越来越大，而水资源的有限性，导致目前人类已经面临严重的水资源危机。全世界200多个国家与地区中，有100多个缺

水，其中20多个国家严重缺水。我国是世界上最缺水的国家之一，全国大约有一半左右的城市缺水。到2050年，全世界大约会有20多亿人缺水。21世纪的水资源将更加宝贵。目前水资源短缺的原因主要有以下几个方面：

(1)由于世界人口增多，过度放牧、垦荒种田导致生态失衡，水资源得不到良好的涵养，地下水源得不到及时补充，水位下降。

(2)近年来世界人口急剧增加，工农业生产迅速发展，导致生产和生活用水急剧增加。

(3)水污染也是导致水资源短缺的重要原因。在部分发展中国家，江河湖泊遭受污染比较严重，许多湖泊出现不同程度的富营养化，城市水域污染严重，降低了水体的使用价值，加剧了水资源短缺。水污染主要分为两类，一类是自然污染，另一类人为污染。比较而言，后者则更为严重，主要包括工业污染、农业污染、生活污染三个方面。

(二)可耕地面积减少、质量退化

土地是人类社会进行物质生产和生活所必需的基本条件和自然基础，耕地是土地的精华，其数量的多少，质量的好坏，对经济发展和人民生活水平有重要影响。随着世界经济的发展，城市化用地增大，农业结构调整，退耕还林还草比重加大，世界耕地面积减少成为必然趋势。同时，土地质量退化也成为全球关注的重要环境问题。导致耕地资源数量减少和质量退化的因素主要有以下几个方面：

(1)水土流失严重。水土流失是土壤破坏，养分损失的重要因素；

(2)土地荒漠化严重。世界有许多国家土地荒漠化严重，发展速度快。我国是世界土地荒漠化危害最严重的国家之一。沙漠面积占国土面积的16%，超过了全国现有耕地面积的总和；

(3)耕地肥力衰竭。耕地肥力减退的主要原因是长期的重用轻养，导致有机质含量降低；

(4)化工产品在农业中的大量使用使耕地污染严重。工业固体废弃物倾倒，污水灌溉，以及化肥、农药等使用量不断增加，形成了农业新的污染源，对耕地造成了很大危害，造成土壤板结、有机质含量减少，土地质量下降，农产品品质低劣。

农业资源环境恶化，严重制约着农业的发展。21世纪，世界面对农业环境的变化，农业科教体系从教学到科研再到推广都必须有与之相适应的新体系，才能更好地服务于农业发展，这对农业科教体系提出了新的要求。

在中长期发展中，经济、社会和生态环境方面存在的问题将成为农业发展的主要制约因素。实现农业长期稳定发展，就必须要全面解决这类问题。如何在保证粮食产量和质量的前提下，调控两者间的矛盾，均有赖于农业科学技术的研发和农业推广体系的完善，同时也将是农业科教体系建设所面临的主要问题。

二、农业推广工作长期偏重追求经济效益，对农业产生负面影响

长期以来农业科教体系促进了世界农业的发展。然而随着经济的发展，农业推广体系出现了一些问题，在一定程度上影响农业安全以及粮食安全。

欧美一些国家农业推广工作主要由公司来完成。公司控制这一环节的根本问题在于，经营活动本身是利己主义的，而做那些仅仅有利于其他人、有利于某个社区或整个社会的工作意味着没有经济价值获得。此外，对任何有利于下一代人的工作进行投资也没有经济价值，投资

无法在短期获得回报。为尽可能早地获得经济效益，人们不可避免地更加注重当前，而不是未来。也正因为如此，公司的规划远景很少超过五年到七年，而与之相反，每一季度的利润对于保证公司正常的运营都很重要。

尽管全球范围内，公司还没有完全掌控农业，但它们却在不断向农民们施压，要求他们为了能在经济上生存下去而像公司那样行事，即从土地中攫取财富，并剥削他们的社区和顾客。因此，谁控制农业是关系到农业兴衰存亡至关重要的大事。公司控制农业的危机最终是农业可持续性的危机，如今的粮食安全体系甚至无法满足当前相当数量人的需求。因此，目前的农业推广体制是不可持续的。农业产业化与水土流失、空气和水污染、家庭农场的倒闭、农村社区经济社会衰退直接关联。农业产业化对某些人来说也许有利可图，但对于大多数从事农业或生活在农村的人来说不但无益，甚至有害。农业产业化绝不可能为所有人提供优质粮食。公司的日益掌控与公司对农业的影响结合在一起，事实上确保了人们对经济效率的持续关注，而无视其对土地和自然环境造成的影响，不关心给农民和农村居民带来的后果。尽管这种推广模式使农业的利润创造了历史记录，但农业也深陷危机之中。未来社会的发展不能由公司完全控制社会的食品生产体系，不管是在地方层面、全国层面还是全球层面。由公司控制的农业是不可持续的。人类是物质性的，食物、衣服、住房、交通和其他生活必需品需求必须得到满足。人类也是社会性存在，每个人都需要与他人保持积极的人际关系，需要爱和被爱。人类真正需要做的是重新成为一个在伦理、社会和个体层面上都完整的人。农业在为农民创造机会时产生的控制危机的力量，既有助于建设一个崭新的、更完善的农业体系，也有助于寻求到更好的耕作和推广方式。

三、乡村社会迅速萎缩，对农业科教体系建设提出了新挑战

随着世界经济的发展，各国城市化进程在加快，城市人口所占的比重逐渐升高，导致乡村人口减少，同时乡村社会也在逐步萎缩。如随着改革开放，中国加入 WTO，中国城市化进程加快，大量农村人口涌入城市，导致农村劳动力逐渐匮乏。而科技兴农的立足点是建立在广大农民学习科学，运用科学的基础上。只有农民知道什么是科学，科学的重要性和如何运用科学，才能使农业科学技术真正得到推广，这些都必须以农村教育作为依托。目前，很多地方的农业科技成果在农村的推广情况不容乐观。如在中国广大的农村，从事生产劳动的大多是年过半百的中老年人，而年轻人大多不愿再回到农村进行农业生产活动，而更愿意在城市里工作生活。中老年人思想相对僵化，体力不济，再加上发展无望，不易接受新的农业科学技术，致使先进的农业技术不能得到很好的推广，使农业科教体系的成果在农村推广范围和效果大大降低，最终成为制约农业发展的因素。

四、推广环节软弱无力，整体制约农业科技体系发挥作用

目前，世界很多国家的农业机械化技术装备落后，仍在沿用古老和陈旧的生产方式，在耕地与其后备资源相对短缺情况下，更集约化的生产体系并未出现。从再生产角度来看，农业目前仍停留在简单再生产水平上。现阶段耕地面积在日益减少，提高单产水平增加农产品总量成为主要途径，这对农业推广体系提出了更高要求，从而必须考虑引进新技术，采用新耕作方式，选育优

良品种,合理施用肥料,发展节水农业等。这些技术的采用,主要取决于农民是否能形成有效需求,包括需求意愿与能力。即使有意愿,农民普遍存在文化素质问题,在一定程度上抑制着需求。这与国家现存农村的科学教育体系,缺乏提高农民个人人力资本的激励措施有关。

同时,农民组织化程度低,先进的科学技术在农村推广难度较大。很多国家的农民群体没有自己统一的全国性组织,因农民组织化程度低,在实际生活中难以形成群体力量,农民组织运行机制不健全,缺乏绩效,发展具有一定程度的盲目性。农民组织多为经济组织,绝大多数是农民为在生产和销售方面保护自身利益而形成的自发性组织。由于组织的自发性以及农民自身的社会意识与文化程度的局限性,很难产生合理的制度规范。因此,先进的科学技术在许多国家农村难以推广,这也是目前农业科教体系面临的重大挑战。

五、社会主体意识轻视偏视农业,农业科教体系发展缓慢

近四百年以来,随着工业进步、社会发展,经济建设成了各国工作的重心,而随着工业和第三产业的迅速崛起,农业作为基础产业,在经济中所占比重越来越低,甚至在许多国家,农业所占比重已经到了可以忽略的程度。在这种情况下,社会主体意识开始逐渐轻视偏视农业,成为农业科教体系发展缓慢的又一原因。

(一)高等农业院校吸纳人才能力弱

由于农业的弱势特性,使得农业及农业发展与工业及第三产业的发展差距不断拉大,造成农业行业吸纳人才能力较弱,同时影响到高等农业教育培养相关人才服务农业的意愿和积极性。

(二)与其他学科相比,农业学科及高校经费投入较少

与综合类大学或理工类大学相比,高等农业院校的经费投入比例明显偏低,在科研经费投入方面,农业高等院校的弱势地位十分明显。

第五节　世界农业科教体系的建设目标与措施

面对农业科教体系的挑战,世界现行农业科教体系在管理体制和运行机制方面还存在许多问题,为促进未来世界农业科学技术良好地发展,保障全球粮食安全,生态环境安全,世界农业科教体系要有明确的建设目标和措施。

一、为保障农产品供求平衡提供支撑

世界农业科教体系的首要目标任务是继续支撑保障农产品供求平衡。现阶段要求人均粮食占有量达到 200 kg 以上。凡是已经达到这一水平的地区,意味着基本实现了温饱水平,意味着具备了基本发展基础,并可以在此基础上向新的更高目标发展,凡是还达不到这一水平的地区,就应当继续努力。当前国际经济形势复杂严峻,全球气候变化影响加深,耕地和淡水资源短缺压力加大,农业发展面临的风险和不确定性明显上升,巩固和发展农业的任务更加艰

巨，稳定发展农业生产，确保农产品有效供给至关重要。农业科教体系的任务是要大力发展农业科学技术，使世界农产品产量随着人口增长能持续保持供求平衡，同时改革农业推广体系，使先进的农业科学技术能够在生产应用中发挥应有的作用，最终使农产品总量满足人口增长所需，实现农产品供求平衡。

二、持续增加农民收入、繁荣农村

农民是国民构成的重要部分，农业的发展依赖于农民的辛勤劳作。在全球经济发展过程中，农民的收入和农业的发展有着直接的关系，如果农民的收入得不到持续的提高，最终会动摇农业发展，最终影响国家经济发展的基础。事实上，农村繁荣是整个国民经济繁荣的前提与基础。农业现代化进程是国民经济现代化的根本制约因素，农民科技文化水平低下，又是农业现代化进程迟缓的根源。提高农民的经济收入，是建设农村文化科技事业的基础。农业科教体系最终要服务于乡村社会、农业生产与乡村社区来解决三农问题。因此，应通过科学的教育、科研和推广机制来提高农民的收入，提高农业的科技含量，繁荣农村的经济。

1. 提高农民的农业文化技术水平

重视农民职业培训，全面提高农民的科技文化素质，培养农民的经营、管理才能，大力开发农村人力资源。一方面，农业学校向广大农业生产者敞开大门，使农民可以去资料室查找所需要的材料，接受农业科技培训；另一方面，充分利用各种家庭农场、合作社的场地设施，让农民结合实际进行学习，提高农民的文化技术水平。

2. 科研与农业推广相结合

农业作为第一产业，是国家经济的基础，农业科学技术体系的主要研究者、推广者、人才培养者应该是政府机构。农业的快速发展依赖于农业推广人员的素质，因此，加大推广人员的培训力度，同时通过体制改革吸纳优秀的农业科技人员参加农业推广工作，将农业院校和科研院所取得的科研成果传播给基层农民，使农业科学理论能够与生产实践相结合，这对农业发展有着重要的作用。同时，农业推广体系应该要适应农业和农村经济发展的需要，拓宽应用推广领域，包括生产前的科技信息提供、农用物资的供应，产中的栽培、育种、养殖技术服务技术以及产后的农产品保鲜、贮藏、加工等技术的推广。这些技术的运用可以显著提高农业生产力，提高农民的生产技能，进而提高农民的收入和生产积极性，最终促进农业的发展。

三、支持保障生态环境安全

大气、水、土壤、生物、植被共同构成了农业生产生态环境。原始农业与传统农业时期，农业生产力发展有限，且其他生产与人类活动规模比较小，全球生态环境没有发生根本性的变化。但随着工业革命至今的200多年时间内，因为各个层次产业的高速发展，对世界生态环境造成了严重破坏，农业领域的发展也同样影响着生态环境，如化肥、农药的过量施用，过量的砍伐和捕捞等，整个生态环境发生了巨大变化，世界范围内维持与恢复农业生态环境成为主题。维持农业生态环境良化就是保持或基本保持良好的生态环境状态，对于已遭到破坏的农业生态环境则当着力恢复。为了使农业能够持续稳定地发展，需要有科学的发展路线。这就要求农业科教体系必须建立在可持续发展的前提下，各个阶段的课程中均有环境保护的内容，重视生产有机食品、绿色食品、发展生态农业，这也是国际市场上青睐的农业产品类型。同时要重视工业发展，做名副其实的绿色现代工业化国家，走可持续发展的有机农业之路。

四、培育合格的农业技术人才

科学技术是第一生产力，而科学技术的产生和应用都离不开人才。因此，培育合格的农业科技人才是未来农业科教体系的重要任务。完整的农业科教体系应该是教学、科研、推广三者合一的体系，那么人才培育也应该是多层次、全方位的。要培育合格的人才，就要建立完整的农业科教体系，教学具体内容要紧密结合农业生产实践，及时培养农业生产所需人才。同时，农业相关政府部门应当提供充足经费，使农业人才教育培训得到充裕的资金支持。这意味着要继续加大农业科技服务资金支持，多渠道增加资金支持，加强与发达国家之间的交流合作，提高资金配置效率，注意重点培养和激励骨干推广人员。

五、建立稳步健康的农业发展机制

围绕农业现代化建设，在实践尝试基础上，建立稳步健康发展的农业科教体系运作机制。在现有基础上，结合各地实际情况，注意科教体系与管理体系、生产体系相结合进行建设。生产体系中要注意进行产前、产中、产后分段组织建设，建立科学合理的产业网；管理体系要在原有行政体系改革完善的基础上，积极探索市场管理、民间管理建设；科教体系则必须处理好科技创新、技术推广、人才培养三者之间的关系。三大系统要同时举止适度，互相配合，形成良好的运作机制，为农业发展提供保障。

第六节　优先建立与完善农业科教体系、迎接第六次产业革命的发展

1984 年 12 月 23 日，钱学森在中国农业科学院第 2 届学术委员会上作了题为《第六次产业革命与农业科学技术》的报告，在报告中详细阐述了第六次产业革命——农业型知识密集型产业，以及推进第六次产业革命建设的相关对策，此报告的发表标志着钱学森产业革命学说及第六次产业革命理论的正式形成。

一、第六次产业革命的概念和内容

1. 第六次产业革命的概念

第六次产业革命是建立农业型的知识密集产业，农业型的产业是指和传统农业相似，以太阳光为直接能源，靠地面上或海洋里面的植物的光合作用为基础，来进行产品生产的生产体系，而知识密集型产业则是把先进的科学技术用于生产上，靠高度的科学技术进行生产。

2. 第六次产业革命的内容

第六次产业革命按照建设内容可分为：农产型、林产型、草产型、海产型、沙产型。

农产业指分布于地理系统中传统农业区域的农业型知识密集产业。它以种植粮食作物、经济作物为基础，也包括绿化树林、畜牧、家禽、淡水养殖，蜂业等虫业，菇类等菌业，微生物（沼气）业，以及一些农产品为原料的副业加工业，农机、肥料等工业，是一个多业并举的农业产业体系。

林产业主要是指天然林地、人工林地为载体的农业型知识密集产业。我国林地面积达到45亿亩，是农田面积的两倍多。林产业不光是种树，而是全新意义上的农业型知识密集产业。现在林业的形势落后于农业，各地已经进行了政策建设工作，需要进一步探索适当的生产关系。

草产业是在草原经营的生产。我国的草原面积大约有43亿亩，目前草产业的经营比较粗放，效益低。近年来进行了多方面的尝试，但仍有待于总结改善。应总结传统放牧方式的宝贵经验，同时探索利用科学技术把草业变成知识密集的产业。

海产业是利用海洋滩涂的产业。我国近海大约有70亿亩海洋滩涂，其中浅海滩涂为22亿亩，是一个相当庞大的资源。主要靠海洋中的天然生物光合作用的产物，以此为饲料来经营鱼等水产品等的养殖和捕捞。长期以来我们重捕捞轻养殖，或者采用掠夺式方式生产经营，处在早期发展阶段。应转向知识密集与技术密集发展方向。

沙产业主要是以沙漠和戈壁为载体的农业，我国大约有16亿亩的沙漠和戈壁，几乎相当于农田面积。沙漠和戈壁并不是什么都不生长，极干旱不长植物的只有少数区域，大部分有些降水，有植物生长，有的还生长有不少多年生的植物。也有小部分干旱地区逐渐沙漠化了，可以通过引水灌溉进行种植，目前人们从沙漠和戈壁获取的只限于特产药材，而沙漠和戈壁的潜力远远没有发挥出来，沙产业的潜力巨大，应该有计划的进行种植采集，提高产量。

二、第六次产业革命理论的完善

唯物辩证法认为无论是自然界、人类社会还是人的思维都是在不断地运动、变化和发展的，事物发展具有普遍性和特殊性。第六次产业革命理论也是在不断地变化和发展的。1984年12月23日《第六次产业革命和农业科学技术》的发表，标志着钱学森第六次产业革命理论的形成。在之后的岁月里，钱学森通过与众多专家学者的书信交流以及自身思考，再结合实践经验的逐步积累，推动了第六次产业革命的发展与完善。钱学森在1986年6月初说：人从社会实践中认识社会，而社会不断在前进，人的认识与社会运动的客观规律总有一段差距。随着认识的进一步深入，第六次产业革命理论的发展也从最初的“创建知识密集型产业”、“五业”并举，到重视生物技术的应用，后期在我国由计划经济转向市场经济期间，钱学森还提出第六次产业革命涉及组织变革与集团化经营、农业产业化等。

第六次产业革命建设对象是一个开放的复杂系统。在丰富和发展第六次产业革命理论过程中，涵盖了钱学森对社会各个层面的思考。第六次产业革命理论创立后，呈现出了不断发扬完善基本脉络，第六次产业革命理论建设中涉及哲学、经济学、社会学、教育学、历史学、理学、工学、农学、医学、管理学、艺术等多学科门类的内容。

三、第六次产业革命与现代农业发展

第六次产业与农业科学技术的关系密切。第六次产业革命就是建立农业型的知识密集产业。农业型的产业就是指像传统农业一样，以太阳光为直接能源，太阳光是一个强大的能源，是农业型产业得天独厚的优势。而太阳能并非全部都能为植物光合作用所利用而合成产物。限于水和肥料的供应，限于光合作用所必需的二氧化碳在大气中的浓度，限于植物本身的能力，巨大的太阳光能只有很小一部分转变成为植物产品。这个比例还不到1%。而99%以上的太阳光能并没有立刻离开地球，只是释放在空气里，用来升高气温来蒸发水汽。这就是风和雨的来源。所以，太阳光还能在地球上转化为风力和水力资源，农业型产业也要利用风力和水力发电用于生产。

太阳光能变成植物产品，光合作用生产的产品，人也不能全部直接利用。就以粮食作物来说，籽粒在干产品中的比重还不到一半，其他60%都是秸秆。现在农村缺燃料，往往把作物秸秆当柴烧，肥料和有机质不能还田，造成很大的损失。

要提高农业的效益，就在于如何充分利用植物光合作用的产品，利用中间环节生产有用产品。例如利用秸秆、树叶、草加工成饲料，有了饲料就可以养牛、羊、兔、鸡等家畜。牛粪可以种蘑菇，又可以养蚯蚓。蚯蚓是饲料的高蛋白添加剂。它的排放物可以再利用，可以加工鱼塘饲料，或送到沼气池生产燃料用气体。塘泥和沼气渣可以用来肥田。这就是中间插入环节。而且利用这些环节产生人所需要的、营养价值高的东西。

在农业生产中，一方面充分利用生物资源，包括植物、动物和微生物；另一方面又利用现代工业生产技术，也就是把全部现代科学技术，新的技术革命的成果，全部用上。不但生产技术现代化，而且生产过程组织得很严密，工序配合紧密，是流水线式的生产，这就是农业型的知识密集型。它是一个值得重视的方向，可以实现农业生产的飞跃，而且它已经不是传统的农业了，而是一种生产体系，一种产业，其特点就是以太阳光为直接能源，利用生物进行高效益的综合生产，只有直接利用太阳光能的植物生产才占用地面，其他的生产过程，或者利用动物的，或者利用微生物的，或者是工业加工，这样对我国国土面积的利用效率就大大提高了。

四、第六次产业革命大背景下的农业建设重点和建设方针

第六次产业革命涉及的问题很大、很多。在科学研究中的一大课题是对生物资源的全面调查研究，因为农业型的产业是靠生物来完成生产任务的，科学研究中发展新技术革命的生物工程技术是一项大课题，如细胞工程、酶工程、遗传工程等，要用这些来为农业型的产业服务，大大提高生物生产的经济效益和对生产有用的生物功能，以至于创造新的生物。

属于技术开发性的科研有以下几个方面。比如用生物进行生产的生物工厂，我们要开发这项技术。像单细胞蛋白，作为配合饲料的添加剂，就是用有机质的废渣废液经过培养单细胞微生物，然后把菌体分离出来。这类技术是随着生物领域发展应用迅速发展起来的，值得重视。此外，生物化工也是用生物产品作原料，用机械和化学方法，在工厂中分离和制造新产品。这里工作加工对象是无生命的。这一类中包括各种下脚料的利用，如骨头制骨粉，骨粉提骨蛋白质等。再有树叶也可以提取叶蛋白，配合饲料这方面更是化工生产的一个大项目。另一方

面发展性的研究，就是食品类问题，因为各业综合利用都有一个食品工业的问题，我们国家还差得很远。

此外还有一项为开发农业型知识密集产业的科学技术也非常重要，这就是系统工程，组织管理复杂体系的技术，用到农业生产。一旦农业系统工程用到知识密集的农业产业、林业产业、草业产业、海产业和沙产业中，定会起到重要的作用。所以研究发展农业系统工程是创建农业型知识密集产业的重要内容。农业型的知识密集产业的创建并非只是这些产业自身的问题，其他配套产业也要跟上，比如工矿业、原材料、交通业、通信情报业、教育文化事业、商品交通、城乡建设和生活服务等。所以生产关系也将有很大的调整，这是政治经济学的研究课题。对生产力的组织，变动就更大了，这是生产力经济学要解决的课题，创建 5 个类型的知识密集型产业，涉及数亿农民，总投资大约要几十万亿元甚至更多，这些都是金融经济学的课题，实际问题远不止这些，创建农业型的知识密集产业还将大大促进社会科学的发展。

产业革命是农业发展的动力，为迎接第六次产业革命，建立农业型的知识密集产业，需要充分运用自然科学、社会科学、工程技术以及一切可以运用的知识来组织经营、需要吸取全世界的先进经验和科学技术，团结全世界的科学技术人员，为下一次农业科学技术的飞跃做充分的准备。

思考题

1. 未来世界农业科教体系的发展方向在哪里？
2. 发达国家和发展中国家各自农业科教体系发展的状况是什么？
3. 我国农业科教体系需要进行哪些改革？
4. 农业科学技术在农业推广中的作用是什么？

推荐读物

1. 邹德秀. 世界农业科学技术史. 北京：中国农业出版社，1995.
2. 王玉仓. 科学技术史. 北京：中国人民大学出版社，1993.
3. 向显智，陈强. 现代科学技术概论. 武汉：湖北教育出版社，2000.
4. 胡跃高. 20 世纪中国农业科学进展. 济南：山东教育出版社，2004.
5. 胡跃高. 第六次产业革命. 北京：清华大学出版社，2015.

学而时习之，不亦乐乎。

——孔子

当世界处于“颠倒混乱之时”，应该是中年人，而不是青年人，要率先进行自我批评。

——汤因比

第十八章 做21世纪合格的农业建设者

21世纪注定将成为人类史上智慧飞跃，社会进步最辉煌的时代。作为农业领域的后来者，要清楚认识中国的农业与乡村，就必须先认识中国的工业与城市。而要认清中国的工农城乡问题，就必须先认识世界的同类问题；进一步看，欲清楚地认识世界工农城乡问题的今天与明天，就必须认识它们的昨天与前天。这意味着今日中国的农业建设者，只有认识世界社会经济的全部历史与现实，才有资格建设中国的与世界的现代农业。

这一过程是一场集体的历史性探险。人们需要在德高望重、行远行深行广者的旗帜下聚集起来，统一认识，然后用同样的精神，走向新程。怀特海曾经说过：“每个时代都有一种普遍的思想形式，如同我们呼吸的空气一样，这一普遍形式是半透明的，无处不在的，而且似乎是如此必须，以至于我们需要做出极大的努力，才能觉察到它的存在。”每一个21世纪从事农业的人士均需要孜孜以求，走向共同的未来。

第一节 当代中国面临的人才形势

美国《新闻周刊》2005年12月15日刊登的“中国走向知识时代没有捷径”的文中指出：麦肯锡公司统计，中国大陆的160万工程师中，相当一部分人只是“纸上谈兵”，基本没有实际操作经验，其中只有1/10的人适合在跨国公司工作。中国大学生毕业人数占人口总数的比例只相当于美国的1/2，而且专攻研发人员数量只有美国的1/8。虽然中国的研发投资不断增长，但大多数的资金（以及许多专利）掌握在十分保守的国家实验室里，而他们在创新方面远不如私营机构和个体。

另外一项对亚太地区（中国、日本、韩国、印度、新加坡、澳大利亚等）的调查显示：对具有领导力的国际性人才未来几年的需求规模为75000人，而目前只有8000人，其缺口令人忧虑。而且调查显示，中国尤甚。

“2012—2013全球竞争力报告”指出，美国81%的工程专业毕业生可以立刻胜任工作，印度有25%的毕业生可能做到这一点，中国的比例只有10%。

福岛和男2005年在日本《经济学人》曾刊文指出：中国，虽然发射了“神舟”，但还远远没有实现自由技术革新。他认为，中国研究开发资金都是重点投向国有企业或公办大学的。政府主导的措施与私营企业或外资企业的研发措施相比，明显地不充分且效率低下。另外，好不容易才开发出来的技术，最终往往不能转化为商品，而且这种情况往往愈演愈烈。还有，保护知识产权环境也不成熟，技术评价体制、人才欠缺也加剧了情况的严峻程度。

欧高敦是麦肯锡公司大中华区的董事长。他在2008年出版的《才经》一书中指出：我15年来帮助客户在中国发展的经验再三地验证了一个根本事实：在关键管理层岗位中有没有足够的优秀人才是区分一个成功企业的最根本指标。所有雄心勃勃的中外企业都在市场上进行着激烈的“人才竞争”。在“才经”决策上的成功是企业成功的基础。跨国公司面临着人才短缺、人才结构失衡以及本土化与全球化的矛盾等问题，而中国本土企业则在企业转型、管理层职业化以及业务国际化等过程中遭遇严重的人才瓶颈。

2005年7月29日，温家宝探望病榻上的钱学森。钱学森说：“现在全国没有一所大学能够按照培养科学技术发明创造人才的模式去办学，没有自己的独特的东西，老是冒不出杰出人才。这是很大的问题。”这就是著名的钱学森之问！

工业文明时代的农业属于发展滞后领域，中外农业现实状况在一定程度上反映其人才严重短缺的现实。整体来看，今日世界在国家层次似乎仍然保留着优秀的农业人才储备，在省市自治区一级的农业大学与农业科学院人才状况尚好；一旦进入到地区一级单位，农业科技人才便变得十分稀缺；至于到县一级单位则难以找到相关科技人才；在乡镇村级则情况更甚。发展中国家尤其如此。从而在整体上形成了一种由基层到高层，人才现实需求强度由上而下呈越来越强烈的正金字塔分布；而实际的人才为倒金字塔分布的错位特征。从全球、全社会角度认识与解决长期以来存在的农业人才问题，为国家未来生态文明建设的根本性任务。

第二节　定位人才

对于什么是人才的问题，诸葛亮曾经有过一段精辟的论述：“将之器，其用大小不同。若乃察其奸，伺其祸，为众所服，此十夫之将。夙兴夜寐，言词密察，此百夫之将。直而有虑，勇而能斗，此千夫之将。外貌桓桓，中情烈烈，知人勤劳，悉人饥寒，此万夫之将。进贤进能，日慎一日，诚信宽大，闲于理乱，此十万人之将。仁爱洽于下，信义服邻国，上知天文，中察人事，下识地理，四海之内，视如室家，此天下之将。”

诸葛亮的人才思考是从领导军队到国家的角度来定位的。今日世界农业系统与社会经济有千丝万缕的联系，其母系统便是地理系统。要管理好21世纪的农业系统，对人才提出了极高的要求。世界农业领域处于需要大量人才，而严重缺乏的状态。

第三节　中外社会对人才成长的部分认识

在人们的观念中，关于个人学习成长，一般有两条道路或两种方式，其一为读万卷书，意即通晓世界方方面面；其二为行万里路，即通过真切的社会实践，获得真知。该认识只是指出了成才的路线、途径、方式与方法问题。还有一个更为关键的方面，是学习的心态，动机，思想与意识问题。

一、正确的学习动机与目的

古圣先贤对人才成长曾进行过严谨考察与精当论述。《大学》中对人才成长过程有一逻辑严密、千年不朽的阐述："古之欲明明德于天下者，先治其国。欲治其国者，先齐其家。欲齐其家者，先修其身。欲修其身者，先正其心。欲正其心者，先诚其意。欲诚其意者，先致其知。致知在格物。物格而后知至，知至而后意诚，意诚而后心正，心正而后身修，身修而后家齐，家齐而后国治，国治而后天下平。"其中"格物"一词在明代经王阳明阐发为"革除物欲"后，通篇贯通。学习者，地地道道为公而学。

这样的认识，时隔 2 000 多年，在异域的哲学家克里希那穆提的论述中再次得到见证："你们知道庸俗是什么意思吗？庸俗的心就是受伤的心，不自由的心，陷入恐惧、困难当中的心，绕着自己利益打转的心，为了极速解决问题绕着成败打转的心，绕着悲伤打转的心。这样的心到最后都会变成破碎的心。大部分人都不承认自己庸俗，我们都觉得我们自己有一些东西深藏不露。然而，我们必须明白，我们其实都很庸俗。我们必须明白，我们的庸俗造成了我们的卑贱、琐碎。印度还有其他地方，需要的不是聪明人，不是有地位、有学位的人，而是你我这种已经打破琐碎心的人。"

琐碎根本就是一种"我"的意念，"我"使心卑贱，永远想着自己的成功、理想、想要完美的欲望。这一切使心卑贱，因为，"我"不论如何扩展，一样渺小。所以，盘踞着小事的心是卑贱的心。一直想着事情，担心考试，担心工作，担心父母、老师、上司、邻居、社会怎么想我们的心，是卑贱的心。这一切念头都是赢取他人的尊敬。然而，受人尊敬的心、庸俗的心，并不快乐。

大家都希望别人尊敬自己，不是吗？希望别人——父母、邻居、社会，重视自己，希望自己行为正当，于是这一切造成了恐惧。这样的心绝不可能创新。然而，这一个败坏的世界需要的却是创新的心、不是发明的心，不是徒有能力的心。但是，这种创造却只有在没有恐惧时才会有，只有在心没有问题盘踞时才会有。

这一切需要一种让学生真正自由的气氛，这自由不是为所欲为的自由，而是自由发问、追究、寻找、解说、然后又超越解说的自由。学生需要一种自由去发现自己一生真正喜爱的事情，以免被迫从事自己厌恶的事情、不喜欢的事情。

你们知道，庸俗的心永远不会叛变。庸俗的心顺从政府、顺从父母、什么事都容忍。我很担心，像这个国家，人这么多，生活这么困难，这种压力使我们听话，使我们顺从，于是渐渐地，反叛的精神毁了，不满的精神毁了。我们的学校应该教育学生一辈子不满、不轻易满足。这种不满，如果没有落入满意、感激的窠臼，就会开始追寻，就会变成真正的智慧。"

真正的智慧原来是这样得到的，真的让人愉快。

孔子曾经用自己的学习经历诠释了学习志向的重要性："吾十有五而志于学，三十而立，四十而不惑，五十而知天命，六十而耳顺，七十而从心所欲，不逾矩。"这激励着当代人当早立志，立大志。

二、学习的思想方法与基本态度

1995年，美国科学、工程与公共政策委员会在《怎样当一名科学家》中对科学家作了明确的定义：科学研究事业与人类其他活动一样，都建立在诚信的基础之上。科学家相信，其他科学家报告的结果是可靠的。社会相信，科学家的研究结果反映了科学家试图精确地和无偏见地描述世界的一种真诚的努力。科学及其与社会的关系享有较高的信用水平，这一点已为科学的空前繁荣做出了贡献。可是要维持这种信誉，科学共同体自身致力于用实例证明和传达合乎职业道德的科学品行是多么重要。

文艺复兴后，处于工业革命初期的培根曾经说过："人类要进步，就要打倒市井上的偶像，宇宙里的偶像，书本上的偶像。"当时的人们面对僵化的欧洲社会思维，提出了要破除迷信，勇于创新。

关于这一点，诺曼·列维特(2005)在《被困的普罗米修斯——科学与当代文化的矛盾》一书中有过自己的阐释："科学则意味着，即使是深深确立于人们心目中的权威，也应当受到审查与重新评价，并且必须服从逻辑和证据的限制。"这其中包含有人类社会对现实社会权威的认识与再认识过程。

类似的认识还有美国发明家亚历山大·贝尔说过的：有时不妨离开人们踏平的道路而步入丛林，每当你这样做了，就一定会发现一些从未见过的事物；圣一朱安.德.拉库兹说过的：为了到达你一无所知的那一点，必须踏上你一无所知的那条路；法国文学家马塞尔·普鲁斯特在《追忆逝水年华》中说过的：真正的发现之旅，不在于是否找到新大陆，而在于能否有新的眼光去观察；还有爱因斯坦曾经说过的：人类无法用自己提出问题的方式来解决问题。

美国短跑选手吉·海因斯创造新百米纪录的故事更形象地阐释了这一道理。1936年欧文斯在柏林创造了10.3 s百米纪录后，历时30年，无人能破此纪录。医学界曾断言，人类肌肉纤维能够承载运动的极限不会超过10 m/s。1968年墨西哥奥运会上，美国选手吉·海因斯在百米赛取得9.95 s成绩后，摊开双手说了一句话："上帝啊！那扇门原来虚掩着"。这件事被长期搁置在了那里。1984年，美国记者戴维·帕尔在翻看当年录像时，看到了吉·海因斯获胜后自言自语的动作，颇感好奇，于是几经周折，找到了他，了解了事情的真相，传为美谈。

郁达夫在谈到鲁迅之死时曾写道："没有伟大的人物出现的民族，是世界上最可怜的生物之群；有了伟大的人物，而不知拥护、爱戴、崇仰的国家，是没有希望的奴隶之邦。"大量的人才涌现，要形成良好的尊重人才、爱戴人才的良好氛围。这一点既是社会发展的方向，也与个人的行为息息相关。

严文井用1年零8个月写的感言(黄伟经，文摘周报，2006.4.11.6版)：

我仍在路上。

现在我仍然活着，也就是说，仍在路上，仍在摸索。至于还能这样再走多少天，我心中实在没有数。

我仅存一个愿望，我要在到达我的终点前多懂得一些真相，多听见一些真诚的声音。我不怕给自己难堪。

我本来就很贫乏，干过许多错事。但我的心是柔和的，不久前我还看到了归来的燕子。

真正的人正在多起来。他们有仁慈而宽恕的心，他们有眼泪，但不为自己哭。

我仍在路上，不会感到孤单。

我也不会失落，因为再也没有地方可以容我失落。

——1995年6月7日(严文井年已80岁)

三、学习路径与方法

1840年之后，西学东渐，东西方走向融合。迄今为止，这一过程仍在进行之中。在这样的大背景下，一个有志之士应当如何安排自己的学习呢?

哲学家雷海宗在20世纪30年代曾经谈过他自己的体会:“凡人年到三十，人格就已固定，难望再有彻底的变化。要作学问，二十岁前后，是最重要的关键。此时若对学问兴趣，立下广泛的基础，将来工作无论如何专精，也不至于害精神偏枯病。若在大学期间，就造成一个眼光短浅的学究，将来要作由专而博的功夫，其难真如登天。今日各种学术，都过于复杂深奥，无人能再希望做一个活百科全书的亚里士多德。但对一门精通一切，对各门略知梗概，仍是学者的最高理想。”

爱因斯坦也对大学学习提出了自己的意见:“仅仅授人一门专业技能并不足够，否则这个人只会是一架有用的机器，而没有和谐发展的人格。最为重要的是，学生要对不同的价值观有所了解和生动的体会，他应当也必须有对美、对善恶的敏感。否则，他即使有专门知识，也不过是一条训练有素的狗，而不是和谐发展的人。……所以我总是推崇人文科学的重要性。”这对矫正时下大学文理分科的学习有一定指导意义。

对于传统知识与现代科学的学习先后顺序安排，历史学家吕思勉曾经提出过自己的观点:“先读科学书，后读古书。对于现在的科学，先已知其大概，然后在常识完备的条件下，了解古书，自然是有益的。若其常识不完具，退化了好几世纪，而还自以为是，那就不免要生今反古，与以耳食无异了。所以我劝青年读书，以先读现在的科学书，而古书且至为缓图为顺序。”只是要注意古为今用。

英国历史学家阿纳德·汤因比(1971年)在《在未来中生存》文集中论述过专与通的关系:“专家的眼界是扭曲的，通家却易流于肤浅。要避免此二患，则需两者融为一体，令某个领域的专家同时也对于其他领域具备通识。成为专家将令通家的能力大大提升，同时又不失通家的触角，也令其眼界不至于错失重点。每个学者必须找到合乎自己心智结构的专业领域，并小心避免成为纯粹的专家或者通家。”他与雷海宗的认识可谓有异曲同工之妙!

在向自然与社会学习方面，孔子曾指出:“众人都喜欢的事物，一定要认真考察;众人都讨厌的事物，也一定要认真考察。”“观察一个人为什么去做这件事，再观察它如何去做，接着再观察他做此事时的心情是否安宁。如此仔细观察，那个人的品质如何藏匿得住呢?”

庄子说:“人的品质与性情都藏在内心深处，所以君子会驱使某人到远处，来观察他的礼貌;不断地安排他来做事，来看他的能力;突然问他事情，来观察他的机智;着急地与他约定事情，来观察他的诚信;把钱财交给他，来观察他的廉洁。”读到2000多年前我们的先人有如此高的智慧，联想到中华民族辉煌的历史，对我们实是莫大的鞭策。

人类历史发展的过程，在宏观层面是一个不断学习进步的过程。学习方法固然很多，我们将一个人健康成长的条件归纳起来一般有以下几点：一是要有一定的天资，立志学习成才；二是要一个较稳定的经济基础，能够支持读书学习；三是要有好的老师，良师益友；四是要机缘巧合，积极准备着，也要注意争取机会；最后还要加上勤奋努力，百折不挠，锐意成才。除之而外，也有其他成才道路。今日世界处于大融合、大飞跃的过程之中，为人们提供了无限多的学习机会，当代人既要踏踏实实，一步一个脚印，积累成才；也要敢于抓住机会，创造时机，不拘一格出人才。为世界贡献才智。

四、世界基本知识的源泉

我们生活的世界不是平静的。许倬云(2007)在评价世界近代科学技术发展状况时指出："最近一个时代，资讯科技与生命科技的发展十分迅速，科技知识本身成为生产的资源。……知识转化为市场的效应，以致知识既是生产力也是商品。资金投入'知识'，生产力开发'脑矿'以博取利润。这一变化，导致知识分子(也即专业的求知之人)，'学成文武艺，货与帝王家'，依附于经济利益，难以维持学术的独立性。在不久的将来，世上将有一个新的'婆罗门'，占有财富与权力，却又因为这一结合，学府之门将只对少数特权阶层开放，而摒一般庶民的子弟于户外。知识分子，本是人类知性、理性与感性三个领域中为人类寻找存在价值的主力。但是已如前述，只是成为商品及生产力，求知是为了财富和权力时，还有谁尽力在纯粹的心智活动中追寻真善美？于是，解散一切价值后，世上剩下的将只有庸俗、平凡、冷漠、猜疑与失落。……人类又回到了榛莽未开的原始状态，一切行为仅仅是生物失色本能的反射！"

不能不看到，世界的波涛既有向高向前冲击的一面，也有向下向后回荡的一面。近三百年来，欧美西方文明主导世界发展，发展中国家发展受到压抑。世界走向了重物轻民，技术革命主导科学革命，科学技术力量依附于资本势力，造成人类自身与社会畸形发展，物质世界变化喜忧参半。面对世界发展潮流及存在的问题，中外学者在理论与实践方面进行了长期的探讨。

来自国内哲学界的探索。在人民论坛问卷调查中心进行的"2012年最有价值的理论观点"调查中，北京大学中国哲学领域哲学家汤一介的观点，获得第一。到上世纪末，以"过程哲学"为基础的"建构性的后现代主义"提出将"第一次启蒙"的成果与"后现代主义"整合起来，召唤"第二次启蒙"。在中国已经发生广泛影响的"国学热"和"建构性的后现代主义"在马克思主义指导下的有机结合，如果能在中国生根并得到发展，也许中国可以比较顺利地完成"第一次启蒙"，实现现代化，而且会较快地进入以"第二次启蒙"为标志的后现代社会。

汤一介理论构想设中的四个关键内容：第一次启蒙，主要为工业化基础；国学—儒、道、释；马克思主义部分包括了马克思、列宁主义、毛泽东思想及其社会主义建设实践；建构性后现代主义，为怀特海哲学思想及其当代应用。

来自国际方面的探索。曾经长期研究怀特海哲学的菲利浦·罗斯曾这样评价：怀特海过程哲学是"自笛卡尔和牛顿以来，在哲学和科学中居支配地位的机械论宇宙观的一个新颖且更为精致的替代品。"

2002年，怀特海哲学的第三代传人小约翰·柯布曾经谈到，建设性后现代主义……明确地把生态主义维度引入后现代主义中，后现代是人与人、人与自然和谐相处的时代。这个时代将保留现代性中某些积极性的东西，但超越其二元论、人类中心主义、男权主义，以建构一个所有生命福祉都得到重视和关心的后现代世界。

2010 年他在《第二次启蒙》序言中指出：我一生大部分时光都用来向我的西方同胞表明：怀特海之思想可帮助西方解决它在理论和实践中的问题。我的成功固然微乎其微，然而发现了怀特海的中国人却懂得了他的观点的潜在价值，并已开始认真地探究它。怀特海深刻地看到，只要西方最根本之思想转向为中国长期所采取的那一方向，它的问题便可望得到解决。

2015 年，怀特海哲学领域另一位代表菲利普・克莱顿提出了有机马克思主义的认识。指出："中国古代智慧、后现代马克思主义与环境思想的融合称之为有机马克思主义。有机马克思主义包含的必要元素有：生态思维；建设性后现代视野；个人、共同体、自然的统一体；注重务实行动；超越科学、教育、社会价值中立；个体服从于集体繁荣。"

总结怀特海过程哲学领域面对世界形势进行的理论探索，我们可以看到他们提出的四项应对未来发展的关键内容，即工业化基础；中国传统文化；建构性后现代主义—怀特海哲学的当代实践理论；马克思主义-有机马克思主义。

面对世界危机，中外学者各自独立研究，得出了惊人的基本一致的研究结论，让我们倍感诧异。总结起来就是，当代人类世界，要汲取四方面知识来源，以应对未来世界需要：近代科学技术，近 400 年以来的科学技术发展；中国与世界传统文化，包括中国的儒、道、中医等文化，世界的佛教、基督教、伊斯兰教等文化；马克思主义理论与实践，包括马克思、恩格斯理论探索，列宁、斯大林理论与苏联社会主义实践，中国社会主义理论与实践，其他社会主义国家建设理论与实践；过程哲学及其建设性后现代理论与生态文明建设论述。

地理系统中的人们面对着要处理个人、社会、自然三者间关系的任务。在这一意义上观察，印度文明在认识自我上有高度积累，其集大成者为佛陀，近代的代表是克里希那穆提；中国在认识社会方面积累十分丰富，集大成者为老子、孔子、毛泽东思想；西方世界在认识自然方面见长，集大成者为苏格拉底、亚里士多德、康德、黑格尔、马克思；怀特海在综合包括量子力学在内的世界最新研究成就基础上，综合认识世界方面进行了开拓性努力，贡献卓著。人类社会应当反省全世界有史以来积累的一切文明成就，从根本上提高智慧水平，以不辜负历史上那些巨大的付出与牺牲，正确走向未来。

实践是知识之母，人类的一切知识均来源于历史的广泛的实践。已有知识只是给我们提供了进行新的实践的基础，以此为前提进行新的实践活动，将创新出新的、更丰富的知识世界。中外世界已经走入不可阻挡的融合进程之中。幸运的当代人当满怀信心地，用辛勤的劳动，通过学习会通，积极实践，迎接这一时代的到来。

五、思索中国文化基本特色

楼宇烈（2015 年）曾经说过："中国文化的人文特质就是以人为本的人文精神，这是中国文化区别于西方文化传统、印度文化传统（佛教除外）等主要文化形态的特质所在。中国的文化不是靠一个外在的神或造物主，而是靠人自己道德的自觉和自律，强调人的主体性、独立性、能动性。中国的家庭秩序的维护和社会秩序的维护都是靠人的道德的自觉和自律。中国文化的根本特点是强调修身，提高德行，不靠外在力量决定自己命运，不做神的奴隶。同时为了保持和不断提升自我德行，还要防止物欲引诱和腐蚀，也不做物的奴隶，上薄拜神教，下防拜物教。"

许倬云（2006 年）曾经说过："中国人对外族异文化，常抱一种活泼广大的兴趣，常愿接受而消化之，把外面的新材料，来营养自己的旧传统。中国人常抱着一个天人合一的大理想，觉得一切异样的新鲜的所见所得，都可融会协调，合凝为一。这是中国文化精神最主要的一个特性。

反顾中国文化发展的轨迹，最可注意的是其兼容并蓄的胸怀；为此中国人遭逢外来异质文化时，常常能够吸收其精华，融入自己文化体系。

中国近代的知识分子继承了中国文化士大夫传统，有济世的关怀。中国传统士大夫是社会的精英，然而，这一精英阶层又是开放的，足以不断吸纳才智之士。相对而言，公教秩序的社会精英，或为传教士，或为贵族。教士是离世的，贵族阶层则基本上是世袭的与封闭的。近代以来，欧美的知识分子是专业性的，以追求知识为职志，没有淑世的关怀。在未来的世界秩序，人权观念应是社会价值的主要成分，则未来的知识分子也应有相当的淑世关怀，庶几可以将科技知识为人类社会谋求公平与普遍的福祉。”

纵观今日世界，人类正处在文明大飞跃的前夜。在可以预见到的将来，全球文明必将走向统一。中国由于其历史积淀深厚，从汉代已经开始对印度文明导入并吸收消融，近代以来又走向积极吸纳欧美文明，不断丰富自己的洞察力，为走向全人类大融合，形成了最广博的人文基础。同时因积累有一定的经济实力，这些在相当程度上决定了中国有可能利用现有基础与历史机缘，创造出这个时代最伟大的人才群体，率先推进人类文明飞跃发展。

六、坚定自信，练就坚硬的臂膀

英格尔斯曾经说过：“一个国家，只有当它的人民是现代人，它的国家从心理和行为上都转变为现代的人格，它的现代政治、经济和文化管理中的工作人员都获得了与发展相适应的现代性，这样的国家才是真正现代化国家。否则，即使经济已经起飞，也不会持续长久。”对于一个国家是如此，对于今日全世界又何尝不是如此！

当代世界面对着人类文明史上最壮丽的发展前景，同时是在最艰难的发展困局中为人类寻找出路，建设道路。当代人天然地承担着探索者、设计者、建设者的重担。后来者当自觉地增强自信，以最大的毅力练就坚硬的臂膀，时刻准备着承担最艰苦的责任。

孟子讲：“天将降大任于斯人也，必先苦其心志，劳其筋骨，饿其体肤，空乏其身，行拂乱其所为，所以动心忍性，曾益其所不能。”

苏联作家索尔仁尼琴为1970年诺贝尔文学奖获得者。他曾经说过：“个人不应作为集体的一员出现，当行动与个人有关时，个人便应成为主角。“人的地位是平等的……个人的命运体现千百万人中间，千百万人命运集中在个人身上”。“宇宙中有多少生物，就有多少中心。我们每个人都是宇宙的中心……。”

1937年，傅雷在为《约翰·克利斯朵夫》译著写的献辞中说：“真正的光明绝不是永没有黑暗的时间，只是永不被黑暗所掩盖罢了。真正的英雄绝不是永没有卑下的情操，只是永不被卑下的情操所屈服罢了。”“所以，在你要战胜外来的敌人之前，首先要战胜你内在的敌人；你不必害怕沉沦堕落，只要你能不断的自拔与更新。”克服千难万险，勇往直前。

英国《新科学家》杂志2005年刊文指出，一个材料只有充满孔洞，才真正坚固。怎样才能使某种组织结构更加坚固呢？答案可能就是让它充满无数的孔洞。孔洞可以吸收压力或外部作用力的能量，从而增加材料的弹性。物理学上的这一成果与“虚心使人进步，骄傲使人落后”的警句竟如此巧合，不禁令人称奇！

智慧是指蕴藏在一个心智健全的社会人的智能“库”中还没有开发出来的智慧总和或者是储存在每个人身上的尚未被释放出来的各类能量，也称潜能。人类在开发智慧方面还只是刚刚迈出了小小的一步。

第四节　努力成长为21世纪合格的农业工作者

一、站在时代的前沿定位人生

1980年时，新加坡的人均GDP为4800美元，中国为400多美元。那一年邓小平接见了新加坡财政部长韩瑞生、严崇涛。他当时说：“我的目标是让中国人均国内生产总值2000年前达到1000美元。”接着，严崇涛回忆当时情景时说：“他探过身来对我说：‘到那时，中国的国内生产总值就是12亿人口乘以1000美元’。”到2000年，中国人均GDP为1200美元，2016年为15000美元。这真是一个飞速发展变化的时代。

许倬云2009年在《历史大脉络》指出：“今天人类还处于旧日文明崩解之时，新的价值体系亟待构建。科技文明替代了农业文明与工业文明，这是一个新的文明，是以人为本，以知识为用。……明日的世界，必然有个人之间相处的伦理，个人与社会群体相处的伦理，以及人与自然相处的伦理。庶几这一正在展开的文明可久可大，有其增长的空间。”

当代中国人面对这样的世纪，应当如何定位自己呢？李政道(2009)认为：“中国有科学，只是没有现代科学。中国错过了经典力学的17世纪，错过了电磁学的18、19世纪，错过了相对论和量子力学的20世纪，绝不能再错过21世纪。”

从1949年至今，中国用六十几年的时间经历了计划经济与市场经济的冲击与考验。而从1840年算起，则经历了与西方世界最激烈的文明冲突，至今这一过程仍在进行之中。许倬云(2008)认为，“人为什么能够被称为万物之灵？就是因为人能够合群，懂得思考。在吃饭、穿衣、食色性也之外有更高贵的情操。如果把这些都拿走，只剩下生物性的人，那么跟动物在兽群里没有差别。很不幸，全世界的大趋向就是如此。中国经过几十年的颠簸，拨乱反正。要把师生之间的伦理重组起来，这不是一个人的事情，这是一个社会重组的过程。”

生活在这一时代的青年人要承担如此重大的历史责任，就必须高瞻远瞩，树立远大的理想与抱负，始终注意学习，不断提高自己认识问题的能力与解决问题的能力。

要向书本学习。当我们捧起一本书时，应当认识到“书籍并不是没有生命的东西，它包藏着一种生命的潜力，与作者同样活跃。不仅如此，它还像一个花瓶，把作者生机勃勃的智慧中最纯净的精华保存起来。”(吴国盛，2003)这一切需要我们要珍视我们手里的书籍。

严耕望在《怎样学历史》一书序言中谈道：“今日青年好学者若想学习前人研究技术之精微处，只有取名家精品，仔细阅读，用心揣摩，庶能体会；若都只匆匆翻阅，一目十行，只能认识作者论点，至于研究技巧，曲折入微处，恐将毫无所获！”这一点对互联网时代的人们借鉴尤为重要。

要向历史学习。孔子讲：“温故知新”；毛泽东说：不知道中国的昨天，就不知道中国的今天;不知道中国的今天,就不知道中国的明天。我们"对历史不可以仅在'过去的事情'意义上理解,历史永远在某种意义上活着,成为人类生活际遇的一个有机部分。对世界的理解对人生的理解是源于历史的,我们喜怒哀乐不可能纯粹是此刻的感受,他其中交织着深厚的文化背景。"

要向世界学习。历史上的中国农业曾经对世界发展做出过重大贡献。1840年以来中国受尽凌辱,我们与世界一切不发达国家与地区的人民感同身受,与劳动人民心连心。值此全球范围内农业现代化成为全人类的核心建设任务,第六次产业革命建设之时,青年人有幸将参加战斗,或将战斗在时代的最前沿,领导中国农业现代化建设,为人类文明发展进步做出新贡献。

也要向人民学习。劳动人民是社会与生产实践的直接行动者,在他们那里汇集了全部的感性认识与实践经验。我们要认识有关知识,就必须虚心向劳动人民学习,诚心诚意与他们交朋友,拜他们为师,获得他们的信赖,唯有如此,才能从他们那里学得重要经验与知识。否则就不能成长为一个真正有成就的人才。

还要向实践学习。实践出真知。在所有学习与调查、分析、研究的基础上,形成综合方案,进行社会与生产实践检验,在实践中提高自己,将知识变成真正有用的知识,将自己变成真正有用的人才。

在全部人类事业发展的重要领域,都普遍地存在人才不足问题。这既让从事教育与社会工作的人们感到羞愧,也是人类社会必须改革,求得进步的现实基础。中华民族素有尊贤重教的传统。即使遭遇像抗日战争亡国灭种那样的危机,也不忘培养人才。当年西南联大教师奋力育人,学子孜孜不倦学习的景象依然历历在目。梅贻琦、张伯苓、陈寅恪、钱穆、刘文典、钱钟书、费孝通、陈省身、华罗庚等名家聚集。谱写了一曲多难兴邦的高歌。

面对未来发展,新一代中华传人,只有彻底抛弃个人得失,以服务天下,造福全人类为己任,秉持中华文明精华,虚心学习,认真实践,仁爱世界,才能取信于天下,完成自己的历史使命。

二、要洞察当代科学的不完整性

爱因斯坦(1948)曾说过:"人类在科学和技术领域里产生了这么多极为成功的学者,但长期以来,我们在寻找困惑人类的许多政治冲突和经济压力的适当解决途径时却束手无策……科学至多只能提供达到特定目的的手段。"池田大作认为"科学有限度,它能处置的对象极其有限。这与汤因比的认识"对于人类极为关心的大事,科学完全不能给予明确的答案。"而且,"科学只不过对用技术来操作这个唯一的实用目的是重要的……科学通过定量化使技术具有的潜在力量增大,……从本质上来说,既是好事又是坏事。……要解答这个问题,……要看人类是否具备了能妥善地,而决不是滥用这种能力的崇高的道德水平"很接近。

E. F. 舒马赫也曾在自己的学术生涯中对科学有过评论:"科学无法产生出让我们据以生活的想法。就算是最伟大的科学想法也只不过是些适用于特殊研究的可用假说,但却完全不能指引我们的生活,也不能用以诠释世界。所以如果一个人因为觉得疏离、困惑、生活空虚、没有意义,而寻求教育,学习自然科学,也就是"技术知识",是学不到他想要的的。"

近代法国哲学家埃德加·莫兰也曾指出:"我越来越坚信那些用来构成我们社会(整个社

会)的概念是残缺不全的,他们不可避免地导致人们思想的残缺不全。"

有关专家学者的论述与我们日常的经验表明,我们通常崇拜的科学并不可靠。这样的情况出乎预料之外不是由于现实世界的异变,而是由于科学的后来者懒惰依赖心理习惯,对社会、名人的盲目依赖与迷信所致。新农村建设、有机农业道路、农业现代化是开创性的事业,举世无成例可循。人类通过抄抄写写,就可以得过且过的时代已经结束。只有依靠自己努力,依靠集体创造,共同进步的时代已经到来。

科学的理想是崇高的。但由于最终决定科学现实的是道德、心灵、恒稳有待完善的人,使得所谓现实的科学仅仅是一大堆思想矿藏,一种需要精炼的矿藏。在即将到来的生活中,我们要时时警觉,避免盲目崇拜科学,避免无所作为。

何塞·安东尼奥·佩尼亚斯(2005)指出:"科学是由人创造的,因此免不了有错误和失真,当然还有骗局。"发生这样的事件,甚至有某种必然性。罗伯特·阿尔布里坦研究指出:"科学的统一性依赖于竭力地并无私地寻求真理,而资本主义为了自己的利益已经极大地控制了科学研究。

科学经常为提高利润而受到操纵,而不是用来促进人类的繁荣发展。治疗癌症可以获得巨大利润,阻止癌症产生则不会带来利润。与此相同的是,能够预防疾病的举措一般不会带来利润,治疗疾病才能带来利润。除非科学研究有获得利润的可能,否则通常不会致力于促进人类发展的研究。

问题不仅限于科学研究的错误方向,公司也付钱给科学家,使其利用自己的权威提升公司的利益。随着公共部门的减少,科学家越来越依靠私营部门获得资金。这意味着公司日益增长的短期利益驱动力不仅决定了研究的内容,而且决定了什么样就可以公布,什么结果需要保密……2005 年对 3000 为美国科学家的调查显示,1/3 参与过伦理上受到质疑的事件。"

科学的进展已经不是在追问宇宙秩序和宇宙意义,而是在追问利润—从新的科技上发展出来的利润。科技的来的知识可以转化为金钱,而金钱又可以转化为权力,尤其是政治权力。科技知识的应用,逐渐集中在有利可图的几个项目。欧美学术界罕见有人追问有关终极关怀的大问题。……人和"天人"、"生死"这几个重要的项目,在西方没有答案,也不会有人提问。在没有答案的时候,人生就只有追逐最眼前的东西,就是最舒适的生活,以及维持舒适生活的金钱。这个大概是经济扩张最根本的原因。

人类似乎是在从一滴水出发来体味汪洋大海,从一个细胞去洞察生态系统,从分子之角来揣摩浩瀚宇宙。不同阶段、不同位点的人类认识了许多,又有许多尚不认识。

近三百年来,欧美西方文明主导世界发展,中国、印度文明发展受到压抑。世界重物轻民,技术革命主导科学革命,造成人类自身与社会畸形发展,物质世界变化喜忧参半。

今天的人类社会必须彻底反省全世界有史以来积累的一切文明成就,包括经验与教训,从根本上提高指挥水平,才能不辜负巨大的损失与牺牲,正确地走向未来。

历经磨难,到达今天的中华民族,仍然不具备松一口气的条件,面对长期积累的问题,有限的资源条件,巨大的发展挑战,我们既要克服民族与社会的缺陷,又要克服人本身意义上的缺陷,走向未来。

一个明白无误的结论是,改造物质世界的左腿远远地迈出之后,建设精神世界的右腿跟进、前伸的时期已经来临,人类将迎来智慧大飞跃的新的黄金时代。

三、学习掌握马克思主义的批评与自我批评武器

马克思曾经指出：所谓的历史发展总是建立在这样的基础上的：最后的形式总是把过去的形式看成是向着自己发展的各个阶段，并且因为它很少而且只是在特定条件下才能够进行自我批判，——这里当然不是指作为崩溃时期出现的那样的历史时期，——所以总是对过去的形式做片面的理解。基督教只有在它的自我批判在一定程度上，所谓在可能范围内准备好时，才有助于对早期神话做客观的理解。同样，资产阶级经济只有在资产阶级社会的自我批判已经开始时，才能理解封建社会，古代社会和东方社会。

人体解剖对于猴类解剖是一把钥匙。低等动物身上表露的高等动物的征兆，反而只有在高等动物本身已被认识之后才能理解。

毛泽东在领导中国革命过程中，创造性地提出了“批评与自我批评的理论武器。”

人类是从事物高级发展阶段的结构功能认识来体味低级阶段的结构进化意义的。按照马克思的思想方法，自我批判的主体可以是宗教、资本主义。进一步推论为，社会主义、工业文明、人类个体与当代人类社会整体也可以作为主体进行自我批判。这有可能在历史意义上使当代成为人类彻底觉醒的时代。

四、高度重视健康生活与工作

2000年统计，我国人均寿命为73岁，预计2050年预计为85岁。而日本在2008年，人均寿命男性为78.53岁，女性为85.49岁，是世界人均寿命最高的国家。

上海社科院一项“知识分子健康调查”结果显示，北京知识分子平均寿命从1997年的59岁降为2007年的53岁，比1964年北京人平均寿命75.85岁低了20多岁。人为压力可以造成100多种疾病。

平均状态讲，世界每一个人均具有类似的智力基础。在生活与学习中，人们通过遗物与文字，现代人可以共享古人的一切经验。地球人类共同体在经历万年长途跋涉、艰难困苦后，伴随着信息技术进步，已经在集体插上飞翔的翅膀，即将进入全新的生态文明飞跃发展期。今天面临的难题、危机、困境，诸如农业危机的挑战，不过是人类进入新历史状态前的智力考验。觉悟了的新人应满心喜悦地学习、工作，去唤醒所有同胞，共同迎接新时代的到来。按照钱学森建议，一个人在25岁即可达到硕士水平，到85岁，将有60年的时间去享受生活，认真工作。我们祝愿大家人人努力，互相支持，健康工作六十年！

思考题

1. 如何认识时代对人才的需求的紧迫程度？
2. 谈一谈您对马克思主义批评与自我批评理论武器的认识。
3. 谈一谈您对自己学习成长的体会。

推荐读物

1. 许倬云. 从历史看时代转移. 桂林：广西师范大学出版社，2007.
2. 中华优秀传统文化系列丛书，《大学》.
3. 钱学森第六次产业革命研究学习组. 第六次产业革命. 北京：清华大学出版社，2015.

参考文献

[1] A.阿默曼,等. 欧洲早期农耕扩展速率的测定.农业考古,1987(1):116-128.
[2] 埃德加·莫兰. 方法:天然之天性. 吴泓缈,冯学俊译. 北京:北京大学出版社,2002.
[3] 巴顿. 上海社会科学院部门经济研究所城市经济研究室译. 城市经济学. 北京:商务印书馆,1984.
[4] 白梦娇,贾利军. 跨国垄断下我国粮食安全的威胁与保障. 农业经济,2017(3):120-122.
[5] 柏振忠.世界主要发达国家现代农业科技创新模式的比较与借鉴.科技进步与对策,2009(24):39-41.
[6] 曹建如. 旱作农业技术的经济、生态与社会效益评价研究——以河北省为例. 北京:农业资源与农业区划研究所,2007.
[7] 曹俊杰.实现由工业反哺农业向工农业协调发展战略转变.中州学刊,2016(11):24-28.
[8] 曹俊杰. 我国几种工业反哺农业模式比较研究. 农村经济,2017(3):6-12.
[9] 曹志平. 农业生态系统功能的综合评价. 北京:气象出版社,2002.
[10] 陈厚基. 不同类型国家的持续农业发展道路和模式. 世界农业,1995(9):6-8.
[11] 陈文林. 自然辩证法. 北京:中国农业出版社,1997.
[12] 陈新田. 法国农业科教体系及其启示. 黄石理工学院学报,2005,21(2):39-41.
[13] 陈颖,朱长寿,关雯青,等. 追溯中国农耕文化的渊源与发展——以贵州贵定县多元文化发展为例. 贵州大学学报(自然版),2015,32(1):137-140.
[14] 程国强."一带一路"对中国农业的影响. 中国财经报,2015-06-30(007).
[15] 程国强. 中国农业对外开放:影响、启示与战略选择. 中国农村经济,2012(3):4-13.
[16] 程积民,万惠娥,雍绍萍. 固原地区农牧结构调整与高效发展模式研究与示范.水土保持学报,2005,19(4):152-155.
[17] 程序,曾晓光,王尔大. 可持续农业导论. 北京:中国农业出版社,1997.
[18] 程序. 论黄淮海地区的农牧结合工程. 农业工程学报,1994,10(2):1-10.
[19] 池泽新. 论农业生产力基本规律. 江西农业经济,2001(05):10-11.
[20] 褚琳琳. 改进的索洛模型在节水农业社会效益评价中的应用. 节水灌溉,2009(11):34-36.
[21] 丛佩琴,周丽坤.合理利用水资源促进农业可持续发展.吉林水利,2007,304(9):61-62.
[22] David J. Connor, Robert S. Loomis, Kenneth G. Cassman. 作物生态学——农业系统的生产力及管理.2版.北京:中国农业出版社,2016.
[23] 代志诚. 论农业水资源的合理利用. 现代农业科技,2009,17:245.
[24] 戴汝为.复杂巨系统科学——一门21世纪的科学. 自然杂志,1997(4):187-192.

[25] 邓秀新. 现代农业与农业发展. 华中农业大学学报(社会科学版),2014(1):1-4.
[26] 丁泽霁. 世界农业：发展格局与趋势. 北京：农业出版社，1991.
[27] 段莉. 典型国家建设农业科技创新体系的经验借鉴. 科技管理研究,2010,30(4):23-28.
[28] E.F.舒马赫.小的是美好的.虞鸿钧,郑关林译. 北京：译林出版社,2007.
[29] 2013年中国环境状况公报. 环保工作资料选，2014(7).
[30] 方精云，朱江玲，吉成均，等. 从生态学观点看生态文明建设. 中国科学院院刊，2013(02):182-188.
[31] 方修琦,苏筠,尹君,等. 冷暖-丰歉-饥荒-农民起义:基于粮食安全的历史气候变化影响在中国社会系统中的传递. 中国科学:地球科学,2015,45(06):831-842.
[32] 冯军. 技术负效应及其控制整合的探究. 沈阳:东北大学,2008.
[33] 冯小平,王义东,郭长城,等. 长期垦殖与退化对七里海芦苇沼泽土壤盐分的影响. 湿地科学,2014,12(3):388-394.
[34] 弗兰西斯·培根. 新伦理学. 北京:商务印书馆,2001.
[35] 福岛和男. 日本人所不了解的中国——技术力量. 经济学人,2005年7月号
[36] 富兰克林·H. 金. 四千年的农夫. 北京：东方出版社,2011.
[37] 高亮之. 农业系统学基础. 南京：江苏科学技术出版社，1993.
[38] 高庆生. 生物工程进展. 北京:科学文献出版社,1986.
[39] 高全成. 中国的农业革命. 农场经济管理,2016(10):3-11.
[40] 高旺盛. 中国区域农业协调发展战略. 北京：中国农业大学出版社,2004.
[41] 高旺盛. 循环农业理论与研究方法. 北京：中国农业大学出版社,2015.
[42] 郭焕成. 国外农业区划研究现状、特点及发展趋势. 中国农业资源与区划,1989(2):51-55.
[43] 郭键,王栋. 国外农业科技投入体系比较研究及对我国的经验借鉴. 农业科技管理,2014(5):24-26.
[44] 郭静利. 农业产业链稳定机制研究. 北京：中国农业出版社，2011.
[45] 郭文韬,等. 中国传统农业与现代农业. 北京:中国农业科技出版社,1986.
[46] 郭文韬,等. 中国农业科技发展史略. 北京:中国科学技术出版社,1988.
[47] 郭燕枝,郭静利. 我国农产品供给功能及其影响因素的典型相关分析. 农业经济,2011(11):88-90.
[48] 郭勇. 发展中国家城乡关系演化:文献与书评. 经济问题,2005,7:48-50.
[49] 国家统计局. 统计上划分城乡的规定. 国务院于2008年7月12日国函[2008]60号批复.
[50] 国家中长期科学和技术发展规划战略研究,农业问题研究专题之总体战略子专题研究报告. 2004.
[51] 国务院发展研究中心"新时期我国农业科技改革发展的目标与任务"课题组. 世界农业科技发展动向与特点. 发展研究. 2012(6):7-9.
[52] 韩俊. 21世纪中国农业改革发展的趋势与策略. 国家行政学院学报,2000(1):41-45.
[53] 何传启. 世界农业现代化的发展趋势和基本经验. 学习论坛,2013,29(5):33-37.
[54] 何塞·安东尼奥·佩尼亚斯.《趣味》西班牙. 参考消息,2005-07-30.

[55] 黑格尔. 黑格尔全集. 北京：商务印书馆，2012.
[56] 亨利·伯恩斯坦. 农政变迁的阶级动力. 北京：社会科学文献出版社，2011.
[57] 胡兵辉，廖允成. 毛乌素沙地农牧生态系统能值分析与耦合关系. 生态学报，2011，31(9)：2559-2566.
[58] 胡瑞法，李立秋. 农业技术推广的国际比较. 科技导报，2004(1)：26-28.
[59] 胡寿田，等. 生态农业. 武汉：湖北科学技术出版社，1988.
[60] 胡跃高. 中国农业结构变革机制研究. 北京：中国农业大学出版社，1993.
[61] 胡跃高. 农业发展原理. 北京：中国农业大学出版社，2005.
[62] 胡跃高. 农业总论. 北京：中国农业大学出版社，2000.
[63] 黄国勤. 农业现代化概论. 北京：中国农业出版社，2012.
[64] 黄季焜，胡瑞法. 农业科技革命：过去和未来. 农业科技经济，1998(3)：1-10.
[65] 黄其煦. 东南欧的农耕文化机器在农业向欧洲传播中的作用. 农业考古，1987(1)：128-135.
[66] 江坂辉弥. 绳文时代环渤海的文化交流. 农业考古，1995，1：28-32.
[67] 江长胜，郝庆菊，宋长春，等. 垦殖对沼泽湿地土壤呼吸速率的影响. 生态学报，2010，30(17)：4539-4548.
[68] 姜晔，吴殿廷，杨欢，等. 我国统筹城乡协调发展的区域模式研究. 城市发展研究，2011，2：42-47.
[69] 蒋波，詹卉. 农业资源合理利用的问题及对策. 南方农业，2014，15(8)：61-62.
[70] 焦必方. 农村和农业经济学. 上海：格致出版社，上海人民出版社，2009.
[71] 科学技术部农村科技司. 新农村建设与农村科技发展战略. 北京：中国农业出版社，2007.
[72] 孔令平. 关于农耕起源的几个问题的思考. 农业考古，1986(1)：28-37.
[73] 赖作莲. 美国农业科教体系特征及其启示. 农业科技管理，2010，29(4)：93-96.
[74] 雷海宗. 专家与通人. 大公报，1930-4-8.
[75] 雷锡录. 农业经济必须以计划经济为主、市场调节为辅. 经济与管理研究，1982(6)：7-11.
[76] 黎帅锋. 马克思科学技术思想及其启示. 郑州大学，2012.
[77] 李邦铭. 马克思恩格斯城乡关系思想及其当代价值. 中南大学，2012.
[78] 李成贵，孙大光. 国家与农民的关系：历史视野下的综合考察. 中国农村观察，2009(6)：54-61.
[79] 李成贵. 论传统农业的资源配置及其效率水平. 中国农史，1997，16(1)：74-83.
[80] 李改玲. 农业产业化经营项目社会效益评价研究. 西北农林科技大学，2011.
[81] 李根蟠. 中国传统农业的可持续发展思想和实践. 第六届东亚农业史国际学术研讨会，2006.
[82] 李宏图. 从农业文明到工业文明-西方近代社会转型的历史经验及启示. 探索与争鸣，2000(1)：43-46.
[83] 李杰义. 农业产业链视角下以工促农的机制研究. 北京：中国经济出版社，2011.
[84] 李金昌. 经济资源新论. 重庆：重庆大学出版社，1995.

[85] 李晶. 国外农业生物技术的发展研究. 世界农业,2015(12):53-56.
[86] 李淑兰. 丘陵山区"果、牧、能"生态农业体系经济效益评价. 可再生能源,2004(5):59-62.
[87] 李文英. 日本农业教育的现状、特点及其启示. 比较教育研究,2004,25(10):63-68.
[88] 李向林,万里强,何峰. 南方草地农业潜力及其食物安全意义. 科技导报,2007,25(9):9-15.
[89] 李言鹏,王玉华,郭鹤群. 国内外有机农业发展演化与区域比较研究. 世界地理研究,2013(3):110-117.
[90] 李中朝. 农业资源的合理利用. 黑龙江科技信息,2013(8):232.
[91] 林大燕,朱晶,吴国松. 季节因素是否影响了我国大豆进口市场格局——基于拓展 H-O 模型的理论分析与实证检验. 国际贸易问题,2014(3):44-51.
[92] 林而达,吴绍洪,戴晓苏,等. 气候变化影响的最新认知. 气候变化研究进展,2007(3):125-131.
[93] 林清,昝林森,陈宏. 农牧结合可持续发展的现代农业创新思路. 中国牛业科学,2015,41(2):8-11.
[94] 刘冠男. 中西方中古时期城乡关系比较研究初探. 南方建筑,2014(2):66-69.
[95] 刘国瑜. 我国当前农业推广存在的问题及改革思路. 南京农专学报,2001,17(3):69-73.
[96] 刘洪来,王艺萌,窦潇,等. 农牧交错带研究进展. 生态学报,2009,29(8):4420-4425.
[97] 刘景双,于君宝,王金达,等. 松辽平原黑土有机碳含量时空分异规律. 地理科学,2003,23(6):668-673.
[98] 刘满强,胡锋,陈小云. 土壤有机碳稳定机制研究进展. 生态学报,2007,27(6):2642-2650.
[99] 刘新生. 种植业经济效益及其评价指标体系研究. 西北农林科技大学,2003.
[100] 刘巽浩,牟正国. 中国耕作制度. 北京:农业出版社,1993.
[101] 刘巽浩,陈阜. 中国农作制. 北京:中国农业出版社,2005.
[102] 刘巽浩. 农作制与中国农作制区划. 中国农业资源与区划,2002,23(5):11-15.
[103] 刘巽浩. 耕作学. 北京:中国农业出版社,1996.
[104] 刘巽浩. 农作学. 北京:中国农业大学出版社,2005.
[105] 刘燕华. 生存与科技. 北京:中国农业大学出版社,1999.
[106] 刘永峰,福尔曼,白修德. 失措:逃离灾荒生死线. 看历史,2012(11):28-37.
[107] 刘忠,段增强. 中国主要农区畜禽粪尿资源分布及其环境负荷. 资源科学,2010,32(5):946-950.
[108] 刘忠宽,秦文利,智建飞. 河北省农牧结合战略研究. 河北农业科学,2006,10(2):26-30.
[109] 刘钟龄. 北方草原生态安全与草地农牧业发展. 草原与草业,2014,26(1):7-16.
[110] 刘宗超. 生态文明观与中国可持续发展走向. 北京:中国科学技术出版社,1997.
[111] 路明,等. 现代生态农业. 北京:中国农业出版社,2002.
[112] 吕思勉. 为学十六法. 北京:中华书局,2007.

[113] 吕玉华,郑大玮. 内蒙古农牧交错带农牧系统耦合及相悖的机理及效应. 草业学报,2009,18(4):217-223.
[114] 罗伯特.J.布雷伍德. 农业革命. 农业考古,1993,1:11-15.
[115] 罗雪山. 系统复杂性简论. 中国软科学,1990(2):36-38.
[116] 骆世明等. 农业生态系统分析. 广州:广东科技出版社,1996.
[117] 马克·B·陶格. 世界历史上的农业. 北京:商务印书馆,2015.
[118] 马克思,恩格斯. 马克思恩格斯全集. 第四卷.北京:人民出版社,1958.
[119] 马克思. 马克思恩格斯选集.第一卷. 北京:人民出版社,1972.
[120] 马克思. 马克思资本论.第一卷. 北京:人民出版社,1968.
[121] 马克思,恩格斯. 马克思恩格斯全集.第三卷. 中共中央马克思恩格斯、列宁斯大林著作编译局译.北京:人民出版社,2002.
[122] 茆诗珍,许俊华,等. 消除科学技术负效应的对策探讨. 现代商贸工业,2009,(2):53-55.
[123] 苗东升. 把复杂性当作复杂性来处理——复杂性科学的方法论. 科学技术与辩证法,1996,(01):11-13.
[124] 苗东升. 复杂性研究的现状与展望. 系统辩证学学报,2001,9(4):3-9.
[125] 苗晓丹,刘立新,刘杰. 德国农业职业教育体系及其主要特点. 中国农村经济,2015,(6):85-95.
[126] 苗阳,卢欣石. 历史时期中国草原垦殖原因初探. 草业科学,2008(4):124-129.
[127] (美)H·T·奥德姆.系统生态学. 蒋有绪,等译. 北京:科学出版社,1993.
[128] (美)唐·帕尔伯格.走向丰衣足食的世界.王应云译. 北京:中国农业科技出版社,1990.
[129] 闵庆文,成升魁,钟志明. 青藏高原农牧业发展方向思考. 农业现代化研究,2003,24(5):335-338.
[130] 那伟,张永峰,祝延立. 松辽平原农牧结合循环农业技术研究现状及展望. 中国农业资源与区划,2011,32(3):56-59.
[131] 农业部等八部委. 全国农业可持续发展规划(2015-2030). 中国农业新闻网,2015.
[132] 农业部软件科学委员会.中国农业和农村经济规律性问题研究.中国农业出版社,1998.
[133] 诺曼.列维特. 被困的普罗米修斯——科学与当代文化的矛盾. 南京:南京大学出版社,2005.
[134] 欧艳萍. 农牧配套种养结合型生态循环农业技术模式. 农业与技术,2014 ,34(11):1,2.
[135] 潘晓峰,张永峰,那伟,等. 松辽平原农牧结合循环农业技术发展研究. 吉林农业科学,2010,35(6):54-57.
[136] 裴勇.中华文化人文特质及对开创人类新文明的意义.裴勇语自在,2015-12-29.
[137] 钱学森,等. 系统思想与系统工程,论系统工程(增订本). 长沙:湖南科学技术出版社,1988.
[138] 钱学森第六次产业革命研究学习组. 第六次产业革命. 北京:清华大学出版社,2015.
[139] 全国农业教育发展“十五”计划纲要. 2004.

[140] 全球农业科技创新呈现新态势. 乡村科技,2016(4):30-30.
[141] 任继周,胥刚. 传统农耕文化在黄土高原上的困境与机遇. 草业科学,2010,27(3):3-8.
[142] 任继周,侯扶江. 草地农业系统是食品安全的重要保证. 草业科学,2009,26(8):6-9.
[143] 任继周,侯扶江. 山地-绿洲-荒漠的系统耦合是祁连山水资源保护的关键措施. 草业科学,2010,27(2):4-7.
[144] 任继周,林惠龙,侯向阳. 发展草地农业 确保中国食物安全. 中国农业科学,2007,40(3):614-621.
[145] 任继周,林慧龙,未丽. 草地农业是甘肃农业可持续发展的重要途径. 草地学报,2009,17(4):405-412.
[146] 任继周,林慧龙. 农区种草是改进农业系统、保证粮食安全的重大步骤. 草业学报,2009,18(5):1-9.
[147] 任继周. 草原文化是华夏文化的活泼元素. 草业学报,2010,19(1):1-5.
[148] 任继周. 藏粮于草施行草地农业系统——西部农业结构改革的一种设想. 草业学报,2002,11(1):1-3.
[149] 任继周. 放牧,草原生态系统存在的基本方式——兼论放牧的转型. 自然资源学报,2012,27(8):1259-1275.
[150] 任继周. 我国传统农业结构不改变不行了——粮食九连增后的隐忧. 草业学报,2013,22(3):1-5.
[151] 任耀飞. 中国传统农业的近代转型研究. 西北农林科技大学, 2011.
[152] (日)祖田修. 张玉林,等译. 农学原论. 北京:中国人民大学出版社,2003.
[153] 森木和男. 农业起源论系谱(上). 农业考古,1989,1:172-178.
[154] 森木和男. 农业起源论系谱(下). 农业考古,1989,2:40-49.
[155] 史培军,王静爱,谢云,等. 最近15年来中国气候变化、农业自然灾害与粮食生产的初步研究. 自然资源学报,1997,(03):2-8.
[156] 司智陟. 我国牛肉消费现状与预测. 中国食物与营养,2012,18(9):54-57.
[157] 宋丽丽. 我国发展有机农业战略意义和实施途径的思考. 科教文汇(中旬刊), 2008(8):198.
[158] 宋则行,樊亢. 世界经济史. 北京:经济科学出版社,1998.
[159] 孙鸿烈,郑度,姚檀栋,等. 青藏高原国家生态安全屏障保护与建设. 地理学报,2012,67(1):3-12.
[160] 孙静. 我国城乡协调发展的综合评价与对策. 西北师范大学,2015.
[161] Stavrianos L. S. 全球通史(上,下). 吴象婴,梁赤民译. 上海:上海社会科学院出版社,1988.
[162] 孙兴权, 姚佳, 韩慧, 等. 中国食品安全问题现状、成因及对策研究. 食品安全质量检测学报, 2015,(01):10-16.
[163] 陶红军,陈体珠. 农业区划理论和实践研究文献综述. 中国农业资源与区划,2014,35(2):59-66.
[164] 田童,刘新平,赵俊,等. 塔里木河流域农牧资源与农牧经济耦合关系. 中国沙漠,2015,35(5):1382(5):1382-1387.

[165] 佟屏亚. 玉米的起源,传播与分布. 农业考古,1986(1):271-280.
[166] 童恩正. 中国南方农业起源及其特征. 农业考古,1989(2):57-71.
[167] 童恩正. 略述东南亚及中国南部农业起源的若干问题. 农业考古,1984(2):21-30+82.
[168] 童绍玉. 浅析现代农业对生态环境的影响. 楚雄师范学院学报,2003(3):75-77,83.
[169] 王东亭,饶秀勤,应义斌. 世界主要农业发达地区农产品追溯体系发展现状. 农业工程学报,2014,30(8):236-250.
[170] 王红玲,柏振忠. 世界农业科技服务体系比较与借鉴. 科技进步与对策,2004(12):76-78.
[171] 王宏广,等. 中国耕作制度 70 年. 北京:中国农业出版社,2005.
[172] 王宏广. 中国农业——问题、潜力、道路、效益. 北京:农业出版社,1993.
[173] 王嘉. 紧扣世界肥料发展方向 引进国际农业创新技术. 中国质量报,2017-5-11(第 007 版).
[174] 王建明. 发达国家农业科研与推广模式及启示. 农业科技管理,2010,29(1):48-51.
[175] 王璐. 农业生产与自然生态环境的关系. 绿色科技,2014(10):22-23.
[176] 王寿云,等. 开放的复杂巨系统. 杭州:浙江科学技术出版社,1996.
[177] 王思明. 从美国农业历史发展看持续农业的兴起. 农业考古,1995(1):16-27.
[178] 王洋,李东波,齐晓宁. 农业科学——农学——农业史——现代农业与生态农业的特征分析. 中国学术期刊文摘,2006(18):15.
[179] 王在德. 试论中国农业的起源与传播. 农业考古,1986(2):25-32.
[180] 王在德. 试论中国原始农业的起源与发展. 农业考古,1990(1):100-106.
[181] 威利斯·哈曼. 未来启示录. 上海:上海译文出版社,1988.
[182] 魏燕茹. 美国农业院校"教学、科研、推广"三位一体教育体系研究. 世界农业,2015(9):222-226.
[183] 温军. 青藏高原农牧结合的功能、模式与对策. 自然资源学报,2000,15(1):56-60.
[184] 温丽,邱涛. 农业集约化发展的世界比较及其对中国的启示. 世界农业,2011(5):24-27.
[185] 温敏,张人禾,杨振斌. 气候资源的合理开发利用. 地球科学进展,2004,19(6):896-902.
[186] 文化,等. 农业接口工程. 北京:北京科学技术出版社,1996.
[187] 吴存浩. 中国农业史. 北京:警官教育出版社,1996.
[188] 吴国盛. 让科学回归人文. 南京:江苏人民出版社,2003.
[189] 吴海云,李政道称中国不能错过 21 世纪,文摘周报,2009-7-21.
[190] 吴建寨,杨海成,李斐,等. 发达国家农业科技创新体系及其经验借鉴. 世界农业,2016(9):157-161.
[191] 吴枚烜,赵敏娟,霍学喜,等. 荷兰农业产业发展新动态:知识密集驱动产业创新升级. 世界农业,2016(9):41-44.
[192] 吴普特,赵西宁. 气候变化对中国农业用水和粮食生产的影响. 农业工程学报,2010,26(2):1-6.
[193] 吴其飞,董英,等. 农业可持续发展与现代农业科学技术. 山西农业科学,2001(1):34-37.

[194] 夏安桃，许学强，薛德升. 中国城乡协调发展研究综述. 人文地理，2003，18(5)：56-59.
[195] 谢涤湘. 生态文明视角下的城乡规划. 城市问题，2009(4)：29-33.
[196] 谢义亚. 美国农业科技的发展. 世界农业，1999(1)：6-8.
[197] 徐绍英. 农业概论. 成都：四川科学技术出版社，1990.
[198] 徐旺生. 关于农业起源若干问题的探讨. 农业考古，1994(1)：31-35.
[199] 徐旺生. 农业起源与传播对中西早期文明发展影响的比较研究. 农业考古，1997(1)：79-90.
[200] 徐轩，张英俊. 农牧交错带草-畜-田耦合的 IRM 模拟分析. 草地学报，2010，18(3)：320-326.
[201] 许世卫，李哲敏. 荷兰、法国农业科研体制及对我国的启示. 科学管理研究，2005(6)：97-101.
[202] 许倬云. 从历史看时代转移. 桂林：广西师范大学出版社，2007.
[203] 许倬云. 历史大脉络. 桂林：广西师范大学出版社，2009.
[204] 严耕. 生态危机与生态文明转向研究. 北京林业大学，2009.
[205] 严文明. 再论中国稻作业的起源. 农业考古，1989，72-81.
[206] 阎万英，尹英华. 中国农业发展史. 天津：天津科技出版社，1992.
[207] 杨改河. 农业资源与区划. 北京：农业出版社，2007.
[208] 杨久栋. 准确把握世界农业发展新态势新趋向. 农民日报，2015-11-6.
[209] 杨丽英，孙素艳，郦建强，等. 水资源可持续利用与水资源管理. 中国水利，2011(23)：92-96.
[210] 杨曙辉，宋天庆，陈怀军，等. 现代农业生产方式与技术体系对生态环境的影响. 农业环境与发展，2010(01)：1-7.
[211] 冶娜娜，张灵菲，卫万荣，等. 啮齿动物应对植物次生代谢物的行为策略. 草业科学，2015，32(2)：281-286.
[212] 叶齐茂. 发达国家乡村建设考察与政策研究. 北京：建筑工业出版社，2007.
[213] 易家康. 机遇、困惑、挑战——基因农业前景展望. 世界科学，1999(8)：2-4.
[214] (英)C·R·W·斯佩丁. 农业系统导论. 吕永桢，等译. 兰州：甘肃人民出版社，1984.
[215] 尹昌斌，程磊磊，杨晓梅，等. 生态文明型的农业可持续发展路径选择. 中国农业资源与区划，2015(1)：15-21.
[216] 俞仁培. 农牧结合，培育肥土——黄淮海平原农业持续发展的基础. 土壤通报，1998，29(3)：97-98.
[217] 翟虎渠. 农业概论. 北京：高等教育出版社，1999.
[218] 张勃，张凯，张华. 干旱区农牧结构优化模式探讨— 以黑河流域中上游为例. 干旱地区农业研究，2003，21(2)：133-137.
[219] 张朝华. 发达国家农业科技服务的主要经验及其对中国的借鉴. 科技进步与对策，2010，27(8)：100-103.
[220] 张凤华，赖先齐，丁天云. 新疆农区农牧结合结构优化分析. 石河子大学学报(自然科学版)，1997，1(4)：281-286.
[221] 张家炎. 传统农业的转化：西欧经历与中国发展. 农业考古，1998(3)：1-26.

[222] 张立峰. 华北农牧交错带生态恢复与经济发展的相悖与互依关系. 草地学报,2004,12(1):70-74.

[223] 张立中,辛国昌. 农牧结合型草原畜牧业发展模式探索——以新疆为例. 科技和产业,2013,13(11):72-77.

[224] 张平军. 当代世界的农业科技发展与未来走向. 农业科技与信息,2012(12):3-5.

[225] 张少兵,王雅鹏. 现代农业发展对环境的影响与我国的对策. 农业现代化研究,2008(2):204-207.

[226] 张伟. 试论城乡协调发展及其规划. 城市规划年会论文集,2004,619-624.

[227] 张卫建,冯金侠,郑建初,等. 稻/牧草——鹅农牧结合模式农田生态环境效应分析. 中国生态农业学报,2001,9(4):97-99.

[228] 张卫建,谭淑豪,冯金侠,等. 南方集约农区农牧结合对农业可持续发展的作用. 地域研究与开发,1998,17(2):24-27.

[229] 张喜才. 农业产业链价格传导及调控机制. 北京:中国质检出版社,中国标准出版社,2015.

[230] 张象枢. 21世纪初农业系统科学与工程的任务——认清“三农”问题的系统性质:创建新农村建设系统工程. 2006全国农业系统工程学术研讨会. 2006.

[231] 张小川,贾善刚,聂凤英. 国外农业区域专业化发展进程及其政策措施. 中国农业资源与区划,2003,24(6):1-7.

[232] 张小林. 乡村概念辨析. 地理学报,1998,53(4):365-371.

[233] 张小林. 城乡统筹一挑战与抉择. 南京:南京师范大学出版社,2009.

[234] 张晓敏. 城乡统筹的发展水平及其影响因素研究. 扬州大学,2011.

[235] 张新时,唐海萍,董孝斌,等. 中国草原的困境及其转型. 科学通报,2016,61(2):165-177.

[236] 张英俊,任继周,王明利,等. 论牧草产业在我国农业产业结构中的地位和发展布局. 中国农业科技导报,2013,15(4):61-71.

[237] 赵光武. 深入探索复杂性. 系统辩证学学报,2001,9(4):1-2.

[238] 赵其国,段增强. 生态高值农业:理论与实践. 北京:科学出版社,2013.

[239] 赵荣钦,刘英. 我国耕地资源开发利用现状及研究进展. 水土保持研究,2006,13(1):108-110.

[240] 赵燮京,刘红,刘定辉. 紫色丘陵高垦殖生态脆弱区生态建设与水土流失防止技术. 四川农业科学,2004(8),35-37.

[241] 郑殿升,杨庆文,刘旭. 中国作物种质资源多样性. 植物遗传资源学报,2011,12(4):497-500,506.

[242] 郑景骥,等. 关于建立新型农业计划经济体制的探讨. 经济体制改革. 1990(5):100-104.

[243] 郑久坤,陆世霞. 变废为宝效果好农牧结合谱新篇. 中国畜牧业,2016(10):45.

[244] 郑微微,易中懿,沈贵银. 江苏省耕地过剩氮排放评价及减排对策——基于农牧结合视角. 江苏农业科学,2016,44(10):472-474.

[245] 郑余,周连仁,傅博思远,等. 长期农牧结合对碱化草甸土活性有机质的影响. 水土保持

学报,2013,27(2):215-218.
[246] 中共中央国务院关于加强农村工作若干政策的意见. 2005, 2.
[247] 中国工程科技2035中长期发展战略研究. 农业领域报告,2017.
[248] 中国国家统计局. 中国教育统计年鉴. 2000.
[249] 中国国家统计局. 中国教育统计年鉴. 2010.
[250] 中国农业百科全书编辑部. 中国农业百科全书. 农业历史卷. 北京:中国农业出版社,1995.
[251] 中国农业百科全书总委. 中国农业百科全书,农业经济卷. 北京:中国农业出版社, 1991.
[252] 中国农业科学院. 当代世界农业. 成都:四川科技出版社,1991.
[253] 中国社会科学院历史研究所资料编纂组. 中国历代自然灾害及历代盛世农业政策资料. 北京:农业出版社,1988.
[254] 中国自然辩证法研究会. 农业哲学基础. 北京:科学出版社,1991.
[255] 仲文,胡晓林. 新编世界经济史. 北京:中国国际广播出版社,1995.
[256] 周长. 世界各国农业科技发展简述. 世界农业,2013(1):78-80.
[257] 周曙东,赵明正,陈康,等. 世界主要粮食出口国的粮食生产潜力分析. 农业经济问题,2015(6):91-104.
[258] 周印富,李彦生,王文颇. 推行农牧结合促进粮区种植业结构调整. 科技进步与农业生产发展论坛,2003.
[259] 皱德秀. 绿色的哲理. 北京:中国农业出版社,1990.
[260] 朱冬静. 国外城乡关系研究动态及其启示. 安徽大学,2013.
[261] 朱立志. 农业发展与生态文明建设. 中国科学院院刊, 2013,28(2):232-238.
[262] 朱永达. 农业系统工程. 北京: 农业出版社, 1993.
[263] 诸葛亮. 诸葛亮集. 北京: 中华书局,1960.
[264] 卓嘎,扎西多布杰. 西藏"一江两河"地区农牧结合现状与发展对策. 江苏农业科学,2010,38(4):12-14.
[265] 邹德秀. 中国农业文化. 西安:陕西人民教育出版社,1995.
[266] 左天觉,等. 中外著名专家论中国农业. 北京:中国农业大学出版社,1998.
[267] Bouton Joe. The economic benefits of forage improvement in the United States. Euphytica,2007, 154:263-270.
[268] Bruinsma J. The resource outlook to 2050: By how much do land,water use and crop yields need to increase by 2050? Expert Meeting on How to Feed the World in 2050, Rome,FAO and ESDD,2009.
[269] Chen, X. P. , et al. Integrated soil-crop system management for food security. Proceedings of the National Academy of Sciences of the United States of America, 2011, 108(16): 6399-6404.
[270] Doyran S H, Rundgren G, Lockeretz W, et al. Codex Guidelines on the Production, Processing, Labelling and Marketing of Organically Produced Foods,2002.
[271] FAO/WHO Biotechnology and Food Safety,Report of Second Joint FAO/WHO Con-

sultation. Rome, 1996.

[272] Fischer G, Hizsnyik E, Prieler S, et al. Scarcity and abundance of land resources: competing uses and the shrinking land resource base. FAO, 2011.

[273] Havelock, R. G. Linkage: A Key to Understanding the Knowldge System. in G. M Beal, W. Dissanayake and S. Konoshima, (eds) Knowledge Generation, Exchange and Utilisation. Boulder, Conlorado: Westview Press, 1986.

[274] Klopfensteina T J, Ericksona G E, Bergerb L L. Maize is a critically important source of food, feed, energy and forage in the USA. Field Crops Research, 2013(153): 5-11.

[275] Krausmann F, Erb K, Gingrich S, et al. Global human appropriation of net primary production doubled in the 20th century. PROCEEDINGS OF THE NATIONAL ACADEMY OF SCIENCES OF THE UNITED STATES OF AMERICA, 2013, 110 (25): 10324-10329.

[276] National Research Council. Sustainable agriculture and the environment in the humid tropics. USA: National Academy Press, 1993.

[277] OECD Safety Evaluation of Foods Produced by Modern Biotechnology: Concepts and Principles. OECD, Paris, 1993.

[278] Rockstrom J, Steffen W, Noone K, et al. A safe operating space for humanity. NATURE, 2009, 461(7263): 472-475.

[279] Running S W. Ecology. A measurable planetary boundary for the biosphere. Science, 2012, 337(6101): 1458-1459.

[280] Steffen W, Richardson K, Rockstrom J, et al. Planetary boundaries: Guiding human development on a changing planet. SCIENCE, 2015, 347(UNSP 12598556223).

[281] Zhang, P. D., et al. Bioenergy industries development in China: Dilemma and solution. Renewable and Sustainable Energy Reviews, 2009, 13(9): 2571-2579.

[282] http://finance.sina.com.cn/review/yjfx/20081219/13485660143.shtml,农业战略地位作用的再认识(2)

[283] http://wenwen.sogou.com/z/q252832459.htm,经济发展中的农业的贡献

[284] http://www.docin.com/p-911381303.html,试论农业的多功能性及其价值

[285] http://baike.so.com/doc/396918-420213.html,生态文明

[286] http://www.Mountain-partnership.org/files/pdtYfa-olawstudy.pdf. FAO. Mountains and the Law Emerging trends, 2002

